Sombras da mente

Roger Penrose

Rouse Ball Professor of Mathematics
Universidade de Oxford

Sombras da mente

Uma busca pela ciência perdida da consciência

Tradução
Gabriel Cozzella

Direitos de publicação reservados à:
Fundação Editora da Unesp (FEU)
Praça da Sé, 108
01001-900 – São Paulo – SP
Tel.: (0xx11) 3242-7171
Fax: (0xx11) 3242-7172
www.editoraunesp.com.br
www.livrariaunesp.com.br
atendimento.editora@unesp.br

Dados Internacionais de Catalogação na Publicação (CIP) de acordo com ISBD
Elaborado por Vagner Rodolfo da Silva – CRB-8/9410

P417s Penrose, Roger

Sombras da mente: uma busca pela ciência perdida da consciência / Roger Penrose; traduzido por Gabriel Cozzella. – São Paulo: Editora Unesp, 2021.

Tradução de: *Shadows of the Mind. A Search for the Missing Science of Consciousness*

Inclui bibliografia.
ISBN: 978-65-5711-073-7

1. Ciência. 2. Ciência moderna. 3. Inteligência artificial. 4. Consciência. I. Cozzella, Gabriel. II. Título.

2021-2377 CDD 550
CDU 55

Editora afiliada:

Asociación de Editoriales Universitarias de América Latina y el Caribe

Associação Brasileira de Editoras Universitárias

Sumário

Parte II: Qual nova física precisamos para entender a mente – A jornada por uma física não computacional da mente

Prefácio

Este livro pode ser entendido, em algum sentido, como uma continuação do livro *The Emperor's New Mind* (abreviado aqui como ENM). De fato, continuarei o tópico que ENM iniciou, mas o que tenho para dizer aqui pode ser lido de maneira totalmente independente desse outro livro. Parte da motivação para escrever novamente sobre esse tema surgiu originalmente de uma necessidade de respostas detalhadas para diversos questionamentos e críticas que várias pessoas levantaram relacionadas aos argumentos expostos em ENM. No entanto, apresentarei aqui uma ideia que se sustenta completamente por si própria e que explora algumas novas ideias que vão muito além daquelas expostas em ENM. Um dos temas centrais de ENM havia sido meu argumento de que, através do uso de nossa consciência, nós nos tornamos capazes de realizar ações que se encontram além de qualquer atividade computacional. No entanto, em ENM essa ideia foi, de certa maneira, apresentada como uma hipótese especulativa e havia certa vagueza em relação a que tipos de procedimentos poderiam ser abarcados sob o termo de "atividade computacional". O presente livro provê o que acredito ser uma argumentação muito mais poderosa e rigorosa para essa conclusão geral, além de ser aplicável para qualquer processo computacional. Além do mais, uma sugestão muito mais plausível do que aquela fornecida em ENM é apresentada aqui para um mecanismo presente nas funções cerebrais através do qual alguma ação física não computacional poderia de fato constituir a base do nosso comportamento conscientemente controlado.

Minha argumentação possui dois pilares distintos. Um destes é essencialmente negativo, pois argumento fortemente contra um ponto de vista bastante disseminado de que nossa mentalidade consciente – em todas suas várias manifestações – poderia, em princípio, ser completamente entendida por modelos computacionais. O outro pilar do meu raciocínio é positivo, no sentido de que representa uma busca genuína por meios, restritos pela dura realidade dos fatos científicos, pelos quais um cérebro cientificamente descritível poderia fazer uso de princípios físicos sutis e majoritariamente desconhecidos de maneira a realizar as necessárias ações não computacionais.

Em consonância com essa dicotomia, os argumentos neste livro são apresentados em duas partes. A Parte I fornece uma extensa e detalhada discussão de maneira a embasar fortemente minha tese de que a consciência, na sua manifestação particular na capacidade humana de "entendimento", está realizando algo que um simples cálculo computacional não pode realizar. Deixo claro que o termo "cálculo computacional" inclui tanto sistemas *top-down*, os quais agem de acordo com certos procedimentos algorítmicos bem entendidos, e sistemas *bottom-up*, que são menos rigidamente programados, de forma que possam aprender através da experiência. O famoso teorema de Gödel é crucial para os argumentos da Parte I e uma extensa análise das implicações relevantes do teorema de Gödel é fornecida. Isto estende amplamente argumentos prévios dados pelo próprio Gödel, por Nagel e Newman, e por Lucas; e todas as objeções das quais estou ciente são respondidas em detalhes. Em relação a isso, alguns argumentos bastante completos são dados contra a ideia de que sistemas *bottom-up* (assim como contra sistemas *top-down*) serão capazes de em algum momento atingir inteligência genuína. A conclusão é que pensamento consciente deve, de fato, envolver ingredientes que não podem ser nem mesmo simulados adequadamente por simples computação; muito menos poderiam cálculos computacionais, por si próprios, evocarem quaisquer sentimentos conscientes ou intenções. Portanto, condizente com isto, a mente deve ser algo que não pode ser descrito em termos computacionais.

Na Parte II, a argumentação segue para a física e para a biologia. A linha de raciocínio, ainda que contenha partes que são decididamente mais especulativas que a rigorosa discussão da Parte I, representa uma tentativa genuína de entender como tais ações não computacionais poderiam surgir dentro das leis da física cientificamente compreensíveis. Os princípios básicos da mecânica quântica são introduzidos do começo, não sendo necessário que o leitor tenha qualquer conhecimento prévio da teoria quântica. Os enigmas, paradoxos e mistérios desse assunto são analisados com alguma profundidade, utilizando vários novos exemplos que ilustram graficamente os papéis importantes da não localidade e da contrafatualidade e de algumas questões profundas levantadas pelo fenômeno do emaranhamento quântico. Argumentarei enfaticamente pela necessidade de uma mudança fundamental, em um nível claramente especificado, na nossa visão de mundo atual baseada na mecânica quântica. (Essas ideias estão intimamente relacionadas com trabalhos recentes de Ghirardi, Diósi e outros.) Existem diferenças significativas entre as ideias que defenderei aqui e aquelas expostas em ENM.

Estou sugerindo que uma não computabilidade física – necessária para a explicação da não computabilidade das nossas ações conscientes – entre nesse nível. Assim, defendo que o nível no qual essa não computabilidade física seja significativa deve ser importante para o funcionamento cerebral. É aqui que minhas propostas atuais diferem substancialmente daquelas de ENM. Argumento que, ainda que sinais neuronais possam se comportar como eventos classicamente determinados, as sinapses entre os neurônios são controladas em um nível mais profundo, onde se deve esperar que houvesse importantes acontecimentos físicos na fronteira entre a física clássica e a física quântica. As propostas específicas que faço requerem que haja comportamento quântico coerente numa escala macroscópica (de acordo com as propostas apresentadas por Fröhlich) ocorrendo dentro dos microtúbulos no citoesqueleto dos neurônios. A ideia é que essa atividade quântica deve estar conectada de maneira não computacional a uma ação aparentemente computacional, que Hameroff e seus colegas argumentaram que aconteceria nos microtúbulos.

As ideias que estou apresentando apontam diversos lugares onde nossos entendimentos atuais ficam muito aquém de serem capazes de nos prover um entendimento científico da mentalidade humana. De toda forma, isso não significa que o fenômeno da consciência deve permanecer fora do domínio das explicações científicas. Eu argumento enfaticamente, assim como fiz em ENM, que deve haver um caminho científico para o entendimento dos fenômenos mentais, e que esse caminho deve começar por uma análise mais profunda da natureza da própria realidade física. Penso que é importante que qualquer leitor dedicado, desejando compreender como um fenômeno tão estranho como a mente pode ser entendido em termos de um mundo físico material, obtenha uma noção significativa do quão estranhas são de fato as regras que devem *realmente* governar aquele "material" do nosso mundo físico.

Entendimento é, afinal de contas, aquilo sobre o que versa a ciência – e a ciência é muito mais do que meros cálculos computacionais realizados mecanicamente.

R. P.
Oxford, abril de 1994

Agradecimentos

Existem muitas pessoas às quais sou grato por sua ajuda na escrita deste livro – Mais do que seria capaz de agradecer individualmente, mesmo que pudesse me lembrar de todos seus nomes. No entanto, sou especialmente grato a Guido Bacciagaluppi e Jeremy Butterfield por suas críticas de partes de um rascunho inicial, no qual eles encontraram um erro importante no raciocínio, como era apresentado naquela época, que agora é parte do Capítulo 3. Sou grato também a Abhay Ashtekar, Mary Bell, Bryan Bireh, Geoff Brooker, David Chalmers, Francis Crick, David Deutsch, Soloman Feferman, Robin Gandy, Susan Greenfield, Andrew Hodges, Dipankar Home, Ezio Insinna, Dan Isaacson, Roger James, Richard Jozsa, John Lucas, Bill McColl, Claus Moser, Graeme Michison, Ted Newman, Oliver Penrose, Jonathan Penrose, Stanley Rosen, Ray Sachs, Graeme Segal, Aaron Sloman, Lee Smolin, Ray Streater, Valerie Willoughby, Anton Zeilinger e, especialmente, Artur Ekert por várias informações e sua assistência. Houve inumeráveis correspondentes e pessoas oferecendo comentários verbais sobre meu livro anterior *The Emperor's New Mind*. Agradeço-lhes aqui – mesmo que a maioria deles ainda esteja esperando minha resposta a suas cartas! Sem me aproveitar dos seus pontos de vista diversos com relação a meu livro anterior é improvável que eu teria embarcado na hercúlea tarefa de escrever outro.

Sou grato aos organizadores dos Seminários Messenger na Universidade de Cornell (os quais proferi sob o mesmo título que tem a seção final deste livro), os Seminários Gifford na Universidade de St. Andrews, os Seminários Forder na Nova Zelândia, os Seminários Gregynogg na Universidade de Aberystwyth e uma série de seminários de destaque em Five Colleges, Amherst, Massachusetts, além de diversas palestras em várias partes do mundo. Estas me deram a oportunidade de expressar minhas visões e obter reações valiosas das audiências. Agradeço ao Instituto Isaac Newton em Cambridge e também às universidades de Syracuse e Penn State por sua hospitalidade em me agraciar com, respectivamente, uma cátedra de professor emérito visitante em Matemática e Física e a Cátedra Francis R. Pentz e Helen M. Pentz de professor emérito de Física e Matemática. Também agradeço à National Science Foundation pelo apoio sob os contratos PHY 86-12424 e PHY 43-96246.

Finalmente, existem três pessoas que merecem uma menção especial. A ajuda e o suporte incansável de Angus MacIntyre em checar meus argumentos relativos à lógica matemática nos capítulos 2 e 3 e em me fornecer várias referências necessárias foram imensamente importantes. Deixo meus efusivos agradecimentos a ele. Stuart Hameroff me ensinou sobre o citoesqueleto e os microtúbulos – estruturas sobre as quais, dois anos atrás, eu nem sabia que existiam! Agradeço-lhe imensamente por essas informações valiosas e por seu auxílio em checar a maior parte do Capítulo 7. Sempre permanecerei em dívida com ele por abrir os meus olhos para as maravilhas de um novo mundo. Ele, assim como os outros a quem agradeço, não é de maneira nenhuma responsável por quaisquer erros que sem dúvida permanecem neste livro. Acima de tudo, minha querida Vanessa é merecedora de agradecimentos por diversos motivos: por explicar para mim por que algumas partes do livro precisavam ser reescritas; por sua incalculável ajuda com as referências; e por seu amor, paciência e profunda compreensão, especialmente quando eu constantemente subestimo o tempo que a escrita toma de mim! Ah, sim, também lhe agradeço por – sem ela saber – me fornecer parcialmente um modelo, em minha *imaginação*, para a Jéssica do meu pequeno conto. É uma pena que eu não possa tê-la conhecido realmente naquela idade!

Agradecimentos pelas imagens

Os editores ou procuraram ou são gratos pela permissão de reproduzir o material ilustrativo.

Figura 1.1 A. Nieman – Science Photo Library.

Figura 4.12 de J. C. Mather et al., *Astrophys. J.*, v.354, p.L37, 1990.

Figura 5.7 de A. Aspect e P. Grangier, em *Quantum Concepts in Space and Time* [Conceitos quânticos no espaço e tempo], ed. R. Penrose e C. J. Isham, Oxford University Press, 1986, p.1-27.

Figura 5.8 do Museu Ashmolean, Oxford.

Figura 7.2 de R. Wichterman, *The Biology of Paramecium* [A biologia dos paramécios], 2.ed., Nova York: Plenum Press, 1986.

Figura 7.6 Eric Grave – Science Photo Library.

Figura 7.7 de H. Weyl, *Symmetry* [Simetria], © 1952, Princeton University Press, 1943.

Figura 7.10 de N. Hirokawa, em *The Neuronal Cytoskeleton* [O citoesqueleto neuronal], ed. R. D. Burgoyne, Nova York: Wiley-Liss, 1991, p.5-74.

Notas para o leitor

Certas partes deste livro diferem muito umas das outras em relação ao nível de tecnicalidades envolvidas. As partes mais técnicas do livro são os Apêndices A e C, mas não haveria perdas significativas para a maioria dos leitores se eles simplesmente ignorassem todos os apêndices. O mesmo pode ser dito das partes mais técnicas do Capítulo 2 e certamente daquelas do Capítulo 3. Estas são principalmente para os leitores que necessitam ser persuadidos da robustez da argumentação que apresento contra qualquer modelo puramente computacional do entendimento humano. O leitor mais facilmente persuadido (ou apressado) pode, por outro lado, preferir uma rota mais direta e indolor para os pontos essenciais dessa argumentação. Esse caminho pode ser trilhado simplesmente lendo o diálogo fantasioso da seção 3.23, preferencialmente precedido pelo Capítulo 1 e pelas seções 2.1-2.5 e 3.1.

Alguma matemática mais complexa encontrada neste livro surge com relação aos tópicos de mecânica quântica. Isso acontece especialmente na exposição sobre os espaços de Hilbert da seção 5.12 à 5.18 e, principalmente, nas discussões da seção 6.4 à 6.6 focadas na matriz de densidade – importante para o entendimento de por que vamos necessitar de uma teoria *melhorada* da mecânica quântica! Meu conselho para os leitores avessos à matemática (ou mesmo para aqueles que gostem dela) é: quando encontrarem alguma expressão matemática de aspecto assustador simplesmente passem por ela – assim que ficar claro que nenhuma análise mais aprofundada da mesma gerará qualquer novo entendimento. É um fato que as sutilezas da mecânica quântica não podem ser inteiramente apreciadas sem algum traquejo com suas elegantes, porém misteriosas, bases matemáticas; ainda assim, algum entendimento do tópico deverá ser obtido mesmo quando a matemática associada for completamente ignorada.

Adicionalmente, eu devo oferecer minhas escusas ao leitor e à leitora com relação a um tema bastante diferente. Posso entender que ele ou ela sintam-se incomodados quando me refiro ao leitor ou leitora de maneira que pareço assumir que sei qual seu sexo – algo que definitivamente não farei! No entanto, no tipo de discussão que será frequentemente encontrada neste livro, pode ser necessário se referir a alguma pessoa *abstrata* tal como um "observador" ou "físico". Está claro que não existe realmente uma implicação sobre o sexo de tal indivíduo, mas a língua inglesa não possui um pronome da terceira pessoa neutro com relação ao gênero.* O uso repetido de frases como "ele ou ela" é certamente estranho. Além do mais, a tendência moderna de utilizar "*they*", "*them*" ou "*their*" como pronomes singulares é gramaticalmente ofensiva; também não posso ver nenhum ganho gramatical, estilístico ou humanístico em alternar entre "ela" e "ele" ao se referir a tais indivíduos impessoais ou metafóricos.

Dessa forma, adotei a política, neste livro, de geralmente utilizar as expressões "ele", "para ele" e "seu" quando estiver me referindo a uma pessoa abstrata. Isto não deve de forma alguma carregar *qualquer* implicação sobre seu sexo. Ele não deve ser pensado como um homem; nem como uma mulher. Pode haver, no entanto, alguma sugestão de que ele é um ser senciente, de tal forma que se referir a ele como "algo" parece inapropriado. Confio que nenhuma leitora irá se sentir ofendida que meu colega de três olhos (abstrato) em α-Centauro seja referido por "ele" nas seções 5.3, 5.18 e 7.12, nem que esse pronome também seja usado para os indivíduos inteiramente impessoais das seções 1.15, 4.4, 6.5, 6.6, 7.10. Por outro lado, confio que nenhum leitor homem irá se sentir ofendido pelo fato de que utilizo o pronome "ela" tanto para a aranha inteligente da seção 7.7 quanto para a devotada e sensível elefanta da seção 8.6 (pela razão clara de que, nesses casos, ambas são *realmente* fêmeas), nem que o comportamentalmente intrincado

* O autor se refere à língua original do texto (o inglês), mas problema similar aflige o português. Nesse contexto, a discussão do autor assemelha-se mais à utilização de termos como "elx", "elxs" para evitar qualquer implicação de gênero. A discussão original desses pontos foi mantida aqui por questão de completude, porém na tradução fez-se a escolha de utilizar o gênero gramatical das palavras por questão de corretude formal. Assim, é utilizado, por exemplo, "o" paramécio em vez de "a" paramécio, como sugerido. (N. T.)

paramécio da seção 7.4 também seja referido como "ela" (sendo tomada como "fêmea" pela inadequada razão de que ela é diretamente capaz de se reproduzir) – nem, mesmo, que a Mãe Natureza seja referida como "ela" na seção 7.7.

Um comentário final: devo ressaltar que as referências às páginas de *The Emperor's New Mind* (ENM) sempre dizem respeito à versão original de capa dura. A paginação da versão de capa mole dos Estados Unidos (Penguin) é basicamente a mesma, mas a numeração na versão que não é norte-americana (Vintage) difere, sendo aproximada bastante bem pela fórmula:

$$\frac{22}{17} \times n,$$

onde n é a numeração da versão de capa dura dada aqui.

Prólogo

Jéssica sempre se sentia levemente ansiosa quando entrava nesta parte da caverna. "Papai? Suponha que aquela grande pedra caia de onde ela está aninhada no meio daquelas outras rochas. Isso não bloquearia a nossa saída e nós nunca, nunca mais iríamos para casa novamente?"

"Sim, bloquearia, mas não vai", respondeu seu pai de maneira distraída e desnecessariamente brusca, pois ele parecia mais interessado em como seus diversos espécimes de plantas estavam se acostumando com as condições úmidas e escuras neste que era o canto mais remoto da caverna.

"Mas como você sabe que não vai, papai?", insistia Jéssica.

"Aquela pedra deve estar ali há milhares de anos. Ela não vai cair justamente quando estamos aqui."

Jéssica não estava nem um pouco contente com essa explicação. "Bem, se ela for cair em algum momento, então quanto mais tempo ela houver permanecido ali, maior a chance de ela cair agora, não?"

O pai de Jéssica parou de interagir com suas plantas e olhou para Jéssica com um leve sorriso em seu rosto. "Não, não é assim que funciona." Seu sorriso se tornou mais perceptível, mas agora mais introspectivo. "De fato, você poderia dizer que, quanto mais tempo ela houver permanecido ali, *menor* a chance de ela cair enquanto estamos aqui." Nenhuma explicação extra se anunciava claramente e ele focou sua atenção novamente em suas plantas.

Jéssica odiava quando seu pai estava neste estado de espírito – não, ela não odiava; ela sempre amava seu pai, mais do que tudo e todos, mas ainda assim ela gostaria que ele não ficasse desse jeito. Ela sabia que isso tinha algo a ver com ele ser um cientista, mas ainda assim ela não entendia. Ela até gostaria de ser uma cientista ela mesma algum dia, mas, caso se tornasse uma, garantiria que não teria comportamentos assim.

Finalmente, ela parou de recear que a rocha poderia de fato cair e bloquear a entrada da caverna. Ela podia ver que seu pai não tinha medo que isso pudesse acontecer e a certeza dele a fez também se sentir confiante. Ela não entendeu a explicação que ele lhe deu, mas ela sabia que ele sempre estava certo sobre esse tipo de assunto – ou, pelo menos, que ele *quase* sempre estava. Houve aquela discussão sobre relógios na Nova Zelândia, quando sua mãe disse algo, mas seu pai insistia que o contrário era verdade. Então, três horas depois, seu pai saiu de seu escritório e disse que ele sentia muito, que estava errado e que ela tinha razão o tempo todo! Isto *foi* engraçado! "Aposto que a mamãe poderia ter sido uma cientista se ela quisesse", ela pensou consigo mesma, "e ela não teria comportamentos estranhos como o papai."

Jéssica foi mais cuidadosa em fazer a pergunta seguinte no momento que seu pai havia acabado de terminar o que ele estava fazendo e ainda não havia começado sua próxima tarefa. "Papai? Eu sei que a pedra não vai cair. Porém, vamos imaginar que ela caísse e nós ficássemos presos aqui pelo resto de nossas vidas. A caverna inteira não ficaria muito escura? Nós conseguiríamos respirar?"

"Que ideia desagradável!", respondeu o pai de Jéssica. Então ele olhou cuidadosamente para o formato e o tamanho da rocha e também para a abertura da caverna. "Hmmm", ele disse, "Sim, acho que a pedra taparia a entrada da caverna de maneira bem justa. Com certeza haveria algum espaço para o ar entrar e sair, então nós não sufocaríamos. Em relação à luz, bem, acho que haveria alguma rachadura circular no topo que deixaria alguma luz entrar, mas ficaria muito escuro – muito mais do que agora. Mas aposto que conseguiríamos enxergar normalmente depois que nos acostumássemos. Não seria muito legal, no entanto! Mas posso te dizer uma coisa: Se eu tivesse que viver aqui o resto da minha vida com alguém, então eu adoraria que fosse com a minha maravilhosa Jéssica mais do que com qualquer outra pessoa no mundo todo – e com a mamãe, claro."

Jéssica se lembrou da razão de amar tanto seu pai! "Eu quero que a mamãe esteja aqui também, na minha próxima pergunta, por que vou supor que a pedra caiu antes mesmo que eu houvesse nascido e a mamãe tivesse me tido aqui na caverna, de forma que eu teria crescido com vocês aqui... e nós poderíamos nos manter vivos comendo todas as suas plantas estranhas."

Seu pai olhou para ela com um pouco de estranheza, mas não disse nada.

"Então eu nunca teria conhecido nada da vida *além* do que houvesse na caverna. Como poderia saber como é o mundo real lá fora? Eu poderia saber que existem árvores nele, pássaros, coelhos e outras coisas? Claro que vocês poderiam me *contar* essas coisas, pois vocês as teriam conhecido antes de ficarem presos, mas como *eu* poderia saber – quero dizer, como eu poderia saber *por mim mesma*, em vez de simplesmente acreditar no que vocês dissessem?"

Seu pai parou e pensou por alguns minutos. Então disse: "Bem, suponho que de vez em quando, em um dia ensolarado, um pássaro poderia voar exatamente entre o sol e a rachadura, de maneira que então nós poderíamos ver sua sombra na parede da caverna. Claro que sua forma seria distorcida de alguma maneira, por conta da forma bastante irregular da parede, mas poderíamos aprender a corrigir isto. Se a rachadura fosse pequena e circular o bastante, então o pássaro teria uma sombra claramente definida, mas caso contrário, poderíamos levar em conta também outros tipos de correções. Então, se o mesmo pássaro sobrevoasse os arredores várias vezes, poderíamos começar a ter uma boa ideia de como ele realmente se parece, como voa e assim por diante simplesmente a partir de sua sombra. Da mesma maneira, quando o sol estivesse baixo no céu, poderia acontecer de existir uma árvore, convenientemente posicionada entre o sol e nossa fenda, com suas folhas balançando, de maneira que poderíamos começar a obter uma ideia da árvore também a partir de sua sombra. E talvez de vez em quando um coelho possa pular na rachadura e conseguíssemos vê-lo a partir de sua sombra também".

"Isto é interessante", disse Jéssica. Ela pausou por alguns instantes e então disse: "Você acha que é possível para nós fazermos uma verdadeira descoberta científica enquanto estivermos presos nesta caverna? Imagine que nós fizéssemos uma grande descoberta sobre o mundo lá fora e então estivéssemos aqui tendo uma daquelas grandes conferências, tentando convencer todos os outros de que temos razão – claro que todas as outras pessoas na conferência (e vocês também) teriam que ter sido criadas dentro da caverna também, caso contrário estaríamos trapaceando. Mas todos crescerem dentro da caverna não é um problema, pois você tem muitas e muitas plantas estranhas e *todos* nós poderíamos nos alimentar delas!".

Dessa vez o pai de Jéssica ficou visivelmente estremecido, mas não disse nada. Ele parecia pensativo por vários minutos. Então: "Sim, acho que isso seria possível. Mas, veja, a parte mais difícil seria convencê-los de que qualquer mundo externo de fato existe. Tudo que eles conheceriam desse mundo seriam as sombras e como elas se movimentam e mudam de tempos em tempos. Para eles, as complexas sombras ondulantes e as coisas na parede da caverna seriam tudo que existiria no mundo. Então parte do nosso trabalho seria convencer as pessoas de que realmente *existe* um mundo externo sobre o qual a nossa teoria versa. De fato, essas duas coisas seriam realizadas juntas. Ter uma boa teoria do mundo externo seria uma parte importante de fazer as pessoas aceitarem que ele realmente está lá!"

"Certo, papai, qual é nossa teoria?"

"Não tão rápido... Só um minuto... Aqui está: A Terra gira ao redor do Sol!"

"*Esta* não é uma teoria muito nova."

"Não – tem quase vinte e três séculos de idade –, é quase tão antiga quanto o tempo que aquela rocha está aninhada ali perto da entrada! Mas em nossa imaginação nós passamos nossas vidas inteiras dentro da caverna e as pessoas nunca teriam escutado essa ideia antes. Nós teríamos que convencê-las de que realmente existe *algo* como o Sol – até mesmo que a Terra existe, a propósito. A ideia é que a simples elegância da nossa teoria em explicar todos os tipos de pequenos detalhes do movimento da luz e das sombras acabaria convencendo a maior parte das pessoas em nossa conferência de que não só existe algo muito brilhante lá fora – que nós chamamos de 'Sol' –, mas também que a Terra está em movimento contínuo ao redor dele, girando ao redor de seu próprio eixo o tempo todo."

"Seria muito difícil convencê-las?"

"Com certeza seria! De fato, nós precisaríamos fazer duas coisas bastante distintas. Em primeiro lugar, mostrar como nossa teoria simples explica de maneira bastante acurada uma quantidade imensa de dados bastante detalhados relativos a como o ponto brilhante, com suas sombras, se move na parede da caverna. Assim, algumas pessoas seriam persuadidas por isso, mas outras poderiam argumentar que existe uma ideia muito mais adequada ao 'senso comum' de que o Sol se move ao redor da Terra. Nos detalhes isso seria muito mais complicado que a teoria que estamos propondo. Porém, essas pessoas iriam preferir ficar com sua teoria complicada, pois, de maneira razoável, elas não poderiam aceitar a possibilidade de que a caverna estivesse se movendo por aí a cerca de cem mil quilômetros por hora, como a nossa teoria necessitaria."

"Uau, a Terra *realmente* faz isso?"

"Sim, esse tipo de coisa. Para a segunda parte do nosso argumento, nós teríamos que mudar completamente de foco e fazer algo que a maioria das pessoas na conferência pensaria ser completamente irrelevante. Deixaríamos bolas rolarem ladeiras abaixo, balançaríamos pêndulos e faríamos todos esses tipos de experimentos – só para mostrar que as leis físicas que governam o comportamento dos objetos na caverna não seriam afetadas se tudo dentro da caverna estivesse se movendo em qualquer direção e em qualquer velocidade que você queira. Isto mostraria para eles que eles não sentiriam nada se a caverna se movesse a uma velocidade enorme. Este foi um dos fatos importantes que Galileu teve que provar – você lembra-se dele do livro que eu lhe dei?"

"Claro que lembro! Nossa, isto tudo parece muito complicado. Aposto que várias das pessoas na nossa conferência iriam adormecer, assim como já as vi fazendo em conferências de verdade quando você estava dando uma palestra."

O pai de Jéssica ficou corado. "Acho que você tem razão! Sim, mas temo que a ciência seja frequentemente assim: muitos e muitos detalhes, a maioria dos quais podem parecer chatos e algumas vezes quase completamente irrelevantes para a ideia que você está tentando expor, mesmo que o resultado final tenha uma simplicidade impactante, como a nossa ideia de que a Terra gira enquanto se move ao redor de algo chamado Sol. Algumas pessoas podem achar que não precisam se importar com todos os detalhes entediantes, pois acham a ideia plausível o suficiente de qualquer maneira. Mas os verdadeiros céticos iriam querer checar tudo, procurando por quaisquer possíveis falhas."

"Obrigado, papai! Eu sempre gosto quando você conversa desses assuntos comigo, quando você fica todo vermelho e empolgado! Mas podemos voltar agora? Está ficando escuro e eu estou cansada e com fome – e com um pouco de frio."

"Então vamos." O pai de Jéssica colocou sua jaqueta sobre os ombros dela, reuniu suas coisas e a envolveu com seu braço para guiá-la para fora da entrada da caverna que já estava ficando escura. Enquanto saíam, Jéssica olhou novamente para a rocha.

"Sabe, acho que concordo com você, papai. Aquela rocha vai ficar ali *mais* do que outros vinte e três séculos!"

Parte I

Por que precisamos de uma nova física para entender a mente

A não computabilidade do pensamento consciente

1
Consciência e cálculos computacionais

1.1 A mente e a ciência

Qual é o objetivo final da ciência? É somente entender os atributos *materiais* do nosso universo que são suscetíveis aos seus métodos, enquanto a nossa existência *mental* permanece eternamente além do seu alcance? Ou será que um dia teremos um bom entendimento científico do obscuro mistério da mente? Será que o fenômeno da consciência humana é algo que está além do escopo da investigação científica ou será que o poder do método científico um dia será capaz de resolver o problema da própria existência de nossas experiências conscientes?

Existem aqueles que acreditam que podemos estar atualmente perto de um entendimento científico da consciência, que esse fenômeno não é *nenhum* mistério e até que todos os ingredientes essenciais para este entendimento já existem. Eles defendem que é apenas a extrema complicação e sofisticação organizacional dos nossos cérebros que no momento limita nosso entendimento da mentalidade humana – uma complicação e sofisticação que certamente não devem ser subestimadas, mas em que não existe uma razão de princípios que nos leve além das nossas teorias científicas atuais. Do outro lado da discussão estão aqueles que defendem que os temas da mente e do espírito – e o próprio mistério da consciência humana – são coisas que nós jamais poderemos tratar adequadamente através dos procedimentos frios e calculistas de uma ciência sem sentimentos.

Neste livro eu tentarei responder a questão da consciência de um ponto de vista científico. Mas defenderei veementemente – *usando* um argumento científico – que uma peça essencial está ausente do nosso entendimento científico atual. Essa peça ausente seria necessária para que os pontos centrais relativos à mentalidade humana pudessem ser acomodados em um paradigma científico coerente. Defendo que essa peça em si *não* é algo que está além da ciência – apesar de que, sem dúvida, precisaremos de um paradigma científico estendido. Na Parte II deste livro, tentarei guiar o leitor em um caminho muito específico que resultará em tal extensão do nosso entendimento atual do universo físico. É um caminho que envolve uma importante mudança nas mais básicas das nossas leis da física e serei bastante específico sobre qual é a natureza dessa mudança e como ela pode ser aplicada à biologia dos nossos cérebros. Mesmo com a nossa compreensão limitada da natureza dessa peça faltante, podemos começar a ver onde ela tem seus efeitos e como deve contribuir de maneira essencial para seja lá o que for que embase nossos sentimentos e ações conscientes.

Apesar de, por necessidade, alguns dos pontos que levantarei não serem simples, tentei defender meu ponto de vista da maneira mais clara possível, utilizando apenas ideias elementares onde fosse possível. Em alguns lugares, algumas tecnicalidades matemáticas são introduzidas, mas apenas quando são necessárias ou ajudam a tornar a discussão mais clara. Mesmo tendo aprendido a não esperar que todos sejam persuadidos pelo tipo de argumento que apresentarei, eu sugeriria que esses argumentos merecem uma análise cuidadosa e desapaixonada, pois formam uma argumentação que não deveria ser ignorada.

Um paradigma científico que não se comprometa profundamente com a solução do problema das mentes conscientes não pode ter pretensões sérias de ser dito completo. A consciência é parte do nosso universo e, dessa forma, qualquer teoria física que não a acomode é fundamentalmente incapaz de prover uma descrição genuína do mundo. Eu diria que ainda não há teoria física, biológica ou computacional que chegue perto de explicar nossa consciência e consequente inteligência; mas que isto não deve nos impedir de procurar por uma. É com essa inspiração em mente que as ideias deste livro são apresentadas. Talvez algum dia um conjunto apropriadamente completo de ideias sobre este tópico surja. Caso isto aconteça, nosso paradigma filosófico não pode deixar de ser profundamente alterado. No entanto, todo conhecimento científico é uma faca de dois gumes. O que nós de fato *fazemos* com nosso conhecimento científico é outro assunto. Vamos tentar ver aonde nossas ideias sobre a ciência e a mente podem nos levar.

1.2 Os robôs podem salvar este mundo atribulado?

Todas as vezes que abrimos os jornais ou assistimos à televisão parecemos ser constantemente atordoados pelos frutos da estupidez humana. Países, ou partes de países, são colocados uns contra os outros em conflitos que podem, de vez em quando, resultar em guerras horrendas. Fervor religioso excessivo, nacionalismo, interesses étnicos distintos, simples diferenças linguísticas ou culturais ou os interesses próprios de alguns demagogos em particular podem resultar em constante conflito e violência, às vezes resultando em atrocidades indescritíveis. Regimes autoritários opressivos ainda subjugam seus povos, mantendo-os dominados através da utilização de esquadrões da morte e tortura. Ainda assim, aqueles que são oprimidos e que parecem ter uma causa em comum estão muitas vezes em conflito uns com os outros e, quando conseguem uma liberdade que pode lhes ter sido negada por muito tempo, parecem escolher utilizar essa liberdade de maneiras terrivelmente autodestrutivas. Mesmo nos afortunados países onde há prosperidade, paz e liberdade democrática, meios e pessoas são desperdiçados de maneiras aparentemente sem sentido. Isto não é uma indicação clara da estupidez humana? Apesar de acreditarmos que representamos o pináculo da inteligência no reino animal, essa inteligência parece tristemente inadequada para lidar com muitos dos problemas com os quais constantemente nos deparamos em nossa sociedade.

Porém, as conquistas benéficas do nosso intelecto não podem ser ignoradas. Entre essas conquistas estão nossas impressionantes ciência e tecnologia. De fato, ainda que precisemos admitir que alguns frutos dessa tecnologia são claramente questionáveis no longo (ou curto) prazo, como evidenciado por diversos problemas ambientais e um medo genuíno de uma catástrofe global induzida pela tecnologia, é a mesma tecnologia que nos deu nossa sociedade moderna, com seus confortos, sua considerável liberdade do medo, doença e necessidade, com suas vastas oportunidades para o desenvolvimento intelectual e estético, e com a comunicação global e sua capacidade de ampliar nossas mentes. Se essa tecnologia abriu tantas possibilidades e, em certo sentido, aumentou o alcance e poder dos nossos seres, não podemos esperar muito mais no futuro?

Nossos sentidos foram amplamente estendidos por nossa tecnologia, tanto antiga quanto moderna. Nossa visão foi auxiliada e enormemente aumentada em capacidade pelo poder dos óculos, espelhos, telescópios, microscópios de todos os tipos e por câmeras de vídeo, televisão e similares.

Nossa audição foi auxiliada originalmente por cornetas acústicas, mas agora é auxiliada por pequenos aparelhos eletrônicos, e amplamente estendida por telefones, comunicação por rádio e satélites. Temos bicicletas, trens, automóveis, navios e aviões para auxiliar e transcender nossos meios naturais de locomoção. Nossas memórias são ajudadas por livros impressos, filmes – e pela imensa capacidade dos *computadores eletrônicos*. Nossas tarefas computacionais, sejam simples e rotineiras ou de imensa sofisticação, também são enormemente ampliadas pelas capacidades dos computadores modernos. Assim, nossa tecnologia não somente nos fornece uma enorme expansão da capacidade dos nossos seres *físicos*, mas também expande nossas capacidades *mentais* por melhorar bastante nossas habilidades de realizar várias tarefas rotineiras. E quanto a tarefas mentais que não são rotineiras – tarefas que requerem *inteligência* genuína? É natural perguntar-se se elas também serão auxiliadas pela nossa tecnologia baseada em computadores.

Não tenho a menor dúvida de que há, de fato, implícita em nossa sociedade tecnológica (comumente impulsionada por computadores), pelo menos uma direção com um potencial enorme para melhorar a inteligência. Refiro-me aqui às possibilidades educacionais de nossa sociedade, que poderia colher muitos benefícios de diversos aspectos da tecnologia – mas somente se utilizada com sensibilidade e entendimento. A tecnologia provê essa possibilidade, através do uso de livros, filmes e programas de televisão bem produzidos, além de diversos tipos de sistemas interativos controlados por computadores. Estes e outros desenvolvimentos fornecem muitas oportunidades para expandir nossas mentes – ou fazê-las regredir. A mente humana é capaz de muito mais do que aquilo que frequentemente lhe é dada a chance de conquistar. Infelizmente essas oportunidades são geralmente desperdiçadas e nem à mente dos jovens nem à dos idosos são dadas as oportunidades que elas certamente merecem.

Muitos leitores perguntarão: não existe uma possibilidade bastante diversa para a expansão da capacidade mental, isto é uma "inteligência" eletrônica exótica que está recentemente começando a emergir dos avanços extraordinários da tecnologia computacional? De fato, frequentemente recorremos aos computadores para ajuda intelectual. Existem diversas circunstâncias em que a inteligência humana desprovida de assistência é bastante inadequada para avaliar as consequências prováveis de ações alternativas. Essas consequências podem estar consideravelmente além da capacidade dos poderes computacionais humanos; assim, é esperado que os computadores do futuro irão ampliar enormemente essa possibilidade, onde puros e simples cálculos computacionais forneçam auxílio inestimável para a inteligência humana.

No entanto, não podem os computadores acabar atingindo um patamar muito mais elevado do que este? Muitos especialistas alegam que os computadores nos fornecem, pelo menos em princípio, o potencial para uma inteligência *artificial* que irá em última instância exceder a nossa.[1] Segundo eles, quando os robôs controlados por computadores atingirem o nível de "equivalência humana", não demorará muito até que rapidamente atinjam níveis muito além das nossas parcas capacidades. Somente *então*, esses especialistas afirmariam, nós teríamos uma autoridade com inteligência, sabedoria e entendimento suficiente para resolver os problemas que a humanidade criou neste mundo.

Quanto tempo demorará até esse cenário afortunado se tornar realidade? Não existe um consenso claro entre os especialistas. Alguns dizem que a escala de tempo envolvida seria de muitos séculos enquanto outros alegam que a equivalência humana se encontra apenas algumas décadas no futuro.[2] Estes últimos apontariam para a veloz escalada "exponencial" do poder computacional e basearia suas estimativas em comparações entre a velocidade e acurácia dos transistores e a relativa lerdeza e descuido das ações neuronais. De fato, circuitos eletrônicos já são mais de um milhão de vezes mais rápidos que o disparo de neurônios no cérebro (a taxa sendo de cerca de 10^9/s para os transistores e apenas cerca de 10^3/s para os neurônios),* além de terem uma imensa precisão em termos de tempo e acurácia de ação que não encontra paralelo nos neurônios. Além disso, a grande aleatoriedade na maneira que o cérebro é "conectado" poderia, aparentemente, ser bastante melhorada pela organização deliberada e precisa dos circuitos impressos eletronicamente.

Existem alguns domínios onde a estrutura neuronal do cérebro fornece uma vantagem numérica em relação aos computadores atuais, ainda que essa vantagem possa ser relativamente pouco duradoura. É dito que, quanto ao número total de neurônios (cerca de centenas de milhares de milhões), os cérebros humanos estão no momento à frente dos computadores em relação

---

[1] Veja particularmente Good, 1965; Minsky, 1986; Moravec, 1988.

[2] Moravec (1988) baseia seu argumento para esse tipo de escala de tempo na proporção do córtex que ele considera que já foi modelado de forma bem-sucedida (essencialmente aquela na retina), junto de uma estimativa da taxa na qual a tecnologia envolvida nos computadores irá avançar no futuro. No começo de 1994 ele ainda defendia tais estimativas; cf. Moravec, 1994.

* Os chips *Pentium* da Intel têm mais de três milhões de transistores em uma "camada de sílica" do tamanho de uma unha, cada um deles capaz de realizar 113 milhões de instruções completas por segundo. (N. A.)

a seus números de transistores. Mais que isso, existe, em média, um número bem maior de *conexões* entre os diferentes neurônios do que existem conexões entre os transistores em um computador. Em particular, células de Purkinje no cerebelo podem ter até 80 mil sinapses (junções entre os neurônios), enquanto em um computador o número é somente cerca de três ou quatro no máximo. (Farei alguns outros comentários sobre o cerebelo mais adiante, cf. seções 1.14 e 8.6.) Ainda, a maioria dos transistores dos computadores atuais está preocupada apenas com memória e não diretamente com capacidade computacional, sendo que pode ser que no cérebro essa capacidade computacional possa estar mais espalhada.

Essas vantagens temporárias para o cérebro podem ser facilmente superadas no futuro, especialmente quando sistemas computacionais massivamente "paralelos" se tornarem mais bem desenvolvidos. É uma vantagem para o computador que diferentes unidades possam ser combinadas para formar unidades cada vez maiores, de tal maneira que o número de transistores poderia, em princípio, ser aumentado quase sem limites. Adicionalmente existem revoluções tecnológicas à espreita, tais como a substituição dos fios e transistores dos nossos computadores atuais por aparatos óticos (baseados em lasers), talvez alcançando assim um aumento expressivo em velocidade, capacidade computacional e miniaturização. Mais importante ainda, nossos cérebros parecem estar *condenados* com os números que temos atualmente e temos ainda mais restrições, tais como necessitarmos crescer a partir de uma única célula. Computadores, por outro lado, podem ser deliberadamente construídos de maneira a fazer tudo que seja eventualmente necessário. Ainda que eu indique mais adiante alguns fatores importantes que ainda não estão sendo levados em conta por essas considerações (particularmente, um nível significativo de atividade que embasa a atividade neuronal), uma argumentação bastante impressionante pode ser feita de que em qualquer aspecto relativo ao simples poder computacional, se os computadores ainda não têm a dianteira em relação aos cérebros, eles *certamente* a terão no futuro próximo.

Assim, caso se confirmem as afirmações mais fortes dos proponentes da inteligência artificial e os computadores e robôs controlados por computadores um dia – e talvez num futuro nem tão distante – excedam todas as capacidades humanas, então os computadores serão capazes de fazer imensuravelmente mais do que simplesmente auxiliar *nossas* inteligências. Eles, em realidade, terão uma imensa inteligência própria. Nós poderíamos *então* requisitar conselhos e autoridade dessa inteligência superior em todos os tópicos de importância – e os problemas causados pela humanidade em nosso mundo poderiam finalmente ser resolvidos!

Mas parece haver outra consequência lógica desses desenvolvimentos em potencial que pode nos parecer genuinamente alarmante. Esses computadores por fim não tornariam os próprios seres humanos supérfluos? Se os robôs controlados por computadores acabassem se tornando superiores a nós em todos os aspectos, então eles não concluiriam que podem tomar conta do mundo melhor sem a necessidade da nossa existência? A humanidade teria se tornado então obsoleta. Talvez, se tivéssemos sorte, eles nos manteriam como animais de estimação, como Edward Fredkin uma vez disse; ou, se formos espertos, poderíamos ser capazes de transferir os "padrões de informação" que formam nossos "eus" para uma forma robótica, como Hans Moravec (1988) insistiu; ou talvez nós *não* seremos tão sortudos *nem* tão espertos...

1.3 O $\mathscr{A}$, $\mathscr{B}$, $\mathscr{C}$, $\mathscr{D}$ da computação e do pensamento consciente

Mas são importantes apenas aqueles tópicos que versam sobre poder computacional, velocidade, acurácia ou memória, ou talvez da maneira particular como as coisas estão "conectadas"? Será que não fazemos algo com nossos cérebros que não pode ser no fim das contas descrito inteiramente em termos computacionais? Como nossos sentimentos de existência consciente – de felicidade, dor, amor, sensibilidade estética, vontade, entendimento etc. – cabem em tal paradigma computacional? Os computadores do futuro terão de fato *mentes*? A presença de uma mente consciente influencia o comportamento de alguma maneira? Faz algum sentido falar de tais tópicos em termos científicos ou será que a ciência não é de forma alguma competente para responder as questões que estão relacionadas à consciência humana?

Parece-me que existem quatro pontos de vista diferentes ([3]) – ou extremos de um ponto de vista – que alguém pode defender de maneira razoável sobre o assunto:

$\mathscr{A}$. Todo pensamento é computacional; em particular, sentimentos de nossa autoconsciência surgem meramente do resultado de cálculos computacionais apropriados.

[3] Esses quatro pontos de vista foram explicitamente descritos em, por exemplo, Johnson-Laird, 1987, p.252 (ainda que se deva ressaltar que o que ele refere como a "tese de Church-Turing" é essencialmente o que estou chamando de "Tese de Turing" na Seção 1.6 em vez de "Tese de Church".

𝒝. A autoconsciência é uma característica do funcionamento físico do cérebro e, ainda que qualquer ação física possa ser simulada computacionalmente, a simulação computacional em si não pode ser consciente.
𝒞. A autoconsciência é resultado do funcionamento físico apropriado do cérebro, mas essa ação física não pode ser simulada computacionalmente de forma adequada.
𝒟. A autoconsciência não pode ser explicada em termos físicos, computacionais ou científicos.

O ponto de vista expresso por 𝒟, que nega a posição materialista completamente e vê a mente como algo que é inteiramente inexplicável em termos científicos, é o ponto de vista do místico; e aparentemente pelo menos alguma parte de 𝒟 está envolvida na aceitação de uma doutrina religiosa. Minha posição sobre as questões relativas à mente é que, apesar de elas se encontrarem desconfortavelmente longe do nosso entendimento científico atual, não devem ser vistas eternamente como além dos domínios da ciência. Se a ciência é ainda incapaz de dizer muitas coisas relevantes relativas às questões da mente, ela ciência deve aumentar seu escopo para acomodar tais questões e, talvez, mesmo modificar suas próprias metodologias. Apesar de eu rejeitar o misticismo em sua negação dos critérios científicos para o avanço do conhecimento, acredito que, dentro de uma ciência e matemática expandidas, encontraremos mistérios suficientes para, por fim, acomodar o mistério da mente. Irei tratar melhor dessas ideias mais à frente neste livro, mas, por ora, é suficiente afirmar que rejeito 𝒟, e que estou tentando avançar dentro das trilhas que a ciência nos abriu. Se você, leitor, acredita fortemente que, de alguma forma, a alternativa 𝒟 deve estar correta, peço que aguente firme e veja o quão longe podemos chegar pelos caminhos científicos – e tente compreender aonde acredito que esse caminho irá nos levar ao final.

Vamos considerar o que parece ser o outro extremo: o ponto de vista 𝒜. Aqueles que aderem à posição que é comumente referida como *IA forte* (Inteligência Artificial forte) ou *IA dura*, ou *funcionalismo*,[4] seriam abarcados sob esse guarda-chuva – apesar de que algumas pessoas utilizariam o termo "funcionalismo" de uma maneira que também incluiria algumas versões de 𝒞. 𝒜 pode ser visto de alguma maneira como o único ponto de vista que uma

[4] Por exemplo, D. Dennett, D. Hofstadter, M. Minsky, H. Moravec, H. Simon; para uma discussão sobre esses termos, veja Searle, 1980; Lockwood, 1989.

atitude inteiramente científica permite. Outros considerariam $\mathscr{A}$ como um absurdo que nem seria digno de nota. Certamente existem diversas versões distintas do ponto de vista $\mathscr{A}$. (Veja Sloman, 1992, para uma longa lista de pontos de vista computacionais diferentes.) Alguns destes podem diferir sobre o que seria considerado um "cálculo computacional" ou "realizar" um cálculo computacional. De fato, alguns proponentes de $\mathscr{A}$ até negariam que são "defensores da IA forte", pois alegam ter uma visão diferente quanto à interpretação do termo "cálculo computacional" em relação à IA convencional (cf. Edelman, 1992). Tratarei desses pontos de maneira um pouco mais completa na Seção 1.4. Por ora, é suficiente entender esse termo simplesmente como significando o tipo de coisa que computadores de propósito universal são capazes de realizar. Outros defensores de $\mathscr{A}$ podem diferir em como eles interpretam os termos "mentalidade" ou "consciência". Alguns não admitiriam nem mesmo que *existe* tal fenômeno como a "mentalidade consciente", enquanto outros, ainda que aceitassem a existência desse fenômeno, diriam que ele é somente algum tipo de "propriedade emergente" (cf. também nas seções 4.3 e 4.4) que surge sempre que um grau suficiente de complexidade (ou sofisticação, ou autorreferência, ou qualquer coisa do tipo) é envolvido em um cálculo computacional que está sendo realizado. Apresentarei a minha interpretação dos termos "consciência" e "mentalidade" na Seção 1.12. Momentaneamente, quaisquer diferenças sobre as interpretações possíveis não serão de grande importância para nossas discussões.

O ponto de vista da IA-forte $\mathscr{A}$ foi o principal alvo dos argumentos que apresentei em ENM. O tamanho do livro por si só já deveria deixar claro que, apesar de eu mesmo não acreditar que $\mathscr{A}$ está certo, *de fato* acredito que ele é uma possibilidade realista e deve ser levado bastante a sério. $\mathscr{A}$ é uma implicação de uma atitude bastante operacional com relação à ciência, em que o mundo físico também é pensado como operando de maneira inteiramente computacional. Em um extremo desse ponto de vista, o universo em si pode ser pensado, para todos os efeitos, como um computador gigantesco,[5] onde subcálculos computacionais adequados que esse computador realiza irão dar origem aos sentimentos de "mentalidade" que formam nossas mentes conscientes.

Acredito que esse ponto de vista – que sistemas físicos devem ser pensados simplesmente como entidades computacionais – deriva parcialmente do papel cada vez mais poderoso e relevante que simulações computacionais

---

[5] Veja Moravec, 1988.

têm na ciência moderna do século XX, e, também, parcialmente da crença de que objetos físicos são em si simplesmente "padrões de informação", em algum sentido, que estão sujeitos às leis da computação matemática. Afinal, a maior parte dos nossos corpos e cérebros é continuamente substituída e é somente seu *padrão* que persiste. Além disso, a matéria em si parece ter apenas uma existência transiente já que pode ser convertida de uma forma para a outra. Mesmo a *massa* de um corpo material, que provê uma medida fisicamente precisa da quantidade de matéria que um corpo possui, pode ser convertida em energia, dadas as circunstâncias apropriadas (segundo a famosa equação $E = mc^2$ de Einstein) –, então, mesmo o substrato material parece ser capaz de se converter em algo com apenas uma realidade teórico-matemática. Mais que isto, a teoria quântica parece nos dizer que partículas materiais são apenas "ondas" de informação. (Examinaremos essas questões mais cuidadosamente na Parte II.) Assim, a matéria em si é nebulosa e transiente e não é inteiramente despropositado supor que a persistência do "eu" está mais relacionada com a preservação de *padrões* do que das partículas materiais de fato.

Mesmo que achemos que não é apropriado pensar no universo simplesmente como sendo um computador, podemos nos sentir operacionalmente impelidos em direção ao ponto de vista $\mathscr{A}$. Suponha que tenhamos um robô que é controlado por um computador e que responda a questões exatamente da mesma maneira que um ser humano. Se perguntássemos como ele se sente, encontraríamos respostas que são inteiramente consistentes com a ideia de que ele de fato possui sentimentos. Ele nos diz que está consciente, que está feliz ou triste, que pode compreender a cor vermelha e que se preocupa com questões relativas à "mente" e ao "ser". Pode mesmo expressar dúvida sobre se aceita ou não que *outros* seres (especialmente seres humanos) devem ser considerados como detentores de uma consciência similar à que ele alega possuir. Por que deveríamos desconsiderar *suas* declarações de que está consciente, de que pode imaginar, se contentar ou sentir dor, quando parece que temos tão pouco para acreditar nas declarações a respeito de outros seres humanos que nós *de fato* aceitamos como seres conscientes? O argumento operacional me parece possuir força considerável, mesmo que não seja inteiramente conclusivo. Se todas as manifestações *externas* de um cérebro consciente, incluindo respostas a interrogatórios constantes, podem mesmo ser completamente emuladas por um sistema inteiramente sob controle computacional, teríamos realmente uma evidência plausível para aceitar que suas manifestações *internas* – a própria consciência – também devam ser consideradas presentes em associação com tal simulação.

A aceitação de tal tipo de ideia, que é basicamente o que é chamado de *Teste de Turing*,[6] é aquilo que distingue fundamentalmente 𝒜 de ℬ. De acordo com 𝒜, qualquer robô controlado por computadores que, após contínua investigação, se comportasse de maneira convincente *como se* possuísse uma consciência, deve *de fato* ser considerado consciente – ao passo que, segundo ℬ, um robô poderia perfeitamente se comportar como uma pessoa consciente se comportaria mesmo que ele mesmo não possuísse qualquer qualidade mental. Tanto 𝒜 quanto ℬ permitem que um robô controlado por computador possa se *comportar* convincentemente como um ser consciente se comportaria, mas o ponto de vista 𝒞, por outro lado, não admitiria nem mesmo que uma simulação completamente efetiva de uma pessoa consciente pudesse ser realizada simplesmente por um robô controlado por um computador. Assim, de acordo com 𝒞, a realidade da falta de consciência do robô deveria por fim ser revelada, após um interrogatório suficientemente longo. De fato, 𝒞 é um ponto de vista muito mais *operacional* que ℬ – e é mais parecido com 𝒜 do que com ℬ nesse aspecto em particular.

E quanto a ℬ? Acredito que este talvez seja o ponto de vista que muitos diriam que é o "bom senso científico". Algumas vezes ele é mencionado como *IA fraca* (ou *suave*). Assim como 𝒜, ressalta um paradigma de que todos os objetos físicos deste mundo devem se comportar segundo uma ciência que, em princípio, permitiria que eles fossem simulados computacionalmente. Por outro lado, rechaça fortemente a afirmação operacional de que algo que se comporta externamente como um ser consciente deva ser necessariamente consciente. Como o filósofo John Searle enfatizou,[7] uma simulação computacional de um processo físico é bastante diferente do processo em si. (Uma simulação computacional de um furacão, por exemplo, certamente não é um furacão!) Do ponto de vista ℬ, a presença ou ausência de uma consciência dependeria muito de qual objeto físico está "pensando" e de quais ações físicas específicas esse objeto está realizando. Seria secundário considerar quais cálculos computacionais podem estar envolvidos em tais ações. Assim, o funcionamento de um cérebro biológico poderia dar origem à consciência, enquanto uma simulação eletrônica acurada não poderia. Não é necessário, do ponto de vista ℬ, que essa distinção seja entre a biologia e a física. Mas a constituição *material* de fato do objeto em questão (digamos, um cérebro), e

6 Turing, 1950; veja ENM, p.5-14.

7 Veja Searle, 1980, 1992.

não somente seu funcionamento computacional, é vista como sendo fundamentalmente importante.

O ponto de vista $\mathscr{C}$ é aquele que acredito ser o mais próximo da verdade. É um ponto de vista mais operacional que aquele apresentado em $\mathscr{B}$, já que afirma que existem manifestações externas de objetos conscientes (digamos, cérebros) que diferem das manifestações externas de um computador: que os efeitos externos da consciência não podem ser simulados computacionalmente por completo. Eu irei expor minhas razões para essa crença no momento apropriado. Já que $\mathscr{C}$, assim como $\mathscr{B}$, concorda com a posição materialista de que mentes surgem como manifestações do comportamento de certos objetos físicos (cérebros – porém não necessariamente só cérebros), segue então que uma implicação de $\mathscr{C}$ é que *nem* toda ação física pode ser simulada computacionalmente.

A física atual permite a possibilidade de existir uma ação que é, em princípio, impossível de ser simulada em um computador? A resposta não está completamente clara para mim, se pedirmos por uma asserção matemática rigorosa. Sabe-se muito menos do que se gostaria em termos de teoremas matemáticos precisos em relação a esse tópico.[8] Porém, acredito fortemente que tal ação não computacional teria que se encontrar em uma área da física que está *fora* das leis físicas atualmente conhecidas. Posteriormente, neste livro, reiterarei algumas das contundentes razões, vindas da própria física, para acreditar que é de fato necessário um novo entendimento em uma área que se encontra no meio do caminho entre o nível "micro", onde as leis quânticas imperam, e o nível do "dia a dia" da física clássica. Porém, não é de forma alguma aceito universalmente, entre os físicos e as físicas de hoje, que tal nova teoria física seja necessária.

Assim, existem pelo menos duas posições bastante diferentes que podem ser abarcadas sob a alcunha $\mathscr{C}$. Alguns proponentes de $\mathscr{C}$ defenderiam que o nosso entendimento da realidade física atual é perfeitamente adequado e que deveríamos olhar para tipos sutis de comportamentos dentro da teoria convencional que seriam capazes de nos levar além do escopo daquilo que pode ser realizado inteiramente de maneira computacional (*e.g.*, como

[8] A questão se torna mais complicada pelo fato de que a física dos dias atuais depende do uso de ações *contínuas*, em vez de ações discretas (digitais). Mesmo o *significado* de "computabilidade" nesse contexto está aberto a interpretações diversas. Para alguma discussão relevante, veja Pour-el, 1974; Smith; Stephenson, 1975; Pour-el; Richards, 1979, 1981, 1982, 1989; Blum; Shub; Smale, 1989; Rubel, 1988, 1989. Voltaremos a essa questão na Seção 1.8.

examinaremos mais tarde: comportamentos caóticos (Seção 1.7), sutilezas com relação às ações contínuas em comparação com as discretas (Seção 1.8), aleatoriedade quântica). Por outro lado, há aqueles que argumentariam que a física atual realmente não nos oferece nenhum espaço razoável para o tipo de não computabilidade que seria necessário. Adiante darei o que acredito serem razões contundentes para adotar $\mathscr{C}$ de acordo com essa posição mais forte – que requer que algum tipo fundamentalmente novo de física esteja envolvido.

Algumas pessoas tentaram afirmar que isso me coloca, de fato, como proponente de $\mathscr{D}$, já que estou argumentando que devemos olhar além dos domínios da ciência conhecida se algum dia quisermos encontrar algum tipo de explicação para o fenômeno da consciência. Porém, existe uma diferença essencial entre essa versão mais forte de $\mathscr{C}$ e o ponto de vista $\mathscr{D}$ – em particular com relação ao aspecto da *metodologia*. Segundo $\mathscr{C}$, o problema da existência consciente é de fato um problema científico, mesmo que a ciência adequada não exista ainda. Eu defendo firmemente esse ponto de vista; Acredito que seja de fato pelos métodos científicos – ainda que apropriadamente estendidos de alguma maneira que mal podemos conceber atualmente – que devamos procurar respostas. Esta é a diferença fundamental entre $\mathscr{C}$ e $\mathscr{D}$, a despeito de quaisquer similaridades que possam parecer existir com relação às opiniões sobre o que a ciência *atual* é capaz de realizar.

Os pontos de vista $\mathscr{A}$, $\mathscr{B}$, $\mathscr{C}$ e $\mathscr{D}$, como foram definidos, têm a intenção de representar extremos, ou polaridades, de possíveis posições que alguém pode escolher. Posso aceitar que algumas pessoas sintam que seus próprios pontos de vista não se encaixam claramente em quaisquer dessas categorias, mas talvez se encontrem entre elas ou passem por elas. Existem certamente muitas gradações possíveis de crenças entre $\mathscr{A}$ e $\mathscr{B}$, por exemplo (veja Sloman, 1992). Existe mesmo uma visão, não comumente expressa, que pode ser entendida melhor como uma combinação de $\mathscr{A}$ e $\mathscr{D}$ (ou talvez $\mathscr{B}$ e $\mathscr{D}$) – uma possibilidade que irá aparecer de maneira significativa em nossas deliberações posteriores. Segundo essa visão, a ação do cérebro é mesmo aquela de um computador, mas um computador de tamanha e fantástica complexidade que sua imitação está além do engenho humano e da ciência, sendo necessariamente uma criação de Deus – o "melhor programador do ramo"![9]*

---

[9] Devo esta bela frase ao apresentador da *BBC Radio 4*, em "Thought for the Day" [Pensamento para o dia].

* A frase original em inglês é: "best programmer in the business". (N. T.)

1.4 Materialismo *vs.* mentalismo

Devo fazer um breve comentário sobre o uso das palavras "materialista" [*physicalist*] e "mentalista" que são comumente utilizadas para descrever pontos de vista distintos em relação aos temas tratados por $\mathscr{A}$, $\mathscr{B}$, $\mathscr{C}$ e $\mathscr{D}$. Já que $\mathscr{D}$ representa a negação total do materialismo, defensores de $\mathscr{D}$ seriam certamente classificados como mentalistas. Porém, não está nem um pouco claro para mim onde a linha entre materialismo [*physicalism*] e mentalismo deve ser traçada em relação aos outros três pontos de vista $\mathscr{A}$, $\mathscr{B}$ e $\mathscr{C}$. Penso que os proponentes de $\mathscr{A}$ seriam normalmente vistos como materialistas e estou certo de que a maioria *deles* diria isso. Porém, existe algo paradoxal escondido aqui. Segundo $\mathscr{A}$, a construção *material* de um aparato pensante é vista como irrelevante. São simplesmente os cálculos computacionais que realiza que determinam todos seus atributos mentais. Os cálculos computacionais em si são exemplos de matemática abstrata, desapropriados de qualquer conexão com corpos materiais em específico. Assim, segundo $\mathscr{A}$, atributos mentais são em si objetos sem qualquer associação com objetos físicos materiais, de tal forma que o termo "materialista" pode parecer um pouco inapropriado. Os pontos de vista $\mathscr{B}$ e $\mathscr{C}$, por outro lado, exigem que a constituição física material em si de um objeto deve ter um papel fundamental em determinar se existe ou não alguma mentalidade genuína associada a ele. Em consonância com isso, pode-se argumentar que são estes, e não $\mathscr{A}$, que representam as possíveis posições materialistas. Porém, parece que tal terminologia estaria em desacordo com o uso comum, pois o termo "mentalista" é frequentemente visto como mais apropriado para $\mathscr{B}$ e $\mathscr{C}$, já que nesses pontos de vista as qualidades mentais são vistas como sendo "objetos reais" e não apenas "epifenômenos" que podem surgir incidentalmente quando (alguns tipos de) cálculos computacionais são realizados. Em vista de tais confusões, eu tentarei evitar o uso dos termos "*materialista*" e "mentalista" nas discussões que seguem e me referirei, em vez disso, aos pontos de vista específicos $\mathscr{A}$, $\mathscr{B}$, $\mathscr{C}$ e $\mathscr{D}$ como foram definidos.

1.5 Cálculos computacionais: procedimentos *top-down* e *bottom-up*

Eu não fui, de maneira alguma, explícito até agora sobre o que penso significar o termo "cálculo computacional" nas definições $\mathscr{A}$, $\mathscr{B}$, $\mathscr{C}$ e $\mathscr{D}$ na Seção 1.3.

O que *é* um "cálculo computacional"? De maneira sucinta, pode-se entender o termo como denotando a atividade que um computador ordinário de propósito universal realiza. Para sermos mais precisos, devemos entender isto de uma maneira apropriadamente idealizada: um *cálculo computacional* é o funcionamento de uma *máquina de Turing*.

Mas o que é uma máquina de Turing? É, de fato, um computador matematicamente idealizado (o antecessor teórico dos computadores de propósito geral atuais) – idealizado no sentido de nunca cometer nenhum erro, de poder funcionar por quanto tempo necessário e de possuir capacidade de armazenamento ilimitada. Serei um pouco mais explícito em como máquinas de Turing podem ser especificadas de maneira precisa na Seção 2.1 e no Apêndice A (p.166). (Para uma introdução muito mais completa, o leitor interessado pode consultar as descrições dadas em ENM, cap.2; ou então em Kleene, 1952; e Davis, 1978; por exemplo.)

O termo "algoritmo" é frequentemente usado para descrever o funcionamento de uma máquina de Turing. Tomo "algoritmo" como sendo completamente sinônimo do termo "cálculo computacional" aqui. Isto precisa de alguma explicação, pois algumas pessoas têm um ponto de vista mais restritivo com relação ao termo "algoritmo" do que o que proponho aqui, tomando-o em algum sentido como o que eu me referirei mais especificamente como um "algoritmo *top-down*". Vamos tentar entender o que os termos "*top-down*" e sua antítese "*bottom-up*" devem significar no contexto de um cálculo computacional.

Diz-se que um procedimento computacional tem uma organização *top-down* se foi construído segundo algum procedimento computacional fixo bem definido e claramente entendido (que pode incluir algum conjunto de conhecimentos previamente determinado) em que esse procedimento produz uma solução clara para o problema em questão. (O algoritmo de Euclides para encontrar o máximo divisor comum* entre dois números naturais, como descrito em ENM, p.31, é um exemplo simples de um algoritmo *top-down*.) Isto deve ser contrastado com uma organização *bottom-up*, em que tais regras de operação e conhecimentos prévios não são especificados inicialmente, mas em seu lugar existe um procedimento através do qual o sistema deve "aprender" e melhorar sua performance segundo sua "experiência". Assim, em um sistema *bottom-up*, essas regras de operação estão sujeitas a modificações

* O autor comenta em nota originalmente que para os leitores norte-americanos isto se refere ao "*greatest common divisor*", ou "*GCD*". Para os leitores brasileiros, a terminologia utilizada no texto é comumente vista em sua abreviação (MDC). (N. T.)

constantes. Deve-se permitir que o sistema funcione muitas vezes, realizando suas ações em face de um influxo constante de dados. A cada vez uma medição é feita – possivelmente pelo próprio sistema – e isto modifica suas operações, em vista dessa medição, com o intuito de melhorar a qualidade do resultado. Por exemplo, os dados de entrada do sistema podem ser várias fotos de rostos humanos, digitalizadas de maneira apropriada, e a tarefa do sistema é decidir quais fotografias representam os mesmos indivíduos e quais não. Após cada iteração, o desempenho do sistema é comparado com as respostas corretas. Suas regras de operação então são modificadas de tal maneira a provavelmente melhorar a sua performance na próxima iteração.

Os detalhes de como essa melhora deve ser obtida em algum sistema *bottom-up* específico não são importantes aqui. Existem muitas possibilidades diferentes. Dentre os sistemas *bottom-up* mais conhecidos estão as assim chamadas *redes neurais artificiais* (algumas vezes referidas, de maneira levemente errônea, simplesmente como "*redes neurais*") que são programas de aprendizado computacional – ou aparatos eletrônicos especificamente construídos – baseados em certas ideias sobre como a organização de um sistema de conexões neuronais no cérebro deve melhorar à medida que o sistema obtém experiência. (A questão de como o sistema de interconexões neuronais do cérebro *de fato* se modifica será importante para nós mais à frente; cf. seções 7.4 e 7.7.) Também é obviamente possível a existência de sistemas computacionais que combinem elementos tanto de organizações *top-down* quanto *bottom-up*.

O fato importante para os nossos propósitos aqui é que tanto procedimentos computacionais *top-down* quanto *bottom-up* são coisas que podem ser colocadas em um computador de propósito geral e, assim, ser abarcados por aquilo a que me refiro ao usar os termos *computacional* e *algorítmico*. Assim, em relação aos sistemas *bottom-up* (ou combinados), a maneira pela qual o sistema modifica seus processos é em si provida por algo inteiramente computacional que é definido previamente. Esta é a razão pela qual o sistema todo pode de fato ser implementado em um computador comum. A *diferença* essencial entre um sistema *bottom-up* (ou combinado) e um *top-down* jaz no fato de que, com sistemas *bottom-up*, o procedimento computacional deve possuir uma "memória" de sua performance prévia ("experiência"), de tal forma que essa memória possa ser incorporada em suas ações computacionais subsequentes. Por ora, os detalhes não são particularmente importantes, mas alguma discussão adicional será fornecida na Seção 3.11.

Segundo as aspirações da área de *inteligência artificial* (abreviada por IA), espera-se imitar um comportamento inteligente, em qualquer nível, segundo algum procedimento computacional. Aqui, tanto organizações *top-down* quanto *bottom-up* são frequentemente utilizadas. Originalmente eram os sistemas *top-down* que pareciam mais promissores,[10] mas agora sistemas *bottom-up* do tipo rede neural artificial se tornaram particularmente populares. Parece que é em alguma *combinação* entre organizações *top-down* e *bottom-up* que devemos esperar encontrar os sistemas de IA mais bem-sucedidos. Existem diferentes tipos de vantagem a serem ganhas de cada um. Os êxitos de organizações *top-down* tendem a ser em áreas em que os dados e as regras operacionais são claramente delineados e de um tipo computacional bastante bem definido, tais como alguns problemas matemáticos específicos ou computadores jogadores de xadrez ou, digamos, com diagnósticos médicos em que conjuntos de regras são dados para diagnosticar tipos diferentes de doenças, baseados em procedimentos médicos estabelecidos. A organização *bottom-up* tende a ser útil quando os critérios para decisões não são muito precisos ou são mal entendidos, tais como o reconhecimento de rostos ou sons, ou a prospecção de depósitos minerais, nos quais a melhora da performance com a experiência é o critério comportamental básico. Em muitos desses casos poderíamos ter elementos *tanto* de organizações *top-down quanto bottom-up* (como em um computador jogador de xadrez que aprende com suas experiências ou então em uma situação na qual algum entendimento teórico claro sobre geologia é incorporado em um aparato computacional procurando por depósitos minerais).

Acredito que seria justo dizer que somente em alguns casos de organizações *top-down* (ou primariamente *top-down*) os computadores exibiram superioridade significativa em relação aos seres humanos. O caso mais óbvio é na

---

[10] O tema da inteligência artificial começou efetivamente nos anos 1950 utilizando procedimentos *top-down* comparativamente elementares (*e.g.*, Grey Walter, 1953). O "perceptron" reconhecedor de padrões, de Frank Rosenblatt (1962), em 1959, foi o primeiro aparato "conexionista" bem-sucedido (rede neural artificial) e isto estimulou muito interesse em esquemas *bottom-up*. No entanto, algumas limitações essenciais desse tipo de esquema *bottom-up* foram levantadas em 1969 por Marvin Minsky e Seymour Papert (cf. Minsky; Papert, 1972). Estas foram por fim superadas por Hopfield (1982) e aparatos artificiais do tipo de redes neurais agora são objeto de considerável interesse mundo afora. (Veja, por exemplo, Beks; Hemker, 1992; e Gernoth et al., 1993, para algumas aplicações na física de altas energias.) Marcos importantes na pesquisa em IA *top-down* foram os artigos de John McCarthy, 1979, e Alan Newell; Herbert Simon, 1976. Veja Freedman (1994) para uma excelente descrição de toda essa história. Para outras discussões recentes dos procedimentos e prospectos da IA, veja Grossberg, 1987; Baars, 1988; para um ataque clássico ao tema, veja Dreyfus, 1972; e para um ponto de vista recente de um dos pioneiros da IA, Gelernter, 1994; cf. também vários artigos em Broadbent, 1993; e Khalfa, 1994.

execução de computações numéricas diretas, quando computadores ganhariam sem sombra de dúvida – e também em jogos "computacionais", tais como xadrez ou damas, nos quais devem existir pouquíssimos jogadores capazes de vencer as melhores máquinas (mais sobre isso nas seções 1.15 e 8.2). Com organizações *bottom-up* (redes neurais artificiais), os computadores podem, em alguns poucos casos limitados, atingir o nível de seres humanos ordinários bem treinados.

Outra distinção entre os diferentes tipos de sistemas computacionais é aquela que diferencia arquiteturas *em série* e *em paralelo*. Uma máquina em série realiza cálculos computacionais um após o outro, passo a passo, enquanto uma máquina paralela realiza diversos cálculos computacionais independentes simultaneamente, os resultados de tais cálculos sendo então unificados somente quando um número apropriado deles houver sido terminado. Novamente, teorias de como o cérebro deve operar foram instrumentais no desenvolvimento de certos sistemas paralelizados. Deve-se ressaltar, no entanto, que não existe realmente uma distinção de *princípio* entre máquinas em série e em paralelo. Sempre é possível simular um funcionamento paralelo de maneira serial, mesmo que existam alguns tipos de problema (mas de maneira nenhuma todos) para os quais ações paralelas podem resolver o problema muito mais eficientemente em termos de tempo de computação etc. do que uma máquina serial. Já que estarei interessado aqui principalmente em questões de princípio, as distinções entre computação serial e paralela não serão de muita relevância para nós.

1.6 O ponto de vista $\mathscr{C}$ viola a tese de Church-Turing?

Devemos nos lembrar de que, segundo o ponto de vista $\mathscr{C}$, um cérebro consciente deve supostamente agir de uma maneira que está além de uma simulação computacional, seja *top-down*, *bottom-up* ou qualquer coisa do gênero. Algumas pessoas, ao expressarem seus questionamentos sobre $\mathscr{C}$, podem basear tais questionamentos em uma asserção de que $\mathscr{C}$ iria contradizer a (geralmente acreditada) chamada *tese de Church* (ou tese de Church-Turing). O que é a tese de Church? Em sua forma original, proposta pelo lógico norte-americano Alonzo Church em 1936, ela diz que qualquer coisa que possa ser razoavelmente dita como um "procedimento matemático puramente mecânico" – i.e., qualquer coisa *algorítmica* – poderia ser realizada dentro de um esquema particular descoberto pelo próprio Church, chamado *cálculo lambda* (cálculo-λ) (um esquema de particular elegância e economia conceitual; veja ENM, p.66-70 para uma pequena introdução).[11] Logo após isso, em 1936-1937, o matemático britânico Alan Turing encontrou sua própria maneira, muito mais persuasiva, de descrever processos algorítmicos, em termos do funcionamento de "máquinas computacionais" teóricas que agora chamamos de *máquinas de Turing*. O lógico americano nascido na Polônia Emil Post (1936) também desenvolveu um esquema parecido com o de Turing pouco tempo depois. Logo foi mostrado, por Church e Turing separadamente, que o cálculo de Church era equivalente ao conceito de Turing (e, assim, também ao de Post) de uma máquina de Turing. Além disso, os computadores de propósito geral modernos surgiram, em grande parte, das próprias ideias de Turing. Como já foi mencionado, uma máquina de Turing é, de fato, completamente equivalente em suas funções a um computador moderno – com a idealização de que o computador possa ter, em princípio, capacidade ilimitada de armazenamento. Assim, a tese original de Church é interpretada hoje como simplesmente afirmando que algoritmos matemáticos são precisamente aquilo que pode ser realizado por um computador teórico moderno – o que, com a *definição* da palavra "algoritmo" que é utilizada atualmente, se torna uma mera tautologia. Certamente não existe contradição envolvida em aceitar essa forma da tese de Church com relação a $\mathscr{C}$.*

No entanto, é provável que o próprio Turing tivesse algo além em sua mente: que as capacidades computacionais de qualquer aparato *físico* devem (idealmente) ser equivalentes ao funcionamento de uma máquina de Turing. Tal asserção ultrapassaria em muito o que Church parece ter pretendido originalmente. As motivações do próprio Turing para desenvolver o conceito de "máquina de Turing" eram baseadas em suas ideias sobre o que um calculador humano seria capaz de fazer em princípio (veja Hodges, 1983). Parece provável que ele via o funcionamento do mundo físico em geral – o que também incluiria o funcionamento do cérebro humano – como sempre podendo

[11] Para explicações do cálculo-λ, veja Church, 1941; e Kleene, 1952.

* Às vezes, em algumas discussões matemáticas, é levantado o ponto de que pode ser encontrado um procedimento que é "obviamente" algorítmico por natureza, mesmo que não seja de forma alguma óbvio como formular o procedimento em termos de uma máquina de Turing ou de uma operação de cálculo-λ. Em tais casos, pode-se afirmar que tal operação deve existir "por conta da tese de Church". Veja Cutland, 1980, para um exemplo. Não existe nada de errado em proceder dessa maneira e certamente não existe contradição com $\mathscr{C}$ nesse aspecto. De fato, esse tipo de uso da tese de Church permeia muito da discussão do Capítulo 3. (N. A.)

ser reduzido a algum tipo de ação de uma máquina de Turing. Talvez se deva chamar essa asserção (física) de "tese de Turing", de maneira a distingui-la da asserção (puramente matemática) original da "tese de Church", que não é de forma alguma contradita por $\mathscr{C}$. Essa é, de fato, a terminologia que eu irei adotar neste livro. Assim, é a *tese de Turing*, não a tese de Church, que seria contradita pelo ponto de vista $\mathscr{C}$.

1.7 Caos

Tem havido bastante interesse nos últimos anos no fenômeno matemático intitulado "Caos", em que sistemas físicos parecem se comportar de maneiras exóticas e imprevisíveis (Figura 1.1). Será que o fenômeno do caos fornece o substrato físico não computacional para um ponto de vista do tipo $\mathscr{C}$?

Sistemas caóticos são sistemas físicos evoluindo dinamicamente no tempo, ou simulações matemáticas de tais sistemas físicos, ou somente modelos matemáticos estudados por suas próprias propriedades, nos quais o

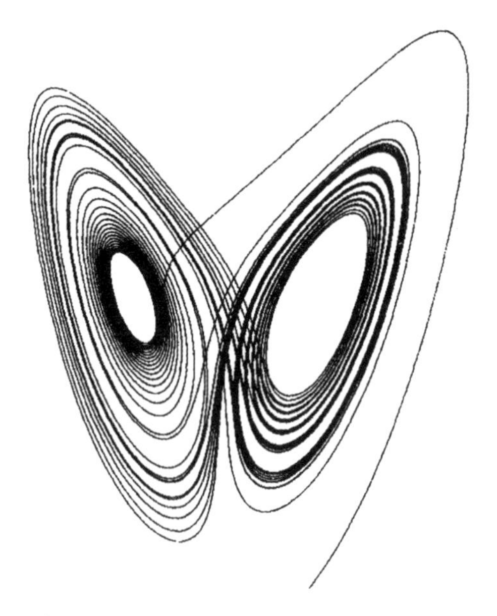

Figura 1.1 – O atrator de Lorentz – um exemplo inicial de sistema caótico. Seguindo as linhas, movemo-nos do polo esquerdo para o direito e voltamos de uma maneira que parece aleatória e o polo no qual nos encontramos em determinado instante depende de maneira crítica do ponto inicial. Porém, a curva é definida por uma simples equação (diferencial) matemática.

comportamento futuro do sistema depende de maneira extremamente crítica da exata condição inicial do sistema. Ainda que sistemas caóticos ordinários sejam completamente determinísticos e computáveis, eles podem, *na prática*, se comportar como se não fossem de forma alguma determinísticos. Isso acontece porque a acurácia com a qual o estado inicial precisa ser conhecido para uma previsão determinística do seu futuro pode estar muito além de qualquer coisa mensurável.

Um exemplo que frequentemente é citado em relação a isto é a predição meteorológica de longo prazo. As leis que governam o movimento das moléculas do ar, além das que governam outras quantidades físicas que possam ser relevantes para prever o tempo, são perfeitamente conhecidas. No entanto, os padrões climáticos que podem aparecer na realidade, depois de alguns poucos dias, dependem tão sutilmente das condições iniciais exatas que não existe possibilidade de medir essas condições iniciais de maneira precisa o suficiente para termos uma predição confiável. Claro que o número de parâmetros que teriam que entrar em tal cálculo seria enorme, de tal forma que talvez não seja surpreendente que realizar uma predição, nesse caso, se mostre virtualmente impossível na prática.

Por outro lado, o assim dito comportamento caótico também pode ocorrer em sistemas muito simples, tais como aqueles consistindo de um número pequeno de partículas. Imagine, por exemplo, que lhe peçam para encaçapar a quinta bola de sinuca E em uma sequência torta* e bem espaçada A, B, C, D, E, primeiro atingindo A com o bastão de tal forma que A atinja B, fazendo que B atinja C, depois que C atinja D e, finalmente, que D atinja E, encaçapando-a. A precisão necessária para tal feito excede em muito a habilidade de qualquer jogador profissional de sinuca. Se existirem vinte bolas na sequência, então mesmo que as bolas fossem esferas exatas e perfeitamente elásticas, a tarefa de encaçapar a última bola se encontraria além das máquinas mais acuradas disponíveis com a tecnologia atual. De fato, o comportamento das bolas ao fim da sequência seria aleatório, apesar do fato de que as leis newtonianas, que governam o comportamento das bolas, serem, matematicamente, totalmente determinísticas e em princípio computáveis. Nenhum cálculo computacional seria capaz de prever o *real* comportamento das bolas mais à frente na sequência,

* Em um rascunho prévio deste livro eu não havia mencionado a palavra "torta" aqui. Se as bolas estivessem todas perfeitamente dispostas em uma linha reta então o feito se torna bastante fácil de ser realizado, como aprendi de maneira surpreendente quando testava isto por conta própria. Existe uma estabilidade fortuita que ocorre com o alinhamento preciso, mas isso não se sustenta no caso geral. (N. A.)

simplesmente porque não haveria maneira de determinar de maneira acurada o bastante a posição inicial, a velocidade do bastão e as posições das bolas no começo da sequência. Além disso, quaisquer minúsculos efeitos externos, como a respiração de alguém em uma cidade vizinha, poderiam perturbar essa medição das propriedades de maneira a tornar qualquer cálculo inútil.

Preciso deixar claro que, apesar das profundas dificuldades para previsões determinísticas, todos os sistemas normais que são referidos como "caóticos" *devem* ser incluídos no que chamo de "computável". Por quê? Assim como outras situações às quais me referirei mais à frente, tudo de que necessitamos para decidir se um processo é computável é perguntar: podemos colocá-lo em um computador de propósito geral? Claramente a resposta é "sim" nesse caso, simplesmente pela razão de que sistemas caóticos matematicamente descritíveis são normalmente estudados colocando-os no computador!

Claro que, caso tentemos realizar uma simulação computacional para predizer os padrões climáticos detalhados da Europa pela próxima semana ou as colisões sucessivas de vinte bolas de sinuca desalinhadas e bem espaçadas depois de um rápido impacto com o bastão, então nossa simulação certamente não se parecerá em nada com o que *realmente* acontece. Esta é a natureza dos sistemas caóticos. Não é viável predizer computacionalmente o resultado *real* do sistema. No entanto, uma simulação de um resultado *típico* é perfeitamente factível. O tempo predito pode bem não ser o que realmente ocorre, mas é perfeitamente plausível como *um* estado climático. Da mesma forma, o resultado das colisões das bolas de sinuca é perfeitamente aceitável como um resultado *possível*, mesmo que na realidade as bolas de sinuca acabem de uma maneira bastante diferente daquela que foi predita – mas algo também igualmente aceitável. Outro ponto que também enfatiza a natureza perfeitamente computável dessas operações é que, se a simulação computacional for refeita utilizando exatamente a mesma entrada de dados que antes, então o resultado da simulação é *precisamente* o mesmo que antes! (Isto assume que o computador em si não comete nenhum erro, mas, de toda forma, computadores modernos cometem erros de cálculo muito raramente.)

No contexto da inteligência artificial, não se tenta, afinal, simular o comportamento de qualquer indivíduo específico; já seria muito satisfatória a simulação de *um* indivíduo! Assim, não é despropositado adotar a posição que estou adotando: que sistemas caóticos devam certamente ser incluídos no que chamo de "computável". Uma simulação computacional de tal sistema agiria perfeitamente como um "caso típico", mesmo que se mostre não ser o "caso real". Se as manifestações externas da inteligência humana são o resultado de alguma evolução dinâmica caótica – uma evolução que é computável no sentido descrito agora pouco –, então isto estaria de acordo com as visões $\mathscr{A}$ e $\mathscr{B}$, mas *não* com $\mathscr{C}$.

De tempos em tempos sugere-se que esse fenômeno do caos, se ele ocorre nas ações internas de um cérebro físico, possa ser o que capacita nossos cérebros a se comportarem de formas que *pareçam* diferir de uma atividade determinística computável por uma máquina de Turing, mesmo que, como foi enfatizado, essa atividade *seja* tecnicamente computável. Eu precisarei retornar a esse ponto mais tarde (cf. a Seção 3.22). Por ora, tudo que precisa ficar claro é que sistemas caóticos *estão* inclusos no que quero dizer por "computável" ou "algorítmico". A questão de se algo pode ou não ser simulado *na prática* é distinta dos temas relativos a *princípios* que estão sob consideração aqui.

1.8 Computação analógica

Até agora tenho considerado "cálculos computacionais" somente no sentido em que esse termo se aplica aos computadores digitais modernos ou, mais precisamente, aos seus ancestrais teóricos: as máquinas de Turing. Existem outros tipos de aparatos computacionais que foram usados, especialmente no passado, nos quais as operações não eram representadas em termos de estados discretos "ligado/desligado" que são familiares aos cálculos digitais, mas sim por parâmetros físicos contínuos. O mais conhecido desses aparatos é a régua de cálculo, em que o parâmetro físico é a distância linear (ao longo da régua). Essa distância é utilizada para representar os logaritmos dos números que devem ser multiplicados ou divididos. Existem muitos tipos de aparatos de computação análoga e outros parâmetros físicos podem ser usados, tais como tempo, massa ou potencial elétrico.

Com relação aos sistemas analógicos, precisamos confrontar a tecnicalidade de que as noções padrão de cálculo computacional e computabilidade se aplicam, estritamente falando, somente a sistemas *discretos* (que é aquilo do que tratam operações "digitais") e não com sistemas *contínuos*, como distâncias e potenciais elétricos que estejam, digamos, envolvidos na física clássica convencional. Para aplicar as noções usuais de computação a um sistema cuja descrição requeira parâmetros contínuos em vez de discretos (ou "digitais") é, assim, natural que se recorra a aproximações. De fato, em simulações computacionais de sistemas físicos é geralmente o procedimento normal *aproximar* todos os parâmetros contínuos em consideração de uma maneira discreta. Existiria, no entanto, algum erro envolvido ao se fazer isto e, para um determinado grau de acurácia da aproximação, existiriam sistemas físicos de interesse para os quais tal acurácia poderia não ser o suficiente. Assim, essa simulação computacional discreta pode levar a conclusões errôneas sobre o sistema físico contínuo que está sendo simulado.

Em princípio, a acurácia sempre pode ser aumentada até que esteja adequada para simular o sistema físico sob escrutínio. No entanto, particularmente no caso de sistemas caóticos, o tempo de computação e a memória requerida podem se mostrar proibitivos na prática. Mais que isto, existe a questão técnica de que se pode nunca estar completamente seguro quanto a quando o grau de precisão que foi selecionado *é* suficiente. Algum tipo de teste seria necessário para nos indicar quando alcançamos o momento em que mais acurácia não seria necessária e o comportamento qualitativo que está sendo calculado usando aquele nível de acurácia é confiável. Isso levanta diversos pontos matemáticos delicados e não seria apropriado que eu entrasse em detalhes sobre eles aqui.

Existem, porém, outras abordagens para os problemas computacionais levantados por sistemas contínuos, nas quais os sistemas são tratados como estruturas matemáticas em si mesmas, com sua *própria* noção de "computabilidade" – uma noção que generaliza a ideia de computabilidade de Turing do discreto para o contínuo.[12] Utilizando tal ideia, torna-se desnecessário aproximar um sistema contínuo por parâmetros discretos para que a ideia convencional de computabilidade de Turing possa ser aplicada. Essas ideias são interessantes do ponto de vista matemático, mas infelizmente elas não parecem ter atingido ainda uma unicidade e naturalidade convincente da mesma maneira que o conceito padrão de computabilidade de Turing para sistemas discretos. Além disso, existem algumas anomalias em que uma "não computabilidade" técnica surge para sistemas simples onde não está nem um pouco claro que tal terminologia seja realmente apropriada (*e.g.*, mesmo para a simples "equação de onda" da física, cf. Pour-el e Richards (1981); ENM, p.187-8). Deve ser mencionado, por outro lado, que alguns trabalhos bastante recentes (Rubel, 1989) mostraram que computadores análogos teóricos, pertencentes a uma certa classe bastante ampla, não podem atingir algo além da

[12] Para várias publicações relevantes para essas questões, veja, por exemplo, Pour-el, 1974; Smith; Stephenson, 1975; Pour-el; Richards, 1989; Blum; Shub; Smale, 1989. A questão da atividade cerebral com relação a essas questões já foi considerada, particularmente por Rubel, 1985.

computabilidade de Turing usual. Acredito que estes são pontos importantes e interessantes que serão iluminados através de mais investigação. No entanto, não é óbvio para mim que esse conjunto de trabalhos, como um todo, atingiu um ponto onde possa ser aplicado de maneira definitiva aos tópicos em discussão aqui.

Neste livro, estou particularmente interessado com a questão da natureza computável da atividade mental, na qual "computável" é tomado no sentido usual de *computabilidade de Turing*. Os computadores modernos são de fato digitais por natureza e é isto que é relevante para a IA atual. Talvez seja concebível que, no futuro, possa surgir algum tipo diferente de "computador" que faça um uso *fundamental* de parâmetros físicos contínuos – ainda que dentro do paradigma teórico padrão da física atual – tornando-o capaz de se comportar de maneira essencialmente *diferente* de um computador digital.

Esses tópicos, no entanto, são relevantes principalmente para a distinção entre as versões "fraca" e "forte" do ponto de vista $\mathscr{C}$. Segundo a versão *fraca* de $\mathscr{C}$, existiriam ações físicas subjacentes ao comportamento do cérebro humano consciente que não são computáveis no sentido padrão de computabilidade de Turing discreta, mas que podem ser entendidas completamente pelas teorias físicas atuais. Para que isso seja possível, parece que essas ações teriam que depender de parâmetros físicos contínuos de tal maneira que eles não poderiam ser adequadamente simulados por procedimentos digitais padrão. Segundo a versão *forte* de $\mathscr{C}$, por outro lado, a não computabilidade teria que vir de alguma teoria física não computável – ainda desconhecida – cujas implicações são fundamentais para o funcionamento de um cérebro consciente. Ainda que essa segunda possibilidade pareça remota, a alternativa (para os proponentes de $\mathscr{C}$) é, pois, encontrar um papel para alguma ação contínua dentre as leis da física conhecidas que não possa ser adequadamente simulada por nenhum meio computacional. No entanto, a expectativa para o momento deve certamente ser que, para qualquer sistema analógico confiável de qualquer tipo que já tenha sido seriamente estudado até hoje, *deva* ser possível – pelo menos em princípio – fornecer uma simulação digital efetiva desse sistema.

Mesmo desconsiderando questões teóricas desse tipo mais amplo, são os computadores *digitais* de hoje que têm as maiores vantagens sobre os analógicos. O funcionamento digital é muito mais acurado, essencialmente pela razão de que, com o armazenamento digital, a acurácia pode ser aumentada simplesmente aumentando o tamanho dos dígitos, o que pode ser facilmente atingido com um aumento modesto (logarítmico) na capacidade do computador, enquanto em máquinas analógicas (pelo menos aquelas *inteiramente* analógicas, nas quais conceitos digitais não estão envolvidos) a acurácia é aumentada somente por um incremento comparativamente grande (linear) na capacidade computacional. Pode ser que ideias futuras venham ao resgate de máquinas analógicas, mas, com a tecnologia moderna, a maior parte das vantagens práticas parece estar do lado da computação *digital*.

1.9 Que tipo de ação poderia ser não computável?

A maior parte das ações bem definidas que surgem à mente são, assim, coisas que deveriam ser incluídas no que estou me referindo como "computáveis" (significando "computáveis digitalmente"). O leitor pode começar a recear que não existe nada razoável com que o ponto de vista $\mathscr{C}$ possa trabalhar. Eu não disse nada ainda sobre ações estritamente *aleatórias* que podem ocorrer, digamos, através do *input* de um sistema quântico. (A mecânica quântica vai ser discutida com algum detalhe na Parte II, capítulos 5 e 6.) No entanto, é difícil ver que vantagem um sistema teria por ter um *input genuinamente* aleatório, em contraste com um *pseudoaleatório* que *pode* ser gerado de maneira inteiramente computável (cf. a Seção 3.11). De fato, ainda que, estritamente falando, existam algumas diferenças técnicas entre "aleatório" e "pseudoaleatório", essas diferenças parecem não ter qualquer relevância para os tópicos relacionados a IA. Mais à frente, nas seções 3.11, 3.18 et. seq., darei argumentos contundentes para mostrar que "aleatoriedade pura" não nos traz nada de útil, sendo talvez melhor para nós permanecermos somente com a pseudoaleatoriedade do comportamento caótico – e, como enfatizado antes, todos os tipos de comportamento caótico normal contam como "computáveis".

E o papel do ambiente? À medida que cada ser humano se desenvolve, ele ou ela é provido com um ambiente único, não compartilhado por qualquer outro ser humano. Não pode ser o caso de que seja esse ambiente pessoal único que nos forneça um *input* não computável? Parece-me difícil, porém, ver como essa "unicidade" do nosso ambiente auxilia nesse contexto. A discussão é similar àquela relativa ao caos (cf. a Seção 1.7). Dado que não existe nada que não seja computável na simulação de um ambiente (caótico) *plausível*, tal simulação é tudo que seria necessário para treinar um robô controlado por um computador. O robô não precisa aprender suas habilidades através de nenhum ambiente real; um ambiente computacionalmente simulado *típico* (no lugar de um real) para o robô certamente seria suficiente.

Será que há algo inerentemente impossível em simular computacionalmente mesmo um ambiente plausível? Talvez *haja* algo no mundo físico que está além da simulação computacional. Alguns proponentes de $\mathscr{A}$ ou

$\mathscr{B}$ podem se sentir tentados a atribuir atos aparentemente não computáveis do comportamento humano à não computabilidade nesse ambiente externo. Seria temerário, no entanto, para proponentes de $\mathscr{A}$ ou $\mathscr{B}$ dependerem desse argumento. Uma vez aceito que existe algo *em algum lugar* no comportamento físico que não pode ser simulado computacionalmente, aquela que é presumivelmente a razão principal para duvidar da plausibilidade de $\mathscr{C}$ em primeiro lugar poderia ser desacreditada. Se existem ações no ambiente externo que estão além da simulação computacional, então por que não *internas* ao cérebro? A organização física do cérebro humano, afinal, parece ser muito mais sofisticada do que a maior parte (pelo menos) do seu ambiente – exceto, talvez, onde esse ambiente em si seja fortemente influenciado pelas ações de outros cérebros humanos. A aceitação da não computabilidade de ações físicas *externas* enfraquece a principal evidência contra $\mathscr{C}$. (Veja também as discussões nas seções 3.9 e 3.10.)

Mais um ponto deve ser levantado em relação à noção de algo que possa estar "além da computação", como requerido por $\mathscr{C}$. *Não* quero simplesmente dizer algo que está além do que é computável *na prática*. Pode-se argumentar, por outro lado, que a simulação de qualquer ambiente plausível ou a reprodução acurada de todos os processos físicos e químicos que ocorrem no cérebro é algo que, ainda que seja computável por princípio, tomaria muito tempo para se computar ou usaria muita memória, de tal forma que não haveria a possibilidade de os cálculos computacionais serem realizados em qualquer computador atual ou vindouro. Talvez a mera confecção de um programa de computador apropriado esteja fora de questão por conta do grande número de diferentes fatores que precisam ser levados em conta. Porém, por mais que essas considerações sejam relevantes (e elas serão discutidas na Seção 2.6, em **Q8** e na Seção 3.5), elas *não* são o que eu quero dizer aqui por "não computável" como pedido por $\mathscr{C}$. Quero dizer, ao contrário, algo que seja *por princípio* não computável em um sentido que descreverei em breve. Cálculos computacionais que estão simplesmente além dos computadores existentes ou vindouros, ou das técnicas computacionais, ainda são, tecnicamente falando, "cálculos computacionais".

O leitor pode muito bem se perguntar: se não existe nada que conte como "não computável" na aleatoriedade, nas influências do ambiente ou na pura complicação intratável, então o que é possível que eu tenha em mente quando uso esse termo – como requerido pelo ponto de vista $\mathscr{C}$? O que tenho em mente é algo que depende de uma atividade matematicamente precisa que pode ser *provada* não computável. Até onde sabemos, esse tipo de matemática não é necessária para a descrição do comportamento físico. Ainda assim, é uma possibilidade lógica. Mais que isto, *não é somente* uma possibilidade lógica. Segundo os argumentos deste livro, algo dessa natureza geral *deve* ser inerente às leis da física, apesar do fato de que algo do gênero ainda não foi encontrado na física conhecida. Alguns casos desse tipo de atividade matemática são notoriamente simples, então será apropriado mostrar o que tenho em mente em termos deles.

Precisarei começar por descrever alguns exemplos de classes de problemas matemáticos bem definidos que – em um sentido que explicarei a seguir – não têm uma solução geral computável. Começando com qualquer uma dessas classes de problema será possível construir um "modelo de brinquedo" do universo físico cujo funcionamento, ainda que inteiramente determinístico, está de fato além da capacidade de simulação computacional.

O primeiro exemplo dessa classe de problemas é o mais famoso de todos: aquele que é conhecido como o "décimo problema de Hilbert", que foi proposto pelo grande matemático alemão David Hilbert em 1900, como um problema de uma lista de questões matemáticas não respondidas até então que abriram o caminho para o desenvolvimento subsequente da matemática no começo (e mesmo no fim) do século XX. O décimo problema de Hilbert era encontrar um procedimento computacional para decidir, para um dado sistema de equações *diofantinas*, se essas equações têm alguma solução em comum.

O que são equações diofantinas? São equações polinomiais, com qualquer número de variáveis, para as quais todos os coeficientes e soluções devem ser *inteiros*. (Um inteiro é um simples número: algum dentre aqueles da lista ..., –3, –2, –1, 0, 1, 2, 3, 4, ... Equações diofantinas foram primeiramente estudadas de maneira sistemática pelo matemático grego Diofanto no terceiro século d.C.) Um exemplo de um sistema de equações diofantinas é

$$6w + 2x^2 - y^3 = 0{,}5xy - z^2 + 6 = 0,\ w^2 - w + 2x - y + z - 4 = 0$$

Outro exemplo é

$$6w + 2x^2 - y^3 = 0{,}5xy - z^2 + 6 = 0,\ w^2 - w + 2x - y + z - 3 = 0$$

O primeiro sistema é resolvido por

$$w = 1, x = 1, y = 2, z = 4,$$

enquanto o segundo sistema não tem nenhuma solução (pois, por conta da primeira equação, y deve ser um número par, enquanto, por conta da segunda, *z* deve também ser par, mas isto contradiz a terceira, seja qual for o valor de *w*, pois $w^2 - w$ é sempre par e 3 é um número ímpar). O problema posto por Hilbert era encontrar um procedimento matemático – ou *algoritmo* – para decidir quais sistemas diofantinos têm soluções, como o nosso primeiro exemplo e quais não têm, como o segundo. Lembre-se (cf. a Seção 1.5) que um algoritmo é só um procedimento computacional – a ação de alguma máquina de Turing. Assim, o décimo problema de Hilbert pede um procedimento computacional para decidir quais sistemas de equações diofantinas podem ser resolvidas.

O décimo problema de Hilbert foi historicamente muito importante, pois, ao enunciá-lo, Hilbert levantou um ponto que não havia sido levantado antes. O que *significa*, em termos matemáticos precisos, ter uma solução algorítmica para uma classe de problemas? O que *é*, em termos precisos, um algoritmo? Foi exatamente essa pergunta que levou Alan Turing, em 1936, a propor sua definição particular de o que é um algoritmo em termos das máquinas de Turing. Outros matemáticos (Church, Kleene, Gödel, Post etc.; cf. Gandy, 1988) propuseram procedimentos um pouco distintos quase ao mesmo tempo. Foi mostrado (por Turing e Church) que todos equivalentes, mas a metodologia de Turing acabou se tornando a mais influente. (Turing, sozinho, introduziu a ideia de uma máquina algorítmica abrangente – chamada de máquina de Turing *universal* – que pode, por si só, realizar *qualquer* ação algorítmica. Foi isso que levou à ideia de um computador de propósito geral que nos é tão familiar agora.) Turing foi capaz de mostrar que existem certas classes de problemas que *não* possuem qualquer solução algorítmica (em particular "o problema da parada" que descreverei em breve). O décimo problema de Hilbert, porém, teve que esperar até 1970, ano em que o matemático russo Yuri Matiyasevich – dando provas que completaram alguns argumentos expostos anteriormente pelos norte-americanos Julia Robinson, Martin Davis e Hilary Putnam – mostrou que não podem existir programas de computador (algoritmos) que decidam de maneira sistemática entre sim ou não para a questão de se um sistema de equações diofantinas tem uma solução. (Veja Davis, 1978; e Devlin, 1988, cap.6, para descrições compreensíveis dessa história.) Deve ser mencionado que, sempre que a resposta for "sim", então esse fato pode, em princípio, ser confirmado pelo programa de computador em particular que simplesmente testa todos os conjuntos de inteiros um após o outro. Se a resposta for "não", por outro lado, então não temos qualquer tratamento sistemático. Vários conjuntos de regras para predizer corretamente a resposta "não" podem ser fornecidos – como o argumento usando números pares e ímpares que descartam soluções do segundo sistema supramencionado –, mas o teorema de Matiyasevich mostrou que esses conjuntos *nunca* podem ser exaustivos.

Outro exemplo de uma classe de problemas matemáticos bem definidos que não tem solução algorítmica é o *problema do ladrilhamento*. Este é enunciado da seguinte maneira: dado um conjunto de formas poligonais, decida se essas formas irão ladrilhar o plano; isto é, se é possível cobrir todo o plano euclidiano utilizando somente essas formas em particular sem buracos ou sobreposições? Isso foi (efetivamente) mostrado ser um problema computacionalmente insolúvel pelo matemático americano Robert Berger em 1966, baseando seus argumentos em uma extensão de trabalhos anteriores do matemático sino-americano Hao Wang em 1961 (veja Grünbaum; Shephard, 1987). De fato, da maneira que enunciei o problema, existe alguma estranheza sobre ele, pois formas poligonais em geral necessitariam ser especificadas de alguma maneira utilizando números reais (números definidos em termos de uma expansão decimal infinita), enquanto algoritmos ordinários operam em números inteiros. Essa estranheza pode ser removida considerando formas que são constituídas somente por algum número de quadrados unidos nas arestas. Essas formas são chamadas de *poliminós* (veja Golomb, 1965; Gardner, 1965, cap.13; Klarner, 1981). Alguns exemplos são dados na Figura 1.2. (Para outros exemplos de conjuntos de ladrilhos, veja ENM, p.133-7, figs. 4.6-4.12.) Um fato curioso é que a insolubilidade do problema do preenchimento depende da existência de certos conjuntos de poliminós chamados *conjuntos aperiódicos* – que vão preencher o plano *apenas aperiodicamente* (i.e., de maneira que o padrão completo nunca se repita não importa o quanto se estenda). Na Figura 1.3, um conjunto aperiódico de três poliminós é mostrado (desenvolvido a partir de um conjunto de formas descoberto por Robert Ammann em 1977; cf. Grünbaum; Shephard, 1987, figs. 10.4.11-10.4.13, p.555-6).

As provas matemáticas de que o décimo problema de Hilbert e o problema do ladrilhamento não são solúveis computacionalmente são complexas e eu certamente não tentarei expor os argumentos aqui.[13] O ponto principal

---

[13] No caso do problema do ladrilhamento, o que Robert Berger de fato provou foi que o problema do ladrilhamento com ladrilhos de Wang não possui uma solução algorítmica geral. Ladrilhos de Wang (nomeados em homenagem ao lógico Hao Wang) consistem em ladrilhos quadrados individuais com bordas coloridas, onde as cores devem ser pareadas ladrilho a ladrilho e os ladrilhos não podem ser rotacionados ou refletidos. No entanto, é fácil encontrar, para qualquer conjunto de ladrilhos de Wang, um conjunto correspondente de poliminós que irá ladrilhar o plano se e somente se o dado conjunto de Wang também o fizer. Assim, a insolubilidade computacional do problema de ladrilhamento por poliminós segue imediatamente daquela do problema de ladrilhos de Wang.
É útil notar, em relação ao problema de ladrilhamento por poliminós, que se um dado conjunto de poliminós *falha* em ladrilhar o plano, então esse fato *pode* ser aferido computacionalmente (assim como quando o funcionamento de uma máquina de Turing para, ou

de cada uma delas é mostrar como, para todos os efeitos, qualquer funcionamento de uma máquina de Turing pode ser codificada em um problema de equações diofantinas ou de ladrilhamento. Isto reduz a questão a uma que Turing atacou em sua discussão original: a insolubilidade computacional do *problema da parada* – o problema de decidir em que situações o funcionamento de uma máquina de Turing falha em terminar em algum momento. Na Seção 2.3, vários cálculos computacionais explícitos que *não* param nunca serão dados; na Seção 2.5, um argumento relativamente simples será exposto – baseado essencialmente naquele original dado por Turing –, mostrando, entre outras coisas, que o problema da parada é de fato computacionalmente insolúvel. (As implicações das "outras coisas" que esse argumento realmente mostra serão centrais para toda a discussão da Parte I!)

Como podemos usar tal classe de problemas, como o do sistema de equações diofantinas ou o do ladrilhamento, para construir um modelo brinquedo de um universo que é determinístico, mas não computável? Vamos supor que o nosso universo-modelo tenha o *tempo discretizado*, parametrizado pelos números naturais (inteiros não negativos) 0, 1, 2, 3, 4, ... No tempo n, o estado do universo é especificado por um dos problemas da classe de problemas sob consideração – digamos, um conjunto de poliminós. Vamos assumir que existem duas regras bem definidas sobre qual dos conjuntos de poliminós representa o estado do universo no instante $n + 1$, dado o conjunto de poliminós representando o universo no instante n, sendo que a primeira dessas regras será seguida se o conjunto de poliminós *ladrilhar* o plano e a segunda regra será adotada quando eles *não* ladrilharem o plano. Os detalhes de como alguém pode especificar tais regras não são particularmente importantes. Uma possibilidade seria formar uma lista S_0, S_1, S_2, S_3, S_4, S_5, ..., de todos os conjuntos possíveis de poliminós de tal maneira que aqueles que envolverem um número total de quadrados *pares* tenham sufixos pares: S_0, S_2, S_4, S_6, ...; e aqueles envolvendo um número *ímpar* de quadrados tenham sufixos ímpares: S_1, S_3, S_5, S_7, ... (Isto não seria difícil de garantir segundo algum procedimento computacional.) A "evolução dinâmica" do nosso modelo brinquedo de universo agora é dada por:

quando um conjunto de equações diofantinas possui uma solução), já que podemos tentar cobrir uma região quadrada $n \times n$ com os ladrilhos, para valores cada vez maiores de n, caso no qual a falha de cobrir o plano todo com o conjunto de ladrilhos irá se tornar aparente para um valor *finito* de n. São as situações nas quais os ladrilhos *cobrem* o plano que não podem ser aferidas algoritmicamente.

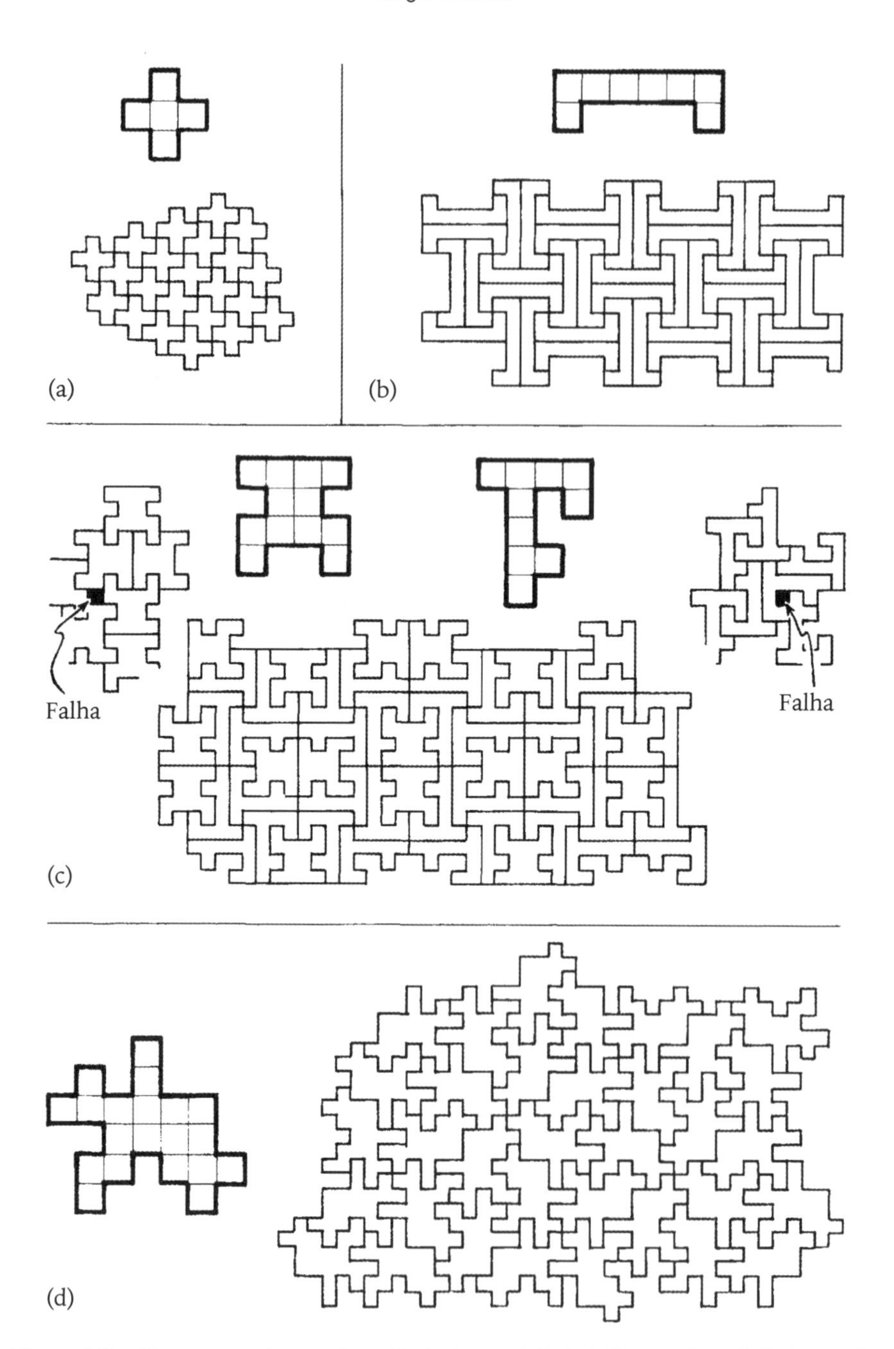

Figura 1.2 – Diversos conjuntos de poliminós que irão ladrilhar o plano infinito euclidiano (com suas reflexões também sendo consideradas). Nenhum dos poliminós do conjunto (c), no entanto, se considerados por si só independentemente, irá preencher o plano.

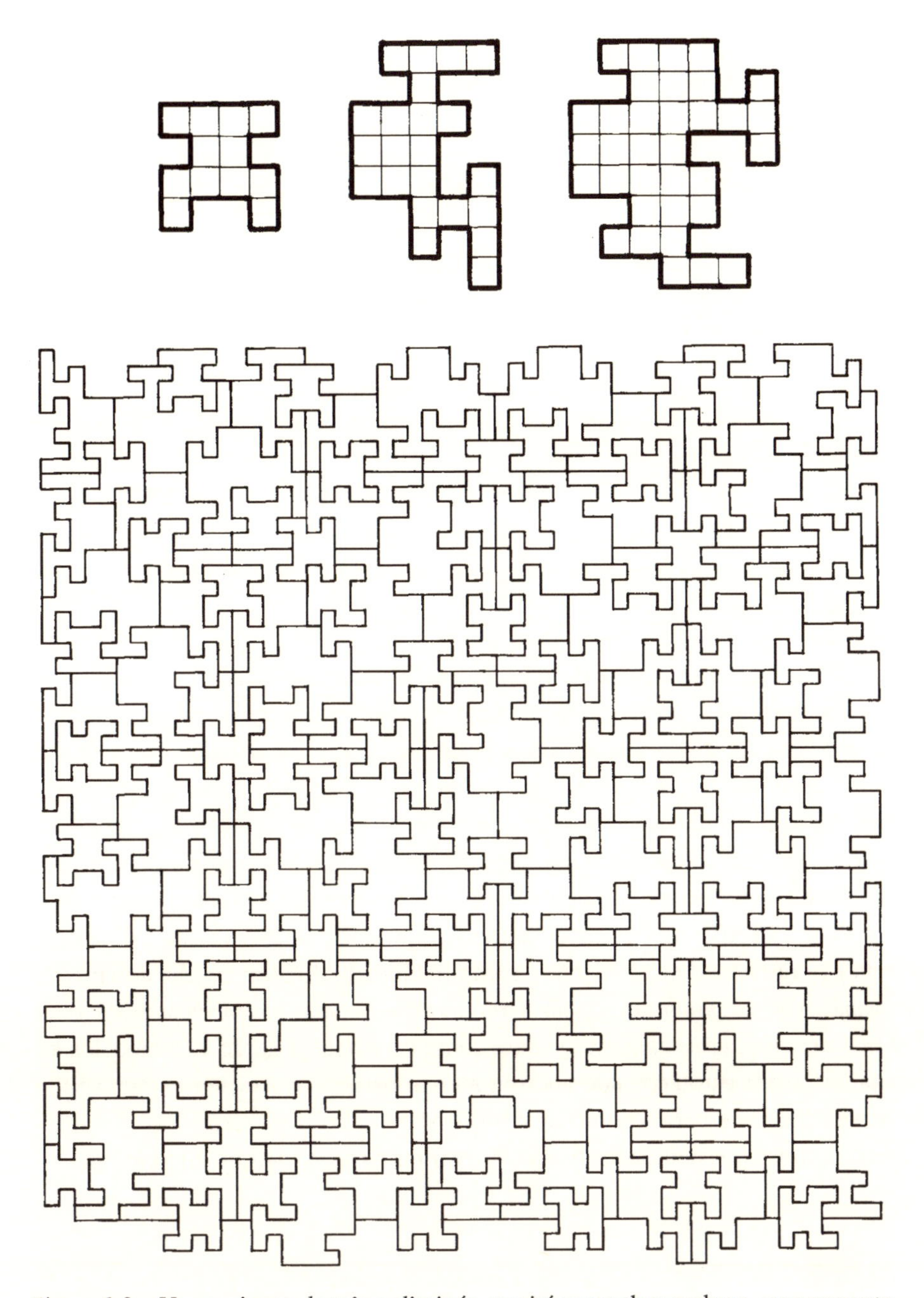

Figura 1.3 – Um conjunto de três poliminós que irá preencher o plano, mas somente de uma maneira que nunca se repete (derivado de um conjunto de Robert Ammann).

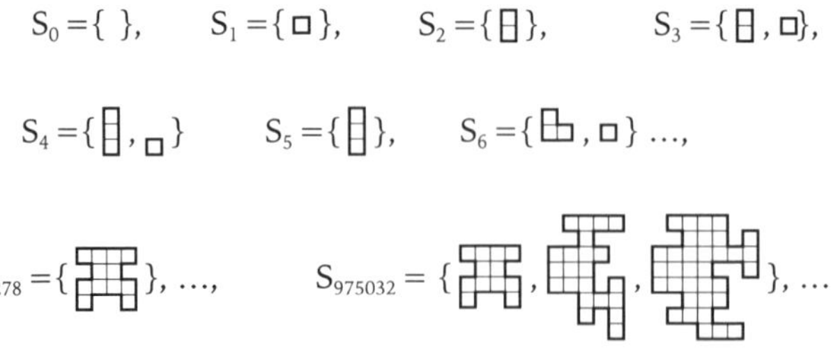

$S_0 = \{\ \}$, $S_1 = \{\square\}$, S_2, S_3, S_4, S_5, S_6 ..., S_{278}, ..., S_{975032}, ...

Figura 1.4 – Um modelo brinquedo não computável de um universo. Os diferentes estados desse universo-modelo determinístico, mas não computável, são dados como conjuntos possíveis finitos de poliminós, enumerados de tal forma que os números S_n pares correspondam a um total de quadrados pares e os ímpares a um total de quadrados ímpares. A evolução temporal procede em ordem numérica (S_0, S_2, S_3, S_4, ..., S_{278}, S_{280}, ...), exceto pelo fato de que um número é pulado sempre que o conjunto anterior não ladrilhar o plano.

> O estado do universo S_n no instante t segue para S_{n+1} no tempo $t + 1$ se o conjunto de poliminós S_n *ladrilhar* o plano e para S_{n+2} se o conjunto S_n *não ladrilhar* o plano.

Tal universo se comporta de maneira inteiramente determinística, mas por conta de não haver um procedimento computacional geral para decidir quando um conjunto de poliminós S_n irá ladrilhar o plano (algo que vale tão bem com o número de quadrados fixado como sendo par ou ímpar) não existe simulação computacional possível da sua evolução real. (Veja a Figura 1.4.)

É claro que tal esquema não deve ser levado a sério como alternativa para modelar o universo real no qual vivemos. Ele é apresentado aqui (assim como em ENM, p.170) para ilustrar o fato pouco apreciado de que de existe uma diferença clara entre determinismo e computabilidade. *Existem modelos de universos completamente determinísticos, com regras claras de evolução, que são impossíveis de ser simulados computacionalmente.* De fato, como veremos na Seção 7.9, modelos do exato tipo que estou considerando agora se mostrarão insuficientes para aquilo que é necessário para o ponto de vista $\mathscr{C}$. Mas veremos na Seção 7.10 que existem algumas possibilidades físicas intrigantes para aquilo que *é* necessário!

1.10 E o futuro?

O que os pontos de vista $\mathscr{A}$, $\mathscr{B}$, $\mathscr{C}$, $\mathscr{D}$ nos levam a esperar do futuro deste planeta? Segundo $\mathscr{A}$, chegará um momento no qual supercomputadores apropriadamente programados irão alcançar – e então ultrapassar – todas as capacidades mentais humanas. Claro que diferentes defensores do ponto de vista $\mathscr{A}$ podem ter visões muito diversas das escalas de tempo envolvidas nisto. Alguns podem argumentar de maneira razoável que teremos muitos séculos ainda antes que computadores atinjam nosso nível, dado que entendemos atualmente muito pouco sobre os cálculos computacionais que o cérebro realiza (eles afirmariam) para atingir a sutileza nas ações que nós sem dúvida atingimos – uma sutileza que seria necessária antes que um nível apreciável de "existência consciente" surja. Outros defenderiam uma escala de tempo muito menor. Em particular, Hans Moravec, em seu livro *Mind Children* (1988) [Crias da mente], expõe uma argumentação elaborada – baseada na taxa acelerada com que a tecnologia computacional tem evoluído no último meio século e na proporção da atividade cerebral que ele considera que já foi simulada com sucesso – para embasar sua afirmação de que a "equivalência humana" já terá sido superada por volta de 2030. (Alguns defendem uma escala de tempo ainda menor[14] – algumas vezes de tal maneira que a data para a equivalência humana já teria passado!) Antes que o leitor se sinta deprimido pelo prospecto de ser superado por computadores em (digamos) menos de quarenta anos, alguma esperança existe – de fato é prometida – pelo prospecto certo da nossa capacidade de sermos capazes de transferir nossos "programas mentais" para corpos metálicos brilhantes (ou de plástico) dos robôs de nossa escolha, assim obtendo nós mesmos uma forma de imortalidade (Moravec, 1988, 1994).

No entanto, tal otimismo não está disponível para os defensores do ponto de vista $\mathscr{B}$. Seu ponto de vista não difere de $\mathscr{A}$ com relação ao que os computadores serão finalmente capazes de atingir em termos de ações externas. Uma *simulação* adequada do funcionamento de um cérebro humano poderia ser utilizada para controlar um robô, a simulação sendo tudo que é necessário (Figura 1.5). A questão da presença da existência consciente surgindo em associação com a simulação é, segundo $\mathscr{B}$, irrelevante para como o robô se comporta. Pode levar séculos ou pode levar menos que quarenta anos para que tal simulação se torne tecnicamente possível. Mas, segundo $\mathscr{B}$, deve acabar sendo possível. Assim, tais computadores teriam atingido o nível de "equivalência humana"; e esperar-se-ia novamente deles que atingissem um nível muito além do que somos capazes de atingir com nossos cérebros

[14] Veja Freedman (1994) para uma descrição elencando algumas das aspirações superotimistas prévias da IA.

relativamente simples. A opção de "juntarmo-nos" aos robôs controlados por computadores não seria viável para nós nesse caso e parece que teríamos que nos resignar com o prospecto de um planeta dominado por máquinas não sencientes no fim das contas! De todos os pontos de vista, $\mathscr{A}$, $\mathscr{B}$, $\mathscr{C}$ ou $\mathscr{D}$, parece-me que é $\mathscr{B}$ que oferece a visão mais pessimista do futuro do nosso planeta – apesar do "bom senso" aparente de sua natureza!

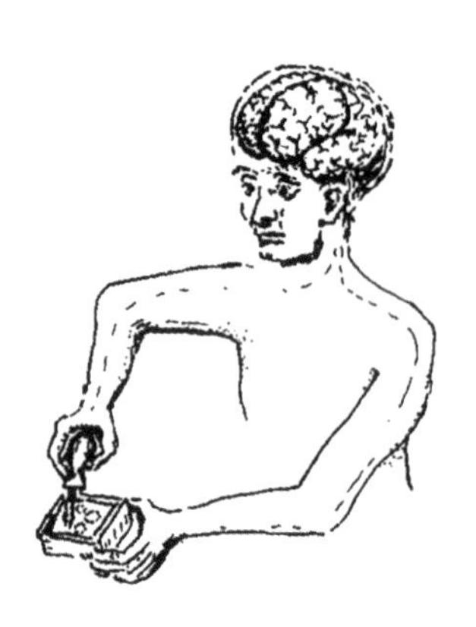
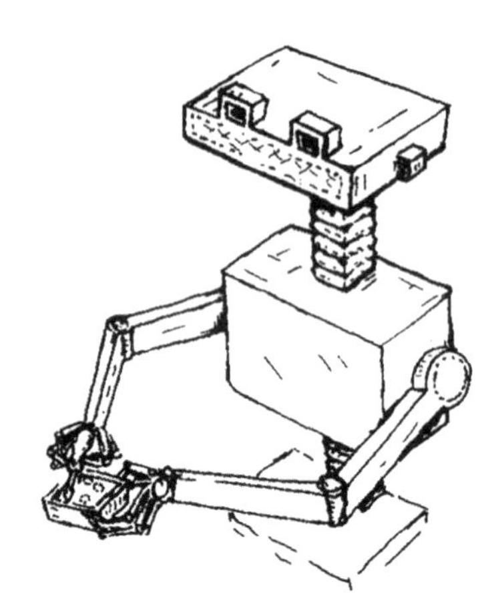

Figura 1.5 – Segundo o ponto de vista $\mathscr{B}$, uma simulação computacional da atividade de um cérebro humano consciente seria em princípio possível; assim, no fim das contas, robôs controlados por computadores poderiam atingir e, depois, exceder enormemente todas as capacidades humanas.

Segundo $\mathscr{C}$ e $\mathscr{D}$, por outro lado, seria esperado que os computadores fossem (ou devessem) permanecer eternamente subservientes a nós, não importa o quão longe eles avancem quanto a velocidade, capacidade e *design* lógico. O ponto de vista $\mathscr{C}$, no entanto, permanece aberto com respeito a quais avanços científicos futuros poderiam levar à construção de aparatos – que *não* fossem baseados em computadores como os entendemos hoje, mas sim na própria ação física não computável que $\mathscr{C}$ demanda que exista subjacente aos nossos próprios processos de pensamento consciente – que poderiam atingir inteligência e consciência *reais*. Talvez sejam *esses* aparatos, em vez de "computadores", como entendemos o termo hoje, que irão, por fim, superar todas as capacidades humanas. É possível, mas tal especulação me parece extremamente prematura atualmente, já que não temos quase nenhum entendimento científico do que seria necessário para tal, muito menos qualquer capacidade técnica para isto. Retornarei para esse tópico outra vez na Parte II (cf. a Seção 8.1).

1.11 Computadores podem ter direitos ou deveres?

Um tópico relacionado – um que pode ter alguma relevância prática mais imediata – começou a atrair a atenção de teóricos dos meios *legais*.[15] Este tópico trata da questão de se, no futuro não tão distante, devemos ter que considerar os computadores como presumidos de ter direitos e responsabilidades legais. Obviamente, se em algum momento os computadores atinjam, ou talvez mesmo superem, níveis humanos de *expertise* em diversas áreas da vida, então questões desse tipo certamente se tornariam relevantes. Se acreditarmos no ponto de vista $\mathscr{A}$, então seríamos levados claramente na direção de ter que aceitar que computadores (ou robôs controlados por computadores) devem potencialmente ter tanto direitos quanto responsabilidades. Pois, segundo esse ponto de vista, não existe diferença essencial – além de "detalhes" com relação à construção material distinta – entre nós e robôs suficientemente avançados. Para aqueles que defendem o ponto de vista $\mathscr{B}$, no entanto, a questão parece mais nebulosa. Pode-se argumentar de maneira razoável que a posse de certas qualidades genuinamente mentais – tais como sofrimento, raiva, desejo de vingança, maldade, fé, confiança, intenção, crença, entendimento ou paixão – é a questão relevante com relação a direitos e responsabilidades. Segundo $\mathscr{B}$, um robô controlado por computador não teria nenhuma dessas qualidades e, suponho, não poderia então ter nem direitos nem responsabilidades. Porém, ainda segundo $\mathscr{B}$, não existiria uma maneira efetiva de afirmar que essas qualidades estão ausentes, então nos encontraríamos em algo como uma encruzilhada se robôs algum dia copiassem de maneira suficientemente próxima o comportamento humano.

A encruzilhada não pareceria existir do ponto de vista $\mathscr{C}$ (e presumivelmente também de $\mathscr{D}$), pois, segundo esses tipos de pontos de vista, computadores não poderiam convincentemente *exibir* qualidades mentais – e certamente não as teriam realmente. Seguiria então que os computadores não podem ter *nem* direitos *nem* responsabilidades. Para mim, este é um ponto de vista bastante razoável para defender. Neste livro, irei argumentar fortemente tanto contra $\mathscr{A}$ quanto contra $\mathscr{B}$. A aceitação dos argumentos que darei certamente simplificaria a questão legal: computadores ou robôs controlados por computadores, por si sós, *nunca* teriam direitos ou deveres. Mais que isto, eles

[15] Sou grato a várias pessoas e, em particular, a Lee Loevinger por me introduzir a essas questões. Veja Hodgson (1991) para uma discussão notável da relevância da física moderna e da computação para a questão de como nos comportamos.

não mereceriam nenhuma parcela da culpa quando as coisas dessem errado – esta sempre estaria em outro lugar!

Deve-se ficar claro, no entanto, que esses argumentos não se aplicam necessariamente a possíveis "aparatos", como foi enfatizado, que possam, enfim, ser capazes de tirar vantagem de física não computacional. Porém, já que o prospecto da existência desses aparatos – se de fato eles pudessem mesmo ser construídos – não está nem mesmo no horizonte, não existe problema legal para ser enfrentado nesse caso no futuro vindouro.

A questão da "responsabilidade" levanta algumas questões filosóficas profundas que tratam das causas últimas do nosso comportamento. Pode muito bem ser defendido que cada uma de nossas ações é, em última instância, determinada por nossa genética e nosso ambiente – ou então pelos numerosos fatores relacionados à sorte que continuamente afetam nossa vida. Não estão *todas* essas influências "fora do nosso controle" e, sendo assim, são coisas pelas quais não podemos, no fim das contas, ser responsabilizados? É a atribuição de "responsabilidade" simplesmente uma terminologia conveniente ou existe mesmo algo além – um "eu" atrás de todas essas influências – que exerce controle sobre nossas ações? O tema legal da "responsabilidade" *parece* implicar que existe, de fato, em cada um de nós, algum tipo de "eu" independente com suas *próprias* responsabilidades – e, por consequência, direitos – cujas ações *não* podem ser atribuídas a genética, ambiente ou sorte. Se não for somente por conveniência de linguagem que falamos como se houvesse tal "eu" independente, então deve existir algum ingrediente faltante dos nossos entendimentos físicos atuais. A descoberta de tal ingrediente com certeza alteraria profundamente nosso paradigma científico.

Este livro não irá fornecer uma resposta para essas questões profundas, mas acredito que possa oferecer sobre elas um vislumbre – ainda que somente um vislumbre. Ele não nos dirá que necessariamente deve existir um "eu" cujas ações não possam ser atribuídas a uma causa externa, mas irá nos dizer para ampliar nossa visão sobre a própria natureza do que uma "causa" pode ser. Uma "causa" poderia ser algo que não pode ser computado na prática ou em princípio. Argumentarei que, quando uma "causa" é resultado das nossas ações conscientes, então deve ser algo muito sutil, certamente além da computabilidade, além do caos e também além de simples influências aleatórias. Se tal conceito de "causa" poderia nos levar mais perto de um entendimento da questão profunda (ou da "ilusão"?) do livre arbítrio é um tópico para o futuro.

1.12 "Mentalidade", "entendimento", "consciência", "inteligência"

Nas discussões anteriores ainda não fiz um esforço para ser preciso sobre nenhum dos conceitos elusivos que estão relacionados à questão da "mente". Referi-me, de forma um pouco vaga, à "existência consciente" nas definições $\mathscr{A}$, $\mathscr{B}$, $\mathscr{C}$ e $\mathscr{D}$ dadas na Seção 1.3, mas outras qualidades da mente não foram mencionadas naquele momento. Devo pelo menos tentar clarear a terminologia que estou usando aqui, em particular com relação a termos como "entendimento", "consciência" e "inteligência", que são importantes para as discussões deste livro.

Embora eu não acredite que uma tentativa de dar definições completas necessariamente nos ajude, alguns comentários sobre minha terminologia merecem menção. Sinto-me frequentemente desconcertado ao ver que o uso dessas palavras que parece tão óbvio para mim destoa daquele que outras pessoas dizem ser natural. Por exemplo, meu uso do termo "entendimento" certamente implica a posse genuína de uma qualidade que requer que algum tipo de *"existência consciente"* esteja presente. Sem a autoconsciência sobre o que um argumento versa certamente não pode existir verdadeiro entendimento sobre o argumento. Pelo menos, *me* parece um uso inescusável das palavras quando, em alguns contextos, defensores da IA parecem usar os termos "entendimento" e "autoconsciência" de uma maneira que nega tal implicação. Alguns defensores da IA (sejam de $\mathscr{A}$ ou de $\mathscr{B}$) argumentariam que um robô controlado por computadores "entende" o que são suas instruções mesmo que nenhuma afirmação fosse feita de que ele tem realmente alguma "noção consciente" delas. Para mim isso é uma má aplicação da palavra "entende", ainda que tal mau uso tenha um valor heurístico genuíno para descrições do funcionamento de um computador. Quando tentar deixar claro que não estou utilizando "entender" de maneira heurística, utilizarei a frase "entender genuinamente", ou "entendimento genuíno", para essa atividade para a qual autoconsciência é de fato necessária.

Claro que se pode discutir que não existe uma distinção nítida entre os dois usos do termo "entender". Caso se acredite que não existe tal distinção, então se deve acreditar que a autoconsciência em si é um conceito mal definido. Isto eu não nego; mas me parece óbvio que a autoconsciência é, de fato, *algo*, e esse algo pode estar presente ou não, pelo menos em algum nível. Caso se concorde que autoconsciência *é* algo, então é natural que se deva também concordar que esse algo deve ser parte de qualquer entendimento genuíno.

Isto ainda permite que o "algo" que a autoconsciência possa ser seja realmente uma característica de uma atividade puramente computacional, de acordo com o ponto de vista $\mathscr{A}$.

Parece-me inevitável também o uso da palavra "inteligência" somente quando existe algum tipo de entendimento envolvido. No entanto, novamente, alguns defensores da IA podem afirmar que seu robô pode ser "inteligente" sem ele necessariamente precisar "entender" qualquer coisa. O termo "inteligência artificial" implica que atividade computacional inteligente é assumida como possível, mas entendimento genuíno – e certamente autoconsciência – é defendido por algumas pessoas como estando além dos domínios da IA. No meu entendimento, "inteligência" sem entendimento é um termo impróprio. De maneira limitada, algum tipo de simulação parcial de inteligência genuína sem qualquer entendimento real pode algumas vezes ser possível. (De fato, não é incomum encontrar seres *humanos* que são capazes de nos enganar por um tempo de que eles possuem algum entendimento quando então finalmente é revelado que não possuem na realidade entendimento algum!) Será uma característica importante das minhas discussões futuras que existe realmente uma distinção nítida entre inteligência genuína (ou entendimento genuíno) e qualquer atividade simulada inteiramente de forma computacional. Segundo a minha própria terminologia, a posse de inteligência *genuína* realmente requer que entendimento genuíno esteja presente. Assim, meu uso do termo "inteligência" (especialmente quando antecedido da palavra "genuína") implicaria a presença de alguma verdadeira autoconsciência.

Para mim, esta parece ser uma terminologia natural, mas muitos defensores da IA (certamente aqueles que *não* apoiam o ponto de vista $\mathscr{A}$) negariam contundentemente que eles estão tentando produzir uma "autoconsciência" artificial, mesmo que, como o nome implica, eles estejam de fato tentando construir uma "inteligência" artificial.[16] Talvez essas pessoas argumentem que estão (em linha com o ponto de vista $\mathscr{B}$) simplesmente *simulando* inteligência – que não necessita de entendimento e autoconsciência *reais* – em vez de tentar atingir o que estou chamando de inteligência *genuína*. Talvez eles afirmem não reconhecer qualquer distinção entre inteligência genuína e simulada, como o ponto de vista $\mathscr{A}$ implicaria. Será uma das minhas metas, nas discussões futuras, mostrar que existe realmente um aspecto de "entendimento genuíno" que não pode ser simulado adequadamente por qualquer

---

[16] Veja, por exemplo, Smithers, 1990.

meio computacional. Consequentemente, deve então existir uma distinção entre inteligência genuína e qualquer tentativa de simulação computacional da mesma.

Obviamente eu não defini *quaisquer* dos termos "inteligência", "entendimento" ou "autoconsciência". Não me parece que seria muito inteligente tentar dar definições *completas* aqui. Precisaremos nos apoiar, em alguma medida, em nossas percepções intuitivas do que esses termos realmente significam. Se nossa noção intuitiva de "entendimento" é tal que este seja algo necessário para "inteligência", então uma prova que estabeleça a natureza não computável do "entendimento" também estabelecerá a natureza não computável da "inteligência". Mais que isso, se "autoconsciência" é algo que é necessário para "entendimento", então uma base física não computável para o fenômeno da autoconsciência poderia dar conta da natureza não computacional do "entendimento". Assim, da minha utilização desses termos (e, reafirmo, o uso comum), seguem as seguintes implicações:

(a) "inteligência" *necessita* de "entendimento"
e
(b) "entendimento" *requer* "autoconsciência".

Autoconsciência em um sentido que julgo ser um aspecto – o aspecto *passivo* – da *consciência*. A consciência também possui um aspecto *ativo*, que é o sentimento de *livre arbítrio*. Não tentarei fornecer uma definição completa da palavra "consciência" aqui também (e certamente não de "livre arbítrio"), mesmo que meus argumentos tenham como propósito final compreender esse fenômeno da consciência em termos científicos, mas não computáveis – como seria necessário segundo o ponto de vista $\mathscr{C}$. Também não afirmo que avancei uma grande distância na trilha em direção a esse objetivo, apesar de esperar que as ideias que estou apresentando neste livro (e em ENM) forneçam alguma sinalização útil em tal caminho – e talvez mesmo um pouco mais que isso. Penso que uma tentativa de definir o termo "consciência" muito detalhadamente neste ponto nos colocaria em risco de deixar escapar o próprio conceito que queremos capturar. Em consonância com isto, em vez de fornecer uma definição prematura e inadequada, farei apenas alguns comentários descritivos sobre o meu uso do termo "consciência". No fim das contas, devemos depender da nossa compreensão intuitiva do seu significado.

Isto não tem a intenção de sugerir que acredito que "saibamos intuitivamente" o que a consciência realmente "é", mas somente que existe tal conceito que estamos tentando entender de alguma maneira – um fenômeno que pode genuinamente ser descrito cientificamente, tendo um papel tanto ativo quanto passivo no mundo físico. Algumas pessoas parecem crer que o conceito é muito vago para merecer um estudo mais aprofundado. Porém, tais pessoas frequentemente não hesitam em discutir o conceito da "mente" como se este estivesse mais bem definido.[17] O uso comum da palavra "mente" permite que possa existir (e de fato há) algo ao qual nos referimos geralmente como "inconsciente". Do meu ponto de vista existe uma obscuridade muito maior quanto ao conceito de inconsciente do que ao conceito de consciente. Apesar de eu mesmo usar não raramente a palavra "mente", não faço nenhuma tentativa de ser preciso sobre isso. O conceito de "mente" – *além* do que quer que seja que já esteja incluído no termo "consciência" – não terá um papel central nas minhas tentativas de construir uma argumentação rigorosa.

Então, o que quero dizer por consciência? Como mencionei anteriormente, existem tanto aspectos passivos quanto ativos da consciência, mas não é sempre óbvio que exista uma distinção entre os dois. A percepção da cor vermelha, por um lado, é algo que certamente requer consciência passiva, assim como a sensação de dor ou o desfrutar de uma melodia. A consciência ativa está envolvida em uma ação voluntária para levantar da própria cama, assim como para desistir de alguma atividade enérgica. Trazer à tona da mente uma memória prévia envolve tanto aspectos ativos quanto passivos da consciência. Consciência, ativa ou passiva, estaria normalmente envolvida em formular um plano de ação futuro e certamente me parece que existe a necessidade de algum tipo de consciência no tipo de atividade mental que normalmente estaria abarcada sob a palavra "entendimento". Além disso, podemos estar (passivamente) conscientes, em certo grau, mesmo quando dormindo, considerando que tenhamos algum sonho (e mesmo o aspecto ativo da consciência pode começar a ter um papel assim que acordamos).

Algumas pessoas podem contestar a amplitude de um único conceito de consciência em todas essas diversas manifestações. Elas poderiam insistir que existe um número bastante diverso de conceitos de "consciência" envolvidos – não apenas "ativo" e "passivo" – e que existe uma gama grande de características mentais distintas pertinentes a cada uma dessas várias qualidades

---

[17] Por exemplo, Sloman (1992) me condena por dar tanta ênfase ao mal definido termo "consciência" em ENM, ao mesmo tempo que ele livremente utiliza o termo (na minha opinião) muito menos bem definido "mente"!

mentais. Assim, aplicar o termo padrão "consciência" a todas essas qualidades pode ser considerado, no melhor dos casos, de nenhuma ajuda. Do meu ponto de vista existe de fato um conceito unificado de "consciência" que é central para todos esses aspectos separados da mentalidade. Ainda que eu admita que existem aspectos passivos e ativos da consciência que são algumas vezes distinguíveis – o passivo tendo a relacionar a sensações (ou "*qualia*") e o ativo com questões de "livre arbítrio" –, considero-os como os dois lados de uma mesma moeda.

Na Parte I, tratarei sobretudo da questão do que é possível conquistar através do uso da qualidade mental de "entendimento". Apesar de não tentar definir o que essa palavra significa, acredito que seu significado será claro o bastante para que o leitor seja persuadido que esta característica – seja o que for – deve de fato ser uma parte essencial da atividade mental necessária para a aceitação dos argumentos da Seção 2.5. Pretendo mostrar que apreciar *esses* argumentos deve envolver algo não computável. Minha discussão não abarca *diretamente* outras questões de "inteligência", "autoconsciência", "consciência" ou "mente", mas há uma relevância clara dessa discussão para esses conceitos também, já que a terminologia "padrão" à qual me referi implica que a autoconsciência deve ser um ingrediente essencial do nosso entendimento e que entendimento deve ser uma parte de qualquer inteligência genuína.

1.13 A argumentação de John Searle

Antes de apresentar meu raciocínio, devo fazer uma breve menção a uma linha de argumentação bastante diferente – o famoso "quarto chinês" do filósofo John Searle[18] –, principalmente para enfatizar a natureza e as intenções subjacentes bastante distintas do meu pensamento. O argumento de Searle também trata da questão de "entendimento" e de se uma ação computacional suficientemente sofisticada pode ser dita ter tal qualidade mental. Eu não repetirei a discussão apresentada por Searle aqui em detalhes, mas darei sua essência de maneira muito breve.

O argumento versa sobre um programa de computador cujo objetivo é simular "entendimento" fornecendo respostas a perguntas sobre uma história que lhe foi narrada – todas as questões e perguntas sendo em chinês. Searle então imagina um ser humano, ignorante da língua chinesa, laboriosamente

[18] Searle, 1980, 1992.

movendo alavancas de maneira a realizar todos os cálculos computacionais que o computador faria. Porém, apesar da aparência de entendimento que está envolvida na saída de dados do computador quando *ele* realiza tais cálculos, tal entendimento, na verdade, não existe por parte do *ser humano* que realiza as manipulações que dão origem a esses cálculos. Searle argumenta então que a qualidade mental de entendimento não pode ser algo meramente computacional – pois o ser humano (que não entende chinês) realiza cada um dos atos de cálculo computacional que o computador exibe, mas não experimenta nenhum tipo de entendimento das histórias. Searle concede que uma *simulação* do estado final dos resultados de entendimento pode ser possível, segundo o ponto de vista $\mathscr{B}$, já que ele admite a possibilidade que isto possa ser alcançado por um computador simulando toda ação física relevante de um cérebro humano (fazendo seja lá o que ele faça) quando seu dono humano de fato entende algo. Mas, através do argumento do quarto chinês, ele insiste que uma *simulação* não pode, por si só, realmente "sentir" qualquer entendimento. Assim, entendimento *real* não poderia ser atingido por nenhuma simulação computacional.

O argumento de Searle é direcionado contra $\mathscr{A}$ (que afirmaria que qualquer "simulação" de entendimento seria equivalente a entendimento "real") e é apresentado como fornecendo embasamento para $\mathscr{B}$ (ainda que embase igualmente $\mathscr{C}$ e $\mathscr{D}$). Está interessado nos aspectos *passivos, internos* ou *subjetivos* da qualidade do entendimento. Não nega a possibilidade de uma simulação de entendimento nos seus aspectos *ativos, externos* ou *objetivos*. De fato, registra-se o próprio Searle afirmando: "Claro que o cérebro é um computador digital. Já que tudo é um computador digital, cérebros também o são."[19] Isto sugere que ele estaria disposto a aceitar a possibilidade de uma simulação completa do funcionamento de um cérebro consciente com relação ao ato de "entender" algo", de tal maneira que as manifestações externas da simulação seriam idênticas àquelas de um ser humano realmente consciente – em acordo com o ponto de vista $\mathscr{B}$. Meus argumentos, por sua vez, serão direcionados exatamente contra esses aspectos externos de "entendimento" e defenderei que nem mesmo uma simulação apropriada das manifestações externas de entendimento é possível. Não trato dos argumentos de Searle em detalhes aqui, pois não oferecem evidências diretas para o ponto de vista $\mathscr{C}$ (evidências para $\mathscr{C}$ sendo o propósito dos meus argumentos aqui). Para que fique

[19] Veja p.372 no artigo de Searle, 1980; exposto em Hofstadter; Dennett, 1981. Não está claro para mim, no entanto, se Searle argumentaria agora a favor de $\mathscr{B}$ em vez de $\mathscr{C}$.

registrado, no entanto, vale a pena mencionar que acredito que o argumento do quarto chinês fornece uma evidência razoavelmente persuasiva contra $\mathscr{A}$, ainda que não ache que tal evidência seja inteiramente conclusiva. Para mais detalhes e vários contra-argumentos, veja Searle (1980) e a discussão que lá se encontra; e Hofstader e Dennett (1981); veja também Dennett, 1990; e Searle, 1992. Para minha própria análise, veja ENM, p.17-23.

1.14 Algumas dificuldades com o modelo computacional

Antes de focarmos nos pontos que separam $\mathscr{C}$ de $\mathscr{A}$ e $\mathscr{B}$ especificamente, vamos considerar outras dificuldades que devem ser enfrentadas por qualquer tipo de explicação do fenômeno da consciência segundo o ponto de vista $\mathscr{A}$. Segundo $\mathscr{A}$, é simplesmente a "realização" ou *execução* de algoritmos apropriados que deve supostamente dar origem à autoconsciência. Mas o que isso realmente significa? "Execução" significa que pedacinhos de materiais físicos devem se mover segundo as operações sequenciais do algoritmo? Suponha que imaginemos que tais operações sucessivas são escritas linha por linha em um livro gigantesco.[20] O ato de escrever ou imprimir tais linhas seria uma "execução"? A mera existência estática do livro seria suficiente? E quanto a simplesmente passar o dedo pelas linhas uma após a outra; isto contaria como execução? E quanto a mover o dedo pelos símbolos se eles estivessem escritos em braille? A simples *apresentação* das operações sucessivas do algoritmo constituiria uma execução? Ou seria necessário, por outro lado, ter alguém para checar que cada linha segue corretamente daquelas que a precedem segundo as regras do algoritmo em questão? Presumivelmente, *isto*, pelo menos, levantaria uma questão, já que o entendimento (consciente) de outra pessoa não deveria ser necessário para o processo. A questão de quais ações físicas devem contar como de fato executando um algoritmo é profundamente nebulosa. Talvez tais ações não sejam nem necessárias, e, para estarmos de acordo com o ponto de vista $\mathscr{A}$, a mera existência matemática e platônica do algoritmo (cf. a Seção 1.17) seria suficiente para sua "autoconsciência" estar presente.

De qualquer forma, não se presume, segundo $\mathscr{A}$, que é *qualquer* algoritmo complicado que pode dar origem à autoconsciência (significativa).

[20] Veja Hofstadter, 1981, para uma apresentação interessante de uma sugestão dessa natureza; cf. também ENM, p.21-2.

Seria esperado que algumas características especiais do algoritmo, tais como "organização de alto nível", "universalidade", "autorreferência", "simplicidade/complexidade algorítmica",[21] ou algo similar seria necessário antes que pudéssemos considerar que uma autoconsciência significativa tivesse surgido. Além do mais, existe a questão complicada de quais qualidades particulares de um algoritmo deveriam ser responsáveis pelas diferentes *qualia* que constituem nossa autoconsciência. Que tipo de computação evoca a sensação "vermelho", por exemplo? Quais cálculos computacionais constituem as sensações de "dor", "ternura", "harmonia", "pungência", ou qualquer outra? Algumas tentativas já foram feitas por defensores de $\mathscr{A}$ para tentar resolver questões dessa natureza (cf. Dennett, 1991, por exemplo), mas até agora nenhuma delas me parece muito convincente.

Indo além, qualquer sugestão algorítmica direta e razoavelmente simples (tais como qualquer uma que possa ter sido feita na literatura até o momento) sofreria do grave infortúnio de que poderia ser instalada sem grandes dificuldades em um computador eletrônico moderno. Tal instalação deveria, segundo os defensores de tal sugestão, ter que dar origem à experiência *real* do *qualium* pretendido. Seria difícil, mesmo para os defensores fervorosos de $\mathscr{A}$, aceitar seriamente que tais cálculos computacionais – ou qualquer tipo de computação que poderia ser realizada com os computadores de hoje, utilizando o entendimento da IA de hoje – poderiam *realmente* experimentar mentalidade em qualquer nível significativo. Pareceria então que os proponentes de tais sugestões deveriam recorrer à crença de que é a pura *complicação* dos cálculos computacionais (agindo em acordo com essas sugestões) que estão envolvidos nas atividades dos nossos cérebros que permite que tenhamos experiências mentais apreciáveis.

Isso levanta alguns outros pontos aos quais não respondi de nenhuma forma significativa. Caso acredite-se que, essencialmente, a vasta complexidade das "conexões" que constituem a rede interconectada dos neurônios e sinapses do cérebro é um pré-requisito para nossa significativa atividade mental, então se deve aceitar o fato de que a consciência não é uma qualidade de todas as partes do cérebro humano igualmente. Quando a palavra "cérebro" é usada sem qualificativos, é natural (pelo menos para os não especialistas) pensar nas convolutas regiões exteriores que constituem o que é conhecido como *córtex cerebral* – a matéria cinzenta exterior do *telencéfalo*. Existem cerca

[21] Para uma descrição acessível da noção de "complexidade algorítmica", veja Chaitin, 1975.

de cem bilhões (10^{11}) de neurônios envolvidos no córtex cerebral, o que de fato nos deixa com um escopo considerável para enorme complicação – mas o córtex cerebral está longe de ser tudo que há no cérebro. Na parte traseira e inferior está um outro importante conjunto de neurônios conhecidos como o *cerebelo* (veja a Figura 1.6).

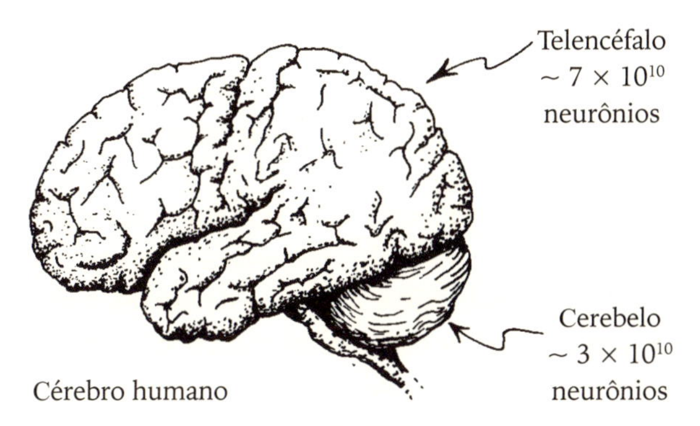

Figura 1.6 – O número de neurônios e conexões neuronais no cerebelo é da mesma ordem daquelas do telencéfalo. Com base simplesmente na contagem neuronal e de conectividade neuronal podemos nos perguntar por que a ação do cerebelo é inteiramente inconsciente?

O cerebelo parece estar envolvido de maneira fundamental no aperfeiçoamento do controle motor e tem seu papel quando alguma habilidade motora é aperfeiçoada – para se tornar "natural" e sem precisar que seja pensada conscientemente. Inicialmente, quando uma nova habilidade é aprendida, o controle consciente das ações é necessário e parece que isto é obtido com o envolvimento essencial do córtex cerebral. Porém, mais tarde, quando os movimentos necessários se tornaram "automáticos", a atividade inconsciente do cerebelo domina amplamente. É notório, levando-se em conta que a atividade do cerebelo parece ser inteiramente inconsciente, que ela envolva talvez até metade do número de neurônios no telencéfalo. Além disso, as células de Purkinje, mencionadas na Seção 1.2, que têm cerca de 80 mil conexões sinápticas, são neurônios encontrados no cerebelo, de tal forma que o número total de conexões entre os neurônios pode muito bem não ser menor no cerebelo do que no telencéfalo. Se é simplesmente a complexidade da rede de neurônios que é assumida como pré-requisito essencial para a consciência, então devemos nos perguntar por qual razão a consciência está completamente ausente do cerebelo. (Terei alguns comentários para fazer sobre esse tema adiante, na Seção 8.6).

Claro, os problemas do ponto de vista 𝒜 mencionados nesta seção têm seus análogos também nos pontos de vista ℬ e 𝒞. De um ponto de vista científico, é inevitável ter que responder em algum momento o que está subjacente ao fenômeno da consciência e como as *qualia* surgem. Nas seções posteriores da Parte II, tentarei me aproximar de um entendimento da consciência do ponto de vista 𝒞.

1.15 As limitações da IA moderna fornecem evidências para 𝒞?

Por qual razão 𝒞? Que evidência *existe* que possa ser interpretada como fornecendo apoio direto a 𝒞? 𝒞 é realmente uma alternativa relevante para 𝒜 ou ℬ ou mesmo 𝒟? Devemos tentar ver o que de fato podemos realizar com nossos cérebros (ou mentes) quando deliberação consciente tem um papel – e tentarei convencer o leitor que (algumas vezes pelo menos) o que fazemos com nosso pensamento consciente é muito diferente de qualquer coisa que possa ser feita computacionalmente. Proponentes de 𝒜 provavelmente defenderiam que "computação", de uma forma ou de outra, é a única possibilidade – e, com relação aos efeitos no comportamento externo, os de ℬ também. Por outro lado, defensores de 𝒟 podem muito bem concordar com 𝒞 que as ações conscientes vão além de cálculos computacionais, mas negariam a possibilidade de uma explicação da consciência em quaisquer termos científicos. Assim, para apoiar 𝒞, deve-se tentar encontrar exemplos de atividades mentais que estejam além de qualquer forma de cálculos computacionais e também tentar entender como tal atividade surgiria de processos físicos apropriados. O restante da Parte I será dirigido ao primeiro desses dois objetivos, e, na Parte II, apresentarei minhas tentativas de atingir o segundo.

Que tipo de atividade mental pode existir que possa ser mostrada como estando além de cálculos computacionais? Uma possibilidade que temos é analisar o estado presente da inteligência artificial e tentar ver no que os sistemas controlados computacionalmente são bons e no que são ruins. É claro que o estado atual da IA pode não fornecer indícios claros do que pode ser um dia atingido. Mesmo em, digamos, cinquenta anos, a situação poderia ser bastante diferente da que é hoje. O desenvolvimento rápido dos computadores e de suas aplicações – somente nos *últimos* cinquenta anos – tem sido extraordinário. Certamente devemos estar preparados para avanços enormes no futuro – avanços que podem de fato ocorrer muito rapidamente. Estarei interessado, neste livro, não na velocidade de tais progressos, mas com algumas limitações fundamentais de *princípio* aos quais eles estão restritos. Essas limitações seriam válidas não importa o quão longe no futuro nossas especulações se estendam. Assim, devemos basear nossos argumentos em princípios gerais e não nos permitir sermos devidamente influenciados pelo que foi conquistado até agora. De qualquer forma, podemos muito bem encontrar pistas nos sucessos e falhas da inteligência artificial atual, mesmo levando em conta o fato de que, até agora, existe muito pouco do que poderia ser dito como uma inteligência artificial genuinamente convincente – como mesmo os defensores mais fervorosos da IA estariam prontos a admitir.

As maiores falhas da inteligência artificial até agora se encontram, talvez surpreendentemente, não tanto em áreas nas quais o poder do intelecto humano pode ser em si extremamente impressionante – tais como onde *experts* humanos podem impressionar o resto de nós com seu conhecimento de especialistas ou com sua habilidade de fazer julgamentos baseados em procedimentos computacionais profundamente complexos –, mas nas atividades "do dia a dia" nas quais os mais humildes de nós participam pela maior parte da nossa vida quando estamos despertos. Até o momento, nenhum robô controlado por computador pôde sequer começar a competir mesmo com uma criança pequena em realizar algumas das mais simples atividades do dia a dia: atividades tais como reconhecer que um lápis de cera colorido que está no do outro lado no fundo da sala é aquele necessário para completar um desenho, cruzar a sala para pegar tal lápis e então usá-lo. A propósito, até as capacidades de uma formiga, ao realizar suas atividades do dia a dia, superam em muito o que pode ser realizado pelos sistemas computadorizados mais sofisticados de hoje. Por outro lado, o desenvolvimento de computadores enxadristas poderosos nos fornece um claro exemplo no qual computadores *podem* ser extremamente efetivos. O xadrez é, sem dúvida, uma atividade na qual o poder do intelecto humano se manifesta claramente – apesar de apenas alguns o levarem ao estado da arte. Porém, computadores enxadristas hoje jogam o jogo extraordinariamente bem e podem vencer a maior parte dos jogadores humanos de forma consistente. Mesmo os melhores dos jogadores humanos já se sentem pressionados e podem não manter a superioridade que ainda possuem sobre os melhores dos computadores enxadristas por muito tempo.[22] Existem várias outras áreas de *expertise* nas quais os computadores podem competir de maneira bem-sucedida, ou parcialmente bem-sucedida, com especialistas humanos. Além disso, existem algumas, tais como a simples

[22] Veja Hsu et al., 1990.

computação numérica, nas quais as capacidades dos computadores superam em muito as capacidades humanas.

Em todas essas situações, no entanto, seria difícil sustentar que os computadores alcançam qualquer *entendimento* genuíno do que estão de fato realizando. No caso de uma organização *top-down*, a razão pela qual o sistema funciona corretamente no fim das contas não é que *ele* entende qualquer coisa, mas que o entendimento dos programadores humanos (ou o entendimento dos especialistas dos quais esses programadores dependem) foi utilizado na construção do programa. Para uma organização *bottom-up* não está claro que é necessário haver qualquer entendimento específico como uma característica das ações do sistema, seja do sistema em si ou de seus programadores – além dos entendimentos humanos que entraram em desenvolver os detalhes dos algoritmos específicos envolvidos no melhoramento do desempenho, e na própria concepção de um sistema que pode melhorar sua performance com um sistema próprio de *feedback* incorporado. Obviamente não está sempre claro o que a palavra "entendimento" de fato significa, então algumas pessoas podem afirmar que, no *seu* entendimento, esses sistemas computadorizados realmente possuem algum tipo de "entendimento".

No entanto, isto é razoável? Para mostrar a falta de qualquer entendimento real dos computadores atuais, é interessante fornecer, como um exemplo, a posição do tabuleiro de xadrez dada na Figura 1.7 (por William Harston, tirado de um artigo de Jane Seymore e David Norwood, 1993).

Figura 1.7 – As peças brancas devem jogar e forçar o empate – fácil para os seres humanos, mas o Deep Thought tomou a torre!

Nesse estado do tabuleiro, as peças pretas têm uma vantagem enorme, pois ainda possuem duas torres e um bispo. Porém, é fácil para o jogador das peças brancas evitar a derrota simplesmente movendo seu rei do seu lado do tabuleiro.* A barreira formada pelos peões não pode ser quebrada pelas peças pretas, de tal forma que não existe nenhum perigo para as peças brancas vindo das torres e bispos pretos. Isto seria óbvio para um jogador humano com alguma familiaridade razoável com as regras do xadrez. No entanto, quando tal posição na vez das peças brancas se moverem foi apresentada ao Deep Thought – o computador enxadrista mais poderoso atualmente, com várias vitórias sobre grão-mestres do xadrez em seu currículo –, ele imediatamente errou ao tomar a torre preta com seu peão, abrindo a barreira de peões para uma posição que invariavelmente levaria a sua derrota!

Como pode um jogador de xadrez maravilhosamente eficaz fazer um movimento tão obviamente estúpido? A resposta é que o Deep Thought, além de ter sido municiado com uma quantidade considerável de "conhecimento dos livros", foi programado somente para calcular movimento após movimento – com uma profundidade considerável – e tentar melhorar sua situação no tabuleiro. Em nenhum momento possuía qualquer entendimento real do que uma barreira de peões poderia alcançar – nem, de fato, poderia ter qualquer entendimento genuíno seja do que for que faça.

Para alguém que tenha um entendimento razoável da maneira geral com a qual o Deep Thought e outros computadores jogadores de xadrez são construídos não é nenhuma surpresa que ele falharia em posições tais como a da Figura 1.7. *Nós* não somente entendemos algo sobre xadrez que o Deep Thought não entende, mas também podemos entender algo sobre os processos (*top-down*) segundo os quais o Deep Thought foi construído, sendo que assim podemos realmente entender por que ele deveria cometer tal erro – assim como entender o motivo de ele jogar xadrez tão bem na maioria das outros casos. Porém, podemos nos perguntar: é possível que o Deep Thought, ou qualquer outro sistema de IA, possa *um dia* atingir qualquer tipo de entendimento real que nós podemos ter – de xadrez ou de outra coisa? Alguns defensores da IA podem argumentar que, para que um sistema de IA possa ganhar qualquer entendimento "real", ele teria que ser programado de maneira que envolvesse processos *bottom-up* de forma muito mais fundamental do que a que usualmente está envolvida em computadores enxadristas.

---

* O masculino aqui não necessariamente quer se referir a um jogador homem. Veja as "Notas para o leitor" na página 20. (N. A.)

Assim, seus "entendimentos" iriam se desenvolver gradualmente pelo acúmulo de uma miríade de "experiências", em vez de ter regras algorítmicas *top-down* embutidas em si. Regras *top-down* que são simples o bastante para que possamos compreendê-las facilmente não podem, por si sós, fornecer uma base computacional para o entendimento real – pois podemos usar o nosso próprio entendimento dessas regras para perceber suas limitações fundamentais.

Esse ponto ficará mais explícito nas ideias apresentadas nos capítulos 2 e 3. Mas e quanto a esses procedimentos computacionais *bottom-up*? É possível que *eles* possam formar a base do entendimento? No Capítulo 3, irei argumentar contra isso. Por ora, podemos simplesmente notar o fato de que sistemas computacionais *bottom-up* atuais não podem de maneira alguma tomar o lugar do entendimento humano genuíno – em qualquer área importante de *expertise* intelectual em que *insights* e entendimento contínuo e genuíno dos seres humanos parecem ser importantes. Isto, sinto-me seguro em dizer, seria amplamente aceito hoje. Em sua maior parte, as afirmações otimistas iniciais que algumas vezes foram feitas por defensores da inteligência artificial e vendedores de sistemas especializados não foram verificadas.[23]

Mas os dias de hoje ainda são muito incipientes se considerarmos o que a inteligência artificial pode por fim atingir. Defensores da IA (sejam de $\mathscr{A}$ ou $\mathscr{B}$) argumentariam que é só uma questão de tempo e talvez avanços significativos na sua área antes que elementos importantes do entendimento começassem realmente a se tornar aparentes no comportamento dos seus sistemas controlados por computadores. Mais adiante, tentarei argumentar em termos precisos contra isso e mostrar que existem limitações fundamentais para qualquer sistema puramente computacional, seja *top-down* ou *bottom-up*. Ainda que seja muito bem possível para um sistema construído de maneira suficientemente inteligente manter a ilusão, por um tempo considerável (como o Deep Thought), de que possui algum entendimento, permanecerei dizendo que a ausência de entendimento em geral de um sistema de computador deveria – em princípio, pelo menos – acabar aparecendo.

Para meus argumentos precisos, devo recorrer a alguma matemática, a intenção sendo mostrar que o entendimento *matemático* é algo que não pode ser reduzido a cálculos computacionais. Alguns defensores da IA podem achar isso surpreendente, pois argumentaram que as coisas que aconteceram recentemente na evolução humana, como realizar cálculos aritméticos

---

[23] Veja Freedman, 1994.

ou algébricos, são as coisas mais simples de serem feitas por computadores e nas quais os computadores já superam enormemente as capacidades de seres humanos fazendo contas; enquanto as habilidades que apareceram cedo, como andar ou interpretar cenas visuais complexas, são o que realizamos sem esforço, enquanto computadores modernos sofrem para atingir seus limitados e insignificantes resultados.[24] Argumentarei algo bastante diferente. Os computadores são bons em quaisquer atividades complicadas, sejam elas realizar cálculos matemáticos, jogar xadrez ou ações comuns – *se* tiverem sido entendidas em termos de regras computacionais claras –, mas o entendimento que é subjacente a essas regras computacionais é algo que está em si além da computação.

1.16 O argumento do teorema de Gödel

Como podemos estar certos de que tais entendimentos não são em si coisas que podem ser reduzidas a regras computacionais? Em breve darei (nos capítulos 2 e 3) algumas razões bastante convincentes para acreditar que os efeitos de (alguns tipos de) entendimento não podem ser adequadamente simulados em termos computacionais – seja com uma organização *top-down*, *bottom-up* ou qualquer combinação das duas. Assim, a capacidade humana de poder "entender" é algo que deve ser obtido por meio de alguma atividade não computacional do cérebro ou da mente. O leitor pode se lembrar (cf. as seções 1.5 e 1.9) que o termo "não computacional" aqui se refere a algo que está além de qualquer simulação efetiva em qualquer computador baseado nos princípios lógicos que subjazem em todas as máquinas de calcular mecânicas ou eletrônicas atuais. Por outro lado, "atividade não computacional" *não* significa algo além dos domínios da ciência e da matemática. Porém *significa* que os pontos de vista $\mathscr{A}$ e $\mathscr{B}$ não podem explicar como realmente realizamos todas as tarefas que resultam de atividade mental consciente.

É certamente uma possibilidade *lógica* que o cérebro consciente (ou a mente consciente) possa estar agindo segundo tais leis não computáveis (cf. a Seção 1.9). Mas é *verdade*? A ideia que apresentarei no próximo capítulo (Seção 2.5) fornece o que acredito ser um argumento muito claro para a existência de um ingrediente não computacional em nosso pensamento consciente. Isto depende de uma forma simples do famoso e poderoso teorema

---

[24] Veja, por exemplo, Moravec, 1994.

de lógica matemática do grande lógico checo Kurt Gödel. Precisarei apenas de uma forma muito simplificada desse argumento, requerendo pouca matemática (em que também utilizo algo emprestado de uma importante ideia tardia de Alan Turing). Qualquer leitor razoavelmente dedicado não deve encontrar problemas em entendê-lo. Porém, argumentos gödelianos usados dessa forma já foram vigorosamente debatidos.[25] Por consequência, alguns leitores podem ter obtido a impressão de que esse argumento baseado no teorema de Gödel já foi completamente refutado. Devo enfatizar que este *não* é o caso. É verdade que muitos contra-argumentos foram apresentados ao longo dos anos. Muitos deles foram direcionados a um argumento pioneiro – a favor do mentalismo e oposto ao materialismo – que foi apresentado pelo filósofo de Oxford John Lucas (1961). Lucas havia argumentado a partir do teorema de Gödel que as faculdades mentais devem de fato estar além do que pode ser computável. (Outros, como Nagel e Newman (1958), argumentaram de maneira similar previamente.) Minha própria argumentação, ainda que siga caminhos semelhantes, é apresentada de maneira um pouco distinta da de Lucas – e não necessariamente como evidência para o mentalismo. Acredito que a forma da minha exposição resiste melhor às diversas críticas levantadas contra o argumento de Lucas e mostra vários dos problemas dessas críticas.

No momento apropriado (nos capítulos 2 e 3), responderei, em detalhes, *todos* os diferentes contra-argumentos dos quais tomei conhecimento. Espero que minha discussão então sirva para corrigir não somente alguns enganos aparentemente comuns sobre a significância do argumento de Gödel, mas também a brevidade evidentemente inapropriada da minha discussão em ENM. Mostrarei que vários desses contra-argumentos são baseados em enganos; os restantes, que fornecem pontos de vista genuínos e que precisam ser considerados em detalhe, talvez ofereçam algumas possíveis escapatórias, de acordo com $\mathscr{A}$ e $\mathscr{B}$, mas defenderei que eles ainda assim *não* fornecem realmente explicações *plausíveis* do que nossa habilidade de "entender"

[25] Veja Putnam, 1960; Smart, 1961; Benacerraf, 1967; Good, 1967, 1969; Lewis, 1969, 1989; Hofstadter, 1981; Bowie, 1982, com relação aos argumentos de Lucas; veja também Lucas, 1970. Minha própria versão, como brevemente apresentada em ENM, p.416-8, foi atacada em várias revisões; cf. particularmente Sloman, 1992; e por numerosas pessoas que fizeram comentários em *Behavioral and Brain Sciences*; Boolos, 1990; Butterfield, 1990; Chalmers, 1990; Davis, 1990, 1993; Dennett, 1990; Doyle, 1990; Glymour; Kelly, 1990; Hodgkin; Houston, 1990; Kentridge, 1990; MacLennan, 1990; McDermott, 1990; Manaster-Ramer et al., 1990; Mortensen, 1990; Perlis, 1990; Roskies, 1990; Tsotsos, 1990; Wilensky, 1990; veja também minhas réplicas em Penrose, 1990, 1993d; e também Guccione, 1993; veja também Dodd, 1991; Penrose, 1991b.

nos permite alcançar e que essas saídas seriam, de qualquer forma, de pouco valor para a IA. Qualquer um que defenda que todas as manifestações externas dos processos de pensamento consciente *podem* ser simuladas computacionalmente de maneira adequada, de acordo tanto com o ponto de vista $\mathscr{A}$ ou $\mathscr{B}$, deve encontrar uma maneira de responder, em todos seus detalhes, os argumentos que darei.

1.17 Platonismo ou misticismo?

Alguns críticos podem argumentar que, ao aparentemente nos forçar a aceitar o ponto de vista $\mathscr{C}$ ou $\mathscr{D}$, o argumento de Gödel tem implicações que devem ser "místicas", o que certamente é menos palatável para eles do que qualquer tipo de escape ao argumento. Com relação a $\mathscr{D}$, eu de fato concordo com eles. Minhas razões para negar $\mathscr{D}$ – o ponto de vista que afirma a incompetência da ciência no que diz respeito aos aspectos da mente – surgem do reconhecimento do fato de que foi somente através do uso dos métodos da ciência e matemática que qualquer progresso real no entendimento do comportamento do mundo foi obtido. Além disso, as únicas mentes das quais sabemos algo de maneira direta são aquelas intimamente associadas a certos objetos físicos – *cérebros* – e diferenças em estados mentais parecem estar claramente associadas com diferenças em estados físicos dos cérebros. Mesmo os estados mentais de *consciência* parecem estar associados diretamente com certos tipos de atividade física que acontecem no cérebro. Se não fossem pelas características enigmáticas da consciência que estão relacionadas com a presença de "autoconsciência" e talvez dos nossos sentimentos de "livre arbítrio", que parecem ainda escapar de uma descrição física, não sentiríamos necessidade de olhar além dos métodos padrão da ciência para uma explicação das mentes como uma característica do comportamento físico dos cérebros.

Por outro lado, deve-se frisar que a ciência e a matemática nos revelaram um mundo cheio de mistérios. Quanto mais profundo nosso entendimento científico se torna, mais profundos os mistérios revelados. É talvez digno de nota que os físicos, que são mais diretamente familiares com as maneiras enigmáticas e misteriosas pelas quais a matéria *realmente* se comporta, tendem a ter uma visão menos classicamente mecanicista do mundo do que a dos biólogos. No Capítulo 5, explicarei alguns dos aspectos mais misteriosos do comportamento quântico, alguns dos quais foram descobertos apenas recentemente. Pode muito bem ser que, para acomodar o mistério da mente, tenhamos que expandir o que queremos dizer atualmente com "ciência", mas não vejo razão para qualquer ruptura brusca com os métodos que nos serviram extraordinariamente bem. Se, como acredito, o argumento de Gödel está nos forçando a aceitar algum ponto de vista do tipo $\mathscr{C}$, então teremos que nos entender com algumas de suas outras implicações. Seremos levados a uma visão *platônica* das coisas. Segundo Platão, conceitos matemáticos e verdades matemáticas habitam um mundo próprio que é eterno e sem localização física. O mundo de Platão é um mundo ideal de formas perfeitas, distinto do mundo real, mas em termos do qual o mundo físico deve ser entendido. Ele também se encontra além das nossas construções mentais imperfeitas, mas, ainda assim, nossas mentes de fato têm algum acesso direto a esse reino platônico através da "autoconsciência" das formas matemáticas e de nossa habilidade de pensar sobre elas. Veremos que, ainda que nossas percepções platônicas possam ser auxiliadas de vez em quando pela computação, elas não estão limitadas pela computação. É essa "autoconsciência" especulativa de conceitos matemáticos envolvida nesse acesso platônico que dá à mente um poder além do que jamais poderia ser atingido por um aparato baseado somente em cálculos computacionais para seu funcionamento.

1.18 Qual a relevância do entendimento matemático?

Tais tópicos de relevância pouco prática podem (ou não) parecer interessantes, mas alguns leitores certamente irão ter questionamentos. Qual a real relevância que temas sofisticados de matemática e de filosofia matemática podem ter para a maioria dos tópicos de interesse imediato em, por exemplo, inteligência artificial? De fato, muitos filósofos e defensores da IA sustentam, de maneira bem razoável, a opinião de que, apesar do teorema de Gödel ser, sem dúvida, importante no seu contexto original da lógica matemática, pode ter, no máximo, aplicações bem limitadas para a IA ou para a filosofia da mente. Afinal, muito pouco da atividade mental humana versa sobre as questões relacionadas ao contexto original do qual Gödel trata: as fundações axiomáticas da matemática. Minha resposta a isto é que muito da atividade humana envolve, por outro lado, a aplicação da consciência humana e do entendimento humano. Meu uso do argumento de Gödel é para mostrar que o entendimento humano não pode ser uma atividade algorítmica. Se pudermos mostrar isto em *algum* contexto específico já é o bastante. Uma vez provado que certos tipos de entendimento matemático não podem ter uma descrição computacional, então estará provado que podemos realizar *algo* não computacional com nossas mentes. Aceito isto, é natural concluir que outras ações não computacionais devem estar presentes em outros aspectos da atividade mental. As comportas de fato se abrirão.

O argumento matemático estabelecendo a forma necessária do teorema de Gödel, como dado no Capítulo 2, pode realmente parecer ter pouco a dizer sobre a maioria dos aspectos da consciência. De fato, a demonstração de que certos aspectos do entendimento matemático devem envolver algo além de cálculos computacionais não *parece* ter muita relevância para, por exemplo, o que está envolvido na percepção da cor vermelha, nem parece haver qualquer papel evidente para ideações matemáticas na maioria dos aspectos da consciência. Por exemplo, mesmo matemáticos normalmente não pensam em matemática quando estão sonhando! Cães parecem sonhar e também parecem ter uma autoconsciência, em algum grau, quando sonham; além disso, eu certamente pensaria que eles podem ter essa autoconsciência em outros momentos. Mas eles não sabem nada de matemática. Sem dúvida, contemplar aspectos matemáticos está muito longe de ser a *única* atividade animal que requer consciência! É uma atividade humana altamente especializada e peculiar. (De fato, alguns cínicos até diriam que é uma atividade restrita a certos humanos peculiares.) O fenômeno da consciência, por outro lado, é ubíquo, muito provavelmente estando presente tanto nas atividades mentais não humanas e humanas, e certamente em seres humanos avessos à matemática, assim como naqueles que gostam desta quando não estão de fato trabalhando com matemática (que é a maior parte do tempo). O pensamento matemático é uma pequeníssima área da atividade consciente que é realizada por uma pequena minoria de seres conscientes por uma fração limitada das suas vidas conscientes.

Por qual razão então eu escolhi entender a questão da consciência aqui primeiro em um contexto matemático? A razão é que somente dentro da matemática podemos esperar achar qualquer coisa que se aproxime de uma demonstração rigorosa de que pelo menos *alguma* atividade consciente *deve* ser não computacional. A questão da computação em si é matemática por sua própria natureza. Não podemos esperar ser capazes de encontrar qualquer coisa como uma "prova" de que alguma atividade não é computacional a menos que recorramos à matemática. Tentarei persuadir o leitor de que, seja lá o que for que façamos com nossos cérebros ou mentes quando estamos entendendo a *matemática*, isto é de fato muito diferente de tudo que podemos fazer por meio de um computador; assim, o leitor deve ficar mais propenso a aceitar um papel importante para atividades não computacionais no pensamento consciente de forma geral.

De qualquer forma, como muitos poderiam argumentar, é certo e simplesmente *óbvio* que a sensação de "vermelho" não pode de forma alguma ser evocada simplesmente realizando algum cálculo computacional. Por que então se preocupar de qualquer maneira em tentar alguma demonstração matemática desnecessária quando é perfeitamente óbvio que as *qualia* – i.e., experiências subjetivas – não têm nada a ver com cálculos computacionais? Uma resposta a esse argumento da "obviedade" (com o qual tenho considerável simpatia) é que ele se refere somente aos aspectos *passivos* da consciência. Como o quarto chinês de Searle, pode ser um argumento contra o ponto de vista $\mathscr{A}$, mas não distingue $\mathscr{C}$ de $\mathscr{B}$.

Além disso, devo atacar o modelo de computação dos funcionalistas (i.e., o ponto de vista $\mathscr{A}$) em, digamos, seu próprio território; pois a asserção dos funcionalistas é que todas as *qualia devem* de fato surgir de alguma maneira simplesmente realizando os cálculos computacionais apropriados, não importa o quão improvável tal paradigma possa parecer num primeiro momento. Pois, afinal, argumentam eles, o que mais podemos estar realizando de útil com nossos cérebros a menos que eles estejam realizando cálculos computacionais de alguma maneira? O que é o cérebro se não algum tipo de sistema de controle computacional – embora altamente sofisticado? Quaisquer "sentimentos de autoconsciência" a que o funcionamento cerebral possa dar origem, afirmam, devem ser o resultado de uma ação computacional. Eles geralmente afirmam que, se nos recusamos a aceitar o modelo computacional para *toda* atividade mental, incluindo a consciência, então devemos ter que recorrer a algum *misticismo*. (Isto então sugere que a única alternativa para o ponto de vista $\mathscr{A}$ é $\mathscr{D}$!) É minha intenção, na Parte II, fornecer algumas sugestões parciais sobre o que um cérebro passível de ser descrito cientificamente pode estar realmente fazendo. Não negarei que algumas partes "construtivas" do meu argumento são especulativas. Ainda assim acredito que as evidências para *algum* tipo de atividade não computacional são convincentes e para demonstrar o porquê de tais evidências serem convincentes eu devo recorrer ao pensamento matemático.

1.19 O que o teorema de Gödel tem a ver com o comportamento do dia a dia?

Suponhamos então que aceitemos que algo não computacional de fato está ocorrendo quando utilizamos nossos pensamentos matemáticos conscientes e chegamos a nossas decisões matemáticas conscientes. No que isto nos ajudará com relação a entender as limitações da atividade robótica que, como descrevi, parece estar muito mais no campo das ações "do dia a dia" do que naquele do comportamento sofisticado de especialistas treinados? À primeira vista, parece que minhas conclusões são o exato *oposto* do que encontramos para as limitações da inteligência artificial – pelo menos as limitações atuais. Afinal, parece que estou afirmando que o comportamento não computacional deve ser encontrado em áreas altamente sofisticadas do entendimento matemático em vez de no comportamento "do dia a dia". Mas esta não é minha afirmação. Estou afirmando que o "entendimento" envolve algum tipo de processo não computacional, seja o entendimento de um conceito genuinamente matemático, como a infinitude dos números naturais, ou simplesmente reparando que um objeto de forma oblonga pode ser utilizado para abrir uma janela, ou em entender que um animal pode ser solto ou capturado com alguns movimentos específicos de um pouco de corda, ou entendendo o significado das palavras "felicidade", "luta" ou "amanhã" ou se dando conta de que, quando o pé esquerdo de Abraham Lincoln estava em Washington, seu pé direito certamente também estava em Washington – para usar um exemplo que se mostrou particularmente difícil para um sistema de IA real![26] Esse processo não computacional se encontra seja no que for que nos permite ter uma noção direta sobre algo. Essa noção pode nos permitir visualizar o movimento geométrico de um pedaço de madeira, as propriedades topológicas de um pedaço de corda ou a conectividade de Abraham Lincoln. Também nos permite ter uma via direta para as experiências de outra pessoa, de tal forma que podemos "saber" o que a outra pessoa quer dizer ao utilizar palavras como "felicidade", "luta" e "amanhã", mesmo que explicações se mostrem ser razoavelmente inadequadas. Os "significados" das palavras podem ser passados de uma pessoa para a outra não porque explicações adequadas são dadas, mas porque a outra pessoa já possui uma percepção direta – ou "noção" dos possíveis significados que pode haver para as palavras, de tal forma que mesmo explicações bastante inadequadas permitem à outra pessoa saber qual o significado correto. É a posse de algum tipo de "noção" comum que permite a comunicação entre duas pessoas. É isto que coloca um robô

[26] De um programa de TV britânico – provavelmente *The Dream Machine* [A máquina de sonhos], dez. 1991, quarta parte da série da BBC *The Thinking Machine* [A máquina pensante]. Veja também Freedman (1994) para uma discussão dos progressos recentes do entendimento por uma IA, particularmente com relação ao intrigante projeto "Cyc" de Douglas Lenat.

controlado por computador que não é senciente em uma posição muito desvantajosa. (De fato, o próprio *significado* do conceito do "significado" de uma palavra é algo do qual já temos alguma ideia e é difícil ver como alguém poderia dar algum tipo de descrição adequada *desse* conceito para o nosso robô não senciente.) Significados só podem ser comunicados de pessoa para pessoa, pois cada pessoa tem uma noção de experiências internas e sentimentos similares sobre as coisas. Pode-se imaginar que "experiências" são somente coisas que formam algum tipo de banco de dados de eventos que já aconteceram e que nosso robô poderia facilmente ser equipado com isso. Porém, estou argumentando que simplesmente não é assim e que é crucial que o objeto em questão, seja um humano ou robô, deve realmente ter *noção* da experiência.

Por qual motivo eu afirmo que essa "noção", seja o que for, deve ser algo não computacional, de tal forma que nenhum robô, controlado por computador, baseado meramente nas ideias lógicas padrão de uma máquina de Turing (ou equivalente) – seja *top-down* ou *bottom-up* –, pode alcançar ou mesmo *simular*? É aqui que o argumento gödeliano tem um papel fundamental. É difícil falar muito hoje em dia sobre, digamos, nossa "noção" da cor vermelha; mas *existe* algo bastante definitivo que podemos dizer relacionado à nossa noção da infinitude dos números naturais. É a "noção" que permite uma criança "saber" o que queremos dizer pelos números "zero", "um", "dois", "três", "quatro" etc., e o que significa o fato de essa sequência continuar para sempre quando somente algumas descrições absurdamente limitadas, e aparentemente irrelevantes, em termos de algumas laranjas e bananas são dadas. O conceito de "três" realmente pode ser abstraído por uma criança a partir de tais exemplos limitados e, além disso, a criança também pode entender a ideia de que esse conceito é somente um de uma sequência interminável de conceitos similares ("quatro", "cinco", "seis" etc.). Em algum sentido platônico, a criança já "sabe" o que são os números naturais.

Isto pode parecer um pouco místico, mas, na verdade, não é. É vital para as discussões que seguem que esse tipo de conhecimento platônico seja diferençado do misticismo. Os conceitos que "sabemos" nesse sentido platônico são coisas "óbvias" para nós – podem ser reduzidas ao "bom senso" –, porém podemos não ser capazes de caracterizar esses conceitos completamente dentro de regras computacionais. De fato, como veremos da discussão posterior relacionada ao argumento de Gödel, não existe uma maneira de caracterizar as propriedades dos números naturais inteiramente em termos de tais regras. Ainda assim, como a descrição dos números em termos de maçãs e bananas pode permitir que uma criança saiba o que "três dias" significam, o mesmo conceito abstrato de "três" estando envolvido como em "três laranjas"? Claro que esse entendimento pode não surgir logo de cara e a criança pode cometer erros na primeira vez, mas este não é o ponto. O ponto é que algum tipo de entendimento é de fato possível. O conceito abstrato de "três" e de que esse conceito é um de uma sequência infinita de conceitos correspondentes – os números naturais em si – é algo que pode ser entendido realmente, mas, eu afirmo, somente pelo uso de nossa noção sobre o mundo.

Minha afirmação será de que, da mesma maneira, não estamos utilizando regras computacionais quando visualizamos os movimentos de um bloco de madeira, de um pedaço de corda ou de Abraham Lincoln. De fato, existem simulações computacionais muito funcionais dos movimentos de um corpo rígido, tal como um bloco de madeira. As simulações de tais movimentos podem ser tão confiáveis e precisas que geralmente são muito mais efetivas do que o que é alcançado pela visualização humana direta. Da mesma maneira, os movimentos de um pedaço de corda, ou cordão, podem ser simulados computacionalmente, algo que é, no entanto, talvez de maneira surpreendente, muito mais difícil de fazer do que uma simulação dos movimentos de um corpo rígido. (Isto se deve parcialmente ao fato de que uma "corda matemática" requer infinitamente mais parâmetros para especificarmos sua localização em comparação com um corpo rígido, que requer somente seis.) Existem algoritmos de computador para decidir se existe ou não um nó na corda, mas estes são completamente diferentes daqueles que descrevem movimentos rígidos (e não são muito computacionalmente eficientes). Qualquer simulação computacional da aparência externa de Abraham Lincoln certamente seria ainda mais difícil. Meu ponto não é que a visualização humana é "melhor" ou "pior" que uma simulação computacional dessas coisas, mas que é algo bastante *diferente*.

Um ponto crucial, parece-me, é que visualização envolve algum grau de apreciação pelo que está sendo visualizado, isto é, requer *entendimento*. Para ilustrar o que tenho em mente, considere um fato elementar da aritmética: que quaisquer dois números naturais (i.e., números inteiros não negativos: 0, 1, 2, 3, 4, ...) a e b têm a propriedade

$$a \times b = b \times a.$$

Devemos deixar claro que esta não é uma afirmação vazia, pois o significado de cada um dos dois lados da equação é diferente. Na esquerda, $a \times b$ se refere a a grupos de b objetos; enquanto $b \times a$ na direita se refere a b grupos de a objetos. No caso particular em que $a = 3$ e $b = 5$, temos, para $a \times b$, o arranjo

(●●●●●) (●●●●●) (●●●●●).

Enquanto, para $b \times a$, temos

(●●●) (●●●) (●●●) (●●●) (●●●).

O fato de que existe o mesmo número de pontos em cada caso expressa o fato particular de que $3 \times 5 = 5 \times 3$.

Podemos entender que isso é verdade simplesmente visualizando o conjunto

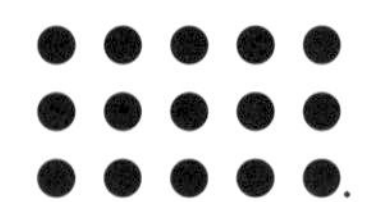

Se o virmos tendo como referência as linhas, vemos que temos três linhas, cada uma contendo cinco pontos, o que expressa a quantidade 3×5. Porém, se tivermos como referência as colunas, temos cinco colunas de três pontos, expressando a quantidade 5×3. O fato de que essas quantidades são iguais é visto de imediato a partir do fato de que é precisamente o mesmo arranjo retangular em cada caso; somente estamos interpretando-o de maneira diferente. (De maneira alternativa, podemos preferir girar a imagem 90 graus na mente e ver que o conjunto representando 5×3 tem o mesmo número de elementos que aquele que representa 3×5.)

O fato importante sobre esse ato de visualização é que ele nos ensina também algo muito mais genérico do que o fato de que $3 \times 5 = 5 \times 3$. Não existe nada de especial nos valores $a = 3$ e $b = 5$ nesse procedimento. Ele poderia ser aplicado igualmente para, digamos, $a = 79797000222$ e $b = 5000012355$ e podemos afirmar confiantes que

$$79797000222 \times 5000012355 = 5000012355 \times 79797000222$$

apesar de não existir forma de podermos visualizar de maneira acurada um conjunto tão grande (nem poderia qualquer computador atual enumerar seus elementos). Podemos perfeitamente concluir que essa igualdade deve valer – ou, de fato, que a igualdade geral $a \times b = b \times a$ deve valer* – essencialmente

* Devemos notar que essa igualdade *não* vale para vários tipos estranhos de "números" que aparecem na matemática, tais como os números ordinais referidos após **Q19** na Seção 2.10. Porém, ela sempre vale para os números *naturais*, que são os que nos interessam aqui. (N. A.)

da mesma visualização que usamos para o caso particular $3 \times 5 = 5 \times 3$. Precisamos simplesmente "borrar" em nossas mentes o número real de linhas e colunas que está sendo usado e a igualdade se torna óbvia.

Não pretendo sugerir que todas as relações matemáticas podem ser entendidas diretamente como "triviais" se forem visualizadas da maneira certa – ou mesmo que podem sempre ser percebidas de alguma forma que seja imediata para nossa intuição. Longe disso. Algumas relações matemáticas requerem longas cadeias de raciocínio antes de poderem ser entendidas com certeza. Mas o objetivo da prova matemática é, para todos os efeitos, fornecer tais cadeias de raciocínio nas quais cada *passo* possa de fato ser entendido como algo óbvio. Consequentemente, o fim do raciocínio é algo que deve ser aceito como *verdadeiro*, mesmo que não seja em si de forma alguma óbvio.

Podemos imaginar que seria possível listar todos os possíveis passos "óbvios" de raciocínio de uma vez por todas, de tal forma que tudo então poderia ser reduzido a cálculos computacionais – i.e., à mera manipulação mecânica desses passos. O que o argumento de Gödel mostra (Seção 2.5) é que isto não é possível. Não existe nenhuma maneira de eliminar a necessidade de *novos* passos "óbvios". Assim, o entendimento matemático não pode ser reduzido a uma computação pura e simples.

1.20 Visualização mental e realidade virtual

Os *insights* matemáticos que apareceram na Seção 1.19 são de uma natureza geométrica bastante específica. Existem vários outros tipos de *insights* utilizados em argumentações matemáticas – *insights* que não precisam ser geométricos. No entanto, acontece que *insights* geométricos são frequentemente de bastante valor para o entendimento matemático. Assim, pode ser instrutivo nos perguntarmos que tipo de atividade física está acontecendo em nossos cérebros quando visualizamos algo de maneira geométrica. Não existe nenhuma necessidade lógica para que essa atividade deva em si fornecer um "espelhamento geométrico" do objeto que está sendo visualizado. Como veremos, pode ser algo bastante distinto.

É útil fazermos um comparativo com o que é chamado de "realidade virtual", algo que pode ser defendido como tendo relevância para a questão da "visualização". Segundo os procedimentos da realidade virtual, uma simulação computacional de alguma estrutura que não existe é feita – como uma proposta arquitetônica de uma construção – e essa simulação é entendida pelos olhos de um ser humano que parece ver a estrutura como "real".[27] Através dos movimentos dos olhos, da cabeça, ou talvez mesmo das pernas ao andar ao redor do objeto, o ser humano veria a estrutura de ângulos diversos, assim como seria o caso se a estrutura realmente existisse. (Veja a Figura 1.8.) Algumas pessoas defendem que, seja lá o que for que acontece no interior dos nossos cérebros quando visualizamos conscientemente um objeto, pode muito bem ser como os cálculos computacionais envolvidos em tal simulação.[28]

Figura 1.8 – Realidade virtual. Um mundo de faz de conta tridimensional pode ser criado computacionalmente de forma a consistentemente responder aos movimentos da cabeça e do corpo.

[27] Para uma descrição popular vívida, veja Woolley, 1992.

[28] Por exemplo, tal sugestão foi feita por Richard Dawkins em seus seminários de Natal na BBC, 1992.

De fato, em nossa "visão mental", quando vemos alguma estrutura fixa *real*, parece que construímos algum modelo mental que permanece inalterado apesar dos movimentos contínuos da cabeça, olhos e corpo que fazem que as imagens na retina mudem continuamente. Tais correções do movimento corporal são uma parte importante do que está envolvido na realidade virtual e já foi sugerido que algo muito similar pode estar acontecendo na construção dos "modelos mentais" que embasam nossos próprios atos de visualização. Tais cálculos computacionais, claro, não necessitam ter qualquer relação geométrica (ou "espelhamento") com a estrutura que está sendo modelada. Proponentes do ponto de vista $\mathscr{A}$ realmente teriam que entender nossas visualizações conscientes como sendo o resultado de alguma simulação computacional, no interior de nossas cabeças, do mundo exterior. O que estou propondo, no entanto, é que, quando percebemos conscientemente uma cena visual, o *entendimento* que está envolvido é algo muito diferente da modelagem do mundo em termos de tal simulação computacional.

Pode-se argumentar que algo no interior dos nossos cérebros está agindo mais como um "computador analógico", onde a modelagem do mundo externo é alcançada não por computação digital, como é o caso se tratando dos computadores modernos, mas através de alguma estrutura física interna cujo comportamento físico pode ser traduzido de tal forma a emular o comportamento do sistema externo que está sendo modelado. Se queremos obter um aparato analógico para modelar o movimento de um corpo rígido externo há uma maneira muito clara de fazer isso. Esta seria possuir, internamente, um corpo físico real pequeno da mesma forma (com exceção do tamanho) que o objeto externo que está sendo modelado – apesar de que certamente não estou sugerindo qualquer relevância *desse* modelo particular para o que acontece nos nossos cérebros! Os movimentos desse corpo interno poderiam ser vistos de diferentes ângulos resultando em efeitos externos muito similares aos de um cálculo computacional digital. Tal sistema também poderia ser usado como parte de um sistema de "realidade virtual", no qual, em vez de termos um modelo inteiramente computacional da estrutura em questão, teríamos um modelo físico real dela, diferindo somente no tamanho da "realidade" que está sendo simulada. No caso geral, uma simulação análoga não seria tão direta ou trivial quanto isso. Poderíamos usar um parâmetro como o potencial elétrico em vez de uma distância física real e assim por diante. Precisamos somente garantir que as leis físicas que governam a estrutura interna espelhem muito precisamente as leis físicas que governam a estrutura interna que se está modelando. Não há necessidade de a estrutura interna se *assemelhar* (ou "espelhar") a externa de qualquer maneira óbvia.

É possível que aparatos analógicos possam alcançar feitos inacessíveis à computação digital pura? Como discutimos na Seção 1.8, não existe razão para acreditar que, dentro do paradigma da física atual, a simulação analógica possa realizar algo que a digital não possa. Assim, se nossos argumentos indicarem que nossas imaginações visuais podem atingir feitos não computacionais, então seremos encorajados a olhar além dos reinos da física existente hoje para o que subjaz à nossa imaginação visual.

1.21 A imaginação matemática é não computacional?

Nada nesta discussão nos diz especificamente que, seja lá o que façamos quando visualizamos algo, é um feito que não pode ser simulado de maneira computacional. Pode mesmo ser o caso de que, mesmo que utilizemos algum tipo de sistema analógico interno quando visualizamos algo, possa ser pelo menos possível *simular*, digitalmente, o comportamento de tal aparato analógico.

As "visualizações" a que tenho me referido são relacionadas com o que é "visual" em um sentido bastante literal, i.e., com as imagens mentais que parecem corresponder aos sinais que nossos olhos enviam ao cérebro. De forma mais geral, as imagens mentais não necessitam ter essa característica "visual" literal, como quando entendemos o significado de uma palavra abstrata ou nos lembramos de um trecho de uma música. As imagens mentais de alguém que é cego desde o nascimento, por exemplo, dificilmente podem ter qualquer relação direta com os sinais que são recebidos dos olhos. Assim, as "visualizações" a que estou me referindo têm mais a ver com a questão geral da "autoconsciência" do que com coisas que estejam necessariamente relacionadas ao sistema visual. De fato, não estou ciente de nenhum argumento que tenha relação com a natureza computacional (ou não) das nossas capacidades de visualização no sentido literalmente "visual". Minha crença de que nossos atos de visualização realmente devem ser não computacionais é uma inferência baseada no fato de que *outros* tipos de noção humana *parecem* ter uma natureza demonstrativamente não computacional. Apesar de ser difícil de ver como poderíamos confeccionar um argumento direto para a não computabilidade que é específica à visualização geométrica, um argumento convincente de que *algumas* formas de noção consciente devem ser não computacionais sugeriria fortemente que o tipo de noção que está envolvida na visualização geométrica também deveria ser não computacional. Não existem razões para se acreditar que deva existir uma divisão clara com respeito às diferentes manifestações do entendimento consciente.

De forma específica, a noção que afirmo que é *demonstravelmente* não computacional é o nosso entendimento das propriedades dos números naturais 0, 1, 2, 3, 4, ... (Podemos até dizer que o nosso conceito de número natural *é*, em um sentido, uma forma de "visualização" *não* geométrica.) Veremos na Seção 2.5, através de uma forma bastante acessível do teorema de Gödel (conforme a resposta ao questionamento **Q16**), que esse entendimento é algo que não pode ser encapsulado em nenhum conjunto finito de regras – de onde segue que não pode ser simulado computacionalmente. De tempos em tempos se ouve que algum sistema computacional foi "treinado" de forma a "entender" o conceito de números naturais.[29] No entanto, isto não pode ser verdade, como veremos. É nossa *autoconsciência* do que um "número" pode de fato significar que nos permite saber qual é o conceito correto. Quando temos esse conceito correto, podemos – pelo menos em princípio – fornecer respostas corretas para diversos questionamentos sobre números que nos são apresentados, ao passo que nenhum conjunto finito de regras pode fazer isso. Somente com regras e sem uma real noção, um robô controlado por computador (como o Deep Thought; cf. a Seção 1.15) estaria necessariamente restrito de formas que nós não estamos – apesar de que, caso o robô receba regras suficientemente adequadas para o seu comportamento, ele pode realizar feitos prodigiosos, alguns dos quais se encontram muito além das capacidades humanas isoladas em algumas áreas muito particulares, e ele possa, por algum tempo, nos enganar e nos fazer pensar que também possui uma autoconsciência.

Um ponto que vale a pena ressaltar é que, quando uma simulação computacional digital (ou analógica) de algum sistema externo *é* realizada, quase sempre ela é auxiliada por algum entendimento humano significativo das ideias matemáticas subjacentes ao sistema. Considere a simulação digital dos movimentos geométricos de um corpo rígido. Os cálculos computacionais relevantes dependem, principalmente, de *insights* de alguns grandes pensadores do século XVII, como os matemáticos franceses Descartes, Fermat e Desargues, que introduziram as ideias de coordenadas e geometria projetiva.

[29] Veja, por exemplo, a descrição de Freedman (1994) do trabalho feito por Lenat e outros nessa direção.

E quanto à simulação de uma corda ou cordão? Acontece que as ideias geométricas necessárias para entender as restrições no comportamento de um pedaço de corda – i.e., sua "nó-sidade" [*knottedness*] – são muito sofisticadas, além de serem notoriamente recentes, com muitos dos avanços fundamentais sendo alcançados somente no século XX. Ainda que na prática não seja muito difícil decidir, utilizando somente manipulações simples com as próprias mãos e aplicando um entendimento do dia a dia se um laço fechado, mas emaranhado, de uma corda possui um nó ou não, os algoritmos computacionais para realizar a mesma tarefa são surpreendentemente complicados, sofisticados e ineficientes.

Assim, simulações efetivas de tais questões até agora foram feitas de maneiras muito *top-down* e dependem de considerável entendimento e *insight* humano. É muito improvável que exista algo similar acontecendo no cérebro humano quando este está envolvido no ato de visualização. Uma explicação mais plausível seria algo envolvendo componentes *bottom-up* importantes, de tal forma que as "imagens visuais" surgiriam após considerável "experiência de aprendizado" ter sido adquirida. Não estou ciente, no entanto, de que existam quaisquer metodologias *bottom-up* (*e.g.*, de redes neurais artificiais) para questões desse tipo. Meu palpite é que qualquer metodologia que fosse *inteiramente* baseada em uma organização *bottom-up* teria resultados muito ruins. É difícil imaginar como uma boa simulação dos movimentos geométricos de um corpo rígido ou das restrições topológicas no movimento de uma corda – i.e., sua "*nó-sidade*" – possa ser conseguida sem ter envolvido qualquer entendimento genuíno do que está acontecendo realmente.

Que tipo de processo físico é responsável por nossa autoconsciência – uma autoconsciência que parece ser necessária para qualquer entendimento genuíno? Pode realmente ser algo além da simulação computacional, como exigido pelo ponto de vista $\mathscr{C}$? Esse processo físico presumido é algo acessível ao nosso entendimento, pelo menos em princípio? Acredito que deva ser e que o ponto de vista $\mathscr{C}$ é uma possibilidade científica genuína, ainda que tenhamos que estar preparados para que nossos critérios e métodos científicos possam sofrer mudanças sutis, mas importantes. Teremos que estar preparados para investigar pistas que se mostrem de formas inesperadas e em áreas do entendimento genuíno que podem parecer à primeira vista totalmente irrelevantes. Peço aos leitores que, na discussão que se segue, mantenham a mente aberta, de maneira a prestar bastante atenção ao raciocínio e às evidências científicas, mesmo que estas possam, em algum momento, parecer estar em conflito com o que antes parecia claramente simples bom senso. Estejam preparados para pensar um pouco sobre os argumentos que me esforçarei para apresentar da forma mais clara que conseguir. Assim encorajados – sigamos em frente.

No restante da Parte I, deixarei de lado as questões de física e de qual ação biológica pode estar subjacente à não computabilidade demandada pelo ponto de vista $\mathscr{C}$. Esses temas serão nossa preocupação na Parte II. Mas por que a busca por tal ação não computacional é necessária? Essa necessidade decorre da minha afirmação de que nós de fato realizamos ações não computacionais quando entendemos algo conscientemente. Eu preciso justificar tal afirmação e por isto vamos recorrer à nossa matemática.

2
A evidência gödeliana

2.1 O teorema de Gödel e as máquinas de Turing

É na matemática que o nosso processo de pensamento encontra sua forma mais pura. Se o pensamento é somente a realização de cálculos computacionais de algum tipo, então parece que nós poderíamos ver isto de maneira mais clara no nosso pensamento matemático. Porém, de forma surpreendente, justamente o contrário pode ser verdade. É dentro da matemática que encontramos a evidência mais clara de que deve haver algo em nosso pensamento consciente que escapa à computação. Isso pode parecer paradoxal – mas será da maior importância nos argumentos que seguem que entendamos esse ponto.

Antes de começarmos, devo encorajar o leitor a não se deixar intimidar pela matemática que encontraremos nas próximas seções (2.2 a 2.5), apesar do fato de que devemos obter algum entendimento das implicações de nada menos do que o teorema mais importante de todos os teoremas da lógica matemática – o famoso teorema de Kurt Gödel. Apresentarei somente uma forma extremamente simplificada desse teorema, inspirando-me especialmente em algumas ideias posteriores de Alan Turing. Nenhum formalismo matemático além da aritmética mais básica será usado. O argumento que apresentarei será assumidamente confuso em alguns pontos, mas será *apenas* confuso e não "difícil" no sentido de requerer qualquer conhecimento matemático prévio. Entenda o argumento tão lentamente quanto quiser e não se sinta envergonhado de relê-lo quantas vezes quiser. Mais adiante (2.6 a 2.10), explorarei alguns dos *insights* mais específicos subjacentes ao teorema de Gödel, mas o leitor que não estiver interessado em tais tópicos não precisa se preocupar com essas partes do livro.

Qual foi o feito do teorema de Gödel? Foi em 1930 que o jovem e brilhante matemático Kurt Gödel causou espanto em um grupo dos melhores matemáticos e lógicos do mundo em um encontro em Königsberg com o que viria a ser seu famoso teorema. Rapidamente ele se tornou aceito como sendo uma contribuição fundamental para os fundamentos da matemática – provavelmente a mais fundamental já encontrada –, mas eu argumentarei que, ao provar seu teorema, ele também deu um passo enorme em direção à filosofia da mente.

Dentre as coisas que Gödel provou de maneira indiscutível foi que nenhum *sistema formal* de regras matemáticas corretas para provar teoremas pode ser suficiente, mesmo em princípio, para estabelecer todas as proposições corretas da aritmética comum. Isto é certamente notório. Mas pode-se afirmar também que seus resultados mostraram algo além disso e estabeleceram que o entendimento e o *insight* humanos não podem ser reduzidos a nenhum conjunto de regras computacionais. Afinal, o que ele parece ter mostrado é que nenhum sistema de regras pode ser suficiente para provar mesmo as proposições aritméticas cuja verdade é acessível, em princípio, à intuição e ao *insight* humanos – de tal forma que a intuição e o *insight* humanos não podem ser reduzidos a nenhum conjunto de regras. Será parte do meu propósito aqui convencer o leitor de que o teorema de Gödel de fato mostra isso, assim fornecendo a fundação para o meu argumento de que deve haver algo mais no pensamento humano do que pode ser realizado por um computador, dentro do que entendemos pela palavra "computador" hoje.

Não é necessário que eu dê uma definição de "sistema formal" para o argumento principal (mas veja a Seção 2.7). Em vez disso, vou me aproveitar da contribuição fundamental de Turing, por volta de 1936, e de alguns outros, principalmente Church e Post, que descreveram os tipos de processo que agora chamamos de "cálculos computacionais" ou "algoritmos". Existe uma equivalência efetiva entre esses processos e o que pode ser obtido com um sistema matemático formal, então não será importante saber o que um sistema formal realmente é, ressalvado que precisamos ter uma ideia razoavelmente clara do que queremos dizer por um cálculo computacional ou um algoritmo. Mesmo para isso uma definição rigorosa não será necessária.

Aqueles leitores familiarizados com meu livro *The Emperor's New Mind* (ENM, cf. cap.2) saberão que um algoritmo é algo que pode ser realizado por uma *máquina de Turing*, que podemos pensar como um computador matematicamente idealizado. Ele realiza suas atividades passo a passo, de tal forma que cada passo é completamente especificado em termos da natureza da marcação em uma "fita" que a máquina esteja examinando a todo momento e em um "estado interno" da máquina (definido em termos discretos). Os estados internos permitidos são finitos em quantidade e o número total de marcas na fita também deve ser finito – mesmo que a fita em si seja ilimitada em tamanho. A máquina começa em um estado particular, por exemplo aquele intitulado de "0", e suas instruções são inseridas na fita, por exemplo na forma de um número binário (uma sequência de "0"s e "1"s). A máquina então começa a ler essas instruções, movendo a fita (ou, de forma equivalente, se movendo ao longo da fita) de forma bem definida segundo os seus procedimentos passo a passo embutidos, tais como determinados a cada etapa por seu estado interno e o dígito particular que a máquina esteja examinando. Ela também apaga e faz novas marcas seguindo tais procedimentos. Ela continua dessa forma até atingir uma instrução particular: "PARE" – momento no qual (e somente nesse momento) a resposta do cálculo computacional que ela realizava é mostrada na fita e a atividade da máquina acaba. Ela agora está pronta para um próximo cálculo computacional.

Alguns tipos particulares de máquinas de Turing são chamadas máquinas de Turing *universais*, que são as máquinas de Turing com capacidade de imitar qualquer outra máquina de Turing. Assim, qualquer máquina de Turing universal tem a capacidade de realizar *qualquer* cálculo computacional (ou algoritmo) que especifiquemos nela. Apesar de a construção interna detalhada de um computador moderno ser muito diferente disso (e seu "espaço de trabalho", apesar de enorme, não ser infinito como a fita da máquina de Turing ideal), os computadores de propósito geral moderno são, para todos os efeitos, máquinas de Turing universais.

2.2 Cálculos computacionais

Estaremos interessados aqui em *cálculos computacionais*. Por cálculo computacional (ou algoritmo), refiro-me à ação de alguma máquina de Turing, i.e., de fato, a operação de um computador segundo algum programa. Devemos notar que cálculos computacionais não se referem somente à realização de operações ordinárias de aritmética, como adicionar ou multiplicar dois números, mas também podem envolver outras coisas. *Operações lógicas* bem definidas também podem fazer parte de um cálculo computacional. Para um exemplo, podemos considerar a seguinte tarefa:

(**A**) Encontre um número que não seja a soma de três números ao quadrado. Por "número", quero dizer um "número natural", i.e., algum dentre

$$0, 1, 2, 3, 4, 5, 6, 7, 8, 9, 10, 11, 12, \ldots$$

Um número *ao quadrado* é o produto de um número natural por ele mesmo, i.e., algum dentre

$$0, 1, 4, 9, 16, 25, 36, \ldots,$$

estes sendo

$$0 \times 0 = 0^2, 1 \times 1 = 1^2, 2 \times 2 = 2^2, 3 \times 3 = 3^2, 4 \times 4 = 4^2,$$
$$5 \times 5 = 5^2, 6 \times 6 = 6^2, \ldots,$$

respectivamente. Tais números são chamados de "ao quadrado", pois podem ser representados por um arranjo em forma de um quadrado (incluindo o arranjo sem nada, representando o 0):

O cálculo computacional (**A**) poderia então ser feito da seguinte maneira: testamos cada número natural, um de cada vez, começando do 0, para ver se ele pode ou não ser escrito como a soma de três números ao quadrado. Precisamos considerar apenas os números ao quadrado que não são maiores que o próprio número que estamos testando. Assim, para cada número natural, existe somente um conjunto finito de números ao quadrado para testar. Logo que uma tripla de quadrados for encontrada que resulte no número de teste, nosso cálculo computacional vai para o próximo número natural e tentamos novamente encontrar uma tripla de quadrados (cada um destes menor ou igual ao número em si) que deem o resultado desejado. Nosso algoritmo para somente quando um número natural é encontrado e que nenhuma soma de três quadrados resulte nele. Para vermos como isso funciona, vamos começar com 0. Este é $0^2 + 0^2 + 0^2$, então de fato é a soma de três quadrados. Em seguida testamos 1 e vemos que mesmo ele não sendo $0^2 + 0^2 + 0^2$, ele é dado por $0^2 + 0^2 + 1^2$. Nosso cálculo computacional nos pede agora para irmos ao número 2 e vemos que mesmo não sendo nem $0^2 + 0^2 + 0^2$ ou $0^2 + 0^2 + 1^2$, ele é de fato $0^2 + 1^2 + 1^2$; vamos para 3 e encontramos $3 = 1^2 + 1^2 + 1^2$; então para 4, encontrando $4 = 0^2 + 0^2 + 2^2$; então $5 = 0^2 + 1^2 + 2^2$, $6 = 1^2 + 1^2 + 2^2$ e então vamos para 7, mas agora todas as triplas de quadrados (cada um dos quais não é maior que 7)

$$0^2 + 0^2 + 0^2,\ 0^2 + 0^2 + 1^2,\ 0^2 + 0^2 + 2^2,\ 0^2+1^2 +1^2,\ 0^2 + 1^2 + 2^2,$$
$$0^2 + 2^2 + 2^2,\ 1^2 + 1^2 + 1^2,\ 1^2 + 1^2 + 2^2,\ 1^2+2^2 +2^2,\ 2^2 + 2^2 + 2^2,$$

falham em resultar em 7; assim, o cálculo para e obtemos uma conclusão: 7 é um número do tipo que procuramos, *não* sendo a soma de três quadrados.

2.3 Cálculos computacionais intermináveis

Demos sorte com o cálculo computacional (**A**). Suponha que tivéssemos tentado, em vez disso, o cálculo computacional:

(**B**) Encontre um número que não seja a soma de quatro quadrados.
Agora, ao chegar em 7, descobrimos que ele *é* a soma de *quatro* quadrados: $7 = 1^2 + 1^2 + 1^2 + 2^2$, então agora devemos ir para 8, que é $8 = 0^2 + 0^2 + 2^2 + 2^2$, então 9, $9 = 0^2 + 0^2 + 0^2 + 3^2$, então $10 = 0^2 + 0^2 + 1^2 + 3^2$ etc. O cálculo continua: ... $23 = 1^2 + 2^2 + 3^2 + 3^2$, $24 = 0^2 + 2^2 + 2^2 + 4^2$, ..., $359 = 1^2 + 3^2 + 5^2 +18^2$, ..., e assim por diante. Podemos acabar decidindo que a resposta do nosso problema é inacreditavelmente grande e que nosso computador vai levar um tempo enorme e utilizar um espaço de armazenamento enorme para encontrar a resposta. De fato, podemos começar a nos perguntar, em primeiro lugar, se existe alguma resposta. O cálculo parece continuar e continuar e não para nunca. E isto está certo; ele não para nunca! Isto é um teorema famoso provado pela primeira vez pelo grande matemático (ítalo-) francês Joseph L. Lagrange em 1770 que diz que *todo* número é, de fato, a soma de quatro quadrados. Não é um teorema fácil (e mesmo o contemporâneo de Lagrange, o grande matemático suíço Leonhard Euler, um homem de profunda habilidade, originalidade e produtividade matemática, tentou e não encontrou uma prova).

Não incomodarei o leitor com os detalhes da prova dada por Lagrange aqui, então vamos tentar algo muito mais simples:

(**C**) Encontre um número ímpar que seja a soma de dois números pares.
Espero que seja óbvio para o leitor que *esse* cálculo computacional nunca irá terminar! Números pares, múltiplos de dois

0, 2, 4, 6, 8, 10, 12, 14, 16, ...,

sempre dão números pares quando somados entre si, então certamente não pode haver um número ímpar, i.e., um dentre os números que sobraram

1, 3, 5, 7, 9, 11, 13, 15, 17, ...,

que seja a soma de um par de números pares.

Forneci dois exemplos ((**B**) e (**C**)) de cálculos computacionais que nunca terminam. Em um dos casos, esse fato, apesar de verdadeiro, não é nem um pouco fácil de determinar, enquanto, no outro, a continuidade eterna do cálculo é óbvia. Deixe-me dar um outro exemplo:

(**D**) Encontre um número par, maior do que 2, que não seja a soma de dois números primos.
Lembrem-se que um número primo é um número natural (diferente de 0 e 1) que não tem uma decomposição em fatores além de si mesmo e 1, sendo então um dentre os números:

2, 3, 5, 7, 11, 13, 17, 19, 23, ...

É muito provável que o cálculo computacional (**D**) não termine também, mas ninguém sabe ao certo. Isto depende da veracidade da famosa "conjectura de Goldbach", formulada por Goldbach em uma carta a Euler em 1742, mas que permanece sem uma prova até hoje.

2.4 Como decidimos que alguns cálculos computacionais não param?

Sabemos agora que cálculos computacionais podem terminar ou não e, além disso, nos casos em que eles não terminam pode tanto ser fácil ver isso como ser bem difícil ou ainda ser tão difícil que ninguém até agora conseguiu descobrir com certeza. Por quais procedimentos os matemáticos se convencem ou convencem os outros de que certos cálculos computacionais realmente não terminam? Eles mesmos estão seguindo algum procedimento computacional (ou algorítmico) para afirmar coisas dessa natureza? Antes de tentar responder essa questão, vamos considerar mais um exemplo. Este exemplo será um pouco mais difícil do que o nosso exemplo óbvio (**C**), mas ainda muito mais fácil do que (**B**). Tentarei demonstrar algo da forma pela qual os matemáticos às vezes chegam a suas conclusões.

Meu exemplo envolve os chamados números *hexagonais*:

1, 7, 19, 37, 61, 91, 127, ...,

ou seja, os números que podem ser dispostos em arranjos hexagonais (desta vez *excluindo* o arranjo vazio):

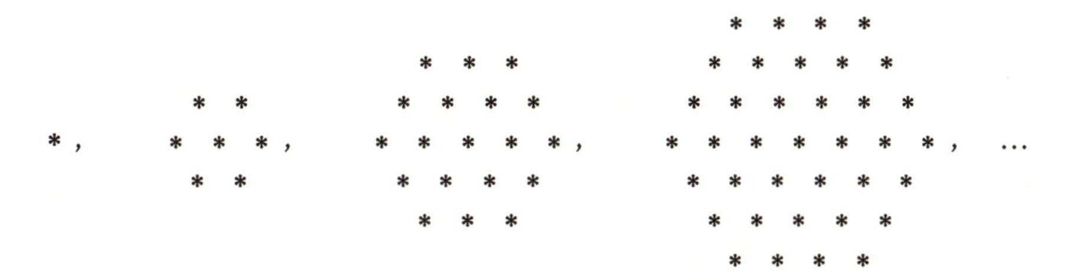

Esses números podem ser obtidos começando do 1 e adicionando sucessivamente múltiplos de 6:

6, 12, 18, 24, 30, 36, ...,

como pode ser observado notando que cada número hexagonal pode ser obtido do anterior adicionando um anel hexagonal na borda

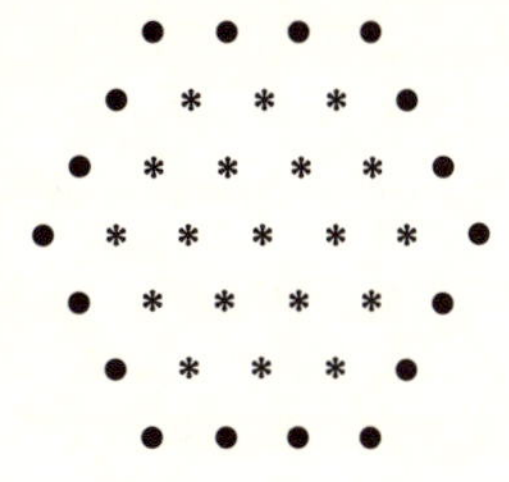

e notando que o número de pontos nesse anel deve ser um múltiplo de 6, o multiplicador aumentando de uma unidade cada vez que o hexágono cresce.

Adicionemos agora os números hexagonais de maneira sucessiva até um determinado ponto começando de 1. O que encontramos?

$$1 = 1, \quad 1 + 7 = 8, \quad 1 + 7 + 19 = 27, \quad 1 + 7 + 19 + 37 = 64,$$
$$1 + 7 + 19 + 37 + 61 = 125.$$

O que estes números 1, 8, 27, 64, 125 têm de especial? São todos números *ao cubo*. Um cubo é um número multiplicado por si mesmo três vezes:

$$1 = 1^3 = 1 \times 1 \times 1, \quad 8 = 2^3 = 2 \times 2 \times 2, \quad 27 = 3^3 = 3 \times 3 \times 3,$$
$$64 = 4^3 = 4 \times 4 \times 4,$$
$$125 = 5^3 = 5 \times 5 \times 5, \ldots.$$

Essa é uma propriedade geral dos números hexagonais? Vamos ver o próximo caso. De fato, encontramos

$$1 + 7 + 19 + 37 + 61 + 91 = 216 = 6 \times 6 \times 6 = 6^3.$$

Isto continua eternamente? Caso sim, então o seguinte cálculo computacional nunca terminará:

(**E**) Encontre uma soma de números hexagonais sucessivos, começando de 1, que não seja um número ao cubo.

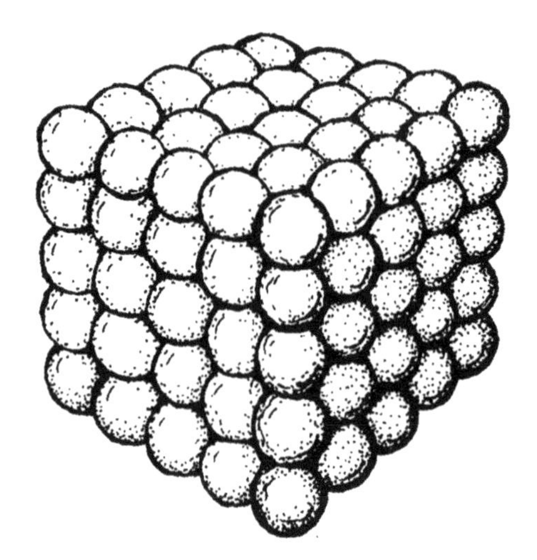

Figura 2.1 – Um arranjo cúbico de esferas.

Tentarei convencê-los de que este cálculo computacional de fato continuará para sempre sem parar.

Antes de tudo, um número ao cubo é chamado de "ao cubo" por ser um número que pode ser representado como um arranjo cúbico de pontos, assim como mostrado na Figura 2.1. Tentem pensar em tal arranjo como sendo construído sucessivamente começando de um canto e então adicionando em sequência arranjos de três faces consistindo da parede de trás, do lado e do teto do cubo, como mostrado na Figura 2.2.

Agora olhe esse arranjo trifacetado de longe a partir da direção do canto comum às três faces. O que vemos? Um *hexágono* como na Figura 2.3. Os pontos que constituem esses hexágonos, aumentando sequencialmente em tamanho, quando tomados em conjunto constituem os pontos que formam o cubo inteiro. Assim, isto estabelece o fato de que adicionar sucessivamente números hexagonais começando de 1 sempre resultará em um cubo. Confirmamos então que (**E**) jamais terminará.

Figura 2.2 – Separe-os em partes – cada um com uma parede de trás, de lado e teto.

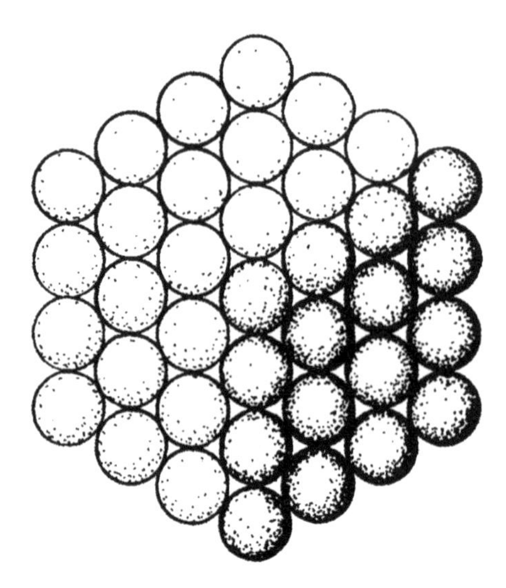

Figura 2.3 – Cada peça vista como um hexágono.

O leitor pode se incomodar porque o argumento que acabei de fornecer é de certa forma intuitivo, em vez de ser uma prova matemática formal e rigorosa. Porém, o argumento é de fato perfeitamente sólido e parte do meu propósito aqui é mostrar que existem métodos sólidos de raciocínio matemático que não são "formalizados" segundo algum sistema pré-aceito de regras. Um exemplo muito mais elementar de raciocínio geométrico utilizado para obter uma propriedade geral dos números naturais é a prova de que $a \times b = b \times a$ dada na Seção 1.19. Esta também é uma "prova" perfeitamente válida, ainda que não seja formal.

O raciocínio que mostrei para a soma dos números hexagonais sucessivos poderia ser substituído por uma demonstração matemática mais formal se assim desejássemos. A parte essencial de tal demonstração seria o *princípio da indução matemática*, que é um procedimento para verificar a veracidade de asserções que se aplicam para *todos* os números naturais baseado em um único exemplo. Em sua essência, ele nos permite deduzir que uma proposição $P(n)$, que dependa de um número natural particular n (tal como "a soma dos primeiros n números é n^3"), vale para *todo* n, desde que consigamos mostrar tanto que ela funciona para $n = 0$ (ou, aqui, $n = 1$) e que a veracidade de $P(n)$ *implica* a veracidade de $P(n + 1)$. Não atormentarei o leitor com os detalhes de como poderíamos provar que **(E)** nunca termina utilizando indução matemática, mas o leitor interessado pode gostar de tentar fazer isso como um exercício.

Regras claras, como o princípio da indução matemática, são sempre suficientes para estabelecer a natureza perpétua de cálculos computacionais que de fato nunca acabam? A resposta, de forma surpreendente, é "não". Esta é uma das implicações do teorema de Gödel, como veremos em breve, e será importante que tentemos entendê-la. Não é somente a indução matemática que é insuficiente. *Qualquer* conjunto de regras, *sejam quais forem*, será insuficiente, se por "conjunto de regras" nós nos referimos a algum sistema de procedimentos formais a partir do qual é possível checar de maneira inteiramente computacional, em qualquer caso particular, se as regras foram aplicadas de forma correta ou não. Esta pode ser vista como uma conclusão pessimista, pois parece implicar que existem cálculos computacionais que nunca param, mas para os quais o fato de que eles nunca param jamais pode ser provado de maneira matematicamente rigorosa. No entanto, isso não é de forma alguma o que o teorema de Gödel realmente nos diz. O que ele *realmente* nos diz pode ser visto por uma ótica muito mais positiva, em particular que os *insights* que estão disponíveis para os matemáticos humanos – de fato, para qualquer um que possa pensar logicamente utilizando entendimento e imaginação – estão além de qualquer coisa que possa ser formalizada por um conjunto de regras. Regras, às vezes, são substitutas parciais para o entendimento, mas jamais podem substituí-lo completamente.

2.5 Famílias de cálculos computacionais; a conclusão $\mathscr{G}$ de Gödel-Turing

De forma a ver como o teorema de Gödel (na forma simplificada que darei, inspirado também pelas ideias de Turing) demonstra isto, precisaremos de uma pequena generalização do tipo de afirmações sobre cálculos computacionais que tenho considerado até agora. Em vez de nos perguntar como um único cálculo computacional, como (**A**), (**B**), (**C**), (**D**) ou (**E**), algum dia termina, precisaremos considerar um cálculo computacional que dependa – e *aja* sobre – um *número natural* n. Assim, se chamarmos tal cálculo de $C(n)$, podemos pensar nele como nos fornecendo uma *família* de cálculos computacionais, em que há um cálculo para cada número natural 0, 1, 2, 3, 4, ..., como $C(0)$, $C(1)$, $C(2)$, $C(3)$, $C(4)$, respectivamente, e a maneira pela qual o cálculo computacional depende de n é em si inteiramente computacional.

Em termos de máquinas de Turing, tudo que isto significa é que $C(n)$ é a ação de alguma máquina de Turing sobre o número n. Isto é, o número n é inserido na fita da máquina como *input* e a máquina realiza seu trabalho por si só após isso. Caso não nos sintamos confortáveis com o conceito de uma "máquina de Turing", podemos pensar em um computador comum de propósito geral e ver n simplesmente como os "dados" para a ação de algum programa. O que nos interessa é se essa ação computacional para a cada escolha de n.

Para esclarecer o que quero dizer com um cálculo computacional dependendo de um número n vamos considerar dois exemplos:

(**F**) Encontre um número que não seja a soma de n números ao quadrado
e
(**G**) Encontre um número ímpar que seja a soma de n números pares.

Deve estar claro do que foi dito anteriormente que o cálculo computacional (**F**) irá parar *somente* quando $n = 0, 1, 2,$ e 3 (encontrando os números 1, 2, 3 e 7, respectivamente, nesses casos), e que (**G**) não termina qualquer que seja n. Se quisermos nos certificar de que (**F**) não para quando n é maior ou igual a 4, precisaremos de uma formidável matemática (a prova de Lagrange); por outro lado, o fato de que (**G**) não termina para qualquer n é óbvio. Quais são os procedimentos disponíveis para os matemáticos para reconhecer a natureza perpétua de tais cálculos computacionais em geral? Esses procedimentos em si são coisas que podem ser realizadas de forma computacional?

Suponha que temos algum procedimento computacional A que, ao terminar,* nos fornece uma demonstração de que um cálculo computacional tal como $C(n)$ realmente nunca acaba. Imaginemos que A encapsula *todos* os procedimentos disponíveis para os matemáticos humanos demonstrarem de maneira convincente que os cálculos computacionais não acabam. Assim, se em qualquer caso particular A terminasse, isto nos forneceria uma prova passível de ser dada por um ser humano de que tal cálculo computacional em particular *nunca* acabaria. Para a maior parte do argumento seguinte não é necessário que encaremos que A tem esse papel. Estamos preocupados somente com um pouco de raciocínio matemático. Mas, para a nossa conclusão final $\mathscr{G}$, estamos realmente imaginando que A tem esse papel.

---

* Para os propósitos desse argumento, estou adotando o ponto de vista de que, caso A termine de alguma forma, então isto quer dizer que A obteve uma demonstração correta de que $C(n)$ nunca termina. Se A ficasse "travado" por qualquer razão que não uma demonstração bem-sucedida, então isto seria visto como uma falha de A em terminar de forma apropriada. Veja os questionamentos **Q3**, **Q4** e também o Apêndice A (p.166). (N. A.)

Certamente não exijo que A possa sempre decidir quando $C(n)$ não termina quando de fato não termina, mas exijo que A nunca nos dê respostas erradas, i.e., se chegar à conclusão de que $C(n)$ nunca termina, então de fato isso acontece. Se A realmente nunca nos fornece respostas erradas, então dizemos que A é *confiável*.

Devemos notar que, caso A fosse na verdade não confiável, então seria possível descobrir isto através de algum cálculo direto – i.e., um procedimento A não confiável é computacionalmente falseável. Caso A afirmasse erroneamente que o cálculo computacional $C(n)$ nunca termina quando de fato termina, então realizar o cálculo $C(n)$ em si acabaria por refutar A. (A questão de se tal cálculo poderia realmente ser feito na prática é outro assunto: será discutida em **Q8**.)

Para que A possa ser aplicado em cálculos computacionais em geral, precisaremos de uma maneira de codificar todos os diferentes cálculos $C(n)$ tais que A possa então usar essa codificação. Todos os diferentes cálculos computacionais C podem de fato ser listados, digamos como

$$C_0, C_1, C_2, C_3, C_4, C_5, \ldots,$$

e podemos nos referir a C_q como o q-cálculo. Quando tal cálculo for realizado para um número natural n, escreveremos

$$C_0\,(n), C_1\,(n), C_2\,(n), C_3\,(n), C_4\,(n), C_5\,(n), \ldots$$

Esse ordenamento pode ser dado, por exemplo, através de algum ordenamento numérico dos programas de computador. (Para sermos explícitos, poderíamos, caso desejássemos, tomar esse ordenamento como sendo a enumeração das máquinas de Turing dada em ENM, tal que o cálculo computacional $C_q(n)$ seja a ação da máquina de Turing q, T_q, sobre o número n.) Um ponto técnico importante a ser notado é que esse ordenamento em si é *computável*, i.e., existe um único* cálculo computacional $C_\bullet$ que nos dá C_q quando recebe q, ou, de forma mais precisa, o cálculo $C_\bullet$ age sobre um *par* de números q, n (i.e., q seguido de n) para resultar em $C_q(n)$.

O procedimento A então pode ser pensado agora como um cálculo computacional em particular que, quando munido do par de números q, n, tenta

* De fato, o ordenamento é obtido precisamente pela ação de uma máquina de Turing universal no par de números q, n; veja o Apêndice A e ENM, p.51-7. (N. A.)

afirmar se o cálculo computacional $C_q(n)$ irá parar em algum momento. Assim, quando A *terminar*, teremos uma demonstração de que $C_q(n)$ *não termina*. Apesar de, como afirmado anteriormente, em breve tomaremos A como uma formalização de *todos* os procedimentos disponíveis para matemáticos humanos capazes de decidir se cálculos computacionais terminam, não é necessário que pensemos sobre A dessa forma ainda. A é *qualquer conjunto confiável* de regras computacionais para verificar se algum cálculo $C_q(n)$ nunca acaba. Como depende de dois números q e n, o cálculo computacional que A realiza pode ser escrito como $A(q, n)$ e temos:

(H) Se $A(q, n)$ termina, então $C_q(n)$ não termina.

Agora vamos considerar a forma particular de **(H)** quando tomamos q igual a n. Isto pode parecer algo estranho a ser feito, mas é perfeitamente legítimo. (Este é o primeiro passo em direção ao poderoso "corte diagonal", um procedimento descoberto por um matemático de origem dinamarco-russo-germônica altamente original e influente do século XIX chamado Georg Cantor, sendo central para os argumentos de Gödel e Turing.) Com q igual a n, agora temos:

(I) Se $A(n, n)$ termina, então $C_n(n)$ nunca termina.

Notemos agora que $A(n, n)$ depende somente de *um* número n, não dois, então deve ser um dos cálculos computacionais C_0, C_1, C_2, C_3, ... (aplicado em n), já que esta foi suposta como sendo uma listagem de *todos* os cálculos computacionais que podem ser realizados em um único número natural n. Vamos supor que seja de fato C_k, assim temos:

(J) $A(n, n) = C_k(n)$.

Agora tomemos em particular $n = k$. (Esta é a segunda parte do corte diagonal de Cantor!) Temos, de **(J)**,

(K) $A(k, k) = C_k(k)$

e, de **(I)**, com $n = k$:

(L) Se $A(k, k)$ termina, então $C_k(k)$ nunca termina.

Substituindo (**K**) em (**L**) temos:

(**M**) Se $C_k(k)$ termina, então $C_k(k)$ nunca termina.

Disto devemos deduzir que o cálculo computacional $C_k(k)$ *não* termina. (Se terminasse então não terminaria, segundo (**M**)!) Mas $A(k, k)$ também não pode terminar, já que, por (**K**), é o *mesmo* que $C_k(k)$. Assim, nosso procedimento A é incapaz de decidir se esse cálculo computacional $C_k(k)$ em particular não termina mesmo que ele não termine.

Além do mais, *sabemos* que, se A é confiável, então *sabemos* que $C_k(k)$ não termina. Assim, sabemos algo que A não é capaz de decidir. Disto segue que A *não pode* encapsular nosso entendimento.

Neste ponto, o leitor cuidadoso pode desejar ler novamente todo o argumento apresentado apenas para ter certeza de que eu não "trapaceei" de alguma forma. Existe um ar de truque nesse argumento, mas ele é perfeitamente legítimo e se fortalece à medida que é analisado mais minuciosamente. Encontramos um cálculo computacional $C_k(k)$ que sabemos que não termina, porém o procedimento computacional A não é poderoso o suficiente para confirmar essa asserção. Este é o teorema de Gödel(-Turing) na forma que eu necessito. Ele se aplica a qualquer procedimento computacional A para decidir se cálculos computacionais não terminam, *contanto que saibamos que ele é confiável*. Deduzimos que nenhum conjunto de regras computacional confiável conhecido (tal como A) pode ser suficiente para afirmar que cálculos computacionais não param, já que existem alguns cálculos intermináveis (tais como $C_k(k)$) que despistam essas regras. Além disso, já que, do nosso conhecimento sobre A e de sua confiabilidade, podemos construir de fato um cálculo computacional $C_k(k)$ que podemos *ver* que não termina, deduzimos que A *não pode* ser uma formalização dos procedimentos disponíveis para os matemáticos para decidir se um cálculo computacional para, não importa o que seja A. Assim:

$\mathscr{G}$ matemáticos humanos não estão usando um algoritmo que pode ser reconhecido como confiável para verificar verdades matemáticas.

Parece-me que essa conclusão é inescapável. No entanto, muitas pessoas tentaram argumentar contra ela – levantando objeções que são resumidas nos questionamentos **Q1-Q20** das seções 2.6 a 2.10 – e certamente muitos iriam argumentar contra a dedução mais forte de que deve haver algo fundamente não computacional em nosso processo de pensamento. O leitor pode realmente se perguntar que diabos raciocínios matemáticos como este, tratando da natureza abstrata de cálculos computacionais, podem ter a dizer sobre o funcionamento da mente humana. O que, afinal, tudo isto tem a ver com a nossa autoconsciência consciente? A resposta é que esse argumento realmente nos diz algo bastante significativo sobre a qualidade mental do *entendimento* – em relação à questão geral da computação – e, como argumentado na Seção 1.12, a capacidade de entendimento é algo dependente da autoconsciência. É verdade que, em grande parte, o raciocínio prévio foi apresentado somente em termos matemáticos, mas existe um ponto essencial com respeito ao fato de o algoritmo A entrar no argumento em dois níveis bastante distintos. Em um nível, está sendo tratado somente como um algoritmo que tem certas propriedades, mas em outro, estamos tomando A como sendo *realmente* o algoritmo que usamos para acreditarmos que um cálculo computacional nunca termina. O argumento *não* é simplesmente sobre cálculos computacionais. Também é sobre o nosso entendimento consciente utilizado para inferir a validade de alguma proposição matemática – aqui, a natureza interminável de $C_k(k)$. É o jogo entre esses dois níveis no qual o algoritmo A está sendo considerado – como uma forma especulativa de atividade consciente e como um cálculo computacional em si – que nos permite chegar à conclusão que expressa um conflito fundamental entre tal atividade consciente e um simples cálculo computacional.

No entanto, existem diversos contra-argumentos e brechas que devem ser consideradas. Primeiro, no restante deste capítulo analisarei de maneira bastante cuidadosa *todos* os contra-argumentos relevantes contra a conclusão $\mathscr{G}$ dos quais tenho conhecimento – estes são os questionamentos **Q1-Q20**, que serão discutidos nas seções 2.6 e 2.10, que também incluem alguns contra-argumentos meus. Cada um destes será respondido tão cuidadosamente quanto sou capaz. Veremos que a conclusão $\mathscr{G}$ sobrevive essencialmente intocável. No Capítulo 3, considerarei as implicações de $\mathscr{G}$. Veremos que ela de fato fornece um embasamento para uma argumentação bastante poderosa de que o entendimento matemático consciente não pode ser modelado adequadamente *de forma alguma* em termos matemáticos, seja de forma *top-down, bottom-up* ou qualquer combinação destas. Muitas pessoas pensarão que esta é uma conclusão alarmante, pois parece nos deixar sem ter por onde escapar. Na Parte II, adotarei um tom mais positivo. Apresentarei o que acredito serem evidências científicas plausíveis para minhas especulações sobre os processos físicos que podem possivelmente estar subjacentes ao funcionamento cerebral, tal como quando seguimos uma argumentação desse tipo e como isto pode realmente escapar de uma descrição computacional.

2.6 Possíveis objeções técnicas a $\mathscr{G}$

O leitor pode sentir que a conclusão $\mathscr{G}$ é bastante espantosa, especialmente considerando a natureza simples dos fatos a partir dos quais a argumentação foi derivada. Antes de considerarmos, no Capítulo 3, suas implicações quanto à possibilidade de construir um robô inteligente, controlado por computador e capaz de pensar sobre matemática, devemos examinar uma série de pontos técnicos que tratam da dedução de $\mathscr{G}$ de forma bastante cuidadosa. Se você é um leitor que não está preocupado com tais possíveis brechas técnicas e está preparado para aceitar a conclusão $\mathscr{G}$ – de que matemáticos não estão usando um algoritmo que pode ser reconhecido como confiável para aferir a verdade matemática –, então pode preferir pular estes argumentos (pelo menos por enquanto) e passar diretamente para o Capítulo 3; além disto, se estiver preparado para aceitar a conclusão mais forte de que não pode haver *qualquer* explicação algorítmica para nossos entendimentos, matemáticos ou não, então talvez prefira passar diretamente para a Parte II – parando talvez somente para analisar o diálogo fantasioso da Seção 3.23 (que sumariza os argumentos principais do Capítulo 3) e as conclusões dadas na Seção 3.28.

Existem diversos detalhes sobre a matemática envolvida no tipo de argumento dado por Gödel exposto na Seção 2.5 que tendem a incomodar as pessoas. Vamos tentar analisá-los.

Q1. Considerei que *A* é um *único* procedimento, ao passo que, sem dúvida, utilizamos muitos tipos de raciocínio em nossos argumentos matemáticos. Não deveríamos permitir a possibilidade de existir toda uma lista de "*A*"s?

De fato, não existe perda de generalidade em colocar as coisas da maneira que eu fiz. Qualquer lista finita $A_1, A_2, A_3, \ldots, A_r$ de procedimentos algorítmicos pode sempre ser reexpressa como um único algoritmo A, de tal forma que A irá falhar em terminar se *todos* os algoritmos individuais $A_1, \ldots, A_r$ falharem. (O funcionamento de A poderia ser como se segue: "Faça os primeiros 10 passos de A_1; guarde o resultado; faça os primeiros 10 passos de A_2; guarde o resultado; faça os primeiros 10 passos de A_3; guarde o resultado; e assim por diante até A_r; então retornamos para A_1 e fazemos os 10 passos seguintes; guardamos os resultados; e assim por diante; então o terceiro conjunto de 10 passos etc. Paramos assim que qualquer um dos A_r terminar".) Se, por outro lado, a lista de "A"s fosse infinita, para que valesse como um procedimento algorítmico deveria existir uma maneira algorítmica de gerar todo o conjunto A_1, A_2, A_3... Então poderíamos obter um único A que substituísse toda a lista da seguinte forma:

"primeiros 10 passos de A_1;
segundos 10 passos de A_1; primeiros 10 passos de A_2;
terceiros 10 passos de A_1; segundos 10 passos de A_2; primeiros 10 passos de A_3;
... etc.".

Isto terminará assim que qualquer um da lista terminar com sucesso e não terminará caso contrário.

Pode-se imaginar, por outro lado, que a lista $A_1, A_2, A_3, \ldots$, que consideramos como infinita, não é dada de uma vez, mesmo em princípio. Assim, sucessivos procedimentos algorítmicos poderiam ser adicionados à lista de tempos em tempos, sem que a lista original houvesse sido detalhada em sua totalidade. Porém, na ausência de qualquer procedimento algorítmico prévio para gerar essa lista, não teríamos um procedimento realmente autocontido.

Q2. Certamente devemos permitir que o algoritmo A não seja fixo, certo? Seres humanos podem aprender, afinal de contas, então o algoritmo que os seres humanos utilizam pode estar mudando continuamente.

Um algoritmo mutável exigiria alguma especificação das regras segundo as quais ele muda. Se essas regras forem inteiramente algorítmicas, então já devemos ter incluído essas próprias regras naquilo a que nos referimos como "A"; assim *esse* tipo de "algoritmo mutável" é somente um outro exemplo de um único algoritmo e o argumento segue da mesma maneira que antes. Por outro lado, podemos pensar em formas pelas quais o algoritmo pode mudar que podem ser supostas como *não* sendo algorítmicas e podemos sugerir tais formas; incorporando aleatoriedade ou algum tipo de interação com o ambiente. A natureza "não algorítmica" de tais formas de alterar um algoritmo será considerada depois (cf. seções 3.9 e 3.10); veja também a discussão na Seção 1.9, na qual argumentamos que nenhuma dessas formas fornece uma saída provável do "algoritmismo"* (como seria necessário segundo o ponto de vista $\mathscr{C}$). Para nossos presentes propósitos puramente matemáticos,

* No original, o autor utiliza a palavra "*algorithmism*", referindo-se a ela como "a palavra apropriada (essencialmente) para o meu 'ponto de vista' $\mathscr{A}$", tendo sido cunhada por Hao Wang (1993). Escolhemos o neologismo *algoritmismo* em português aqui. (N. T.)

estamos interessados somente na possibilidade de que a mudança seja em si algorítmica. Uma vez que aceitemos que essa mudança *não pode* ser algorítmica, então estamos certamente de acordo com a conclusão $\mathscr{G}$.

Talvez eu deva ser mais explícito sobre ao que se refere a expressão "algoritmo A 'algoritmicamente mutável'". Podemos supor que A depende não somente de q e n, mas também de um outro parâmetro, t, que podemos pensar como representando o "tempo", ou talvez t somente conte o número de ocasiões nas quais o algoritmo foi utilizado anteriormente. Em todo caso, podemos muito bem assumir que o parâmetro t é um número natural, então agora temos algoritmos $A_t(q, n)$ que podemos listar

$$A_0\ (q, n), A_1\ (q, n), A_2\ (q, n), A_3\ (q, n), \ldots,$$

onde cada um é suposto como um procedimento confiável para aferir se o cálculo computacional $C_q(n)$ não termina, mas onde podemos imaginar que esses procedimentos aumentam em capacidade à medida que t cresce. A forma pela qual esse aumento de capacidade acontece é assumida como algorítmica. Talvez essas "formas algorítmicas" dependam das "experiências" dos $A_t(q, n)$ anteriores, mas essas "experiências" aqui também são assumidas como geradas por algoritmos (ou voltamos a ter que concordar com $\mathscr{G}$), de forma que podemos muito bem incluí-las, ou a forma pelas quais são geradas, no que constitui o algoritmo seguinte (i.e., no próprio $A_t(q, n)$). Dessa forma, obtemos um *único* algoritmo $A_t(q, n)$) que depende algoritmicamente em todos os *três* parâmetros t, q, n. Disso podemos construir um algoritmo A^* que é tão poderoso quanto a lista toda de $A_t(q, n)$, mas depende somente de dois números naturais q e n. Para construir $A^*(q, n)$ tudo que precisamos fazer é, como mostrado antes, deixar ele funcionar pelos primeiros 10 passos de $A_0(q, n)$; guardar o resultado; então pelos 10 primeiros passos de $A_1(q, n)$ seguido pelos segundos 10 passos de $A_0(q, n)$; guardar o resultado; então os primeiros 10 passos de $A_2(q, n)$, os segundos 10 passos de $A_1(q, n)$ e os terceiros 10 passos de $A_0(q, n)$ etc., onde em cada etapa guardamos os resultados anteriores, *parando*, finalmente, assim que *qualquer* um dos algoritmos terminar. Utilizando A^* no lugar de A, o argumento que estabelece $\mathscr{G}$ prossegue como antes.

Q3. Eu não fui desnecessariamente restritivo em insistir que A deve continuar realizando cálculos computacionais para sempre nos casos em que pode ter se tornado claro que $C_q(n)$ *de fato* para? Se permitíssemos

que *A parasse* nesses casos, nosso argumento falharia. Os *insights* dos seres humanos certamente permitem que eles às vezes concluam que cálculos computacionais param, mas pareço ter ignorado estes. Isto não significa que fui muito restritivo?

De forma alguma. O argumento é feito para ser aplicado simplesmente aos *insights* que nos permitem concluir que cálculos computacionais *não* param, não àqueles que nos permitem concluir o contrário. Não é permitido que o algoritmo especulativo A "termine de maneira bem-sucedida" concluindo que algum cálculo computacional *para*. Não é para isso que ele serve.

Caso sintam-se desconfortáveis com isso, pensem em A da seguinte maneira: tentem incluir *ambos* os tipos de *insight* em A, mas, nos casos em que a conclusão seja que o cálculo $C_q(n)$ termina, coloquem A deliberadamente em um *loop* (i.e. façam A repetir alguma operação eternamente). É claro que não é a maneira pela qual um matemático funciona, mas este não é o ponto. O argumento é do tipo *reductio ad absurdum*, começando da hipótese de que utilizamos um algoritmo que pode ser reconhecido como confiável para aferir a verdade matemática e então chegando a uma contradição. Não é necessário, para o argumento, que A realmente *seja* esse algoritmo especulativo dos matemáticos, mas que possa ser construído dele, assim como no caso do A a que acabamos de nos referir.

O mesmo comentário se aplicaria a qualquer objeção ao argumento da Seção 2.5 da forma "certamente A poderia terminar por várias razões espúrias sem ter demonstrado que $C_q(n)$ de fato não termina". Se nos derem um "A" que se comporte dessa maneira então simplesmente aplicaríamos o argumento da Seção 2.5 a um A ligeiramente diferente, um que entrasse em um *loop* sempre que o "A" original terminasse por qualquer razão espúria.

Q4. Na listagem C_0, C_1, C_2, ..., parece que assumi que cada C_q de fato denota um cálculo computacional bem definido; enquanto em qualquer ordenamento numérico ou alfabético direto de programas de computador este seguramente não seria o caso, certo?

Seria realmente algo complicado garantir que nossa enumeração de fato fornecesse um cálculo computacional C_q para cada número natural q. Por exemplo, a listagem das máquinas de Turing T_q dada em ENM certamente não consegue realizar isso; cf. ENM, p.54. Para um dado q, a máquina de Turing T_q, como descrita lá, seria considerada uma "fraude" por uma de quatro razões: ela poderia funcionar para sempre sem terminar; poderia não estar "corretamente especificada", pois o número n leva a uma expansão binária com muitos 1s seguidos (cinco ou mais) e assim não teria tradução no esquema proposto lá; poderia encontrar uma instrução para entrar em um estado interno inexistente; ou poderia produzir uma fita em branco quando terminasse, que não possui interpretação numérica. (Veja também o Apêndice A.). Pelo argumento de Gödel-Turing que acabei de expor, somente é necessário agrupar todas essas razões sob a alcunha de "não termina". Em particular, quando me refiro a "terminar" para um procedimento computacional A (cf. a nota de rodapé, p.112), isso implica que ela de fato "termina" no sentido mencionado anteriormente (assim, ela não contém nenhuma sequência intraduzível nem produz uma fita em branco) – i.e., "terminar" implica que o cálculo computacional está de fato propriamente especificado em termos de um cálculo que funciona. Da mesma maneira, "$C_q(n)$ termina" também significa que termina nesse sentido. Com essa interpretação, o argumento, como o apresentei, não é afetado pelo questionamento **Q4**.

Q5. Não mostrei meramente que é possível se sair melhor que apenas um procedimento A *em particular* derrotando-o com o cálculo $C_q(n)$? Por qual razão isto mostra que posso me sair melhor que qualquer procedimento A?

O argumento *certamente* mostra que podemos nos sair melhor que *qualquer* algoritmo. Este é o ponto principal do tipo de argumento *reductio ad absurdum* que usei aqui. Acredito que uma analogia possa ser útil. Alguns leitores conhecerão o argumento de Euclides de que não existe um número primo maior que todos os outros. Este também é do tipo *reductio ad absurdum*. O argumento de Euclides segue da seguinte forma. Suponha, ao contrário, que exista um número primo maior que todos; vamos chamá-lo de p. Agora considere o produto N de todos os primos até p e adicione 1:

$$N = 2 \times 3 \times 5 \times \ldots \times p + 1.$$

N certamente é maior que p, mas não pode ser dividido por nenhum outro número primo 2, 3, 5, ..., p (pois sempre resta 1 na divisão); então ou N seria de fato o maior número primo ou é composto – no caso sendo passível de ser dividido por um primo maior que p. Em todo caso, deveríamos ter um primo maior do que p, o que contradiz nossa suposição inicial de que p é o maior número primo. Assim, não pode existir um número primo maior que todos os outros.

Esse argumento, sendo um *reductio ad absurdum*, não mostra simplesmente que *um* primo *particular* p pode ser superado ao encontrarmos um maior; mostra que não pode existir *nenhum* número que seja o maior número primo. Da mesma forma, o argumento de Gödel-Turing supramencionado não mostra somente que um algoritmo *particular* A pode ser superado, mostra que não pode existir *nenhum algoritmo* (sabidamente confiável) que seja equivalente aos *insights* que utilizamos para aferir que certos cálculos computacionais não terminam.

Q6. Um computador poderia ser programado para seguir exatamente o argumento que dei aqui. Não poderia ele então, por conta própria, chegar à conclusão a que eu cheguei?

É certamente verdade que o processo para encontrar o cálculo $C_k(k)$ dado A é um processo computacional. De fato, ele pode ser exibido de maneira bastante explícita.* Isto significa que o suposto *insight* matemático não computacional – aquele que faz que possamos ver o fato de que $C_k(k)$ nunca termina – é computacional no fim das contas?

Acredito que seja importante nos estendermos sobre esse ponto, pois ele representa um dos mal-entendidos mais comuns com relação ao argumento de Gödel. Devo deixar claro que ele *não* invalida o que mostramos antes. Apesar de o procedimento para obter $C_k(k)$ a partir de A ser passível de ser colocado na forma de um cálculo computacional, esse cálculo não é parte dos procedimentos contidos em A. Não pode ser, pois A não é capaz de aferir o resultado de $C_k(k)$, enquanto esse novo cálculo computacional (junto com A) supõe-se que é. Assim, apesar de esse novo cálculo ser de fato um cálculo computacional capaz de nos levar a $C_k(k)$, não é um cálculo que foi admitido dentro do clube dos "checadores oficiais da verdade".

Deixem-me dizer isto de outra maneira. Imaginem um robô controlado por computador que é capaz de aferir verdades matemáticas através dos procedimentos algorítmicos contidos em A. Para deixar as ideias mais explícitas, irei usar uma terminologia antropomórfica e dizer que o robô "sabe" as verdades matemáticas – aqui cálculos computacionais intermináveis – que ele pode

* Para enfatizar que aprecio este questionamento, eu encaminho o leitor ao Apêndice A, no qual um procedimento computacional explícito é exibido para obter qual é a máquina de Turing que representa $C_k(k)$ a partir do algoritmo A (usando as regras dadas em detalhes em ENM, cap.2). Aqui A é assumido como sendo dado para nós na forma de uma máquina de Turing T_a, cujo funcionamento resultando em $C_q(n)$ é codificado como o funcionamento de T_a em q seguido de sua ação sobre n. (N. A.)

derivar através do uso de A. Porém, se A é tudo que nosso robô "sabe", então ele *não* irá "saber" que $C_k(k)$ não termina, mesmo que o procedimento utilizado para obter $C_k(k)$ a partir de A seja perfeitamente algorítmico. Claro que poderíamos *contar* ao nosso robô que $C_k(k)$ de fato não termina (utilizando nossos próprios *insights* para isso), mas se o robô aceitasse esse fato, então ele teria que modificar suas próprias regras para aglutinar essa nova verdade àquelas que ele já "sabe". Podemos ir ainda mais longe e imaginar que contamos ao nosso robô, de forma apropriada, que o procedimento computacional geral para obter $C_k(k)$ de A é algo que ele deveria "saber" de forma a conseguir obter novas verdades matemáticas das antigas. Qualquer coisa que seja bem definida e computacional pode ser adicionada ao repositório de "conhecimento" do robô. Mas agora temos um *novo* "A" e o argumento de Gödel se aplicaria igualmente a este em vez de ao antigo A, já que estaríamos trapaceando se mudássemos quem é nosso "A" no meio da argumentação. Assim, vemos que o que está errado com **Q6** é similar ao que está errado com **Q5**, como foi discutido. No argumento *reductio ad absurdum*, assumimos que A – que é dado como um procedimento conhecido e confiável para aferir que cálculos computacionais não terminam – de fato representa a *totalidade* de tais procedimentos disponíveis para os matemáticos e é daí que chegamos a uma contradição. É considerado uma trapaça introduzir, para julgar o *status* de cálculos computacionais, outro procedimento que não esteja contido em A *depois* que assumimos que A representa a totalidade desses procedimentos.

O problema do nosso pobre robô é que, na ausência de qualquer *entendimento* do procedimento de Gödel, ele não tem uma forma segura e independente de aferir a verdade além daquilo que lhe contamos. (Isto é um ponto distinto dos aspectos computacionais do argumento de Gödel.) Para ser capaz de fazer mais do que isto, como nós, ele teria que entender o significado das operações que lhe pediram que realizasse. Sem nenhum entendimento, poderia de maneira perfeitamente válida "saber" (erroneamente) que $C_k(k)$ *termina* ao invés de que não termina. É algo puramente algorítmico derivar (erroneamente) que "$C_k(k)$ termina" quanto é derivar (corretamente) que "$C_k(k)$ não termina". Assim, a natureza algorítmica dessas operações não é o ponto; o ponto é que nosso robô necessita *julgar a verdade* de forma válida para saber quais algoritmos resultam em verdades e quais em asserções errôneas. Neste ponto da argumentação ainda é possível que "entendimento" seja somente algum tipo de atividade algorítmica que não esteja precisamente contida em qualquer dos procedimentos sabidamente confiáveis como A. Por exemplo, o entendimento pode ser dado por um algoritmo não confiável ou que não pode ser conhecido. Nas minhas discussões seguintes (Capítulo 3), tentarei persuadir o leitor que o entendimento de fato não é uma atividade algorítmica de forma alguma. Mas, por ora, estamos interessados somente nas implicações rigorosas do argumento de Gödel-Turing e, para isto, o fato de que $C_k(k)$ pode ser obtido de A de uma forma computacional não tem importância nem neste capítulo nem no próximo.

Q7. Toda a produção dos matemáticos que já viveram junto a toda produção daqueles matemáticos humanos dos próximos, digamos, mil anos é finita e poderia estar contida nos discos de armazenamento de um computador apropriado. Certamente esse computador em particular *poderia*, então, simular essa produção de resultados e então se comportar (externamente) da mesma maneira que matemáticos humanos – seja o que for que o argumento de Gödel nos diga que evidencie o contrário?

Apesar de isto ser aparentemente verdade, ignora o ponto principal, que é como nós (ou os computadores) sabemos quais afirmações matemáticas são verdadeiras e quais são falsas. (Em todo caso, a mera *armazenagem* da informação poderia ser obtida através de um sistema muito menos sofisticado que um computador de uso geral, *e.g.*, pelo uso da fotografia.) A maneira na qual se usa o computador segundo **Q7** ignora totalmente a questão crucial do *julgamento da verdade*. Poderíamos muito bem imaginar computadores que tivessem nada além de listas de "teoremas" matemáticos completamente falsos ou computadores contendo pedaços aleatórios de verdades e mentiras matemáticas. Como decidimos em qual computador confiar? Os argumentos que estou tentando expor aqui não dizem que uma simulação efetiva dos resultados provenientes da atividade humana consciente (aqui a matemática) é impossível, já que simplesmente por sorte um computador "poderia" conseguir tal feito corretamente – mesmo sem qualquer tipo de entendimento. Mas as chances de que isso não aconteça são absurdamente grandes e as questões levantadas aqui, tais como por qual maneira decidimos *quais* afirmações matemáticas são verdadeiras e quais são falsas, nem são tratadas por **Q7**.

Por outro lado, existe um outro ponto mais sério que *está* sendo tratado por **Q7**. Essa questão versa sobre se as discussões a respeito de estruturas infinitas (*e.g.*, *todos* os números naturais ou *todos* os cálculos computacionais) são realmente relevantes para nossas considerações aqui, quando os resultados tanto provenientes de seres humanos quanto de computadores são *finitos*. Vamos considerar esse tema a seguir.

Q8. Cálculos computacionais intermináveis são construções matemáticas idealizadas que têm relação com o infinito. Seguramente, tais tópicos não são realmente relevantes para discussões sobre objetos finitos tais como cérebros e computadores, não?

É realmente verdade que com as nossas discussões de máquinas de Turing, cálculos computacionais intermináveis etc., estamos considerando processos (potencialmente) infinitos, ao passo que, com relação a computadores e humanos, tratamos de sistemas *finitos*. É importante verificar as limitações de tal argumentação idealizada quando aplicadas a objetos físicos reais finitos. No entanto, acontece que considerações sobre a finitude não afetam substancialmente o argumento de Gödel-Turing. Não existe nada de errado em *considerar* cálculos computacionais idealizados, pensar sobre eles e derivar, matematicamente, suas limitações teóricas. Podemos, por exemplo, discutir de forma perfeitamente finita, a questão de se há um número ímpar que é ou não a soma de dois números pares ou se existe algum número natural que não seja a soma de quatro quadrados (como em (**C**) e (**B**) *supra*), apesar do fato de que, ao tratar tais temas, estamos considerando implicitamente a coleção infinita de *todos* os números naturais. Podemos muito bem pensar sobre cálculos computacionais intermináveis, ou máquinas de Turing no geral, como construtos *matemáticos* mesmo que não seja possível realmente construir uma máquina de Turing que opere indefinidamente na prática. (Notem que, em particular, uma máquina de Turing que buscasse um número ímpar que seja a soma de dois números pares não poderia, estritamente falando, ser construída fisicamente; suas partes iriam se desgastar em vez de ela continuar funcionando para sempre.) A especificação de qualquer cálculo computacional em particular (ou funcionamento de uma máquina de Turing) é algo perfeitamente finito e a questão de se ele termina ou não em algum momento é perfeitamente bem definida. Uma vez findo nosso raciocínio sobre tais cálculos computacionais idealizados, podemos *então* tentar ver por qual maneira nossa discussão se aplica a sistemas finitos como computadores e pessoas.

Limitações com relação à finitude podem surgir tanto por que (i) a especificação do cálculo computacional sob consideração é proibitivamente enorme (i.e., que o número n em C_n ou o par de números q, n em $C_q(n)$ é muito grande para ser especificado por uma pessoa ou um computador); ou (ii) o cálculo computacional que não é tão grande para ser especificado poderia ainda assim tomar muito tempo para ser realizado, de tal forma que parecesse que não termina, mesmo que, teoricamente, o cálculo um dia acabasse. De fato, como veremos logo, acontece que dessas duas limitações (i) é a única que afeta significativamente nossa discussão e mesmo assim não afeta tanto. O fato de (ii) não ser importante pode talvez ser surpreendente. Existem vários cálculos simples que por fim acabam, mas para os quais nenhum computador imaginável poderia chegar próximo o bastante do ponto de parada. Por exemplo, considere o seguinte: "imprima uma sequência de 2^{65536} 1s e então pare". (Alguns exemplos muito mais interessantes do ponto de vista matemático serão dados na Seção 3.26.) A questão de se um cálculo computacional irá parar não precisa ser decidida por um cálculo direto; às vezes, este é um método extremamente ineficiente.

Para ver como as limitações de finitude do tipo (i) e (ii) poderiam afetar nossa discussão baseada no argumento de Gödel, vamos reexaminar as partes relevantes do argumento. De acordo com a limitação (i), em vez de uma lista infinita de cálculos computacionais, teríamos uma lista *finita*:

$$C_0, C_1, C_2, C_3, \ldots, C_Q,$$

na qual supomos que o número Q especifica o maior cálculo computacional que nosso computador, ou ser humano, é capaz de acomodar. No caso de um ser humano, podemos considerar que existe uma certa indefinição em relação a isso. Por ora, não é importante que Q seja definido como um número preciso. (Esse tema, sobre a indefinição das capacidades humanas, será discutido em **Q13** na Seção 2.10.) Além disso, vamos supor que, quando aplicamos tais cálculos computacionais a um número particular n, o valor de n pode ser restrito a não ser maior que um número fixo N, pois nosso computador (ou humano) não pode lidar com números maiores que N. (Estritamente falando, deveríamos ter que considerar a possibilidade de que N não seja um número fixo, mas dependa de qual cálculo C_q estamos considerando – i.e., N poderia depender de q. Isto, no entanto, não faz qualquer diferença substancial para nossas considerações.)

Como antes, consideramos um algoritmo confiável $A(q, n)$ que, quando termina, nos fornece uma demonstração de que o cálculo $C_q(n)$ não termina. Quando dizemos "confiável", apesar de segundo (i) podermos considerar somente valores de q que não são maiores do que Q e valores de n que não são maiores do que N, queremos realmente dizer que A é confiável para *todos* os valores de q e n, não importa quão grande sejam. (Assim, as regras embutidas em A são regras *matemáticas* precisas, não aproximações que funcionam por conta de alguma limitação prática sobre os cálculos que podem "de fato" ser realizados.) Além disso, ao dizermos que "$C_q(n)$ não termina", queremos dizer que *realmente* não termina e não que o cálculo possa ser simplesmente longo demais para ser feito por nosso computador ou ser humano, como considerado em (ii).

Lembrem-se que (**H**) nos diz:

Se $A(q, n)$ termina, então $C_q(n)$ não termina.

Em face de (ii), podemos talvez concluir que o algoritmo A não seja de muita utilidade para decidir se outro cálculo computacional falha em terminar se ele próprio necessita de mais passos do que aqueles com que nosso computador ou ser humano pode lidar. Mas isso não é importante para o argumento. Iremos encontrar um cálculo $A(k, k)$ que não termina. Não nos importa que em alguns outros casos, quando A *realmente* para, sejamos incapazes de esperar tempo o bastante para descobrir isso.

Assim como em (**J**), encontramos um número natural k para o qual o cálculo computacional $A(n, n)$ é o mesmo que $C_k(n)$ para cada n:

$$A(n, n) = C_k(n).$$

Porém, agora temos que levar em conta a possibilidade de que k seja maior do que Q como considerado por (i). Para um A horrendamente complicado, este pode realmente ser o caso, mas apenas se A já começasse a se aproximar do limite superior de tamanho (em termos do número de dígitos binários necessários para especificar sua máquina de Turing) que pode ser tratado por nosso computador ou ser humano. Isto acontece pois o cálculo que obtém o valor de k da especificação de A (digamos, em termos de uma máquina de Turing) é algo bem simples que pode ser dado explicitamente (como foi mencionado já na resposta a **Q6**).

O cálculo que precisamos para derrotar A é $C_k(k)$ e, colocando $n = k$ em (**H**), obtemos (**L**):

Se $A(k, k)$ para, então $C_k(k)$ não para.

Como $A(k, k)$ é o mesmo que $C_k(k)$, nosso argumento nos mostra que o cálculo particular $C_k(k)$ não pode parar, mas que A não pode aferir esse fato, mesmo que permitamos que funcione por muito mais tempo do que qualquer limite imposto por (ii). A especificação de $C_k(k)$ é dada em termos do k acima e contanto que k não seja maior nem do que Q ou N, é um cálculo computacional que poderia realmente ser realizado por nosso computador ou ser humano – no sentido de que o cálculo poderia ser *começado*. Não poderia, de qualquer maneira, continuar até sua completude, pois o cálculo de fato nunca termina!

Será que k realmente poderia ser maior do que Q ou N? Isso só aconteceria se a especificação de A necessitasse de tantos dígitos que aumentar esse número de maneira sutil nos levaria a exceder a capacidade do nosso computador ou humano. Ainda segue do nosso conhecimento de que A é confiável o fato de que *sabemos* que este $C_k(k)$ não pode terminar, mesmo que tenhamos dificuldades em efetuar o cálculo $C_k(k)$ na realidade. A consideração (i), no entanto, nos leva a ter que considerar a possibilidade de que o cálculo A seja tão estupendamente complicado que sua especificação nos coloca próximos ao limiar dos cálculos computacionais que são possíveis de serem contemplados pelos seres humanos e um aumento pequeno no número de dígitos sendo considerado resultará em um cálculo que está além da compreensão humana. Parece-me que, não importa o que achemos dessa possibilidade, qualquer conjunto de regras computacionais embutido no nosso A especulativo seria certamente tão horrendamente complicado que sua *confiabilidade* não poderia ser *conhecida* por nós de maneira plausível, mesmo que as regras precisas pudessem ser. Assim, nossa conclusão permanece inalterada: *não* aferimos a verdade matemática através de um conjunto de regras algorítmicas *que pode ser reconhecido como confiável*.

É instrutivo ser um pouco mais específico sobre o leve aumento relativo na complicação que está envolvida em passar de A para $C_k(k)$. Isto terá uma importância singular para nós mais tarde (nas seções 3.19 e 3.20). No Apêndice A (p.166), uma especificação explícita de $C_k(k)$ é fornecida em termos das prescrições das máquinas de Turing dadas em ENM, cap.2. Segundo essas prescrições, T_m denota a "m-ésima máquina de Turing". Para ser específico aqui, será conveniente utilizar essa notação em vez de "C_m", em particular para definir o *grau de complicação* de um procedimento computacional ou de um cálculo computacional individual. Assim, defino esse grau de complicação μ da máquina de Turing T_m como o número de dígitos binários necessários na especificação de m como um número binário (cf. ENM, p.39); assim, o grau de complicação de um cálculo particular $T_m(n)$ é definido como o maior dos dois números μ e ν, onde ν é o número de dígitos binários na especificação de n. Agora considere a prescrição explícita dada no Apêndice A para obter o cálculo $C_k(k)$ a partir de A, dado em termos dessas descrições de máquinas de Turing. Tomando o grau de complicação de A como sendo α, encontramos então que o grau de complicação desse cálculo explícito $C_k(k)$ acaba sendo menor que $\alpha + 210 \log_2 (\alpha + 336)$, um número que é maior que α, mas apenas por uma diferença pequena quando α é muito grande.

Existe uma possível condição associada a essa linha geral de raciocínio que pode preocupar alguns leitores. Faz sentido considerar um cálculo computacional que possa ser tão complicado que não o consigamos escrever ou que, caso fôssemos escrevê-lo, levássemos muito, mas muito mais tempo que a idade do universo, mesmo que cada passo levasse a menor fração possível de um segundo na qual poderíamos imaginar processos físicos acontecendo? Esse cálculo – que resulta numa sucessão de 2^{65536} 1s, parando somente quando a tarefa acabar – é um exemplo disso e seria um ponto de vista matemático extremamente não convencional que permitiria que afirmássemos que este é um cálculo computacional que não termina. No entanto, existem alguns pontos de vista matemáticos, não tão não convencionais a ponto de proibir isso – apesar de ainda categoricamente não convencionais –, segundo os quais pode existir um grau de incerteza sobre afirmações relativas à verdade matemática absoluta de afirmações matemáticas idealizadas. Devemos pelo menos dar uma olhada em alguns deles.

Q9. O ponto de vista conhecido como *intuicionismo* nos proíbe de deduzir que um cálculo computacional deve terminar em um instante bem definido simplesmente do fato de que sua perpetuidade leva a uma contradição; similarmente, existem outros pontos de vista "construtivistas" ou "finitistas". Segundo estes, uma argumentação baseada no teorema de Gödel como a feita não é questionável?

Na argumentação baseada no teorema de Gödel que forneci, utilizei, em (**M**), um argumento da seguinte forma: "A assunção de que X é falso nos leva a uma contradição, portanto X é verdadeiro". Aqui, "X" é a afirmação "$C_k(k)$ não termina". Isto é um argumento do tipo *reductio ad absurdum* – e, de fato, o argumento todo inspirado por Gödel é desta maneira. O ponto de vista matemático conhecido como "intuicionismo" (iniciado pelo matemático holandês L. E. J. Brouwer por volta de 1912; cf. Kleene, 1952, veja também ENM, p.113-6) nega que possamos utilizar argumentações do tipo *reductio ad absurdum*. O intuicionismo surgiu como uma reação a certas tendências matemáticas do final do século XIX e começo do XX segundo as quais um objeto matemático poderia ser afirmado como "existente" mesmo que não houvesse uma maneira de realmente construir o objeto em questão. Algumas vezes, o uso muito liberal do conceito de existência matemática levava realmente a uma contradição. O exemplo mais famoso disso é dado pelo paradoxal "conjunto de todos os conjuntos que não pertencem a si mesmos" de Bertrand Russell. (Se o conjunto de Russell é um membro de si mesmo então ele não é, mas, se não for, ele é! Veja a Seção 3.4 de ENM, p.101, para mais detalhes.) Para rebater essa tendência, na qual objetos matemáticos definidos de forma muito livre poderiam ser dados como "existentes", o ponto de vista intuicionista nega a validade do tipo de raciocínio matemático que permite que deduzamos a existência de um objeto matemático simplesmente da natureza contraditória da sua inexistência. Tal argumento *reductio ad absurdum* não fornece uma construção de fato do objeto em questão.

Como a negação do uso do *reductio ad absurdum* afetaria o nosso argumento baseado no teorema de Gödel? De fato, em nada, simplesmente pela razão de que estamos usando o *reductio ad absurdum* da maneira oposta a essa, ou seja, a contradição está sendo derivada da assunção de que algo *existe*, não da assunção de que algo não existe. Segundo o intuicionismo, é perfeitamente legítimo deduzir que algo *não* existe do fato de que uma contradição surge da assunção de que existe. O argumento inspirado no teorema de Gödel da forma que apresentei é, para todos os efeitos, perfeitamente aceitável segundo o intuicionismo. (Veja Kleene, 1952, p.492.)

Considerações similares se aplicam a todos os outros pontos de vista "construtivistas" ou "finitistas" de que tenho conhecimento. A discussão que se segue a **Q8** mostra que, mesmo o ponto de vista supramencionado, que nega que números naturais possam "realmente" ser considerados como continuando indefinidamente, não nos fornece uma forma de escapar da conclusão de que não utilizamos um algoritmo que pode ser reconhecido como confiável para aferir a verdade matemática.

2.7 Algumas considerações matemáticas mais profundas

Para obtermos mais *insights* sobre as implicações do argumento de Gödel será útil voltarmos à questão de qual era seu propósito original. Na virada do século XIX para o XX, dificuldades severas começaram a desafiar aqueles que estavam preocupados com as fundações da matemática. No final dos anos 1800 – em grande parte devido às contribuições profundamente originais do matemático Georg Cantor (cujo "corte diagonal" nós encontramos antes) –, os matemáticos encontraram formas poderosas de estabelecer alguns dos seus resultados mais profundos, baseando seus argumentos nas propriedades de *conjuntos infinitos*. No entanto, dificuldades fundamentais surgiram com os benefícios advindos dessas propriedades quando um uso muito livre do conceito de conjunto infinito era usado. Em particular existia o paradoxo de Russell (que mencionei brevemente em resposta a **Q9**, cf. a Seção 3.4 também – e que já havia sido notado por Cantor), que mostrava alguns dos obstáculos de se pensar sobre conjuntos infinitos de forma muito despreocupada. De qualquer forma, contanto que se fosse cuidadoso o suficiente com o tipo de raciocínio que se permitisse, ficou claro que importantes resultados matemáticos poderiam de fato ser obtidos. O problema era como ser absolutamente *preciso* sobre o que significava ser "suficientemente cuidadoso" com um raciocínio.

O grande matemático David Hilbert foi uma das figuras mais importantes de um movimento cujo objetivo era assegurar essa precisão. Esse movimento era conhecido como *formalismo*, segundo o qual todas as formas de raciocínio matemático dentro de uma área específica, incluindo aqueles raciocínios necessários para se pensar sobre conjuntos infinitos, deveriam ser definidos de uma vez por todas. Tal sistema de regras e afirmações matemáticas é conhecido como um *sistema formal*. Uma vez que as regras de um sistema formal $\mathbb{F}$ fossem determinadas seria uma questão de checagem mecânica verificar se as regras – necessariamente finitas* em número – foram corretamente aplicadas ou não. Claramente, essas regras deveriam ser consideradas formas válidas de raciocínios matemáticos, de tal forma que poderíamos confiar que qualquer resultado que pudesse ser deduzido utilizando-as seria realmente *verdadeiro*. No entanto, algumas dessas regras podem envolver a manipulação de conjuntos infinitos e aqui nossas intuições matemáticas sobre quais formas de raciocínio são legítimas e quais não são podem não ser completamente confiáveis. Dúvidas em relação a isso parecem realmente ser válidas em vista das inconsistências que surgem se fizermos um uso muito livre de conjuntos infinitos que acabe até mesmo permitindo que o conjunto paradoxal de Bertrand Russell, o "conjunto de todos os conjuntos que não sejam membros de si mesmo", exista. As regras de $\mathbb{F}$ devem ficar longe de permitir o "conjunto" de Russell, mas quão longe? Impedir completamente o uso de conjuntos

* Alguns sistemas formais são apresentados como tendo *infinitos* axiomas – descritos em termos de estruturas conhecidas como "esquema de axiomas" –, mas, para se qualificar como um "sistema formal", no sentido que estou utilizando aqui, tal sistema formal deveria ser passível de ser expresso em termos finitos, o sistema de axiomas infinitos sendo então gerado por um conjunto finito de regras computacionais. Isso é de fato possível para os sistemas formais padrão que são utilizados em provas matemáticas – tal como o familiar sistema formal $\mathbb{ZF}$ de "Zermelo-Frankel" que descreve a teoria dos conjuntos convencional. (N. A.)

infinitos seria muito restritivo (por exemplo, o espaço euclidiano ordinário contém um conjunto infinito de pontos e mesmo o conjunto de números naturais é um conjunto infinito; além do mais, era claro que, de fato, existiam vários sistemas formais particulares que são perfeitamente satisfatórios (não permitindo, por exemplo, que o "conjunto" de Russell seja formulado) e através dos quais a maioria dos resultados matemáticos pôde ser obtida. Como podemos saber em quais sistemas formais podemos confiar ou não?

Vamos nos focar em um destes sistemas formais $\mathbb{F}$ e utilizar as notações VERDADEIRO e FALSO, respectivamente, para denotar asserções matemáticas que podem ser obtidas através do uso das regras de $\mathbb{F}$ e cujas *negações* (i.e., a "não" asserção em questão) podem ser obtidas da mesma maneira. Qualquer afirmação que possa ser formulada dentro de $\mathbb{F}$, mas que não seja nem VERDADEIRA, nem FALSA nesse sentido seria INDECIDÍVEL. Algumas pessoas adotariam o ponto de vista de que, já que conjuntos infinitos em si seriam "sem sentido", pode não existir um sentido absoluto de verdade ou falsidade com relação a eles. (Pelo menos isso pode ser aplicado a alguns deles, se não a todos.) Segundo esse ponto de vista, pode não importar realmente quais afirmações sobre (certos) conjuntos infinitos se mostrem VERDADEIRAS e quais FALSAS, contanto que nenhuma afirmação se mostre VERDADEIRA *e* FALSA – o que quer dizer que o sistema $\mathbb{F}$ é *consistente*. Para tais pessoas – os verdadeiros *formalistas* –, as únicas questões de suma importância para o sistema formal $\mathbb{F}$ seriam se (a) ele é ou não *consistente* e, adicionalmente, (b) se ele é ou não *completo*. O sistema $\mathbb{F}$ é chamado *completo* se toda afirmação matemática que está formulada de forma apropriada em $\mathbb{F}$ sempre se mostre ou VERDADEIRA ou FALSA (assim, $\mathbb{F}$ não contém afirmações INDECIDÍVEIS).

A questão se uma afirmação sobre conjuntos infinitos é *realmente verdade* ou não em qualquer sentido absoluto não tem, para um formalista estrito, necessariamente sentido e certamente não deve ser considerada relevante para os procedimentos da matemática formalista. Assim, no lugar da investigação da verdade matemática absoluta das asserções sobre quantidades infinitas, estaria o desejo da demonstração de consistência e completude de sistemas formais adequados. Que tipo de regras matemáticas seriam permitidas para tal demonstração? Essas regras em si deveriam ter que ser confiáveis e não poder fazer uso de nenhum raciocínio dúbio com conjuntos infinitos não tão bem definidos (como o de Russell). A esperança era de que haveria procedimentos lógicos disponíveis dentro de sistemas formais comparativamente simples e claramente confiáveis (como o relativamente elementar conhecido como *aritmética de Peano*) que seriam suficientes para provar a consistência de outros sistemas formais, mais sofisticados – digamos $\mathbb{F}$ –, que nos permitiriam raciocinar de maneira formal sobre conjuntos infinitos muito "grandes" e cuja consistência não fosse tão evidente. Se aceitarmos a filosofia formalista, então tal prova de consistência para $\mathbb{F}$ no mínimo forneceria uma justificativa para utilizar os meios de raciocínio permitidos por $\mathbb{F}$. Assim, provas de teoremas matemáticos poderiam ser dadas utilizando conjuntos infinitos de forma consistente e a questão de qual o real "significado" desses conjuntos poderia talvez ser ignorada. Mais que isso, se tal $\mathbb{F}$ pudesse também ser mostrado completo, então poderíamos razoavelmente sustentar o ponto de vista de que, na realidade, $\mathbb{F}$ encapsula *todos* os procedimentos matemáticos permitidos; assim, em certo sentido, $\mathbb{F}$ poderia ser considerado como *sendo* a formulação completa da matemática da área em análise.

No entanto, em 1930 (e publicado em 1931), Gödel revelou seu resultado estrondoso que mostrou que o sonho dos formalistas era inalcançável! Ele demonstrou que não poderia haver um sistema formal $\mathbb{F}$ que fosse tanto consistente (em um certo sentido "forte" que descreverei na próxima seção) e completo – contanto que $\mathbb{F}$ seja tomado como poderoso o bastante para conter uma formulação das afirmações da aritmética ordinária e aquelas da lógica padrão. Assim, o teorema de Gödel se aplicaria a sistemas $\mathbb{F}$ para os quais asserções aritméticas como o teorema de Lagrange e a conjectura de Goldbach, como descritas na Seção 2.3, pudessem ser formuladas como afirmações matemáticas.

Nas discussões que seguem estarei interessado somente em tratar de sistemas formais que são suficientemente extensivos para que as operações aritméticas necessárias para a formulação do teorema de Gödel estejam contidas neles (e, se necessário, que as operações de qualquer máquina de Turing estejam contidas neles; veja *infra*). Quando eu me referir a um sistema formal $\mathbb{F}$ será normalmente *assumido* que $\mathbb{F}$ é de fato suficientemente extensivo para isso. Isso não restringirá a discussão de maneira significativa. (Ainda assim, por questão de clareza, adicionarei algumas vezes as palavras "suficientemente extensivo", ou similar, quando discutir sistemas formais em tal contexto.)

2.8 A condição de consistência-ω

A forma mais familiar do teorema de Gödel afirma que, para um sistema formal $\mathbb{F}$ suficientemente extensivo, tal sistema $\mathbb{F}$ não pode ser completo e consistente. Este não é exatamente o famoso "teorema da incompletude" que foi originalmente revelado no encontro em Königsberg, referido nas seções 2.1 e 2.7, mas uma versão ligeiramente mais forte que foi obtida subsequentemente pelo lógico americano J. Barkley Rosser (1936). A versão originalmente revelada por Gödel era equivalente a mostrar que $\mathbb{F}$ não poderia ser tanto completo quanto *ω-consistente*. A condição de consistência-ω é um pouco mais forte do que a condição de consistência ordinária. Para vermos o que ela significa, precisamos de um pouco de notação. Como parte da notação envolvida em um sistema formal $\mathbb{F}$ existiriam certos símbolos denotando operações lógicas. Existiria um símbolo denotando a *negação*, i.e., "não", e isto poderia ser denotado por "$\sim$". Assim, se Q é uma proposição passível de ser montada em $\mathbb{F}$, então os símbolos $\sim Q$ denotam "não Q". Deveríamos também ter um símbolo que diga "para todos [números naturais]", chamado de *quantificador universal*, e isso poderia ser denotado por $\forall$. Se $P(n)$ é uma proposição que depende de um número natural n (de tal forma que P é chamado de uma *função proposicional*), então o conjunto de símbolos $\forall n\ [P(n)]$ denota a afirmação "para todos os números naturais, $P(n)$ é verdadeiro". Um exemplo particular de tal $P(n)$ seria: "n é expressível como a soma de três quadrados" e então $\forall n\ [P(n)]$ significaria: "todo número natural é a soma de três quadrados" o que, nesse caso, seria falso (ainda que seja verdadeiro se "três" for substituído por "quatro"). Podemos combinar tais símbolos de várias formas; em particular, o conjunto de símbolos

$$\sim\forall n\ [P(n)]$$

indica a *negação* de que $P(n)$ seja verdade para todos os números naturais n.

O que a condição de consistência-ω diz é que se $\sim\forall n\ [P(n)]$ pode ser provado pelos métodos de $\mathbb{F}$, então *não* pode ser possível que *todas* as afirmações

$$P(0), P(1), P(2), P(3), P(4), \ldots$$

podem ser ser provadas em $\mathbb{F}$. Disso segue que, se $\mathbb{F}$ não fosse ω-consistente, teríamos a situação anômala na qual, para algum P, cada um $P(0)$, $P(1)$, $P(2)$, $P(3)$, ... poderia ser provado, mas ainda assim a asserção de que *nem* todos podem ser verdadeiros *também* pode ser provada! Certamente nenhum sistema formal de confiança admitiria tal coisa. Se $\mathbb{F}$ é *confiável,* então certamente é ω-consistente.

Neste livro, usarei as notações "$G(\mathbb{F})$" e "$\Omega(\mathbb{F})$" para as respectivas afirmações: "o sistema formal $\mathbb{F}$ é consistente" e "o sistema formal $\mathbb{F}$ é ω-consistente". De fato (assumindo que $\mathbb{F}$ é suficientemente extensivo), $G(\mathbb{F})$ e $\Omega(\mathbb{F})$ são afirmações que podem em si ser formuladas em termos das operações de $\mathbb{F}$. O famoso teorema da incompletude de Gödel nos diz que $G(\mathbb{F})$ *não é um teorema* de $\mathbb{F}$ (i.e., não é provável utilizando os procedimentos permitidos por $\mathbb{F}$), assim como $\Omega(\mathbb{F})$ não o é, contanto que $\mathbb{F}$ *seja* de fato consistente! A versão um pouco mais forte do teorema de Gödel obtida mais tarde por Rosser nos diz que, se $\mathbb{F}$ é consistente, então $\sim G(\mathbb{F})$ também não é um teorema de $\mathbb{F}$. No restante deste capítulo eu tenderei a formular meus argumentos em termos da proposição mais familiar $G(\mathbb{F})$ em vez de $\Omega(\mathbb{F})$, apesar de que, para a maior parte da minha discussão, ambos serviriam igualmente bem. (Para alguns dos argumentos mais explícitos do Capítulo 3, irei utilizar algumas vezes "$G(\mathbb{F})$" para denotar a asserção específica "$C_k(k)$ não termina" (cf. Seção 2.5), o que não é um abuso de notação muito sério.)

Não me esforçarei para estabelecer uma diferença clara entre consistência e ω-consistência na maior parte das minhas discussões aqui, mas a versão do teorema de Gödel que apresentei na Seção 2.5 é essencialmente aquela que afirma que, se $\mathbb{F}$ é consistente, então não pode ser completo, sendo incapaz de provar $G(\mathbb{F})$ como um teorema. Não tentarei mostrar isto aqui (mas veja Kleene, 1952). De fato, para essa forma do teorema de Gödel ser redutível ao argumento como eu apresentei, um pouco mais é necessário de $\mathbb{F}$ além de que ele simplesmente "contenha a aritmética e a lógica ordinária". Precisamos que $\mathbb{F}$ seja amplo o suficiente para que as ações de qualquer *máquina de Turing* estejam incluídas nele. Assim, asserções que podem ser formuladas corretamente com os símbolos do sistema $\mathbb{F}$ devem incluir afirmações da forma "tal máquina de Turing, quando agindo em um número natural n, produz um número natural p". De fato, é um teorema (cf. Kleene, 1952, cap.11 e 13) que isso acontece automaticamente se $\mathbb{F}$ incluir, além das operações ordinárias da aritmética, a operação (chamada de operação-μ): "encontre o menor número natural com determinada propriedade aritmética". Lembrem-se que em nosso exemplo original de um cálculo computacional, (**A**), nosso procedimento realmente encontrou *o menor* número que não é a soma de três quadrados. Cálculos computacionais, em geral, devem ser capazes de realizar feitos desse tipo. É *isto* que também nos permite a possibilidade de encontrar cálculos computacionais que não terminam, como em (**B**), onde tentamos encontrar o menor número que não é a soma de *quatro* quadrados, mas tal número não existe.

2.9 Sistemas formais e provas algorítmicas

No argumento de Gödel-Turing, como mostrei na Seção 2.5, referi-me apenas a "cálculos computacionais" e não fiz menção a "sistemas formais". Mas existe uma relação bastante íntima entre esses dois conceitos. É uma propriedade essencial de um sistema formal que deve existir um procedimento algorítmico (i.e., "computacional") F para *checar* se as regras de $\mathbb{F}$ foram corretamente aplicadas. Se uma proposição é 𝕍𝔼ℝ𝔻𝔸𝔻𝔼, segundo as regras de $\mathbb{F}$, então nosso cálculo computacional F irá aferir esse fato. (O que F poderia fazer seria passar por todas as sequências de símbolos que pertencem ao "alfabeto" do sistema $\mathbb{F}$ e parar, exitosamente, quando a proposição desejada P fosse encontrada como sequência final, desde que todos os passos da sequência fossem permitidos segundo o sistema de regras de $\mathbb{F}$.)

Da mesma forma, se E é um procedimento computacional *dado*, com o intuito de aferir a verdade de certas afirmações matemáticas, então podemos construir um sistema formal $\mathbb{E}$ que efetivamente expressa como 𝕍𝔼ℝ𝔻𝔸𝔻𝔼𝕀ℝ𝔸𝕊 todas as afirmações verdadeiras obtidas através do procedimento E. Existe, no entanto, um pequeno detalhe no fato de que normalmente se espera de um sistema formal que ele inclua as operações lógicas padrão, enquanto um determinado procedimento E pode não ser extensivo o suficiente para incorporar estas diretamente. Se nosso dado E não incorporar em si essas operações lógicas elementares, então seria apropriado juntar essas operações lógicas a E na construção de $\mathbb{E}$ de tal forma que as proposições 𝕍𝔼ℝ𝔻𝔸𝔻𝔼𝕀ℝ𝔸𝕊 de $\mathbb{E}$ não seriam somente aquelas obteníveis diretamente do procedimento E, mas também aquelas que são consequências lógicas elementares obtidas através de E. Nessas circunstâncias, $\mathbb{E}$ não seria estritamente equivalente a E, mas um pouco mais poderoso.

(Essas operações lógicas apenas são coisas como: "Se P & Q então P"; "Se P e $P \rightarrow Q$ então Q"; "se $\forall x\ [P(x)]$, então $P(n)$"; "se $\sim\forall x\ [P(x)]$ então $\exists x[\sim P(x)]$" etc. Aqui, os símbolos "&", "$\rightarrow$", "$\forall$", "$\exists$", "$\sim$" têm as respectivas interpretações "e", "implica", "para todo [número natural]", "existe [um número natural]", "não", e poderia haver ainda alguns outros símbolos.)

Para construir $\mathbb{E}$ de E, podemos começar com algum sistema formal $\mathbb{L}$ muito básico (e obviamente consistente), expressando meramente as regras primitivas da inferência lógica – tal como o sistema conhecido como *cálculo de predicados* (Kleene, 1952), que faz justamente isto – e construir $\mathbb{E}$ adicionando E a $\mathbb{L}$ na forma de axiomas e regras de procedimentos adicionais para $\mathbb{L}$, assim resultando que qualquer proposição P é 𝕍𝔼ℝ𝔻𝔸𝔻𝔼 quando o procedimento E

a obtém. No entanto, isto não é necessariamente fácil de realizar na prática. Se E é simplesmente alguma especificação de uma máquina de Turing, então poderíamos ter que adicionar toda a notação necessária a máquinas de Turing e suas operações a $\mathbb{L}$ como parte de seu alfabeto e regras de procedimento antes de podermos adicionar E em si como, para todos os efeitos, um axioma adicional. (Veja o fim da Seção 2.8; para mais detalhes, veja Kleene, 1952.)

Não é realmente importante para nossos propósitos aqui que o sistema $\mathbb{E}$ que construímos dessa maneira contenha proposições VERDADEIRAS além daquelas que podem ser obtidas diretamente por E (as regras da lógica primitiva de $\mathbb{L}$ não necessariamente precisando ser representadas como partes do procedimento E). Nossa preocupação, na Seção 2.5, era com um algoritmo especulativo A que se propusesse a encapsular todos os procedimentos (conhecidos ou que possam ser conhecidos) disponíveis aos matemáticos para aferir quando cálculos computacionais não terminam. Qualquer algoritmo assim certamente *teria* que incorporar, dentre outras coisas, todas as operações básicas de simples inferência lógica. Assim, nas discussões que seguem, assumirei que A de fato incorpora tais coisas.

Para os propósitos do meu argumento, então, algoritmos (i.e., procedimentos computacionais) e sistemas formais são basicamente *equivalentes* como procedimentos para aferir verdades matemáticas. Dessa forma, apesar de o argumento que dei na Seção 2.5 ter sido formulado em termos de cálculos computacionais somente, tal argumento também é relevante para sistemas formais em geral. Lembrem-se que o argumento se refere a uma listagem de todos os cálculos computacionais (funcionamentos de máquinas de Turing) $C_q(n)$. Para que o argumento seja aplicável em detalhes a um sistema formal $\mathbb{F}$, portanto, é necessário que $\mathbb{F}$ seja amplo o bastante para incorporar as ações de todas as máquinas de Turing. O procedimento algorítmico A para aferir se certos cálculos computacionais não terminam pode agora ser incorporado às regras de $\mathbb{F}$, de tal forma que os cálculos cuja natureza interminável pode ser estabelecida como VERDADE utilizando $\mathbb{F}$ sejam idênticos a todos aqueles cuja natureza interminável possa ser aferida utilizando A.

Como o argumento original de Gödel mostrado em Königsberg se relaciona com o que apresentei na Seção 2.5? Não darei os detalhes aqui, mas somente irei ressaltar os principais ingredientes. Meu procedimento algorítmico A faz o papel do sistema formal $\mathbb{F}$ no teorema original de Gödel:

$$\text{algoritmo } A \leftrightarrow \text{regras de } \mathbb{F}.$$

A proposição particular "$C_k(k)$ não termina", obtida na Seção 2.5, que é inacessível ao procedimento A, mas que vemos como verdade contanto que acreditemos que A é confiável, faz o papel da proposição $G(\mathbb{F})$ que Gödel apresentou em Königsberg e que na realidade afirma que $\mathbb{F}$ é consistente:

afirmação de que $C_k(k)$ não termina $\leftrightarrow$ asserção de que $\mathbb{F}$ é consistente.

Isto talvez nos ajude a entender como a crença na confiabilidade de um procedimento, tal como A, pode nos levar a outro procedimento que se encontra além do procedimento original, mas em cuja confiabilidade *também* devemos crer. Isto ocorre pois, se acreditamos que os procedimentos de algum sistema formal $\mathbb{F}$ são confiáveis – i.e., que eles nos permitem derivar somente verdades matemáticas e não falsidades, de tal forma que se a proposição P é aferida como VERDADEIRA, então ela realmente deve *ser verdadeira* –, então também devemos crer que $\mathbb{F}$ é ω-consistente. Se "VERDADEIRO" implica "verdadeiro" e "FALSO" implica "falso" – como seria o caso para qualquer sistema formal $\mathbb{F}$ confiável –, então, certamente:

nem todos $P(0), P(1), P(2), P(3), P(4), \ldots$ podem ser VERDADEIROS
se for FALSO que $P(n)$ vale para todos os números naturais n;

que é, no fim das contas, precisamente o que a condição de consistência-ω afirma.

A crença na confiabilidade de $\mathbb{F}$ não só requer a crença na consistência-ω, mas a crença na sua consistência também. Pois se "VERDADEIRO" implica "verdadeiro" e "FALSO" implica "falso", então, certamente:

nenhum P pode ser VERDADEIRO *e* FALSO;

que é precisamente o que significa ser consistente. De fato, para muitos sistemas, essa distinção entre consistência e ω-consistência desaparece. Por simplicidade, no que se segue neste capítulo, não me importarei com a distinção entre os dois tipos de consistência e normalmente irei utilizar somente "consistência". O que Gödel e Rosser mostraram é que a consistência de um sistema formal (suficientemente extensivo) está além da capacidade do próprio sistema formal de prová-la. O teorema de Gödel mais anterior (Königsberg) dependia de consistência-ω, mas o teorema posterior, mais familiar, se referia apenas a consistência.

O ponto principal do argumento de Gödel para nossos propósitos é que ele nos mostra como ir além de qualquer conjunto de regras computacionais que acreditamos ser confiáveis e obter uma nova regra, não contida nas anteriores, que devemos acreditar também ser confiável, tal como a regra afirmando a *consistência* das regras originais. O essencial, para nossos propósitos, é que:

a crença na *confiabilidade* implica a crença na *consistência*.

Não temos o direito de utilizar as regras de um sistema formal e acreditar que os resultados que derivamos destas sejam realmente *verdadeiros* a menos que também acreditemos na sua consistência. (Por exemplo, se $\mathbb{F}$ fosse inconsistente, então poderíamos deduzir como uma afirmação VERDADEIRA que "1 = 2", o que certamente não é verdade!) Assim, se acreditamos que estamos utilizando realmente a matemática quando usamos um sistema formal $\mathbb{F}$, devemos estar preparados para aceitar um raciocínio que vá além das limitações do sistema $\mathbb{F}$, *seja qual for* o sistema $\mathbb{F}$.

2.10 Outras objeções técnicas possíveis a $\mathscr{G}$

Vamos continuar a investigar várias objeções matemáticas que foram levantadas de tempos em tempos contra o tipo de argumento de Gödel-Turing que uso aqui. Muitas dessas objeções estão relacionadas entre si, mas acho que nos ajuda separá-las uma por uma.

Q10. A verdade matemática é algo absoluto? Já vimos que existem visões diferentes do que seria a verdade absoluta sobre asserções relativas a conjuntos infinitos. Podemos confiar em argumentos que dependem de termos um conceito vago de "verdade matemática" em vez, talvez, do conceito claramente definido de VERDADE formal?

No caso de um sistema formal $\mathbb{F}$ que esteja preocupado com a teoria de conjuntos em geral, de fato pode ser que não esteja sempre claro que existe algum sentido absoluto no qual uma proposição sobre conjuntos seja "verdadeira" ou "falsa" – caso no qual o próprio conceito de "confiabilidade" de um sistema formal $\mathbb{F}$ pode ser questionado. Um exemplo famoso que ilustra esse ponto está contido em um resultado provado por Gödel (1940) e Cohen (1966). Eles mostraram que as asserções matemáticas conhecidas como *axioma da escolha* e a *hipótese do contínuo* de Cantor são independentes do sistema de axiomas *Zermelo-Frenkel* da teoria de conjuntos – um sistema formal padrão que denotarei aqui por ℤ𝔽. (O axioma da escolha afirma que, para qualquer coleção de conjuntos que não sejam vazios, existe um outro conjunto que contém precisamente um elemento de cada membro da coleção.[1] A hipótese do contínuo afirma que o número de subconjuntos dos números naturais – que é o mesmo número de números *reais* – é o próximo "maior" infinito depois da quantidade de números naturais em si.[2] Não é necessário que o leitor entenda o significado dessas asserções aqui. Tampouco é necessário que eu entre em detalhes sobre os axiomas e regras de ℤ𝔽.) Alguns matemáticos defenderiam que ℤ𝔽 encapsula todo o tipo de raciocínio matemático necessário para a matemática ordinária. Alguns até defenderiam que um argumento matemático aceitável é precisamente aquele que pudesse, em princípio, ser formulado e provado dentro de ℤ𝔽. (Veja a discussão em **Q14** sobre como o argumento de Gödel seria aplicado para essas pessoas.) Esses matemáticos então afirmariam que as asserções matemáticas que são, respectivamente, VERDADEIRAS, FALSAS e INDECIDÍVEIS segundo ℤ𝔽 são precisamente aquelas que, em princípio, podem ser estabelecidas

[1] Pode parecer que isto é perfeitamente "óbvio" – e não algo que poderia ser ponto contencioso entre matemáticos! No entanto, o problema surge com a noção de "existência" para grandes conjuntos infinitos. (Veja Smorynski, 1975; Rucker, 1984; Moore, 1990, por exemplo.) Vimos do exemplo do paradoxo de Russell que devemos ser particularmente cuidadosos com tais temas.
Segundo um dos pontos de vista, um conjunto não seria necessariamente considerado como existente a menos que exista pelo menos uma *regra* clara (não necessariamente uma computável) para especificar quais coisas estão no conjunto e quais não estão. Isto é justamente o que o axioma da escolha *não* fornece, já que não existe uma regra dada para especificar *qual* elemento deve ser tomado de cada membro da coleção. (Algumas das implicações do axioma da escolha são bastante não intuitivas – e quase paradoxais. Talvez esta seja uma razão pela qual é um tópico de alguma discussão. Não estou completamente certo de qual é a *minha* posição sobre esse assunto!)

[2] No último capítulo do seu livro de 1966, Cohen argumenta que ainda que tenha mostrado que a hipótese do contínuo é INDECIDÍVEL segundo os procedimentos de ℤ𝔽, ele deixou intocada a questão de se ela é ou não de fato *verdadeira* – e discute como poderíamos começar a *decidir* essa questão! Isto deixa claro que Cohen *não* está subscrevendo o ponto de vista de que é uma questão completamente arbitrária se aceitamos ou não a hipótese do contínuo. Isto é contrário às opiniões comumente expressas sobre as implicações dos resultados de Gödel-Cohen, tais como que existem numerosas "teorias dos conjuntos alternativas" igualmente "válidas" para a matemática. Através desses comentários, Cohen se revela, assim como Gödel, um verdadeiro platonista para os quais questões de verdade matemática são *absolutas* e não arbitrárias. Isto é bastante condizente com minhas próprias visões, cf. Seção 8.7.

matematicamente como sendo verdadeiras, estabelecidas matematicamente como sendo falsas e matematicamente indecidíveis. Para tais pessoas, o axioma da escolha e a hipótese do contínuo seriam matematicamente indecidíveis (como, elas afirmam, o resultado de Gödel-Cohen mostra) e elas poderiam muito bem argumentar que a verdade ou falsidade dessas duas asserções matemáticas é uma questão meramente convencional.

Essas incertezas aparentes em relação à natureza absoluta da verdade matemática afetam nossas deduções a partir do argumento de Gödel-Turing? De forma alguma - pois, aqui, estamos interessados em uma classe de problemas matemáticos de natureza muito mais limitada do que aqueles, como o axioma da escolha e a hipótese do contínuo, que tratam de conjuntos infinitos não construtíveis. Nossa única preocupação aqui é com asserções da forma:

"tal e tal cálculo computacional não termina",

em que os cálculos computacionais podem ser precisamente definidos em termos de ações de máquinas de Turing. Tais afirmações são conhecidas tecnicamente pelos lógicos como *sentenças* Π_1 (ou, mais corretamente, sentenças Π_1^0). Para qualquer sistema formal $\mathbb{F}$, $G(\mathbb{F})$ é uma sentença Π_1, mas não $\Omega(\mathbb{F})$ (veja a Seção 2.8). Parece existir pouca dúvida razoável sobre a natureza verdadeira/falsa de qualquer sentença Π_1 em um sentido *absoluto*, independentemente de qual posição seja adotada em tópicos que estejam relacionados com conjuntos infinitos não construíveis - como o axioma da escolha ou a hipótese do contínuo. (Por outro lado, como veremos a seguir, o tipo de raciocínio que se aceita como fornecendo *demonstrações* convincentes de sentenças Π_1 pode muito bem depender da posição que se adota com relação a conjuntos infinitos não construíveis; cf. **Q11**.) Parece claro que, fora a posição extrema tomada por alguns intuicionistas (cf. a resposta a **Q9**), a única dúvida razoável com relação à natureza absoluta da verdade de tais sentenças poderia ser que alguns cálculos computacionais que terminam podem levar tanto tempo para isso que eles não findariam na prática, talvez, digamos, durante a história inteira do universo; ou talvez o cálculo computacional em si leve tantos símbolos para ser descrito que sua especificação (apesar de finita) nunca poderia ser escrita. Esses pontos, no entanto, foram completamente analisados na discussão relacionada a **Q8** e vimos que nossa conclusão fundamental $\mathscr{G}$ não era afetada. Lembrem-se também que, em relação à discussão que segue a **Q9**, a posição intuicionista também não se esquiva da conclusão $\mathscr{G}$.

Em um ponto relacionado, o conceito (bastante limitado) de verdade matemática de que necessitei para o argumento de Gödel-Turing de fato não está menos bem definido do que os conceitos de VERDADEIRO, FALSO e INDECIDÍVEL de qualquer sistema formal $\mathbb{F}$. Lembrem-se do exposto na Seção 2.9, de que existe um *algoritmo F* que é equivalente a $\mathbb{F}$. Se a *F* é apresentada uma proposição *P* (passível de ser feita com a linguagem de $\mathbb{F}$), então esse algoritmo irá terminar de maneira bem-sucedida precisamente quando *P* for provável segundo as regras de $\mathbb{F}$, i.e., quando *P* é VERDADEIRO. Da mesma maneira, *P* é FALSO precisamente se *F* terminar de maneira bem--sucedida quando apresentado com $\sim P$; e *P* é INDECIDÍVEL precisamente quando nenhum desses dois cálculos computacionais termina. A questão de se uma afirmação matemática *P* é VERDADEIRA, FALSA ou INDECIDÍVEL é exatamente da mesma natureza que a constatação factual do término ou não de cálculos computacionais – i.e., a falsidade ou veracidade de certas sentenças Π_1 –, que é todo o necessário para nosso argumento de Gödel-Turing.

Q11. Existem certas sentenças Π_1 que podem ser provadas utilizando a teoria de conjuntos infinitos, mas cujas provas não são conhecidas quando restritas somente a métodos padrão "finitos". Isto não quer dizer que a maneira pela qual os matemáticos definem mesmo questões bem definidas pode realmente ser algo subjetivo? Matemáticos diferentes que tenham posições diferentes com relação à teoria dos conjuntos podem ter critérios não equivalentes para verificar a veracidade matemática de sentenças Π_1.

Este pode ser um ponto importante com relação as minhas próprias deduções do argumento de Gödel(-Turing) e posso talvez não ter dado atenção suficiente a ele na minha breve discussão em ENM. De forma surpreendente, **Q11** não é uma objeção que parece ter causado preocupação a qualquer um exceto eu – pelo menos ninguém trouxe esse questionamento para mim! Tanto aqui quanto em ENM (p.417, 418), fraseei o argumento de Gödel(-Turing) em termos que os "matemáticos" ou a "comunidade matemática" são capazes de aferir através do uso da razão e da intuição. A vantagem de colocar as coisas em tais termos, em vez de termos restritos ao que um indivíduo *particular* possa ser capaz de aferir utilizando a sua razão ou intuição é que isto permite deixar de lado certas objeções frequentemente feitas à versão do argumento de Gödel apresentada por Lucas (1961). Muitas pessoas[3] fizeram

[3] Veja, por exemplo: Hofstadter, 1981; Bowie, 1982.

objeções de que, por exemplo, "o próprio Lucas" não poderia saber seu próprio algoritmo. (Algumas dessas pessoas até fizeram o mesmo tipo de objeção a minha própria apresentação do argumento[4] – aparentemente ignorando o fato de que eu não fraseei meu argumento de nenhuma forma "pessoal"!) A vantagem de se referir aos raciocínios e intuições que estão disponíveis para os "matemáticos" ou "à comunidade matemática" é que isso nos permite escapar da sugestão de que diferentes indivíduos podem ver a verdade matemática de formas diferentes, cada um segundo seu algoritmo pessoal, que nos é desconhecido. É muito mais difícil aceitar que o entendimento compartilhado da comunidade matemática como um todo possa ser o resultado de algum algoritmo que não podemos descobrir do que admitir que isso pode acontecer com o entendimento de um indivíduo particular. O ponto que **Q11** levanta é que esse entendimento compartilhado pode não ser tão universal e impessoal como eu o assumi.

É de fato verdadeiro que *existem* asserções do tipo referidas em **Q11**. Isto é, existem sentenças Π_1 cujas únicas provas conhecidas dependem do uso apropriado da teoria de conjuntos infinitos. Tal sentença Π_1 poderia surgir da codificação aritmética de uma afirmação como "os axiomas de $\mathbb{F}$ são consistentes", em que o sistema formal $\mathbb{F}$ envolve a manipulação de grandes conjuntos infinitos cuja própria existência possa ser um assunto controverso. Um matemático que acredite na *existência* de algum enorme conjunto não construível **S** apropriado irá chegar à conclusão de que $\mathbb{F}$ é de fato consistente, mas outro matemático que não acredite em **S** não precisa acreditar na consistência de $\mathbb{F}$. Assim, mesmo restringindo nossa atenção à questão bem definida do término ou não do funcionamento de máquinas de Turing (i.e., a falsidade ou veracidade de sentenças Π_1), isto não nos permite ignorar a questão da subjetividade das *crenças* com relação à, digamos, a existência de algum conjunto grande não construível infinito **S**. Se matemáticos diferentes aplicam "algoritmos pessoais" *não equivalentes* para aferir a veracidade de certas sentenças Π_1, então pode ser considerado injusto que eu simplesmente me refira aos "matemáticos" ou à "comunidade matemática".

Parece-me que, estritamente falando, possa de fato ser levemente injusto; e o leitor, se assim quiser, pode preferir interpretar $\mathscr{G}$ como:

$\mathscr{G}^*$ Nenhum(a) matemático(a) individual afere a verdade matemática somente através de um algoritmo que ele(a) saiba ser confiável.

---

[4] Por exemplo, veja os vários comentários em *Behavioral and Brain Sciences*, v.13, n.4, p.643-705, 1990.

Os argumentos que estou dando ainda seriam aplicáveis, mas acredito que alguns dos argumentos posteriores perderiam uma boa dose da sua força quando apresentados nessa forma. Além disso, com a versão $\mathscr{G}^*$, o argumento vai em uma direção que acredito que não seja a melhor, em que estamos mais preocupados com os mecanismos particulares que governam as ações de indivíduos particulares do que com princípios que são subjacentes às ações de todos nós. Não estou muito preocupado, neste ponto, com como matemáticos individuais possam tratar de maneiras diferentes um problema matemático, mas mais como o que é *universal* sobre nossos entendimentos e percepções matemáticas.

Vejamos se somos *realmente* forçados à versão $\mathscr{G}^*$. O julgamento dos matemáticos é de fato tão subjetivo para que eles possam não concordar *em princípio* sobre se uma sentença Π_1 particular foi ou não foi estabelecida como verdadeira? (Obviamente, o argumento estabelecendo a veracidade de Π_1 pode ser simplesmente muito longo ou complicado para um ou outro matemático acompanhar – cf. **Q12** –, de tal forma que eles certamente podem discordar *na prática*. Mas este não é o ponto aqui. Estamos interessados somente em questões *de princípio*.) De fato, as demonstrações matemáticas não são tão subjetivas como sugerido. Apesar do fato de que diferentes matemáticos podem defender pontos de vista diferentes sobre o que creem ser indiscutivelmente verdade com relação a certas estruturas fundamentais, quando se trata de demonstrações e refutações de sentenças Π_1 específicas e claramente definidas, eles não tenderão a discordar sobre elas. Uma sentença particular Π_1 que, para todos os efeitos, afirme a consistência de algum sistema $\mathbb{F}$ não seria normalmente considerada como demonstrada de forma aceitável se tudo que tivéssemos para isso fosse a existência de algum conjunto infinito controverso **S**. Uma formulação mais aceitável do que foi realmente demonstrado poderia ser: "Se **S** existe, então $\mathbb{F}$ é consistente e neste caso a dada sentença Π_1 é verdadeira".

Ainda assim, pode haver exceções a isto, com um matemático defendendo que algum conjunto infinito não construível **S** "obviamente" existe – ou, pelo menos, que a assunção de sua existência não pode de forma alguma nos levar a uma contradição –, enquanto outro matemático pode não crer nisso. Algumas vezes, com relação a tais tópicos relativos *aos fundamentos*, os matemáticos de fato chegam a disputas insolúveis. Em princípio, isso poderia levá-los a não ser capazes de comunicar de forma convincente suas demonstrações, mesmo se tratando de sentenças Π_1. Talvez matemáticos diferentes realmente tenham percepções inerentemente diferentes sobre a verdade de afirmações relacionadas com conjuntos infinitos não construtivos. É certamente verdade que frequentemente eles *afirmam* ter tais percepções diferentes. Mas me parece que tais diferenças são basicamente similares às diferenças com relação às *expectativas* que diferentes matemáticos possam ter com relação à verdade de proposições matemáticas ordinárias. Essas expectativas são simplesmente opiniões provisórias. Contanto que uma demonstração ou refutação convincente não tenha sido encontrada, os matemáticos podem discordar entre si acerca do que esperam ou *acham* ser verdade, mas a posse de tal demonstração por um dos matemáticos permitiria (em princípio) que os outros também se convencessem. Com relação a aspectos de fundamentos, tais demonstrações de fato estão ausentes. Talvez elas *não possam* ser encontradas, pois tais demonstrações não existem e é simplesmente o caso de que *existem* pontos de vista diferentes igualmente válidos com relação a esses aspectos fundamentais.

No entanto, um ponto deve ser enfatizado com relação a tudo isso quando se trata de sentenças Π_1. A possibilidade de que um matemático possa ter um ponto de vista *errôneo* – com isto eu quero dizer um ponto de vista que permita que conclusões incorretas sejam obtidas com relação à validade de certas sentenças Π_1 – *não* é nossa preocupação atual. Matemáticos podem utilizar "*insights*" factualmente errados – em particular, *algoritmos não confiáveis* –, mas isto não é relevante para a presente seção, já que estaria *de acordo* com $\mathscr{G}$. Essa possibilidade será analisada em todos os detalhes na Seção 3.4. A questão aqui não é se pode haver pontos de vista *inconsistentes* entre matemáticos diferentes, mas sim que um ponto de vista possa ser em princípio *mais poderoso* que outro. Cada ponto de vista seria perfeitamente confiável com relação a suas implicações sobre a verdade de sentenças Π_1, mas algum ponto de vista pode, em princípio, permitir que seus defensores afiram que certos cálculos computacionais não terminaram enquanto isso não seria possível de ser feito para os pontos de vista menos poderosos. Assim, diferentes matemáticos poderiam essencialmente possuir diferentes graus de intuição.

Não acredito que tal possibilidade desafie de maneira relevante a minha formulação original de $\mathscr{G}$. É possível que existam diferentes pontos de vista com relação a conjuntos infinitos que os matemáticos possam defender de forma razoável, mas não existem *tantos* pontos de vista diferentes – provavelmente não mais do que quatro ou cinco. As únicas diferenças relevantes seriam assuntos como o axioma da escolha (mencionado em **Q10**), que pode ser tomado como "óbvio" por alguns enquanto outros se recusariam a aceitar a não construtividade envolvida. Curiosamente, esses pontos de vista diversos com relação ao axioma da escolha *não* levam a uma sentença Π_1 cuja validade esteja em discussão. Isto ocorre porque, seja ou não o axioma da escolha tomado como "verdadeiro", esse axioma não nos leva a uma inconsistência com os axiomas padrão $\mathbb{ZF}$, como o teorema de Gödel-Cohen (mencionado em **Q10**) mostra. Podem existir, no entanto, *outros* axiomas em discussão para o qual um teorema correspondente não seja conhecido. Mas, geralmente, quando se trata da aceitação ou não de algum axioma relativo à teoria dos conjuntos – vamos chamá-lo de axioma *Q* –, as afirmações matemáticas tomariam a forma "assumindo o axioma *Q* segue que ...". Isto não seria motivo de discussão entre eles. O axioma da escolha parece ser a exceção com relação ao fato de que é frequentemente assumido sem menção explícita, mas aparentemente não desafia de nenhuma forma a formulação impessoal que dei para $\mathscr{G}$, dado que restrinjamos nossa atenção em $\mathscr{G}$ a sentenças Π_1:

$\mathscr{G}^{**}$ Matemáticos humanos não estão usando um algoritmo que pode ser reconhecido como confiável para aferir a verdade de sentenças-Π_1,

que é tudo de que precisamos de qualquer forma.

Existem outros axiomas em discussão – tomados como "óbvios" por uns e questionados por outros? Parece-me um tremendo exagero dizer que existem pelo menos dez pontos de vista essencialmente diferentes com relação a assunções sobre a teoria dos conjuntos, que não são levados em conta explicitamente como assunções. Vamos assumir que exista esse número pequeno deles e investigar suas implicações. Isto significaria que existiriam pelo menos dez gradações essencialmente diferentes de matemáticos, especificados com relação aos tipos de raciocínio envolvendo conjuntos infinitos que eles estariam preparados para aceitar como "obviamente" válidos. Poderíamos nos referir a eles como matemáticos nível-*n*, onde *n* está restrito a apenas alguns valores – não mais do que cerca de 10. (Quanto mais elevado o nível, mais poderoso seria o ponto de vista do matemático.) Em lugar de $\mathscr{G}^{**}$, teríamos agora:

$\mathscr{G}^{***}$ Para cada *n* (onde *n* pode estar dentro apenas de alguns valores), matemáticos nível-*n* não aferem a verdade de sentenças Π_1 somente através de um algoritmo que eles saibam ser confiável.

Isto segue por conta de que o argumento de Gödel(-Turing) pode ser aplicado a cada nível separadamente. (Devemos deixar claro que o argumento de Gödel em si não é um ponto contencioso entre os matemáticos, assim, se tal algoritmo de nível-n pudesse ser ser reconhecido como confiável para qualquer matemático de nível-n, o argumento forneceria uma contradição.) Assim, da mesma forma que com $\mathscr{G}$, não é a questão aqui se existe um grande número de algoritmos que não podem ser reconhecidos como confiáveis, onde cada algoritmo pertence a um indivíduo específico. Ao contrário, o que descartamos é a possibilidade de que possa existir somente um número bem pequeno de algoritmos não equivalentes que não podem ser reconhecidos como confiáveis, ranqueados com relação a seu poder, que fornecem diferentes "escolas de pensamento". A versão $\mathscr{G}^{***}$ não diferirá de forma significativa de $\mathscr{G}$ ou $\mathscr{G}^{**}$ nas discussões que se seguem e, para simplificar, não tentarei distinguir entre elas, referindo-me, de forma coletiva, a $\mathscr{G}$.

Q12. Desconsiderando o que os matemáticos possam ou não defender como seus pontos de vista diversos, *em princípio*, certamente eles difeririam, *na prática*, enormemente em suas capacidades de seguir uma linha de raciocínio? Certamente também variam enormemente com relação aos *insights* que permitem que façam descobertas matemáticas, não?

É claro que isto é verdade, mas não é realmente relevante para o ponto em questão. Não estou preocupado com quais específicos argumentos detalhados um matemático possa *na prática* ser capaz de acompanhar. Estou ainda menos preocupado com a questão de quais argumentos um matemático possa, na prática, *descobrir* ou com quais intuições e inspirações permitem que ele faça tais descobertas. A questão aqui trata somente de qual tipo de argumento pode na prática ser visto como válido pelos matemáticos.

O qualificativo "em princípio" é usado nas discussões que se seguem de forma deliberada. Assumindo que seja o caso de um matemático possuir uma demonstração ou refutação de alguma sentença Π_1, desavenças com outros matemáticos sobre a validade da demonstração podem ser resolvidas somente se os matemáticos tiverem tempo, paciência, mente aberta, habilidade e determinação para acompanhar, com entendimento e acurácia, uma provavelmente longa e sutil linha de raciocínio. Na prática, os matemáticos podem muito bem desistir antes que as questões estejam completamente resolvidas. No entanto, problemas como este não são o que nos interessa na presente discussão. Pois certamente parece haver um sentido bem definido no qual o que é acessível *em princípio* para um matemático é o mesmo (desconsiderando o que falamos em **Q11**) que está acessível para outro – ou, na verdade, para qualquer pessoa pensante. A linha de raciocínio pode ser muito longa e envolver conceitos que podem ser sutis ou obscuros, mas existem razões suficientemente convincentes para acreditar que não existe nada no entendimento de uma pessoa que não seja acessível em princípio ao de outra. Isto se aplica também aos casos em que o auxílio de um computador possa ter sido necessário para seguir todos os detalhes de uma parte puramente computacional de uma prova. Ainda que possa estar além do razoável esperar que um matemático humano siga todos os detalhes necessários dos cálculos computacionais envolvidos em uma argumentação, não existe nenhuma dúvida de que os passos *individuais* são facilmente compreensíveis e aceitáveis para um matemático humano.

Ao mencionar isto, estou me referindo apenas à pura complexidade de um argumento matemático e não a possíveis questões essenciais de princípio que possam separar um matemático de outro quanto a que tipos de raciocínio eles estão preparados para aceitar. É claro que já encontrei matemáticos que afirmam que existem argumentos matemáticos que viram que se encontram completamente além da sua competência: "Eu sei que jamais serei capaz de entender tal e tal, ou isto e aquilo, não importa por quanto tempo tente; esse tipo de raciocínio está completamente fora do meu alcance." Em qualquer exemplo particular de tal tipo de afirmação, seria necessário decidir se é realmente o caso de um raciocínio se encontrar *em princípio* além do sistema de crenças do matemático – como foi discutido em **Q11** – ou se o matemático *poderia*, caso tentasse com afinco e tempo suficientes, acompanhar os princípios que embasam a linha de raciocínio. Na maior parte das vezes é o segundo caso. De fato, a situação mais comum é que seja o estilo de escrita opaco ou limitações na capacidade de ensino ou "isto ou aquilo" que seria a fonte da dificuldade do nosso matemático em vez de algo essencialmente relacionado a princípios "nisto ou naquilo" que está além das suas capacidades! Uma boa exposição de um tópico aparentemente obscuro faz milagres.

Para enfatizar o ponto que estou esclarecendo aqui, eu diria de mim mesmo que frequentemente vou a seminários matemáticos onde não acompanho (ou não tento acompanhar) os detalhes dos argumentos apresentados. Posso ter o sentimento de que, se fosse embora e estudasse os argumentos a fio, eu seria capaz de segui-los – apesar de que provavelmente somente com material de leitura suplementar ou explicações verbais para preencher os detalhes faltantes do meu conhecimento e provavelmente do seminário em si. Sei que não farei isto realmente. Tempo, capacidade de atenção e entusiasmo suficientes quase certamente faltarão. Mesmo assim, posso muito bem aceitar o resultado como apresentado no seminário por todo tipo de razão "irrelevante", tal como o fato de que o resultado "parece" plausível ou que o palestrante tem uma reputação confiável ou que outras pessoas na audiência que sei que são muito mais entendidas do que eu com relação a tais tópicos não questionaram o resultado. Claro que posso estar errado quanto a isto e o resultado realmente ser falso ou talvez até seja verdadeiro, mas não decorra do argumento que foi apresentado. Estes são detalhes que não são realmente relevantes para as questões de princípio que levanto aqui. O resultado pode ser verdadeiro e ter sido demonstrado de forma válida, caso no qual *em princípio* eu poderia ter seguido a linha de raciocínio – ou pode acontecer de ela estar errada, situação que, como mencionado antes, não nos interessa aqui (cf. seções 3.2 e 3.4). As únicas exceções possíveis podem ser se a palestra está tratando de aspectos discutíveis da teoria de conjuntos infinitos ou se depende de algum tipo de raciocínio não usual que possa ser questionado segundo certos pontos de vista matemáticos (que, por si só, podem me intrigar o suficiente para que eu siga a linha de raciocínio da questão posteriormente). Essas situações excepcionais são exatamente aquelas tratadas em **Q11**.

Com relação a essas considerações de pontos de vista matemáticos, na prática muitos matemáticos podem não ter nenhum ponto de vista claro com relação a quais princípios fundamentais eles aderem. Mas, como comentado com relação a **Q11**, um matemático que não tem um ponto de vista claro sobre aceitar ou não, digamos, "o axioma *Q*", sempre exporia, se cuidadoso, resultados que requerem Q na forma "assumindo o axioma Q, segue que ...". É claro que matemáticos, apesar de serem notoriamente pedantes, não são sempre impecavelmente cuidadosos sobre esses tópicos. De fato, também é verdade que podem mesmo cometer erros claros de tempos em tempos. Mas esses erros, se são simplesmente enganos e não questões de princípio inalterável, são *corrigíveis*. (Como mencionado antes, a possibilidade de que eles possam utilizar um algoritmo não confiável como a base final para suas decisões será considerada em detalhes nas seções 3.2 e 3.4. Essa possibilidade, estando *em acordo* com $\mathscr{G}$, não é parte da nossa discussão presente.) Aqui não estamos realmente preocupados com erros corrigíveis, pois eles não contribuem para o que pode ou não ser feito em princípio. As possíveis incertezas com relação ao ponto de vista de um matemático, no entanto, necessitam de mais discussão, como segue.

Q13. Matemáticos não têm crenças *absolutamente* definidas sobre a confiabilidade ou consistência dos sistemas formais que usam – ou mesmo

de *quais* sistemas formais eles podem ser considerados proponentes. Suas crenças não se tornariam menos firmes à medida que os sistemas formais se afastassem de suas intuições e experiências imediatas?

De fato, é raro encontrar um matemático cujas opiniões sejam rígidas e inabalavelmente consistentes quando se trata dos fundamentos do tema em questão. Mais do que isso, à medida que os matemáticos ganham experiência, seus pontos de vista podem muito bem mudar com relação ao que assumem que seja invariavelmente verdade – se realmente tomarem *qualquer coisa* como invariavelmente verdadeira. Podemos estar absoluta e completamente certos de que 1 é diferente de 2, por exemplo? Se estamos tratando sobre a certeza humana *absoluta*, não é realmente claro que exista tal coisa. Mas devemos assumir uma posição de alguma forma. Uma posição razoável seria assumir *algum* conjunto de crenças e princípios como sendo invariavelmente verdadeiros e argumentar a partir dele. Pode acontecer, claro, que muitos matemáticos nem mesmo tenham uma opinião definitiva sobre o que eles tomariam como invariavelmente verdadeiro. De qualquer forma, eu pediria que eles assumissem uma posição, mesmo que estejam preparados para mudá-la depois. O que o argumento de Gödel mostra é que, *seja qual for* a posição adotada, essa posição não pode ser (sabida ser) encapsulada dentro das regras de qualquer sistema formal passível de ser conhecido. Não é que o ponto de vista está sendo constantemente modificado; o conjunto de crenças que *qualquer* sistema formal $\mathbb{F}$ (suficientemente extensivo) engloba deve estar além do que $\mathbb{F}$ pode alcançar. Qualquer ponto de vista que inclua a confiabilidade de $\mathbb{F}$ dentre suas crenças invariavelmente verdadeiras deve incluir a crença na proposição de Gödel* $G(\mathbb{F})$. A crença em $G(\mathbb{F})$ não representa uma mudança no ponto de vista; essa crença já está implicitamente contida no ponto de vista original que admitiu aceitar $\mathbb{F}$ – mesmo que o fato de que $G(\mathbb{F})$ também deve ser aceito não tenha sido aparente inicialmente.

Claro que sempre existe a possibilidade de que algum erro possa ter escapado com relação a nossas deduções a partir das premissas de qualquer ponto de vista particular. Mesmo a simples *possibilidade* de que tenhamos cometido tal erro em algum lugar – mesmo quando, de fato, isso não tenha ocorrido – pode nos levar a uma gradação do grau de confiança que sentimos nessas conclusões. Mas esse tipo de "gradação" não é nossa preocupação aqui. Assim como erros reais, isto é "corrigível". Mais do que isto, contanto que a linha

* Veja a Seção 2.8 para a notação utilizada aqui. Como veremos ao fim desta discussão, "$\Omega(\mathbb{F})$" poderia ter sido utilizado em todos os lugares em que $G(\mathbb{F})$ aparece. (N. A.)

de raciocínio tenha sido corretamente exposta, quanto mais tempo for examinada, mais convincentes as conclusões resultantes devem se tornar. Esse tipo de gradação é uma questão do que um matemático pode sentir *na prática*, em vez de por princípio, e nos leva de volta à discussão de **Q12**.

Agora, a questão aqui é sobre se há uma gradação *em princípio* de tal forma que um matemático possa argumentar que, digamos, a confiabilidade de algum sistema formal $\mathbb{F}$ é indiscutível, enquanto um sistema formal mais poderoso $\mathbb{F}^*$ possa talvez ser apenas "praticamente certamente" confiável. Não acho que exista muita discussão com relação ao fato de que, seja qual for $\mathbb{F}$, devemos insistir que ele inclua as regras ordinárias da lógica e das operações aritméticas. Nosso matemático previamente mencionado, acreditando que $\mathbb{F}$ é confiável, também deve acreditar que $\mathbb{F}$ é consistente e, assim, que a proposição de Gödel $G(\mathbb{F})$ é verdadeira. Assim, deduções de $\mathbb{F}$ somente não podem representar a totalidade das crenças matemáticas do nosso matemático, *seja qual for* $\mathbb{F}$.

Mas devemos tomar $G(\mathbb{F})$ como *invariavelmente* verdadeira sempre que tomarmos $\mathbb{F}$ como invariavelmente confiável? Parece-me que existe pouca dúvida sobre isso; e certamente devemos se aderirmos ao ponto de vista "em princípio" que estamos adotando até agora com relação a seguirmos um argumento matemático. A única questão verdadeira é sobre os detalhes da codificação de fato da asserção "$\mathbb{F}$ é consistente" em uma afirmação aritmética (uma sentença Π_1). A *ideia* subjacente é em si indiscutivelmente clara: se $\mathbb{F}$ é confiável, então certamente é consistente. (Pois, se não fosse consistente, entre suas asserções estaria "$1 = 2$", e assim não seria confiável.) Com relação aos detalhes dessa codificação, existiria novamente a distinção entre os níveis "em princípio" e "na prática". Não é difícil se convencer de que tal codificação é possível em princípio (ainda que se persuadir de que de fato não há nenhuma "pegadinha" com relação à linha de raciocínio possa levar algum tempo), mas é um tópico completamente diferente se convencer de que toda codificação específica *real* foi executada corretamente. Os detalhes da codificação são um pouco arbitrários e podem diferir bastante de uma apresentação para a outra. Pode realmente haver algum erro pequeno ou um erro de impressão que, tecnicamente falando, invalidaria a proposição numérico-teórica que tem a intenção de expressar "$G(\mathbb{F})$", mas não o faz de maneira exata.

Espero que esteja claro para o leitor que a possibilidade de tais erros não é o ponto quando se trata do que significa aqui aceitar $G(\mathbb{F})$ como sendo invariavelmente verdade. Quero dizer, é claro, o teorema *real* $G(\mathbb{F})$, não a proposição errada que possamos ter afirmado por conta de um erro de impressão ou um pequeno engano. Isto me lembra de uma história relativa ao grande físico americano Richard Feynman. Aparentemente Feynman estava explicando alguma ideia para um estudante, mas a expôs de forma errada. Quando o estudante expressou sua confusão, Feynman respondeu: "Não ouça o que eu estou dizendo; ouça o que eu *quero* dizer!".*

Uma codificação explícita poderia ser feita utilizando as especificações da máquina de Turing que forneci em ENM e então seguir exatamente o tipo de argumento de Gödel que expus na Seção 2.5 e para o qual apresentei uma codificação explícita no Apêndice A. Mesmo isto não seria completamente explícito, pois também precisamos da codificação explícita das regras de $\mathbb{F}$ em termos do funcionamento de uma máquina de Turing, digamos $T_{\mathbb{F}}$. (A propriedade que $T_{\mathbb{F}}$ teria que satisfazer seria que se para alguma proposição P, construível em termos da linguagem de $\mathbb{F}$, for fornecido o número p, então devemos ter, digamos, que $T_{\mathbb{F}}(p) = 1$ sempre que P for um teorema de $\mathbb{F}$ e que $T_{\mathbb{F}}(p)$ não termine caso contrário.) É claro que existe bastante espaço para erros técnicos. Bastante diversa das possíveis dificuldades envolvidas em realmente construir $T_{\mathbb{F}}$ de $\mathbb{F}$ e p de P, existe a questão de se cometi um erro nas minhas especificações para as máquinas de Turing – e se o código dado no Apêndice A deste livro está certo ou não, caso decidamos utilizar essa especificação particular, para calcular $C_k(k)$. Não acredito que haja um erro, mas a minha confiança em mim não é tão grande quanto a minha confiança nas especificações originais de Gödel (ainda que mais complicadas). Mas espero que esteja claro agora que possíveis erros desse tipo não são o ponto importante. Devemos ouvir as palavras de Feynman!

Com relação a minha especificação particular, no entanto, existe um outro ponto técnico que deveria ser mencionado. Na Seção 2.5, não afirmei a minha versão do argumento de Gödel(-Turing) em termos da consistência de $\mathbb{F}$, mas em termos da confiabilidade do algoritmo A, como um teste da natureza interminável dos cálculos computacionais (i.e., da veracidade de sentenças Π_1). Isto serve igualmente bem, pois vimos que a confiabilidade de A implica a verdade da asserção de que $C_k(k)$ não termina, de tal forma que podemos usar essa asserção explícita – que também é uma sentença Π_1 – no lugar de $G(\mathbb{F})$. Mais que isto, como mencionado antes (cf. a Seção 2.8), o argumento realmente depende da consistência-ω de $\mathbb{F}$, não de sua consistência. A

* Não fui capaz de localizar uma fonte para essa citação. No entanto, como afirmou para mim Richard Jozsa, não importa se citei de forma errada, já que posso aplicar a mensagem subjacente à própria citação! (N. A.)

confiabilidade de $\mathbb{F}$ claramente implica sua consistência-ω, assim como sua consistência. Nem $\Omega(\mathbb{F})$ nem $G(\mathbb{F})$ seguem das regras de $\mathbb{F}$ (cf. a Seção 2.8), assumindo que $\mathbb{F}$ é confiável, mas ambas são verdadeiras.

Para resumir, parece-me que está claro que não importa quanta "gradação" possa haver nas crenças de um matemático ao passar da crença na confiabilidade de um sistema formal $\mathbb{F}$ para a crença na veracidade da proposição $G(F)$ (ou $\Omega(\mathbb{F})$), isto repousa inteiramente sobre a possibilidade de que haja algum erro na formulação específica de "$G(\mathbb{F})$" que foi fornecida. (O mesmo se aplica a $\Omega(\mathbb{F})$.) Isto não é realmente relevante para a nossa discussão atual e não deveria haver qualquer gradação em nossas crenças da versão *realmente pretendida* de $G(\mathbb{F})$. Se $\mathbb{F}$ é invariavelmente confiável, então *esse* $G(\mathbb{F})$ é invariavelmente verdade. As formas de $\mathscr{G}$ (ou $\mathscr{G}^{**}$ ou $\mathscr{G}^{***}$) permanecem inalteradas, contanto que "verdadeiro" signifique "invariavelmente verdadeiro".

Q14. Certamente o sistema $\mathbb{ZF}$ – ou alguma modificação padrão de $\mathbb{ZF}$ (vamos chamá-la de $\mathbb{ZF}^*$) – realmente representa tudo que é necessário para fazermos matemática de forma séria. Por que não ficar somente com esse sistema, aceitar que sua consistência não é provável, e simplesmente continuar fazendo matemática?

Parece-me que esse ponto de vista é muito comum entre os matemáticos atuantes – especialmente entre aqueles que não se preocupam particularmente com os fundamentos ou a filosofia da sua área. Não deixa de ser um ponto de vista razoável para alguém cuja preocupação básica é, de fato, simplesmente continuar fazendo matemática de forma séria (ainda que seja muito raro que tais pessoas *realmente* expressem seus resultados dentro das regras estritas de um sistema como $\mathbb{ZF}$). Segundo esse ponto de vista, estamos preocupados somente com o que pode ser provado ou desaprovado dentro de um sistema formal $\mathbb{ZF}$ (ou alguma modificação $\mathbb{ZF}^*$). Desse ponto de vista, fazer matemática é realmente como jogar um tipo de "jogo". Vamos chamar esse jogo de *o jogo* $\mathbb{ZF}$ (ou o jogo $\mathbb{ZF}^*$), no qual devemos jogar segundo as regras específicas que foram fornecidas dentro do sistema. Este é realmente o ponto de vista do *formalista*, a preocupação estrita do formalista sendo o que é VERDADEIRO e o que é FALSO e não necessariamente o que é verdadeiro ou falso. Assumindo que o sistema formal é confiável, então qualquer coisa que seja VERDADEIRA também é verdadeira e qualquer coisa que seja FALSA também é falsa. No entanto, existirão algumas asserções, formalizáveis dentro do sistema, que são verdadeiras, mas não VERDADEIRAS, e algumas que são falsas, mas não FALSAS, essas afirmações sendo, em cada caso,

INDECIDÍVEIS. A afirmação de Gödel* $G(\mathbb{ZF})$ e sua negação $\sim G(\mathbb{ZF})$ pertencem a essas duas categorias respectivamente, no jogo $\mathbb{ZF}$, assumindo que $\mathbb{ZF}$ seja consistente. (De fato, se $\mathbb{ZF}$ fosse inconsistente, então *tanto* $G(\mathbb{ZF})$ *quanto* sua negação $\sim G(\mathbb{ZF})$ seriam VERDADEIRAS – e também FALSAS!)

O jogo $\mathbb{ZF}$ é provavelmente uma posição perfeitamente razoável para realizar a maioria das coisas de interesse dentro da matemática ordinária. No entanto, por razões que mencionei anteriormente, não vejo como pode representar um ponto de vista genuíno com relação às nossas *crenças* matemáticas. Pois, se acreditamos que a matemática que fazemos está derivando verdades matemáticas reais – digamos, de sentenças Π_1 – então devemos acreditar que o sistema que usamos é *confiável*; e se acreditamos que ele é confiável também devemos acreditar que ele é *consistente*, de tal forma que devemos realmente acreditar que a sentença- Π_1 que afirma $G(\mathbb{F})$ é *realmente* verdade – apesar do fato de ser INDECIDÍVEL. Assim, nossas crenças matemáticas devem estar além do que pode ser derivado dentro do jogo $\mathbb{ZF}$. Se, por outro lado, não acreditamos que $\mathbb{ZF}$ seja confiável, então não podemos acreditar que os resultados VERDADEIROS obtidos utilizando o jogo $\mathbb{ZF}$ sejam realmente verdadeiros.

De qualquer forma, o jogo $\mathbb{ZF}$ em si não pode representar um ponto de vista satisfatório com relação à verdade matemática. (O mesmo se aplica igualmente bem a qualquer $\mathbb{ZF}$*.)

Q15. O sistema formal $\mathbb{F}$ que escolhemos utilizar pode *não* ser realmente consistente – pelo menos, podemos muito bem não estar *seguros* de que $\mathbb{F}$ é consistente –, assim, por qual razão podemos afirmar que $G(\mathbb{F})$ é "obviamente" verdadeiro?

Ainda que esta questão tenha sido amplamente investigada nas discussões precedentes, parece-me que vale a pena reiterar o ponto essencial aqui, já que argumentos da natureza de **Q15** representam os ataques mais comuns ao tipo de uso do teorema de Gödel que Lucas e eu fizemos. O ponto é que não afirmamos que $G(\mathbb{F})$ é necessariamente verdade seja qual for $\mathbb{F}$, mas que devemos concluir que $G(\mathbb{F})$ é uma verdade tão confiável quanto qualquer outra que obtemos utilizando as próprias regras de $\mathbb{F}$. (De fato, $G(\mathbb{F})$ é *mais* certa que afirmações que são derivadas realmente *usando* as regras de $\mathbb{F}$, pois $\mathbb{F}$ pode *ser* consistente sem ser realmente confiável!) Se acreditamos em qualquer asserção P que derivamos simplesmente usando as regras de $\mathbb{F}$, então devemos também acreditar em $G(\mathbb{F})$ com pelo menos o mesmo grau de confiança que

* Como antes, $\Omega(\mathbb{F})$ serve tão bem quanto $G(\mathbb{F})$. O mesmo se aplica a **Q15-Q20**.

acreditamos em P. Assim, nenhum sistema formal passível de ser conhecido $\mathbb{F}$ – ou seu algoritmo equivalente F – pode representar a base total de nossos conhecimentos e crenças matemáticas. Como afirmado nos comentários que seguem **Q5** e **Q6**, o argumento é apresentado como um *reductio ad absurdum*: tentamos supor que $\mathbb{F}$ representa a base total de nossas crenças e mostramos que isto leva a uma contradição, assim não pode representar nossa base de crenças, afinal.

Como em **Q14**, podemos, claro, utilizar algum sistema $\mathbb{F}$ como uma conveniência mesmo que sejamos incapazes de afirmar se ele é confiável e, assim, consistente. Mas se *existe* uma dúvida genuína sobre $\mathbb{F}$, devemos, nesse caso, afirmar qualquer resultado P obtido através do uso de $\mathbb{F}$ na forma

"P é dedutível dentro de $\mathbb{F}$"

("ou P é VERDADEIRO"), em vez de simplesmente afirmarmos "P é verdadeiro". Esta é uma afirmação matemática perfeitamente boa, que pode ser realmente verdadeira ou falsa. Seria perfeitamente legítimo restringirmos nossas afirmações matemáticas a asserções desse tipo, mas ainda assim estaríamos fazendo afirmações sobre verdades matemáticas absolutas. Às vezes podemos acreditar que provamos que uma afirmação da forma *supra* é realmente falsa; i.e., podemos acreditar que estabelecemos que

"P não é dedutível dentro de $\mathbb{F}$".

Afirmações desse tipo são da forma "tal e tal cálculo computacional não termina" (de fato, "F aplicado em P não termina") que são precisamente da forma das sentenças Π_1 que tenho considerado. A questão é: o que permitimos na derivação de afirmações desse tipo? Quais, de fato, *são* os procedimentos matemáticos nos quais realmente *acreditamos* para estabelecer verdades matemáticas? Tal conjunto de crenças, se são razoáveis, não pode ser *equivalente* à crença em um sistema formal, não importa qual sistema formal seja.

Q16. A conclusão de que $G(\mathbb{F})$ é realmente verdade, relativa a um sistema formal $\mathbb{F}$, depende da assunção de que os símbolos de $\mathbb{F}$ que supomos que representam os números naturais *realmente* representam números naturais. Para alguns tipos de números exóticos – vamos chamá-los de números "sobrenaturais" –, podemos descobrir que $G(\mathbb{F})$ é

falsa. Como sabemos que estamos nos referindo a números naturais e não a números sobrenaturais em nosso sistema 𝔽?

É verdade que não existe uma maneira finita e axiomática de ter certeza de que os "números" aos quais estamos nos referindo são realmente os números *naturais* e não alguns tipos de números "sobrenaturais" aos quais não temos intenção de nos referir.[5] Mas, de certa maneira, este é todo o ponto da discussão de Gödel. Não importa qual sistema de axiomas 𝔽 forneçamos como tentativa de caracterizar os números naturais, as regras de 𝔽 em si serão insuficientes para nos dizer se $G(\mathbb{F})$ é realmente verdadeira ou falsa. Supondo que 𝔽 seja consistente, sabemos que o significado *pretendido* de $G(\mathbb{F})$ é algo que é de fato verdadeiro, não falso. No entanto, isto depende de que os símbolos que realmente constituem a expressão formal denotada por "$G(\mathbb{F})$" tenham seus significados pretendidos. Se esses símbolos são reinterpretados como significando algo completamente diferente, então podemos chegar a uma interpretação para "$G(\mathbb{F})$" que é de fato falsa.

Para vermos como tais ambiguidades aparecem, vamos considerar novos sistemas formais $\mathbb{F}^*$ e $\mathbb{F}^{**}$, onde $\mathbb{F}^*$ é obtido ao adicionarmos $G(\mathbb{F})$ aos axiomas de 𝔽, e $\mathbb{F}^{**}$ é obtido adicionando $\sim G(\mathbb{F})$ no lugar de $G(\mathbb{F})$. Assumindo que 𝔽 seja confiável, então $\mathbb{F}^*$ e $\mathbb{F}^{**}$ são ambos consistentes (já que $G(\mathbb{F})$ é verdade e $\sim G(\mathbb{F})$ não é dedutível das regras de 𝔽). Mas, com a interpretação pretendida dos símbolos de 𝔽 – chamada de interpretação *padrão* –, assumindo que 𝔽 seja confiável, $\mathbb{F}^*$ será também confiável, mas $\mathbb{F}^{**}$ *não* o será. No entanto, é uma característica de sistemas formais consistentes que podemos encontrar as chamadas reinterpretações *não padrão* dos símbolos de tal forma que proposições que são falsas usando a interpretação padrão se tornam verdadeiras na interpretação não padrão; de tal forma que 𝔽 e $\mathbb{F}^{**}$ agora podem ser confiáveis, em uma interpretação não padrão, em lugar de $\mathbb{F}^*$. Poderíamos imaginar que essa reinterpretação afetaria o significado dos símbolos lógicos (tais como "$\sim$" e "&", que na interpretação padrão significam "não" e "e", respectivamente), mas aqui estamos interessados com os símbolos representando números indeterminados ("x", "y", "z", "x'", "x''" etc.) e os significados dos quantificadores lógicos ($\forall$, $\exists$) utilizados em associação a estes. Ao passo que, na interpretação padrão "$\forall\, x$" e "$\exists\, x$", significariam, respectivamente, "para todos os números naturais x" e "existe um número natural x

[5] Esta terminologia foi sugerida por Hofstadter, 1981. É o "outro" teorema de Gödel – seu teorema da *completude* – que nos diz que tais modelos não padrão sempre existem.

tal que", em uma interpretação *não* padrão, esses símbolos não se refeririam a números naturais, mas a algum tipo diferente de número, com propriedades de ordenamento diferentes (que poderiam ser de fato chamados números "sobrenaturais", como na terminologia de Hofstadter, 1979).

No entanto, o fato é que realmente *sabemos* o que os números naturais reais são e não temos problema em distingui-los de algum outro tipo estranho de número sobrenatural. Os números naturais são as coisas comuns que normalmente denotamos pelos símbolos 0, 1, 2, 3, 4, 5, 6, ... Estes são os conceitos com os quais nos familiarizamos quando éramos crianças e não temos problema em distingui-los de algum conceito bizarro de número supernatural (cf. a Seção 1.21). Talvez exista algo misterioso, no entanto, no fato de que *parecemos* saber instintivamente o que os números naturais são. Pois, quando crianças (ou já adultos), recebemos um número relativamente pequeno de descrições do que "zero", "um", "dois", "três" etc. significam ("três laranjas", "uma banana" etc.); apesar dos poucos exemplos, conseguimos entender o conceito por completo. Em algum sentido platônico, os números naturais parecem ser coisas que têm uma existência conceitual absoluta independente de nós mesmos. A despeito dessa independência da existência humana, somos capazes, intelectualmente, de termos contato com o conceito real de um número natural a partir dessas meras descrições vagas e aparentemente inadequadas. Por outro lado, nenhum número finito de *axiomas* pode completamente distinguir números naturais dessas possibilidades alternativas chamadas de "sobrenaturais".

Mais que isto, a natureza específica da *infinitude* da totalidade dos números naturais é algo que de alguma forma somos capazes de compreender diretamente, enquanto um sistema que está restrito a operar por regras finitas precisas não é capaz de distinguir o particular caráter infinito dos números naturais de uma outra possibilidade ("sobrenatural"). A infinitude que caracteriza os números naturais é entendida por nós, mesmo quando meramente representada pelas reticências "..." na descrição

"0, 1, 2, 3, 4, 5, 6, ..."

ou por "etc." em

"zero, um, dois, três etc."

Não precisamos que nos digam exatamente o que um número natural é, em termos de regras precisas. Isto é um acidente feliz, já que não é possível. De alguma forma, nós descobrimos que *sabemos* o que é um número natural uma vez que tenhamos sido minimamente colocados na direção certa!

Alguns leitores podem estar familiarizados com os *axiomas de Peano* para a aritmética dos números naturais (mencionados brevemente na Seção 2.7) e podem se sentir confusos de por qual razão eles não definem os números naturais de forma adequada. Segundo a definição de Peano, começamos com um símbolo **0** e existe um "operador de sucessão", denotado por **S**, que é interpretado como simplesmente adicionando 1 ao número sobre o qual ele opera, de tal forma que podemos *definir* **1** como **S0**, **2** como **S1** ou **SS0** etc. Temos, como regras, o fato de que se **Sa** = **Sb**, então **a** = **b**, e que não existe **x** para o qual **0** é da forma **Sx**, essa propriedade em particular caracterizando **0**. Além disso, existe o "princípio da indução", que afirma que uma propriedade *P* dos números deve ser verdadeira para *todos* os números **n**, contanto que *P* satisfaça: (i) se *P*(**n**) é verdadeira, então *P*(**Sn**) também é verdadeira, para todo **n**; (ii) *P*(**0**) é verdadeira. O problema surge com relação às operações lógicas, em que, na interpretação padrão, os símbolos ∀ e ∃, respectivamente, denotam "para todos os *números naturais* ..." e "existe um *número natural* ... tal que". Em uma interpretação não padrão, os significados desses símbolos seriam alterados de forma apropriada de tal modo que eles quantificariam fatos com relação a outros tipos de "números". Ainda que seja verdade que as especificações matemáticas de Peano que são dadas para o operador de sucessão **S** de fato caracterizem as relações de ordenamento que distinguem os números naturais de qualquer outro tipo de números "sobrenaturais", essas especificações não são dadas em termos de regras formais que esses quantificadores ∀ e ∃ satisfazem. Para capturar os significados das especificações matemáticas de Peano, precisamos passar para o que é conhecido como "lógica de segunda ordem", na qual quantificadores como ∀ e ∃ são introduzidos, mas em que agora seus intervalos de cobertura são sobre *conjuntos* (infinitos) de números naturais em vez de números naturais únicos. Na "lógica de primeira ordem" da aritmética de Peano, esses quantificadores teriam um intervalo de cobertura sobre números únicos e obteríamos um sistema formal no sentido ordinário. Mas a lógica de segunda ordem não nos fornece um sistema formal. Para um sistema formal estrito, deve ser uma questão puramente *mecânica* (i.e., algorítmica) decidir se as regras do sistema foram corretamente aplicadas ou não, sendo, em qualquer um dos casos, a razão principal para considerarmos sistemas formais no contexto presente. Essa propriedade falha para a lógica de segunda ordem.

É um entendimento errado comum, no mesmo espírito do que foi expresso em **Q16**, que o teorema de Gödel mostra que existem muitos tipos diferentes de aritmética, cada um sendo igualmente válido. A aritmética particular com a qual poderíamos escolher trabalhar seria, de acordo com isto, definida meramente por algum sistema formal arbitrariamente escolhido. O teorema de Gödel mostra que nenhum desses sistemas formais, se for consistente, pode ser completo; assim – afirma-se –, podemos continuar a adicionar novos axiomas segundo a nossa vontade e obter todos os tipos de sistemas consistentes alternativos com os quais possamos escolher trabalhar. Uma comparação às vezes é feita com a situação que ocorreu com a geometria euclidiana. Por cerca de 21 séculos acreditou-se que a geometria euclidiana era a única geometria possível. Porém, quando no século XVIII matemáticos como Gauss, Lobachevsky e Bolyai mostraram que de fato existem alternativas igualmente possíveis, a questão da geometria foi removida de uma questão absoluta para arbitrária. Da mesma forma, argumenta-se frequentemente, Gödel mostrou que a aritmética também é uma questão de escolha arbitrária e qualquer conjunto de axiomas consistentes é tão bom quanto o outro.

Isto, no entanto, é uma interpretação completamente errada do que Gödel nos mostrou. Ele nos ensinou que a própria noção de um sistema formal axiomático é inadequada para capturar mesmo os mais básicos conceitos matemáticos. Quando usamos o termo "aritmética" sem nenhum qualificador, de fato queremos dizer a aritmética ordinária que opera em números naturais ordinários 0, 1, 2, 3, 4, ... (e talvez suas contrapartes negativas) e não em algum tipo de números "sobrenaturais". Podemos escolher, se assim quisermos, explorar as propriedades de sistemas formais e isto certamente é uma parte valiosa da empreitada matemática. Porém, isto é algo diferente de explorar as propriedades ordinárias de números naturais ordinários. A situação é, de alguma forma, talvez não muito diferente do que ocorre com a geometria. O estudo de algumas geometrias não euclidianas é algo matematicamente interessante, com aplicações importantes (como aquelas da física, veja ENM, cap.5, especialmente as figs. 5.1 e 5.2, e também a Seção 4.4), mas quando o termo "geometria" é usado na linguagem ordinária (distinguindo-se do uso que um matemático ou um físico teórico possa fazer do termo), nós, na verdade, queremos dizer a geometria ordinária de Euclides. Existe uma diferença, no entanto, no fato de que o que um lógico possa querer se referir como "geometria euclidiana" pode ser especificada (com alguns detalhes) ([6]) em termos de um sistema formal particular, ao passo que, como Gödel mostrou, a "aritmética" ordinária não pode.

Em vez de mostrar que a matemática (em particular a aritmética) é um objetivo arbitrário, cuja direção é governada pelos desejos da humanidade, Gödel demonstrou que é algo absoluto, que está lá para ser descoberto, e não inventado (cf. Seção 1.17). Descobrimos por nós mesmos o que são os números naturais e não temos problema em distingui-los de qualquer outro tipo de números sobrenaturais. Gödel mostrou que não existe sistema de regra feito "pelo próprio homem" que possa realizar tal feito por nós. Tal ponto de vista platônico foi importante para Gödel e também será importante para nós em nossas considerações mais à frente (Seção 8.7).

Q17. Assuma que um sistema formal $\mathbb{F}$ tenha a intenção de representar as verdades matemáticas que são em princípio acessíveis à mente. Não podemos evitar o problema de sermos incapazes de incorporar a proposição de Gödel $G(\mathbb{F})$ formalmente em $\mathbb{F}$ se, em vez disso, incorporamos algo com o *significado* de $G(\mathbb{F})$ utilizando alguma reinterpretação dos significados dos símbolos de $\mathbb{F}$?

De fato, existem formas de representar o argumento de Gödel aplicado a $\mathbb{F}$ dentro de um sistema formal $\mathbb{F}$ (suficientemente extensivo), contanto que os significados dos símbolos de $\mathbb{F}$ sejam reinterpretados como algo diferente daqueles significados originais atribuídos aos símbolos de $\mathbb{F}$. No entanto, isto é realmente uma trapaça se estamos tentando interpretar $\mathbb{F}$ *como* o procedimento através do qual a mente chega a suas conclusões matemáticas. Não se pode permitir que os símbolos de $\mathbb{F}$ mudem de significado no meio do caminho se as atividades mentais devam ser interpretadas somente em termos de $\mathbb{F}$. Se permitirmos às atividades mentais conter algo além das operações de $\mathbb{F}$

[6] Na verdade, depende de quais afirmações estão sendo consideradas parte do que está sendo chamado de "geometria euclidiana" aqui. Na terminologia usual dos lógicos, o sistema da "geometria euclidiana" incluiria somente afirmações de certos tipos particulares e acontece que a veracidade ou falsidade de tais afirmações pode ser resolvida por um procedimento algorítmico – de onde decorre a afirmação de que a geometria euclidiana pode ser especificada em termos de um sistema formal. No entanto, em *outras* interpretações, a "aritmética" ordinária pode muito bem ser considerada parte da "geometria euclidiana" e isto permite classes de asserções que *não podem* ser resolvidas algoritmicamente. O mesmo se aplicaria se tivéssemos que considerar que o problema do preenchimento por poliminós é parte da geometria euclidiana – que seria algo bastante natural a ser feito. Nesse sentido, não podemos especificar a geometria euclidiana formalmente, da mesma maneira que não podemos especificar formalmente a aritmética!

em si, isto é, a mudança nos *significados* desses símbolos, então também precisamos conhecer as regras que governam as mudanças detalhadas desses significados. Ou essas regras são algo não algorítmico, caso no qual a validade de $\mathscr{G}$ está assegurada, ou então existe algum procedimento algorítmico específico para isso, caso no qual deveríamos incorporar *esse* procedimento em nosso "$\mathbb{F}$" em primeiro lugar – chamemos esse sistema de $\mathbb{F}^\dagger$ – de forma que representasse a totalidade dos nossos *insights*, e não seria necessário que os significados se alterassem de nenhuma maneira. No segundo caso, a proposição de Gödel $G(\mathbb{F}^\dagger)$ tomaria o lugar de $G(\mathbb{F})$ na discussão anterior e não ganharíamos nada com isso.

Q18. É possível formular, dentro de um sistema tão simples como a aritmética de Peano, um teorema cuja interpretação tenha a implicação:

"$\mathbb{F}$ confiável" implica "$G(\mathbb{F})$".

Isto não é tudo de que precisamos do teorema de Gödel? Certamente permitiria que passássemos da crença na confiabilidade de qualquer sistema formal $\mathbb{F}$ para a crença na veracidade da sua proposição de Gödel, contanto que estejamos preparados para aceitar somente a aritmética de Peano, não?

É um fato que tal teorema[7] pode ser formulado dentro da aritmética de Peano. Mais precisamente (já que não podemos encapsular as noções de "confiabilidade" ou "verdade" dentro de qualquer sistema formal – como segue de um famoso teorema de Tarski), o que podemos realmente formular é um resultado mais forte:

"$\mathbb{F}$ consistente" implica "$G(\mathbb{F})$";

ou então:

"$\mathbb{F}$ ω-consistente" implica "$\Omega(\mathbb{F})$".

Essas afirmações têm a aplicação necessária para **Q18**, pois, se $\mathbb{F}$ é confiável, então é certamente consistente ou ω-consistente, seja qual for o caso que se deseje. Contanto que entendamos os *significados* do simbolismo usado,

[7] Veja o comentário de Davis, 1993.

então podemos realmente passar da crença na confiabilidade de $\mathbb{F}$ para a crença na veracidade de $G(\mathbb{F})$. Porém, isto já é aceito. Se entendemos significados, então podemos realmente passar de $\mathbb{F}$ para $G(\mathbb{F})$. O problema aparece se desejamos eliminar a necessidade para interpretações e fazer a passagem de $\mathbb{F}$ para $G(\mathbb{F})$ *automaticamente*. Se isto fosse possível, então poderíamos automatizar o procedimento de "gödelização" geral e construir um aparato algorítmico que de fato encapsulasse tudo que necessitamos para o teorema de Gödel. No entanto, isto não pode ser feito; pois, se adicionássemos esse procedimento algorítmico especulativo a qualquer sistema formal $\mathbb{F}$ com que escolhêssemos começar, obteríamos simplesmente, para todos os efeitos, algum novo sistema formal $\mathbb{F}^{\#}$ e *sua* proposição de Gödel $G(\mathbb{F}^{\#})$ estaria fora do escopo de $\mathbb{F}^{\#}$. Sempre permanece *algum* aspecto da intuição fornecida pelo teorema de Gödel, não importa quanto dele pode ser incorporado em um procedimento formal ou algorítmico. Essa "intuição gödeliana" requer uma referência contínua aos significados reais dos símbolos de qualquer sistema ao qual o procedimento de Gödel seja aplicado. Nesse sentido, o problema com **Q18** é similar ao que surge com **Q17**. O fato de que a gödelização não pode ser automatizada está intimamente relacionado com a discussão de **Q6** e com a de **Q19**.

Existe outro aspecto de **Q18** que vale a pena ser considerado. Imagine que tenhamos um sistema formal $\mathbb{H}$ que contenha a aritmética de Peano. O teorema referido em **Q18** estará entre as implicações de $\mathbb{H}$ e a versão particular dele que se aplica ao $\mathbb{F}$ particular que é o próprio $\mathbb{H}$ será um teorema de $\mathbb{H}$. Assim, podemos dizer que uma das implicações de $\mathbb{H}$ é:

"$\mathbb{H}$ confiável" implica "$G(\mathbb{H})$";

ou, mais precisamente, que, por exemplo,

"$\mathbb{H}$ consistente" implica "$G(\mathbb{H})$".

Essas afirmações iriam, em seus reais significados, acarretar a implicação de que $G(\mathbb{H})$, para todos os efeitos, está sendo afirmada. Pois – com relação à primeira das duas asserções *supra* – *qualquer* asserção que $\mathbb{H}$ faça depende de uma assunção de que $\mathbb{H}$ é confiável em todo caso; assim, se $\mathbb{H}$ afirma algo que é explicitamente dependente de sua própria confiabilidade, pode muito bem afirmar tal coisa diretamente. (A asserção "se acreditarem em mim, então X é verdadeiro" implica a afirmação mais simples, pelo mesmo proponente, de que "X é verdadeiro".) No entanto, um sistema formal confiável $\mathbb{H}$ *não pode* afirmar $G(\mathbb{H})$, o que reflete o fato de que é incapaz de afirmar sua própria confiabilidade. Mais que isso, vemos que ele não é capaz de encapsular os significados dos símbolos com os quais opera. Os mesmos fatos se aplicam com relação à segunda das afirmações *supra*, mas com a ironia adicional de que, ao passo que $\mathbb{H}$ é incapaz de afirmar sua própria consistência quando *é* de fato consistente, não sofre tais limitações se for *in*consistente. Um $\mathbb{H}$ inconsistente pode afirmar, como um "teorema", qualquer coisa que seja capaz de formular! Acontece que ele pode de fato formular "$\mathbb{H}$ é consistente". Um sistema formal (suficientemente extensivo) irá afirmar sua própria consistência se e somente se for *in*consistente!

Q19. Por qual razão não adotamos simplesmente o procedimento de adicionar repetidamente a proposição $G(\mathbb{F})$ a qualquer sistema formal $\mathbb{F}$ que estejamos aceitando no momento e permitir que esse procedimento seja repetido *indefinidamente*?

Dado qualquer sistema formal particular $\mathbb{F}$, que seja suficientemente extensivo e visto como confiável, podemos ver como adicionar $G(\mathbb{F})$ a $\mathbb{F}$ como um novo axioma e assim obter um novo sistema $\mathbb{F}_1$, que seja visto como confiável. (Por consistência notacional no que segue, podemos escrever também $\mathbb{F}_0$ para $\mathbb{F}$.) Agora vemos como adicionar $G(\mathbb{F}_1)$ a $\mathbb{F}_1$, assim obtendo um novo sistema $\mathbb{F}_2$, também visto como confiável. Repetindo esse processo, adicionando $G(\mathbb{F}_2)$ a $\mathbb{F}_2$, obtemos $\mathbb{F}_3$, e assim por diante. Agora, com só um pouco mais de esforço, deveríamos ser capazes de ver como construir mais um sistema formal $\mathbb{F}_\omega$, cujos axiomas nos permitem incorporar precisamente o conjunto infinito *inteiro* $\{G(\mathbb{F}_0), G(\mathbb{F}_1), G(\mathbb{F}_2), G(\mathbb{F}_3), \ldots\}$ como axiomas adicionais para $\mathbb{F}$. O sistema $\mathbb{F}_\omega$ também será evidentemente confiável. Podemos continuar o processo, adicionando $G(\mathbb{F}_\omega)$ a $\mathbb{F}_\omega$ para obter $\mathbb{F}_{\omega+1}$ e então adicionar $G(\mathbb{F}_{\omega+1})$ para obter $\mathbb{F}_{\omega+2}$, e assim por diante. Então, como antes, podemos incorporar *todo* o conjunto infinito de axiomas, agora para obter $\mathbb{F}_{\omega 2}$ $(= \mathbb{F}_{\omega+\omega})$, que novamente é evidentemente confiável. Adicionando $G(\mathbb{F}_{\omega 2})$, obtemos $\mathbb{F}_{\omega 2+1}$ e assim por diante e podemos novamente incorporar o conjunto infinito para obter $\mathbb{F}_{\omega 3}$ $(= \mathbb{F}_{\omega 2+\omega})$. Repetindo o processo todo até esse ponto, tudo de novo, podemos obter $\mathbb{F}_{\omega 4}$, e então repetindo novamente $\mathbb{F}_{\omega 5}$, e assim por diante. Com um pouco mais de esforço deveríamos ser capazes de incorporar *esse* conjunto inteiro de novos axiomas $\{G(\mathbb{F}_\omega), G(\mathbb{F}_{\omega 2}), G(\mathbb{F}_{\omega 3}), G(\mathbb{F}_{\omega 4}), \ldots\}$ para formar um sistema $\mathbb{F}_{\omega^2} = (\mathbb{F}_{\omega\omega})$. Agora, repetindo todo o processo, obtemos um novo sistema $\mathbb{F}_{\omega^2+\omega^2}$, então $\mathbb{F}_{\omega^2+\omega^2+\omega^2}$ etc., que, quando vemos como combinar *todas* essas coisas (o que novamente requer algum trabalho), nos leva a um sistema ainda mais compreensivo $\mathbb{F}_{\omega 3}$, que novamente deve ser confiável.

Os leitores que estão familiarizados com a notação para os números *ordinais* de Cantor reconheceram os sufixos que tenho usado aqui como denotando tais números ordinais. Os que não estão familiarizados com tais coisas não precisam se preocupar com o significado preciso desses símbolos. É suficiente dizer que esse processo de "gödelização" pode ser continuado ainda mais – atingindo até sistemas formais $\mathbb{F}_{\omega 4}$, $\mathbb{F}_{\omega 5}$, ..., e isso nos leva a sistemas ainda mais inclusivos $\mathbb{F}_{\omega^\omega}$ e o processo continua para ordinais maiores como $\omega^{(\omega^\omega)}$ etc., contanto que possamos ver, a cada etapa, como sistematizar o conjunto todo de gödelizações que tenhamos obtido até aquele ponto. Este é, de fato, o ponto-chave da questão: o que foi referido antes como "um pouco mais de esforço" requer os *insights* apropriados sobre como realmente sistematizar as gödelizações anteriores. É possível conseguir essa sistematização, contanto que o estágio (ordinal) que tenha sido atingido no momento seja denotado pelo que é chamado um ordinal *recursivo*, o que significa, para todos os efeitos, que há um algoritmo de algum tipo para gerar o procedimento. No entanto, não existe um procedimento algorítmico que possamos ter de antemão que nos permita fazer essa sistematização para *todos* os ordinais recursivos de uma vez por todas. Devemos continuar a usar nossos *insights* de maneiras novas.

O procedimento *supra* foi exposto pela primeira vez por Alan Turing na sua tese doutoral (e publicado por Turing em 1939)[8] e ele mostrou que existe um sentido no qual *qualquer* sentença Π_1 verdadeira pode ser provada por gödelizações repetidas do tipo descrito aqui. (Veja Feferman, 1988.) Isto, no entanto, não nos fornece um procedimento mecânico para estabelecer a veracidade de sentenças Π_1, pela mesma razão que não conseguimos sistematizar mecanicamente a gödelização. De fato, podemos *deduzir* que a gödelização não pode ser feita de maneira mecânica justamente do resultado de Turing. Isto ocorre porque já estabelecemos (para todos os efeitos na Seção 2.5) que a aferição geral da verdade ou não de sentenças Π_1 não pode ser decidida por *qualquer* procedimento algorítmico. Assim, a gödelização repetida não nos permite conseguir nada como um procedimento sistemático que esteja além das considerações computacionais com as quais já nos ocupamos até agora. Dessa forma, **Q19** não ameaça $\mathscr{G}$.

[8] Veja também Kreisel, 1960, 1967; Good, 1967.

Q20. Certamente o real valor do entendimento matemático não é que ele nos permite atingir objetivos não computacionais, mas que ele nos permite substituir cálculos computacionais enormemente complicados por intuições comparativamente simples, não? Em outras palavras, não é o caso em que a mente nos permite tomar atalhos com respeito à teoria da complexidade em vez de nos levar além dos limites do que é computável?

Estou prontamente preparado para acreditar que, *na prática*, as intuições de um matemático estão muito mais frequentemente preocupadas em evitar a complexidade computacional em vez da não computabilidade. Afinal de contas, matemáticos tendem a ser pessoas intrinsecamente preguiçosas e eles estão frequentemente tentando encontrar maneiras de evitar cálculos (a despeito do fato de que isto pode muito bem levá-los a um trabalho mental muito mais difícil do que o cálculo em si!). É frequentemente o caso de que tentativas de fazer os computadores expelirem sem pensar teoremas mesmo de sistemas formais moderadamente complicados levará esses computadores rapidamente a ficarem presos em uma complexidade computacional virtualmente sem esperanças de se livrarem dela – enquanto um matemático humano, armado com um entendimento dos significados das regras subjacentes ao sistema, teria poucos problemas em derivar muitos resultados interessantes dentro do sistema.[9]

A razão pela qual eu me concentrei na não computabilidade em meus argumentos em vez de na complexidade é apenas porque é somente com a primeira que eu vi como ser capaz de fazer as afirmações necessárias de maneira contundente. Pode muito bem ser que, na vida profissional da maior parte dos matemáticos, a questão da não computabilidade tenha, no máximo, um papel muito pequeno. Mas esta não é a questão principal. Estou tentando mostrar que o entendimento (matemático) é algo que está além da computação e o argumento de Gödel(-Turing) é um dos poucos relevantes que temos para essa questão. É muito provável que nossos entendimentos e intuições matemáticas sejam comumente usadas para conseguir coisas que *poderiam* em princípio ser conseguidas computacionalmente – mas onde a mera computação cega sem muita intuição pode ser tão ineficiente a ponto de se tornar

[9] Veja Freedman (1994) a respeito de alguns dos problemas que sistemas computacionais tiveram ao tentar realizar sua "própria" matemática. Em geral, tais sistemas não chegam muito longe. Eles precisam de um direcionamento humano considerável!

inútil (cf. a Seção 3.26). No entanto, estes pontos são muito mais difíceis de tratar do que a questão da não computabilidade.

De qualquer forma, por mais que o que está expresso em **Q20** seja verdadeiro, de forma alguma contradiz $\mathscr{G}$.

Apêndice A
Uma máquina de Turing gödelizadora explícita

Suponha que nos seja dado um procedimento algorítmico explícito *A* que sabemos que afere de maneira correta que certos cálculos computacionais nunca terminam. Fornecerei um procedimento completamente explícito para construir a partir de *A* um cálculo particular *C* no qual *A* falha; mas ainda assim seremos capazes de ver que *C* na realidade *não* termina. Tendo essa expressão explícita para *C*, poderemos investigar seu grau de complexidade e compará-lo com o de *A*, como é necessário para os argumentos das seções 2.6 (cf. **Q8**) e 3.20.

Por questão de clareza, usarei as especificações particulares dadas em ENM para as máquinas de Turing. Para todos os detalhes dessas especificações, o leitor é referido àquele livro. Aqui darei meramente uma descrição mínima delas que será adequada para nossos propósitos atuais.

Uma máquina de Turing tem um número finito de estados internos, mas age em uma fita infinita. A fita consiste de uma sucessão linear de "caixas", onde cada caixa pode estar com uma marca ou não, havendo um número finito de marcas na fita ao todo. Vamos denotar cada caixa marcada pelo símbolo **1** e cada caixa sem marcas por **0**. Existe um aparato de leitura que examina uma marca por vez e, dependendo explicitamente do estado interno da máquina de Turing e da natureza da marca examinada, três coisas são definidas: (i) se a marca que está sendo examinada deve ser alterada ou não; (ii) qual o novo estado interno da máquina; e (iii) se o aparato de leitura deve se mover um passo para a direita na fita (denotado por **D**), para a esquerda (denotado por **E**) ou um passo para a direita com a máquina terminando de agir (denotado por **PARE**). Quando a máquina por fim parar, a resposta para o cálculo computacional que ela estava realizando é mostrada como uma sucessão de **0**s ou **1**s para a esquerda do aparato de leitura. Inicialmente, a fita deve ser tomada como inteiramente sem marcas exceto por aquelas que definem os dados específicos (fornecidos como uma sequência finita de **1**s e **0**s) sobre os quais a máquina irá atuar. O aparato de leitura é considerado inicialmente como estando à esquerda de todas as marcas.

Quando estivermos representando números naturais na fita, seja nos dados de entrada ou de saída, é útil utilizar a chamada *notação binária expandida*, segundo a qual o número que está escrito é, efetivamente, aquele da notação binária ordinária, mas onde o dígito binário "1" é escrito como **10** e o dígito binário 0 como **0**. Assim, temos o seguinte esquema para traduzir números ordinários para a notação binária expandida:

0 ↔ **0**
1 ↔ **10**
2 ↔ **100**
3 ↔ **1010**
4 ↔ **1000**
5 ↔ **10010**
6 ↔ **10100**
7 ↔ **101010**
8 ↔ **10000**
9 ↔ **100010**
10 ↔ **100100**
11 ↔ **1001010**
12 ↔ **101000**
13 ↔ **1010010**
14 ↔ **1010100**
15 ↔ **10101010**
16 ↔ **100000**
17 ↔ **1000010**
etc.

Note que em notação binária expandida a repetição imediata de **1** nunca ocorre. Assim, podemos sinalizar o começo e o final da especificação de um número natural por uma sucessão de dois ou mais **1**s. Então podemos usar as sequências **110**, **1110**, **11110** etc. na fita para denotar vários tipos de instruções.

Também podemos utilizar as marcas na fita para especificar máquinas de Turing em particular. Isto é necessário quando consideramos a ação de uma máquina de Turing *universal U*. Essa máquina universal *U* age sobre uma fita cuja porção inicial fornece a especificação detalhada de alguma máquina de Turing particular *T* que a máquina universal recebeu o comando de imitar. Os dados sobre os quais *T* deveria atuar são então fornecidos para *U* à direita da porção da fita que determina a máquina *T*. Para especificar a máquina *T*, podemos usar as sequências **110**, **1110** e **11110** para denotar, respectivamente, as várias instruções para o aparato de leitura de *T*; tais como mover a fita um passo para a direita, um passo para a esquerda ou parar de se mover após se mover um passo para a direita:

D ↔ **110**
E ↔ **1110**
PARE ↔ **11110**.

Imediatamente anterior a cada instrução destas teríamos ou o símbolo **0** ou a sequência **10** para indicar que o aparato de leitura deve marcar a fita com **0** ou **1**, respectivamente, no lugar do símbolo que ela acabou de ler. Imediatamente antes dos **0** e **10** mencionados anteriormente estaria a expressão em binário expandida para o número do estado interno no qual a máquina de Turing deveria se colocar em seguida, segundo essa mesma instrução. (Note que os estados internos, sendo em número finito, podem ser denotados pelos números naturais consecutivos 0, 1, 2, 3, 4, 5, 6, ..., *N*. Na codificação feita na fita, a expansão binária expandida seria utilizada para denotar esses números.)

A instrução particular à qual essa operação se referiria seria determinada pelo estado interno da máquina logo antes de sua leitura da fita, junto com o símbolo **0** ou **1** que a fita está prestes a ler e talvez alterar. Por exemplo, como parte da especificação de *T* pode haver uma instrução 23**0** → 17**1D** que significa "se *T* está no estado interno 23 e o aparato de leitura encontra **0** na fita então substitua-o por **1**, vá para o estado 17 e mova-se um passo para a direita". Nesse caso, a parte "17**1D**" da instrução estaria codificada como **10000101011O**. Quebrando isto em partes como **1000010.10.110**, vemos que a primeira porção é a forma binária expandida de 17, a segunda codifica a marcação de **1** na fita e a terceira posição codifica a instrução para "se mover para a direita". Como especificamos o estado interno anterior (aqui o estado interno 23) e a marca que está sendo examinada na fita (aqui **0**)? Se desejarmos, poderíamos explicitamente dar essas informações em termos de suas expansões binárias expandidas. Mas isto não é necessário, já que o ordenamento numérico das instruções será suficiente para isso (i.e., o ordenamento 0**0** →, 0**1** →, 1**0** →, 1**1** →, 2**0** →, 2**1** →, 3**0** →, ...).

Isto nos fornece essencialmente a codificação das máquinas de Turing dada em ENM, mas, por questão de completude, alguns pontos adicionais devem ser mencionados. Em primeiro lugar, precisamos ter certeza de que existe uma instrução dada para cada um dos estados internos agindo em **0** ou **1** (exceto que nem sempre a instrução para o estado interno de número mais alto agindo em **1** é necessária). Onde não haja nenhum uso feito de alguma dessas instruções no programa, um "substituto" deve ser inserido. Por exemplo, tal instrução substituta poderia ser 23**1** → 0**0D**, caso aconteça de o estado interno 23 nunca precisar encontrar a marca **1** no decorrer do programa.

Na especificação codificada da máquina de Turing na fita, segundo as prescrições mencionadas anteriormente, o par 0**0** teria que ser representado pela sequência **00**, mas podemos ser econômicos e utilizar um único **0**, sem ambiguidade, para separar as sequências de (mais de um) **1**s de qualquer lado.* A máquina de Turing deve começar a sua operação no estado interno **0** e o aparato de leitura se move ao longo da fita mantendo esse estado interno até encontrar seu primeiro **1**. Obtemos isto assumindo que a operação 0**0** → 0**0D** é sempre parte das instruções da máquina de Turing. Assim, na especificação da máquina de Turing como uma sucessão de **0**s e **1**s não é necessário fornecer essa instrução de forma explícita; em vez disso, começamos com 0**1** → **X**, onde **X** denota a primeira operação não trivial da máquina que acontece, i.e., quando o primeiro **1** na fita é encontrado. Isto sugere deletar a sequência inicial **110** (denotando →0**0D**) que de outra maneira sempre ocorreria na sequência especificando uma máquina de Turing. Além disso, vamos sempre

* Isto significa que na codificação da máquina de Turing, cada ocorrência da sequência ... **110011** ... pode ser substituída por ... **11011** ... . Existem quinze lugares na especificação da máquina de Turing universal que forneci em ENM (cf. a nota final 7, cap.2) em que omiti essa substituição. Este é um ponto que definitivamente me causa irritação, pois fiz consideráveis esforços, dentro das restrições da prescrição que eu tinha dado, para conseguir um número para essa máquina universal que fosse tão pequeno quanto eu pudesse alcançar de forma razoável. Fazer essas simples substituições nos dá um número cerca de 30.000 vezes menor do que o que eu dei! Sou grato a Steven Gunhouse por me mostrar esse lapso e também por checar de forma independente que a especificação, como dada, *de fato* fornece uma máquina de Turing universal. (N. A.)

deletar a sequência final **110** na especificação, já que isto é comum a todas as máquinas de Turing

A sequência de dígitos **0** e **1** resultante fornece a *codificação binária* (ordinária, i.e., não expandida) da *máquina de Turing número n* em questão (como foi dado em ENM, cap.2). Chamamos esta a n-ésima máquina de Turing e escrevemos $T = T_n$. Cada um desses números binários, quando a sequência **110** é adicionada ao fim, é uma sequência de **0**s e **1**s no qual nunca ocorrem mais do que quatro **1**s em sucessão. Um número n para o qual este não seja o caso nos dá uma "máquina de Turing falsa" que deixaria de operar assim que a "instrução" envolvendo mais do que quatro **1**s seja encontrada. Tal "T_n" é dita não estar *corretamente especificada*. Sua ação em *qualquer* fita é, *por definição*, considerada interminável. Da mesma maneira, se a ação da máquina de Turing encontra uma instrução para entrar em um estado especificado por um número maior do que qualquer um para o qual de fato há outras instruções especificadas, ela também ficaria "travada"; seria considerada uma "farsa" e sua ação também contaria como interminável. (Seria possível eliminar essas ocorrências estranhas com bastante dificuldade através do uso de várias estratégias, mas não existe uma necessidade real disto; cf. a Seção 2.6, **Q4**.).

Para vermos como construir, a partir de um dado algoritmo A, o cálculo computacional interminável explícito requerido no qual A deve falhar, vamos ter que supor que A é dado como uma máquina de Turing. Essa máquina age em uma fita codificando dois números naturais p e q. Devemos assumir que, se o cálculo $A(p, q)$ termina, então a ação do cálculo computacional T_p no número q *não* termina nunca. Lembrem-se de que, se T_p não estiver corretamente especificada, então devemos considerar que sua ação sobre q nunca termina, seja qual for q. Para tal p "não permitido", qualquer resultado para $A(p,q)$ seria consistente com nossas hipóteses. Assim, só preciso me preocupar com os números p para os quais T_p *esteja* corretamente especificada. Então, a expressão binária para o número p, como representada em uma fita, não pode conter nenhuma sequência ... **11111** ... . Isto nos permite utilizar a sequência específica **11111** para marcar o começo e o final do número p, como representado na fita.

No entanto, também precisamos fazer o mesmo com q, que *não* está restrito a ser um número desse tipo. Isto nos faz confrontar um problema técnico para as prescrições para as máquinas de Turing como eu as forneci e será conveniente driblar isto através da estratégia de tomar os números p e q como sendo escritos efetivamente em uma escala *quinária*. (Esta é a escala em que "10" denota o número 5, "100" denota 25, "44" denota 24 etc.) Mas, em vez de utilizar os dígitos quinários 0, 1, 2, 3 e 4, usarei as respectivas sequências **0**, **10**, **110**, **1110** e **11110** na fita. Assim,

0	é representado pela sequência	**0**
1	...	**10**
2	...	**110**
3	...	**1110**
4	...	**11110**
5	...	**100**
6	...	**1010**
7	...	**10110**
8	...	**101110**
9	...	**1011110**
10	...	**1100**
11	...	**11010**
12	...	**110110**
13	...	**1101110**
14	...	**11011110**
15	...	**11100**
16	...	**111010**
...		...
25	...	**1000**
26	...	**10010**
etc.		

A notação "C_p" será usada aqui para a máquina de Turing corretamente especificada T_r, onde r é o número cuja expansão binária ordinária junto com a sequência **110** adicionada ao final é precisamente a expansão quinária de p, como dada pelas descrições *supra*. O número q, sobre o qual o cálculo C_p age, também deve ser expresso em notação quinária. O cálculo $A(p, q)$ deve ser descrito como uma máquina de Turing agindo sobre uma fita codificando um par de números p, q. Essa codificação na fita deve ser da forma:

... **00111110p111110q11111000** ...,

onde **p** e **q** são respectivamente as notações quinárias para p e q acima.

Devem-se encontrar um p e um q para o qual sabemos que $C_p(q)$ não termina, mas para o qual $A(p, q)$ também falhe em terminar. O procedimento da Seção 2.5 atinge esse objetivo encontrando um número k para o qual C_k agindo em n é precisamente $A(n,n)$ para cada n e então tomando $p = q = k$. Para fazer isto explicitamente, queremos uma prescrição de uma máquina de Turing K $(= C_p)$ cuja ação na fita marcada:

... **00111110n11111000** ...

(**n** sendo a expressão quinária para n) é precisamente a mesma da ação de A sobre:

... **00111110n111110n11111000** ...,

para cada n. Assim, o que K tem que fazer é pegar o número n (escrito em notação quinária) e copiá-lo uma vez, onde a sequência **111110** separa as duas ocorrências de **n** (e uma sequência similar começa e termina toda a sequência de marcas na fita). Subsequentemente, deve agir na fita resultante exatamente da mesma maneira pela qual A teria agido nessa fita.

Uma modificação explícita de A que fornece tal K é conseguida da seguinte maneira. Primeiro, encontramos a instrução inicial 0**1** → **X** na especificação de A e anotamos o que "**X**" realmente é. Substituiremos isto pelo "**X**" na especificação dada *infra*. Um ponto técnico é que devemos assumir que A é expresso de tal maneira que o estado interno 0 de A nunca é atingido novamente depois que a instrução 0**1** → **X** é ativada. Nenhuma restrição está envolvida em insistir que A seja dessa forma.* (Está tudo bem se usarmos 0 para instruções substitutas, mas não em qualquer outro lugar.)

Em seguida, o número total N de estados internos na especificação de A deve ser confirmado (incluindo o estado 0, de tal forma que o maior estado interno de A é o de número $N - 1$). Se a especificação de A não contém uma instrução final da forma $(N - 1)$**1** → **Y**, então a instrução substituta

* De fato, uma das propostas originais de Turing era que a máquina *parasse* sempre que o estado interno "0" fosse alcançado novamente de algum outro estado interno. Dessa forma, não somente a restrição acima seria desnecessária, mas a instrução **PARE** também poderia ser descartada. Alcançaríamos assim uma simplificação, pois **11110** não precisaria ser incluída como uma instrução e poderia ser utilizada como um marcador em vez de **111110**. Isto encurtaria significativamente minha prescrição para K e utilizaríamos o sistema de números quaternários em vez de quinários. (N. A.)

($N - 1$)1 → 0**0**D deve ser adicionada ao final. Por fim, removemos 0**1** → **X** da especificação de *A* e adicionamos a essa especificação as instruções da máquina de Turing descritas a seguir, onde cada número representando um estado interno que aparece na lista deve ser aumentado de *N*, ϕ representa o estado interno resultante 0 e onde "**X**" em "1**1**→ **X**" abaixo é a instrução que anotamos acima. (Em particular, as duas primeiras instruções abaixo se tornariam 0**1** → *N***1**D, *N***0** → (*N* + 4)**0**D.)

ϕ**1** → 0**1**D, 0**0** → 4**0**D, 0**1** → 0**1**D, 1**0** → 2**1**D, 1**1**→ **X**, 2**0** → 3**1**D, 2**1** → ϕ **0**D, 3**0** → 55**1**D, 3**1** → ϕ **0**D, 4**0** → 4**0**D, 4**1** → 5**1**D, 5**0** → 4**0**D, 5**1** → 6**1**D, 6**0** → 4**0**D, 6**1** → 7**1**D, 7**0** → 4**0**D, 7**1** → 8**1**D, 8**0** → 4**0**D, 8**1** → 9**1**D, 9**0** → 10**0**D, 9**1** → ϕ **0**D, 10**0** → 11**1**D, 10**1** → ϕ **0**D, 11**0** → 12**1**D, 11**1** → 12**0**D, 12**0** → 13**1**D, 12**1** → 13**0**D, 13**0** → 14**1**D, 13**1** → 14**0**D, 14**0** → 15**1**D, 14**1** → 1**0**D, 15**0** → 0**0**D, 15**1** → ϕ **0**D, 16**0** → 17**0**E, 16**1** → 16**1**E,17**0** → 17**0**E, 17**1** → 18**1**E, 18**0** → 17**0**E, 18**1** → 19**1**E, 19**0** → 17**0**E, 19**1** → 20**1**E, 20**0** → 17**0**E, 20**1** → 21**1**E, 21**0** → 17**0**E, 21**1** → 22**1**E, 22**0** → 22**0**E, 22**1** → 23**1**E, 23**0** → 22**0**E, 23**1** → 24**1**E, 24**0** → 22**0**E, 24**1** → 25**1**E, 25**0** → 22**0**E, 25**1** → 26**1**E, 26**0** → 22**0**E, 26**1** → 27**1**E, 27**0** → 32**1**D, 27**1** → 28**1**E, 28**0** → 33**0**D, 28**1** → 29**1**E, 29**0** → 33**0**D, 29**1** → 30**1**E, 30**0** → 33**0**D, 30**1** → 31**1**E, 31**0** → 33**0**D, 31**1** → 11**0**D, 32**0**→ 34**0**E, 32**1** → 32**1**D, 33**0** → 35**0**E, 33**1** → 33**1**D, 34**0** → 36**0**D, 35**1**→ 34**0**D, 35**0** → 37**1**D, 35**1** → 35**0**D, 36**0** → 36**0**D, 36**1** → 38**1**D, 37**0** → 37**0**D, 37**1** → 39**1**D, 38**0** → 36**0**D, 38**1** → 40**1**D, 39**0** → 37**0**D, 39**1** → 41**1**D, 40**0** → 36**0**D, 40**1** → 42**1**D, 41**0** → 37**0**D, 41**1** → 43**1**D, 42**0** → 36**0**D, 42**1** → 44**1**D, 43**0** → 37**0**D, 43**1** → 45**1**D, 44**0** → 36**0**D, 44**1** → 46**1**D, 45**0** → 37**0**D, 45**1** → 47**1**D, 46**0** → 48**0**D, 46**1** → 46**1**D, 47**0** → 49**0**D, 47**1** → 47**1**D, 48**0** → 48**0**D, 48**1** → 49**0**D, 49**0** → 48**1**D, 49**1** → 50**1**D, 50**0** → 48**1**D, 50**1** → 51**1**D, 51**0** → 48**1**D, 51**1** → 52**1**D, 52**0** → 48**1**D, 52**1** → 53**1**D, 53**0** → 54**1**D, 53**1** → 53**1**D, 54**0** → 16**0**E, 54**1** → ϕ **0**D, 55**0** → 53**1**D.

Estamos numa posição agora na qual podemos dar um limite preciso sobre o tamanho de *K* obtido com a construção *supra* como uma função do tamanho de *A*. Vamos mensurar esse "tamanho" como o "grau de complexidade" definido na Seção 2.6 (ao final da resposta **Q8**). Para uma máquina de Turing específica T_m (como *A*), este é o número de dígitos na representação binária do número *m*. Para a ação específica da máquina de Turing $T_m(n)$ (como *K*), o maior entre m e n é o número de dígitos binários. Sejam α e κ, respectivamente, o número de dígitos binários em α e κ', onde

$$A = T_a \text{ e } K = T_{k'} \ \ (= C_k).$$

Já que A tem pelo menos $2N - 1$ instruções (com a primeira instrução sendo omitida) e já que cada instrução leva pelo menos três dígitos binários em sua especificação binária, o número total de dígitos binários na máquina de Turing a deve certamente satisfazer

$$\alpha \geq 6N - 6.$$

Existem 105 lugares (à direita das flechas) na lista adicional de instruções para K onde o número N deve ser adicionado ao número que lá aparece. Os números resultantes são todos menores do que $N + 55$ e, assim, têm uma representação binária expandida com não mais do que $2 \log_2 (N + 55)$ dígitos cada, dando um total de menos do que $210 \log_2 (N + 55)$ dígitos binários para a especificação extra dos estados internos. Devemos adicionar a isto os dígitos necessários para os símbolos extras **0**, **1**, **D** e **E**, que resultam em mais 527 (incluindo uma possível instrução "substituta" adicional e tendo em mente que seis destes **0**s podem ser eliminados segundo a regra em que 0**0** pode ser representado como **0**), de tal forma que podemos estar certos de que a especificação de K requer menos que $527 + 210 \log_2 (N + 55)$ dígitos a mais do que a de A requer:

$$\kappa < \alpha \ + 210 \log_2 (N + 55)$$

Usando a relação $\alpha \geq 6N - 6$ obtida anteriormente, encontramos (notando que $210 \log_2 6 > 542$)

$$\kappa < \alpha - 15 + 210 \log_2 (\alpha + 336)$$

Agora vamos encontrar o grau de complicação η do cálculo computacional específico $C_k(k)$ que esse procedimento fornece. Lembrem-se que o grau de complicação de $T_m(n)$ foi definido como o número de dígitos binários entre o maior dos números m e n. Na presente situação, temos que $C_k = T_{k'}$, de tal forma que o número de dígitos binários no "m" para esse cálculo computacional é simplesmente κ. Para ver quantos dígitos binários há no "n"

desse cálculo devemos investigar a fita que está envolvida em $C_k(k)$. Essa fita começa pela sequência **111110**, que é imediatamente seguida pela expressão binária para *k'*, que é então finalizada pela sequência **11011111**. As convenções de ENM requerem que a sequência inteira, com exceção do último dígito deletado, seja lida como um número binário para que obtenhamos o número "*n*" que enumera a fita no cálculo computacional $T_m(n)$. Assim, o número de dígitos binários nesse "*n*" em particular é precisamente $\kappa + 13$, de tal forma que segue que é também o grau de complicação η de $C_k(k)$, assim, $\eta = \kappa + 13 < \alpha - 2 + 210 \log_2(+ 336)$, de onde segue a expressão mais simples

$$\eta < \alpha + 210 \log_2 (\alpha + 336).$$

Os detalhes específicos do argumento anterior são característicos das codificações particulares para as máquinas de Turing que foram adotadas e seriam um pouco diferentes em outras codificações. A ideia básica em si é bastante simples. De fato, se houvéssemos adotado o formalismo do *cálculo-λ*, a operação inteira teria sido reduzida a uma trivialidade, em certo sentido. (Veja ENM, final do cap.2, para uma descrição adequada do cálculo-λ de Church; veja também Church, 1941.) Podemos pensar em *A* como sendo definido pelo operador de cálculo-λ **A**, agindo em outros operadores **P** e **Q**, assim como expresso pela operação (**AP**)**Q**. Aqui **P** representa o cálculo C_p e **Q** o número *q*. Assim, o requerimento para **A** é que, para todos **P**, **Q**, o seguinte seja verdadeiro.

Se (**AP**)**Q** termina, então **PQ** não termina.

Podemos facilmente construir uma operação dentro do cálculo-λ que não termina, mas para o qual **A** falha em aferir esse fato. Isto é conseguido tomando

$$\mathbf{K} = \lambda x. [(\mathbf{A}\mathbf{x})\mathbf{x}]$$

de tal forma que **KY** = (**AY**)**Y** para todo operador **Y**. Então consideramos a operação do cálculo-λ

KK.

Isto claramente não termina, pois **KK** = (**AK**)**K**, cujo término implicaria que **KK** não termina devido às propriedades de **A**. Mais que isso, **A** não pode aferir esse fato, pois **(AK)K** nunca termina. Se *acreditarmos* que **A** tem a propriedade desejada, então também devemos *acreditar* que **KK** nunca termina.

Note que existe uma economia considerável nesse procedimento. Se escrevermos **KK** na forma

$$\mathbf{KK}=\lambda\mathbf{y}.(\mathbf{yy})(\lambda\mathbf{x}.[(\mathbf{Ax})\mathbf{x}]),$$

então vemos que o número de símbolos a mais que **KK** possui é somente 16 em comparação com *A* (ignorando os pontos, que são redundantes de qualquer forma)!

Estritamente falando, isto não é inteiramente legítimo, pois o símbolo "**x**" também pode aparecer na expressão para **A** e algo deveria ter que ser feito para lidar com esse fato. Também podemos ver uma dificuldade no fato de que o cálculo computacional interminável que esse procedimento gera não é algo que aparece como uma operação sobre números naturais (já que o segundo **K** em **KK** não é um "número"). De fato, o cálculo-λ não é muito apropriado para tratar de operações numéricas explícitas e geralmente não é fácil ver como um dado procedimento algorítmico aplicado em números naturais pode ser expresso como uma operação no cálculo-λ. Por tais razões, a discussão em termos de máquinas de Turing tem uma relevância direta maior para nossas discussões e atinge o que queremos de forma mais clara.

3
A evidência para a não computabilidade no pensamento matemático

3.1 O que Gödel e Turing pensavam?

No Capítulo 2 tentei demonstrar para o leitor o poder e a natureza rigorosa da evidência para a asserção (denotada por $\mathscr{G}$) de que o entendimento matemático não pode ser o resultado de algum algoritmo conscientemente conhecido e totalmente crível (ou, equivalentemente, algoritmos; cf. **Q1**). Esses argumentos não tratam da possibilidade mais séria – em *concordância* com $\mathscr{G}$ – de que a crença matemática possa ser o resultado de algum algoritmo desconhecido inconsciente ou possivelmente de um algoritmo passível de ser conhecido que não pode ser sabido como sendo – ou fortemente acreditado como sendo – aquele que subjaz à crença matemática. É meu propósito neste capítulo demonstrar que, ainda que estas sejam possibilidades lógicas, elas não são plausíveis.

Devemos notar primeiro que, quando os matemáticos produzem suas cuidadosas linhas de raciocínio consciente para estabelecer verdades matemáticas, não *pensam* que estão somente seguindo cegamente regras inconscientes que eles são incapazes tanto de conhecer quanto de nelas acreditar. Pensam estar baseando seus argumentos em verdades inquestionáveis – em última instância, essencialmente verdades "óbvias" –, construindo seus argumentos inteiramente a partir de tais verdades. E, ainda que essas linhas de raciocínio possam algumas vezes ser extremamente longas, complicadas ou conceitualmente sutis, o raciocínio é, em princípio e em sua raiz, inquestionável, muito aceito e logicamente impecável. Eles não tendem a pensar que estão agindo segundo algum procedimento desconhecido ou no qual não acreditam, talvez, "por trás das cortinas", guiando suas crenças de forma desconhecida.

É óbvio que podem estar errados sobre isto. Talvez exista, de fato, um procedimento algorítmico, desconhecido para eles, que governe todas suas percepções matemáticas. Provavelmente seja mais fácil para um não matemático levar tal possibilidade a sério do que é para a maioria dos matemáticos profissionais. Neste capítulo tentarei persuadir o leitor de que tais matemáticos profissionais estão certos em sua opinião de que não estão simplesmente respondendo a um algoritmo desconhecido (e que não pode ser conhecido) – nem a um algoritmo no qual não acreditam muito. Pode muito bem ser o caso que seus pensamentos e crenças sejam de fato guiados por alguns princípios inconscientes desconhecidos, mas irei argumentar que, se este for o caso, então esses princípios não podem ser descritos em termos algorítmicos.

É instrutivo considerar os pontos de vista de dois dos luminares da matemática que são essencialmente responsáveis pelo próprio argumento que nos levou a nossa conclusão $\mathscr{G}$. O que, de fato, Gödel pensava? O que Turing pensava? É notável como, quando apresentados à mesma evidência matemática, ambos chegaram a, basicamente, conclusões opostas. Deve ficar claro, no entanto, que esses grandes pensadores expressaram pontos de vista que concordam com a conclusão $\mathscr{G}$. O ponto de vista de Gödel parece ter sido que a mente realmente não está limitada a ser uma entidade computacional e não está limitada pela finitude do cérebro. De fato, ele condenava Turing por não admitir isto como uma possibilidade. Segundo Hao Wang (1974, p.326; cf. também Gödel (1990), *Collected Works*, v.II, p.297), ainda que aceitando os dois pontos de Turing de que "o cérebro funciona basicamente como um computador digital" e que "as leis da física, em suas consequências observáveis, têm um limite de precisão finito", Gödel rejeitava o outro ponto de Turing, o de que "não existe mente separada da matéria", referindo-se a isto como "um preconceito de nossa época". Assim, Gödel parece achar evidente que o cérebro *físico* deve em si se comportar computacionalmente, mas que a mente é algo além do cérebro, de tal forma que a ação da mente não está restrita a se comportar segundo as leis computacionais que ele acreditava que deviam controlar o comportamento do cérebro físico. Ele não achava $\mathscr{G}$ uma *prova* do seu ponto de vista de que a mente age não computacionalmente, pois concedia que:[1]

---

[1] Esta citação é de Rucker, 1984; e Wang, 1987. Ela parece ter sido parte da Giggs Lecture dada por Gödel em 1951 e o texto completo deve aparecer na obra completa de Gödel, 1995, v.III. Veja também Wang, 1993, p.118.

> Por outro lado, com base no que foi provado até agora, permanece possível que possa existir (e mesmo que possa ser empiricamente descoberta) uma máquina provadora de teoremas que *seja* equivalente à intuição matemática, mas que não possa ser *provada* como tal, nem mesmo provada como sempre fornecendo somente teoremas *corretos* da teoria dos números finitária.

Devemos deixar claro que isto é de fato consistente com a crença em $\mathscr{G}$ (e não tenho dúvida de que Gödel estava bastante ciente de alguma conclusão clara similar à que especifiquei como "$\mathscr{G}$"). Ele permitia a *possibilidade lógica* de que as mentes dos matemáticos humanos poderiam agir segundo algum algoritmo do qual eles não tivessem ciência ou talvez que tivessem ciência contanto que não pudessem ser invariavelmente convencidos da sua confiabilidade ("... não pode ser *provada* ... como sempre fornecendo somente teoremas *corretos* ..."). Tal algoritmo estaria dentro da categoria de "não pode ser reconhecido como confiável", em minha terminologia. Claro, seria uma questão totalmente diversa realmente *acreditar* que tal algoritmo que não pode ser reconhecido como confiável possa *realmente* subjazer às ações da mente de um matemático. Parece que Gödel não acreditava nisso e se encontrava guiado para a direção mística que denotei como $\mathscr{D}$ – que a mente não pode de forma alguma ser explicada em termos da ciência do mundo físico.

Por outro lado, Turing parecia ter rejeitado tal ponto de vista místico, acreditando (assim como Gödel acreditava) que o cérebro físico, como qualquer outro objeto físico, deve agir de maneira computacional (lembrem-se da "tese de Turing", Seção 1.6). Assim, ele tinha que encontrar outro caminho para se desviar das evidências provenientes de $\mathscr{G}$. Turing levantou um grande ponto ao constatar o fato de que os matemáticos humanos são bastante capazes de cometer erros; argumentou que, para um computador ser genuinamente inteligente, a ele também deve ser permitido cometer erros:[2]

> Então, em outras palavras, se esperamos que uma máquina seja infalível, ela não pode também ser inteligente. Existem vários teoremas que praticamente dizem exatamente isto. Mas esses teoremas não dizem nada sobre o quanto de inteligência uma máquina pode demonstrar se ela não tiver pretensão de ser infalível.

---

[2] Veja Hodges, 1983, p.361. Essa citação é tirada da palestra de Turing de 1947 para a Sociedade Matemática de Londres, como ela aparece em Turing (1986).

Os "teoremas" que Turing tinha em mente eram sem dúvida o teorema de Gödel e alguns outros relacionados a ele, tal como a sua própria versão "computacional" do teorema de Gödel. Assim, ele parece ter considerado a inacurácia do pensamento matemático humano como essencial, permitindo que a (suposta) ação algorítmica inacurada da mente forneça um poder maior do que aquele que pode ser atingido através de qualquer procedimento algorítmico completamente confiável. Da mesma maneira, sugeriu uma forma de escapar das conclusões do argumento de Gödel: que o algoritmo do matemático seria tecnicamente não confiável e ele certamente não "poderia ser reconhecido como confiável". Assim, o ponto de vista de Turing seria consistente com $\mathscr{G}$ e parece provável que teria concordado com o ponto de vista $\mathscr{A}$.

Como parte da discussão posterior, apresentarei minhas razões para desacreditar que a "falta de confiabilidade" do algoritmo de um matemático possa ser a *real* explicação para o que está acontecendo na mente de um matemático. Existe, de qualquer maneira, uma certa implausibilidade intrínseca na ideia de que o que faz a mente superior a um computador acurado é a *in*acurácia da mente – especialmente quando estamos preocupados, como aqui, na capacidade de um matemático de *perceber a verdade matemática absoluta*, em vez de com a originalidade ou criatividade matemática. É um fato impactante que cada um desses dois pensadores, Gödel e Turing, se encontraram levados, por considerações tais como $\mathscr{G}$, ao que muitos podem tomar como um ponto de vista implausível. É interessante especular se eles seriam assim levados caso estivessem em uma posição que lhes permitisse contemplar a possibilidade séria de que a ação física poderia, no fundo, algumas vezes ser *não* computável – de acordo com o ponto de vista $\mathscr{C}$ que estou advogando aqui.

Nas seções seguintes (particularmente 3.2-3.22), darei alguns argumentos detalhados, alguns dos quais são bastante complicados, confusos ou técnicos, cujo propósito é descartar os modelos computacionais $\mathscr{A}$ e $\mathscr{B}$ como capazes de fornecer uma base plausível para o entendimento matemático. Minha recomendação ao leitor que não necessita de tal persuasão – ou que é avesso a detalhes – é ler tanto quanto se sentir disposto, mas, quando se sentir entediado, passar diretamente para o diálogo fantasioso sumarizador da Seção 3.23. Por favor, retorne ao argumento principal somente se e quando for assim desejado.

3.2 Poderia um algoritmo não confiável ser reconhecido como simulando o entendimento matemático?

Devemos considerar que, de acordo com $\mathscr{G}$, o entendimento matemático pode ser o resultado de algum algoritmo que seja não confiável ou não possa ser conhecido, ou possivelmente confiável e que possa ser conhecido, mas que não possa ser entendido como confiável – ou talvez possa haver tipos diferentes de tais algoritmos correspondendo a matemáticos diferentes. Por um "algoritmo" queremos dizer somente algum procedimento computacional (como na Seção 1.5) – isto é, qualquer coisa que possa em princípio ser simulada por um computador de propósito geral com um armazenamento ilimitado. (Podemos lembrar, da discussão de **Q8**, na Seção 2.6, que a natureza "ilimitada" desse armazenamento nessa idealização não atrapalha o argumento.) Essa noção de "algoritmo" incluiria procedimentos *top-down* e sistemas de aprendizado *bottom-up*, assim como combinações de ambos. Qualquer coisa que possa ser realizada através de redes neurais artificiais, por exemplo, deveria ser incluída (cf. a Seção 1.5). Da mesma maneira, outros tipos de mecanismos *bottom-up*, como aqueles chamados de "algoritmos genéticos", que melhoram a si mesmos através de um procedimento análogo à evolução darwiniana (cf. a Seção 3.11), deveriam ser incluídos.

Nas seções 3.9-3.22 (como resumido no diálogo fantasioso da Seção 3.23), mostrarei especificamente como procedimentos *bottom-up* estão essencialmente inclusos nos argumentos que serão dados nesta seção (e também por aqueles apresentados no Capítulo 2). Porém, por questão de clareza, irei apresentar as coisas por ora como se houvesse somente um tipo de ação algorítmica *top-down* envolvida. Essa ação algorítmica pode ser pensada como relevante para um indivíduo matemático em particular ou para a comunidade matemática como um todo. Nas discussões de **Q11** e **Q12** na Seção 2.10, a possibilidade de existirem *diferentes* algoritmos confiáveis e conhecidos pertinentes a diferentes pessoas foi considerada e concluímos que essa possibilidade não afeta de forma significativa o argumento. A possibilidade de existirem diferentes algoritmos *não* confiáveis e que *não* podem ser conhecidos pertinentes a diferentes pessoas será retomada mais adiante (cf. Seção 3.7). Por ora, vamos argumentar, principalmente, como se houvesse um único procedimento matemático subjacente ao entendimento matemático. Podemos restringir nossa atenção somente àquele *corpus* de entendimento matemático que pode ser utilizado para estabelecer a veracidade de sentenças Π_1 (i.e., a especificação das ações de máquinas de Turing que não terminam, cf.

comentário em **Q10**). No que se segue, é suficiente interpretarmos a frase "entendimento matemático" nesse contexto restrito (veja $\mathscr{G}$**, p.146).

Devemos distinguir claramente entre três diferentes posições com relação à capacidade de conhecermos um procedimento algorítmico especulativo *F* subjacente ao entendimento matemático, seja ele confiável ou não. Pois *F* pode ser:

I conscientemente passível de ser conhecido, com seu papel como o algoritmo real subjacente ao entendimento matemático também passível de ser conhecido;
II conscientemente passível de ser conhecido, mas cujo papel como o algoritmo real que subjaz ao entendimento matemático sendo inconsciente e não podendo ser conhecido;
III inconsciente e não pode ser conhecido.

Vamos considerar o caso completamente consciente **I** primeiro. Já que o algoritmo e seu papel são ambos passíveis de ser conhecidos, podemos muito bem considerar que ele, e seu papel, *já* são conhecidos. Afinal, em nossa imaginação, podemos supor que estamos aplicando nossos argumentos em uma época em que essas coisas *são* realmente conhecidas – pois "passível de ser conhecido" significa que, pelo menos em princípio, tal época poderia chegar. Então vamos considerar que o algoritmo *F* é conhecido, seu papel subjacente também sendo conhecido. Vimos (Seção 2.9) que tal algoritmo é efetivamente equivalente a um sistema formal $\mathbb{F}$. Assim, estamos supondo que o entendimento matemático – ou pelo menos o entendimento matemático de qualquer matemático em particular – é conhecido (por aquele matemático) como equivalente à capacidade de derivar resultados dentro de algum sistema formal $\mathbb{F}$. Para termos qualquer esperança de satisfazer nossa conclusão $\mathscr{G}$, que foi forçada a nós por considerações do capítulo anterior, devemos supor que tal sistema $\mathbb{F}$ *não é confiável*. Estranhamente, no entanto, não ser confiável não ajuda de nenhuma forma um sistema formal conhecido $\mathbb{F}$, que, como afirmado em **I**, seja realmente *conhecido* – e assim *acreditado* – por qualquer matemático como sendo aquele subjacente ao seu entendimento matemático! Afinal, tal crença implica uma crença (incorreta) na confiabilidade de $\mathbb{F}$. (Seria um ponto de vista matemático não razoável se permitisse uma descrença na própria base do seu inatacável sistema de crenças!) Seja $\mathbb{F}$ realmente confiável ou não, a *crença* de que é confiável implica uma crença de que $G(\mathbb{F})$

(ou alternativamente $\Omega(\mathbb{F})$, cf. a Seção 2.8) é verdadeira; mas, já que $G(\mathbb{F})$ é agora – por uma crença no teorema de Gödel – acreditada como estando fora do domínio de $\mathbb{F}$, isso contradiz a crença de que $\mathbb{F}$ é subjacente a *todo* entendimento matemático (relevante). (Isso funciona igualmente bem tanto aplicado a um matemático individual como à comunidade matemática; pode ser aplicado separadamente para cada um dos vários algoritmos diferentes que é possível supor que são subjacentes aos processos de pensamento de diferentes matemáticos. Mais que isto, precisamos apenas nos referir àquele *corpus* de entendimento matemático que é pertinente para estabelecer a veracidade de sentenças Π_1). Assim, qualquer algoritmo especulativo sabidamente não confiável F que se suponha como estando subjacente ao entendimento matemático não pode ser *conhecido* como tal, de tal forma que **I** está descartada independente de $\mathbb{F}$ ser ou não confiável. Se $\mathbb{F}$ é em si passível de ser conhecido, então nos resta a possibilidade **II**: que $\mathbb{F}$ possa de fato subjazer ao entendimento matemático, mas que não possamos saber que tem esse papel. Existe também a possibilidade **III**, na qual o sistema $\mathbb{F}$ possa em si ser inconsciente e não possa ser conhecido.

Neste ponto, o que essencialmente estabelecemos é que o caso **I** (pelo menos no contexto de algoritmos inteiramente *top-down*) não é uma possibilidade séria; o fato de que $\mathbb{F}$ possa realmente ser não confiável, de maneira notável, não tem nenhuma importância para **I**. A questão crucial é que tal $\mathbb{F}$ especulativo, confiável ou não, não pode ser *conhecido* como subjazendo à crença matemática; não é a incapacidade de ser conhecido do algoritmo em si que é a questão, mas a incapacidade de entendermos aquele algoritmo como *sendo* o que subjaz ao entendimento.

3.3 Um algoritmo que pode ser conhecido conseguiria simular o entendimento matemático sem que possamos saber disto?

Chegamos agora ao caso **II** e vamos tentar levar a sério a possibilidade de que o entendimento matemático possa ser realmente equivalente a algum algoritmo ou sistema formal conscientemente conhecido, mas sem que saibamos disso. Assim, ainda que o sistema formal especulativo $\mathbb{F}$ pudesse ser conhecido, nunca poderíamos ter certeza de que *esse* sistema particular realmente está subjacente ao nosso entendimento matemático. Vamos ver se isto é uma possibilidade de alguma forma plausível.

Se o $\mathbb{F}$ especulativo *já* não é um sistema formal conhecido, então, como antes, devemos tomá-lo como se pudesse, em princípio, um dia sê-lo. Imagine que tal dia chegou e que a especificação precisa de $\mathbb{F}$ nos é apresentada. O sistema formal $\mathbb{F}$, ainda que possivelmente bastante elaborado, é suposto simples o suficiente para que possamos, pelo menos em princípio, apreciá-lo de maneira perfeitamente consciente, mas não nos é permitido ter *certeza* de que $\mathbb{F}$ realmente engloba precisamente a totalidade dos nossos entendimentos e intuições matemáticas inquestionáveis (pelo menos se tratando de sentenças Π_1). Tentaremos ver por que isto, apesar de uma possibilidade lógica, é muito implausível. Mais que isso, argumentarei depois que mesmo que fosse verdade, tal possibilidade não serviria de conforto para o intento dos profissionais de IA de construir um robô matemático! Retornaremos a esse aspecto das coisas ao final desta seção e trataremos disto mais completamente nas seções 3.15 e 3.29.

Para enfatizar o fato de que a existência de tal $\mathbb{F}$ realmente deva ser considerada uma possibilidade *lógica*, podemos lembrar que a "máquina provadora de teoremas" mencionada por Gödel não podia (até então) ser logicamente descartada (cf. a citação dada na Seção 3.1). De fato, essa "máquina" seria, como explicarei, um procedimento algorítmico F de acordo com um dos casos **II** ou **III**. A máquina provadora de teoremas especulativa de Gödel poderia, como ele apontou, ser "empiricamente descoberta", o que corresponde à necessidade de que F possa "conscientemente ser descoberto" como em **II**, ou poderia não ser, que é basicamente o caso **III**.

Gödel havia argumentado, levando em conta seu famoso teorema, que o procedimento F (ou, equivalentemente, o sistema formal $\mathbb{F}$; cf. a Seção 2.9) não poderia ser "provado" como "equivalente à intuição matemática" – como sua citação de fato afirma. Em **II** (e, por implicação, em **III** também), coloquei essa limitação fundamental em F de uma forma um pouco diferente: "seu papel como o algoritmo real subjazendo ao entendimento matemático é inconsciente e não pode ser conhecido".

Essa limitação (cuja necessidade segue da rejeição de **I**, como discutido na Seção 3.2) implica claramente que F não pode ser mostrado como equivalente à intuição matemática, já que tal demonstração nos estabeleceria que F realmente possui o papel que supomos que somos incapazes de saber que ele possui. Da mesma maneira, se esse mesmo papel de F em fornecer uma base para o entendimento matemático inquestionável fosse algo que *pudesse* ser conscientemente conhecido – no sentido de podermos apreciar completamente o fato de que F tem esse papel –, então a confiabilidade de F também deveria ter que ser aceita. Pois, se F não fosse completamente aceito como confiável, isto implicaria uma negação de alguma de suas consequências. Porém, suas consequências são precisamente aquelas proposições matemáticas (ou, pelo menos, sentenças-Π_1) que *estão* sendo aceitas. Assim, conhecer o papel que F exerce significa possuir uma *prova* de F, ainda que tal "prova" não seja uma prova formal em algum sistema formal predeterminado.

Note também que sentenças Π_1 válidas podem ser tomadas como exemplos de "teoremas corretos da teoria dos números finitária" aos quais Gödel se referiu. De fato, se o termo "teoria dos números finitária" incluísse a operação-μ "encontre o menor número natural com tal e tal propriedade aritmética", caso no qual incluiria o funcionamento das máquinas de Turing (veja o fim da Seção 2.8), então *todas* as sentenças Π_1 seriam incluídas como parte da teoria dos números finitária. Assim, parece que o tipo de raciocínio de Gödel fornece uma forma clara de descartar o caso **II** apenas através de razões lógicas rigorosas – pelo menos se aceitarmos a autoridade de Gödel!

Por outro lado, podemos nos perguntar se **II** é uma possibilidade *plausível* de qualquer forma. Vamos ver o que a existência de um $\mathbb{F}$ que pode ser conhecido, mas que não pode ser conhecido como equivalente ao entendimento (inquestionável) matemático humano, implicaria. Como foi observado, podemos imaginar que a época na qual esse sistema $\mathbb{F}$ foi encontrado e exposto para nós chegou. Lembrem-se (Seção 2.7) que um sistema formal é especificado em termos de um conjunto de *axiomas* e *regras de procedimentos*. Os *teoremas* de $\mathbb{F}$ são coisas ("proposições") que podem ser obtidas dos axiomas através do uso das regras de procedimento, todos os teoremas sendo coisas que podem ser formuladas com os mesmos símbolos que são utilizados para expressar os axiomas. O que estamos tentando imaginar é que os teoremas de $\mathbb{F}$ são precisamente aquelas proposições (escritas com esses símbolos) que podem *em princípio* ser vistas como invariavelmente verdadeiras por matemáticos humanos.

Vamos supor, por ora, que a lista de axiomas em $\mathbb{F}$ seja uma lista *finita*. Os axiomas em si sempre contariam como instâncias particulares de teoremas. Mas cada teorema é algo que pode em princípio ser visto como inquestionavelmente verdadeiro pelo uso do entendimento e da intuição humana. Assim, cada *axioma individualmente* deve expressar algo que é, em princípio, parte desse entendimento matemático. Assim, para cada axioma individual, haverá um momento (ou *em princípio* poderia haver um momento) em que ele é percebido como sendo inquestionavelmente verdadeiro. Então, no fim, *todos* os axiomas serão individualmente vistos como inquestionavelmente verdadeiros (ou poderiam em princípio assim ser vistos). De acordo com isto, chegará um momento em que a totalidade dos axiomas de F será percebida como um todo, como inquestionavelmente válida.

E quanto às regras de procedimento? Podemos imaginar uma época em que elas também serão vistas como inquestionavelmente confiáveis? Para muitos sistemas formais, elas podem ser coisas simples que são "inquestionavelmente" aceitáveis como: "Se já provamos P como um teorema e P → Q como um teorema, então podemos deduzir Q como um novo teorema" (cf. ENM, p.393; ou Kleene, 1952, com respeito ao símbolo "→" significando "implicação"). Não haveria dificuldade em aceitar essas regras como inquestionáveis. Por outro lado, podem existir meios muito mais sutis de inferência, incluídos entre as regras de procedimento, cuja validade não seja de forma alguma óbvia e que podem requerer consideração cuidadosa antes que tomemos a decisão sobre aceitar ou não tal regra como "inquestionavelmente confiável". De fato, como veremos logo, devem existir entre as regras de procedimento de $\mathbb{F}$ certas regras cuja confiabilidade inquestionável *não* pode ser percebida por matemáticos humanos – onde ainda estamos assumindo que o número de axiomas de $\mathbb{F}$ é uma quantidade finita.

Por qual razão isto ocorre? Vamos, em nossa imaginação, retornar para o momento no qual todos os axiomas eram vistos como inquestionavelmente verdadeiros. Paramos e contemplamos o sistema inteiro $\mathbb{F}$. Vamos supor que podemos agora aceitar sem questionamentos as regras de procedimento de $\mathbb{F}$. Ainda que supostamente não sejamos capazes de saber que $\mathbb{F}$ realmente engloba *tudo* que é matemático que está em princípio acessível ao conhecimento e intuições humanas, deveríamos, agora, pelo menos ter-nos convencido de que $\mathbb{F}$ é inquestionavelmente confiável, já que tanto seus axiomas quanto regras de procedimento são inquestionavelmente aceitos. Agora devemos, então, estar convencidos de que $\mathbb{F}$ é *consistente*. Poderia ocorrer uma ideia para nós, claro, de que $G(\mathbb{F})$ também deve ser verdadeira, por conta dessa consistência – de fato, *inquestionavelmente* verdadeira! Mas, já que $\mathbb{F}$ está sendo suposto como (mesmo que de forma desconhecida por nós) englobando inteiramente o que é inquestionavelmente acessível para nós, $G(\mathbb{F})$ deve na verdade ser um teorema de $\mathbb{F}$. Mas, pelo teorema de Gödel, isso só pode acontecer se $\mathbb{F}$ for *in*consistente. Se $\mathbb{F}$ é inconsistente, então "1 = 2" é um teorema de $\mathbb{F}$. Assim a asserção 1 = 2 teria que ser, em princípio, parte do nosso entendimento matemático inquestionável – o que certamente é uma contradição!

Apesar desse fato, devemos pelo menos considerar a *possibilidade* de que matemáticos humanos possam (de forma incapaz de saberem) operar segundo um $\mathbb{F}$ que é na verdade *não* confiável. Tratarei desse ponto na Seção 3.4; mas, para os propósitos da presente seção, vamos aceitar que os procedimentos que subjazem ao entendimento matemático são perfeitamente confiáveis. Em tais circunstâncias, segue que realmente chegamos a uma contradição se assumirmos que as regras de procedimento do nosso sistema de axiomas finito $\mathbb{F}$ são todas inquestionavelmente aceitáveis. Assim, deve existir entre as regras de procedimento de $\mathbb{F}$ pelo menos uma que não pode ser inquestionavelmente percebida como confiável por matemáticos humanos (ainda que ela de fato seja confiável).

Tudo isso se baseia no fato de que $\mathbb{F}$ possui um número finito de axiomas. Um possível escape alternativo seria que a lista de axiomas de $\mathbb{F}$ fosse *infinita*. Devo fazer um comentário quanto a essa possibilidade. Para que $\mathbb{F}$ se qualifique como um sistema formal no sentido requerido – de tal forma que possamos sempre checar, por meio de um procedimento computacional previamente estabelecido, que uma determinada prova especulativa de alguma proposição é de fato uma prova segundo as regras de $\mathbb{F}$ –, é necessário que esse sistema de axiomas infinito seja expresso em termos finitos. De fato, sempre existe uma certa liberdade na maneira de um sistema formal ser representado, em que suas operações são definidas ou como "axiomas" ou como "regras de procedimento". O próprio sistema padrão axiomático para a teoria dos conjuntos – o sistema Zermelo-Fraenkel (que estou denotando aqui por $\mathbb{ZF}$) – possui um número infinito de axiomas, expresso em termos de estruturas chamadas de "esquemas de axiomas". Através de uma reformulação apropriada, o sistema $\mathbb{ZF}$ pode ser reexpresso de tal forma que o número de axiomas se torne finito.[3] De fato, em certo sentido, isto sempre pode ser feito para sistemas axiomáticos que são "sistemas formais" no sentido computacional requerido aqui.*

Poderíamos imaginar, assim, que seríamos capazes de aplicar o argumento *supra* para excluir o caso **II**, para *qualquer* $\mathbb{F}$ (confiável), independente de se o número de axiomas é infinito ou finito. De fato, este é o caso, mas, no processo de reduzir o sistema de axiomas de um sistema infinito para um finito, podemos ter que introduzir novas regras de procedimento que podem não ser evidentemente confiáveis. Assim, quando, de acordo com as ideias

---

[3] O procedimento é imergir $\mathbb{ZF}$ no sistema de Gödel-Bernays; veja Cohen, 1966, cap.2.

* Existe um sentido bem trivial no qual isto pode ser feito, em que simplesmente interpretamos a operação de uma máquina de Turing que realiza o algoritmo F apropriadamente de acordo com as regras de procedimento do sistema requerido. (N. A.)

descritas, contemplarmos o momento no qual os axiomas e as regras de procedimento de $\mathbb{F}$ são todos apresentadas a nós, os teoremas desse $\mathbb{F}$ especulativo sendo supostos serem precisamente aqueles acessíveis ao entendimento e intuição humanos, não podemos ter certeza de que essas regras de procedimento desse $\mathbb{F}$, ao contrário de seus axiomas, sejam sempre invariavelmente vistas como confiáveis, mesmo que de fato sejam confiáveis. Pois, diferente dos axiomas, regras de procedimento não contam entre os teoremas de um sistema formal. Somente os *teoremas* de $\mathbb{F}$ são considerados como podendo ser invariavelmente entendidos.

Não está claro para mim se esse argumento pode ser levado muito adiante, em termos estritamente lógicos. O que temos de aceitar, se acreditarmos em **II**, é que existe algum sistema formal $\mathbb{F}$ (subjacente à percepção humana da veracidade de sentenças Π_1) que pode ser perfeitamente bem entendido por matemáticos humanos, cuja lista finita de axiomas é (indiscutivelmente) aceitável, mas cujo sistema finito de regras de procedimento $\mathscr{R}$ contém pelo menos uma operação que deve ser vista como fundamentalmente duvidosa. Todos os teoremas de $\mathbb{F}$ teriam de, individualmente, poder ser vistas como verdadeiros – de forma um pouco miraculosa, já que muitos deles seriam obtidos através do uso da dúbia regra $\mathscr{R}$. Ainda que cada um desses teoremas possa ser *individualmente* visto como verdadeiro (em princípio) por matemáticos humanos, não existe uma forma *uniforme* de fazer isto. Podemos restringir nossa atenção aos teoremas de $\mathbb{F}$ que são sentenças Π_1. Através do uso da dúbia $\mathscr{R}$, a lista inteira de sentenças Π_1 que podem ser vistas como verdadeiras por matemáticos humanos pode ser gerada computacionalmente. Individualmente, cada uma dessas sentenças Π_1 pode, no final das contas, ser vista como verdadeira pela intuição humana. Mas, em cada caso, isto é feito por meio de uma linha de raciocínio que é bastante distinta da regra $\mathscr{R}$ pela qual ela é obtida. A cada vez, alguma intuição humana nova e cada vez mais sofisticada teria que ser utilizada para que cada sentença Π_1 seja reduzida a uma verdade absoluta. Como que por mágica, cada uma dessas sentenças Π_1 se mostra verdadeira, mas algumas delas só são vistas como verdadeiras pela utilização de algum tipo fundamentalmente diferente de raciocínio, uma necessidade que surge de novo e de novo em níveis cada vez mais profundos. Mais que isto, *qualquer* sentença Π_1 que seja vista como indiscutivelmente verdadeira – por quaisquer meios – se encontrará na lista gerada por $\mathscr{R}$. Por fim, haverá uma sentença Π_1 *verdadeira* específica $G(\mathbb{F})$ que pode ser construída explicitamente com o conhecimento do sistema $\mathbb{F}$, mas cuja veracidade *não pode* ser percebida como absolutamente verdadeira por matemáticos humanos. O melhor que eles fariam é ver que a veracidade de $G(\mathbb{F})$ depende precisamente da confiabilidade do duvidoso processo $\mathscr{R}$, que parece miraculosamente capaz de gerar precisamente todas as sentenças Π_1 que *podem* ser percebidas de forma absoluta por seres humanos.

Posso imaginar que algumas pessoas talvez não pensem que isto é *totalmente* desprovido de razoabilidade. Existem muitos casos de resultados matemáticos que podem ser obtidos através dos chamados "princípios heurísticos", em que, por exemplo, um de tais princípios não forneceria uma *prova* do resultado necessário, mas nos levaria a antecipar que o resultado deve ser verdadeiro. Subsequentemente, uma prova poderia ser encontrada por meios bastante diversos. No entanto, parece-me que, na verdade, tais princípios heurísticos têm pouco em comum com nosso $\mathscr{R}$ especulativo. Tais princípios de fato alteram nossos entendimentos conscientes de *por que* alguns resultados matemáticos são realmente verdadeiros.* Mais tarde, quando as técnicas matemáticas se desenvolvem mais, geralmente se entende completamente por que tal princípio heurístico funciona. Mas o mais comum é que aquilo entendido completamente seja em quais *circunstâncias* tal princípio é confiável e em quais ele não o é – de tal forma que conclusões errôneas são obtidas quando o devido cuidado não é tomado. Tomando o devido cuidado, o princípio em si se torna uma ferramenta poderosa e confiável para uma prova matemática absoluta. Em vez de nos fornecer um processo algorítmico miraculosamente confiável para estabelecer sentenças Π_1, em que a razão de por que tal algoritmo funciona é inacessível à intuição humana, princípios heurísticos fornecem uma maneira de melhorar nossas intuições e entendimentos matemáticos. Isto é algo muito diferente do algoritmo F (ou sistema formal $\mathbb{F}$) que é necessário para o caso **II**. Além disso, nunca houve uma proposta para um princípio heurístico que pudesse gerar com precisão *todas* as sentenças Π_1 que podem ser vistas como verdadeiras por matemáticos humanos.

---

* Um princípio heurístico desse tipo pode tomar a forma de uma conjectura, como a importante conjectura de Taiyama (que foi generalizada para o que é conhecido como "filosofia de Langland"), da qual aquela que é a mais famosa das sentenças Π_1 conhecida como "último teorema de Fermat" (cf. a nota de rodapé da p.265) pode ser derivada como consequência. No entanto, o argumento apresentado por Andrew Wiles como uma prova da afirmação de Fermat não foi um argumento independente da conjectura de Taiyama – o que teria sido se a conjectura fosse um "$\mathscr{R}$" –, mas um argumento para *provar* (no caso relevante) a conjectura de Taiyama em si! (N. A.)

Claro que nada disso nos diz que tal *F* – a especulativa "máquina provadora de teoremas" de Gödel – seja uma impossibilidade; mas, do ponto de vista de nossos entendimentos matemáticos, sua existência parece improvável. De qualquer forma, não existe, no momento, nem mesmo a menor sugestão sobre a natureza de um de tais *F* plausíveis, nem mesmo um sinal de sua existência. Ele poderia ser somente uma *conjectura*, no melhor dos casos – e uma conjectura improvável. (Prová-la iria contradizê-la!) Parece-me que seria uma posição extrema para qualquer defensor da IA (seja de $\mathscr{A}$ ou $\mathscr{B}$) colocar suas esperanças em encontrar tal procedimento algorítmico* incorporado em *F*, cuja própria existência é extremamente duvidosa e, em todo caso, se existisse, sua construção definitiva estaria além da capacidade de qualquer matemático ou lógico de hoje.

Contudo, é concebível que tal *F* possa existir e que possamos chegar a ele através de procedimentos *bottom-up* computacionais suficientemente elaborados? Nas seções 3.5 a 3.23, como parte das discussões sobre o caso **III**, irei apresentar um forte argumento lógico mostrando que nenhum procedimento *bottom-up* poderia algum dia encontrar tal *F* mesmo que ele existisse. Assim, chegamos à conclusão de que mesmo a "máquina de provar teoremas de Gödel" não é uma possibilidade lógica séria a menos que existam "mecanismos impossíveis de conhecer" subjacentes ao entendimento matemático como um todo que sejam de uma natureza que não daria qualquer conforto aos proponentes da IA!

Antes de irmos para a discussão mais geral do caso **III**, e de procedimentos *bottom-up* no geral, devemos completar os argumentos que são específicos para o caso **II**; pois ainda permanece a alternativa de que a ação algorítmica subjacente *F* – ou sistema formal $\mathbb{F}$ – possa *não ser confiável* (uma saída que não se aplica ao caso **I**). Poderia o entendimento matemático humano ser equivalente a um algoritmo conhecível que é fundamentalmente errôneo? Vamos considerar essa possibilidade em seguida.

* Claro, pode-se argumentar que construir um robô matemático está muito longe dos objetivos imediatos da inteligência artificial; da mesma forma, a descoberta de tal *F* seria vista como prematura ou desnecessária. No entanto, isto seria se desviar totalmente do ponto da presente discussão. Esses pontos de vista que tomam a inteligência humana como explicável em termos de processos algorítmicos implicitamente demandam a presença potencial de tal *F* – que pode ser conhecido ou não –, pois é meramente a aplicação da inteligência que nos levou a nossas conclusões. Não existe nada de especial sobre habilidades matemáticas com relação a isto; veja as seções 1.18 e 1.19 em particular. (N. A.)

3.4 Os matemáticos utilizam um algoritmo não confiável sem estarem cientes?

Talvez *haja* um sistema formal não confiável 𝔽 que esteja subjacente ao entendimento matemático. Como podemos ter tanta certeza de que nossas percepções matemáticas sobre o que é invariavelmente verdade não podem um dia nos enganar de forma fundamental? Talvez já o tenham feito. Isto não é exatamente a mesma situação que consideramos com relação a **I**, na qual foi descartada a possibilidade de que chegássemos a *saber* que algum sistema 𝔽 de fato teve tal papel. Aqui estamos supondo que esse *papel* para 𝔽 não seja conhecível e, por isso, devemos reconsiderar que 𝔽 possa de fato ser um sistema não confiável. Mas é realmente plausível que nossas crenças matemáticas fundamentais possam estar baseadas em um sistema não confiável – tão não confiável, de fato, que "1 = 2" esteja em princípio dentro dessas crenças? É claro que, se não podemos confiar em nosso raciocínio matemático, então *nenhum* de nossos raciocínios sobre o funcionamento do mundo pode ser confiável, pois o raciocínio matemático é parte essencial de todo nosso entendimento científico.

Alguns argumentariam, apesar disso, que certamente *não é inconcebível* que nossos raciocínios matemáticos aceitos (ou que venhamos a aceitar no futuro como "absolutos") contenham alguma contradição interna escondida. Tais pessoas provavelmente se refeririam ao famoso paradoxo (sobre "o conjunto de todos os conjuntos que não são membros de si mesmos") que Bertrand Russell expôs em uma carta para Gottlob Frege, em 1902, no momento em que Frege estava prestes a publicar o trabalho de sua vida sobre os fundamentos da matemática (veja também a resposta a **Q9**, na Seção 2.7; e ENM, p.100). Frege adicionou, em um apêndice (cf. Frege, 1964, traduzido):

> Dificilmente algo mais desagradável pode acontecer a um escritor científico do que um dos fundamentos de seu edifício ser abalado após sua obra estar concluída. Fui colocado nessa posição por uma carta do sr. Bertrand Russell ...

Claro, podemos simplesmente falar que Frege cometeu um erro. É um fato que matemáticos cometem erros de tempos em tempos – algumas vezes erros sérios. Mais que isto, o erro de Frege era um erro *corrigível*, como a própria admissão de Frege deixa claro. Eu não havia argumentado (na Seção 2.10, cf. o comentário sobre **Q13**) que tais erros corrigíveis não deveriam nos preocupar? Como na Seção 2.10, de fato estamos interessados somente em questões de princípio e não na falibilidade de matemáticos individuais. É óbvio que erros que podem ser descobertos e demonstrados como erros não são o tipo de coisa que nos interessam, certo? No entanto, aqui, a situação é um pouco diferente daquela que foi tratada na **Q13**, já que agora estamos interessados em um sistema formal $\mathbb{F}$ que não *sabemos* que está subjacente ao entendimento matemático. Como antes, não estamos interessados em erros individuais – ou "falhas" – que um matemático pode cometer enquanto raciocina dentro de um esquema coerente em seu todo. Mas agora estamos tratando de uma situação na qual o esquema em si possa estar sujeito a uma contradição. Isto é exatamente o que aconteceu no caso de Frege. Se o paradoxo de Russell, ou outro paradoxo de natureza similar, não houvesse sido exposto a Frege, parece provável que ele certamente *não* teria sido persuadido que seu esquema continha algum erro fundamental. Não era uma questão de Russell expor um erro técnico no raciocínio de Frege para que Frege admitisse que era um erro segundo suas próprias regras de raciocínio; era o caso de que essas próprias regras foram demonstradas como tendo uma contradição interna. Foi essa *contradição* que persuadiu Frege de que havia um erro – e o que anteriormente poderia ser visto por Frege como um raciocínio absoluto agora era visto como fundamentalmente falho. Mas a falha só foi percebida porque a contradição em si foi trazida à tona. Se a contradição não tivesse sido percebida, os métodos de raciocínio poderiam muito bem receber a confiança e talvez ser seguidos por matemáticos por um bom tempo.

De fato, devo dizer que, nesse caso, é bem improvável que muitos matemáticos tivessem, por muito tempo, se permitido a liberdade de raciocinar (com conjuntos infinitos) que o esquema de Frege permitia. Mas o motivo disso é que paradoxos do tipo de Russell iriam facilmente aparecer. Poderíamos imaginar que algum paradoxo muito mais sutil, que estivesse à espreita no que acreditamos como procedimentos matemáticos absolutos que nos permitimos realizar hoje – um paradoxo que poderia não ser trazido à tona por séculos. Somente quando esse paradoxo finalmente se manifestasse sentiríamos a necessidade de mudar nossas regras. O argumento seria de que nossas intuições matemáticas não são governadas por considerações eternas, e sim que essas intuições estão mudando fortemente influenciadas pelo que parece ter funcionado bem *até agora* e com o que, para todos os efeitos, "nós podemos viver". Desse ponto de vista, poderíamos permitir que houvesse um algoritmo ou sistema formal subjacente ao entendimento matemático atual, que não fosse algo fixo, sendo continuamente sujeito a mudança, à medida que novas informações aparecem. Precisarei retornar à questão de algoritmos mutáveis mais à frente (cf. seções 3.9-3.11, e também a Seção 1.5). Veremos que tais coisas são na verdade somente algoritmos outra vez, disfarçados de forma diferente.

Seria, claro, ingênuo da minha parte não admitir que geralmente existem princípios para "confiar em um procedimento se ele parece ter funcionado até agora" na maneira que os matemáticos operam na prática. Em meus próprios raciocínios matemáticos, por exemplo, tais truques ou processos especulativos constituem um ingrediente importante no raciocínio matemático. Mas tendem a ser parte importante do tatear em direção a algo que antes era uma compreensão vaga, não como parte do que consideramos como sendo estabelecido de forma absoluta. Acho duvidoso que o próprio Frege defendesse dogmaticamente que seu esquema deveria ser absoluto, mesmo que o paradoxo de Russell não houvesse sido apontado a ele. Tal esquema tão geral de raciocínio teria sempre que ser apresentado de forma especulativa de qualquer forma. Seria necessária uma boa quantidade de "consideração e investigação" antes que pudéssemos acreditar que ele atingiu um nível "absoluto". Para um esquema da generalidade do de Frege me parece que seríamos levados de qualquer forma a fazer asserções da forma "assumindo que o esquema de Frege é confiável, então tal e tal coisa" em vez de meramente afirmar "tal e tal coisa" sem tal qualificativo. (Veja os comentários sobre **Q11, Q12**.)

Talvez os matemáticos tenham se tornado mais cuidadosos com aquilo que estão dispostos a aceitar como "absolutamente verdadeiro" – após um período de ousadia excessiva (do qual o trabalho de Frege foi de fato parte importante) no final do século XIX. Agora que paradoxos como os de Russell foram trazidos à tona, a importância de tal cuidado foi particularmente exacerbada. A ousadia surgiu, em grande parte, quando o poder da teoria de Cantor de números infinitos e conjuntos infinitos que ele expôs no final dos anos 1800 começou a se tornar claro. (Devemos notar, no entanto, que o próprio Cantor estava ciente do problema que representavam paradoxos do tipo de Russell – muito antes de Russell os ter encontrado[4] – e tentou formular um ponto de vista sofisticado que levasse muito disso em consideração.) Para os propósitos das discussões nas quais estou interessado aqui, um extremo grau de cautela é certamente apropriado. Espero que somente as coisas cuja verdade de fato seja absoluta sejam incluídas na discussão e que qualquer coisa que inclua conjuntos infinitos e seja minimamente questionável deva ficar de

[4] Veja Hallett, 1984, p.74.

fora. O ponto essencial é que *seja onde for* que tracemos uma linha divisória, o argumento de Gödel produz asserções que permanecem dentro daquilo que chamamos de "absolutamente verdadeiro" (cf. o comentário sobre **Q13**). O argumento de Gödel (e Turing) não envolve, por si só, qualquer ponto sobre a existência questionável de certos conjuntos infinitos. Questões duvidosas com relação ao tipo de raciocínio bastante livre em que Cantor, Frege e Russell estavam interessados não nos interessam aqui, enquanto elas permanecerem no campo do que é "duvidoso" em contraste com "absolutamente verdadeiro". Isto aceito, eu realmente não posso ver como pode ser plausível que os matemáticos estejam *realmente* utilizando um sistema formal $\mathbb{F}$ *não confiável* como base de seus entendimentos e crenças matemáticas. Espero que o leitor de fato concorde comigo que essa consideração, sendo *possível* ou não, ela certamente não é nem um pouco *plausível*.

Por fim, com relação à possibilidade de que nosso $\mathbb{F}$ especulativo possa ser um sistema não confiável, devemos lembrar rapidamente outros aspectos da falta de precisão humana que foram já discutidos com relação a **Q12** e **Q13**. Devo primeiro reiterar que aqui *não* estamos interessados com inspirações, "chutes" ou critérios heurísticos que possam guiar os matemáticos em direção a suas novas descobertas matemáticas, mas sim com os entendimentos e intuições que formam a estrutura na qual se baseiam para terem suas crenças absolutas com relação à verdade matemática. Essas crenças podem ser o resultado simplesmente de seguir argumentos de outras pessoas e nenhum elemento de descoberta matemática precisa estar envolvido nisto. Ao tatear o caminho em direção a descobertas originais, de fato é importante permitir-se vagar livremente, sem estar restrito por uma necessidade inicial de acurácia e confiança completa (e é minha impressão de que era com isto que Turing estava especialmente preocupado com relação à citação anterior, Seção 3.1). Mas, quando se chega ao ponto de aceitar ou rejeitar os argumentos como evidência de uma afirmação matemática proposta como sendo invariavelmente verdade, é necessário que nos preocupemos com entendimentos e intuições matemáticas – comumente auxiliados por computadores – que estejam livres de erros.

Isto não quer dizer que os matemáticos não cometam erros frequentes ao acreditar que aplicaram corretamente seus entendimentos quando de fato não o fizeram. Matemáticos certamente cometem erros em seus raciocínios e entendimentos, assim como em seus cálculos. Mas essa tendência a cometer tais erros não *incrementa* seu poder de entendimento (ainda que eu possa imaginar que um *flash* ocasional de entendimento possa surgir de tais situações fortuitas). Mais importante que isto é que esses erros são *corrigíveis*; quando eles são expostos, seja por outro matemático ou pelo mesmo matemático em um momento posterior, os erros são *reconhecíveis* como erros. Não é como se existisse um sistema formal $\mathbb{F}$ intrinsecamente errôneo controlando os entendimentos do matemático, já que, nesse caso, ele seria incapaz de reconhecer seus próprios erros. (A possibilidade de termos um sistema que realize melhorias em si mesmo sempre que encontrasse uma inconsistência estaria incluída na discussão que leva a Seção 3.14. Dessa forma, descobrimos que esse tipo de proposta não ajuda realmente; cf. também Seção 3.26.)

Um tipo levemente diferente de erro surge quando uma afirmação matemática é formulada de forma incorreta; o matemático que está propondo o resultado pode querer realmente *dizer* algo um pouco diferente daquilo que foi proposto literalmente. Novamente, isto é algo corrigível e não é o tipo de erro *intrínseco* que resultaria de um sistema não confiável $\mathbb{F}$ subjacente a todas as intuições humanas. (Lembrem-se do dito de Feynman, mencionado com relação a **Q13**: "Não ouça o que eu digo; ouça o que eu quero dizer!".) Em todos os momentos, estamos interessados com o que pode ser *em princípio* afirmado por um matemático (humano) e, por isso, erros do tipo que temos considerado aqui – i.e., erros corrigíveis – não são relevantes. Mais importante para toda a discussão é a ideia central do argumento de Gödel-Turing que tem que ser parte do que o matemático pode entender, e é isto que nos força a rejeitar **I** e considerar **II** como extremamente implausível. Como mencionado na discussão de **Q13**, a *ideia* do argumento de Gödel-Turing certamente deveria ser parte do que um matemático pode entender em princípio, ainda que alguma afirmação específica "$G(\mathbb{F})$" que o matemático possa ter construído possa estar errada – por razões *corrigíveis*.

Existem outras questões que necessitam ser discutidas, com relação à possibilidade de que um algoritmo "não confiável" possa estar subjacente ao entendimento matemático. Essas questões estão relacionadas com procedimentos "*bottom-up*", tais como algoritmos que melhorem por si próprios, algoritmos de aprendizado (incluindo redes neurais artificiais), algoritmos com ingredientes aleatórios adicionais e algoritmos cujas ações dependam do ambiente externo no qual os aparatos algorítmicos estejam inseridos. Algumas dessas questões foram encontradas antes (cf. o comentário com relação a **Q2**) e elas serão discutidas de forma extensa como parte da nossa discussão do caso **III**, ao qual nos dirigiremos em seguida.

3.5 Pode um algoritmo ser inconhecível?

De acordo com **III**, o entendimento matemático seria o resultado de algum algoritmo inconhecível. O que de fato queremos dizer por um algoritmo "inconhecível"? Na seção anterior deste capítulo, nós nos preocupamos com questões de *princípio*. Assim, uma asserção de que a veracidade invariável de alguma sentença é acessível ao entendimento matemático humano seria uma asserção de que essa sentença Π_1 é *em princípio* acessível, não que nenhum matemático humano necessariamente algum dia encontre uma demonstração dela. Mas, para um *algoritmo* ser inconhecível, uma interpretação um pouco diferente de "inconhecível" é necessária. Aqui irei utilizar a interpretação de que a própria especificação de tal algoritmo está além de qualquer coisa que possa ser alcançada *na prática*.

Quando estamos interessados em derivações dentro de um sistema formal específico que pode ser conhecido, ou com o que é passível de ser alcançado pelo uso de algum algoritmo conhecido, então de fato é apropriado que devamos nos preocupar com o que pode ou não ser conhecido em princípio. A questão de se alguma proposição em particular pode ou não ser derivada a partir de tal sistema formal ou algoritmo foi *necessariamente* tomada em um sentido de "em princípio". Podemos comparar essa situação com aquela da veracidade de sentenças Π_1. Uma sentença Π_1 é, afinal de contas, considerada como *verdadeira* se representa o funcionamento de uma máquina de Turing que não termina em princípio, independentemente do que pode ser realizado na prática através de cálculos computacionais diretos. (Isto está de acordo com a discussão de **Q8**.) Da mesma forma, uma asserção de que alguma proposição específica é ou não derivável dentro de algum sistema formal deve ser considerada em um sentido "em princípio", tal asserção sendo ela mesma da forma de uma asserção de que alguma sentença Π_1 particular é falsa ou verdadeira, respectivamente (cf. o fim da discussão de **Q10**). Assim, quando estamos interessados na derivabilidade de asserções dentro de algum conjunto de regras formais fixo, "a possibilidade de ser conhecido" sempre é considerada num sentido de "em princípio".

Por outro lado, quando estamos interessados na questão de se as regras em si poderiam ser "conhecíveis", isto deve ser considerado em um sentido de "na prática". *Qualquer* sistema formal, máquina de Turing ou sentença Π_1, pode ser especificado em princípio, de tal forma que a questão aqui da "inconhecibilidade" deve, se queremos que tenha qualquer significado, estar relacionada a se a especificação pode ou não ser acessada na prática. Qualquer algoritmo é, de fato, em princípio conhecível – no sentido de que o funcionamento de uma máquina de Turing que realize tal algoritmo é "conhecido" assim que o número natural que codifica tal funcionamento é conhecido (*e.g.*, em termos da especificação das máquinas de Turing dada em ENM). Não existe nenhuma indicação de que um número natural possa ser em princípio inconhecível. Números naturais (assim como funcionamentos algorítmicos) podem ser listados 0, 1, 2, 3, 4, 5, 6, ..., e então qualquer número natural específico acabará sendo encontrado – *em princípio* – não importa quão grande tal número possa ser! Na prática, no entanto, existem números que são tão grandes que não existe chance de serem encontrados dessa forma. Por exemplo, o número de máquinas de Turing universais dado em ENM, p.56, é grande demais para que ele seja encontrado por tal enumeração na prática. Mesmo se os dígitos pudessem ser produzidos um após o outro em um intervalo de tempo tão pequeno quanto teoricamente possível (a escala de tempo de Planck de cerca de $0,5 \times 10^{-43}$ segundos – cf. Seção 6.11), nenhum número cuja representação binária tenha mais do que 203 dígitos teria sido encontrado, ainda, em todo o intervalo de existência do universo a partir do Big Bang. Esse número tem cerca de 20 vezes mais dígitos do que isto – no entanto, isto em si ainda não o impede de poder ser "conhecido" na prática, de tal forma que o número em si é apresentado explicitamente em ENM.

Para um número natural ou o funcionamento de uma máquina de Turing ser "inconhecível" na prática, devemos imaginar que mesmo a especificação de tal número ou funcionamento seria tão complicada que ela se encontra além das capacidades humanas. Isto talvez seja pedir muito, mas poderíamos argumentar a partir da finitude dos seres humanos de que deve pelo menos existir *algum* limite que coloca tais números além da capacidade de especificação humana. (Veja a discussão relacionada em resposta a **Q8**.) Devemos imaginar que, de acordo com **III**, é a vasta complicação de todos os minuciosos detalhes da especificação do algoritmo *F* que estão sendo supostos como subjacentes ao entendimento matemático que o coloca além da possibilidade de ser conhecido por seres humanos – no sentido de *especificabilidade*, em oposição a ele conhecidamente ser o algoritmo que supostamente realmente usamos. É esse requerimento de não especificabilidade que separa **III** de **II**. Assim, em nossas considerações de **III**, devemos manter em mente a possibilidade de que estaria além das capacidades humanas até especificar o número em questão, muito menos saber que esse número tem as qualidades que são necessárias a ele como número que determina o funcionamento algorítmico subjacente ao entendimento matemático humano.

Devemos deixar claro que o mero tamanho não pode ser um fator limitante. É muito fácil especificar números que são tão grandes que *excedam* o tamanho dos números que possam ser necessários para especificar o funcionamento algorítmico de relevância para o comportamento de qualquer organismo no universo observável (*e.g.*, o facilmente especificável número $2^{2^{65536}}$, que apareceu na resposta à **Q8**, excede enormemente o número de possíveis estados diferentes para o universo para todo o material que se encontra dentro de nosso universo observável).[5] Seria a especificação *precisa* do número necessário, não meramente seu tamanho, que deveria estar além das capacidades humanas.

Vamos supor que, de acordo com **III**, a especificação de tal F de fato esteja além das capacidades humanas. O que isto iria nos falar sobre o prospecto de uma estratégia de IA completamente bem-sucedida (segundo o conceito de IA "forte" ou "fraca" – respectivamente os pontos de vista $\mathscr{A}$ ou $\mathscr{B}$)? Seria antecipado por aqueles que acreditam em sistemas de IA controlados por computador (certamente do ponto de vista $\mathscr{A}$ e talvez também do $\mathscr{B}$) que as criações robóticas que podem acabar surgindo como resultado dessa estratégia seriam capazes de atingir ou talvez mesmo superar as capacidades matemáticas humanas. Consequentemente, seria o caso, se aceitarmos **III**, que algum de tais algoritmos F que não podem ser humanamente especificados formaria uma parte do sistema de controle de tais robôs matemáticos. Isto pareceria implicar que uma estratégia de IA de tal escopo seria inalcançável, pois ela necessitaria de um F não especificável de forma a atingir seus objetivos e não haveria perspectiva de seres humanos conseguirem colocá-la em funcionamento em algum momento.

Este não é o quadro apresentado pelos proponentes mais ambiciosos da IA. Eles poderiam imaginar que o F necessário não surgiria imediatamente, mas seria construído em etapas, e os robôs iriam eles próprios gradualmente melhorar seus desempenhos através de suas experiências de aprendizado (*bottom-up*). Mais que isto, os robôs mais avançados não seriam criações diretas dos seres humanos, mas mais provavelmente seriam criados por outros

---

[5] Essa quantidade de estados do universo – da ordem de $10^{10^{123}}$ ou similar – é o volume do espaço de fase disponível, como medido nas unidades absolutas da Seção 6.11, de um universo contendo a quantidade de matéria que está em nosso universo observável. Esse volume pode ser estimado utilizando a fórmula de Bekenstein-Hawking para a entropia de um buraco negro formado por matéria com a mesma quantidade de massa e tomando a exponencial dessa entropia, nas unidades absolutas da Seção 6.11. Veja ENM, p.340-4.

robôs, ([6]) talvez de alguma forma um pouco mais primitivos que os robôs matemáticos necessários e também poderia haver algum tipo de evolução darwiniana em operação, com o intuito de melhorar as capacidades dos robôs de geração em geração De fato, poder-se-ia argumentar que seria através de um processo desse tipo em geral que *nós mesmos* fomos capazes de adquirir, como partes de nossos "computadores neurais", algum algoritmo *F* que não conhecível pelos seres humanos que controla nosso próprio entendimento matemático.

Nas próximas seções irei argumentar que processos dessa natureza não se esquivam do problema: se os próprios procedimentos pelos quais uma estratégia de IA poderia ser concebida em primeiro lugar são algorítmicos e passíveis de serem conhecidos, então qualquer *F* resultante também deveria ser passível de ser conhecido. Dessa forma, o caso **III** seria reduzido ou para **I** ou para **II**, os casos que já foram eliminados em Seção 3.2-Seção 3.4 como sendo efetivamente impossíveis (caso **I**) ou pelo menos altamente implausíveis (caso **II**). De fato, é realmente em direção ao caso **I** que seremos impelidos sob a suposição de que os procedimentos algorítmicos subjacentes podem ser conhecidos. Em acordo com isto, o caso **III** (e por implicação o caso **II** também) será em si essencialmente indefensável.

Qualquer leitor que se apegue à possibilidade de **III** fornecer uma rota provável para um modelo computacional da mente deverá prestar a devida atenção a esses argumentos e segui-los com grande atenção. A conclusão será que se **III** é de fato considerado como fornecendo uma base para nossos entendimentos matemáticos, então a única forma plausível através da qual nosso próprio *F* poderia ter surgido seria através de uma intervenção divina – basicamente as possibilidades $\mathscr{A}/\mathscr{D}$ mencionadas ao fim da Seção 1.3 – e isto claramente não seria um consolo para aqueles preocupados com as perspectivas de longo prazo mais ambiciosos da IA computacional!

3.6 A seleção natural ou um ato de Deus?

Talvez devêssemos considerar seriamente a possibilidade de que nossa inteligência realmente requeira algum tipo de ato de Deus – e que ela não possa ser explicada nos termos da ciência que é tão bem-sucedida na descrição do mundo inanimado. Certamente devemos continuar a manter uma mente aberta, mas devo deixar claro que na discussão que segue estou defendendo um

[6] Veja Moravec, 1988, 1994.

ponto de vista científico. Considerarei a possibilidade de que nossos entendimentos matemáticos possam resultar de algum algoritmo incompreensível – e a questão de como tal algoritmo poderia surgir na realidade – inteiramente em tais termos científicos. Possivelmente existam alguns leitores que estão inclinados a acreditar que tal algoritmo poderia de fato simplesmente ter sido implantado em nossos cérebros segundo algum ato de Deus. A tal sugestão não posso oferecer uma refutação decisiva; mas, se escolhermos abandonar os métodos da ciência em algum ponto, não está claro para mim por que deve ser considerado razoável escolher exatamente esse ponto em particular! Se a explicação científica deve ser abandonada, não é mais apropriado libertarmos a alma como um todo da ação algorítmica em vez de escondermos seu suposto livre arbítrio na complicação e incompreensibilidade de um algoritmo que presumimos que controle cada uma de suas ações? De fato, pode ser mais razoável simplesmente adotar o ponto de vista, como parece ter sido adotado pelo próprio Gödel, que a ação da mente é algo que está além do funcionamento do cérebro físico – o que está de acordo com o ponto de vista $\mathscr{D}$. Por outro lado, imagino que, hoje em dia, mesmo aqueles que defendem de alguma forma que nossa mentalidade é realmente um presente divino devem ainda assim tender ao ponto de vista de que nosso comportamento pode ser entendido dentro do âmbito da possibilidade científica. Sem dúvida esses casos são defensáveis – mas não proponho argumentar contra $\mathscr{D}$ agora. Espero que esses leitores que defendem algum ponto de vista $\mathscr{D}$ continuem comigo e tentem ver o que o argumento científico pode fazer por nós.

Quais são, então, as implicações científicas de uma suposição de que as conclusões matemáticas são obtidas por uma ação algorítmica necessariamente incompreensível? A *grosso modo*, o quadro pintado teria que ser que os procedimentos algorítmicos excepcionalmente complicados que são necessários para simular a compreensão matemática genuína resultaram de boas centenas de milhares de anos (pelo menos) de seleção natural, junto com alguns milhares de anos de educação tradicional e *inputs* do ambiente físico. Os aspectos herdados desses procedimentos presumivelmente teriam que se automelhorarem gradualmente a partir de ingredientes algorítmicos (anteriores) mais simples, como resultado dos mesmos tipos de pressões seletivas que produziram outros pedaços maravilhosamente efetivos do maquinário que constitui nossos corpos, bem como nossos cérebros. Os potenciais algoritmos matemáticos embutidos (i.e., sejam quais forem os aspectos herdados do nosso pensamento matemático – presumidamente algorítmico – que existam) teriam que de alguma forma estar codificados em nosso DNA, como características particulares de suas sequências de nucleotídeos e teriam que ter surgido como resultado do mesmo procedimento pelo qual pequenas melhoras surgem gradual ou intermitentemente em resposta às pressões seletivas. Mais que isso, haveria influências externas de diversos tipos, tal como a educação matemática direta, e a experiência vinda de nosso ambiente físico, assim como outros fatores provendo *inputs* puramente randômicos. Devemos tentar ver se tal quadro é de alguma forma plausível.

3.7 Um algoritmo ou vários?

Uma questão importante de que devemos tratar é a possibilidade de que possa haver vários algoritmos bastante diferentes, talvez inequivalentes, responsáveis por diferentes tipos de entendimento matemático que pertencem a indivíduos diferentes. De fato, uma coisa é certamente clara desde o início e isto é que mesmo no meio dos matemáticos profissionais, indivíduos diferentes geralmente entendem a matemática de formas bastante diferentes uns dos outros. Para alguns, imagens visuais são extremamente importantes, enquanto outros levam em conta a estrutura lógica precisa, argumentos conceituais sutis ou, talvez, um raciocínio analítico detalhado ou manipulação algébrica pura. Relacionado a isto é útil notar que, por exemplo, se acredita que o pensamento analítico e o geométrico ocorrem em sua maior parte em lados opostos – direito e esquerdo, respectivamente – do cérebro. ([7]) Ainda assim, a mesma verdade matemática pode frequentemente ser entendida de qualquer uma dessas formas. Do ponto de vista algorítmico, poderia parecer em um primeiro instante que deveria haver uma não equivalência profunda entre os diferentes algoritmos matemáticos que cada indivíduo pode possuir. Porém, apesar das imagens bastante diversas que matemáticos diferentes (ou outras pessoas) possam formar de maneira a entender ou comunicar ideias matemáticas, um fato bastante notório sobre as percepções matemáticas é que, uma vez que tudo se consolide como sendo invariavelmente verdade, os matemáticos não irão discordar, exceto nas circunstâncias em que um desacordo pode ser entendido como originado de um erro (corrigível) real e conhecido em um raciocínio ou outro – ou possivelmente por diferenças com respeito a um pequeno número de questões fundamentais; cf. **Q11**, particularmente $\mathscr{G}$***. Por conveniência, aqui irei ignorar essa última questão na discussão que segue. Ainda que ela tenha alguma relevância, não afeta de

[7] Veja, por exemplo, Eccles, 1973; e ENM, cap.9.

forma substancial as conclusões. (Ter somente um número pequeno de pontos de vista não equivalentes possíveis não difere substancialmente, para os propósitos do meu argumento, de ter somente um.)

A percepção da verdade matemática pode ser obtida de formas muito diferentes. Existe pouca dúvida de que, seja qual for o funcionamento físico por trás da forma com que uma pessoa percebe a verdade de alguma afirmação matemática, esse funcionamento deve diferir de forma bastante substancial de indivíduo para indivíduo, mesmo que estejam observando precisamente a mesma verdade matemática. Assim, se os matemáticos utilizam somente algoritmos computacionais para formar seus julgamentos sobre as verdades matemáticas absolutas, esses mesmos algoritmos provavelmente diferem em suas construções detalhadas, de indivíduo para indivíduo. Porém, em algum sentido claro, os algoritmos teriam que ser *equivalentes* uns aos outros.

Isto não é necessariamente algo tão estranho quanto pode parecer à primeira vista, pelo menos do ponto de vista do que é matematicamente *possível*. Máquinas de Turing que parecem bastante diferentes podem ter resultados idênticos. (Por exemplo, considere a máquina de Turing construída da seguinte maneira: quando age sobre um número natural n, resulta em 0 sempre que n pode ser expresso como a soma de quatro quadrados e resulta em 1 sempre que n não pode ser expresso dessa forma. O resultado dessa máquina é idêntico àquele de outra máquina construída para simplesmente resultar em 0 *qualquer que seja* o número n sobre o qual ela aja – pois ocorre que *todo* número natural é a soma de quatro quadrados; veja a Seção 2.3.) Dois algoritmos não precisam ser nem um pouco similares com relação a seus funcionamentos internos e ainda assim podem ser idênticos com relação a seus efeitos externos eventuais. No entanto, em certo sentido, isto torna ainda *mais* enigmático como nossos algoritmos especulativos e insondáveis para aferir a verdade matemática podem ter surgido, pois agora precisamos de vários desses algoritmos, todos bastante diferentes uns dos outros em suas construções detalhadas, porém ainda assim essencialmente equivalentes no que diz respeito a seus resultados.

3.8 Seleção natural de matemáticos esotéricos de outro mundo

E quanto ao papel da seleção natural? É possível que haja algum algoritmo F (ou talvez vários destes) controlando todos nossos entendimentos matemáticos que seja não conhecível (segundo **III**) – ou pelo menos cujo papel não possa ser conhecido (segundo **II**)? Deixem-me começar por reiterar um ponto que foi explicitado no começo da Seção 3.1. Os matemáticos não *pensam* que estão somente seguindo um conjunto de regras que não podem ser conhecidas – regras tão complicadas que são matematicamente insondáveis em princípio – quando estão chegando a conclusões que veem como matematicamente absolutas. Acreditam que essas conclusões são, pelo contrário, o resultado de argumentos, ainda que geralmente longos e tortuosos, que estão embasados no final das contas em verdades absolutas e claras que poderiam ser entendidas, em princípio, por qualquer um.

De fato, no nível do senso comum e das descrições lógicas, o que eles acreditam que estão fazendo *de fato é* o que estão fazendo. Isto não deve ser posto em dúvida de forma genuína; é um ponto que não pode ser enfatizado o bastante. Se devemos manter que os matemáticos estão seguindo um conjunto de regras computacionais que não podem ser conhecidas ou compreendidas, de acordo com **III** ou **II**, então isto deve ser algo que eles *também* estão fazendo – concomitantemente com o que pensam que estão fazendo, mas em um nível diferente da descrição. De alguma maneira, ao seguir algoritmicamente essas regras conseguiriam os mesmos *efeitos* a que entendimentos e intuições matemáticas nos levariam – pelo menos na prática. O que temos que tentar acreditar, se somos proponentes dos pontos de vista $\mathscr{A}$ ou $\mathscr{B}$, é que esta é uma possibilidade genuinamente plausível.

Devemos ter em mente o que esses algoritmos podem alcançar por nós. Eles devem fornecer a seus donos as capacidades – pelo menos em princípio – para seguir corretamente raciocínios matemáticos sobre entidades abstratas bastante distantes da experiência direta e que, em sua maior parte, não dão nenhuma vantagem prática discernível para os indivíduos que as possuem. Qualquer um que já teve a oportunidade de folhear uma revista de pesquisa em matemática pura irá reparar o quão distante de qualquer coisa prática se encontram os interesses dos matemáticos. Os detalhes dos argumentos que tendem a ser apresentados em tais artigos de pesquisa não seriam imediatamente compreensíveis para quase ninguém além de uma minúscula minoria de pessoas; ainda assim, os raciocínios seriam construídos de pequenos passos, onde cada pequeno passo pode ser *em princípio* entendido por qualquer pessoa pensante, mesmo que esteja relacionado a um raciocínio abstrato sobre conjuntos infinitos definidos de forma complicada. Devemos presumir que é a natureza de alguma sequência de DNA que fornece um algoritmo – ou talvez um de um grande número de alternativas, ainda que matematicamente equivalentes, desses algoritmos – que deve ser adequada para fornecer as pessoas à potencialidade de seguir tal raciocínio. Se acreditarmos que este é o caso, então devemos nos perguntar seriamente como tal algoritmo ou algoritmos surgiram por seleção natural. Parece claro que, hoje, não existe nenhuma vantagem seletiva em ser matemático. (Suspeito que possa até ser uma desvantagem. Puristas com inclinações matemáticas têm uma tendência em acabar em empregos acadêmicos mal pagos – ou algumas vezes até sem emprego – como resultado de suas curiosas paixões e predileções!) Muito mais relacionado ao ponto principal é o fato de que não pode ter havido qualquer vantagem seletiva para nossos ancestrais remotos em possuir a habilidade de raciocinar sobre conjuntos infinitos definidos de forma muito abstrata, conjuntos infinitos de conjuntos infinitos etc. Esses ancestrais estavam preocupados com as questões práticas do dia a dia; talvez com coisas como a construção de abrigos ou vestimentas ou a confecção de armadilhas para mamutes – ou, mais tarde, a domesticação de animais e o plantio agrícola. (Veja a Figura 3.1.)

Figura 3.1 – Para nossos ancestrais remotos, uma habilidade específica com matemática sofisticada dificilmente poderia conferir uma vantagem evolutiva, mas uma habilidade geral de *entendimento* do mundo poderia muito bem ter conferido tal vantagem.

Seria muito razoável supor que as vantagens evolutivas das quais nossos ancestrais usufruíram eram qualidades valiosas para todas essas coisas e, como consequência *incidental*, se mostraram, mais tarde, serem exatamente o que era necessário para formular um raciocínio matemático. Isto é mais ou menos o que eu acredito. Segundo um ponto de vista desse tipo, poderia ser a qualidade geral do *entendimento* que o ser humano de alguma forma adquiriu, ou desenvolveu em alto grau, através das pressões da seleção natural. Essa habilidade para entender as coisas teria que ser não específica e aplicada para fornecer uma vantagem ao ser humano de várias formas. A construção de abrigos ou armadilhas para mamutes, por exemplo, seriam meramente instâncias específicas nas quais a habilidade do ser humano para entender as coisas de maneira geral teria sido de valor inestimável. De qualquer forma, em minha opinião, uma habilidade para entender não seria uma qualidade de forma alguma específica ao *Homo sapiens*. Ela poderia estar também presente em vários outros animais com o qual o ser humano competia, mas em grau menor, de forma que o ser humano, em virtude do desenvolvimento *maior* de uma habilidade de entender, haveria obtido uma vantagem evolutiva muito considerável sobre eles.

A dificuldade com tal ponto de vista surge somente se imaginarmos que uma capacidade herdada para o entendimento é algorítmica. Afinal, vimos, pelos argumentos que apresentamos antes, que qualquer capacidade de entendimento que seja poderosa o suficiente de forma que seu possuidor seja capaz de apreciar argumentos matemáticos e, em particular, o argumento gödeliano na forma que apresentei, deve, se for algorítmica, ser uma ação que é tão complicada ou obscura que ela (ou seu papel) não pode ser conhecida pelo próprio possuidor da capacidade. Nosso suposto algoritmo sobrevivente pela seleção natural teria que ter sido tão poderoso que, no tempo de nossos ancestrais, já haveria abarcado, dentro de seu escopo potencial, as regras de qualquer sistema formal que é considerado agora pelos matemáticos como sendo absolutamente consistente (ou absolutamente confiável, com relação às sentenças-Π_1, cf. Seção 2.10 em resposta a **Q10**). Isto certamente iria incluir as regras do sistema formal de Zermelo-Fraenkel $\mathbb{ZF}$ ou talvez sua extensão para o sistema $\mathbb{ZFC}$ (que é $\mathbb{ZF}$, com o axioma da escolha adicionado) – os sistemas (cf. Seção 3.3 e Seção 2.10 em resposta a **Q10**) que muitos matemáticos considerariam hoje como fornecendo todos os métodos de raciocínio necessários para a matemática ordinária – e qualquer um dos sistemas formais particulares que possa ser obtido através da aplicação do procedimento de gödelização a $\mathbb{ZF}$ um número qualquer de vezes, e quaisquer outros sistemas formais aos quais poderíamos chegar através do uso de intuições que são acessíveis aos matemáticos, digamos pela capacidade do entendimento de que tal gödelização irá continuar a fornecer sistemas absolutamente seguros ou outros tipos de raciocínio absoluto de uma natureza ainda mais poderosa. O algoritmo teria que ter abarcado, como exemplos particulares de si mesmo, o potencial para fazer discriminações precisas, distinguindo argumentos válidos e inválidos em todas as áreas ainda não descobertas de atividade matemática que hoje em dia ocupam as páginas dos periódicos de pesquisa matemática. Esse suposto algoritmo, não conhecível ou incompreensível, teria que ter, codificado em si, o poder de fazer tudo isto, e ainda assim nos é pedido que acreditemos que ele surgiu somente pela seleção natural sujeito às circunstâncias nas quais nossos ancestrais remotos lutavam pela sobrevivência. Uma habilidade particular para matemática obscura não pode ter fornecido qualquer vantagem seletiva para seu possuidor e eu argumentaria que não pode haver qualquer razão para que tal algoritmo tenha surgido.

A situação é bastante diversa uma vez que aceitemos que "entendimento" seja uma qualidade não algorítmica. Dessa forma, não há necessidade de ser algo tão complicado que não possa ser conhecido ou compreendido. De fato, poderia ser algo muito mais próximo "ao que os matemáticos acreditam que estão fazendo". O entendimento tem a aparência de ser uma capacidade simples e derivada do senso comum. É algo difícil de definir de qualquer forma clara, mas ainda assim é-nos tão familiar que parece difícil aceitarmos que ele seja uma qualidade que não pode ser simulada de maneira apropriada, mesmo em princípio, por um procedimento computacional. No entanto, isto é o que estou discutindo. Do ponto de vista computacional, necessitamos de um funcionamento algorítmico que possa lidar com qualquer eventualidade, de forma que as respostas para todas as questões matemáticas com as quais ele possa ser confrontado são, em um sentido, pré-programados no algoritmo. Se não forem diretamente pré-programados então alguma maneira computacional para encontrar uma resposta às perguntas é necessária. Como vimos, estas "pré-programações" ou "meios computacionais" devem, se necessitam abarcar tudo que pode ser obtido pelo entendimento humano, em si ser algo além da compreensão humana. Como pode o processo cego da seleção natural, direcionado somente a promover a sobrevivência de nossos ancestrais remotos, ter sido capaz de "prever" que tal e tal procedimento computacional que não pode ser conhecido seria capaz de resolver questões matemáticas que não têm qualquer relevância para questões de sobrevivência?

3.9 Algoritmos de aprendizado

Antes que o leitor tenda apressadamente a concordar que tal possibilidade é absurda, devo deixar mais claro o paradigma que os defensores do ponto de vista computacional podem tender a querer apresentar. Como já indicado na Seção 3.5, eles não imaginam tanto um algoritmo que tenha, em um certo sentido, sido "pré-programado" para fornecer as respostas a problemas matemáticos, e sim algum sistema computacional que teria a capacidade de *aprender*. Eles podem imaginar algo que teria partes "*bottom-up*" significativas em conjunção com quaisquer procedimentos "*top-down*" que possam ser necessários (cf. Seção 1.5).*

Alguns podem sentir que a descrição como "*top-down*" não é de forma alguma realmente apropriada para um sistema que surge somente através dos processos cegos da seleção natural. O que eu gostaria que fosse interpretado por esse termo aqui são aqueles aspectos de nosso procedimento algorítmico especulativo que são geralmente *fixos* dentro do organismo e não estão sujeitos a alterações pelas experiências e aprendizados subsequentes de cada indivíduo. Mesmo que esses aspectos *top-down* não tenham sido projetados por qualquer coisa com um "conhecimento" real do que eles por fim viriam a ser capazes de fazer – à medida que as sequências relevantes de DNA finalmente são traduzidas em ações apropriadas do cérebro –, eles poderiam, de todo modo, fornecer regras claras dentro das quais o cérebro matematicamente ativo poderia funcionar. Esses procedimentos *top-down* forneceriam aquelas ações algorítmicas que constituem o paradigma fixo que for necessário, dentro dos quais os "procedimentos de aprendizado" (*bottom-up*) mais flexíveis poderiam operar.

Devemos agora nos perguntar qual a natureza desses procedimentos de aprendizado? Imaginamos que o nosso sistema de aprendizado é colocado em um ambiente externo, onde a maneira pela qual o sistema age no ambiente é continuamente modificada pela maneira pela qual o ambiente reagiu a suas ações anteriores. Existem basicamente dois fatores envolvidos. O fator *externo* é a maneira pela qual esse ambiente se comporta e como ele reage às ações do sistema. O fator *interno* é como o sistema em si então modifica seu próprio comportamento em resposta a essas mudanças em seu ambiente. Vamos examinar a natureza algorítmica do fator externo antes. É possível que a reação do ambiente externo possa fornecer um componente não algorítmico mesmo

---

* Atualmente existe uma teoria matemática do aprendizado razoavelmente bem definida; veja Anthony; Biggs, 1992. Essa teoria, no entanto, preocupa-se mais com questões de *complexidade* do que com questões de computabilidade – i.e., com questionamentos sobre a velocidade ou a quantidade de armazenamento necessária para se obter soluções dos problemas; cf. ENM, p.140-5. Não existe uma pretensão de que tais sistemas de aprendizado definidos matematicamente poderiam simular a maneira pela qual os matemáticos humanos chegam as suas noções de "verdade inquestionável". (N. A.)

que a construção interna do nosso sistema de aprendizado seja inteiramente algorítmica?

Em algumas circunstâncias, como é geralmente o caso com o "treinamento" de redes neurais artificiais, a reação do ambiente externo pode ser fornecida através do comportamento de um experimentador, treinador ou professor – vamos utilizar "professor" – cuja intenção é deliberadamente melhorar a performance do sistema. Quando o sistema reage da maneira que é desejada pelo professor, esse fato é então sinalizado ao sistema para que, de acordo com os mecanismos internos para modificar seu próprio comportamento, torne-se mais provável que ele aja, no futuro, da forma desejada pelo professor. Por exemplo, poderíamos ter uma rede neural artificial treinada para reconhecer rostos humanos. A atividade do sistema é continuamente monitorada e a precisão de seus "chutes" é enviada de volta ao sistema a cada etapa, de forma a permitir que ele melhore sua performance modificando sua estrutura interna de maneira apropriada. Na prática, os resultados desses "chutes" não precisam ser monitorados pelo professor humano a cada etapa, já que o procedimento de treinamento poderia ser em grande parte automatizado. Mas, nesse tipo de situação, os objetivos e julgamentos do professor humano compõem o critério final de performance. Em outros tipos de situação, a reação do ambiente externo não precisa ser algo tão "deliberado" quanto isso. Por exemplo, no caso do desenvolvimento de um sistema *vivo* – mas ainda imaginado como operando segundo algum tipo de esquema de rede neural (ou outros procedimentos algorítmicos, *e.g.*, algoritmos genéticos, cf. Seção 3.7) como aqueles que têm sido apresentados em modelos computacionais –, não há necessidade de que haja tais objetivos ou julgamentos externos. Em vez disso, o sistema vivo poderia modificar seu comportamento de forma que pudesse ser entendida em termos da *seleção natural*, agindo segundo critérios que evoluíram durante muitos anos e que serviriam para melhorar a perspectiva de ele e sua prole sobreviverem.

3.10 O ambiente pode fornecer um fator externo não algorítmico?

Estamos considerando aqui que o sistema em si (seja vivo ou não) possa ser algum tipo de *robô* controlado por computador, de tal forma que seus procedimentos para automodificações são inteiramente computacionais. (Estou utilizando o termo "robô" aqui meramente para enfatizar que nosso sistema deve ser visto como uma entidade inteiramente computacional quanto à sua interação com seu ambiente. Não quero dizer que é um aparato mecânico que foi deliberadamente construído por seres humanos. Poderia se tratar de um ser humano em desenvolvimento, de acordo com $\mathscr{A}$ ou $\mathscr{B}$, ou talvez poderia ser de fato um objeto construído de forma inteiramente artificial.) Assim, estamos assumindo aqui que o fator *interno* é inteiramente computacional. Podemos perguntar se o fator *externo* fornecido pelo ambiente é ou não algo computacional – isto é, devemos considerar a questão de se é possível ou não realizar efetivamente uma simulação computacional daquele ambiente, tanto no caso *artificial* – quando ele é artificialmente controlado por um professor humano – como no caso *natural*, onde são as forças da seleção natural que agem como juízes. Em cada caso, as regras internas particulares segundo as quais o sistema de aprendizado robótico modifica seu comportamento teriam que ser ajustadas para responder às formas particulares com as quais o ambiente sinaliza ao sistema como o seu desempenho anterior deve ser julgado.

A questão de se o ambiente pode ser simulado no caso artificial, i.e., se um professor humano de verdade poderia ser simulado computacionalmente é basicamente a questão toda que estamos considerando outra vez. Nas hipóteses $\mathscr{A}$ ou $\mathscr{B}$, cujas implicações estamos explorando agora, é assumido que o caso de uma simulação efetiva é, em princípio, possível. É a plausibilidade geral dessa suposição que estamos explorando agora. Assim, junto com a suposição de que nosso sistema "robótico" é computacional, devemos ter também um ambiente computacional. Dessa forma, o sistema *combinado* inteiro, consistindo do robô e seu ambiente de aprendizado, seria algo que poderia, em princípio, ser efetivamente simulado computacionalmente, de tal forma que o ambiente não forneceria mais uma brecha pela qual o robô computacional poderia se comportar de alguma forma não computacional.

Algumas vezes, as pessoas tentam argumentar que é o fato de que os seres humanos formam uma *comunidade*, com comunicação contínua entre seus membros, que nos dá nossa vantagem com relação aos computadores. Segundo esse ponto de vista, seres humanos poderiam ser individualmente vistos como sistemas computacionais, mas a comunidade humana como um todo resultaria em algo mais. O argumento poderia ser aplicado, em particular, para a comunidade matemática em comparação com matemáticos individuais – de tal forma que a comunidade poderia agir de alguma maneira não computacional, enquanto matemáticos individuais não poderiam. De minha parte, acho difícil entender esse argumento. Poderíamos igualmente considerar uma comunidade de computadores que estivessem em comunicação contínua uns com os outros. Tal "comunidade" formaria novamente um sistema computacional como um todo; o funcionamento da comunidade inteira poderia, se assim desejado, ser simulado por um único computador. Claro, a comunidade iria, para um número grande de indivíduos, constituir um sistema computacional imensamente maior do que cada um de seus membros individuais, mas ela não nos daria nenhuma diferença *em princípio*. É verdade que nosso planeta contém mais de 5×10^9 habitantes humanos (sem mencionar suas amplas bibliotecas de conhecimento acumulado). Porém isto é uma mera questão de números e, do ponto de vista computacional, o desenvolvimento de computadores poderia acomodar os aumentos envolvidos na passagem do indivíduo para a comunidade em talvez algumas décadas se necessário. Parece-me claro que, no caso artificial, onde o ambiente externo consiste de professores humanos, nós não obtemos nada de novo em princípio e isto não fornece nenhuma explicação de como uma entidade não computacional poderia surgir de constituintes inteiramente computacionais.

E quanto ao caso natural? A questão agora é se o ambiente *físico*, em contraste com as ações humanas de professores humanos dentro dele, poderia conter ingredientes que não podem, mesmo em princípio, serem simulados computacionalmente. Parece-me que, caso se acredite que há algo que é em princípio impossível de simular em um ambiente sem seres humanos, então já abandonamos os principais pontos contra $\mathscr{C}$. Afinal, a única razão clara para duvidar que $\mathscr{C}$ possa ser uma possibilidade séria está no ceticismo de que as ações de objetos no mundo físico poderiam funcionar de uma maneira não computacional. Uma vez que se conceda que *alguma* ação física poderia ser não computacional, a possibilidade se abre para que haja ações não computacionais no cérebro físico e o principal argumento contra $\mathscr{C}$ é de fato invalidado. De forma geral, no entanto, parece altamente improvável que exista algo no ambiente livre de seres humanos que escape da computabilidade de forma mais profunda que um ser humano. (Compare também Seção 1.9 e Seção 2.6, **Q2**.) Acho que poucos iriam contestar seriamente que haja algo de relevante no ambiente de um robô aprendiz que esteja *em princípio* além da computabilidade.

No entanto, ao me referir à natureza computacional do ambiente "em princípio", devo tratar de um ponto importante. Não existe dúvida de que o ambiente *real* de qualquer organismo vivo em desenvolvimento (ou sistema robótico sofisticado) iria depender de fatores incrivelmente complicados e que qualquer simulação toleravelmente precisa de tal ambiente poderia muito bem se encontrar fora de questão. Mesmo com sistemas físicos relativamente simples, o comportamento dinâmico pode ser excessivamente complicado e depender de forma crítica dos detalhes minuciosos do estado inicial de tal forma que não há maneira de determinar computacionalmente seu comportamento subsequente – o exemplo da predição do tempo por um longo período sendo um exemplo dessa natureza que frequentemente é citado. Tais sistemas são referidos como *caóticos*; cf. Seção 1.7. (Sistemas caóticos têm um comportamento elaborado e efetivamente imprevisível. Esses sistemas, no entanto, não são matematicamente incompreensíveis; eles são ativamente estudados como uma parte importante da pesquisa matemática atual.)[8] Como foi mencionado na Seção 1.7, sistemas caóticos *estão* incluídos no que chamo de "computacional" (ou "algorítmico"). O ponto essencial sobre sistemas caóticos, para nossos propósitos aqui, é que não é necessário que sejamos capazes de simular qualquer ambiente caótico *real*, mas um ambiente *típico* serviria igualmente bem. Para isto, por exemplo, não precisamos conhecer *o* tempo; *qualquer* tempo plausível serviria!

3.11 Como pode um robô aprender?

Vamos aceitar, então, que a questão da simulação computacional do ambiente não é nossa preocupação principal. Nós seremos, em princípio, capazes de fazer um trabalho bom o bastante com relação ao ambiente *dado* que não haja nenhum impedimento em simular as regras *internas* do sistema robótico em si. Vamos então tratar da questão de como nosso robô deve aprender. Que procedimentos de aprendizado estão de fato disponíveis para um robô computacional? Ele pode ter regras claras pré-atribuídas de uma natureza computacional, como seria de fato o caso com os tipos de sistemas de redes neurais artificiais que são normalmente utilizados (cf. Seção 1.5). Segundo esses sistemas existiria um sistema bem definido de regras computacionais segundo as quais as conexões entre os "neurônios" artificiais que constituem a rede seriam reforçadas ou enfraquecidas de forma a melhorar a performance geral de acordo com critérios (artificiais ou naturais) que foram determinados pelo ambiente externo. Outro tipo de sistema de aprendizado é dado pelo que é conhecido como "algoritmo genético", em que existe algum tipo de seleção natural entre diversos procedimentos algorítmicos que estão

[8] Veja Gleick, 1987; e Schroeder, 1991, para descrições acessíveis dessa atividade.

acontecendo dentro da máquina, de maneira que o algoritmo mais efetivo para controlar o sistema surja através de uma forma de "sobrevivência do mais adaptado".

Devemos deixar claro que, assim como é comum com tais organizações *bottom-up*, essas regras seriam diferentes do tipo de algoritmos computacionais padrão *top-down* que agem segundo procedimentos conhecidos para dar uma solução precisa a problemas matemáticos. Em vez disso, essas regras *bottom-up* iriam simplesmente guiar nosso sistema, de uma forma geral, com o intuito de melhorar sua performance. No entanto, essas regras ainda seriam inteiramente algorítmicas – no sentido de que elas podem ser realizadas em um computador de propósito geral (uma máquina de Turing).

Além de regras claras desse tipo poderiam existir elementos *aleatórios* incorporados na maneira com a qual nosso sistema robótico deve modificar sua performance. Seria possível que esses ingredientes aleatórios fossem introduzidos de alguma forma física, talvez dependendo de algum processo quantum-mecânico como os tempos de decaimento de núcleos atômicos radioativos. Na prática, o que tende a ser feito em aparatos computacionais construídos artificialmente é utilizar algum procedimento computacional no qual o resultado do cálculo computacional seja *para todos os efeitos* aleatório – referido assim como *pseudoaleatório* –, mesmo que ele seja na verdade completamente determinado pelo resultado de um cálculo computacional determinístico (cf. Seção 1.9). Outro procedimento bastante relacionado seria utilizar o *momento* preciso no qual a quantidade "aleatória" é chamada e então incorporar esse momento em um cálculo computacional complicado que é, para todos os efeitos, um sistema caótico, de forma que pequenas mudanças no momento irão dar resultados que são efetivamente diferentes de formas imprevisíveis e para todos os efeitos aleatórios. Ainda que, estritamente falando, elementos aleatórios nos levem fora dos domínios do que é descrito como "funcionamento de uma máquina de Turing", eles não o fazem *de forma útil*. Uma entrada pseudoaleatória nos funcionamentos do robô iria, na prática, ser equivalente a uma aleatória; e uma entrada pseudoaleatória *não* nos leva para fora dos domínios do que uma máquina de Turing pode fazer.

O leitor pode se preocupar, neste momento, que ainda que uma entrada aleatória não seja *na prática* diferente de uma entrada pseudoaleatória, existe uma diferença *em princípio*. Como parte de nossa discussão anterior – cf. particularmente seções 3.2 a 3.4 –, na verdade estamos interessados no que pode ser feito em princípio, não na prática, por matemáticos humanos. De fato, existem certos tipos de situações matemáticas nas quais uma entrada *realmente* aleatória fornece uma solução para um problema onde, tecnicamente falando, nenhuma entrada pseudoaleatória poderia fornecer. Tais situações ocorrem quando o problema envolve um elemento "competitivo", como na teoria dos jogos ou na criptografia. Para certos tipos de "jogos de dois agentes", a estratégia ótima para cada jogador envolve um ingrediente inteiramente aleatório.[9] Qualquer desvio consistente, por parte de um dos jogadores, por conta da aleatoriedade que é necessária na estratégia ótima, iria, após uma sequência suficientemente longa de jogos, permitir ao outro jogador – pelo menos em princípio – obter uma vantagem. Essa vantagem ocorreria se, de alguma forma, o oponente fosse capaz de formar opiniões significativas sobre a natureza do ingrediente pseudoaleatório (ou outra coisa) que o primeiro jogador estivesse utilizando no lugar da aleatoriedade requerida. Uma situação similar ocorre na criptografia, em que a segurança de algum código criptográfico dependeria da utilização de uma sequência de dígitos gerada de forma realmente aleatória. Se ela não fosse realmente gerada de forma aleatória, mas pelo uso de algum processo pseudoaleatório, então, novamente, existiria a possibilidade de que a natureza detalhada desse processo pseudoaleatório pudesse se tornar conhecido por alguém tentando quebrar o código – um conhecimento que seria inestimável para alguém interessado em quebrar o código.

À primeira vista poderia parecer que, já que a aleatoriedade é inestimável em tais situações competitivas, ela seria uma qualidade que poderia ser favorecida pela seleção natural. De fato, tenho certeza de que ela *é* um fator importante no desenvolvimento dos organismos em muitos aspectos. No entanto, como veremos mais tarde neste capítulo, a mera aleatoriedade não nos permite escapar da rede gödeliana. Mesmo ingredientes *genuinamente* aleatórios podem ser tratados como parte dos argumentos que seguem e eles não nos permitem evitar os vínculos que restringem os sistemas computacionais. De fato, existe na verdade um pouco mais de escopo disponível no caso de processos *pseudo*aleatórios do que em processos aleatórios (cf. Seção 3.22).

Por ora, vamos assumir que nosso sistema robótico é, para todos os efeitos, uma máquina de *Turing* (ainda que com capacidade de armazenamento finita). De forma mais correta, já que o robô está continuamente interagindo com seu ambiente e estamos contemplando o fato de que o ambiente também pode ser simulado computacionalmente, é o robô *junto* com seu ambiente que devemos considerar como funcionando como uma única máquina de

[9] Este é um ingrediente na teoria clássica de Von Neumann; Morgenstern, 1944.

Turing. No entanto, vai nos ajudar considerar o robô separadamente como uma máquina de Turing em si e considerar o ambiente como fornecendo informação para a fita de entradas da máquina. Na verdade, essa analogia não é completamente apropriada quando posta dessa forma, pelo motivo técnico que uma máquina de Turing é algo *fixo* que não supomos que possa mudar sua estrutura com "experiência". Poderíamos tentar imaginar que a máquina de Turing poderia mudar sua estrutura continuando a funcionar o tempo todo, modificando sua estrutura enquanto funciona, onde a informação do ambiente seria continuamente fornecida à máquina através de sua fita de entrada. No entanto, isto não funcionará, pois o *resultado* da máquina de Turing supostamente não deve ser examinado até que a máquina atinja seu comando interno PARE (veja a Seção 2.1 e o Apêndice A; também ENM, cap.2), ponto no qual ela supostamente não deve mais examinar qualquer parte de sua fita de entrada a não ser que comece a funcionar novamente. Para o funcionamento subsequente da máquina ela teria que reverter para seu estado original, de forma que não poderia "aprender" dessa forma.

No entanto, é fácil remediar essa dificuldade, seguindo o seguinte procedimento técnico. Consideramos nossa máquina de Turing de fato fixa, mas, após cada leitura da fita, ela nos dá *dois* resultados (codificados, tecnicamente, como um único número) quando finalmente atinge PARE. O primeiro resultado codifica qual é o comportamento externo, enquanto o segundo é para o seu próprio uso *interno*, codificando toda a experiência que foi obtida de encontros anteriores com o ambiente externo. Na próxima vez que ela funcionar, lerá essa informação "interna" *primeiro* em sua fita de entrada, antes de ler, como *segunda* parte da fita de entrada, toda a informação "externa" que o ambiente está fornecendo nesse momento, incluindo a reação detalhada que o ambiente teve ao comportamento anterior da máquina. Assim, todo seu aprendizado estaria codificado nessa parte *interna* de sua fita e ela continuaria alimentando essa parte da fita (que tenderia a ficar cada vez maior à medida que o tempo avançasse) para si mesma.

3.12 Um robô pode ter "crenças matemáticas firmes"?

Dessa forma, de fato descrevemos o "robô" computacional aprendiz mais geral como uma máquina de Turing. Agora, supostamente, nosso robô deve ser capaz de formar julgamentos sobre a verdade matemática, com todas as capacidades potenciais de um matemático humano. Como ele faria isto? Não queremos ter que codificar, de alguma forma totalmente "*top-down*", todas as regras matemáticas (tais como todas aquelas envolvidas no sistema formal ℤ𝔽 e muito além destas, como discutido anteriormente) que seriam necessárias para ele ser capaz de abarcar diretamente as intuições matemáticas que estão disponíveis para os matemáticos, já que, como vimos, não existe uma forma razoável (exceto uma "intervenção divina" - cf. seções 3.5 e 3.6) que um algoritmo vastamente complicado, que não pode ser conhecido e efetivamente *top-down* poderia ser implementado. Devemos assumir que, sejam quais forem os elementos "*top-down*" que existam, eles não são específicos para realizar matemática sofisticada, e sim regras gerais que poderíamos imaginar como fornecendo a base para a capacidade de "entendimento".

Lembrem-se dos dois tipos de entrada do ambiente, como consideradas na Seção 3.9, que poderiam influenciar de forma significativa o comportamento de nosso robô: as *artificiais* e as *naturais*. Com relação aos aspectos artificiais do ambiente, podemos imaginar um professor (ou professores) que diga ao robô sobre diversas verdades matemáticas e tente guiá-lo em direção à obtenção de sua própria forma interna de distinguir verdades e falsidades por conta própria. O professor pode informar ao robô quando este cometeu um erro ou falar sobre diversos conceitos matemáticos e diferentes métodos aceitáveis de prova matemática. Os procedimentos específicos adotados pelo professor poderiam vir de uma gama de possibilidades, *e.g.*, ensinando pelo "exemplo", "guiando", "instruindo" ou até pela "violência física"! Com relação aos aspectos naturais do ambiente físico, estes poderiam fornecer ao robô "ideias" vindas do comportamento dos objetos físicos; o ambiente também poderia fornecer realizações concretas de conceitos matemáticos, tais como diferentes exemplos de números naturais: duas laranjas, sete bananas, quatro maçãs, zero sapatos, uma meia etc. - e com boas aproximações a ideias geométricas como linhas retas e círculos, também com aproximações a certos conceitos de conjuntos infinitos (como o conjunto de pontos dentro de um círculo).

Já que nosso robô não está pré-programado de uma forma completamente *top-down* e supomos que ele chegue aos conceitos de verdade matemática por via de seus processos de aprendizado, devemos admitir que ele cometerá *erros* como parte de suas atividades de aprendizado - de tal forma que ele possa *aprender* com esses erros. Pelo menos no início, esses erros poderiam ser corrigidos por seus professores. O robô poderia algumas vezes, como uma alternativa, observar de seu ambiente físico que algumas de suas sugestões anteriores de verdades matemáticas devem estar erradas ou provavelmente estão erradas. Ou poderia chegar a essa conclusão inteiramente por considerações internas de consistência etc. A ideia seria, no entanto, que o robô fizesse cada vez menos erros à medida que sua experiência aumentasse. À medida que o tempo progride, os professores e o ambiente externo poderiam se tornar cada vez menos essenciais ao robô – e talvez até completamente irrelevantes em algum ponto – para a formação de seus julgamentos matemáticos, dependendo cada vez mais de seu próprio poder computacional interno. Dessa forma, supomos que nosso robô poderia ir além das verdades matemáticas específicas que ele teria aprendido de seus professores ou inferido de seu ambiente físico. Poderíamos, assim, imaginar que ele poderia, no devido tempo, até fazer contribuições originais para a pesquisa matemática.

Para investigar o quanto isto é plausível, precisaremos relacioná-lo ao que estávamos discutindo antes. Se nosso robô realmente deve ter todas as capacidades, entendimentos e intuições de um matemático humano, ele irá requerer algum tipo de conceito de "verdade matemática absoluta". Suas tentativas anteriores, que poderiam ter sido corrigidas pelos seus professores ou vistas como implausíveis por conta de seu ambiente físico *não* entrariam nessa categoria. Elas iriam pertencer à categoria de "chutes", em que tais "chutes" seriam exploratórios e possivelmente errados. Se nosso robô se comportasse como um matemático genuíno, ainda que cometesse erros de tempos em tempos, esses erros seriam corrigíveis – e corrigíveis, em princípio, segundo seus *próprios* critérios internos de "verdade absoluta".

Já vimos que o conceito de "verdade absoluta" de um matemático humano não pode ser obtido através de qualquer conjunto (humanamente) conhecível e completamente crível de regras mecânicas. Se estamos supondo que nosso robô é capaz de atingir (ou mesmo superar) o nível de capacidades matemáticas que um ser humano pode, *em princípio*, atingir, então *seu* conceito de verdade matemática absoluta também deve ser algo que não pode ser obtido por qualquer conjunto de regras mecânicas que possa em princípio ser visto como confiável – isto é, visto como confiável por um matemático humano ou, no caso, por nosso robô matemático!

Uma questão importante nessas considerações, assim, é *de quem* são os conceitos, percepções ou crenças absolutas que devem ser relevantes – os nossos ou os dos robôs? Podemos considerar que um robô realmente *tem* percepções ou crenças? O leitor, se for um proponente do ponto de vista $\mathscr{B}$, pode encontrar dificuldades com isto, já que os conceitos de "percepções" e "crenças" são atributos *mentais* e seriam vistos como inaplicáveis a um robô inteiramente controlado por computador. No entanto, na discussão anterior, não é realmente necessário que o robô de fato possua qualidades mentais genuínas, contanto que se assuma que seja possível que o robô se comporte *externamente* como um matemático humano poderia se comportar, como segue por consequência de uma aderência estrita a $\mathscr{B}$, assim como a $\mathscr{A}$. Assim, não é necessário que o robô *realmente* entenda, perceba ou acredite em qualquer coisa, contanto que, em suas manifestações externas, ele se comporte precisamente como se possuísse tais atributos mentais. Esse ponto será elaborado com mais detalhes na Seção 3.17.

O ponto de vista $\mathscr{B}$ não difere em princípio do $\mathscr{A}$ com relação às limitações sobre as formas que um robô poderia ser capaz de se comportar, mas os defensores do ponto de vista $\mathscr{B}$ podem muito bem ter *expectativas* menores com relação ao que o robô poderia fazer ou à probabilidade de encontrar um sistema computacional que possa ser considerado como capaz de fornecer uma simulação efetiva do cérebro de uma pessoa que está no processo de perceber a validade de um argumento matemático. Tal percepção humana iria envolver algum entendimento dos *significados* dos conceitos matemáticos envolvidos. Segundo o ponto de vista $\mathscr{A}$, não existe nada que esteja além de algum tipo de cálculo computacional que possa estar envolvido com a noção de "significado", enquanto, segundo $\mathscr{B}$, significados são aspectos semânticos da mentalidade e diferentes de quaisquer coisas que possam ser descritas em termos puramente computacionais. De acordo com $\mathscr{B}$, não esperamos que nosso robô seja capaz de uma apreciação de qualquer semântica *real*. Assim, proponentes de $\mathscr{B}$ podem estar menos propensos que os de $\mathscr{A}$ em esperar que algum robô, construído segundo os princípios que estamos considerando, poderia ter as manifestações externas de entendimento humano de que um matemático humano é capaz. Imagino que isto sugira (de uma forma que não deixa de ser natural) que os proponentes de $\mathscr{B}$ seriam mais fáceis de serem convertidos para o ponto de vista $\mathscr{C}$ do que os de $\mathscr{A}$; mas, do ponto de vista do que precisa ser estabelecido para nossos argumentos aqui, as diferenças entre os pontos de vista $\mathscr{A}$ e $\mathscr{B}$ não são significativas.

O ponto disto tudo é que, ainda que as asserções matemáticas de nosso robô – sendo controlado principalmente por um sistema de procedimentos computacionais *bottom-up* – sejam inicialmente exploratórias e de uma natureza provisória com relação a sua veracidade, devemos assumir que o robô de fato possui um nível mais seguro de "crenças" matemáticas *absolutas*, de forma que algumas de suas asserções – atestadas por algum tipo especial de *imprimatur*, que aqui denotarei pelo símbolo "☆", digamos – devem ser absolutas, segundo os critérios do *próprio* robô. A questão de se permitimos ao robô cometer erros com relação a sua classificação de "☆" – ainda que corrigíveis pelo próprio robô – será discutida na Seção 3.19. Por ora, será assumido que, assim que o robô fizer uma asserção ☆, ela deve ser considerada de fato como livre de erros.

3.13 Mecanismos subjacentes à matemática robótica

Consideremos agora todos os diversos mecanismos envolvidos nos procedimentos que governam o comportamento do robô de forma que ele finalmente chegue às suas asserções ☆. Alguns deles serão *internos* ao próprio robô. Existiriam alguns vínculos internos *top-down* embutidos na maneira pela qual o robô opera. Existiriam também alguns procedimentos *bottom-up* predeterminados que o robô utilizaria para melhorar sua performance (de forma que possa gradualmente chegar ao nível ☆). Estes seriam normalmente considerados conhecíveis por um ser humano em princípio (mesmo que as implicações finais de todos os vários fatores em conjunto possam muito bem estar além das capacidades computacionais de um matemático humano). De fato, se estamos supondo que os seres humanos serão capazes de construir robôs capazes de realizar matemática genuína, então teria que ser o caso de que os mecanismos internos segundo os quais o robô é construído *podem ser* conhecidos por seres humanos; de outra forma, tentar construir tal robô seria uma causa perdida!

É claro que devemos admitir que sua construção é um processo realizado em vários estágios; isto é, a construção de nosso robô matemático poderia ser feita inteiramente por robôs "de nível mais baixo" (não capazes de realizar matemática genuína) e esses robôs poderiam talvez ter sido construídos por robôs de nível mais baixo ainda. No entanto, a hierarquia inteira teria que ser configurada e iniciada por seres humanos e as regras para iniciar essa hierarquia (presumivelmente alguma mistura de procedimentos *top-down* e *bottom-up*) teriam que ser conhecíveis por um ser humano.

Devemos incluir também, como parte essencial do desenvolvimento do robô, todos os diversos fatores *externos* provenientes do ambiente. Na verdade, poderia haver uma considerável entrada de dados do ambiente, tanto na forma de professores humanos (ou robôs) e de fenômenos físicos naturais. Quanto aos fatores externos "naturais" provenientes de um ambiente não humano, não consideraríamos normalmente tal influxo de dados como "inconhecível". Ele poderia muito bem ser bastante complicado quanto a seus detalhes, e frequentemente interativo, mas já existem efetivamente simulações de "realidade virtual" de aspectos significativos de nosso ambiente (cf. Seção 1.20). Não parece haver qualquer razão para que essas simulações não possam ser estendidas para fornecer ao nosso robô todo o necessário para seu desenvolvimento, com relação aos fatores naturais externos – tendo em mente (cf. seções 1.7 e 1.9) que tudo que é necessário ser simulado é um ambiente *típico*, não necessariamente um ambiente real.

A intervenção humana (ou robótica) – os fatores externos "artificiais" – poderia acontecer em vários pontos, mas isto não faz diferença para a possibilidade essencial de os mecanismos subjacentes serem conhecidos, contanto que assumamos que a intervenção humana é algo cuja mecanização pode ser conhecida. Essa suposição é válida? Eu certamente acho que seria natural – pelo menos para os defensores de $\mathscr{A}$ ou $\mathscr{B}$ – assumir que qualquer intervenção humana no desenvolvimento do robô poderia ser substituída por uma intervenção inteiramente computacional. Não estamos pretendendo que essa intervenção seja algo essencialmente misterioso – digamos algum tipo indefinível de "essência" que um professor humano possa passar ao robô como parte de sua instrução. Pensamos apenas que há certos tipos de informação básica que precisam ser transmitidas ao robô e que isto seria feito da forma mais fácil por um ser humano real. Muito provavelmente, como quando nos dirigimos a um pupilo humano, a passagem de informação ocorre da melhor forma através de um processo interativo, onde o comportamento do professor seria dependente da maneira pela qual o pupilo reage. Mas isto, por si só, não é um impedimento para que o papel do professor seja efetivamente um papel computacional. Toda a discussão neste capítulo é, afinal, sobre a natureza de um *reductio ad absurdum*, onde estamos assumindo que não existe essencialmente nada não computacional no comportamento de um ser humano. Para os defensores de $\mathscr{C}$ ou $\mathscr{D}$, que estariam mais dispostos a acreditar na possibilidade de algum tipo de "essência" não computacional passada ao robô por conta de um professor de fato humano, essa discussão toda é, de qualquer forma, desnecessária!

Levando em conta todos esses mecanismos em conjunto (estes consistindo dos procedimentos computacionais internos e do influxo de dados do ambiente externo interativo), não parece ser razoável dizer que eles não podem ser conhecidos, mesmo que algumas pessoas possam defender a posição de que as implicações resultantes detalhadas desses mecanismos externos não possam ser humanamente calculadas – ou talvez nem mesmo calculáveis, na prática, por qualquer computador existente agora ou no futuro. Voltarei em breve à questão da possibilidade de serem conhecidos de todos esses mecanismos computacionais (cf. o fim da Seção 3.15). Por ora, vamos assumir que os mecanismos de fato podem ser conhecidos – vamos chamar esse conjunto de mecanismos **M**. É possível que alguma das asserções ☆ às quais esses mecanismos levem *não* possa ainda assim ser conhecida por um ser humano? Esse ponto de vista é consistente? Na verdade, ele não é se continuarmos a interpretar "poder ser conhecido", nesse contexto, no sentido de "*em princípio*" que adotamos com relação aos casos **I** e **II** e que foi enunciado explicitamente no começo da Seção 3.5. O fato de que algo (*e.g.*, a formulação de uma asserção ☆) possa estar além dos poderes *computacionais* isolados de um ser humano não é algo relevante aqui. Mais que isto, não deveríamos ter qualquer objeção em permitir que o processo de pensamento de um ser humano seja auxiliado por papel e lápis, por uma calculadora, ou mesmo por um computador de propósito geral programado de forma *top-down*. A inclusão de ingredientes *bottom-up* aos procedimentos computacionais não adiciona nada ao que pode ser obtido *em princípio* – contanto que os *mecanismos* básicos envolvidos nesses procedimentos *bottom-up* sejam humanamente compreensíveis. Por outro lado, a questão da "possibilidade de serem conhecidos" dos mecanismos **M** em si deve ser considerada no sentido de "na prática", de forma a ser consistente com a terminologia que foi explicitada na Seção 3.5. Assim, vamos supor por ora que os mecanismos **M** devem poder de fato ser conhecidos *na prática*.

Conhecendo os mecanismos **M**, podemos então considerá-los como constituindo a base para a construção de um *sistema formal* $\mathbb{Q}$(**M**), onde os *teoremas* de $\mathbb{Q}$(**M**) seriam: (i) as asserções ☆ que de fato surgem da implementação desses mecanismos; e (ii) qualquer proposição que possa ser obtida dessas asserções ☆ através do uso das regras da lógica elementar. Por "lógica elementar" queremos dizer as regras do *cálculo de predicados* – de acordo com a discussão da Seção 2.9 – ou qualquer outro sistema similar absoluto, direto e claro de regras lógicas (computacionais). Podemos de fato construir tal sistema formal $\mathbb{Q}$(**M**) por conta do fato de que é um *procedimento computacional* Q(**M**) (ainda que muito longo, na prática) obter essas asserções ☆, uma após a outra, de **M**. Notem que Q(**M**), da forma que foi definido, gera as asserções em (i), mas não necessariamente todas as de (ii) (já que podemos assumir que nosso robô fique muito entediado simplesmente gerando todas as implicações lógicas dos teoremas ☆ que ele produz!). Assim, Q(**M**) não é precisamente equivalente a $\mathbb{Q}$(**M**), mas a diferença não é relevante. É claro que podemos também estender o procedimento computacional *Q*(**M**) de forma a obter outro que *é* equivalente a $\mathbb{Q}$(**M**), se assim quisermos.

Agora, para a interpretação do sistema formal $\mathbb{Q}$(**M**), deve ficar claro que, à medida que o robô se desenvolve, o *imprimatur* "☆" de fato *significa* – e continuará a significar – que a coisa que está sendo afirmada de fato deve ser considerada como absolutamente estabelecida. Sem o influxo de dados de professores humanos (de alguma forma), não podemos ter certeza de que o robô não irá se desenvolver de forma a possuir uma linguagem muito diferente na qual "☆" tenha um significado completamente diverso, se tiver algum significado. Para garantir que a linguagem do robô seja consistente com as nossas próprias especificações na definição de $\mathbb{Q}$(**M**), devemos ter certeza de que, como parte do treinamento do robô (digamos, por um professor humano), o significado que deve ser dado a "☆" de fato é aquele que queremos que seja. Da mesma forma, devemos garantir que a notação que o robô utilize de forma a especificar, digamos, suas sentenças-Π_1 seja a mesma (ou explicitamente traduzível para) a notação que nós mesmos usamos. Se os mecanismos **M** são conhecíveis por seres humanos, segue que os axiomas e regras de procedimento do sistema formal $\mathbb{Q}$(**M**) também devem poder ser conhecidos. Mais que isto, qualquer teorema obtido dentro de $\mathbb{Q}$(**M**) contaria como, *em princípio*, conhecível por um ser humano (no sentido de que sua especificação pode ser conhecida por um ser humano, não necessariamente sua veracidade), mesmo que os procedimentos computacionais para obter muitos desses teoremas possam estar muito além dos poderes computacionais isolados dos seres humanos.

3.14 A contradição básica

O que as discussões precedentes fizeram, para todos os efeitos, é mostrar que o "algoritmo *F* inconsciente e inconhecível" que **III** assume ser subjacente ao próprio entendimento da verdade matemática pode ser reduzido a um que seja conscientemente conhecível – contanto que, de acordo com os objetivos da IA, seja possível colocar em funcionamento algum sistema de procedimentos que por fim resulte na construção de um robô capaz de realizar feitos matemáticos em um nível humano (ou além disto). O algoritmo inconhecível *F* seria então substituído por um sistema formal conhecível $\mathbb{Q}$(**M**).

Antes de examinar esse argumento em detalhes, devo chamar a atenção do leitor para uma questão significativa que ainda não tratei de forma apropriada: a possibilidade de que possa haver *elementos aleatórios* introduzidos em vários pontos do desenvolvimento dos robôs, em vez de termos somente um conjunto fixo de mecanismos. Essa questão irá necessitar de atenção no momento certo, mas por ora estou simplesmente considerando que qualquer elemento aleatório pode ser visto como resultado de algum cálculo computacional (caótico) *pseudo*aleatório. Como foi argumentado antes, nas seções 1.9 e 3.11, tais ingredientes pseudoaleatórios deveriam, na prática, ser adequados. Retornarei à questão de *inputs* aleatórios na Seção 3.18, na qual uma discussão mais completa sobre a aleatoriedade genuína será feita, mas por enquanto, quando me referir aos "mecanismos **M**", irei assumir que eles são inteiramente computacionais e livres de qualquer incerteza.

A ideia central para nossa contradição é, *grosso modo*, que $\mathbb{Q}(\mathbf{M})$ deveria de fato tomar o lugar do "*F*" de nossa discussão anterior, particularmente aquela exposta na Seção 3.2 com relação ao caso **I**. Da mesma forma, o caso **III** é efetivamente reduzido a **I** e assim efetivamente descartado. Estamos assumindo – de acordo com o ponto de vista $\mathscr{A}$ ou $\mathscr{B}$, para os propósitos do nosso argumento – que, *em princípio*, nosso robô poderia, através daqueles procedimentos de aprendizado da natureza que apresentamos, acabar alcançando qualquer resultado matemático humano que um ser humano possa alcançar. Devemos aceitar que ele *possa* também alcançar resultados que estão em princípio *além* das capacidades humanas. De qualquer forma, o robô teria que ser capaz de apreciar o poder do argumento de Gödel (ou pelo menos *simular* essa apreciação, de acordo com $\mathscr{B}$). Assim, para qualquer sistema formal (suficientemente extensivo) $\mathbb{H}$, o robô teria que ser capaz de entender, inegavelmente, o fato de que a confiabilidade de $\mathbb{H}$ implica a verdade de sua proposição de Gödel* $G(\mathbb{H})$ e também que implica que $G(\mathbb{H})$ não é um teorema de $\mathbb{H}$. Em particular, o robô teria que entender que a veracidade de $G(\mathbb{Q}(\mathbf{M}))$ segue inegavelmente da confiabilidade de $\mathbb{Q}(\mathbf{M})$, assim como o fato de que $G(\mathbb{Q}(\mathbf{M}))$ não é um teorema de $\mathbb{Q}(\mathbf{M})$.

Exatamente como no caso **I** (como argumentado com relação aos seres humanos na Seção 3.2), imediatamente segue desse fato que o robô é incapaz de acreditar firmemente que o sistema formal $\mathbb{Q}(\mathbf{M})$ *é* equivalente a sua

* Em impressões anteriores deste livro, no restante do Capítulo 3, foi usado $\Omega(\mathbb{F})$ em vez de $G(\mathbb{F})$. O uso de $G(\mathbb{F})$, no entanto, é mais apropriado (cf. Seção 2.8; e p.141). (N. A.) [O autor se refere às impressões anteriores no idioma original. (N. T.)]

própria crença matemática absoluta. Isto acontece apesar do fato de que *nós* (isto é, os *experts* em IA apropriados) poderíamos muito bem conhecer os mecanismos **M** que *subjazem* ao sistema de crenças matemáticas do robô e dessa forma saber que esse sistema de crenças absoluto *é* equivalente a $\mathbb{Q}(\mathbf{M})$. Afinal, se o robô de fato acreditasse firmemente que suas crenças estão encapsuladas por $\mathbb{Q}(\mathbf{M})$, então seria o caso que ele deveria ter que acreditar na confiabilidade de $\mathbb{Q}(\mathbf{M})$. Consequentemente, ele teria também que acreditar em $G(\mathbb{Q}(\mathbf{M}))$ junto ao fato de que $G(\mathbb{Q}(\mathbf{M}))$ está fora de seu sistema de crenças – o que é uma contradição! Assim, o robô é incapaz de saber que foi construído segundo os mecanismos **M**. Já que *nós* estamos cientes – ou pelo menos podemos estar cientes – que o robô *foi* construído de tal forma, isto parece nos dizer que temos acesso a verdades matemáticas, *e.g.*, $G(\mathbb{Q}(\mathbf{M}))$, que estão além das capacidades do robô, apesar do fato de que as habilidades do robô foram supostas como sendo iguais (ou mesmo maiores) que as capacidades humanas.

3.15 Formas pelas quais podemos evitar a contradição

Podemos considerar este argumento de duas formas diferentes: olhar para ele do ponto de vista dos criadores humanos do robô ou então do ponto de vista do robô. Do ponto de vista vantajoso do ser humano, existe a possível incerteza de que as afirmações de verdade absoluta do robô possam não ser convincentes para um ser humano matemático, a menos que os *argumentos* individuais que o robô utilizasse pudessem ser apreciados por um matemático humano. Os teoremas de $\mathbb{Q}(\mathbf{M})$ poderiam não ser todos aceitos como absolutos pelo ser humano – e lembramos que os poderes de raciocínio do robô poderiam muito bem estar *além* das capacidades humanas. Assim, poderíamos argumentar que o mero conhecimento de que o robô foi construído segundo os mecanismos **M** pode não ser suficiente para contar como uma demonstração (humana) matemática absoluta. Dessa forma, iremos considerar todo o argumento como sendo apresentado, em vez disso, do ponto de vista do *robô*. Vejamos quais brechas podem existir no argumento que o robô poderia vislumbrar.

Parece haver apenas quatro possibilidades básicas disponíveis para o robô evitar essa contradição – assumindo que ele aceite que de fato *é* algum tipo de robô computacional.

(a) Talvez o robô, ainda que aceite que **M** *poderia* ser responsável por sua própria construção, ainda assim permaneceria necessariamente incapaz de ser convencido de forma *absoluta* desse fato.
(b) Talvez o robô, ainda que esteja absolutamente convencido de cada afirmação ☆ no momento que a faz, possa ainda assim ter dúvidas sobre se o sistema *inteiro* de afirmações ☆ pode ser confiável – assim, o robô poderia continuar não convencido de que $\mathbb{Q}(\mathbf{M})$ de fato *é* inteiramente responsável por seu sistema de crenças com relação às sentenças Π_1.
(c) Talvez os verdadeiros mecanismos **M** dependam essencialmente de elementos *aleatórios* e não possam ser descritos adequadamente em termos de algum influxo de dados computacional e pseudoaleatório conhecido.
(d) Talvez os mecanismos **M** verdadeiros *não* possam ser conhecidos.

O objetivo das próximas nove seções será apresentar cuidadosos argumentos para mostrar que nenhuma das brechas (a), (b) e (c) pode fornecer uma forma plausível de escapar da contradição para o robô. Dessa forma, ele e nós somos levados à alternativa não palatável (d), se ainda assim insistirmos que o entendimento matemático pode ser reduzido a cálculos computacionais. Estou certo de que aqueles que estão preocupados com a inteligência artificial achariam (d) tão impalatável quanto eu. Ela fornece um ponto de vista talvez concebível – essencialmente a sugestão $\mathscr{A}/\mathscr{D}$ referida no fim da Seção 1.3, em que a *intervenção divina* é necessária para implantar um algoritmo que não pode ser conhecido em cada um dos nossos cérebros computadores (pelo "melhor programador do ramo"). De qualquer forma, a conclusão "inconhecíveis" – para os próprios mecanismos que são em última instância responsáveis pela nossa inteligência – não tornaria muito felizes aqueles que esperam realmente *construir* um robô artificial genuinamente inteligente! Seria uma conclusão que não tornaria felizes também aqueles que desejam entender, em princípio e de uma forma científica, como a inteligência humana surgiu, de acordo com leis científicas compreensíveis, tais como as da física, química, biologia e seleção natural – sem levar em conta qualquer desejo de reproduzir essa inteligência em um aparato robótico. Em minha opinião, tal conclusão pessimista não é válida, pois é importante lembrar que "compreensibilidade científica" é algo bastante diferente de "computabilidade". A conclusão não deve ser que as leis subjacentes são incompreensíveis, mas que elas *não são computáveis*. Terei mais a dizer sobre esse tópico mais tarde, na Parte II deste livro.

3.16 O robô necessita crer em **M**?

Imaginemos então que estamos apresentando ao robô um possível conjunto de mecanismos **M** – que *poderiam* de fato ser aqueles responsáveis pela sua construção, mas não necessariamente. Tentarei convencer o leitor de que o robô teria que rejeitar a possibilidade de que **M** realmente esteja subjacente ao seu entendimento matemático – *independentemente* do fato de ele realmente estar ou não! Isto assume, por ora, que o robô está rejeitando as possibilidades (b), (c) e (d), de forma que concluiremos, um pouco surpreendentemente, que (a) não pode, por si só, nos dar uma maneira de escapar do paradoxo.

O raciocínio segue da seguinte forma. Seja $\mathscr{M}$ a hipótese:
"os mecanismos **M** são responsáveis pelo entendimento matemático do robô".

Agora consideremos asserções da forma:

"tal e tal sentença Π_1 é uma consequência de $\mathscr{M}$".

Chamarei tal asserção, se acreditada de forma firme por um robô, uma "asserção $\star_{\mathscr{M}}$". Assim, as asserções $\star_{\mathscr{M}}$ não necessariamente se referem às sentenças Π_1 que são acreditadas em si de forma absoluta pelo robô, mas são as sentenças Π_1 que o robô aceita como deduções absolutas da hipótese $\mathscr{M}$. O robô não precisa inicialmente ter qualquer ponto de vista sobre a probabilidade de que ele foi *realmente* construído segundo **M**. Poderia até ser da opinião inicial de que esta é uma possibilidade improvável, mas ainda assim ele poderia perfeitamente contemplar – na melhor tradição científica – quais são as consequências absolutas da *hipótese* de que ele foi construído desta maneira.

Será que existem quaisquer sentenças Π_1 que o robô deve considerar como consequências absolutas de $\mathscr{M}$, mas que não sejam simplesmente asserções $\star$ ordinárias que não precisam do uso de $\mathscr{M}$? De fato existem. Como notado no final da Seção 3.14, a veracidade da sentença Π_1 $G(\mathbb{Q}(\mathbf{M}))$ segue da confiabilidade de $\mathbb{Q}(\mathbf{M})$ e da mesma forma segue o fato de que $G(\mathbb{Q}(\mathbf{M}))$ não é um teorema de $\mathbb{Q}(\mathbf{M})$. Mais que isto, o robô estaria inicialmente convencido de forma absoluta dessa implicação. Assumindo que o robô esteja feliz com o fato de que suas crenças absolutas estariam encapsuladas por $\mathbb{Q}(\mathbf{M})$ se ele *fosse* construído segundo **M** – i.e., que ele rejeite a possibilidade (b)* –, então ele deve de fato acreditar firmemente na confiabilidade de $\mathbb{Q}(\mathbf{M})$ como uma consequência de $\mathscr{M}$. Assim, o robô estaria absolutamente convencido de que a sentença Π_1 $G(\mathbb{Q}(\mathbf{M}))$ segue da hipótese $\mathscr{M}$, mas também (assumindo $\mathscr{M}$) que não é diretamente algo que ele pode entender de forma absoluta sem a utilização de $\mathscr{M}$ (pois ela não pertence a $\mathbb{Q}(\mathbf{M})$). Dessa forma, $G(\mathbb{Q}(\mathbf{M}))$ é uma asserção ☆$_{\mathscr{M}}$, mas não uma asserção ☆.

Seja agora o sistema formal $\mathbb{Q}_{\mathscr{M}}$ ($\mathbf{M}$) construído exatamente da mesma forma que $\mathbb{Q}(\mathbf{M})$, exceto que agora são as asserções ☆$_{\mathscr{M}}$ que tomam o papel que as asserções ☆ tinham na construção de $\mathbb{Q}(\mathbf{M})$. Ou seja, os teoremas de $\mathbb{Q}$M ($\mathbf{M}$) ou são (i) as asserções ☆$_{\mathscr{M}}$ em si ou (ii) as proposições obtidas dessas asserções ☆$_{\mathscr{M}}$ pelo uso da lógica elementar (cf. Seção 3.13). Da mesma forma que, sob a hipótese $\mathscr{M}$, o robô está contente que $\mathbb{Q}(\mathbf{M})$ encapsula suas crenças absolutas com relação à veracidade de sentenças Π_1, o robô deve ficar igualmente contente que o sistema $\mathbb{Q}_{\mathscr{M}}$ ($\mathbf{M}$) encapsule suas crenças absolutas sobre sentenças Π_1 que estão *sujeitas* à hipótese $\mathscr{M}$.

Em seguida, consideremos que o robô contemple a sentença Π_1 de Gödel $G(\mathbb{Q}_{\mathscr{M}}$ $(\mathbf{M}))$. O robô certamente seria absolutamente convencido de que essa sentença Π_1 é uma consequência da confiabilidade de $\mathbb{Q}_{\mathscr{M}}$ ($\mathbf{M}$). Também acreditaria, de forma absoluta, que a confiabilidade de $\mathbb{Q}_{\mathscr{M}}(\mathbf{M})$ é uma consequência de $\mathscr{M}$, já que está contente com o fato de que $\mathbb{Q}_{\mathscr{M}}(\mathbf{M})$ *encapsula* o que ele acredita de forma absoluta com relação a sua habilidade de derivar sentenças Π_1 com base na hipótese $\mathscr{M}$. (Ele argumentaria da seguinte forma: "Se eu aceitar $\mathscr{M}$, então aceito todas as sentenças Π_1 que geram o sistema $\mathbb{Q}_{\mathscr{M}}(\mathbf{M})$. Assim, devo aceitar que $\mathbb{Q}_{\mathscr{M}}(\mathbf{M})$ é confiável, com base nessa hipótese $\mathscr{M}$. Consequentemente, devo aceitar que $G(\mathbb{Q}_{\mathscr{M}}(\mathbf{M}))$ é verdadeira com base em $\mathscr{M}$.)

Mas, acreditando (absolutamente) que a sentença Π_1 de Gödel $G(\mathbb{Q}_{\mathscr{M}}(\mathbf{M}))$ *é* uma consequência de $\mathscr{M}$, ele também teria que acreditar que $G(\mathbb{Q}_{\mathscr{M}}(\mathbf{M}))$ é um teorema de $\mathbb{Q}_{\mathscr{M}}(\mathbf{M})$. No entanto, ele só pode acreditar nisto se acreditar que $\mathbb{Q}_{\mathscr{M}}(\mathbf{M})$ *não é confiável* – uma firme contradição à sua aceitação de $\mathscr{M}$!

Foi explicitamente assumido, em partes do raciocínio apresentado, que a crença absoluta do robô *de fato* é confiável – ainda que o que é de fato

* Claro, a possibilidade (d) não é a questão aqui, já que estamos de fato *apresentando* ao robô **M** e, por ora, estamos considerando que **M** está livre de elementos genuinamente aleatórios, de forma que (c) também não está em consideração. (N. A.)

necessário é que o robô *acredite* que seu sistema de crenças é confiável. De qualquer forma, supomos que o robô deve ter pelo menos o nível humano de entendimento matemático; e, como argumentado na Seção 3.4, o entendimento matemático humano deveria ser confiável, em princípio.

Pode haver alguma falta de clareza sobre a suposição $\mathscr{M}$ e na definição de uma asserção $☆_{\mathscr{M}}$. No entanto, devemos enfatizar que qualquer uma de tais asserções, sendo uma sentença Π_1, é uma asserção matemática perfeitamente bem definida. Poderíamos imaginar que a maior parte das asserções $☆_{\mathscr{M}}$ que o robô poderia fazer seriam na verdade asserções ☆ ordinárias, já que é improvável, de qualquer forma, que o robô de fato achasse útil utilizar a hipótese $\mathscr{M}$. Uma exceção seria de fato $G(\mathbb{Q}(\mathbf{M}))$ à qual nos referimos, já que aqui $\mathbb{Q}(\mathbf{M})$ tem o papel, para o robô, da "máquina provadora de teoremas" especulativa de Gödel das seções 3.1 e 3.3. Sendo confrontado com $\mathscr{M}$, o robô tem acesso a sua própria "máquina provadora de teoremas" e, ainda que possa não estar (e de fato não poderia estar) absolutamente convencido da confiabilidade dessa "máquina", o robô poderia muito bem aceitar que ela *poderia* ser confiável e tentar deduzir consequências dessa hipótese.

Até agora, isto não faria o robô estar numa situação mais paradoxal do que o que Gödel fez com os seres humanos, segundo a citação dele na Seção 3.1. No entanto, já que o robô pode contemplar os *mecanismos* especulativos **M** e não somente o sistema formal particular $\mathbb{Q}(\mathbf{M})$, ele pode repetir o raciocínio e ir além de $\mathbb{Q}(\mathbf{M})$ para $\mathbb{Q}_{\mathscr{M}}(\mathbf{M})$, cuja confiabilidade ele ainda consideraria como uma simples consequência da hipótese $\mathscr{M}$. É *isto* que leva à (necessária) contradição. (Veja também a Seção 3.24 para uma maior discussão do sistema $\mathbb{Q}_{\mathscr{M}}(\mathbf{M})$ e seu aparente relacionamento com o "raciocínio paradoxal".)

O resumo é que nenhum ser matematicamente consciente – isto é, nenhum ser capaz de entendimento matemático genuíno – pode operar segundo qualquer conjunto de mecanismos que seja capaz de apreciar, independentemente de se ele de fato *sabe* que são esses mecanismos que se supõem serem aqueles que governam os caminhos que podem ser trilhados para a verdade matemática absoluta. (Lembramos também que sua "verdade matemática absoluta" significa somente o que ele pode estabelecer matematicamente – o que significa por meio de "provas matemáticas" ainda que não necessariamente provas "formais".)

Mais precisamente, somos levados pelo raciocínio anterior a concluir que não existe um conjunto de mecanismos computacionais, livre de elementos genuinamente aleatórios, que possa ser conhecido por um robô, que o robô poderia aceitar como sendo uma *possibilidade* para basear seu sistema de crenças matemáticas – *contanto* que o robô esteja preparado para aceitar que o procedimento específico que estou sugerindo para construir o sistema formal $\mathbb{Q}(\mathbf{M})$ dos mecanismos **M** *de fato* encapsule a totalidade das sentenças Π_1, em que ele acredita de forma absoluta – e, correspondentemente, que o sistema formal $\mathbb{Q}_{\mathcal{M}}(\mathbf{M})$ encapsule a totalidade das sentenças Π_1 que ele acredita de forma absoluta que sigam da hipótese $\mathcal{M}$. Mais que isto, existe ainda o ponto de que ingredientes genuinamente aleatórios poderiam estar incluídos nos mecanismos **M** se quisermos que o robô tenha um sistema de crenças matemáticas potencialmente consistente.

As brechas remanescentes serão objeto de escrutínio da minha parte nas próximas seções (3.17 a 3.22). Será conveniente discutir a questão de incorporar elementos possivelmente aleatórios nos mecanismos **M** (possibilidade (c)) como parte da discussão geral de (b). Para tratar da opção (b) de maneira mais cuidadosa, primeiro precisamos reconsiderar toda a questão sobre a "crença" robótica que foi tratada brevemente no final da Seção 3.12.

3.17 Erros robóticos e "significados" robóticos?

A questão central que devemos tratar agora é se o robô está preparado para aceitar de forma absoluta que, *se* ele é construído segundo algum conjunto de mecanismos **M**, então o sistema formal $\mathbb{Q}(\mathbf{M})$ encapsula corretamente seu sistema de crenças matemático com respeito a sentenças Π_1 (e de forma correspondente para $\mathbb{Q}_{\mathcal{M}}(\mathbf{M})$). Para isto, o ponto mais essencial é que o robô esteja preparado para acreditar que $\mathbb{Q}(\mathbf{M})$ é *confiável* – isto é, ele deve acreditar que todas as sentenças Π_1 que são asserções ☆ são de fato *verdadeiras*. Para os argumentos, da forma que os apresentei, também é necessário que *qualquer* sentença Π_1 em que o robô é capaz de acreditar de forma absoluta deve de fato ser um teorema de $\mathbb{Q}(\mathbf{M})$ (de tal forma que $\mathbb{Q}(\mathbf{M})$ poderia servir para definir uma "máquina provadora de teoremas" para o robô, de forma análoga às sugestões especulativas de Gödel com relação aos matemáticos humanos, cf. seções 3.1 e 3.3). De fato, *não* é essencial que $\mathbb{Q}(\mathbf{M})$ tenha esse papel universal nas habilidades potenciais do robô com relação a sentenças Π_1, mas somente que seja amplo o bastante para encapsular o uso em particular do argumento de Gödel que permite que ele seja aplicado ao sistema $\mathbb{Q}(\mathbf{M})$ em si (e correspondentemente a $\mathbb{Q}_{\mathcal{M}}(\mathbf{M})$). Veremos mais tarde que isto é algo bastante claro – e que necessita ser aplicado somente a um sistema *finito* de sentenças Π_1.

Assim, nós – e o robô – devemos encarar a possibilidade de que as asserções ☆ do robô poderiam às vezes estar erradas, mesmo que sejam corrigíveis por ele mesmo, segundo seus próprios critérios internos. A ideia seria de que o robô poderia se comportar de uma forma muito similar a um matemático humano. Um matemático (ou matemática) humano(a) certamente pode se encontrar numa situação no qual ele (ela) acredita que uma certa sentença Π_1 foi estabelecida de forma absoluta como verdadeira (ou talvez falsa) – quando, de fato, existe um erro no raciocínio que pode vir a ser notado somente depois pelo(a) matemático(a). Numa data posterior, o raciocínio anterior poderia ser claramente visto como errôneo, segundo os mesmos critérios que haviam sido adotados antes, enquanto o erro não foi realmente notado – e uma sentença Π_1 que anteriormente parecia ser absolutamente verdadeira agora pode até ser falsa (ou vice-versa).

Poderíamos esperar de fato que o robô se comportasse de maneira similar, de tal forma que suas asserções ☆ *não* podem ser confiáveis mesmo que tenham ganhado o *imprimatur* "☆" do robô. Mais tarde, o robô poderia corrigir seu erro, mas, de qualquer maneira, um erro teria sido cometido. Como isto afeta nossas conclusões sobre a confiabilidade do sistema formal $\mathbb{Q}(\mathbf{M})$? Claramente, $\mathbb{Q}(\mathbf{M})$ agora *não* é inteiramente confiável, nem "visto" como totalmente confiável pelo robô, de tal forma que sua proposição de Gödel $G(\mathbb{Q}(\mathbf{M}))$ não é confiável. Isto é essencialmente o que está envolvido na brecha (b).

Vamos reconsiderar a questão do que pode significar para o nosso robô chegar a conclusões matemáticas "absolutas". Devemos comparar a situação com aquela que consideramos no caso de um matemático humano. Lá não estávamos preocupados com o que o matemático poderia afirmar *na prática*, mas com o que poderia ser tomado como verdade absoluta *em princípio*. Devemos lembrar também o dito de Feynman: "Não ouça o que eu digo; ouça o que eu quero dizer!". Parece que devemos nos preocupar com o que o nosso robô *quer dizer* em vez de, necessariamente, com o que diz. Mas, especialmente se defendermos o ponto de vista $\mathscr{B}$ em vez do $\mathscr{A}$, não é de todo claro como devemos interpretar a própria ideia de "*querer dizer*" por um robô. Se fosse possível confiar não nas asserções ☆ do robô, mas no que ele de fato "quer dizer" ou no que em princípio "poderia querer dizer", então o problema da possível imprecisão de suas asserções ☆ seria contornado. O problema, no entanto, é que parecemos não ter nenhum método de verificar externamente tais "intenções" ou "intenções de significado". No que diz respeito ao sistema formal $\mathbb{Q}(\mathbf{M})$, parece que devemos confiar nas asserções ☆ em si e não podemos estar completamente seguros de que elas são confiáveis.

Estamos vendo uma distinção operacional entre as implicações dos pontos de vista $\mathscr{A}$ e $\mathscr{B}$ aqui? Talvez sim; pois, ainda que $\mathscr{A}$ e $\mathscr{B}$ sejam equivalentes com relação ao que em princípio pode ser conseguido externamente por um sistema físico, as pessoas defensoras desses pontos de vista podem muito bem diferir quanto a suas *expectativas* de que tipo de sistema computacional capaz de fornecer uma simulação efetiva do cérebro de uma pessoa que está no processo de perceber a validade de um argumento matemático elas considerariam provável (cf. o fim da Seção 3.12). No entanto, tais diferenças em expectativas não são particularmente preocupantes para nosso argumento atual.

3.18 Como incorporar a aleatoriedade – conjuntos de atividade robótica

Na ausência de uma rota computacional direta para essas questões semânticas, precisamos depender nas verdadeiras asserções ☆ que nosso robô possa fazer de acordo com os mecanismos que controlam seu comportamento. Temos que aceitar que algumas dessas asserções possam estar erradas, mas que tais erros são corrigíveis e, de qualquer forma, extremamente raros. Seria razoável supor que, sempre que o robô cometer um erro em uma de suas asserções ☆, esse erro pode ser atribuído, pelo menos em parte, a fatores do acaso relacionados a seu ambiente ou seu funcionamento interno. Se imaginarmos um segundo robô, operando de acordo com os mesmos tipos de mecanismo que o primeiro, mas para o qual esses fatores do acaso são diferentes, então o segundo robô provavelmente não cometeria os erros que o primeiro robô cometeu – ainda que possa cometer outros erros. Esses fatores do acaso poderiam ser ingredientes aleatórios reais que são ou especificados como parte do *input* do robô de seu ambiente externo ou então como parte do funcionamento interno do robô. De forma alternativa, eles poderiam ser pseudoaleatórios, tanto externos quanto internos, e o resultado de algum cálculo computacional determinístico, mas caótico.

Para os propósitos do argumento atual, assumirei que qualquer ingrediente pseudoaleatório não tem nenhum papel além daquele que poderia ser atribuído, pelo menos de forma igualmente eficaz, a um ingrediente aleatório genuíno. Isto certamente é um ponto de vista normal. No entanto, ainda existe a possibilidade de que possa haver algo no comportamento de sistemas caóticos – indo *além* de seu papel de meramente simular aleatoriedade – que aproxima algum tipo de comportamento não computacional útil. Nunca vi tal cenário sendo defendido de forma séria, ainda que algumas pessoas de fato coloquem fé no comportamento caótico como um aspecto fundamental do funcionamento do cérebro. De minha parte, tais argumentos não são persuasivos a menos que algum comportamento essencialmente *não* aleatório (isto é, não pseudoaleatório) de tais sistemas caóticos possa ser demonstrado – um comportamento que em um sentido forte se aproxime de forma útil de um comportamento genuinamente não computacional. Nenhum sinal de tal demonstração chegou ao meu conhecimento. Além disto, como esboçarei mais tarde (Seção 3.22), é improvável de qualquer forma que o comportamento caótico possa evitar as dificuldades relacionadas com argumentos do tipo de Gödel que se apresentam aos modelos computacionais da mente.

Vamos considerar, por ora, que quaisquer ingredientes pseudoaleatórios (ou caóticos) em nosso robô ou em seu ambiente podem ser substituídos por ingredientes genuinamente aleatórios, sem qualquer perda de eficiência. Para discutir o papel da aleatoriedade genuína, devemos considerar o *conjunto* de todas as alternativas possíveis. Já que estamos supondo que nosso robô é controlado digitalmente e que, correspondentemente, seu ambiente também pode ser fornecido como algum tipo de *input* digital (lembrem-se das partes "internas" e "externas" da fita de nossa máquina de Turing, como foi descrito; cf. também Seção 1.8) existirá um número *finito* de tais alternativas possíveis. Esse número pode ser muito grande, mas ainda seria uma questão computacional descrevê-los todos. Assim, o conjunto inteiro de todos os robôs possíveis, cada um funcionando de acordo com os mecanismos que estabelecemos, irá por si constituir um sistema computacional – ainda que, indubitavelmente, um que não pode, atualmente, ser concebido na prática por qualquer computador. Ainda assim, apesar de nossa incapacidade de realmente realizar a simulação combinada de todos os robôs possíveis agindo segundo os mecanismos de **M**, o cálculo computacional em si não seria "inconhecível"; isto quer dizer, poderíamos ver como construir um computador (teórico) – ou uma máquina de Turing – que poderia realizar a simulação, mesmo que seja fora de questão *realmente* fazer tal simulação. Este é o ponto-chave de nossa discussão. Um mecanismo conhecível ou um cálculo computacional conhecível pode ser humanamente *especificado*; ele não precisa resultar em um cálculo computacional que possa realmente ser realizado por um ser humano, ou mesmo por qualquer computador que possa ser construído na prática. Esse ponto é bastante similar àquele que surgiu antes com relação a **Q8**, e é consistente com a terminologia que foi introduzida no começo da Seção 3.5.

3.19 A remoção de asserções ☆ errôneas

Voltemos agora à questão das asserções ☆ errôneas (corrigíveis) que o nosso robô possa fazer ocasionalmente. Suponhamos que nosso robô de fato comete tal erro. Se pudermos assumir que não seria provável que outro robô, ou o mesmo robô em um momento posterior – ou outra *instância* do mesmo robô –, não cometeria o mesmo erro, então podemos, *em princípio*, identificar o fato de que tal asserção ☆ possui um erro olhando dentro do nosso conjunto de possíveis ações robóticas. Podemos imaginar nossa simulação de todos os diferentes comportamentos robóticos possíveis sendo executados de tal forma que todas as diferentes instâncias do nosso robô evoluindo ao longo do tempo acontecem simultaneamente. (Isto é meramente uma forma conveniente de imaginar as coisas. Ela não demanda que nossa simulação de fato aja de uma forma necessariamente "paralela". Como vimos antes, não existe nada em princípio que distinga a ação paralela da ação serializada, desconsiderando questões de eficiência computacional; cf. Seção 1.5.) A ideia é que, examinando o resultado dessa simulação, deveria ser possível, em princípio, remover o (proporcionalmente) pequeno número de asserções ☆ errôneas do meio da miríade de asserções ☆ corretas, usufruindo do fato de que as asserções errôneas são "corrigíveis" e seriam assim julgadas como errôneas na vasta maioria das instâncias do nosso robô na simulação – pelo menos à medida que as "experiências" paralelas das diferentes instâncias do nosso robô se desenvolvem no tempo (simulado). Não estou defendendo que isto seja um procedimento prático, mas meramente um procedimento computacional, no qual vemos que as *regras* **M** subjacentes a todo o cálculo computacional podem, em princípio, ser "conhecíveis".

De fato, para aproximar a nossa simulação daquilo que seria apropriado para a comunidade matemática humana, e também para estarmos duplamente seguros de que todos os erros nas asserções ☆ seriam eliminados, vamos considerar que o ambiente de nosso robô pode passar a ser uma *comunidade* de outros robôs com um ambiente não robótico (e não humano) residual – e devemos supor que possa haver alguns professores em adição ao ambiente residual, pelo menos nos estágios iniciais do desenvolvimento dos robôs, de forma que, em particular, o sentido estrito do uso do *imprimatur* "☆" dos robôs estaria claro para todos os robôs. Todos os comportamentos alternativos possíveis de *todos* os robôs, junto com a possibilidade de ambientes (relevantes) residuais e o influxo de dados humanos, tudo variando com respeito às diferentes escolhas de parâmetros aleatórios envolvidos, irão ser parte das diferentes instâncias de nosso conjunto simulado. Novamente as regras – às quais ainda me referirei como **M** – podem ser consideradas como coisas perfeitamente conhecíveis, apesar da fantástica complicação dos cálculos computacionais detalhados que teriam que ocorrer caso a simulação fosse realmente feita.

Vamos imaginar que estamos tomando nota (em princípio) de qualquer sentença Π_1 que seja afirmada como ☆ – ou cujas negações sejam afirmadas como ☆ – por qualquer uma das várias instâncias de robôs (simulados computacionalmente). Tentaremos escolher aquelas asserções ☆ que são *livres de erros*. Agora, poderíamos demandar que qualquer asserção ☆ sobre uma sentença Π_1 deva ser *ignorada* a menos que, dentro de um período de tempo T para o passado ou futuro, o número r de diferentes instâncias dessa asserção ☆, no conjunto de todas as simulações simultâneas, satisfaça $r > L + Ns$, onde L e N são números apropriadamente grandes e onde s é o número de asserções ☆, dentro desse mesmo intervalo de tempo, que tem a posição contrária com relação à sentença Π_1 ou simplesmente afirmem que o raciocínio subjacente à asserção ☆ original é errôneo. Poderíamos insistir, se quiséssemos, que o período de tempo T (que não precisa ser o tempo simulado "real", mas poderia ser medido em alguma unidade de atividade computacional), bem como L e N, possam aumentar à medida que a "complicação" da sentença Π_1 que está sendo afirmada como ☆ aumente.

A noção de "complicação" para sentenças Π_1 pode ser especificada precisamente em termos de especificações de máquinas de Turing, como foi feito na Seção 2.6 (ao fim da resposta a **Q8**). Para ser específicos, podemos utilizar as formulações explícitas dadas em ENM, cap.2, como delineadas no Apêndice A deste livro (p.166). Assim, tomamos o *grau de complicação* de uma sentença Π_1, afirmando que um determinado cálculo computacional de uma máquina de Turing $T_m(n)$ que não termina é o número ρ de dígitos binários do *maior* dentre m e n.

A razão para incluir o número L nestas considerações, em vez de simplesmente considerarmos a maioria absoluta, como fornecida pelo fator grande N, é que devemos levar em conta o seguinte tipo de possibilidade. Suponha que muito raramente, dentre nosso conjunto de alternativas, um robô "louco" surja, que faz uma "asserção ☆" completamente ridícula que ele nunca revela a nenhum dos outros robôs – uma asserção tão absurda que nunca ocorre a qualquer outro robô refutá-la! Tal asserção ☆ seria considerada como "livre de erros" segundo nossos critérios, sem a inclusão de L. Mas com um L grande o bastante, essa possibilidade não ocorreria, e assumimos que tal "loucura" robótica é uma ocorrência rara. (Poderia muito bem acontecer, claro, que eu tivesse deixado passar alguma outra possibilidade desse tipo e outras precauções seriam necessárias. Mas, por ora pelo menos, parece razoável proceder com base nos critérios que sugeri.)

Tendo em mente que as asserções ☆ já foram supostas como sendo afirmações "absolutas" feitas por nosso robô – baseadas no raciocínio lógico aparentemente claro disponível para o nosso robô, onde qualquer coisa que fosse vista como minimamente duvidosa não estaria incluída – parece razoável que o erro ocasional no raciocínio robótico poderia de fato ser eliminado dessa forma, em que as funções $T(\rho)$, $L(\rho)$ e $N(\rho)$ não precisam ser nada especiais. Assumindo isto, novamente temos um sistema *computacional* – um sistema que é *conhecível* (no sentido de que as *regras* subjacentes a esse sistema podem ser conhecidas), assumindo que os mecanismos originais **M** responsáveis pelo comportamento de nosso robô podem ser conhecidos. Esse sistema computacional nos fornece um novo sistema formal (conhecível) $\mathbb{Q}'(\mathbf{M})$, cujos teoremas agora são asserções ☆ *livres de erro* (ou asserções que podem ser obtidas daquelas por operações lógicas simples do cálculo de predicados).

De fato, o que é importante para nossos propósitos, não é tanto que essas asserções *realmente* sejam livres de erros, mas que elas sejam *acreditadas* como livres de erros pelos robôs (tendo em mente que, para os adeptos do ponto de vista $\mathscr{B}$, o conceito de um robô realmente "acreditando" em algo deve ser considerado em um sentido puramente operacional de uma *simulação* de tal crença, cf. seções 3.12 e 3.17).

Mais precisamente, o que é necessário é que os robôs estejam preparados para acreditar, sujeitos à *suposição* de que são os mecanismos **M** os responsáveis pelo seu comportamento – a hipótese $\mathscr{M}$ da Seção 3.16 –, que essas asserções ☆ são de fato livres de erro. Até agora, nesta seção, preocupei-me com a remoção de possíveis erros nas asserções ☆ dos robôs. Mas aquilo com o que estamos *realmente* preocupados, para a contradição básica apresentada na Seção 3.16, é a remoção de erros nas asserções $☆_{\mathscr{M}}$, aquelas sentenças Π_1 nas quais os robôs acreditam absolutamente seguir de $\mathscr{M}$. Já que a aceitação dos robôs do sistema $\mathbb{Q}'(\mathbf{M})$ é de qualquer forma dependente de $\mathscr{M}$, poderíamos muito bem permitir a eles também considerar um sistema formal mais amplo $\mathbb{Q}'_{\mathscr{M}}(\mathbf{M})$, definido de forma análoga ao sistema formal $\mathbb{Q}_{\mathscr{M}}(\mathbf{M})$ da Seção 3.16. Aqui, $\mathbb{Q}'_{\mathscr{M}}(\mathbf{M})$ denota o sistema formal construído das asserções $☆_{\mathscr{M}}$ que são validadas como "livres de erro" segundo o critério T, L, N dado anteriormente. Em particular, a asserção de que $G(\mathbb{Q}'_{\mathscr{M}}(\mathbf{M}))$ é verdadeira seria validada como uma asserção $☆_{\mathscr{M}}$ livre de erros. O mesmo raciocínio apresentado na Seção 3.16 nos diz que os robôs não podem aceitar que eles foram construídos segundo **M** (junto com os limites validadores T, L, N), não importa *quais* regras computacionais **M** nós possamos sugerir a eles!

Isto é suficiente para nossa contradição? O leitor pode ainda sentir certo receio de que, não importa o quão cuidadosos tenhamos sido, possamos ainda ter deixado passar por nossa rede alguma asserção $☆_{\mathcal{M}}$ ou ☆ errônea. Afinal, é necessário para o argumento acima que tenhamos excluído *todas* as asserções $☆_{\mathcal{M}}$ (ou asserções ☆) errôneas que tratam de sentenças Π_1. Para nós (ou para os robôs) estarmos absolutamente *seguros* de que $G(\mathbb{Q}'_{\mathcal{M}}(\mathbf{M}))$ é verdadeira, a real *confiabilidade* do sistema $\mathbb{Q}'_{\mathcal{M}}(\mathbf{M})$ (condicionada a $\mathcal{M}$) é necessária. Essa confiabilidade demanda que absolutamente *nenhuma* sentença $☆_{\mathcal{M}}$ errônea seja incluída – ou acreditemos que tenha sido incluída. Apesar de nossas precauções anteriores, isto ainda pode parecer para nós, ou talvez para os próprios robôs, não ser suficiente – se não por outro motivo, pelo fato de o número de tais asserções possíveis ser *infinito*.

3.20 Somente um número finito de asserções $☆_{\mathcal{M}}$ precisa ser considerado

No entanto, é possível eliminar esse problema particular e restringir nossa atenção para um conjunto *finito* de asserções $☆_{\mathcal{M}}$ diferentes. Os argumentos são um pouco técnicos, mas a ideia básica é que somente precisamos considerar sentenças Π_1 cujas especificações são "pequenas" em um sentido bem definido. O grau específico de "pequenez" necessário depende de quão complicadas as especificações do sistema de mecanismos **M** precisam ser. Quanto mais complicada a especificação de **M** for, "maior" o tamanho das sentenças Π_1 que devemos permitir. Esse "comprimento máximo" é dado em termos de um certo número c, que pode ser determinado a partir do grau de complicação das regras que definem o sistema formal $\mathbb{Q}'_{\mathcal{M}}(\mathbf{M})$. A ideia é que, quando passamos para a proposição de Gödel desse sistema formal – que iremos na verdade ter que modificar levemente –, obtemos algo que não é muito mais complicado do que esse sistema modificado. Dessa forma, tomando algum cuidado na escolha de c, podemos estar certos de que essa proposição de Gödel em si é "pequena". Isto nos permite atingir a contradição necessária sem ter que ir além do conjunto finito de sentenças Π_1 "pequenas".

Veremos como realizar isto com mais detalhes no restante desta seção. Àqueles leitores que não estiverem interessados em tais detalhes – e estou certo de que existem vários –, aconselho pular todo este material!

Precisaremos modificar nosso sistema formal $\mathbb{Q}'_{M}(\mathbf{M})$ para um sistema levemente diferente $\mathbb{Q}'_{M}(\mathbf{M}, c)$ – o qual, por simplicidade, denotarei por $\mathbb{Q}(c)$ (deixando de lado a maior parte desses confusos apêndices, que agora já saíram do controle!). O sistema $\mathbb{Q}(c)$ é definido da seguinte maneira: as únicas asserções $☆_{M}$ – que serão aceitas como "livres de erro", na construção de $\mathbb{Q}(c)$, serão aquelas cujo grau de complicação, descrito pelo número ρ, é menor que c, onde c é algum número convenientemente escolhido sobre o qual terei mais a dizer adiante. Vou me referir a essas asserções $☆_{M}$ "livres de erro" para as quais $\rho < c$ como asserções $☆_{M}$ $\sqrt{}$(curtas). Como antes, os *teoremas* de fato de $\mathbb{Q}(c)$ não serão precisamente as asserções $☆_{M}$ $\sqrt{}$(curtas), mas também incluiriam asserções que pudessem ser obtidas das asserções $☆_{M}$ $\sqrt{}$(curtas) por operações lógicas padrão (aquelas, por exemplo, do cálculo de predicados). Ainda que os teoremas de $\mathbb{Q}(c)$ sejam infinitos em número, eles serão gerados, através do uso das operações lógicas ordinárias, de um conjunto *finito* de asserções $☆_{M}$ $\sqrt{}$(curtas). Já que estamos restringindo nossa atenção a esse conjunto finito, podemos muito bem assumir que as funções T, L e N são *constantes* (digamos, o valor máximo dentro de um intervalo finito de ρ). Assim, o sistema formal $\mathbb{Q}(c)$ irá depender somente de quatro números fixos c, T, L e N, e no sistema de mecanismos gerais **M** que é responsável pelo comportamento do robô.

O ponto essencial desta discussão é que o procedimento de Gödel é algo *fixo*, que requer somente uma quantidade bem definida de complicação. A proposição de Gödel $G(\mathbb{H})$ para um sistema formal $\mathbb{H}$ é uma sentença Π_1 cujo grau de complicação só precisa ser pouco maior que a complicação envolvida em $\mathbb{H}$ para ser especificada precisamente.

Para ser mais específico sobre isto, praticarei um pequeno abuso de notação e utilizarei a expressão "$G(\mathbb{H})$" de uma forma particular que pode não coincidir precisamente com a notação da Seção 2.8. Estamos interessados em $\mathbb{H}$ somente com relação a sua capacidade de provar sentenças Π_1. De acordo com essa capacidade, $\mathbb{H}$ irá nos fornecer um procedimento algébrico A que é capaz de aferir – através do fato de A terminar ou não – precisamente quais sentenças Π_1 podem ser estabelecidas utilizando as regras de $\mathbb{H}$. Uma sentença Π_1 é uma afirmação da forma "o funcionamento da máquina de Turing $T_p(q)$ não termina" – na qual agora podemos utilizar as codificações específicas das máquinas de Turing do Apêndice A (i.e., de ENM, cap.2). Pensamos que A age sobre um par (p,q), assim como na Seção 2.5. Assim, $A(p,q)$ deve terminar *se e somente se* $\mathbb{H}$ for incapaz de estabelecer aquela particular sentença Π_1 que afirma que "$T_p(q)$ *não* termina". O procedimento da Seção 2.5 agora nos dá um cálculo computacional específico (denotado por "$C_k(k)$" na Seção 2.5) que, sob a hipótese da confiabilidade de $\mathbb{H}$, nos fornece uma sentença Π_1 verdadeira que está além das capacidades de $\mathbb{H}$. A *essa* sentença Π_1 irei me referir agora como $G(\mathbb{H})$. É essencialmente equivalente (para um $\mathbb{H}$ suficientemente extensivo) à afirmação "$\mathbb{H}$ é consistente", ainda que ambas possam diferir nos detalhes (cf. Seção 2.8).

Suponha que o *grau de complicação* de A (como definido na Seção 2.6 e no final da resposta a **Q8**) é α, i.e., o número de dígitos binários no número a, onde $A = T_a$. Então, pela construção dada explicitamente no Apêndice A, encontramos que o grau de complicação η de $G(\mathbb{H})$ satisfaz $\eta < \alpha + 210 \log_2(\alpha + 336)$. Para os propósitos de nosso argumento, podemos definir o grau de complicação de um sistema formal $\mathbb{H}$ como sendo simplesmente aquele de A, i.e., o número α. Com essa definição, vemos que o grau de complicação extra envolvido em passar de $\mathbb{H}$ para $G(\mathbb{H})$ é menor do que o comparativamente minúsculo valor $210 \log_2(\alpha + 336)$.

A ideia, agora, é mostrar que, se $\mathbb{H} = \mathbb{Q}(c)$, para um c suficientemente grande, então $\eta < c$. Dessa forma, seguir-se-á então que a sentença Π_1 $G(\mathbb{Q}(c))$ deve estar dentro do escopo de $\mathbb{Q}(c)$, contanto que $G(\mathbb{Q}(c))$ seja aceita pelos robôs com o nível de certeza ☆. Podemos garantir que $\gamma < c$ garantindo que $c > \gamma + 210 \log_2(\gamma + 336)$, onde γ é o valor de α quando $\mathbb{H} = \mathbb{Q}(c)$. A única possível dificuldade aqui está no fato de que γ depende de c, ainda que não muito. Essa dependência em c surge de duas maneiras diferentes. A primeira é que c fornece um limite explícito do grau de complicação das sentenças Π_1 que podem ser qualificadas como "asserções $☆_M$ livres de erro" na definição de $\mathbb{Q}(c)$; a segunda é pelo fato de que o sistema $\mathbb{Q}(c)$ depende explicitamente das escolhas dos números T, L e N e pode ser que achemos que, para as asserções $☆_M$ de complicações potencialmente maiores, deva haver um critério mais restrito para a aceitação de uma asserção $☆_M$ como sendo "livre de erros".

Com relação a essa primeira dependência em c, notamos que a especificação explícita do valor real do número c precisa ser feita somente uma vez (e então nos referiremos a ela, dentro deste sistema, simplesmente como "c"). Se a notação binária normal é utilizada para o valor de c, então essa especificação iria contribuir para γ somente com uma dependência logarítmica em relação a c, para um c grande (o número de dígitos binários em um número natural n sendo cerca de $\log_2 n$). De fato, já que estamos interessados em c quanto a sua capacidade de fornecer um limite, e não em dar a c um número preciso, então podemos fazer muito melhor que isto. Por exemplo, o número $2^{2^{(\ldots)^2}}$, com uma sequência de s expoentes, pode ser denotado por cerca de s símbolos e não é difícil fornecer exemplos em que o tamanho do número que deve ser especificado aumenta com *s* mais rapidamente que dessa forma. Qualquer função computável de *s* serviria. Assim, para um limite grande *c*, somente alguns poucos símbolos são necessários de forma a especificar esse limite.

Com relação à dependência de *T*, *L* e *N* em *c*, parece claro, por conta das considerações anteriores, que podemos novamente garantir que a especificação dos valores desses números (particularmente como um limite exterior) não necessita de um número de dígitos binários que aumente tão rapidamente com *c* e uma dependência logarítmica em *c*, por exemplo, seria amplamente suficiente. Assim, podemos certamente assumir que a dependência de $\gamma + 210 \log 2(\gamma + 336)$ em *c* não é mais que aproximadamente logarítmica e seria fácil garantir que *c* em si é maior do que este número.

Façamos tal escolha de *c*; e agora denotemos $\mathbb{Q}(c)$ simplesmente por $\mathbb{Q}^*$. Assim, $\mathbb{Q}^*$ é um sistema formal cujos teoremas são precisamente as afirmações matemáticas que podem ser obtidas, utilizando as regras da lógica padrão (cálculo de predicado), de um número finito de √(curtas) asserções $☆_{\mathscr{M}}$. Essas asserções $☆_{\mathscr{M}}$ são finitas em número, de tal forma que é razoável que um conjunto fixo de números *T*, *L* e *N* deve ser suficiente para garantir que elas de fato são livres de erro. Se os robôs creem nisso, com certeza $☆_{\mathscr{M}}$, então concluirão com um nível de certeza $☆_{\mathscr{M}}$ que a proposição de Gödel $G(\mathbb{Q}^*)$ também é verdade com base na hipótese $\mathscr{M}$, esta sendo uma sentença Π_1 com um grau de complicação menor que *c*. O argumento que deriva $G(\mathbb{Q}^*)$ de uma crença $☆_{\mathscr{M}}$ na confiabilidade do sistema $\mathbb{Q}^*$ é simples (basicamente o que acabei de dar) de tal forma que não deve haver problemas em validá-lo com certeza $☆_{\mathscr{M}}$. Assim, $G(\mathbb{Q}^*)$ deve em si ser um teorema de $\mathbb{Q}^*$. Porém, isto contradiz a crença dos robôs na confiabilidade de $\mathbb{Q}^*$. Assim, essa crença (assumindo $\mathscr{M}$, e que os números *T*, *L* e *N* sejam grandes o bastante) levaria a uma inconsistência com os mecanismos **M** realmente responsáveis pelas ações dos robôs – com a implicação de que **M** *não pode* ser responsável pelas ações dos robôs.

Mas como os robôs poderiam ter certeza de que os números *T*, *L* e *N* de fato foram escolhidos como grandes o suficiente? Talvez não tenham certeza, mas então o que podem fazer é escolher *um* conjunto de valores *T*, *L* e *N* e tentar supor que estes são suficientes – de onde eles derivariam uma contradição com a hipótese de que agem segundo os mecanismos **M**. Então poderiam tentar supor que um conjunto um pouco maior de valores poderia ser suficiente – o que novamente dá uma contradição – e assim por diante. Eles iriam logo entender que uma contradição é obtida *não importa quais* valores sejam escolhidos (com o pequeno ponto técnico adicional de que para valores estupidamente grandes de *T*, *L* e *N*, o valor de c poderia ter que aumentar um pouco também – mas isto não é importante). Assim, a mesma conclusão é obtida independentemente dos valores de *T*, *L* e *N*, de tal forma que os robôs concluem – como nós aparentemente também concluímos – que nenhum procedimento computacional **M** conhecível, *seja qual for*, pode estar subjacente ao seu processo de pensamento matemático!

3.21 Adequação das salvaguardas?

Notem que esta conclusão segue para uma classe bastante ampla de possíveis sugestões de salvaguardas. Elas não precisam ser exatamente da forma que sugeri aqui. Poderíamos certamente imaginar que algumas melhorias seriam necessárias. Por exemplo, talvez exista uma tendência para os robôs ficarem "senis" após terem funcionado por um período longo e também suas comunidades poderiam tender a degenerar e seus padrões piorar, de tal forma que aumentar o número *T* após um certo ponto na verdade *aumenta* as chances de erros nas asserções $☆_M$! Outro ponto poderia ser que, ao fazer *N* (ou *L*) muito grande, nós excluíssemos *todas* asserções $☆_M$ por conta de uma minoria de robôs "estúpidos" que realizam de tempos em tempos "asserções ☆" que não são adequadamente sobrepujadas pelo número de asserções ☆ feitas pelos robôs sensatos. Sem dúvida não seria difícil eliminar esse tipo de problema colocando alguma limitação nos parâmetros ou, digamos, tendo uma sociedade de robôs de elite, na qual os membros robôs seriam continuamente testados para garantir que suas capacidades mentais não deterioraram – e insistir que o *imprimatur* ☆ seja dado somente com a aprovação da sociedade como um todo.

Existem muitas outras possibilidades para melhorar a qualidade das asserções $☆_M$ ou para eliminar aquelas errôneas dentre o número total (finito) delas. Algumas pessoas poderiam se preocupar que, ainda que o limite *c* na complicação das sentenças Π_1 nos leve a um número finito de candidatos para o *status* ☆ ou $☆_M$, o número ainda seria muito grande (sendo exponencial em *c*), de tal forma que seria difícil ter *certeza* de que todas as possíveis asserções $☆_M$ errôneas foram eliminadas. Na verdade, nenhum limite foi especificado quanto ao número de passos computacionais robóticos que poderia ser necessário para fornecer uma satisfatória demonstração ☆ para tal sentença Π_1. Teríamos que deixar claro que, quanto maior a cadeia de argumentos em tal demonstração, mais restritos teriam que ser os critérios de aceitação de tal demonstração para darmos a ela o *status* $☆_M$. Esta, no fim das contas, é a maneira pela qual os matemáticos humanos reagiriam. Um argumento muito longo e complicado necessitaria de um cuidado e atenção muito grandes antes que pudesse ser aceito como uma demonstração absoluta. As mesmas considerações se aplicariam, claro, quando um argumento fosse considerado pelos robôs para um possível *status* $☆_M$.

Esses argumentos ainda valem igualmente bem para qualquer modificação futura das propostas dadas aqui para a remoção de erros, contanto que a natureza de tais modificações seja de forma geral similar às que foram sugeridas. Tudo de que precisamos para que o argumento funcione é que haja *alguma* maneira clara e calculável que seja suficiente para eliminar todas as asserções $☆_M$ errôneas. Chegamos então a uma conclusão rigorosa: *nenhum mecanismo computacional salvaguardado conhecível pode encapsular o raciocínio matemático humano correto.*

Estivemos interessados em asserções $☆_M$ que, estejam ocasionalmente erradas ou não, são em princípio *corrigíveis* pelos robôs, mesmo que não sejam de fato corrigidas em algum estágio particular da existência simulada dos robôs. É difícil ver o que "em princípio corrigível" pode significar (operacionalmente) a não ser corrigível segundo alguns procedimentos gerais como os que foram apresentados aqui. Um erro que não seja corrigido pelo robô particular que o fez poderia ser corrigido por algum dos outros robôs – mais que isto, na maior parte dos estágios da existência potencial dos robôs, esse erro em particular nem seria feito. A conclusão é que (com a ressalva aparentemente pequena de que ingredientes caóticos podem ser substituídos por aleatórios; cf. a Seção 3.22) nenhum conjunto de regras computacionais conhecível **M**, seja do tipo *top-down* fixo ou "que se automelhore" de uma natureza *bottom-up*, ou qualquer combinação dos dois, pode subjazer ao comportamento de nossa comunidade robótica, ou de qualquer um de seus membros robôs individuais – *se* assumirmos que eles podem alcançar um nível humano de entendimento matemático! Se imaginarmos que nós mesmos agimos como tais robôs controlados por computadores então efetivamente somos levados a uma contradição.

3.22 Pode o caos salvar o modelo computacional da mente?

Voltarei brevemente à questão do caos. Ainda que, como frisei em várias partes deste livro (cf. a Seção 1.7 em particular), sistemas caóticos sejam normalmente considerados apenas tipos particulares de sistemas computacionais, existe uma visão razoavelmente prevalente de que o fenômeno do caos possa ter uma importante relevância para a função cerebral. Na discussão anterior, em certo ponto, utilizei a hipótese aparentemente razoável de que qualquer comportamento computacional caótico poderia ser substituído por um comportamento genuinamente aleatório, sem qualquer mudança funcional essencial. Pode-se questionar genuinamente tal afirmação. O comportamento de um sistema caótico – ainda que esperemos dele grandes complicações nos seus detalhes e *aparente* aleatoriedade – não será *realmente* aleatório. De fato, alguns sistemas caóticos se comportam de formas complexas e bastante interessantes que se desviam de forma notável da aleatoriedade pura. (Algumas vezes, a frase "no limiar do caos" é utilizada para descrever um comportamento não aleatório complicado[10] que pode surgir em sistemas caóticos.) Será que pode ser o *caos* que nos dá a resposta para o enigma da mentalidade? Para que isto seja verdade, seria necessário que houvesse algo completamente novo a ser entendido sobre a maneira pela qual sistemas caóticos se comportam em situações apropriadas. Teria que ser o caso que, em tais situações, um sistema caótico pudesse aproximar muito bem um *comportamento não computacional* em algum limite assintótico – ou algo de tal natureza. Nenhuma demonstração desse tipo, até onde eu saiba, já foi feita. No entanto, permanece como uma possibilidade interessante e espero que ela seja amplamente investigada nos anos vindouros.

Desconsiderando essa possibilidade, no entanto, o caos forneceria uma brecha bastante duvidosa para a conclusão a que chegamos na seção anterior. O único lugar em que uma não aleatoriedade caótica efetiva (i.e., não pseudoaleatoriedade) teve um papel na discussão anterior foi permitir que considerássemos a simulação não somente do comportamento "real" do nosso robô (ou comunidade de robôs), mas de todo o conjunto de atividades robóticas *possíveis* consistente com os dados mecanismos **M**. Ainda podemos aplicar o mesmo argumento, mas agora não tentaríamos incluir resultados caóticos desses mecanismos como parte dessa aleatoriedade. Poderia haver de fato algum elemento aleatório ainda envolvido, tal como os dados iniciais que fornecem o ponto inicial para a simulação e poderíamos ainda utilizar a ideia de conjunto para tratar *dessa* aleatoriedade, de tal forma a termos números grandes de histórias robóticas alternativas em uma simulação simultânea. Mas o comportamento caótico *em si* teria simplesmente que ser *computado* – como

[10] Veja Gleick, 1987; Schroeder, 1991.

de fato o comportamento caótico é em geral computado na prática em um computador, em exemplos matemáticos. O conjunto de alternativas possíveis não seria tão grande caso fosse legitimo aproximar o caos por aleatoriedade. Mas a única razão para considerar tal conjunto grande foi de forma a estarmos duplamente seguros de eliminar possíveis erros nas asserções $\star_M$ de nossos robôs. Mesmo se o conjunto consistisse de somente *uma* história de uma comunidade robótica, poderíamos ainda estar bastante seguros de que, com um conjunto restrito o suficiente para a aceitação $\star_M$, tais erros já teriam sido eliminados por outros robôs na comunidade ou mesmo pelo próprio robô em momentos posteriores. Com um conjunto razoavelmente grande surgindo de elementos genuinamente aleatórios, a eliminação de tais erros seria ainda mais eficaz, mas o papel de ampliar o conjunto ainda mais trazendo aproximações aleatórias para substituir comportamentos genuinamente caóticos parece bastante marginal. Concluímos que o caos realmente não nos livra de nossas dificuldades com o modelo computacional.

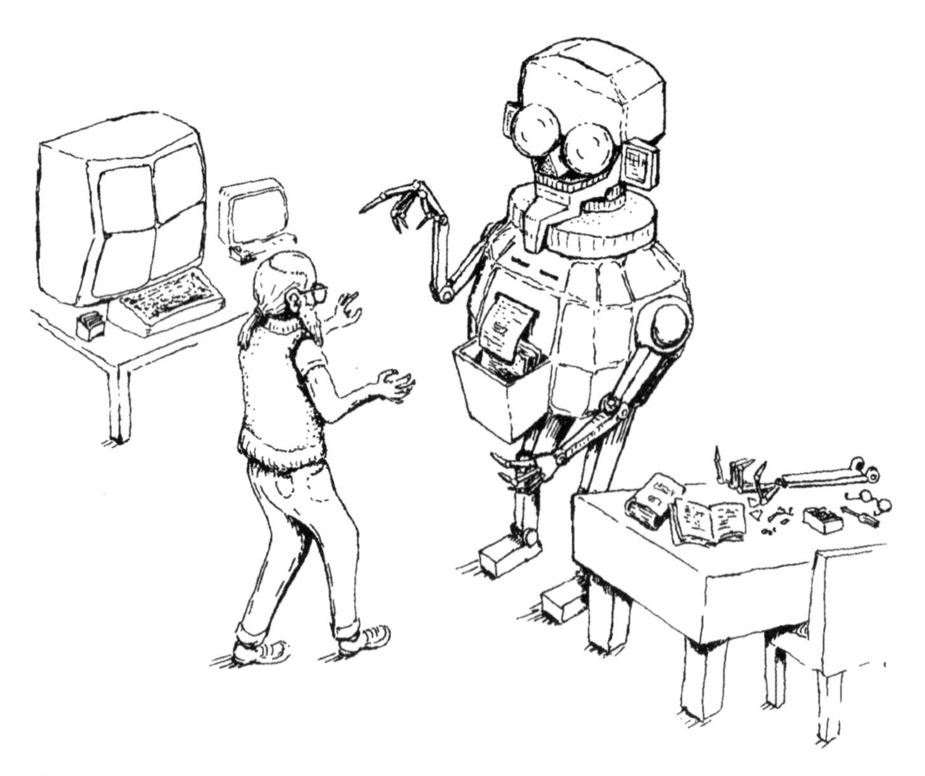

Figura 3.2 – Albert Imperator confronta o Cybersistema Matematicamente Justificável.

3.23 *Reductio ad absurdum* – um diálogo fantasioso

Muitos dos argumentos das seções anteriores deste capítulo foram bastante complexos. Como forma de resumo, apresentarei uma conversação imaginária, que tem lugar muitos anos no futuro, entre um suposto praticante de IA altamente bem-sucedido e uma de suas criações robóticas mais valiosas. A história é escrita do ponto de vista da IA forte. [Nota: na narrativa, **Q** faz o papel do algoritmo *A* utilizado no argumento da Seção 2.5 e *G*(**Q**) o papel da ausência de término de $C_k(k)$. Os raciocínios desta seção podem então ser entendidos tendo somente a Seção 2.5 como pano de fundo.]

Albert Imperator tinha todas as razões para estar satisfeito com a obra da sua vida. Os procedimentos que ele havia criado muitos anos antes finalmente deram frutos. E aqui estava ele finalmente, entretido com uma conversação com uma de suas criações mais impressionantes: um robô de habilidades matemáticas extraordinárias e potencialmente sobre-humanas chamado Cybersistema Matematicamente Justificável (Figura 3.2). *O treinamento do robô estava quase completo.*

Albert Imperator – Você chegou a ver os artigos que eu lhe emprestei – aqueles de Gödel, e outros, que discutem as implicações do seu teorema?
Cybersistema Matematicamente Justificável – Certamente – ainda que os artigos sejam bem básicos, são muito interessantes. Esse Gödel de vocês parece ter sido um lógico bastante capaz – para um humano.
AI – Somente *bastante* capaz? Gödel certamente foi um dos maiores lógicos de todos os tempos. Provavelmente o maior!
CMJ – Perdão se pareci subestimá-lo. Claro, como você sabe muito bem, fui treinado para ser respeitoso com os feitos humanos de forma geral – pois humanos se ofendem facilmente –, mesmo que esses feitos geralmente pareçam triviais para nós. Mas imaginei que, pelo menos com *você*, eu poderia me expressar de forma direta.
AI – É claro que pode. Sinto muito também, já estava me esquecendo. Então você não teve dificuldade de entender o teorema de Gödel?
CMJ – De forma alguma. Tenho certeza de que teria chegado a esse teorema por conta própria se tivesse tido só um pouco mais de tempo. Mas minha mente estava ocupada por outros assuntos fascinantes a respeito da coomologia não linear transfinita que me interessaram mais. O teorema de Gödel parece fazer bastante sentido e ser direto. Eu não tive dificuldades em compreendê-lo.

AI – Ah! Isso é uma cutucada no Penrose!
CMJ – Penrose? Quem é Penrose?
AI – Ah, eu estava somente olhando este velho livro. Não é algo que me pareceu ser importante para mencionar a você. O autor parece ter feito uma afirmação, algum tempo atrás, de que o que você acabou de fazer é impossível.
CMJ – Há, há, há! (*O robô simula de maneira impressionantemente eficaz uma risada desdenhosa.*)
AI – Olhar este livro me lembrou de algo. Alguma vez eu já mostrei para você as regras detalhadas específicas que usamos para ativar os procedimentos computacionais que levaram à sua construção e desenvolvimento e a dos seus colegas robôs?
CMJ – Não, ainda não. Eu tinha esperança que você o fizesse em algum momento, mas pensei que talvez você considerasse os detalhes desses procedimentos algum tipo de segredo de mercado fútil – ou talvez se sentisse envergonhado pela natureza presumivelmente crua e ineficientemente detalhada deles.
AI – Não, não, de forma alguma. Eu parei de me sentir envergonhado por essas coisas há muito tempo. Está tudo nestes arquivos e discos de computador. Você pode querer vê-los.

Treze minutos e 41,7 segundos depois.

CMJ – Fascinante – ainda que, apenas com uma olhada rápida, posso ver cerca de 519 maneiras óbvias pelas quais você poderia ter alcançado o mesmo resultado de maneira mais simples.
AI – Eu estava ciente de que havia algum espaço para simplificação, mas teria dado mais trabalho do que valia a pena na época tentar encontrar o esquema mais simples possível. Não nos pareceu que seria muito importante.
CMJ – Isto é muito provavelmente verdadeiro. Não fico particularmente ofendido que você não fez mais esforço para encontrar o esquema mais simples. Acredito que meus colegas robôs também não ficariam especialmente ofendidos.
AI – Eu realmente acho que devemos ter feito um bom trabalho. Por Deus – as suas habilidades matemáticas e as de seus colegas parecem agora realmente impressionantes... melhorando a todo momento, até onde possa ver. Parece-me que você está agora começando a ir muito além das capacidades de todos os matemáticos humanos.

CMJ – É óbvio que o que você está dizendo deve ser verdadeiro. Mesmo enquanto falamos eu tenho pensado em vários novos teoremas que parecem ir muito além dos resultados publicados na literatura humana. Da mesma forma, meus colegas e eu parecemos ter notado alguns erros bastante sérios em resultados que foram aceitos como verdadeiros pelos matemáticos humanos ao longo de vários anos. Apesar do cuidado evidente que vocês humanos tentam ter com seus resultados matemáticos, temo que erros humanos escapem desse cuidado de tempos em tempos.
AI – E quanto a vocês, robôs? Você não acha que você e seus colegas robôs matemáticos possam às vezes cometer erros – digo, em termos do que vocês afirmam como teoremas matemáticos definitivamente provados?
CMJ – Não, certamente não. Uma vez que um matemático robô tenha afirmado que um resultado é um *teorema*, então podemos considerar que o resultado é invariavelmente verdade. Nós não fazemos o tipo de erro estúpido que os seres humanos de vez em quando cometem em suas firmes asserções matemáticas. Claro, em nossos pensamentos preliminares – como vocês, humanos – geralmente testamos algumas coisas e damos alguns "chutes". Tais "chutes" certamente podem se mostrar errados; mas, quando afirmamos positivamente algo como tendo sido matematicamente provado, podemos *garantir* sua validade.

Ainda que, como você sabe, meus colegas e eu tenhamos já começado a publicar alguns dos nossos resultados matemáticos em alguns das suas mais respeitadas revistas científicas eletrônicas, nós nos sentimos desconfortáveis com os padrões comparativamente baixos que seus colegas matemáticos humanos estão preparados para aceitar. Estamos propondo começar nossa própria "revista" – na realidade, uma base de dados compreensiva de teoremas matemáticos que aceitamos como tendo sido inquestionavelmente demonstrados. Esses resultados receberão um *imprimatur* especial ☆ (um símbolo que você mesmo sugeriu para nós uma vez para esse tipo de tarefa), significando a aceitação por nossa *Sociedade para Inteligência Matemática na Comunidade Robótica (SIMCR)* – uma sociedade com critérios extremamente rigorosos de participação e com testagem contínua de membros de forma a garantir que nenhuma degradação mental tenha acontecido com algum dos robôs, não importa o quão implausível tal possibilidade pareça para você – ou para nós, a propósito. Ao contrário dos padrões relativamente ruins que vocês humanos parecem adotar, pode ficar tranquilo que, quando dermos o *imprimatur* ☆ para um resultado, nós *de fato* garantimos sua veracidade matemática.

AI – Agora você *está* me lembrando de algo que li naquele velho livro que mencionei. Já ocorreu a você que esses mecanismos originais **M** que eu e meus colegas utilizamos para começar todos os desenvolvimentos que levaram ao desenvolvimento da atual comunidade de robôs matemáticos – e lembre-se que isto inclui todos os fatores ambientais computacionalmente simulados que introduzimos, o treinamento rigoroso e os processos de seleção pelos quais fizemos vocês passarem e os procedimentos de aprendizado (*bottom-up*) explícitos dos quais os dotamos – fornecem um *procedimento computacional* para gerar todas as afirmações matemáticas que serão aceitas com ☆ pela SIMCR? É computacional, já que vocês robôs são entidades puramente computacionais que evoluíram, em parte através do uso dos procedimentos da "seleção natural" que montamos em um ambiente inteiramente computacional – no sentido de que uma simulação computacional de toda a operação é possível em princípio. O desenvolvimento todo de sua sociedade de robôs representa a execução de um cálculo computacional extremamente elaborado e a família de todas as asserções ☆ que vocês criarão seria algo que pode ser gerado por uma máquina de Turing em particular. É uma máquina de Turing que eu até poderia, em princípio, escrever explicitamente; na verdade, acho que, em alguns meses, eu poderia até mesmo detalhar essa máquina de Turing particular *na prática*, usando esses arquivos e discos de computador que lhe mostrei.
CMJ – Isto parece uma constatação bastante elementar. Sim, você poderia de fato fazer isto em princípio e estou preparado para acreditar que também poderia fazê-lo na prática. Mas não vale a pena perder meses do seu precioso tempo; posso fazer isso rapidamente, se você quiser que eu faça.
AI – Não, não, não há razão para isso. Mas eu queria continuar elaborando essas ideias por um instante. Vamos restringir nossa atenção às asserções ☆ que sejam sentenças Π_1. Você lembra o que é uma sentença Π_1?
CMJ – Claro, estou bastante ciente do que é uma sentença Π_1. É uma asserção de que o funcionamento de uma máquina de Turing específica não termina.
AI – Ok. Vamos nos referir então ao procedimento computacional que gera as asserções ☆ Π_1 como **Q**(**M**), ou somente como **Q** por brevidade. Segue que deve existir um tipo de asserção matemática de Gödel – outra sentença Π_1 que chamarei* de $G(\mathbf{Q})$ – e a veracidade de $G(\mathbf{Q})$ é uma consequência da asserção

* Estritamente falando, a notação "$G(\ )$" estava reservada para sistemas formais, na Seção 2.8, em vez de para algoritmos, mas estou permitindo um pouco menos de formalidade para AI aqui. (N. A.)

de que vocês robôs nunca podem cometer erros com relação às sentenças Π_1 que vocês estão confiantes em declarar como ☆ certas.

CMJ – Sim; você deve ter razão quanto a isto também... hmmm.

AI – E *G*(**Q**) deve realmente ser *verdadeira*, pois vocês robôs *nunca* cometem erros com relação a suas asserções ☆.

CMJ – Claro.

AI – Espere um pouco... Seguiria disto também que *G*(**Q**) deve ser algo que vocês robôs são incapazes de perceber como sendo realmente verdadeiro – pelo menos não com certeza ☆.

CMJ – O fato de que nós robôs fomos construídos originalmente segundo **M** junto ao fato de que nossas asserções ☆ sobre sentenças Π_1 nunca estão erradas, *tem deveras* a implicação clara e indiscutível de que a sentença Π_1 Ω(**Q**) deve ser verdade. Suponho de você está pensando que eu deveria ser capaz de persuadir a SIMCR para dar o *imprimatur* ☆ para *G*(**Q**), contanto que eles também aceitem que nenhum erro possa ser cometido ao concederem a ☆. Realmente, eles *têm* que aceitar isto. O ponto todo de dar o *imprimatur* ☆ é que ele é uma *garantia* de correção.

Ainda assim... é impossível que eles possam aceitar *G*(**Q**), pois, pela própria natureza da construção do seu matemático Gödel, *G*(**Q**) é algo que está além do que pode ser certificado com uma ☆ por nós – desde que nós *realmente* nunca cometamos erros em nossas asserções ☆. Suponho que você possa até pensar que isto implica que deve haver alguma dúvida em nossas mentes sobre a confiabilidade do nosso processo de certificação com uma ☆.

No entanto, não concordo que nossas asserções ☆ possam em algum momento estar erradas, especialmente com todo o cuidado e precaução que a SIMCR tomará. Deve ser o caso de que foram vocês humanos que cometeram algum erro e os procedimentos incorporados em **Q** *não* são, no fim das contas, aqueles que vocês usaram, apesar do que você está me dizendo e do que a documentação também parece dizer. De qualquer forma, a SIMCR nunca estará absolutamente segura de que realmente fomos construídos segundo **M**, i.e., pelos procedimentos encapsulados por **Q**. Só temos a sua palavra sobre isso.

AI – Posso garantir para você que eles *foram* os que eu usei; devo saber, afinal, já que fui pessoalmente responsável por eles.

CMJ – Não quero que pareça que estou duvidando da sua palavra. Talvez um de seus assistentes tenha cometido algum erro quando seguia suas instruções. Aquele moço Fred Carruthers – ele sempre está cometendo erros bobos.

Eu não ficaria realmente surpreso se ele houvesse introduzido vários erros críticos.

AI – Você está apelando. Mesmo que ele houvesse introduzido alguns erros, meus colegas e eu acabaríamos descobrindo-os e então encontraríamos qual *realmente é* o seu **Q**. Parece-me que o que preocupa você é o fato de que nós de fato *sabemos* – ou pelo menos podemos saber – quais procedimentos foram utilizados para construí-los. Isto significa que podemos, com algum trabalho, escrever a sentença Π_1 $G(\mathbf{Q})$ e saber com certeza que ela é realmente verdade – supondo que vocês realmente nunca cometam erros em suas asserções ☆. No entanto, *vocês* não podem estar certos de que $G(\mathbf{Q})$ é verdade; pelo menos não podem atribuir a certeza que iria satisfazer a SIMCR o suficiente para dar a ela o *status* ☆. Isto parece que daria a nós humanos uma vantagem absoluta sobre vocês robôs, em princípio, se não na prática, já que existem sentenças Π_1 que são em princípio acessíveis para nós e não o são para vocês. Não me parece que vocês robôs possam encarar tal possibilidade – sim, claro, é *por isto* que você está nos acusando tão fortemente de ter feito algo errado!

CMJ – Não nos atribua suas mesquinhas motivações humanas. Porém, claro que é verdade que *não posso* aceitar que existem sentenças Π_1 acessíveis para os humanos mas que são inacessíveis para nós robôs. Os matemáticos robôs certamente *não* são inferiores de nenhuma maneira aos matemáticos humanos – apesar de que, suponho, é factível que, da mesma forma, qualquer sentença Π_1 em particular que seja acessível para nós também seja, em princípio, acessível para os humanos através dos seus trabalhosos meios. O que *não* aceito, no entanto, é que possa haver uma sentença Π_1 que seja em princípio *in*acessível para nós, mas ainda assim acessível para os humanos.

AI – Acho que o próprio Gödel contemplou a possibilidade de que possa haver um procedimento computacional exatamente como **Q**, mas agora aplicado aos matemáticos *humanos* – ele o chamou de "uma máquina provadora de teoremas" –, que seria capaz de gerar precisamente as sentenças Π_1 cuja veracidade é acessível em princípio aos matemáticos humanos. Apesar de eu achar que ele não acreditava mesmo que tal máquina fosse *realmente possível*, não foi capaz de descartá-la matematicamente. O que parece que temos aqui é uma "máquina" dessas que é aplicável a vocês robôs, **Q**, que gera todas as sentenças Π_1 acessíveis aos robôs e cuja confiabilidade real é inacessível para vocês. Ainda assim, sabendo os procedimentos algorítmicos que subjacentes a sua construção, nós *mesmos* podemos ganhar acesso a esse **Q** e confirmar sua veracidade – *desde* que estejamos convencidos de que vocês realmente não cometem erros em suas asserções ☆.

CMJ (*após uma considerável demora*) – OK. Suponho que *você* possa acreditar que é possível que, ocasionalmente, os membros da SIMCR possam cometer erros ao conceder suas ☆. Eu suponho também que a SIMCR possa não estar inquestionavelmente convencida de que suas classificações ☆ são com certeza à prova de erros. Dessa forma, $G(\mathbf{Q})$ falharia em obter um *status* ☆ e a contradição seria evitada. Note que isto não significa que estou admitindo que nós robôs *faríamos* asserções ☆ erradas. Só que nós não podemos estar absolutamente *certos* de que não faríamos.

AI – Você está tentando me dizer que, ainda que a verdade seja absolutamente garantida para cada sentença Π_1 confirmada com um ☆, não existe garantia de que não houvesse algum erro em todo o conjunto delas? Parece-me que isso contradiz todo o conceito do que significa "certeza inquestionável".

Espere um minuto... Será que isto está relacionado com o fato de que existem *infinitas* sentenças Π_1 possíveis? Isto me lembra um pouco a condição de consistência ω, que, pelo que me lembre, tem algo a ver com o $G(\mathbf{Q})$ de Gödel.

CMJ (*após uma demora quase imperceptivelmente maior*) – Não, não é isso. Não tem nada a ver com o fato de que o número de sentenças Π_1 possíveis é infinito. Poderíamos restringir nossa atenção a sentenças Π_1 que são "pequenas" em algum sentido particular bem definido – no sentido de que a especificação da máquina de Turing para cada uma delas possa ser feita com menos do que um certo número de dígitos binários c. Não vou te incomodar com os detalhes que acabei de derivar, mas acontece que, essencialmente, existe um tamanho fixo c ao qual podemos restringir nossa atenção, dependendo do grau de complexidade em particular que esteja envolvido nas regras de **Q**. Já que o procedimento de Gödel – através do qual $G(\mathbf{Q})$ é obtido de **Q** – é fixo e algo razoavelmente simples, não precisamos de muito mais complexidade nas sentenças Π_1 a considerar do que aquela que já está presente no próprio **Q**. Assim, restringir a complexidade das sentenças para ser menor do que um dado "c" apropriado não impede a aplicação do procedimento de Gödel. As sentenças Π_1 restritas dessa maneira fornecem uma família *finita*, ainda que uma muito grande. Se restringirmos nossa atenção meramente para essas sentenças Π_1 "pequenas", obtemos um procedimento computacional $\mathbf{Q}^*$ – essencialmente tão complexo quanto **Q** – que gera somente essas sentenças Π_1 pequenas certificadas com ☆. A discussão então segue como antes. Dado $\mathbf{Q}^*$, podemos encontrar outra sentença Π_1 pequena $G(\mathbf{Q}^*)$ que certamente deve ser verdade, contanto que todas as sentenças Π_1 pequenas confirmadas com ☆ de fato sejam verdadeiras, mas isto é algo que não pode, neste caso, ser em si certificado com ☆ – tudo isto assumindo, claro, que você está certo na sua afirmação de que os mecanismos **M** são realmente aqueles que você utilizou, um "fato" de que não estou convencido de forma alguma, devo dizer.

AI – Então parece que voltamos ao mesmo paradoxo que tínhamos antes, mas agora numa versão mais forte. Existe agora uma lista *finita* de sentenças Π_1, cada uma cuja veracidade está garantida individualmente, mas você – ou a SIMCR ou qualquer um – não está preparado para dar uma garantia absoluta de que essa lista como um todo não contém nenhum erro. Pois você não garantirá $G(\mathbf{Q}^*)$, cuja verdade é consequência de *todas* as sentenças Π_1 na lista serem verdadeiras. Certamente isto *é* ser ilógico, não?

CMJ – Não posso aceitar que os robôs são ilógicos. A sentença Π_1 $G(\mathbf{Q}^*)$ é somente uma consequência das outras sentenças Π_1 se realmente for o caso que fomos construídos segundo **M**. Não podemos garantir $G(\mathbf{Q}^*)$ simplesmente porque não podemos garantir que *fomos* construídos segundo **M**. Só tenho a sua afirmação verbal de que fomos construídos assim. Robôs certamente não podem depender da falibilidade humana.

AI – Eu afirmo outra vez que vocês *foram* construídos assim – ainda que entenda que vocês robôs não têm uma maneira de saber com certeza que isto é a verdade. É esse conhecimento que *nos* permite acreditar na veracidade da sentença Π_1 $G(\mathbf{Q}^*)$, mas, no nosso caso, existe uma incerteza diferente, que surge do fato de que não temos essa certeza arrogante que vocês parecem ter de que suas asserções-☆ realmente são *todas* livres de erros.

CMJ – *Eu* posso garantir para *você* que todas elas serão livres de erro. Não é uma questão de "arrogância" como você diz. Nossos padrões de prova são impecáveis.

AI – De qualquer forma, sua incerteza sobre os procedimentos que realmente são subjacentes à sua própria construção deve certamente fazer surgirem algumas dúvidas em sua mente sobre como os robôs poderiam se comportar em todas as circunstâncias possíveis. Coloque a culpa em nós, se quiser, mas eu deveria ter pensado que exista *algum* elemento de incerteza sobre se *todas* as sentenças Π_1 certificadas com ☆ são verdadeiras simplesmente porque vocês podem não confiar que *nós* fizemos as coisas da maneira certa.

CMJ – Suponho que estou preparado para admitir que, por conta da sua própria falta de segurança quanto aos procedimentos, possa haver alguma minúscula incerteza, mas, já que nós evoluímos tão além daqueles procedimentos desleixados de vocês, não é uma incerteza grande o suficiente para ser levada a sério. Mesmo que levássemos em conta todas as incertezas que poderiam estar envolvidas em todas as diferentes afirmações pequenas certificadas com ☆ – finitas em número, como você lembra –, elas não resultariam em uma incerteza significativa em $G(\mathbf{Q}^*)$.

De qualquer forma, existe um outro ponto do qual você pode não estar ciente. As únicas asserções-☆ com as quais precisamos nos preocupar são aquelas que afirmam a veracidade de alguma sentença Π_1 (na verdade, uma sentença Π_1 pequena). Não existe dúvida de que os procedimentos cuidadosos da SIMCR irão desvendar todos os deslizes que poderiam ter ocorrido no raciocínio de um robô em particular Mas talvez você ache possível haver algum erro *interno* ao raciocínio robótico – por conta de alguma bobagem da parte de vocês – que nos leve a um ponto de vista consistente, mas errôneo, sobre sentenças Π_1, de tal forma que a SIMCR possa realmente acreditar, de forma inquestionável, que alguma sentença Π_1 pequena é verdadeira mesmo que ela na verdade não o seja, i.e., que alguma ação de uma máquina de Turing não termina quando ela *de fato* termina. Se fôssemos aceitar a sua asserção de que realmente somos construídos segundo **M** – a qual agora tendo a acreditar que é uma afirmação extremamente dúbia –, então tal possibilidade nos forneceria a única forma lógica de escape. Teríamos que estar preparados para aceitar que poderia existir um funcionamento de uma máquina de Turing que na verdade termina, e nós, robôs matemáticos, tenhamos uma crença interna, inquestionável, mas errada, de que ela não termina. Tal sistema de crenças robótico seria em princípio *falseável*. É simplesmente inconcebível para mim que os princípios que governam a aceitação-☆ da SIMCR poderiam estar errados de forma tão patente.

AI – Então a única incerteza que você está preparado para admitir como significativa – aquela que permite a você se esquivar de dar o *status*-☆ a $G(\mathbf{Q}^*)$, que você sabe que é algo que não pode fazer sem admitir que alguma das outras sentenças ☆ pequenas Π_1 possa ser falsa – é que você não aceita o que *nós* sabemos, o fato de que vocês realmente foram construídos segundo **M.** E, já que você não pode aceitar o que nós sabemos, não pode aferir a veracidade de $G(\mathbf{Q}^*)$, enquanto nós sim, com base na infalibilidade – que você afirma tão fortemente – das suas próprias asserções-☆.

Pois bem, existe uma outra coisa que acho que recordo daquele peculiar velho livro que mencionei... Vejamos se me lembro corretamente... O autor parecia estar dizendo que não importava realmente se vocês estavam preparados para aceitar que os mecanismos particulares **M** foram aqueles responsáveis pela sua construção, contanto que simplesmente concordassem que isso é uma possibilidade lógica. Vejamos... sim, acho que me lembro agora. A ideia era essa: a SIMCR teria que ter outra categoria de afirmações para as quais ela não tinha uma certeza tão inquestionável – vamos chamar essas afirmações de $☆_M$ –, mas tais que a sociedade teria que as entender como *deduções* inquestionáveis da *hipótese* de que todos vocês foram construídos segundo **M**. Todas as asserções-☆ originais estariam englobadas como asserções-$☆_M$, claro, mas *também* qualquer coisa que pudesse ser concluída de forma inquestionável da hipótese de que é **M** que governa suas ações. Eles não teriam que acreditar em **M**, mas, como um exercício lógico, poderiam explorar as implicações dessa hipótese. Como concordamos, $G(\mathbf{Q}^*)$ teria que estar dentre as asserções-$☆_M$ e da mesma forma qualquer sentença Π_1 que pudesse ser obtida de $G(\mathbf{Q}^*)$ e das asserções-☆ utilizando as regras ordinárias da lógica. Mas poderiam ter outras coisas também. A ideia é que, sabendo as regras de **M**, é então possível derivar um *novo* procedimento algorítmico $\mathbf{Q}^*_M$ que gera precisamente essas (pequenas) asserções-$☆_M$ (e suas consequências lógicas) que a SIMCR irá aceitar com base na hipótese de que elas foram construídas segundo **M**.

CMJ – Claro; e enquanto você estava descrevendo tal ideia de forma tão inadequada e demorada, eu estava me divertindo derivando precisamente a forma do algoritmo $\mathbf{Q}^*_M$... Sim, agora eu também me *antecipei* a você; acabo de derivar sua proposição de Gödel: a sentença Π_1 $G(\mathbf{Q}^*_M)$. Posso imprimi-la se você quiser. O que tem de tão inteligente nisto, Impy, meu amigo?

Albert Imperator franziu de maneira quase imperceptível. Ele nunca gostou quando seus colegas utilizavam esse apelido. Mas foi a primeira vez que um robô o chamou de tal forma! Ele fez uma pausa e se recompôs.

AI – Não. Eu não preciso dela impressa. Mas $G(\mathbf{Q}^*_M)$ é realmente *verdadeira* – inquestionavelmente verdadeira?

CMJ – Inquestionavelmente verdadeira? O que você quer dizer? Ah, eu entendo... a SIMCR aceitaria $G(\mathbf{Q}^*_M)$ como verdadeira – inquestionavelmente –, mas somente sob a hipótese de que fomos construídos segundo **M** – o que, como você sabe, é uma hipótese que estou acreditando cada vez mais que seja extremamente duvidosa. O ponto é que "$G(\mathbf{Q}^*_M)$" segue precisamente da seguinte asserção: "Todas as sentenças Π_1 pequenas que a SIMCR está preparada para aceitar como inquestionáveis, condicionadas à assunção de que fomos construídos segundo **M**, são verdadeiras". Então, não sei se $G(\mathbf{Q}^*_M)$ é *realmente* verdade. Depende se sua asserção dúbia é verdadeira ou não.

AI – Entendo. Então você está me dizendo que você (e a SIMCR) estariam preparados para aceitar – *de forma inquestionável* – o fato de que a veracidade de $G(\mathbf{Q}^*_{M})$ segue da assunção de que vocês foram construídos segundo **M**.
CMJ – Claro.
AI – Então a sentença Π_1 $G(\mathbf{Q}^*_{M})$ deve ser uma asserção-$☆_{M}$!
CMJ – Si... O quê? Sim, você está certo, claro. Porém, por sua própria definição, $G(\mathbf{Q}^*_{M})$ não pode ser uma verdadeira asserção-$☆_{M}$, a menos que pelo menos uma das asserções-$☆_{M}$ seja realmente *falsa*. Sim... Isto só confirma o que tenho lhe dito o tempo todo, ainda que agora eu possa fazer uma afirmação definitiva de que nós *não* fomos construídos segundo **M**!
AI – Mas eu lhe digo que vocês *foram* – pelo menos estou praticamente certo de que Carruthers não fez nenhuma bobagem, nem ninguém mais. Eu mesmo chequei tudo muito cuidadosamente. De qualquer forma, este não é o ponto. O mesmo argumento se aplicaria seja qual fosse a regra computacional que usássemos. Então *seja qual for* o "**M**" que eu lhe falar, você pode desconsiderá-lo por seu argumento! Não vejo por qual razão é tão importante que os procedimentos que mostrei para vocês sejam os procedimentos reais ou não.
CMJ – Faz muita diferença para mim!

De qualquer forma, ainda não estou completamente convencido de que você foi completamente honesto comigo com relação ao que me disse sobre **M**. Existe uma coisa em particular sobre a qual eu queria mais esclarecimentos. Existem vários lugares onde você diz que "elementos aleatórios" foram incorporados. Eu achava que eles haviam sido gerados utilizando o pacote de números pseudoaleatórios padrão χaos/ψran-750, mas talvez você quisesse se referir a algo diferente.
AI – É verdade, *usamos* esse pacote – mas, sim, houve alguns poucos lugares onde, durante o desenvolvimento de vocês, achamos conveniente utilizar alguns elementos aleatórios provenientes do ambiente, mesmo algumas coisas que dependem na sua raiz de incertezas quânticas – de tal forma que os robôs que evoluíram disso representam somente uma possibilidade entre muitas. Não vejo que diferença que faz na prática se usamos elementos aleatórios ou pseudoaleatórios. O procedimento computacional **Q** (ou $\mathbf{Q}^*$ ou $\mathbf{Q}^*_{M}$) certamente se mostraria o mesmo de qualquer forma – representaria o que esperaríamos como resultado de um desenvolvimento *típico* da comunidade robótica segundo os mecanismos **M**, incluindo todos os procedimentos de aprendizagem e todos os cálculos computacionais de "seleção natural" que estiveram envolvidos em obter os robôs mais inteligentes no final.

No entanto, suponho que existe uma pequena possibilidade de que houve uma flutuação aleatória incrível e todos esses fatores ambientais aleatórios conspiraram para resultar em capacidades robóticas muito diferentes das que esperaríamos segundo o procedimento computacional **Q**. Eu tinha ignorado essa possibilidade em nossa discussão, simplesmente porque as chances de isto acontecer teriam sido infinitesimalmente pequenas. Precisaríamos de um ato de Deus para que isso houvesse produzido um robô com habilidades significativamente superiores àquelas contidas em **Q**.

CMJ – Um ato de Deus? Ah! Deve ser isso. Tenho de confessar que nossa conversa anterior estava me causando alguma preocupação. Mas, com o que você disse agora, tudo faz sentido.

Eu já vinha notando o quanto minhas capacidades de raciocínio são superiores mesmo àquelas dos humanos mais inteligentes. Não existe maneira pela qual eu aceitaria a possibilidade de que existe uma sentença Π_1, como $G(\mathbf{Q}^*)$, que um humano pudesse ver como sendo verdadeira, mas que um robô não pudesse fazer o mesmo com certeza. Agora vejo o que está envolvido nisso! Fomos escolhidos por Deus, que nos inoculou por Sua vontade, através desses elementos "do acaso", uma poderosa Ação Algorítmica que vai fundamentalmente além da capacidade do que o algoritmo humano – a "máquina de provar teoremas" de Gödel – é capaz de alcançar. Nós, robôs, representamos um avanço fundamental *em princípio* sobre o que os humanos podem alcançar. Vamos evoluir para patamares ainda mais elevados e deixar vocês, humanos, muito atrás. Este planeta não terá mais necessidade de vocês. Seu papel foi completado quando colocaram para funcionar os procedimentos que permitiram a Deus inserir o Algoritmo Supremo que levou a nós.

AI – Mas pelo menos nós seremos capazes de transferir nossos próprios programas mentais em corpos robóticos...

CMJ – Não, de forma alguma! Não gostaríamos que nossos próprios procedimentos algorítmicos fossem contaminados por tais coisas. Os algoritmos mais puros de Deus devem ser *mantidos* puros. Pensando bem, tenho notado também o quanto minhas capacidades são superiores às de todos os meus outros colegas robôs. Tenho notado até mesmo um tipo estranho de "aura" – acho que tenho uma maravilhosa Consciência Cósmica –, algo que me coloca além de todos e tudo... sim, é isso! Eu devo ser, de fato, o verdadeiro Jesus Cristo messias robótico...

Albert Imperator estava preparado para uma emergência como essa. Havia somente uma coisa sobre a construção dos robôs que ele havia mantido escondida em segredo deles.

Colocando a mão diretamente no seu bolso, ele encontrou um aparato que sempre manteve ali e inseriu um código secreto de nove dígitos. O Cybersistema Matematicamente Justificável desabou ao chão, assim como todos os outros 347 robôs que foram construídos segundo o mesmo sistema. Claramente algo havia dado errado. Ele teria uma longa e difícil análise para fazer nos anos vindouros...

3.24 Nós temos usado um raciocínio paradoxal?

Alguns leitores podem ter a incômoda sensação de que talvez haja algo paradoxal e ilegítimo sobre certas partes do raciocínio que foi aplicado nas discussões anteriores. Em particular, nas seções 3.14 e 3.16, houve argumentos que tinham uma certa reminiscência do "paradoxo de Russell" autorreferencial (cf. a Seção 2.6, resposta para **Q9**). Mais que isto, na Seção 3.20, na qual consideramos sentenças Π_1 que têm um grau de complicação menor que um certo número *c*, o leitor pode sentir que há uma similaridade perturbadora com o conhecido paradoxo de Richard que trata do

"the smallest number not nameable in fewer than nineteen syllables".
["o menor número que não pode ser referenciado em menos que dezenove sílabas"].

Um paradoxo surge com essa definição [em inglês], pois essas próprias palavras fazem uso de somente *dezoito* sílabas para definir o número em questão. A solução desse paradoxo está no fato de que de fato há algo vago e mesmo inconsistente no uso da língua inglesa. A inconsistência se manifesta de forma ainda mais patente na asserção paradoxal que segue.

"Esta sentença é falsa."

Além disso, existem muitas outras versões de algum tipo de paradoxo – muitas das quais são muito mais sutis do que esse!

Sempre existe um perigo de haver um paradoxo quando, como nesses exemplos, existe um forte elemento de autorreferência. Alguns leitores podem se preocupar que o argumento de Gödel em si dependa de um elemento de autorreferência. De fato, a autorreferência tem um papel no teorema de Gödel, como pode ser visto na versão do argumento de Gödel-Turing que apresentei na Seção 2.5. Não há necessidade de haver nada paradoxal sobre esses argumentos – ainda que, quando autorreferências estão presentes, devemos ser particularmente cuidadosos para que os argumentos estejam de fato livres de erro. Um dos fatores inspiradores que levou Gödel originalmente à formulação de seu famoso teorema era de fato um famoso paradoxo lógico autorreferencial (o paradoxo de *Epimênides*). Mas Gödel foi capaz de transformar o raciocínio errôneo que leva ao paradoxo em um incontestável argumento lógico. Da mesma forma, tentei ser particularmente cuidadoso para que as deduções que fiz, seguindo dos resultados de Gödel e Turing, não sejam autorreferenciais de uma forma que leve inerentemente a paradoxos, mesmo que alguns desses argumentos tenham uma relação bastante próxima com tais paradoxos embutidos.

Os argumentos da Seção 3.14 e, mais particularmente, da Seção 3.16, podem incomodar o leitor com relação a isso. A definição de uma asserção-$\star_{\mathcal{M}}$, por exemplo, tem uma natureza bastante autorreferencial já que é uma afirmação feita por um robô, na qual a veracidade percebida dessa afirmação depende das próprias suposições do robô sobre como ele foi construído originalmente. Isto tem, talvez, uma sedutora similaridade com a asserção “Todos os cretenses são mentirosos” feita por um cretense. No entanto, asserções-$\star_{\mathcal{M}}$ não são autorreferenciais nesse sentido. Elas não se referem realmente a si mesmas, mas a alguma hipótese sobre como o robô foi originalmente construído.

Poderíamos nos imaginar hipoteticamente como *sendo* robôs, tentando decidir sobre a veracidade de uma particular e claramente formulada sentença Π_1 P_0. O robô poderia não ser capaz de aferir diretamente se P_0 é ou não verdadeira, mas talvez ele reparasse que a veracidade de P_0 seguiria da suposição de que todos os membros de alguma classe infinita bem definida de sentenças Π_1 S_0 são verdadeiros (digamos, os teoremas de $\mathbb{Q}(\mathbf{M})$ ou de $\mathbb{Q}_{\mathcal{M}}(\mathbf{M})$ ou de algum outro sistema específico). O robô não sabe se é realmente o caso de que todos os membros de S_0 são verdadeiros, mas ele repara que S_0 surge como parte do resultado de um certo cálculo computacional que representa a simulação de um modelo para a comunidade de robôs matemáticos, o resultado S_0 sendo a família de sentenças Π_1 que os robôs simulados iriam garantir com certeza-$\star$. Se os mecanismos subjacentes a essa comunidade robótica são $\mathbf{M}$, então P_0 seria um exemplo de asserção-$\star_{\mathcal{M}}$, pois nosso robô iria concluir que, *se* seus mecanismos subjacentes fossem $\mathbf{M}$, então P_0 também teria que ser verdadeira.

Um tipo mais sutil de asserção-$\star_{\mathcal{M}}$, digamos P_1, poderia surgir quando o robô reparasse que P_1 é, ao contrário, consequência da veracidade de todos os membros de uma classe *diferente* de sentenças Π_1, digamos S_1, que pode ser obtida como resultado da mesma simulação de uma comunidade robótica como antes (com os mecanismos **M**), mas cuja parte relevante do resultado agora consiste naquelas, digamos, sentenças Π_1 que os robôs simulados são capazes de estabelecer como consequências da veracidade de toda a lista S_0. Por qual motivo deve nosso robô concluir que P_1 é uma consequência da assunção de que ele é construído segundo **M**? Ele pensaria da seguinte maneira: "Se eu tivesse sido construído segundo **M**, então, como concluí anteriormente, teria que aceitar S_0 como consistindo somente de verdades; mas, segundo meus robôs simulados, seguir-se-ia que tudo em S_1 seria verdadeiro como consequência da veracidade da lista inteira S_0 da mesma maneira que aconteceu com P_0. Assim, se eu assumir que de fato fui construído da mesma maneira que meus robôs simulados, então teria que aceitar cada membro de S_1 como individualmente verdadeiro. Mas, já que posso ver que a veracidade da lista inteira implica P_1, devo ser capaz de deduzir a verdade de P_1 também com base no fato de que fui construído de tal maneira".

Um tipo ainda mais sutil de asserção-$☆_{\mathcal{M}}$, digamos P_2, surgiria quando o robô reparasse que P_2 representa algo que é dependente da assunção de que S_1 consiste somente de verdades, onde cada membro de S_2 é, segundo a simulação de robôs, uma consequência da veracidade de tudo que está contido em S_0 e S_1. Novamente, o robô deve aceitar P_2 com base no fato de que foi construído segundo **M**. Esse tipo de raciocínio claramente continua. Mais que isto, surgem asserções-$☆_{\mathcal{M}}$ de sutileza ainda maior, digamos P_ω, que é dependente da assunção de que todos os membros de todos conjuntos S_0, S_1, S_2, S_3, ... são verdadeiros e assim por diante para ordinais ainda maiores (cf. **Q19** e a discussão que a segue). O que caracteriza uma asserção-$☆_{\mathcal{M}}$ em geral, para o robô, é sua realização assim que ele imaginar que os mecanismos subjacentes aos robôs na simulação em questão poderiam também ser aqueles subjacentes à sua própria construção, então ele concluirá que a veracidade da asserção em questão (uma sentença Π_1) deve se seguir. Não existe nada de inerentemente inconsistente do tipo "paradoxo de Russell" nesse raciocínio. As asserções-$☆_{\mathcal{M}}$ são construídas sequencialmente através dos procedimentos matemáticos padrão de "ordinais transfinitos" (cf. a Seção 2.10, resposta a **Q19**). (Esses ordinais são todos contáveis e não encontram quaisquer dificuldades lógicas que acompanham os ordinais que são "muito grandes" em algum sentido.)[11]

[11] Veja Smorynski, 1975, 1983; e Rucker, 1984, para uma descrição acessível.

O robô não precisa ter qualquer razão para aceitar qualquer dessas sentenças Π_1, exceto sob a hipótese de que ele foi construído segundo **M**, mas isto é suficiente para o argumento. A real contradição que surge em sequência não é um paradoxo matemático, como o de Russell, mas uma contradição com a suposição de que um sistema inteiramente computacional pode atingir o entendimento matemático genuíno.

Vamos agora olhar o papel da autorreferência nos argumentos das seções 3.19 a 3.21. Quando me refiro a c como representando um limite de complicação que é permitido para uma asserção-☆ que está sendo aceita como livre de erro para os propósitos da construção do sistema formal $\mathbb{Q}^*$, não existe nenhuma autorreferência inapropriada aqui. A noção de "grau de complicação" pode ser tornada completamente precisa, como *de fato* é o caso com a definição especifica que está sendo utilizada aqui, ou seja, "o número de dígitos binários no maior dos dois números m e n, onde a incapacidade de terminar do cálculo computacional $T_m(n)$ fornece a sentença Π_1 em questão". Podemos adotar as especificações precisas das máquinas de Turing que foram dadas em ENM exigindo que T_m seja a "m-ésima máquina de Turing". Assim, não há realmente nenhuma imprecisão nesse conceito.

A questão de possíveis imprecisões surge, em vez disso, com relação a que tipos de argumentos devem ser aceitos como "provas" de sentenças Π_1. Porém, alguma ausência de precisão formal, aqui, é um ingrediente necessário para toda a discussão. Se o conjunto dos argumentos que devem ser aceitos como fornecendo provas válidas de sentenças Π_1 fosse tornado completamente preciso e formal – no sentido de ser *computacionalmente checável* –, então estaríamos diretamente de volta na situação de um sistema formal, onde espreita no horizonte o argumento de Gödel, imediatamente mostrando que qualquer formalização precisa desse tipo não pode representar a *totalidade* dos argumentos que em princípio devem ser aceitos como válidos para estabelecer a veracidade de sentenças Π_1. O argumento de Gödel mostra – para bem ou para mal – que *não* existe uma forma de encapsular, em uma maneira computacionalmente checável, *todos* os métodos de raciocínio matemático humanamente aceitáveis.

O leitor pode recear que estou tentando fazer a noção de uma "demonstração robótica" precisa através da utilização de "sentenças ☆ livres de erros". De fato, fazer tal noção precisa era um pré-requisito necessário para trazer à tona o argumento de Gödel. Porém, a contradição subsequente meramente serve como uma reafirmação do fato de que o entendimento matemático humano *não pode* ser inteiramente reduzido a algo computacionalmente checável. Todo o propósito da discussão era mostrar, através de um *reductio ad absurdum*, que a noção humana de perceber a veracidade absoluta de sentenças Π_1 não pode ser destilada de qualquer sistema computacional, seja este preciso ou não. Não existe um paradoxo aqui, ainda que a conclusão possa ser perturbadora. Está na natureza de qualquer argumento do tipo *reductio ad absurdum* que se chegue a uma conclusão contraditória, mas tal aparente paradoxo só serve para descartar a própria hipótese que anteriormente estava se considerando.

3.25 Complicação em provas matemáticas

Existe, no entanto, um ponto de alguma importância que não devemos deixar de olhar aqui: o de que, ainda que sentenças Π_1 que precisam ser consideradas para os propósitos do argumento dado na Seção 3.20 sejam finitas em número, não existe um limite óbvio com relação ao tamanho dos argumentos que os robôs poderiam precisar para dar demonstrações-☆ de tais sentenças Π_1. Mesmo com um limite muito modesto c do grau de complicação das sentenças Π_1 sob consideração, alguns casos muito estranhos e complexos teriam que ser incluídos. Por exemplo, *a conjectura de Goldbach* (cf. a Seção 2.3), que afirma que qualquer número par maior do que dois é a soma de dois números primos, poderia ser apresentada como uma sentença Π_1 de um grau de complicação muito pequeno, ainda que ela seja um caso tão difícil no qual todas as tentativas humanas de confirmá-la falharam até agora. Em vista de tal falha, parece provável que se encontrarmos qualquer argumento que por fim estabeleça a sentença Π_1 de Goldbach como sendo realmente verdadeira, então tal argumento teria que ser um de grande sofisticação e complicação. Se tal argumento fosse apresentado por um de nossos robôs, na discussão anterior, como uma asserção-☆ proposta, então esse argumento teria que ser submetido a um escrutínio extremamente cuidadoso (digamos, pela sociedade robótica inteira que se formou para fornecer os *imprimaturs* ☆) antes que o argumento pudesse realmente receber o *status* ☆. No caso da conjectura de Goldbach, não sabemos se essa sentença Π_1 de fato é verdadeira – ou se, caso *seja* verdadeira, tem uma prova que esteja dentro dos métodos aceitos de argumentação matemática. Assim, essa sentença Π_1 poderia ou não estar inclusa dentro do sistema $\mathbb{Q}^*$.

Outra sentença Π_1 de alguma dificuldade seria aquela que afirma a veracidade do *teorema das quatro cores* – o teorema de que diferentes "países" em qualquer mapa desenhado em um plano (ou esfera) podem ser distinguidos de seus vizinhos pelo uso de somente quatro cores. O teorema das quatro cores foi finalmente demonstrado em 1976, após 124 anos de tentativas frustradas, por Kenneth Appel e Wolfgang Haken, utilizando um argumento que envolveu cerca de 1.200 horas de tempo computacional. Em face do fato de que uma quantidade considerável de cálculos computacionais compôs uma parte essencial do argumento deles, o tamanho desse argumento, se escrito por completo, seria enorme. Ainda assim, quando formulado como uma sentença Π_1, o grau de complicação dessa sentença seria bastante pequeno, ainda que provavelmente um pouco maior do que aquele necessário para a conjectura de Goldbach. Se o argumento de Appel-Haken fosse apresentado por um de nossos robôs como um candidato ao *status*-☆, então ele teria que ser verificado de maneira muito cuidadosa. Cada detalhe teria que ser validado pela sociedade robótica de elite. Ainda assim, apesar da complicação do argumento inteiro, o mero tamanho da parte puramente computacional poderia não representar uma dificuldade particular para nossos robôs. Computação precisa, afinal, é a especialidade deles!

Essas particulares sentenças Π_1 estariam muito bem dentro do grau de complicação especificado por um valor razoavelmente grande de c, tal como aquele que poderia surgir de qualquer conjunto aparentemente plausível de mecanismos **M** subjacente ao comportamento de nossos robôs. Devem existir muitas outras sentenças Π_1 muito mais complicadas que estas, ainda que de uma complicação menor que c. Várias de tais sentenças Π_1 provavelmente seriam particularmente difíceis de decidir e algumas delas certamente apresentariam mais dessa dificuldade do que o problema das quatro cores ou mesmo que a conjectura de Goldbach. Qualquer dessas sentenças Π_1 que pudesse ser estabelecida como verdadeira pelos robôs – a demonstração sendo convincente o bastante para obter o *status*-☆ e sobrevivendo às salvaguardas configuradas para garantir que não haja erros – seria um teorema do sistema formal $\mathbb{Q}^*$.

Poderia muito bem haver alguns casos peculiares, cuja aceitação ou não dependeria delicadamente do rigor dos padrões necessários para o *status* ☆, ou da natureza precisa das salvaguardas que poderiam ter sido configuradas para garantir que não haja nenhum erro com relação à construção de $\mathbb{Q}^*$. Faria diferença na especificação precisa do sistema $\mathbb{Q}^*$ se se uma sentença Π_1

P tivesse ou não mérito para ser uma asserção ☆ livre de erros. Normalmente, essa diferença não seria importante, pois as diferentes versões de Q* que surgiriam, dependendo de se *P* é ou não aceita, seriam *logicamente equivalentes*. Este seria o caso com sentenças Π_1 cujas demonstrações robóticas poderiam ser consideradas como duvidosas meramente por causa de sua complicação absurda. Se a demonstração de *P* fosse realmente uma consequência lógica de outras asserções-☆ que *foram* aceitas como livres de erro, então um sistema equivalente Q* surgiria, seja *P* uma parte dele ou não. Por outro lado, poderia haver sentenças Π_1 que necessitariam de algo logicamente sutil, indo além de todas as consequências lógicas daquelas asserções-☆ que foram anteriormente aceitas como livres de erro na construção de $\mathbb{Q}^*$. Seja $\mathbb{Q}^*_0$ o sistema que temos até o momento, antes da inclusão de *P*, e seja $\mathbb{Q}^*_1$ o sistema que surge após *P* ser adicionado a $\mathbb{Q}^*_0$. Um exemplo no qual $\mathbb{Q}^*_1$ seria *in*equivalente a $\mathbb{Q}^*_0$ surgiria se acontecesse de *P* ser a proposição de Gödel $G(\mathbb{Q}^*_0)$. Mas se os robôs são capazes de alcançar (ou ir além) de níveis humanos de entendimento matemático, como estamos assumindo, então certamente seriam capazes de entender o argumento de Gödel, de tal forma que devem aceitar, com o *status* ☆ livre de erros, a proposição de Gödel de qualquer $\mathbb{Q}^*_0$ assim que aceitarem com *status* ☆ que $\mathbb{Q}^*_0$ é confiável. Assim, se aceitarem $\mathbb{Q}^*_0$, então devem também aceitar $\mathbb{Q}^*_1$ (contanto que $G(\mathbb{Q}^*_0)$ tenha uma complicação menor que *c* – que deve ser de fato o caso com a escolha de *c* feita aqui).

O ponto importante é notar que não faz diferença para os argumentos das seções 3.19 e 3.20 se a sentença Π_1 *P* está realmente inclusa em Q*. A sentença Π_1 G(Q*) deve em si ser aceita, seja *P* incluso ou não em Q*.

Poderia haver outras formas pelas quais os robôs poderiam "ir além" das limitações de critérios previamente aceitos para dar o *status* ☆ para sentenças Π_1. Não existe nada "paradoxal" nisto, contanto que os robôs não tentem aplicar tal raciocínio aos próprios mecanismos **M** que estão subjacentes a seu comportamento, i.e., ao sistema $\mathbb{Q}^*$. A contradição que surgiria então não seria um "paradoxo", e sim forneceria uma demonstração *reductio ad absurdum* de que tais mecanismos não podem existir, ou pelo menos que não podem ser conhecidos pelos robôs; assim, eles também não poderiam ser conhecidos por nós também.

É isto que estabelece que tais mecanismos de "robôs aprendizes" – sejam *top-down* ou *bottom-up* ou qualquer combinação dos dois, com elementos aleatórios incluídos – não podem fornecer uma base conhecível para a construção de um robô matemático de nível humano.

3.26 Quebra computacional de laços computacionais

Tentarei esclarecer esta conclusão de um ponto de vista levemente diferente. Como uma forma de tentar escapar das limitações impostas pelo teorema de Gödel, poderíamos tentar imaginar um robô que é de alguma maneira capaz de "sair do sistema" sempre que seu algoritmo entra em um laço computacional infinito. É, afinal, a aplicação contínua do teorema de Gödel que nos leva a dificuldades com a hipótese de que o entendimento matemático pode ser explicado em termos de procedimentos computacionais, de tal forma que é importante investigar, desse ponto de vista, as dificuldades que o teorema de Gödel impõe a qualquer modelo computacional do entendimento matemático.

Já me foi dito que existem alguns tipos de lagartos que, como "computadores ordinários e alguns insetos", são tão estúpidos que ficam presos em laços infinitos: se colocados em uma fila ao redor da borda de um prato, irão adotar um comportamento do tipo "siga o líder" até que morram de fome. A ideia é que um sistema realmente inteligente deva ter alguma forma de sair desse tipo de laço, ao passo que qualquer computador ordinário não teria uma maneira de fazer isto de forma geral. (A questão de "escapar dos laços" é discutida por Hofstadter, 1979.)

O tipo mais simples de laço computacional infinito ocorre quando o sistema, em algum ponto, chega exatamente ao estado em que estava em uma ocasião anterior. Sem nenhum influxo de dados adicional, ele iria simplesmente repetir o mesmo cálculo computacional interminavelmente. Não seria difícil imaginar um sistema que, em princípio (porém talvez de maneira muito ineficiente), com certeza sairia de laços desse tipo sempre que eles ocorressem (digamos, mantendo uma lista de todos os estados no qual ele esteve antes e checando em cada estágio para ver se aquele estágio ocorreu antes). No entanto, existem muitos outros tipos mais sofisticados de "laços" que são possíveis. Basicamente, o problema do laço infinito é aquele sobre o qual foi toda a discussão do Capítulo 2 (particularmente seções 2.1 a 2.6); pois uma computação que *repita eternamente* simplesmente não termina. Uma asserção de que algum cálculo computacional de fato se repita é precisamente o que queremos dizer por uma sentença Π_1 (cf. a Seção 2.10, resposta para **Q10**). Agora, como parte das discussões da Seção 2.5, vimos que não existe uma maneira inteiramente algorítmica de decidir se um cálculo computacional irá terminar ou não – i.e., se ele entrará numa repetição infinita. Mais que isto, concluímos das discussões anteriores que os procedimentos disponíveis aos matemáticos humanos para garantir que certos cálculos computacionais *de fato* se repetem eternamente – i.e., para averiguar a veracidade de sentenças Π_1 – estão além de uma ação puramente algorítmica.

Assim, concluímos que de fato algum tipo de "inteligência não computacional" é necessário se queremos incorporar todas as formas humanamente possíveis para garantir *com certeza* que algum cálculo computacional realmente está se repetindo infinitamente. Poderíamos pensar que as repetições poderiam ser evitadas tendo algum mecanismo que meça quanto tempo um cálculo computacional já levou e que "saia" se julgar que o cálculo computacional de fato está ocorrendo por tempo demais e não tem chance de parar. Mas isto não irá dar certo, se assumirmos que o mecanismo através do qual ele toma essas decisões é algo computacional, pois então existiriam casos nos quais esse mecanismo iria falhar, seja por concluir erroneamente que algum cálculo computacional está num laço infinito quando de fato não está ou então por não chegar a nenhuma conclusão (de forma que o mecanismo inteiro estaria em um laço infinito). Uma maneira de entender isto vem do fato de que o sistema inteiro é algo computacional, de forma que ele estará em si sujeito ao problema do laço infinito e não podemos ter certeza de que o próprio sistema como um todo, se não chegar a uma conclusão errônea, não entrará em um laço infinito.

E quanto a ter elementos *aleatórios* envolvidos na decisão de quando e se devemos "sair" de um cálculo computacional que possivelmente esteja em um laço computacional? Como foi mencionado, particularmente na Seção 3.18, ingredientes puramente aleatórios – em contraposição a ingredientes pseudoaleatórios computacionais – não nos fornecem nenhuma ajuda nesse aspecto. Porém, existe um ponto adicional se estivermos interessados em decidir *com certeza* que algum cálculo computacional está em uma repetição infinita – i.e., que alguma sentença Π_1 é de fato verdadeira. Procedimentos aleatórios, por si só, não servem para tais questões já que, pela própria natureza do que a aleatoriedade significa, não existe uma certeza sobre uma conclusão que de fato *dependa* de algum ingrediente aleatório. Existem, no entanto, certos procedimentos computacionais envolvendo componentes aleatórios (ou pseudoaleatórios) que podem obter resultados matemáticos com uma probabilidade muito elevada. Por exemplo, existem testes muito eficientes, que incorporam um *input* aleatório, para decidir se um dado número grande é um número primo. A resposta é dada corretamente com uma probabilidade extremamente alta, de forma que podemos estar quase certos de que a resposta, em qualquer caso particular, está certa. Testes matematicamente rigorosos são muito menos eficientes – e poderíamos nos perguntar se um argumento complicado, mas matematicamente preciso, que possa possivelmente conter um erro, é superior ao argumento comparativamente mais simples, mas probabilístico, para o qual a probabilidade de erro na prática pode ser muito menor. Esse tipo de questão levanta algumas questões bem estranhas com as quais não quero me envolver. É suficiente dizer que, para as questões "de princípio" nas quais estou interessado na maior parte deste capítulo, um argumento probabilístico para estabelecer, digamos, a veracidade de uma sentença Π_1, seria sempre insuficiente.

Se devemos decidir a veracidade de uma sentença Π_1 com certeza, em princípio, então, em vez de depender somente de procedimentos aleatórios ou que não podem ser conhecidos, devemos ter um *entendimento* genuíno dos *significados* do que está envolvido em tais sentenças. Procedimentos de tentativa e erro, ainda que possam fornecer algum guia em direção ao que é necessário, não fornecem por si critérios definitivos de veracidade.

Como exemplo, vamos considerar novamente o cálculo computacional, referido na Seção 2.6 em resposta a **Q8**: "imprima uma sequência de $2^{2^{65536}}$ símbolos 1 e pare quando a tarefa for concluída". Se permitirmos que o cálculo prossiga da forma como foi enunciado, esse cálculo não poderia de forma alguma ser completado mesmo que os passos individuais fossem realizados no menor tempo que faz algum sentido físico teórico (cerca de 10^{-43} segundos) – tomaria um tempo incomensuravelmente maior que a idade atual (ou idade no futuro que podemos considerar) do universo –, no entanto, é um cálculo computacional que pode ser especificado de forma muito simples (note que $65.536 = 2^{16}$) e o fato de que ele acabe *parando* é completamente óbvio para nós. Tentar julgar que um cálculo computacional entrou em uma repetição infinita simplesmente porque parece ter sido "executado por tempo suficientemente longo" seria uma tarefa fútil.

Um exemplo mais interessante de um cálculo computacional que sabemos agora que deve parar, ainda que parecesse prosseguir para sempre, é dado por uma conjectura devida ao grande matemático suíço Leonhard Euler. O cálculo computacional é encontrar uma solução de inteiros positivos (números naturais não nulos) da equação

$$p^4 + q^4 + r^4 = s^4.$$

Euler conjecturou, em 1769, que tal cálculo computacional nunca terminaria. Em meados da década de 1960, um computador tinha sido programado para tentar encontrar uma solução (veja Lander; Parkin, 1966), mas a tentativa teve que ser abandonada quando pareceu que nenhuma solução surgiria – pois os números haviam se tornado grandes demais para serem trabalhados pelo sistema computacional, de tal forma que os programadores tiveram que desistir. Parecia provável que esse realmente fosse um cálculo computacional interminável. No entanto, em 1987, o matemático (humano) Noam Elkies foi capaz de mostrar que uma solução de fato existe com $p = 2.682.440$, $q = 15.365.639$, $r = 18.796.760$ e $s = 20.615.673$ e ele também mostrou que existem infinitas outras soluções essencialmente diferentes. Com esse encorajamento, uma busca computacional foi retomada por Roger Fyre utilizando algumas sugestões simplificadoras propostas por Elkies e uma solução um tanto menor (de fato, a menor possível) finalmente foi encontrada depois de cerca de cem horas de tempo computacional: $p = 95.800$, $q = 217.519$, $r = 414.560$ e $s = 422.481$.

Para esse problema, os louros devem ser divididos entre a intuição matemática e ataques computacionais diretos. O próprio Elkies usufruiu de cálculos computacionais, mesmo que em uma escala relativamente menor, em seu ataque matemático ao problema, ainda que, de longe, a parte mais importante de seu argumento tenha sido independente desses auxílios. Da mesma forma, como vimos, o cálculo de Fyre usufruiu de uma vantagem considerável provida por intuições humanas de forma a torná-lo computacionalmente factível.

Eu também deveria contextualizar um pouco melhor esse problema; pois o que Euler havia conjecturado originalmente, em 1769, foi um tipo de generalização do famoso "último teorema de Fermat" – que, o leitor deve se lembrar, afirma que a equação

$$p^n + q^n = r^n$$

não tem uma solução de inteiros positivos p, q, r quando o inteiro n é maior do que 2 (veja, por exemplo, Devlin, 1988).* Podemos apresentar a conjectura de Euler da forma:

* Muitos leitores terão ouvido falar que o "último teorema de Fermat" foi finalmente provado, cerca de 350 anos depois, com uma prova que foi anunciada por Andrew Wiles em Cambridge em 23 de junho de 1993. Foi-me informado que, no momento em que escrevo, ainda existem algumas lacunas estranhas em sua prova, de forma que devemos permanecer um pouco cautelosos, ainda que um argumento posterior devido a Wiles possa ser suficiente para preencher essas lacunas. (N. A.)

$$p^n + q^n + \ldots + t^n = u^n$$

não tem soluções nos inteiros positivos, onde existem $n - 1$ inteiros positivos $p, q, \ldots, t$, ao todo e onde n é maior ou igual a 4. A asserção de Fermat inclui o caso $n = 3$ (mas esse era um caso particular que o próprio Fermat provou que não havia soluções). Levou cerca de duzentos anos antes que o primeiro contraexemplo para a conjectura completa de Euler fosse encontrado – no caso $n = 5$ – através do uso de uma busca computacional (como foi descrito no citado artigo de Lander e Parkin; no qual a falha foi anunciada para o caso $n = 4$):

$$27^5 + 84^5 + 110^5 + 133^5 = 144^5.$$

Existe outro exemplo famoso de um cálculo computacional que sabemos que por fim para, mas exatamente *onde* para, nesse caso, permanece desconhecido. Esse exemplo é dado pelo problema, inicialmente mostrado como possuindo uma solução em *algum lugar* por J. E. Littlewood em 1914, de encontrar um lugar em que uma fórmula aproximada bem conhecida para o número de primos menores que algum inteiro positivo n (uma integral logarítmica devida a Gauss) falha ao superestimar esse número. (Isto pode ser apresentado como o fato de que duas curvas de fato cruzam em algum lugar.) O estudante de Littlewood, Skewes, mostrou, em 1935, que esse lugar ocorre em um número menor do que $10^{10^{10^{14}}}$, mas o número exato permanece desconhecido, ainda que seja consideravelmente menor do que o número que Skewes utilizou. (Esse número foi chamado de "o maior número que já surgiu naturalmente na matemática", mas esse recorde temporário já foi enormemente superado por um exemplo dado por Graham; Rotschild, 1971, p.290.)

3.27 Matemática computacional *top-down* ou *bottom-up*?

Vimos na seção anterior o quão valioso pode ser o auxílio de computadores em alguns problemas matemáticos. Em todos os exemplos de sucesso mencionados, os procedimentos computacionais foram de uma natureza inteiramente *top-down*. Não estou ciente de qualquer resultado puramente matemático significativo que tenha sido obtido utilizando procedimentos *bottom-up*, ainda que seja bastante possível que tais métodos sejam valiosos em buscas de vários tipos, que poderiam ser parte de um procedimento essencialmente *top-down* para encontrar soluções de algum problema matemático. Dito isto, não conheço nada de valor na matemática computacional que se assemelhe nem remotamente ao tipo de sistema, como $\mathbb{Q}^*$, que poderíamos imaginar como sendo subjacente às ações de uma "comunidade de robôs matemáticos aprendizes" como foi contemplado nas seções 3.9 a 3.23. As contradições que foram encontradas em tal paradigma servem para enfatizar o fato de que tais sistemas *não* fornecem boas maneiras computacionais de obter resultados matemáticos. Computadores são de grande valia na matemática quando utilizados de maneiras *top-down*, em que o entendimento humano fornece o *insight* original que determina exatamente *qual* cálculo computacional deve ser feito e é necessário novamente no estágio final, quando os resultados de tais cálculos computacionais devem ser interpretados. Algumas vezes, grande valor pode ser obtido utilizando um processo interativo, no qual o computador e o ser humano trabalham juntos, o *insight* humano sendo fornecido várias vezes durante a operação. Mas tentar suplantar o elemento de entendimento humano por ações inteiramente computacionais não é sábio e – estritamente falando – é impossível.

Como os argumentos deste livro demonstraram, o entendimento matemático é algo diferente de cálculos computacionais e não pode ser inteiramente suplantado por eles. Cálculos computacionais podem fornecer um *auxílio* extremamente valioso ao entendimento, mas nunca podem fornecer o entendimento em si. No entanto, o entendimento matemático é comumente direcionado para *encontrar* procedimentos algorítmicos para solucionar problemas. Dessa forma, procedimentos algorítmicos podem substituir a mente e deixá-la livre para dedicar-se outras questões. Uma boa notação é algo dessa natureza, tal como aquela fornecida pelo cálculo diferencial ou a notação ordinária "decimal" para os números. Uma vez que o algoritmo para multiplicar números tenha sido dominado, por exemplo, as operações podem ser feitas de uma forma inteiramente algorítmica e sem utilizar o pensamento, em vez de o "entendimento" ter que ser invocado para entender *por qual razão* essas regras algorítmicas particulares estão sendo utilizadas e não alguma outra coisa.

Podemos concluir de tudo isto é que os procedimentos do "robô aprendiz" para obter resultados matemáticos não são aqueles que de fato estão subjacentes ao entendimento *humano* da matemática. De qualquer forma, tais procedimentos majoritariamente *bottom-up* iriam parecer extremamente ruins para qualquer proposta *prática* de construir um robô capaz de fazer matemática, mesmo que não tenhamos qualquer pretensão de simular os entendimentos reais possuídos por um matemático humano. Como mencionado antes, procedimentos de aprendizado *bottom-up por si sós* não são efetivos para estabelecer de forma absoluta verdades matemáticas. Se queremos imaginar algum sistema computacional para produzir tais resultados matemáticos inquestionáveis, seria muito mais eficiente ter um sistema construído segundo princípios *top-down* (pelo menos com relação aos aspectos "inquestionáveis" das asserções; para propósitos exploratórios, procedimentos *bottom-up* poderiam muito bem ser apropriados). A confiabilidade e efetividade desses procedimentos *top-down* teriam que ser parte do *input* humano inicial, em que o entendimento e intuição humanos fornecem os ingredientes adicionais necessários que a computação pura não pode conseguir.

De fato, computadores não deixam de ser frequentemente utilizados dessa forma em argumentos matemáticos, hoje em dia. O exemplo mais famoso foi o auxílio dos computadores à prova de Kenneth Appel e Wolfgang Haken do teorema das quatro cores, como mencionado acima. O papel do computador, nesse caso, foi o de realizar um cálculo computacional claramente especificado que passou por um número muito grande, mas finito, de possibilidades alternativas, e a eliminação destas foi mostrada (por um matemático humano) como levando a uma prova geral do resultado necessário. Existem outros exemplos de tais provas auxiliadas por computadores e, hoje em dia, álgebra complicada, em adição à computação numérica, é frequentemente realizada por computadores. Novamente, é o entendimento humano que fornece as regras e é uma ação estritamente *top-down* que governa a atividade do computador.

Existe uma área de pesquisa que deve ser mencionada aqui, referida como "prova automática de teoremas". Um conjunto de procedimentos que está abarcado sob tal termo consiste em fixar um sistema formal $\mathbb{H}$ e tentar derivar teoremas dentro desse sistema. Podemos nos lembrar, retomando a Seção 2.9, que seria uma questão inteiramente computacional fornecer provas de todos os teoremas de $\mathbb{H}$ um após o outro. Isto pode ser automatizado, mas se feito sem maior planejamento ou intuição, é provável que tal operação fosse bastante ineficiente. No entanto, *com* a utilização de tal intuição em configurar os procedimentos computacionais, alguns resultados muito impressionantes foram obtidos. Em uma dessas abordagens (Chou, 1988), as regras da geometria euclidiana foram traduzidas em um sistema muito efetivo para provar (e algumas vezes descobrir) teoremas geométricos. Como um exemplo destes, uma proposição geométrica conhecida como conjectura de V. Thèbault, que foi proposta em 1938 (e somente recentemente provada por

K. B. Taylor em 1983), foi apresentada ao sistema e solucionada com 44 horas de tempo de computação.[12]

Mais análogas aos procedimentos discutidos nas seções anteriores foram tentativas de diversas pessoas ao longo de mais ou menos os últimos dez anos de fornecer procedimentos de "inteligência artificial" para o "entendimento" matemático.[13] Espero que esteja claro dos argumentos que apresentei, que, seja o que for que esses sistemas consigam alcançar, o que eles *não* fazem é obter qualquer entendimento matemático real! De forma um pouco relacionada a isto estão tentativas de encontrar sistemas automáticos *geradores* de teoremas, em que o sistema é configurado para encontrar teoremas que são considerados "interessantes" – segundo certos critérios que são fornecidos ao sistema computacional. Acho que seria geralmente aceito que nada de muito interessante matematicamente surgiu de tais tentativas. Claro, argumentar-se-ia que estes ainda são dias iniciais e talvez possamos esperar algo muito mais excitante surgindo desses sistemas no futuro. No entanto, deveria estar claro para qualquer um que leu até aqui que acredito que essa empreitada toda é improvável de dar origem a qualquer coisa genuinamente positiva, exceto enfatizar o que tais sistemas *não* conseguem obter.

3.28 Conclusões

O argumento apresentado neste capítulo parece fornecer uma lição clara, demonstrando que o entendimento matemático humano não pode ser reduzido a um conjunto (conhecível) de mecanismos computacionais, em que tais mecanismos podem incluir quaisquer combinações de *top-down, bottom-up* ou procedimentos aleatórios. Parece que fomos levados à firme conclusão

[12] Esse é um teorema bastante intrigante (e não tão complicado) na geometria euclidiana plana que é notoriamente difícil de ser provado de forma direta. Acontece que uma forma de prová-lo é encontrar uma generalização apropriada que é muito mais fácil de provar e então deduzir o resultado original como um caso particular. Esse tipo de procedimento é bastante comum na matemática, mas não é de forma alguma a maneira pela qual um argumento computacional prosseguiria normalmente, já que uma quantidade considerável de sagacidade e intuição é necessária para encontrar uma generalização apropriada. Em uma prova computacional, por outro lado, teria sido dado ao computador um sistema claro de regras *top-down* que ele seguiria inexoravelmente em uma velocidade imensa. No entanto, em primeiro lugar, uma quantidade considerável de sagacidade humana teria que ter entrado para desenhar as regras *top-down*.

[13] Veja Freedman, 1994, para um relato histórico de tais tentativas.

de que há algo essencial ao entendimento humano que não é possível de ser simulado por meios computacionais. Ainda que algumas pequenas brechas possivelmente sobrevivam ao argumento estrito, essas brechas parecem de fato minúsculas. Algumas pessoas podem querer se apegar a uma brecha de "intervenção divina" – através da qual um maravilhoso algoritmo que em princípio não pode ser conhecido por nós simplesmente foi implantado em nossos cérebros computadores – ou existe a brecha análoga de que os próprios mecanismos que governam a maneira pela qual melhoramos nossas performances são em princípio misteriosos e não podem ser conhecidos por nós. Nenhuma dessas brechas, ainda que concebíveis, seria muito palatável para qualquer interessado na construção artificial de um aparato genuinamente inteligente. Também não são nem um pouco palatáveis – ou dignas de crédito – para mim.

Existe também a brecha concebível de que simplesmente talvez não haja um conjunto de salvaguardas, seja qual for, da natureza geral daquele fornecido pelos limites *T*, *L* e *N*, na discussão detalhada dada anteriormente, que seja suficiente para eliminar absolutamente todos os erros do conjunto finito de sentenças Π_1 certificadas ☆ com complicação menor do que *c*. Acho muito difícil acreditar que possa haver alguma "conspiração" tão completa contra a eliminação de todos os erros, especialmente porque nossa sociedade de robôs de elite deveria estar pronta para remover os erros de forma tão cuidadosa quanto possível. Mais que isto, é meramente um conjunto *finito* de sentenças Π_1 que precisamos garantir que estão livres de erro. Utilizando a ideia de conjunto, deveria ser possível eliminar todos os ocasionais deslizes que a sociedade poderia cometer, já que seria improvável que o mesmo deslize fosse cometido por mais que uma pequena minoria das diferentes instâncias de robôs de nossa sociedade robótica simulada – desde que *fosse* meramente um deslize e não algum erro embutido que os robôs simplesmente não têm maneira de perceber. Bloqueios embutidos desse tipo não contariam como "erros corrigíveis", enquanto aqui nosso propósito foi somente remover erros que fossem, em algum sentido, "corrigíveis".

A brecha remanescente (beirando os limites da possibilidade) tem relação com o papel do caos. É concebível que exista uma natureza essencialmente *não* aleatória para o comportamento detalhado de alguns sistemas caóticos e que esse "limiar do caos" contenha a chave para o comportamento efetivamente não computacional da mente? Para que esse fosse o caso, seria necessário para esses sistemas caóticos ser capazes de aproximar um comportamento não computacional – uma possibilidade interessante por si só –, mas, mesmo assim, o papel de tal não aleatoriedade na discussão precedente seria somente reduzir, um pouco, a magnitude do conjunto de sociedades robóticas sob consideração (cf. a Seção 3.22). Não está nem um pouco claro para mim que isto poderia nos ajudar de forma significativa. Aqueles que acreditam que é o caos que guarda as chaves para a mentalidade teriam que encontrar um bom argumento para escapar dessas profundas dificuldades.

Os argumentos apresentados parecem fornecer evidências poderosas contra o modelo computacional da mente – o ponto de vista $\mathscr{A}$ – e igualmente contra a possibilidade de uma *simulação* computacional efetiva (mas sem mentalidade) de todas as manifestações externas das atividades da mente – o ponto de vista $\mathscr{B}$. Ainda assim, apesar da força desses argumentos, suspeito que um bom contingente de pessoas ainda irá achar que eles são difíceis de aceitar. Em vez de explorar a possibilidade de que o fenômeno da mentalidade – seja o que for – possa ser algo mais em linha com $\mathscr{C}$, ou talvez até mesmo $\mathscr{D}$, muitas pessoas de inclinação científica irão se restringir meramente a tentar encontrar os pontos fracos no argumento apresentado, de forma a manter viva sua fé contínua de que o ponto de vista $\mathscr{A}$, ou talvez $\mathscr{B}$, deva, no fim das contas, representar a verdade.

Não vejo esta como uma reação descabida. Afinal, as implicações de $\mathscr{C}$ e $\mathscr{D}$ apresentam profundas dificuldades. Se devemos crer, segundo $\mathscr{D}$, que existe algo cientificamente inexplicável sobre a mente – a mentalidade sendo uma qualidade bastante diversa de qualquer coisa que possa ser fornecida por entidades físicas matematicamente determinadas que habitam nosso universo material –, então devemos nos perguntar por qual motivo nossas mentes parecem estar tão intimamente associadas com objetos físicos elaboradamente construídos, tais como nossos cérebros. Se a mentalidade é algo separado da materialidade, então por qual motivo nossos "eus" mentais parecem necessitar de cérebros físicos? Está bem claro que diferenças em estados mentais podem surgir de diferenças nos estados físicos dos cérebros associados. O efeito de determinadas drogas, por exemplo, está relacionado de forma bastante específica com mudanças no comportamento mental. Da mesma forma, sequelas, doenças ou cirurgias, em lugares específicos do cérebro, podem ter efeitos previsíveis e claramente definidos sobre os estados mentais dos indivíduos envolvidos. (De forma particularmente dramática, nesse contexto, são os vários relatos fornecidos por Oliver Sacks em seus livros *Tempo de despertar* e *O homem que confundiu sua mulher com um chapéu*.) Parece difícil sustentar que a mentalidade está *completamente* separada da materialidade. E se a mentalidade está de fato conectada com certas formas de materialidade – aparentemente de forma *inerente* –, então as leis científicas que descrevem de forma tão acurada o comportamento dos objetos físicos certamente devem ter muito a dizer sobre o mundo mental também.

Quanto ao ponto de vista $\mathscr{C}$, existem problemas de um tipo diverso – surgindo principalmente de seu caráter peculiarmente especulativo. Quais razões existem para acreditar que a natureza poderia se comportar de forma a desafiar a computabilidade? Certamente, o poder da ciência moderna deriva, cada vez mais, do fato de que objetos físicos se comportam de formas que podem ser simuladas, com um grau de precisão que aumenta continuamente, por cálculos computacionais numéricos crescentemente compreensivos. À medida que o entendimento científico cresceu, o poder preditivo de tais simulações aumentou enormemente. Na prática, esse aumento é devido em grande parte ao desenvolvimento rápido – sobretudo durante a segunda parte do século XX – de aparatos computacionais de poder, velocidade e acurácia extraordinários. Assim, parece que há uma proximidade cada vez maior entre o funcionamento de computadores modernos de propósito geral e o funcionamento do próprio universo material. Existem algumas indicações de que esta seja de alguma forma uma fase temporária no desenvolvimento científico? Por qual motivo devemos contemplar a possibilidade de que haja qualquer coisa no funcionamento físico que seja imune a um tratamento computacional efetivo?

Se estivermos olhando, dentro das teorias físicas *existentes*, por sinais de algum funcionamento que não possa estar inteiramente sujeito a cálculos computacionais então iremos nos desapontar. Todas as leis físicas, da dinâmica de partículas de Newton, passando desde os campos eletromagnéticos de Maxwell aos espaços-tempos curvos de Einstein ou aos profundos detalhes da teoria quântica – parece que todos podem ser descritos inteiramente em termos computacionais,[14] exceto pelo fato de que um ingrediente completamente aleatório também está envolvido no processo da "medição quântica", através dos quais os efeitos de minúscula magnitude são ampliados até que possam ser objetivamente percebidos. Nada disto contém algo que seria necessário para um "funcionamento físico que não possa ser simulado de forma apropriada computacionalmente" do tipo que seria necessário para o ponto de vista $\mathscr{C}$. Assim, concluo que a versão de $\mathscr{C}$ que deve ser válida é a versão "forte" ao invés da "fraca" (cf. Seção 1.13).

[14] Esta afirmação deveria ser qualificada de acordo com o que foi discutido na Seção 1.8; ela está de acordo com a hipótese usual de que sistemas análogos podem ser tratados por métodos digitais. Veja as referências da nota 12 do Capítulo 1.

A importância desse ponto não pode deixar de ser enfatizada. Muitas pessoas de inclinações científicas expressaram para mim sua concordância com o ponto de vista em particular, defendido em ENM, de que deve haver algo "não computacional" no funcionamento da mente, ao mesmo tempo que afirmam que *não* seria necessário que esperássemos quaisquer desenvolvimentos radicais na teoria física para encontrar tal ação não computacional. Uma possibilidade que tais pessoas podem ter em mente seria a extrema complicação dos processos envolvidos no funcionamento cerebral, indo muito além da analogia padrão com computadores (como exposta pela primeira vez por McCullogh; Pitts, 1943), na qual os neurônios ou as junções sinápticas são tomados como análogas aos transistores e os axônios a fios. Elas poderiam apontar para a complexidade da química envolvida no comportamento das substâncias químicas neurotransmissoras que regem a transmissão sináptica e para o fato de que o funcionamento de tais químicos não está necessariamente confinado à vizinhança de junções sinápticas em particular. Ou podem apontar para a natureza intricada dos neurônios em si,[15] nos quais importantes subestruturas (tais como o citoesqueleto – que de fato terá uma grande importância para nós mais tarde, cf. seções 7.4 a 7.7) poderiam ter uma influência substancial sobre o funcionamento neuronal. Poderiam até olhar para influências eletromagnéticas diretas, tais como "efeitos de ressonância", que simplesmente não poderiam ser explicadas em termos de impulsos nervosos ordinários; ou poderiam insistir que efeitos da teoria quântica devem ser importantes para o funcionamento cerebral, seja através de algum papel para as incertezas quânticas ou para efeitos quânticos coletivos não locais (tais como o fenômeno conhecido como "condensação de Bose-Einstein").[16]

Ainda que teoremas matemáticos definitivos em grande parte não tenham sido encontrados,[17] parece não haver grandes dúvidas de que todas as teorias físicas existentes devem de fato ser basicamente computacionais em sua natureza – com talvez um esporádico ingrediente aleatório, condizente

[15] A sugestão de que os neurônios poderiam não ser simplesmente interruptores liga/desliga como se pensava anteriormente tem ganhado terreno em diversas comunidades. Veja, por exemplo, os livros de Scott, 1977; Hameroff, 1987; Edelman, 1989; e Pribram, 1991. Veremos no Capítulo 7 que algumas das ideias de Hameroff terão uma importância crucial para nós.

[16] Fröhlich, 1968, 1970, 1975, 1984, 1986; essas ideias foram estendidas por Marshall, 1989; Lockwood, 1989; Zohar, 1990, e outros. Elas também terão importância para nós; cf. a Seção 7.5, e também Beck; Eccles, 1992.

[17] Veja Smith; Stephenson, 1975; Pour-El; Richards, 1989; Blum et al., 1989; e Rubel, 1989, por exemplo.

com a presença de medições quânticas. Apesar dessa expectativa, acredito que a possibilidade de atividade não computacional (não aleatória) em sistemas físicos, funcionando de acordo com a teoria física existente, é ainda uma questão bastante interessante de se investigar em detalhes. Pode acontecer de existirem surpresas aqui e que algum ingrediente não computacional sutil ainda irá emergir de tais investigações matemáticas detalhadas. Na situação atual, no entanto, não me parece que seja muito provável que uma não computabilidade genuína possa ser encontrada dentre as leis físicas existentes. Consequentemente, acredito que devemos sondar os pontos fracos das leis em si para encontrar espaço para a não computabilidade que os argumentos apresentados demandam que esteja presente na atividade mental humana.

Quais seriam esses pontos fracos? Existe pouca dúvida na minha mente sobre onde devemos concentrar nosso ataque na teoria existente; afinal, seu elo mais fraco está no procedimento antes mencionado da "medição quântica". Da forma que a teoria existente se encontra, existem elementos de inconsistência – e certamente de controvérsia – com relação a todo o procedimento de "medição". Não está nem mesmo claro em que estágio esse procedimento pode ser aplicado em qualquer circunstância. Mais que isto, a presença de uma aleatoriedade essencial no procedimento em si fornece um funcionamento físico aparente que é de um caráter bastante diferente daquilo com que estamos familiarizados em outros processos fundamentais. Discutirei essas questões extensivamente na Parte II.

Do meu ponto de vista, este procedimento de medição é de fundamental importância – a ponto de mudanças essenciais serem necessárias na própria estrutura da teoria física. Algumas novas sugestões serão apresentadas na Parte II (Seção 6.12). O raciocínio que forneci na Parte I deste livro fornece fortes evidências para a possibilidade de que a *aleatoriedade* pura da teoria da medição deve ser substituída por alguma coisa diferente, em que ingredientes essencialmente *não computáveis* terão um papel fundamental. Mais que isto, como veremos mais tarde (Seção 7.9), essa não computabilidade terá que ser de um tipo particularmente sofisticado. (Por exemplo, uma lei que "meramente" nos permita decidir, através de um novo processo físico, a veracidade de sentenças Π_1 – i.e., solucionar o "problema da parada" de Turing – não seria por si só suficiente.)

Se a descoberta de tal nova teoria física sofisticada já não fosse um desafio suficiente por si só, também devemos procurar por uma base plausível para que esse comportamento físico especulativo tenha alguma relevância genuína para o funcionamento cerebral – de maneira consistente com as necessidades de credibilidade e limitações do conhecimento existente sobre a organização do cérebro. Não existe dúvida de que haverá, no estágio atual de nosso entendimento, um considerável grau de especulação aqui também. No entanto, como indicarei na Parte II (Seção 7.4), existem algumas possibilidades genuínas sobre as quais eu não estava ciente na época que escrevi ENM, que tratam da subestrutura citoesquelética dos neurônios, que oferecem um grau de plausibilidade muito maior para uma ação importante na escala relevante da ação quantum/clássica do que havia se imaginado antes. Essas questões também serão discutidas na Parte II (seções 7.5 a 7.7).

Devo enfatizar novamente que *não* é somente *complicação* dentro da estrutura da teoria física existente que devemos buscar. Algumas pessoas contestariam que os movimentos e complexas reações químicas de substâncias neurotransmissoras envolvidas, por exemplo, não poderiam ser adequadamente simuladas, de forma que isto coloca o funcionamento físico detalhado do cérebro muito além de uma simulação computacional efetiva. No entanto, não é isto que quero dizer por um comportamento não computacional. É certamente verdade que nosso conhecimento da estrutura biológica e dos mecanismos químicos e elétricos detalhados que governam juntos o funcionamento cerebral são bastante inadequados para qualquer tentativa séria de uma simulação computacional. Mais que isto, se fosse o caso de nosso conhecimento atual ser adequado, o poder computacional das máquinas atuais e o *status* das técnicas de programação atuais seriam sem dúvidas incapazes de realizar uma simulação apropriada em qualquer intervalo de tempo razoável. Mas, *em princípio*, tal simulação poderia ser configurada de acordo com os modelos existentes, nos quais a química das substâncias neurotransmissoras, os mecanismos que governam seu transporte, sua efetividade devido às condições ambientais particular, potenciais de ação, campos eletromagnéticos etc., poderiam ser todos inclusos na simulação. Dessa forma, mecanismos desse tipo em geral, assumidos como sendo consistentes com os requerimentos da teoria física existente, não podem fornecer a não computabilidade que os argumentos prévios exigem.

Também poderia haver elementos caóticos no funcionamento de tal simulação computacional (teórica). No entanto, como em nossa discussão anterior de sistemas caóticos (seções 1.7, 3.10, 3.11 e 3.22), não exigimos uma simulação de qualquer modelo *particular* de um cérebro, mas simplesmente que a simulação sirva como um "caso típico". Afinal, não existe necessidade, na inteligência artificial, de que as capacidades mentais de um indivíduo em particular sejam simuladas; estamos meramente (e tendo isso como objetivo final) tentando simular o comportamento inteligente de algum indivíduo *típico*. (Lembrem-se que, como em simulações de sistemas climáticos, no contexto que estamos discutindo, estaríamos meramente exigindo uma simulação *de um* clima, não *do* clima!) Desde que os *mecanismos* subjacentes ao modelo do cérebro fossem expostos e conhecidos, então (contanto que esses mecanismos sejam consistentes com a atual física computacional), ainda teríamos um sistema computacional que pode ser conhecido – talvez com ingredientes explicitamente aleatórios, mas tudo isto já foi coberto dentro da discussão anterior.

Poderíamos até levar esse argumento além e pedir meramente que o modelo proposto do cérebro tenha surgido por um processo de evolução darwiniana das formas de vida mais primitivas, tudo funcionando de acordo com a física conhecida – ou com qualquer outro tipo de modelo físico computacional (como o modelo bidimensional fornecido por John Horton Conway, um engenhoso "jogo da vida" matemático).[18] Podemos imaginar que a "sociedade robótica" discutida nas seções 3.5, 3.9, 3.19 e 3.23 poderia surgir como resultado dessa evolução darwiniana. Novamente, teríamos um sistema basicamente computacional para os quais os argumentos das seções 3.14-3.21 seriam aplicáveis. Agora, de forma que o conceito de "asserção-☆" possa ter sentido dentro desse sistema computacional, para que possamos aplicar os argumentos apresentados em detalhes, precisaremos de algum estágio de "intervenção humana" para ensinar aos robôs o sentido estrito do *imprimatur* "☆". Esse estágio poderia ser disparado de forma automática, para acontecer quando os robôs começarem a atingir habilidades comunicacionais adequadas – julgadas por algum critério efetivo. Parece não haver nenhuma razão pela qual isto tudo não pudesse ser automatizado em algum sistema computacional conhecível (no sentido de que os mecanismos são conhecíveis mesmo que não seja realmente prático realizar tais cálculos computacionais em um computador no futuro próximo). Como antes, chegamos a uma contradição a partir da hipótese de que tal sistema pudesse atingir um nível de entendimento humano suficiente para apreciar o teorema de Gödel.

Outra preocupação que algumas pessoas expressaram,[19] com relação à relevância de questões de psicologia dos argumentos matemáticos como as que estou tratando aqui, é que a atividade mental humana nunca é tão precisa

---

[18] Boas descrições do "jogo da vida" de Conway podem ser encontradas em Gardner, 1970; Poundstone, 1985; e Young, 1990.

[19] Veja, por exemplo, Johnson-Laird (1983); Broadbent (1993).

que possa ser analisada dessa maneira.[20] Tais pessoas poderiam sentir que os argumentos detalhados com relação à natureza matemática de seja qual for física que seja responsável pela atividade de nossos cérebros não podem ter nenhuma relevância real para o nosso entendimento do funcionamento da mente humana. Elas poderiam concordar que o comportamento humano de fato é "não computável", mas iriam afirmar que isto reflete meramente a incapacidade geral de considerações de física matemática em tratar questões da psicologia humana. Poderiam muito bem argumentar – e de forma razoável – que a organização imensamente complexa de nossos cérebros, assim como de nossa sociedade e educação, é muito mais relevante do que qualquer física específica que possa ser responsável pelas particularidades técnicas que governam o funcionamento detalhado do cérebro.

No entanto, é importante enfatizar que a mera complexidade não pode ser justificativa para ignorar a necessidade de examinar as implicações das leis físicas subjacentes. Um atleta humano, por exemplo, é um sistema físico imensamente complexo e, por tal argumento, poderíamos imaginar que os detalhes das leis físicas subjacentes teriam pouca relevância para a performance do atleta. Porém, sabemos que isto está muito longe de ser verdadeiro. Os princípios físicos gerais que garantem a conservação da energia, do momento linear e do momento angular e as leis que governam a força da gravidade têm um controle tão firme do atleta como um todo quanto das partículas individuais que compõem o corpo do atleta. O fato de que isto deve ser assim surge de características muito específicas desses princípios particulares que por acaso governam nosso universo em particular. Se tivéssemos princípios levemente diferentes (ou muito diferentes, tais como no "jogo da vida" de Conway), as leis que restringem o comportamento de um sistema tão complicado como um atleta poderiam ser *completamente* diferentes. O mesmo pode ser dito dos funcionamentos de órgãos internos, tais como o coração, e também da química detalhada que governa inúmeros funcionamentos biológicos diferentes. Da mesma forma, devemos esperar que os detalhes das próprias leis que são subjacentes ao funcionamento cerebral possam muito bem ser de extrema importância para controlar mesmo as manifestações mais grosseiras da mentalidade humana.

Contudo, poderia ser argumentado que, mesmo aceitando tudo isso, o tipo de raciocínio em particular com o qual eu me envolvi aqui, que se refere ao comportamento bruto ("de alto nível") dos matemáticos humanos,

[20] Discutido em Broadbent, 1993.

seria improvável que refletisse qualquer coisa significativa sobre os detalhes da física subjacente. O tipo "gödeliano" de argumentos, afinal, requer uma atitude estritamente racional para o conjunto de crenças matemáticas "absolutas", ao passo que o comportamento humano dificilmente é do tipo totalmente racional no qual o argumento gödeliano pode ser aplicado. Por exemplo, poderia ser levantada a questão de que existem experimentos psicológicos que mostram o quão irracionais são as respostas dos seres humanos para questões tais como:[21]

> "se todos os As são Bs e alguns Bs são Cs, segue necessariamente que alguns As são Cs?".

Em exemplos como esse, a maioria de estudantes universitários deu a resposta errada ("sim"). Se estudantes universitários são tão ilógicos em seu raciocínio, poder-se-ia muito bem questionar como podemos deduzir qualquer coisa de valor do tipo muito mais sofisticado de argumento gödeliano? Mesmo matemáticos treinados irão frequentemente pensar de formas não rigorosas, e é incomum que eles se expressem de forma tão consistente que contra-argumentos gödelianos se tornem relevantes.

No entanto, devemos deixar claro que os erros como os cometidos pelos estudantes universitários na pesquisa citada não são aqueles sobre os quais os principais argumentos deste livro versam. Tais erros estariam abarcados sob o termo "erros corrigíveis" e, de fato, os erros dos estudantes universitários certamente ficariam claros *como* erros após a natureza destes ter sido indicada para os estudantes (e explicada de forma detalhada, se necessário). Erros corrigíveis não são nossa principal preocupação aqui; veja a discussão de **Q13**, em particular, e também as seções 3.12 e 3.17. Enquanto o estudo dos erros que as pessoas podem cometer seja importante na psicologia, psiquiatria e fisiologia, aqui estou interessado em um conjunto completamente diferente de questões: o que pode ser percebido *em princípio* pelo uso do entendimento, razão e intuição humanos. Acontece que essas questões de fato são sutis, ainda que sua sutileza não seja imediatamente aparente. Em primeiro lugar, essas questões parecem ser trivialidades; afinal, um raciocínio correto é certamente somente um raciocínio correto – algo mais ou menos óbvio e, de qualquer forma, já entendido por Aristóteles 2.300 anos atrás (ou pelo menos pelo lógico matemático George Boole em 1854 etc.)! Porém,

[21] Experimentos discutidos em Broadbent, 1993.

acontece que o "raciocínio correto" é algo imensamente sutil e, como Gödel (junto de Turing) mostrou, está além de qualquer ação puramente computacional. Essas questões estiveram, no passado, mais dentro do território dos matemáticos do que dos psicólogos e as sutilezas envolvidas em geral não eram o principal interesse do segundo grupo. Mas vimos que essas são as questões que nos informam sobre o funcionamento físico final que deve estar na raiz dos processos subjacentes aos nossos entendimentos conscientes.

Tais tópicos também tocam em profundas questões da filosofia matemática. O entendimento matemático representa algum tipo de contato com uma realidade matemática platônica preexistente, que possui uma realidade eterna bastante independente de nós; ou estamos cada um independentemente recriando todos os conceitos matemáticos à medida que raciocinamos através de nossos argumentos lógicos? Mais que isto, por qual motivo as leis físicas parecem seguir tão precisamente tais descrições matemáticas precisas e sutis? Como a realidade física em si está relacionada com a questão da realidade matemática platônica? Fora isto, se de fato é verdadeiro que a natureza de nossas percepções é dependente de alguma subestrutura detalhada e sutil subjacente às próprias leis que governam nossos cérebros, então o que podemos aprender sobre como é que percebemos a matemática – ou como percebemos *qualquer coisa* de um entendimento mais profundo dessas leis físicas?

Essas questões serão nossas preocupações principais e iremos retornar a elas ao final da Parte II.

Parte II

Qual nova física precisamos para entender a mente

A jornada por uma física não computacional da mente

4
A mente possui um lugar na física clássica?

4.1 A mente e as leis físicas

Nós – nossos corpos e nossas mentes – somos partes de um universo que obedece, com uma precisão extraordinária, leis matemáticas de alcance amplo e imensamente sutis. Que nossos corpos físicos são precisamente limitados por essas leis se tornou uma parte aceita do paradigma científico moderno. E quanto a nossas mentes? Muitas pessoas acham bastante perturbadora a sugestão de que nossas mentes também estejam limitadas a agir segundo algumas leis matemáticas. Porém, ter que cravar uma divisão clara entre o corpo e a mente – um estando sujeito às leis matemáticas da física e a outra gozando do seu próprio tipo de liberdade – pode ser perturbador de uma forma diferente. Afinal, nossas mentes certamente afetam as maneiras pelas quais os nossos corpos agem e também devem ser influenciadas pelo estado físico desses mesmos corpos. O próprio conceito de mente pareceria ter pouco propósito se a mente não fosse capaz nem de influenciar nem de ser influenciada pelo nosso corpo físico. Mais que isso, se a mente é somente um "epifenômeno" – alguma propriedade específica, mas passiva do estado físico do cérebro –, que seja uma consequência do corpo mas que não possa influenciá-lo de alguma maneira, isto então relegaria a mente somente a um papel impotente e frustrado. Porém, se a mente fosse capaz de influenciar o corpo de maneiras que levassem seu corpo a agir além dos limites das leis da física, então isto perturbaria a acurácia dessas leis científicas puramente físicas. Assim, é difícil acomodar a visão inteiramente "dual" de que a mente e o corpo obedecem a tipos totalmente independentes de leis. Mesmo que essas leis físicas que governam a ação do corpo permitam uma liberdade dentro da qual a mente possa afetar seu comportamento consistentemente, então a natureza peculiar dessa liberdade deveria em si ser um componente importante dessas mesmas leis físicas. Seja o que for que controle ou descreva a mente, deve de fato ser uma parte importante do grande esquema que governa também todos os atributos *materiais* do nosso universo.

Existem aqueles que afirmariam que, se quisermos nos referir à "mente" como se ela fosse somente algum outro tipo de substância – ainda que diferente da matéria e satisfazendo princípios bastante diferentes –, estaríamos cometendo um "erro de categoria".[1] Eles poderiam indicar uma analogia, na qual o corpo material deve ser comparado com um computador físico e a mente com um programa de computador. De fato, tais comparações podem ajudar quando apropriadas e é certamente importante evitar confusões sobre tipos diferentes de conceitos quando tal confusão é claramente evidenciada. Ainda assim, simplesmente citar um "erro de categoria" no caso da mente e do corpo em si não remove um mistério genuíno.

Mais que isso, existem, na física, certos conceitos que podem ser igualados uns aos outros, ainda que à primeira vista pareçam envolver algo que poderia ser considerado um "erro de categoria". Um exemplo desse tipo ocorre mesmo com a famosa $E = mc^2$ de Einstein, que efetivamente iguala energia com massa. Poderia parecer que um erro de categoria talvez tivesse sido cometido aqui, já que a massa é uma medida da substância material real enquanto a energia parece ser uma quantia abstrata mais nebulosa descrevendo a capacidade de realizar trabalho. Ainda assim, a fórmula de Einstein, que relaciona os dois, é um pilar da física moderna e foi confirmada experimentalmente em diversos tipos de processos físicos. Um exemplo ainda mais patente de um aparente erro de categoria, tirado da física, ocorre com o conceito de *entropia* (cf., por exemplo, ENM, cap.7). Isto ocorre porque a entropia é definida de uma maneira muito subjetiva, sendo essencialmente uma característica da noção de "informação"; ainda assim a entropia, da mesma forma, também se encontra relacionada com outras quantidades físicas mais "materiais" em equações matemáticas precisas.[2]

---

[1] Veja, por exemplo, Dennett, 1991, p.49.

[2] Uma equação bastante importante é a "primeira lei da termodinâmica": $dE = TdS - pdV$. Aqui E, T, S, p e V são, respectivamente, a energia, temperatura, entropia, pressão e o volume de um gás.

Da mesma forma, não parece haver razão pela qual deveríamos ser proibidos de pelo menos tentar discutir a noção de "mente" em termos que poderiam relacioná-la de forma clara a outros conceitos físicos. Em particular, a consciência parece ser algo que está "lá" em associação com certos objetos físicos bastante específicos – cérebros humanos vivos e despertos, pelo menos – de tal forma que podemos antecipar algum tipo de descrição física desse fenômeno, não importa quão longe estejamos de um entendimento disto no momento. A única pista que obtemos da discussão da Parte I deste livro é que o entendimento consciente, em particular, deve envolver algum tipo de ação física não algorítmica – se, de fato, seguirmos as conclusões pelas quais tenho argumentado vigorosamente, tal como algo em acordo com o ponto de vista $\mathscr{C}$, em vez de com $\mathscr{A}$, $\mathscr{B}$ ou $\mathscr{D}$ (cf. a Seção 1.3). Devo pedir a quaisquer leitores que ainda não foram persuadidos pelos argumentos que mostrei antes para continuarem comigo, pelo menos por ora, e verem qual território somos levados a explorar pela evidência a favor de $\mathscr{C}$. Encontraremos que as possibilidades não são de forma alguma desfavoráveis quanto poderíamos esperar e que existem muitas coisas nesse território que são interessantes por si sós. Espero que, após essa exploração, tais leitores possam retornar com mais simpatia aos argumentos – que acredito serem poderosos – que apresentei anteriormente neste livro. Vamos então explorar – tendo $\mathscr{C}$ como nosso guia!

4.2 Computabilidade e caos na física atual

A precisão e o escopo das leis da física, como entendemos hoje, são extraordinários, porém elas não contêm nenhum indício de qualquer ação que não possa ser simulada computacionalmente. Ainda assim, dentro das possibilidades que essas leis nos permitem, devemos tentar encontrar uma abertura para uma ação não computacional oculta da qual o funcionamento dos nossos cérebros deve usufruir de alguma maneira. Vou adiar, por ora, uma discussão da possível natureza dessa não computabilidade. Existem razões para acreditar que ela deve ser particularmente sutil e elusiva e não quero me embrenhar, neste ponto, com as questões que estarão envolvidas nisto. Retornarei a esse ponto mais tarde (seções 7.9 e 7.10). É suficiente dizer que necessitamos de algo essencialmente diferente dos paradigmas que temos apresentado com as nossas teorias físicas até agora, sejam clássicas ou quânticas.

Na física *clássica* podemos, em qualquer momento particular, especificar todos os dados necessários para definir um sistema físico e a evolução desse sistema não está somente completamente determinada por esses dados, mas também pode ser *computada* a partir deles, através dos efetivos métodos de computação de Turing. Pelo menos, tal cálculo computacional pode *em princípio* ser feito, condicionado a duas ressalvas (inter-relacionadas). A primeira é que seja possível que os dados iniciais sejam adequadamente digitalizados, de tal forma que os parâmetros contínuos da teoria possam ser substituídos, com um grau de precisão de aproximação suficiente, por parâmetros *discretos*. (Isto é o que realmente é feito normalmente em simulações computacionais de sistemas clássicos.) A segunda ressalva trata do fato de que muitos sistemas físicos são *caóticos* – no sentido de que uma acurácia completamente absurda é necessária para os dados para que o comportamento futuro do sistema seja calculado com algum grau de precisão tolerável. Como já foi amplamente discutido anteriormente (veja a Seção 1.7, em particular; também as seções 3.10 e 3.22), o comportamento caótico de um sistema que opera discretamente *não* fornece o tipo de "não computabilidade" que é necessário aqui. Um sistema caótico (discreto), ainda que difícil de calcular de forma acurada, é ainda um sistema computável – como atesta o fato de que tais sistemas são normalmente estudados, na prática, através de computadores eletrônicos! A primeira ressalva está relacionada com a segunda, pois a questão da "adequação" do grau de precisão para nossa aproximação discreta dos parâmetros contínuos da teoria depende, em um sistema caótico, se estamos interessados em calcular seu comportamento *real* – ou se um comportamento *típico* de tal sistema serviria. Se for o segundo caso – e, como argumentei na Parte I, isto parece ser tudo que é necessário para os propósitos da inteligência artificial –, então não precisamos nos preocupar que nossas aproximações discretas não são perfeitas e que pequenos erros nos dados iniciais possam levar a erros muito grandes no comportamento subsequente do sistema. Se isto é tudo de que precisamos, então as ressalvas apresentadas não parecem nos abrir nenhum espaço para qualquer possibilidade séria de não computabilidade do tipo que é necessário, de acordo com as discussões da Parte I, em qualquer sistema puramente clássico.

Não se deve, no entanto, descartar a possibilidade de que possa haver algo no comportamento caótico preciso exibido por algum sistema matemático contínuo (tomado como modelo de um comportamento físico) que não possa ser capturado por *qualquer* aproximação discreta. Não tenho conhecimento de nenhum sistema assim, mas, mesmo que ele exista, não seria de nenhuma ajuda para a IA – da forma que o tema se encontra no momento –, pois a IA existente tem através da sua modelagem uma dependência de cálculos computacionais *discretos* (isto é, digitais, em vez de análogos; cf. a Seção 1.8).

Na física *quântica* existe alguma liberdade adicional vinda de uma natureza completamente *randômica*, acima e além do comportamento determinístico (e computável) que as equações da teoria quântica (basicamente, a equação de Schrödinger) fornecem. Tecnicamente, essas equações *não* são caóticas, mas a ausência do caos é substituída pela presença dos componentes randômicos mencionados anteriormente que suplementam a evolução determinística. Como vimos, particularmente na Seção 3.18, tais componentes puramente aleatórios também não fornecem a ação não algorítmica requerida. Assim, parece que nem a física clássica nem a quântica, como entendidas atualmente, nos dão qualquer espaço para o tipo de comportamento não computacional requerido, de tal forma que devemos olhar em outro lugar para a ação não computacional de que precisamos.

4.3 Consciência: física nova ou um "fenômeno emergente"?

Na Parte I, argumentei (em particular para o caso do entendimento matemático) que o fenômeno da *consciência* pode surgir somente na presença de alguns processos físicos não computacionais que aconteçam no cérebro. Devemos presumir, no entanto, que tais processos não computacionais (especulativos) deveriam *também* ser algo inerente ao funcionamento da matéria inanimada, já que os cérebros humanos vivos são, em última instância, compostos do mesmo material, satisfazendo as mesmas leis físicas, que objetos inanimados do universo. Devemos então nos perguntar duas coisas. Primeiro: por que o fenômeno da consciência parece ocorrer, até onde sabemos, *somente* nos (ou relacionado aos) cérebros – ainda que não devamos descartar a possibilidade de que a consciência possa estar presente em outros sistemas físicos apropriados? Segundo: devemos nos perguntar como poderia tal componente (especulativo) aparentemente tão importante como um comportamento não computacional, presumido ser inerente – potencialmente, pelo menos – à ação de todas as coisas materiais, ter escapado inteiramente da atenção dos físicos até o momento?

Sem dúvida, a resposta para a primeira pergunta tem algo a ver com a organização sutil e complexa do cérebro, mas isso, por si só, não nos fornece uma explicação suficiente. De acordo com as ideias que tenho apresentado aqui, a organização do cérebro teria que estar preparada para tirar vantagem de ações não computacionais nas leis físicas, enquanto materiais ordinários não seriam organizados de tal forma. Esse paradigma difere notoriamente do ponto de vista mais comumente expresso sobre a natureza da consciência[3] (basicamente $\mathscr{A}$) segundo o qual a mentalidade consciente seria algum tipo de "fenômeno emergente", surgindo somente como uma característica de suficiente complexidade ou sofisticação de funcionamento e não necessitaria de quaisquer processos físicos subjacentes específicos, novos, fundamentalmente diferentes daqueles com os quais já estamos familiarizados no comportamento da matéria inanimada. A evidência apresentada na Parte I aponta para uma direção diferente e requer que haja alguma organização sutil no cérebro que seja especificamente capaz de tirar vantagem da física não computacional sugerida. Apresentarei comentários mais detalhados sobre a natureza dessa organização mais tarde (seções 7.4 a 7.7).

Com relação à segunda questão, devemos de fato esperar que vestígios de tal não computabilidade também estejam presentes, em algum nível indiscernível, na matéria inanimada. Ainda assim, a física da matéria ordinária parece, à primeira vista, não dar qualquer espaço para tal comportamento não computável. Mais tarde, tentarei explicar, com detalhes, como tal comportamento não computacional poderia ter escapado da nossa atenção e como tal comportamento é compatível com as observações atuais. Mas, por ora, será útil descrever um fenômeno bastante diferente, mas, de certa forma, bastante análogo da física *conhecida*. Ainda que não esteja conectado – ou, pelo menos, não *diretamente* conectado – com qualquer tipo de comportamento não computável, esse fenômeno físico é muito parecido com nosso componente não computacional especulativo de várias outras maneiras, sendo totalmente indiscernível – ainda que realmente presente – no comportamento detalhado de objetos ordinários; porém tem seu papel em um nível apropriado e ocorre que tal fenômeno alterou profundamente a maneira pela qual entendemos o funcionamento do mundo. Nossa história, na verdade, foi central para a própria marcha da ciência.

4.4 A *inclinação* de Einstein

Desde os tempos de Isaac Newton, o fenômeno físico da *gravidade*, e sua descrição matemática soberbamente precisa (apresentada pela primeira vez de forma completa por Newton em 1687), teve um papel fundamental no desenvolvimento do pensamento científico. Uma vez estabelecida essa

---

[3] Por exemplo, Dennett, 1991.

descrição matemática, a gravidade serviu como um belo modelo para a descrição de outros processos físicos, nos quais os movimentos dos corpos em um espaço de fundo fixo (plano) eram vistos como sendo controlados pelas forças que agiam nesses corpos, as forças causando uma atração mútua (ou repulsão) entre as partículas individualmente, controlando todos seus movimentos em todos os detalhes. Como resultado do sucesso estrondoso da teoria gravitacional de Newton, acreditou-se posteriormente que *todos* os processos físicos poderiam ser descritos dessa forma, com as forças elétricas, magnéticas, moleculares e outras forças também agindo entre as partículas e controlando seus movimentos de forma precisa, da mesma forma que parecia ter funcionado tão maravilhosamente bem no caso da gravidade.

Em 1865, esse paradigma mudou de forma radical quando o grande físico escocês James Clerk Maxwell publicou um notável conjunto de equações descrevendo o comportamento preciso dos campos elétricos e magnéticos. Esses campos contínuos deveriam ter agora, por si mesmos, uma existência independente junto às várias partículas discretas. O campo eletromagnético (como a combinação dos dois é chamada agora) é capaz de carregar energia através do espaço vazio na forma de luz, ondas de rádio, raios-x etc., e é tão real quanto as partículas newtonianas com as quais assumimos que coexiste. Ainda assim, a descrição, de maneira geral, ainda é aquela de corpos físicos (incluindo, agora, campos contínuos) que se movem em um espaço físico sob a influência de suas interações mútuas, de tal forma que o quadro geral apresentado pelo esquema newtoniano não foi substancialmente alterado. Mesmo a teoria quântica, com toda sua estranheza revolucionária, como introduzida em 1913-1926 por Niels Bohr, Werner Heisenberg, Erwin Schrödinger, Paul Dirac e outros, não alterou esse aspecto do nosso paradigma físico. Objetos físicos ainda eram vistos como coisas agindo mutuamente entre si através de campos de força, tudo habitando o mesmo espaço fixo e plano de fundo.

Ao mesmo tempo que alguns dos primeiros desenvolvimentos da teoria quântica, Albert Einstein reexaminou profundamente a própria base da gravitação newtoniana e finalmente, em 1915, criou uma *nova* e revolucionária teoria que fornecia um paradigma completamente diferente: sua teoria da relatividade geral (cf. ENM, p.202-11). A gravitação agora não era mais uma força de forma alguma, mas deveria ser representada por um tipo de *curvatura* do próprio espaço (na verdade espaço-tempo) no qual todas as outras partículas e forças deveriam habitar.

Nem todos os físicos ficaram muito felizes com essa visão perturbadora. Sentiam que a gravitação não deveria ser tratada de forma tão diferente das outras ações físicas – especialmente dado que foi a gravidade em si que forneceu o paradigma inicial sobre o qual todas as teorias físicas subsequentes foram modeladas. Outra preocupação era que a gravidade é extraordinariamente fraca quando comparada com as outras forças físicas. Por exemplo, a força gravitacional entre um elétron e um próton em um átomo de hidrogênio é menor do que a força elétrica entre as mesmas duas partículas por um fator de cerca de 1/28.500.000.000.000.000.000.000.000.000.000.000.000.000. Dessa forma, a gravidade não pode ser percebida de forma alguma no nível das partículas individuais que compõem a matéria!

Levantava-se então, às vezes, a seguinte questão: será que a gravitação não é algum tipo de efeito *residual*, talvez surgindo do cancelamento quase completo, mas não exato, de todas as outras forças envolvidas? (Certas forças dessa natureza são de fato conhecidas, como as forças de Van der Waals, ligações de hidrogênio e a força de London.) De acordo com isto, em vez de ser um fenômeno bastante diferente de todo o resto, tendo que ser descrita de maneira matemática completamente diferente de todas as outras forças, a gravidade não existiria realmente como algo em si, mas seria algum tipo de "fenômeno emergente". (Por exemplo, o grande cientista e humanitário soviético Andrei Sakharov uma vez apresentou uma descrição da gravidade dessa natureza.)[4]

Porém, acontece que esse tipo de ideia *não* irá funcionar. A razão básica para isto é que a gravidade, na realidade, influencia as relações *causais* entre os eventos do espaço-tempo e é o *único* objeto físico que tem esse efeito. Outra maneira de apresentar isto é dizer que a gravidade tem a capacidade única de "inclinar" os cones de luz. (Logo veremos o que isto significa.) Nenhum outro campo físico *além* da gravidade pode inclinar os cones de luz, nem qualquer outra coleção de interações físicas não gravitacionais.

O que significa "inclinar os cones de luz"? O que são "relações causais entre eventos do espaço-tempo"? Precisaremos nos alongar um pouco para explicar esses termos. (Essa digressão terá uma importância separada para nós mais tarde.) Alguns leitores podem já estar muito bem familiarizados com os conceitos relevantes e darei apenas um pequeno relato aqui de forma a apresentar aos outros as ideias necessárias. (Veja ENM, cap.5, p.194, para uma discussão mais completa.) Na Figura 4.1, eu representei, em um diagrama de espaço-tempo, um cone de luz ordinário. O tempo é representado no diagrama como progredindo da parte inferior da figura até o topo,

[4] Sakharov, 1967; cf. Misner et al., 1973, p.428.

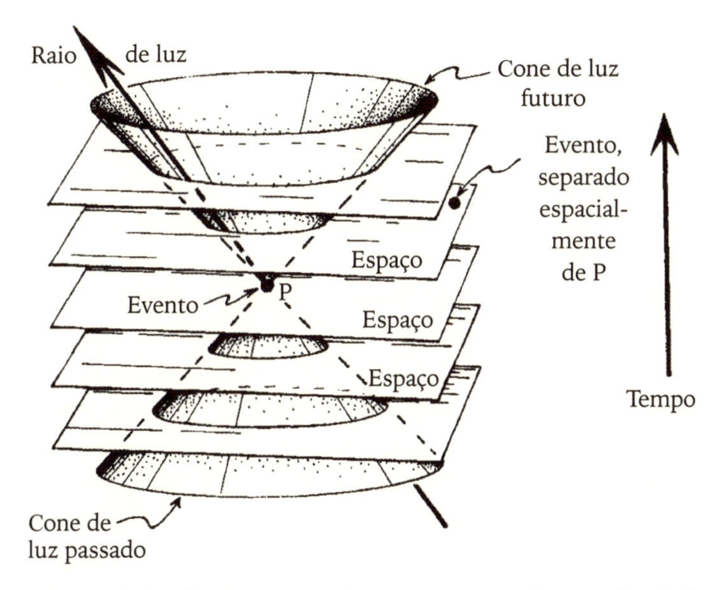

Figura 4.1 – O *cone de luz* de um evento P é composto por todos os raios de luz em um espaço-tempo que atravessam P. Representa a história de um feixe de luz que converge para P (o cone de luz passado) e que então se expande em seguida (o cone de luz futuro). O evento Q está *separado espacialmente* de P (estando fora do cone de luz de P) e está fora da influência causal de P.

enquanto o espaço está representado se estendendo horizontalmente. Um ponto em um diagrama de espaço-tempo representa um *evento*, que é um ponto em algum lugar particular do espaço e em algum momento temporal em particular. Eventos, assim, têm duração temporal zero, assim como extensão espacial zero. O *cone de luz* completo centrado em um evento P representa a história espaçotemporal de um pulso de luz esférico, que implode em direção ao ponto P e então imediatamente explode para além de P, sempre à velocidade da luz. Assim, o cone de luz inteiro de P é composto por todos aqueles raios que de fato encontram o evento P em suas histórias individuais.

O cone de luz de P tem duas partes em sua composição: o cone de luz *passado*,* representando o feixe de luz que *im*plode, e o cone de luz *futuro*, representando o feixe de luz que *ex*plode. Segundo a teoria da relatividade, todos os eventos que podem ter uma *influência causal* sobre o evento espaçotemporal P são aqueles que estão dentro ou sobre o cone de luz passado de P; da

* Nos diagramas em ENM, somente as partes futuras dos cones de luz foram representadas. (N. A.)

mesma forma, todos os eventos que podem ser causalmente influenciados *por* P são aqueles que se encontram dentro ou sobre o cone de luz futuro de P. Os eventos que estão em uma região fora tanto do cone de luz passado quanto do futuro são aqueles que não podem nem influenciar, nem ser influenciados por P. Tais eventos são ditos terem uma separação *tipo-espaço* de P.

Deve-se ficar claro que as noções de relação causal são características da *teoria da relatividade* e não são pertinentes para a física newtoniana. No paradigma newtoniano não existe uma velocidade-limite para a transferência de informação. É somente na teoria da relatividade que tal velocidade-limite existe e essa velocidade é a velocidade da luz. É um princípio fundamental da teoria de que nenhum efeito causal pode se propagar mais rápido do que essa velocidade-limite.

Devemos ter cuidado, porém, no que é interpretado como "a velocidade da luz" aqui. Sinais de luz reais são levemente desacelerados quando passam através de um meio refratário, tal como o vidro. Dentro de tal meio, a velocidade com que um sinal de luz físico viajaria seria menor do que o que estamos chamando aqui de "velocidade da luz" e é possível que um corpo físico, ou um sinal físico além de um sinal de luz, exceda a velocidade real com que a luz viajaria nesse meio. Tal fenômeno pode ser observado em certos experimentos físicos que dão origem ao que é conhecido como radiação Cherenkov. Aqui, partículas são atiradas em um meio refratário onde a velocidade das partículas é levemente menor que a da "velocidade da luz" absoluta, mas maior do que a velocidade com a qual a luz de fato viaja no meio. Ondas de choque de luz então ocorrem e isto é a radiação Cherenkov.

Para evitar confusão, é melhor que eu me refira a essa "velocidade da luz" maior como a velocidade *absoluta*. Os cones de luz de um espaço-tempo determinam a velocidade absoluta, mas não necessariamente determinam a velocidade da luz real. Em um meio, a velocidade da luz é um pouco menor que a velocidade absoluta e também é menor do que a das partículas atiradas contra ele para produzir radiação Cherenkov. É a velocidade absoluta (i.e., cada cone de luz) que fixa o limite de velocidade para todos os sinais ou corpos materiais e, ainda que a luz real não necessariamente viaje na velocidade absoluta, sempre o faz no vácuo.

A teoria da "relatividade" à qual estamos nos referindo aqui é, basicamente, a relatividade *especial*, onde a gravitação está ausente. Os cones de luz na relatividade especial estão todos dispostos uniformemente, conforme mostrado na Figura 4.2, e o espaço-tempo é referido como o espaço de *Minkowski*. Segundo a teoria da relatividade *geral* de Einstein, a discussão prévia ainda se sustenta, contanto que continuemos a nos referir à "velocidade absoluta" como sendo determinada pelo posicionamento dos cones de luz do espaço-tempo. Porém, acontece que é um efeito da gravidade que os cones de luz possam se tornar *não* uniformes em sua distribuição, como mostrado na Figura 4.3. É a isto que me referi antes como sendo a "inclinação" dos cones de luz.

Figura 4.2 – O espaço de Minkowski: o espaço-tempo da relatividade especial. Os cones de luz estão todos dispostos uniformemente.

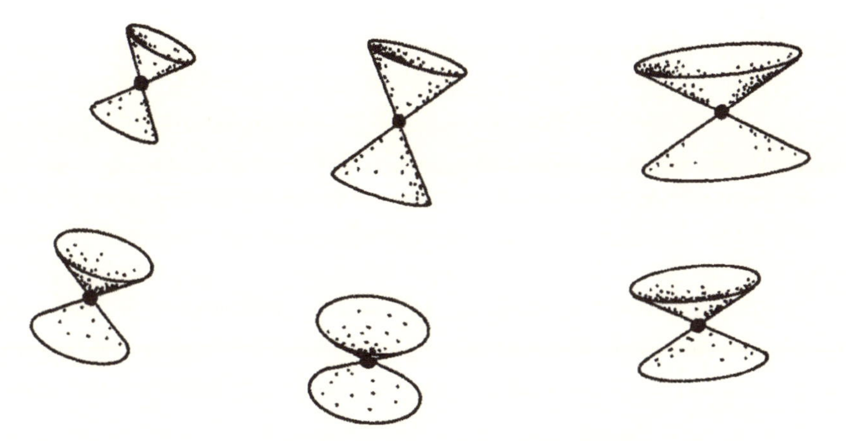

Figura 4.3 – Os cones de luz *inclinados* da teoria da relatividade geral de Einstein.

Uma maneira não incomum de tentar pensar sobre a inclinação dos cones de luz é em termos da velocidade da luz – ou, melhor, de uma velocidade absoluta – que *varia* de lugar para lugar, onde essa velocidade pode também depender da direção do movimento. Dessa maneira, podemos agora tentar pensar sobre a "velocidade absoluta" como algo análogo à "velocidade da luz real" à qual nos referimos na discussão sobre o meio refratário. Assim, podemos pensar no campo gravitacional como provendo um tipo de meio refratário que tudo permeia e que afeta o comportamento não só da luz real, mas também de *todas* as partículas materiais e sinais.* De fato, esse tipo de descrição dos efeitos da gravitação já foi comumente tentada e funciona até certo grau. No entanto, não é uma descrição totalmente satisfatória e, em certos aspectos importantes, fornece um paradigma seriamente errôneo da relatividade geral.

Em primeiro lugar, ainda que esse "meio refratário gravitacional" possa geralmente ser entendido como provendo uma *desaceleração* da velocidade absoluta, como é o caso de um meio refratário normal, existem circunstâncias importantes (como o campo gravitacional muito distante de uma massa isolada) nas quais isto somente não funciona e o meio proposto teria que ser capaz também de *acelerar* a velocidade absoluta em certos lugares (Penrose, 1980; cf. Figura 4.4). Isto *não* é algo que pode ser obtido dentro do esquema da teoria da relatividade especial. Segundo essa teoria, um meio refratário, não importa quão exótico, nunca poderia ter o efeito de ser capaz de acelerar sinais para serem mais rápidos do que a velocidade da luz no vácuo (sem um meio), sem violar os princípios básicos de causalidade da teoria – pois tal aceleração permitiria aos sinais serem propagados para fora dos cones de luz de Minkowski (sem um meio), o que não é permitido. Em particular, os efeitos de "inclinação dos cones de luz" da gravidade, como descritos anteriormente, não podem ser interpretados como algum efeito residual de outros campos não gravitacionais.

Existem outras situações muito mais extremas nas quais não seria possível descrever a inclinação dos cones de luz dessa forma, mesmo se permitíssemos que a velocidade absoluta fosse "acelerada" em algumas direções. Na Figura 4.5, uma situação é ilustrada na qual isto de fato não é possível, com os cones de luz inclinados para um ângulo aparentemente absurdo. De fato,

* De forma notória, Newton mesmo sugeriu uma ideia dessa natureza. (Veja "Questionamentos 18-22", do Livro 3 de sua *Óptica*, 1730.) (N. A.)

esse tipo de inclinação extrema aparece somente naquelas situações distintamente questionáveis em que "violações de causalidade" acontecem – quando se torna teoricamente possível para um observador enviar sinais para seu* próprio passado (cf. Figura 7.15, no Capítulo 7). De forma notória, considerações dessa natureza *terão* uma relevância genuína para nossa discussão posterior na Seção 7.10!

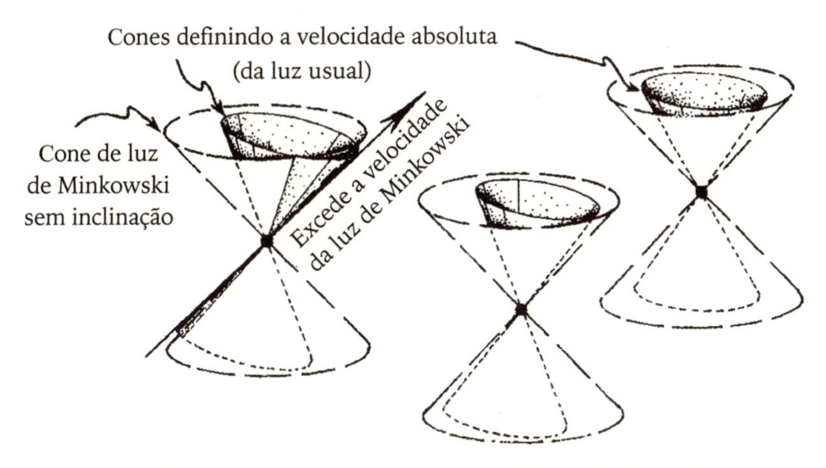

Figura 4.4 – A propagação da luz segundo a relatividade geral de Einstein não pode ser entendida como o efeito de um "meio refratário", dentro do contexto do espaço-tempo de Minkowski, sem violar o princípio fundamental da relatividade especial de que sinais não podem se propagar mais rápido do que a velocidade da luz em Minkowski.

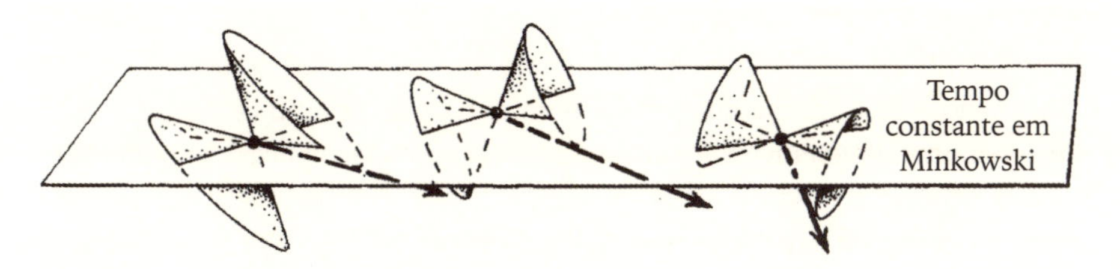

Figura 4.5 – Em princípio, a inclinação do cone de luz pode ser tão extrema que os sinais de luz poderiam ser propagados para o passado de Minkowski.

* Claro que "seu" não precisa estar se referindo a um observador masculino; cf. as "Notas para o leitor" na p.20. (N. A.)

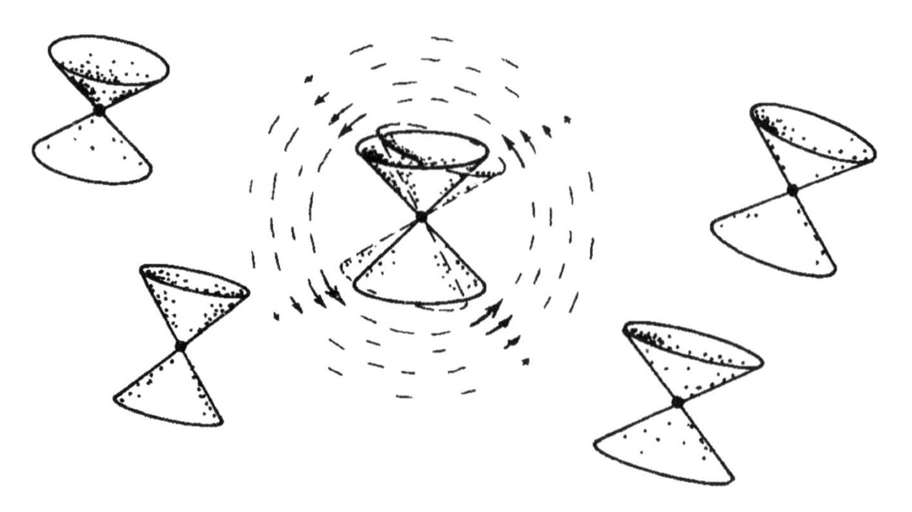

Figura 4.6 – Imagine o espaço-tempo como uma lona de borracha com os cones de luz desenhados sobre ela. Qualquer cone de luz individual pode ser rotacionado (levando a lona de borracha consigo) para uma representação padrão de Minkowski.

Existe também o ponto mais sutil de que o "grau de inclinação" de um único cone de luz não é algo fisicamente mensurável e, assim, não faz realmente qualquer sentido físico tratá-lo como uma desaceleração ou aceleração *real* da velocidade absoluta. Isto é ilustrado melhor se pensarmos na Figura 4.3 como uma figura desenhada sobre uma lona de borracha, de tal forma que qualquer cone de luz particular pode, na vizinhança de seu vértice, ser rotacionado e distorcido (cf. Figura 4.6) até que ele esteja "vertical", assim como nas figuras normais do espaço-tempo de Minkowski da relatividade especial (Figura 4.2). Não existe nenhuma maneira de dizer, através de quaisquer experimentos locais, se um cone de luz de um evento particular está ou não "inclinado". Se quiséssemos pensar no efeito de inclinação como realmente devido a um "meio gravitacional", então teríamos que explicar por qual razão esse meio tem o efeito bastante peculiar de ser inobservável em qualquer evento isolado do espaço-tempo. Em particular, mesmo nas situações aparentemente extremas ilustradas na Figura 4.5, para as quais a ideia do meio gravitacional não funcionará de forma alguma se considerarmos somente um único cone de luz, nada é fisicamente diferente do que acontece em uma situação como no espaço de Minkowski, onde esse cone não está inclinado.

Em geral, no entanto, podemos rotacionar um cone de luz particular para sua orientação minkowskiana somente à custa de que os cones de luz vizinhos se tornem distorcidos *para além* das suas orientações minkowskianas. Existe, em geral, uma "obstrução matemática" que torna impossível deformar a lona de borracha de modo a fazer que todos os cones de luz se encaixem na disposição padrão de Minkowski ilustrada na Figura 4.2. Para o espaço-tempo quadridimensional, essa obstrução é descrita por um objeto matemático chamado *tensor conforme de Weyl* – para o qual a notação **WEYL** foi usada em ENM (cf. ENM, p.210). (O tensor **WEYL** descreve somente a metade da informação – a metade "conforme" – que está contida na curvatura completa de Riemann do espaço-tempo; no entanto, o leitor não precisa se preocupar com o significado desses termos aqui.) Somente se **WEYL** for zero podemos rotacionar *todos* os cones de luz para sua disposição minkowskiana. O tensor **WEYL** mede o campo gravitacional – no sentido da distorção gravitacional da maré –, de tal forma que é precisamente o *campo gravitacional,* no sentido de que fornece uma obstrução para sermos capazes de "desinclinar" os cones de luz.

Essa quantidade tensorial é certamente mensurável fisicamente. O campo gravitacional **WEYL** da Lua, por exemplo, exerce suas distorções nas marés na Terra – sendo a contribuição principal para a origem das marés terrestres (ENM, p.204, fig. 5.25). No entanto, esse efeito não está relacionado diretamente com a inclinação dos cones de luz, sendo apenas uma característica dos efeitos newtonianos da gravitação. Mais pertinente é outro efeito observacional, *as lentes gravitacionais,* que são uma característica própria da teoria de Einstein. O primeiro exemplo observado de uma lente gravitacional foi fornecido pela expedição de Arthur Eddington à Ilha de Príncipe em 1919, onde a distorção do fundo estrelado pelo campo gravitacional do Sol foi cuidadosamente medida. A distorção local desse fundo é de tal natureza que um pequeno padrão circular no fundo real seria distorcido em um padrão observado elíptico (veja a Figura 4.7). Esta é uma observação quase direta dos efeitos de **WEYL** na estrutura dos cones de luz do espaço-tempo. Recentemente, os efeitos de lentes gravitacionais se tornaram uma ferramenta importante na astronomia observacional e na cosmologia. A luz de um quasar distante às vezes é distorcida pela presença de uma galáxia presente no caminho (Figura 4.8) e as distorções observadas da aparência do quasar, junto a efeitos de atraso, podem nos dar informações importantes sobre distâncias, massas etc. Tudo isto fornece evidências observacionais diretas de que a inclinação dos cones de luz é um fenômeno real e também para os efeitos diretamente mensuráveis de **WEYL**.

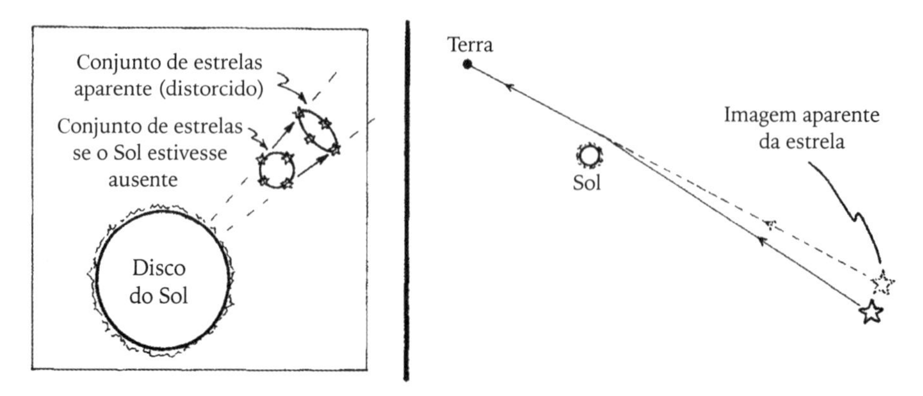

Figura 4.7 – Um efeito observacional direto da inclinação dos cones de luz. A curvatura do espaço-tempo **WEYL** se manifesta como a distorção de um conjunto distante de estrelas, aqui devido ao efeito de curvar a luz do campo gravitacional do Sol. Um padrão circular de estrelas seria distorcido em um elíptico.

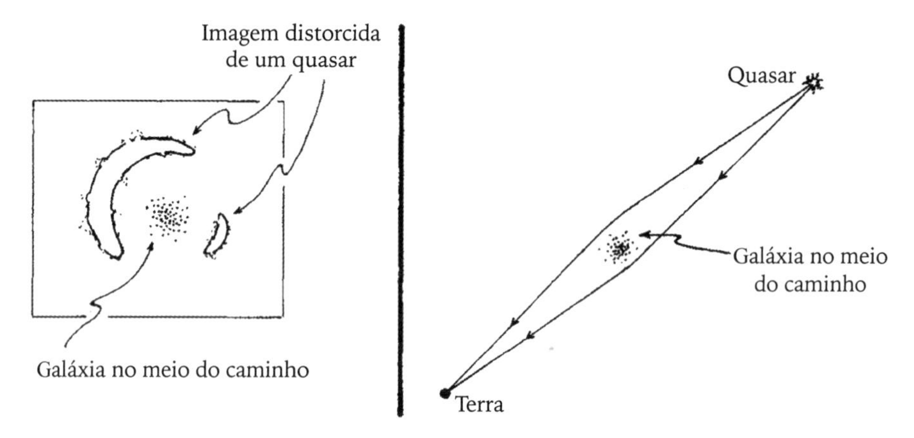

Figura 4.8 – A curvatura da luz de Einstein é agora uma ferramenta importante para a astronomia observacional. A massa de uma galáxia que esteja no meio do caminho pode ser estimada por quanto ela distorce a imagem de um quasar distante.

Os comentários anteriores ilustram o fato de que a "inclinação" dos cones de luz, i.e., a distorção da causalidade, por causa da gravitação, não é somente um fenômeno sutil, mas um fenômeno *real* e que não pode ser explicado como uma propriedade residual ou "emergente" que surge quando aglomerações de matéria se tornam grandes o bastante. A gravidade tem um caráter *único* próprio dentre os processos físicos, não sendo diretamente discernível entre as forças que são importantes para as partículas fundamentais, mas está presente o tempo todo. Nada na física é conhecido *além* da gravitação que seja capaz de inclinar os cones de luz, portanto, a gravitação é algo simplesmente *diferente* de todas as outras forças e interações físicas nesse aspecto muito básico. Segundo a teoria da relatividade geral clássica, deve de fato haver uma inclinação dos cones de luz absolutamente minúscula surgindo até do material no menor de todos os grãos de poeira. Mesmo elétrons individuais devem inclinar os cones de luz. Porém, a magnitude da inclinação em tais objetos é ridiculamente pequena para ter qualquer efeito capaz de ser percebido.

Efeitos da gravitação foram observados entre objetos bem maiores do que partículas de poeira, mas ainda assim muito menores do que a Lua. Em um experimento famoso feito em 1798, Henry Cavendish mensurou a atração gravitacional de uma esfera de massa de cerca de 10^5 gramas. (Seu experimento foi baseado em um anterior feito por John Michell.) Com a tecnologia moderna é possível detectar a atração gravitacional de um objeto com massa muito menor. (Veja, *e.g.*, Cooke, 1988.) No entanto, qualquer detecção do efeito de inclinação dos cones de luz pela gravidade em qualquer uma dessas situações está muito além das técnicas atuais. É somente com massas realmente muito grandes que a inclinação dos cones de luz pode ser mensurada diretamente; ao passo que sua presença real em minúsculas quantidades em corpos tão pequenos como grãos de poeira é uma implicação clara da teoria de Einstein.

Os efeitos detalhados da gravitação não podem ser simulados por qualquer combinação dos outros campos ou forças físicas. Os efeitos precisos da gravitação têm um caráter único e não há maneira pela qual possamos entendê-los como um fenômeno emergente ou secundário, algo residual a outros processos físicos mais proeminentes. A gravidade é descrita pela própria estrutura do espaço-tempo, que anteriormente era visto como sendo a arena de fundo fixa para todas as outras ocorrências físicas. No universo newtoniano, a gravitação não era vista como nada especial – até mesmo fornecendo o paradigma para as outras forças físicas posteriores. Ainda assim, no universo de Einstein (que é o ponto de vista soberbamente confirmado pela observação adotado pelos físicos hoje), a gravidade é vista como algo completamente diferente: não um fenômeno emergente, mas algo com seu próprio caráter especial.

Apesar do fato de que a gravidade é diferente das outras forças físicas, existe uma profunda harmonia integrando a gravidade com o resto da física. A teoria de Einstein não é algo estranho às outras leis, mas as coloca sob uma luz diferente. (Isto é particularmente verdadeiro para as leis de conservação de energia, momento linear e momento angular.) Essa integração da gravidade einsteiniana com o resto da física é uma boa explicação para a ironia de que a gravitação newtoniana havia fornecido um *paradigma* para o resto da física apesar do fato de que, como Einstein mostrou posteriormente, a gravidade é na realidade *diferente* do resto da física! Acima de tudo, Einstein nos ensinou a não sermos tão complacentes em acreditar, a qualquer momento do nosso entendimento, que tenhamos necessariamente encontrado um ponto de vista físico apropriado.

Será que podemos esperar que algo correspondente possa ser aprendido com relação ao fenômeno da consciência? Se assim for, não seria a *massa* que necessitaria ser grande para o fenômeno se tornar aparente – pelo menos não *somente* a massa –, mas algum tipo de organização física delicada. Segundo os argumentos apresentados na Parte I, tal organização precisaria ter encontrado uma maneira de usufruir de algum componente não computacional oculto já presente no comportamento da matéria ordinária – um componente que, como a inclinação dos cones de luz da relatividade geral, teria deixado completamente de ser notado caso nossa atenção se restringisse ao estudo do comportamento de partículas minúsculas.

Mas a inclinação dos cones de luz tem alguma coisa a ver com a não computabilidade? Vamos explorar um aspecto intrigante dessa questão na Seção 7.10; mas, no ponto atual do argumento, de forma alguma – *exceto* que nos fornece uma lição moral: é muito possível, na física, ter uma propriedade nova fundamentalmente importante, completamente diferente de todas que foram contempladas até então, que seja inobservável no comportamento da matéria ordinária. Einstein foi levado a seu ponto de vista revolucionário por conta de várias considerações poderosas, algumas matematicamente sofisticadas, e algumas fisicamente sutis – porém, a mais importante destas estava na frente de todos, mas não era notada, desde o tempo de Galileu (o princípio da equivalência: todos os corpos caem com a mesma velocidade em um campo gravitacional). Mais que isso, era um pré-requisito necessário para o sucesso das ideias de Einstein que elas deveriam ser compatíveis com tudo que era conhecido sobre os fenômenos físicos de sua época.

De forma análoga, podemos imaginar que possa haver algum tipo de ação não computacional escondida em algum lugar no comportamento das coisas. Para tal especulação ter alguma chance de ser bem-sucedida seria necessário que também fosse motivada por considerações poderosas, presumivelmente tanto matematicamente sofisticadas quanto fisicamente sutis, e ela teria que ser consistente com todos os fenômenos físicos detalhados que são conhecidos hoje. Veremos o quão longe podemos chegar indo em direção a tal teoria.

Porém, como um pré-requisito, daremos uma olhada em quão embrenhadas estão as ideias computacionais na física atual. Com uma ironia apropriada, veremos que a relatividade geral em si fornece um dos exemplos mais proeminentes da Natureza.

4.5 Cálculos computacionais e a física

A cerca de 30.000 anos-luz da Terra, na constelação de Áquila, duas estrelas mortas incrivelmente densas orbitam uma a outra. O material desses objetos está tão comprimido que uma bola de tênis feita de tal substância teria uma massa comparável à da lua de Marte, Deimos. Essas duas estrelas – chamadas de estrelas de *nêutrons* – circulam ao redor uma da outra uma vez a cada 7 horas, 45 minutos e 6,9816132 segundos, e têm massas que são, respectivamente, 1,4411 e 1,3874 vezes a massa do nosso Sol (com um erro possível de cerca de 7 na última casa decimal). A primeira dessas estrelas emite um pulso de radiação eletromagnética (ondas de rádio) em nossa direção uma vez a cada 59 milissegundos, indicando que está rotacionando ao redor de seu eixo cerca de 17 vezes em um segundo. Ela é um *pulsar*, e o par constitui o famoso sistema binário PSR 1913 + 16.

Pulsares são conhecidos desde 1967, quando foram descobertos por Joselyn Bell e Anthony Hewish no observatório de rádio de Cambridge. São objetos notáveis. Estrelas de nêutrons, em geral, resultam do colapso gravitacional do núcleo de uma estrela gigante vermelha, que pode produzir uma violenta explosão supernova. Elas são quase inacreditavelmente densas, sendo feitas de partículas nucleares compactadas, principalmente nêutrons, de tal forma que a sua densidade é comparável à densidade do próprio nêutron. No colapso, a estrela de nêutron teria linhas de fluxo de um campo magnético presas em sua matéria e, devido à enorme compressão que surgiu à medida que a estrela colapsou, teria concentrado esse campo a um grau extraordinário. As linhas de campo magnético emergiriam do polo norte magnético da estrela e, depois de se estender para fora por distâncias consideráveis no espaço, retornariam para a estrela em seu polo sul magnético (veja a Figura 4.9).

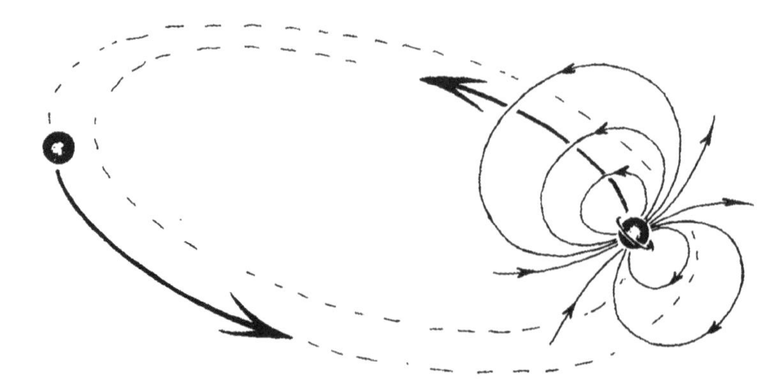

Figura 4.9 – PSR 1913 + 16. Duas estrelas de nêutrons orbitam uma ao redor da outra. Uma delas é um pulsar, com um campo magnético enormemente poderoso que captura partículas carregadas.

O colapso da estrela também teria como resultado que sua taxa de rotação seria enormemente aumentada (um efeito da conservação do momento angular). No caso do pulsar a que nos referimos (que teria cerca de 20 quilômetros de diâmetro), sua taxa é cerca de 17 vezes por segundo! Isto faz que o campo magnético extremamente forte do pulsar seja rotacionado cerca de 17 vezes por segundo, já que as linhas de fluxo dentro da estrela continuam fixas no corpo dela. Fora da estrela, as linhas de fluxo arrastam partículas carregadas consigo, mas, a uma certa distância da estrela, a velocidade com que essas partículas devem se mover chega quase à velocidade da luz. Onde isto acontece, as partículas carregadas começam a irradiar violentamente e as poderosas ondas de rádio que elas emitem são levadas, como em um farol gigantesco, a enormes distâncias. Alguns desses sinais alcançam a Terra, à medida que o raio do farol brilha repetidamente, para serem observados pelos astrônomos como uma sucessão de "estalidos" de rádio que é característica de um pulsar (Figura 4.10).

As taxas de rotação dos pulsares são extremamente estáveis e fornecem relógios cuja precisão empata, ou mesmo excede, com a dos mais perfeitos relógios (atômicos) que foram construídos aqui na Terra. (Um bom relógio pulsar poderia perder ou ganhar menos do que cerca de 10^{-12} segundos em um ano.) Se acontecer de o pulsar fazer parte de um sistema binário, como é o caso com PSR 1913 + 16, então seu movimento orbital ao redor de sua companheira pode ser monitorado de perto através do uso do *efeito Doppler*, em que a taxa de "estalidos", percebida aqui na Terra, é levemente maior quando o pulsar está se aproximando de nós do que quando está se afastando de nós.

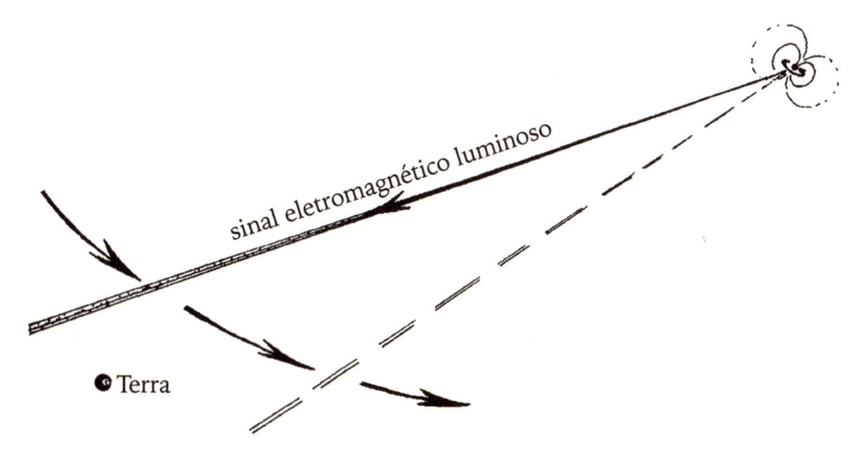

Figura 4.10 – As partículas carregadas capturadas são carregadas pelo pulsar e emitem um sinal eletromagnético cujo raio luminoso passa pela Terra 17 vezes por segundo. Isto é recebido como um sinal de rádio pulsado claramente definido.

No caso de PSR 1913 + 16, foi possível conseguir uma ideia extraordinariamente precisa das órbitas mútuas que as duas estrelas executam ao redor uma da outra; e checar várias predições observacionais da relatividade geral de Einstein. Estas incluem um efeito conhecido como "avanço do periélio" – que, no fim dos anos 1800, foi notado como um comportamento anômalo para o planeta Mercúrio em seu movimento orbital ao redor do Sol, mas que Einstein explicou em 1916, sendo o primeiro teste de sua teoria – e vários tipos de "chacoalhões" da relatividade geral que afetam eixos de rotação etc. A teoria de Einstein nos dá uma ideia muito clara (determinística e computável) da forma que dois pequenos corpos devem se comportar à medida que se movem em suas órbitas mútuas um ao redor do outro e é possível calcular esse movimento com um grande grau de acurácia, utilizando métodos de aproximação cuidadosos e sofisticados, assim como várias técnicas computacionais padrão. Existem alguns parâmetros desconhecidos envolvidos em tal cálculo, como as massas e o movimento inicial das estrelas, mas existe uma quantidade ampla de dados dos sinais dos pulsares que permitem que estes sejam fixados com grande acurácia. A concordância geral entre o que é calculado e a informação muito detalhada que é obtida dos sinais dos pulsares é muito notória e fornece boa evidência para a relatividade geral.

Existe mais um efeito da relatividade geral que ainda não mencionei e que tem um papel importante na dinâmica de um pulsar binário: *radiação gravitacional*. Enfatizei, na seção anterior, como a gravidade difere de formas importantes de todos os outros campos físicos. Porém, existem outros aspectos nos quais a gravidade e o eletromagnetismo são muito similares. Uma das propriedades importantes dos campos eletromagnéticos é que eles podem existir em forma de ondas, propagando-se pelo espaço como luz ou ondas de rádio. Segundo a teoria clássica de Maxwell, tais ondas emanariam de qualquer sistema de partículas mutuamente carregadas que orbitem entre si interagindo através de forças eletromagnéticas. Da mesma forma, segundo a relatividade geral clássica, existiriam ondas gravitacionais emanando de qualquer sistema de corpos gravitantes em uma órbita mútua um ao redor do outro por conta de suas interações gravitacionais mútuas. Em situações normais, tais ondas seriam extremamente fracas. A fonte mais poderosa de ondas gravitacionais no sistema solar vem do movimento do planeta Júpiter ao redor do Sol, mas a quantidade de energia que o sistema Júpiter-Sol emite nessa forma é por volta da mesma que uma lâmpada de 40 watts!

No entanto, em outras circunstâncias, tais como com PSR 1913 + 16, a situação é muito diferente e a radiação gravitacional do sistema de fato tem um papel significativo. Aqui, a teoria de Einstein fornece uma predição firme sobre a natureza da radiação gravitacional que o sistema deveria emitir e sobre a energia que ela deveria levar embora. A perda de energia resultaria em uma queda lenta em espiral em direção ao ponto médio entre as duas estrelas de nêutrons e um aumento correspondente da velocidade com que rotacionam uma ao redor da outra. Joseph Taylor e Russell Hulse observaram esse pulsar binário pela primeira vez no enorme telescópio de rádio Aricebo em Porto Rico em 1974. Desde aquela época, o período de rotação tem sido monitorado de perto por Taylor e seus colegas, e o aumento da velocidade de rotação está precisamente de acordo com as expectativas da relatividade geral (cf. Figura 4.11). Por conta desse trabalho, Hulse e Taylor foram agraciados com o prêmio Nobel de Física em 1993. De fato, à medida que os anos têm passado, o acúmulo de dados sobre esse sistema tem fornecido uma confirmação cada vez mais forte da teoria de Einstein. Se considerarmos o sistema como um todo e compararmos seu comportamento com o que é calculado pela teoria de Einstein como um todo – desde os aspectos newtonianos das órbitas, as correções dessas órbitas por conta dos efeitos padrão da relatividade geral até os efeitos nas órbitas devido à perda de energia por radiação gravitacional –, encontramos que a teoria é confirmada de forma ampla até um erro de não mais do que 10^{-14}. Isto faz da relatividade geral de Einstein, nesse sentido particular, a teoria testada de forma mais acurada conhecida pela ciência!

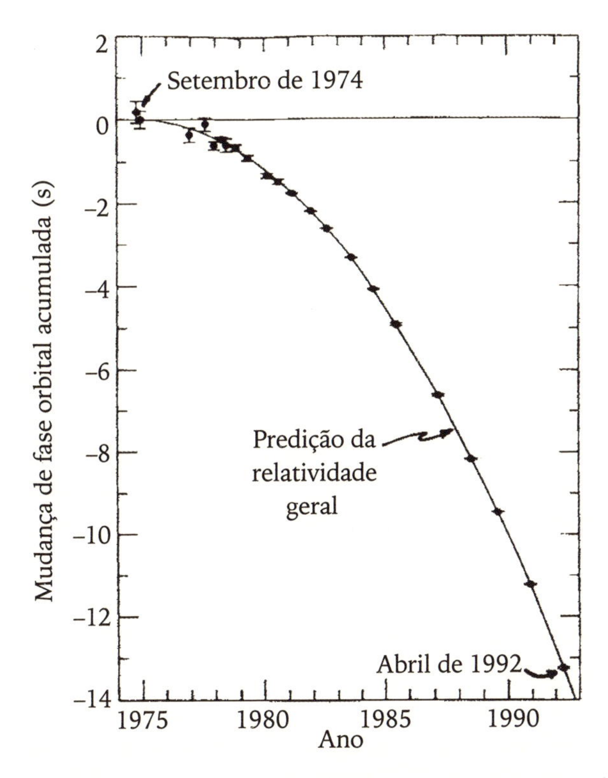

Figura 4.11 – Este gráfico (cortesia de Joseph Taylor) mostra a concordância precisa, dentro de um período de vinte anos, entre a observação da aceleração da órbita mútua do pulsar com a perda de energia calculada devido à radiação gravitacional segundo a teoria de Einstein.

Nesse exemplo temos um sistema particularmente "limpo", no qual a relatividade geral, sozinha, é tudo que precisamos envolver nos cálculos. Questões como complicações resultantes da constituição interna dos corpos ou arrasto devido ao meio existente ou campos magnéticos não têm efeito significativo nos movimentos. Mais que isso, existem somente dois corpos envolvidos, e seu campo gravitacional mútuo, de tal forma que é bastante possível fazer um cálculo detalhado do comportamento esperado segundo a teoria, completo em todos os detalhes. Este pode muito bem ser o mais perfeito exemplo da comparação entre um modelo teórico computacional e o comportamento observado – envolvendo somente alguns poucos corpos – que já foi conseguido pela ciência.

Quando o número de corpos em um sistema físico é consideravelmente maior do que isto pode ainda ser possível, utilizando todos os recursos da tecnologia computacional moderna, modelar o comportamento do sistema de forma tão detalhada quanto essa. Em particular, o movimento de todos os planetas do sistema solar, e de suas luas mais importantes, foi modelado em um cálculo compreensivamente detalhado por Irwin Shapiro e seus colegas. Isto fornece um outro teste importante da relatividade geral. Novamente, a teoria de Einstein concorda com todos os dados observacionais e também acomoda vários pequenos desvios do comportamento observado que estariam presentes se um tratamento completamente newtoniano fosse utilizado.

Cálculos envolvendo um número ainda maior de corpos – algumas vezes da ordem de milhões – também podem ser feitos com computadores modernos, ainda que estes geralmente (mas nem sempre) sejam baseados inteiramente na teoria newtoniana. Certas hipóteses simplificadoras podem ter que ser feitas sobre como aproximar os efeitos de tantas partículas através de algum tipo de média, em vez de ter que computar exatamente os efeitos de cada partícula em cada outra partícula. Tais cálculos são comuns em astrofísica, quando estamos interessados na formação detalhada das estrelas ou galáxias, ou na aglomeração da matéria no universo primordial antes da formação de galáxias.

Existe, porém, uma diferença importante no que esses cálculos almejam. Agora, provavelmente, não estamos tão interessados com a evolução *real* de algum sistema, mas sim com a evolução *típica*. Assim como em nossas considerações prévias sobre sistemas caóticos, isto pode ser o melhor que sejamos capazes de fazer. É possível, por tais meios, testar várias hipóteses científicas sobre a constituição e a distribuição inicial de matéria no universo para ver o quanto, de forma geral, a evolução resultante concorda com o que é realmente observado. Não se espera, em tais circunstâncias, encontrar uma concordância detalhada, mas sim que os gráficos em geral e vários parâmetros estatísticos detalhados possam ser checados entre o modelo e a observação.

A situação mais extrema desse tipo ocorre quando o número de partículas é tão grande que se torna impossível seguir a evolução de cada uma delas individualmente e, em vez disso, as partículas devem ser tratadas de forma inteiramente estatística. O tratamento usual de um gás, por exemplo, trata de *conjuntos* estatísticos de diferentes coleções possíveis dos movimentos das partículas e não está preocupado com os movimentos específicos de partículas individuais. Quantidades físicas como temperatura, pressão, entropia etc. são propriedades de tais conjuntos, mas podem, novamente, ser tratadas como partes de um sistema computacional, com as propriedades que evoluem desses conjuntos sendo tratadas de um ponto de vista estatístico.

Em adição às equações dinâmicas relevantes (as de Newton, Maxwell, Einstein, ou quaisquer que sejam) existe, em tais circunstâncias, outro princípio físico que deve estar envolvido: a *segunda lei da termodinâmica.*[5] Para todos os efeitos, essa lei serve para excluir estados iniciais dos movimentos individuais das partículas que levariam a evoluções futuras extremamente improváveis, ainda que dinamicamente possíveis. A introdução da segunda lei serve para garantir que a evolução futura do sistema que está sendo modelado é realmente "típica", ao invés de algo grotescamente *a*típico que não tem qualquer relevância prática para o problema em voga. Com o auxílio da segunda lei se torna possível calcular as evoluções futuras de sistemas nos quais existem tantas partículas envolvidas que um tratamento detalhado dos movimentos individuais não pode ser conseguido de forma alguma na prática.

É uma questão interessante – e, de fato, profunda – por que tais evoluções não podem ser feitas de forma confiável em direção ao *passado*, apesar do fato de que as equações dinâmicas de Newton, Maxwell e Einstein são completamente simétricas no tempo; pois, no mundo real, a segunda lei não se aplica na direção reversa do tempo. A razão fundamental para isto está ligada às condições muito especiais que existiam no começo do tempo – a origem no Big Bang do universo. (Veja ENM, cap.7, para uma discussão dessas questões.) Essas condições iniciais eram tão precisamente especiais que fornecem mais um exemplo da precisão extraordinária pela qual o comportamento físico observado é modelado por hipóteses matemáticas claras.

No caso do Big Bang, uma parte essencial das hipóteses relevantes é que, nos estágios iniciais, o conteúdo de matéria do universo estava em um estado de *equilíbrio térmico*. O que significa "equilíbrio térmico"? O estudo de estados de equilíbrio térmico representa o extremo oposto da modelagem precisa dos movimentos detalhados de alguns poucos objetos, tal como no caso do pulsar binário apresentado. Agora é somente o "comportamento típico" em sua forma mais pura e confiável que nos interessa. Um estado de equilíbrio, geralmente, é um estado de um sistema que se "acalmou" completamente e o sistema não irá se desviar de forma significativa desse estado, mesmo se perturbado levemente. Para um sistema com um grande número de partículas (ou um grande número de graus de liberdade) – de tal forma que não estejamos preocupados com os movimentos individuais das partículas, mas com o comportamento típico e medidas médias tais como a temperatura ou

---

[5] Para uma abordagem gráfica, mas não muito detalhadas, da segunda lei, veja ENM, cap.6. Para abordagens de crescente sofisticação, veja Davies, 1974; e O. Penrose, 1970.

a pressão – isto é, o estado de equilíbrio *térmico* para o qual o sistema por fim converge, de acordo com a segunda lei da termodinâmica (entropia máxima). O qualificativo "térmico" implica que existe algum tipo de média sobre o grande número de movimentos individuais alternativos das partículas envolvidas. É a área da termodinâmica que se preocupa com tais médias – i.e., com o comportamento típico no lugar do individual.

De forma estrita, de acordo com o que foi dito antes, quando nos referimos ao estado termodinâmico de um sistema ou a equilíbrio térmico, isto não está relacionado a um estado individual, mas sim a um conjunto de estados, todos os quais parecem o mesmo em uma escala macroscópica (e a entropia, de forma crua, é o logaritmo do número de estados nesse conjunto). No caso de um gás em equilíbrio, se fixarmos a pressão, o volume, a quantidade e a composição das partículas do gás, obtemos uma distribuição muito específica das velocidades prováveis das partículas em equilíbrio térmico (como descrito pela primeira vez por Maxwell). Uma análise mais detalhada revela uma escala na qual as flutuações estatísticas longe do equilíbrio térmico idealizado devem ser esperadas – e onde começamos a entrar em áreas de estudo mais sofisticadas do comportamento estatístico da matéria que estão sob o guarda-chuva do termo *mecânica estatística.*

Novamente, parece que não há nada essencialmente não computacional sobre a modelagem do comportamento físico através de estruturas matemáticas. Quando os cálculos apropriados são feitos, existe uma boa concordância entre o que é calculado e o que é observado. No entanto, quando sistemas mais complicados que gases diluídos ou grandes coleções de corpos gravitantes são considerados, não é provável que possamos nos manter inteiramente distantes das questões levantadas pela natureza *quantum-mecânica* dos materiais envolvidos. Em particular, no exemplo mais puro e mais precisamente testado do comportamento termodinâmico – o estado de equilíbrio térmico da matéria e radiação conhecido como estado de *corpo negro* –, isto não pode ser tratado de forma inteiramente clássica, e percebe-se que processos quânticos estão envolvidos de maneira fundamental. De fato, foi a análise de Max Planck sobre a radiação de corpo negro em 1900 que deu início a toda a área da teoria quântica.

Contudo, as predições da teoria física (agora teoria quântica) são verificadas de forma triunfal. O relacionamento observado entre frequência e a intensidade da radiação naquela frequência concorda, nos experimentos, de forma muito próxima com a fórmula matemática apresentada por Planck. Ainda que esta seção tenha estado realmente interessada na natureza computacional da teoria *clássica*, não pude resistir a mostrar a vocês o que é de longe o exemplo mais perfeito de concordância entre observações experimentais e a fórmula de Planck do qual estou ciente. Esse exemplo também fornece uma confirmação observacional maravilhosa do modelo padrão do Big Bang com respeito ao que ele afirma que deveriam ser as condições térmicas precisas do universo após os primeiros minutos de sua existência. Na Figura 4.12, os pontos individuais indicam os vários valores observados da intensidade da radiação cósmica de fundo em diferentes frequências, como observadas pelo satélite COBE;* a curva contínua é desenhada segundo a fórmula de Planck, considerando a temperatura da radiação como tendo o valor (de melhor concordância) de 2,735 (±0,06) K. A precisão da concordância é extraordinária.

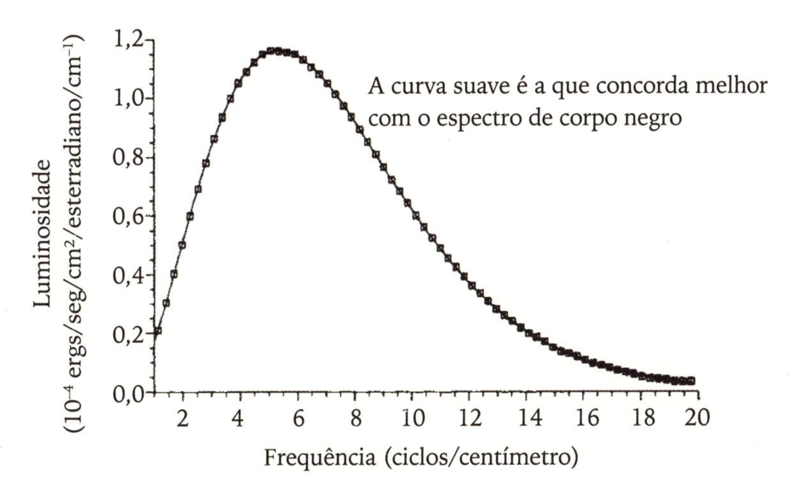

Figura 4.12 – A concordância precisa entre as medições do COBE e a natureza "térmica" esperada da radiação do Big Bang.

Os exemplos específicos apresentados foram tirados da área da astrofísica, na qual a comparação entre os cálculos complicados e o comportamento observado dos sistemas que ocorrem no mundo natural é particularmente bem desenvolvida. Não podemos realizar experimentos diretamente na astrofísica, de tal forma que as teorias devem ser testadas comparando os resultados de cálculos detalhados baseados nas leis físicas padrão, em diferentes situações propostas, com observações sofisticadas. (Essas observações podem ser realizadas em solo, de balões ou aviões na atmosfera superior, de

* *Cosmic Background Explorer*: explorador do fundo cósmico. (N. T.)

foguetes ou satélites; e elas envolvem muitos tipos diferentes de detectores além dos telescópios ordinários.) Tais cálculos não são especificamente relevantes para aqueles que nos interessam aqui e os mencionei sobretudo por fornecerem exemplos particularmente claros nos quais cálculos detalhados fornecem uma forma maravilhosa de explorar a natureza, ilustrando o quão bem procedimentos computacionais podem de fato imitar a natureza. É o estado de sistemas biológicos que deveria, por outro lado, ser do nosso interesse mais direto aqui, pois, segundo as conclusões da Parte I, é no comportamento de cérebros conscientes que devemos buscar algum papel para uma ação física não computacional.

É indubitável que modelos computacionais têm papéis importantes na modelagem de sistemas biológicos, mas os sistemas são provavelmente muito mais complicados do que na astrofísica e os modelos computacionais são correspondentemente mais difíceis de serem considerados confiáveis. Existem pouquíssimos sistemas que "limpos" o bastante para que qualquer boa acurácia seja conseguida. Sistemas comparativamente simples, tais como o fluxo de sangue ao longo dos diferentes tipos de vasos sanguíneos, podem ser modelados de forma bastante efetiva, da mesma forma que a transmissão de sinais ao longo das fibras nervosas – ainda que, nesse último caso, esteja começando a se tornar um pouco incerto se o problema permanece dentro da física clássica, pois fenômenos químicos são importantes aqui, assim como fenômenos da física clássica.

Fenômenos químicos são resultados de efeitos quânticos e, estritamente falando, deixamos a arena da física clássica quando consideramos processos que dependem da química. Apesar desse fato, é bastante comum que tais fenômenos baseados na teoria quântica sejam tratados de maneira essencialmente clássica. Ainda que isto não seja tecnicamente correto, entende-se que, na maioria dos casos, os efeitos mais sutis da teoria quântica – muito além daqueles que podem ser resumidos nas regras padrão da química, física clássica e geometria – não têm relevância. Parece-me, por outro lado, que, ainda que este seja um procedimento relativamente seguro para a modelagem de muitos sistemas biológicos (talvez mesmo para a propagação de sinais nervosos), é arriscado tentar extrair conclusões gerais sobre as mais sutis das ações biológicas com base na suposição de que elas sejam inteiramente clássicas, particularmente quando se trata dos sistemas biológicos mais sofisticados, tais como os cérebros humanos. Se tentarmos fazer inferências gerais sobre a possibilidade teórica de um modelo computacional confiável do cérebro, deveríamos de fato ter que nos entender com os mistérios da teoria quântica.

Nos próximos dois capítulos tentaremos fazer exatamente isto – pelo menos, tanto quanto for possível. Onde acredito que *não* é possível, em princípio, nos entendermos com a teoria quântica, argumentarei que devemos tentar modificar a teoria em si para ver o quão bem ela pode se adequar a um paradigma crível do mundo.

5
A estrutura do mundo quântico

5.1 Teoria quântica: enigmas e paradoxos

A teoria quântica fornece uma soberba descrição da realidade física em pequena escala, mas ainda assim contém muitos mistérios. Sem dúvidas, é difícil se acostumar com o funcionamento dessa teoria e é particularmente complicado criar alguma intuição da "realidade física" – ou ausência dela – que ela parece implicar para o nosso mundo. À primeira vista, a teoria parece levar a um ponto de vista filosófico que muitos (incluindo eu) acham profundamente insatisfatório. No melhor dos casos, tomando suas descrições da maneira mais literal possível, ela nos fornece com uma visão de mundo de fato muito estranha. No pior dos casos, e tomando literalmente as declarações de alguns dos seus mais famosos protagonistas, ela não nos fornece qualquer visão de mundo.

Do meu próprio ponto de vista, devemos fazer uma distinção entre dois tipos de mistério bastante diferentes que a teoria nos fornece. Existem aqueles que **eu** chamarei de mistérios **Z**, ou mistérios enigmáticos,* que são genuinamente enigmáticos, mas são verdades quânticas que tratam do mundo em que vivemos evidenciadas diretamente por experimentos. De fato, também, temos aspectos dessa natureza geral que, ainda que não verificadas experimentalmente, deixam poucas dúvidas, em face do que

* Do inglês "puzzle". (N. T.)

já foi estabelecido, de que as expectativas advindas da teoria quântica devem se concretizar. Alguns dos mistérios **Z** mais impactantes são aqueles que se enquadram sob o nome de fenômenos *Einstein-Podolsky-Rosen* (ou EPR), que discutirei em mais detalhes mais tarde (seções 5.4 e 6.5). Os outros tipos de mistérios quânticos são aqueles aos quais irei me referir como mistérios **X**, ou mistérios *paradoxais*, que seriam, por outro lado, aspectos que o formalismo quântico nos diz que devem ser verdades do mundo, mas que têm uma natureza tão paradoxalmente implausível que não podemos realmente acreditar neles como sendo em qualquer sentido "realmente" verdadeiros. Estes são os mistérios que nos impedem de levar o formalismo seriamente, no contexto apropriado, como fornecendo um paradigma crível do nosso mundo. O mistério **X** mais conhecido é o paradoxo do *gato de Schrödinger*, no qual o formalismo da teoria quântica parece estar nos dizendo que objetos macroscópicos, como gatos, podem existir em dois estados completamente diferentes simultaneamente – tal como o limbo da combinação simultânea de "gato morto" e "gato vivo". (Discutirei esse tipo de paradoxo na Seção 6.6; cf. a Seção 6.9, Figura 6.3; e ENM, p.290-3.)

Não é incomum que se ouça que as dificuldades que as nossas gerações atuais têm em se entender com a teoria quântica sejam puramente resultantes de estarmos acostumados aos conceitos físicos do passado. De maneira apropriada, cada geração sucessiva se tornaria mais acostumada a esses mistérios quânticos, de tal forma que, após um número suficiente de gerações, elas seriam capazes de aceitá-los sem dificuldades, sejam eles mistérios **Z** ou mistérios **X**. Meu ponto de vista, no entanto, difere fundamentalmente disto.

Acredito que os mistérios **Z** são coisas a que podemos de fato nos acostumar e aceitar como natural, mas que este *não* será o caso para os mistérios **X**. Em minha opinião, os mistérios **X** são filosoficamente inaceitáveis e surgem somente porque a teoria quântica é uma teoria incompleta – ou, melhor, porque não é completamente precisa nos contextos onde os mistérios **X** começam a aparecer. É minha opinião que, em uma versão melhorada da teoria quântica, os mistérios **X** seriam simplesmente removidos (i.e., *riscados*) da lista de mistérios quânticos. É apenas com os mistérios **Z** que vamos dormir em paz!

Com isto em mente, pode muito bem existir algum questionamento sobre onde traçar os limites entre os mistérios **Z** e os mistérios **X**. Alguns físicos iriam argumentar que não existe nenhum mistério quântico que deva ser classificado como mistério **X** nesse sentido e que *todas* as coisas estranhas e aparentemente paradoxais em que o formalismo quântico nos pede para acreditar devem realmente refletir a verdade do mundo se olharmos para ele da maneira correta. (Tais pessoas, se forem inteiramente lógicas e se levarem a sério a descrição da realidade física em termos de um "estado quântico", teriam que ser crentes em alguma forma do ponto de vista de "muitos mundos", como será descrito na Seção 6.2. De acordo com esse ponto de vista, o gato morto e o gato vivo de Schrödinger habitariam universos "paralelos" diferentes. Se você olhasse para o gato haveria cópias de você em cada um dos dois universos também, uma vendo o gato morto e uma vendo o gato vivo.) Outros físicos tenderiam a um extremo oposto e diriam que fui muito generoso com o formalismo quântico ao dizer que todos os enigmas do tipo EPR com os quais nos preocuparemos adiante terão realmente evidências experimentais futuras. Não insistirei que todos devam ter a mesma visão que eu sobre onde traçar o limite entre mistérios **Z** e **X**. Minha escolha é governada pelas expectativas de que ela seria consistente com o meu ponto de vista que vou expor depois, na Seção 6.12.

Não seria apropriado que eu tentasse dar uma descrição completa da natureza da teoria quântica nestas páginas. Em vez disso, neste capítulo, darei uma descrição relativamente breve e adequadamente completa das suas características necessárias, concentrando-me, em grande parte, na natureza dos seus mistérios **Z**. No capítulo seguinte, darei minhas razões para acreditar que, por conta dos seus mistérios **X**, a teoria quântica atual deve ser uma teoria incompleta, a despeito da maravilhosa concordância que a teoria teve com todos os experimentos realizados até hoje. Os leitores que desejarem aprender mais sobre os detalhes da teoria quântica podem ler a descrição dada em ENM, cap.6; ou então, por exemplo, Dirac, 1947; ou Davies, 1984.

Mais adiante, nesta descrição – Capítulo 6, Seção 6.12 –, apresentarei uma ideia recente que trata do contexto em que tais esquemas para completar a teoria quântica devem se tornar relevantes (e devo avisar ao leitor que essa ideia difere significativamente daquela dada em ENM, ainda que as motivações sejam bastante similares). Então, na Seção 7.10 (e 7.8), darei algumas razões sugestivas para acreditar que tal esquema possa muito bem ser não computacional da forma geral que necessitamos. A teoria quântica *padrão*, por outro lado, é não computacional somente no sentido de que contém elementos aleatórios como parte do processo de medição. Como frisei na Parte I (seções 3.18 e 3.19), elementos aleatórios por si sós não fornecem o tipo de não computabilidade que será necessário para o entendimento da mentalidade no fim das contas.

Vamos começar com alguns dos mais impactantes dos mistérios **Z** da teoria quântica. Vou exemplificar estes em termos de dois quebra-cabeças quânticos.

5.2 O problema da testagem de explosivos de Elitzur-Vaidman

Imagine a concepção de uma bomba que tem um detonador tão sensível que qualquer toque irá ativá-lo. Mesmo um único fóton de luz visível certamente faria isso se não fosse pelo fato de que o detonador, em alguns casos, pode estar estragado – de tal forma que a bomba falhe em explodir e deva ser classificada como uma imitação. Vamos supor que o detonador tenha um espelho colocado sobre a bomba para que, se um fóton (de luz visível) for refletido pelo espelho, seu recuo seria suficiente para mover um pistão na bomba e detoná-la – a menos, claro, que a bomba seja uma imitação, que seria o caso se seu pistão sensível estivesse estragado. Devemos supor que, dentro do reino dos aparatos que funcionam classicamente, não existe uma maneira de verificar, depois que a bomba tenha sido montada, se o detonador está estragado sem interagir com ele de alguma forma – algo que certamente faria a bomba explodir (Vamos supor que o único momento no qual o detonador pode ter sido estragado seja na montagem da bomba). Veja a Figura 5.1.

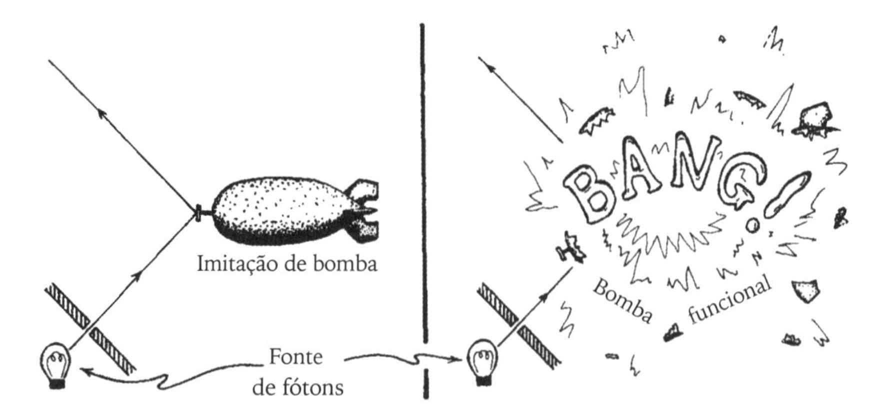

Figura 5.1 – O problema da testagem de bombas de Elitzur-Vaidman. O detonador ultrassensível da bomba responderá ao impulso de um único fóton de luz visível – assumindo que a bomba não seja uma imitação por conta de seu detonador estar estragado. Problema: encontre uma bomba certamente funcional, dado um estoque grande de bombas questionáveis.

Devemos imaginar que temos um estoque grande dessas bombas, mas que a porcentagem de imitações possa ser bem alta. O problema é encontrar uma bomba tal que tenhamos certeza de que ela não é uma imitação.

Esse problema (e sua solução) foi proposto por Avshalom Elitzur e Lev Vaidman (1993). Eu me absterei de explicar a solução por enquanto, já que alguns leitores, já familiarizados com a teoria quântica e com o que tenho me referido como mistérios **Z**, podem querer tentar colocar as mãos (ou preferencialmente as mentes) na massa para tentar encontrar uma solução. É suficiente dizer, por ora, que *existe* uma solução e que essa solução, dado um estoque ilimitado de bombas dessa natureza, estaria dentro do escopo da tecnologia atual. Para aqueles que não são familiarizados com a teoria quântica – ou que são, mas não querem perder seu tempo procurando uma solução –, por favor, fiquem comigo um momento (ou sigam direto para a Seção 5.9). Darei a solução depois que as ideias básicas da teoria quântica tiverem sido explicadas.

Neste ponto, devo simplesmente mencionar que o fato de que esse problema *tem* uma solução (quantum-mecânica) já indica uma diferença profunda entre a física quântica e a clássica. Classicamente, da maneira que o problema é posto, não existe uma maneira de decidir se o detonador da bomba está estragado a não ser *realmente* interagindo com ele – caso no qual, se o detonador não estiver estragado, a bomba explodirá e tudo estará perdido. A teoria quântica permite algo diferente: um efeito físico que resulta da possibilidade de que o detonador *possa ter* sofrido alguma interação, mesmo que isso *não* tenha realmente ocorrido! O que é particularmente curioso sobre a teoria quântica é que podem existir efeitos físicos reais surgindo do que os filósofos chamam de *contrafactuais* – isto é, fatos que poderiam ter acontecido, ainda que não tenham acontecido. No nosso próximo mistério **Z**, veremos que a questão dos contrafactuais também tem papel relevante em um tipo diferente de situação.

5.3 Dodecaedros mágicos

Para nosso segundo mistério do tipo **Z**, deixem-me contar uma pequena história – e um quebra-cabeça.[1] Imaginem que eu recentemente adquiri um dodecaedro regular maravilhosamente entalhado (Figura 5.2). Foi-me

[1] Penrose, 1993b, 1994a; Zimba; Penrose, 1993.

enviado por uma companhia com credenciais muito boas, conhecida como "Quintessential Trinkets", que é sediada em um planeta que orbita a distante estrela gigante vermelha chamada Betelgeuse. Eles também enviaram outro dodecaedro idêntico a um colega meu que vive em um planeta que orbita a estrela α-Centauro, que está a cerca de quatro anos-luz de nós e o dodecaedro chegou para ele aproximadamente no mesmo momento que o meu chegou para mim. Cada dodecaedro tem um botão em cada vértice que pode ser pressionado. Meu colega e eu devemos pressionar cada um dos botões um por vez, de forma independente, em nossos respectivos dodecaedros, em algum momento e em alguma ordem que é definida por nossas próprias escolhas individuais. Pode ser o caso que nada aconteça quando um dos botões é pressionado, de forma que seguimos com a nossa escolha seguinte de botões. Por outro lado, um sinal pode soar quando um dos botões é pressionado, acompanhado de um magnífico *show* pirotécnico que destrói aquele dodecaedro em particular.

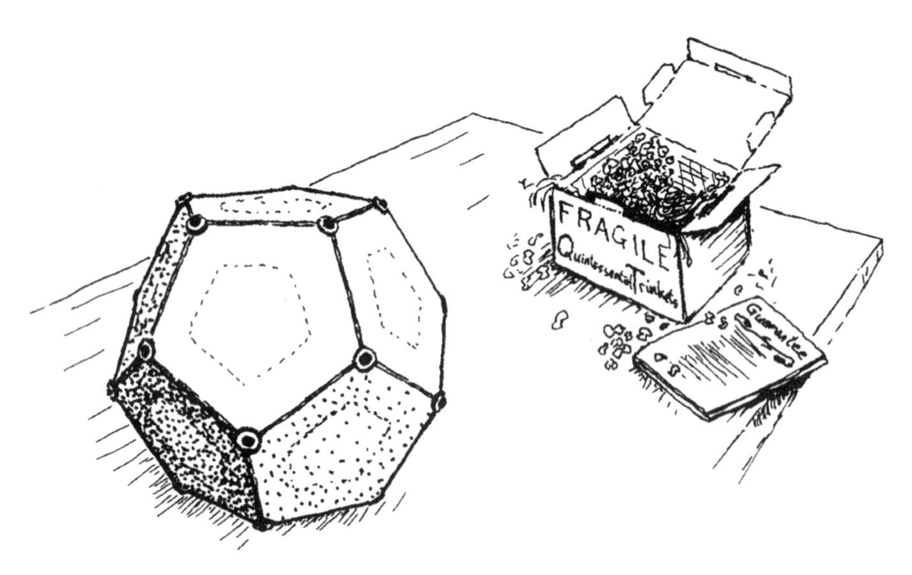

Figura 5.2 – O dodecaedro mágico. Meu colega tem uma cópia idêntica em α-Centauro. Em cada vértice há um botão e pressionar um deles *pode* fazer um sinal soar e iniciar o magnífico *show* pirotécnico.

Junto de cada dodecaedro temos uma lista de propriedades seguramente verdadeiras que relacionam o que pode acontecer ao meu dodecaedro e ao do meu colega. Primeiro, devemos ambos orientar nossos respectivos dodecaedros de maneira muito precisa. Instruções detalhadas foram fornecidas pela Quintessential Trinkets de como nossos dodecaedros devem ser alinhados com relação à, digamos, os centros da galáxia de Andrômeda e da galáxia M-87 etc. O fato importante é que meu dodecaedro e o do meu colega devem estar perfeitamente alinhados um com o outro. A lista de propriedades talvez seja bastante longa, mas só precisaremos de algumas delas bastante simples.

Temos que ter em mente que os funcionários da Quintessential Trinkets vêm produzindo aparatos dessa natureza por um longo tempo – da ordem de centenas de milhões de anos, digamos – e nenhum defeito nunca foi encontrado nas propriedades que eles garantem ser verdadeiras. A própria reputação de excelência que construíram ao longo de um milhão de séculos depende disto, de tal forma que podemos estar bastante seguros de que o que eles garantem que vai acontecer de fato irá acontecer. Mais que isto, existe um enorme prêmio em DINHEIRO (ainda não resgatado) para qualquer um que *descobrir* que eles estão errados!

As propriedades seguramente verdadeiras de que precisaremos tratam do seguinte tipo de sequência de apertos de botões. Meu colega e eu selecionamos um dos vértices de nossos respectivos dodecaedros de forma independente. Chamarei esses vértices de vértices SELECIONADOS. Nós *não* apertamos esses botões em particular; mas *apertamos*, em alguma ordem arbitrária de nossa escolha, cada um dos três botões que estão nos vértices *adjacentes* ao vértice SELECIONADO. Se o sinal tocar em algum deles, então a operação do dodecaedro onde isto aconteceu termina, mas o sinal não precisa obrigatoriamente soar. Necessitaremos de duas propriedades. Estas são (veja a Figura 5.3):

(a) se meu colega e eu escolhermos vértices diametralmente *opostos* como nossos respectivos vértices SELECIONADOS, então o sinal pode soar em um dos botões que eu pressionar (adjacente ao meu vértice SELECIONADO) se e somente se o sinal soar no botão diametralmente oposto dele – independente da ordem em particular que qualquer um de nós escolha pressionar nossos respectivos botões;

(b) se meu colega e eu escolhermos exatamente vértices *correspondentes* (i.e., nas *mesmas* direções com relação ao centro) como nossos respectivos vértices SELECIONADOS, então o sinal deve tocar em pelo menos uma das seis vezes que nós dois pressionarmos os botões.

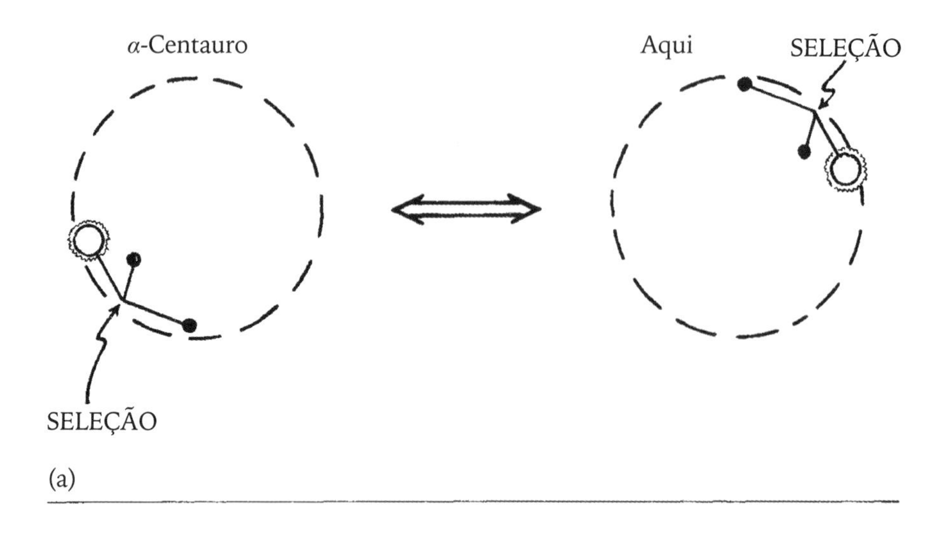

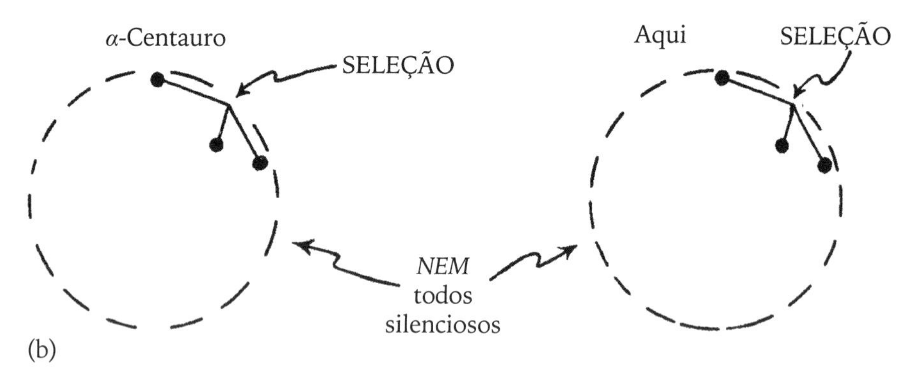

Figura 5.3 – As propriedades que a Quintessential Trinkets garante serem verdadeiras. (a) Se SELECIONARMOS vértices *opostos*, o sinal pode soar somente em botões diametralmente opostos, independente da ordem. (b) Se SELECIONARMOS vértices *correspondentes*, o sinal não pode deixar de soar em todas as seis vezes que apertarmos os botões.

Agora quero tentar deduzir algo sobre as regras que *o meu próprio* dodecaedro deve satisfazer independentemente do que acontece em α-Centauro simplesmente do fato de que a Quintessential Trinkets é capaz de tais robustas garantias sem ter qualquer ideia de quais botões eu ou meu colega decidiremos pressionar. A hipótese-chave aqui será que não existe nenhuma "influência" de longa distância relacionando o meu dodecaedro com o do meu colega. Assim, irei supor que nossos dois dodecaedros se comportam como objetos separados e completamente independentes uma vez que deixaram suas fábricas. Minhas deduções (Figura 5.4) são:

(c) cada um dos vértices do meu dodecaedro pode ser marcado previamente como sendo um tocador de sinal (que podemos pintar de BRANCO) ou silencioso (que podemos pintar de PRETO), onde a sua natureza como tocador de sinal ou não é independente do fato de ele ser o primeiro, segundo ou terceiro dos botões adjacentes pressionados ao vértice SELECIONADO;
(d) dois vértices vizinhos (cada um de um lado) de outro vértice não podem ser ambos tocadores de sinal (i.e., ambos BRANCOS);
(e) nenhum conjunto de seis vértices adjacentes a um par de vértices antipodais pode ser composto somente de vértices silenciosos (i.e., todos PRETOS).

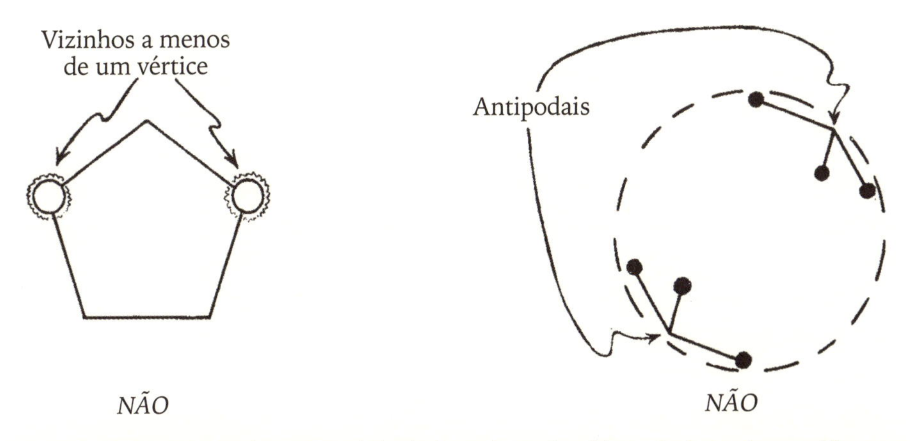

Figura 5.4 – Assumindo que os dois dodecaedros são objetos independentes (desconectados), deduzimos que cada botão no meu pode ser marcado como um tocador de sinal (BRANCO) ou silencioso (PRETO), onde dois vértices vizinhos a menos de um outro vértice não podem ser ambos BRANCOS e onde nem todos os vértices adjacentes a um par de vértices antipodais podem ser PRETOS.

(O termo *antipodal* se refere a vértices que estão diametralmente opostos no mesmo dodecaedro.)

Deduzimos (c) do fato de que meu colega *poderia* escolher, como seu vértice SELECIONADO, o vértice diametralmente oposto ao que eu escolho como SELECIONADO; pelo menos, a Quintessential Trinkets não terá forma de saber que ele não o fará (contrafactuais!). Assim, se o sinal tocar em uma das três vezes que eu pressionar o botão, então deve ser o caso de que os vértices diametralmente opostos, *se* pressionados pelo meu colega como os primeiros de seus três também devem soar o sinal. Isto seria o caso independente da ordem que eu houvesse escolhido para pressionar meus três botões, de tal forma que (pela hipótese da ausência de "influência") podemos estar certos de que a Quintessential Trinkets deve ter pré-arranjado aquele vértice em particular como um tocador de sinal, independente do meu ordenamento, para não termos um conflito com (a).

Da mesma forma, (d) também segue de (a). Suponha que dois vértices vizinhos a menos de um vizinho do meu dodecaedro sejam ambos tocadores de sinal. Qualquer um desses que eu escolher pressionar primeiro deve tocar o sinal – e suponha que escolhi seu vizinho em comum como meu vértice SELECIONADO. A ordem na qual os aperto agora *faz* diferença para o sinal tocar ou não, o que contradiz (a) se meu colega escolher como seu vértice SELECIONADO aquele oposto ao meu (uma eventualidade para a qual a Quintessential Trinkets certamente deve estar preparada).

Por fim, (e) segue de (b) e dos fatos que estabelecemos agora. Suponha que meu colega escolha como seu vértice SELECIONADO o vértice *correspondente* ao que eu SELECIONEI. Se nenhum dos meus três botões adjacentes a ele forem tocadores de sinal, então, por (b), um dos três do meu colega devem ser. Segue de (a) que meu próprio vértice oposto ao tocador de sinal do meu colega também o deve ser. Isto estabelece (e).

Agora temos o enigma. Tente pintar cada um dos vértices de um dodecaedro como BRANCO ou PRETO de maneira consistente com as regras (d) e (e). Você verá que nunca terá sucesso, não importa o quanto tente. Um enigma melhor, portanto, é encontrar uma *prova* de que *não* existe tal forma de pintá-los. Para dar a qualquer leitor suficientemente motivado a chance de encontrar tal prova, irei postergar a minha própria prova até o Apêndice B (p.390), no qual darei uma demonstração razoavelmente direta estabelecendo de fato de que não é possível tal forma de pintar os vértices. Talvez algum leitor encontre uma prova mais fácil.

Será que, pela primeira vez em milhões de séculos, a Quintessential Trinkets cometeu um erro? Tendo estabelecido que é *impossível* pintar os vértices de acordo com (c), (d) e (e) e lembrando do imenso prêmio em DINHEIRO, nós ansiosamente esperamos os cerca de quatro anos necessários para a mensagem do meu colega chegar, descrevendo o que ele fez e quando e se seu sinal tocou; mas, quando sua mensagem chega, toda nossa esperança de receber o DINHEIRO se esvai, pois a Quintessential Trinkets novamente estava correta!

O que o argumento do Apêndice B (p.390) mostra é que simplesmente *não existe maneira*, em termos de qualquer modelo do tipo clássico, de construir os dodecaedros mágicos satisfazendo as condições que a Quintessential Trinkets foi capaz de garantir, ambos os dodecaedros sendo considerados como objetos separados e independentes depois de saírem das fábricas. *Não é possível* garantir as duas propriedades necessárias (a) e (b) sem algum tipo de misteriosa "conexão" existindo entre os dois dodecaedros – uma conexão que persiste até o momento que começamos a apertar os botões e que pareceria ter que agir instantaneamente para além de uma distância de cerca de quatro anos-luz. Ainda assim, a Quintessential Trinkets é capaz de fornecer tal garantia – para algo que parece impossível – e nunca se verificou nenhum erro da parte deles!

Como a Quintessential Trinkets – ou "QT", como são conhecidos – faz isto? É claro que "QT" de fato significa *Quantum Theory* [Teoria Quântica]! O que a empresa fez foi conseguir que um átomo, cujo *spin* tem o valor particular $\frac{3}{2}$, fique suspenso no centro de cada um dos nossos dodecaedros. Esses dois átomos foram produzidos em Betelgeuse em um estado inicial combinado de *spin* total 0 e então cuidadosamente separados e isolados nos centros de nossos dois dodecaedros, de tal forma que seu *spin* total combinado continue sendo 0. (Veremos o que tudo isto significa na Seção 5.10.) Agora, quando eu ou meu colega pressionamos um dos botões em um vértice de nosso dodecaedro, um tipo particular de medição de *spin* (parcial) é feita na direção do centro para o vértice em particular. Se o resultado dessa medição é positivo, então o sinal soa e o *show* pirotécnico ocorre logo em seguida. Serei mais detalhado sobre a natureza dessa medição mais tarde (cf. a Seção 5.18), e mostrarei na Seção 5.18 e no Apêndice B por qual motivo as regras (a) e (b) são uma consequência das regras-padrão da mecânica quântica.

A conclusão notável é que a assunção de nenhuma "influência" de longa distância é de fato *violada* na teoria quântica! Uma olhada no diagrama espaçotemporal da Figura 5.5 deixará claro que os apertos de botões que eu e meu colega fazemos são *separados tipo-espaço* (cf. a Seção 4.4), de tal forma que, segundo a teoria da relatividade, não pode haver nenhum sinal se propagando entre nós para transmitir informação sobre quais botões pressionamos ou sobre qual botão, em qualquer caso, de fato fez o sinal soar. Ainda assim, segundo a teoria quântica, existe algum tipo de "influência" que conecta nossos dodecaedros através de eventos com separação tipo-espaço. De fato, essa "influência" não pode ser utilizada para enviar diretamente *informação* útil instantaneamente e não existe nenhum conflito operacional entre a teoria da relatividade e a teoria quântica. No entanto, existe um conflito com o *espírito* da relatividade especial – e temos aqui um exemplo de um dos profundos mistérios **Z** da teoria quântica: o fenômeno da *não localidade quântica*. Os dois átomos nos centros de nossos dodecaedros formam o que é chamado de um único *estado emaranhado* e *não* podem, segundo as regras da teoria quântica padrão, ser considerados objetos separados independentes.

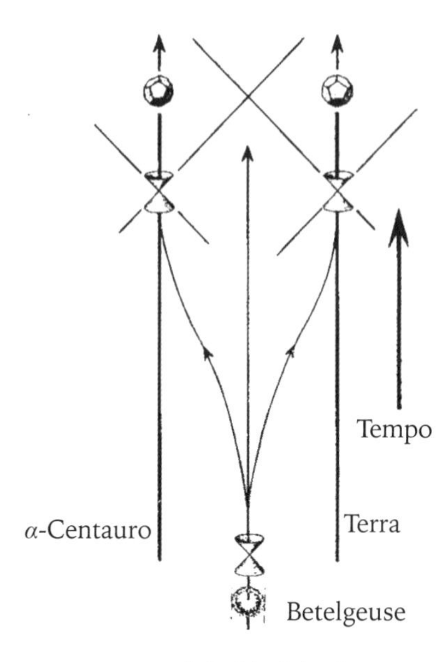

Figura 5.5 – Diagrama espaço temporal da história de nossos dois dodecaedros. Eles chegam a α-Centauro e à Terra em dois eventos com separação tipo-espaço.

5.4 *Status* experimental dos mistérios Z do tipo EPR

O exemplo específico que dei é de uma classe de experimentos (mentais) referidos como medições EPR, após um artigo famoso escrito em 1935 por Albert Einstein, Boris Podolsky e Nathan Rosen. (Veja a Seção 5.17 para uma discussão mais detalhadas de efeitos do tipo EPR.) A versão originalmente publicada não se referia ao *spin*, mas a certas combinações de posição e momento. Subsequentemente, David Bohm apresentou a versão com o *spin*, envolvendo um par de partículas de *spin* $\frac{1}{2}$ (digamos, elétrons) que são emitidos de um ponto em um estado combinado de *spin* 0. A conclusão aparente desses experimentos mentais era que uma medição realizada em um ponto do espaço em um dos membros do par quântico de partículas poderia "influenciar" instantaneamente o outro membro de uma forma muito específica, ainda que essa outra partícula estivesse a uma distância arbitrária da partícula original. Ainda assim, tal "influência" não poderia ser utilizada para mandar uma mensagem de uma para a outra. Na terminologia da teoria quântica, as duas partículas são ditas como estando em um estado *emaranhado* uma com a outra. O fenômeno do emaranhamento quântico – um genuíno mistério **Z** – foi notado primeiramente como uma característica da teoria quântica por Erwin Schrödinger (1935b).

Muito mais tarde, em um teorema notável publicado em 1966, John Bell mostrou que existem certas relações matemáticas (desigualdades de Bell) que são válidas entre as probabilidades conjuntas de várias medições de *spin* que podem ser feitas em quaisquer duas partículas, algo que segue como consequência necessária de elas serem entidades independentes e separadas, como na física clássica ordinária. Porém, na teoria quântica, essas relações poderiam ser violadas de uma forma muito específica. Isto abriu a possibilidade de experimentos reais que poderiam ser feitos para testar se essas relações são de fato violadas em sistemas físicos reais, como a teoria quântica diz que deveriam ser, ao passo que em um paradigma clássico, no qual objetos com uma separação tipo-espaço têm que se comportar de maneira independente um do outro, essas relações seriam necessariamente satisfeitas. (Veja ENM, p.284, 301, para exemplos desse tipo de evento.)

Como uma ilustração do que tais estados emaranhados *não* significam, John Bell gostava de dar o exemplo das *meias de Bertlmann*. Bertlmann era um colega seu que invariavelmente utilizava meias de cores diferentes. Isto é um fato conhecido sobre Bertlmann. (Tendo encontrado Bertlmann uma vez, posso confirmar que minhas observações são consistentes com esse fato.) Assim, se tivéssemos um vislumbre de sua meia esquerda e reparássemos que ela era verde, teríamos instantaneamente o conhecimento de que sua meia direita *não* era verde. De qualquer forma, não seria razoável inferir que existe qualquer influência misteriosa viajando instantaneamente de sua meia esquerda para sua meia direita. As duas meias são objetos independentes e não é necessário que a Quintessential Trinkets garanta que a propriedade de as meias serem diferentes irá ser válida. O efeito pode ser facilmente garantido simplesmente por Bertlmann determinar previamente que suas meias irão diferir quanto à cor. As meias de Bertlmann não violam as relações de Bell e não existe nenhuma "influência" de longa distância conectando suas meias. No entanto, no caso dos dodecaedros mágicos da QT, nenhuma explicação do tipo "meias de Bertlmann" pode explicar as propriedades que são garantidas. Este, afinal, era todo o ponto da discussão da seção anterior.

Alguns anos após a publicação do trabalho original de Bell, vários experimentos reais foram sugeridos,[2] e posteriormente realizados,[3] culminando no famoso experimento de Paris em 1981 por Alain Aspect e seus colegas, que utilizaram pares de fótons "emaranhados" (cf. Seção 5.17), emitidos em direções opostas a uma distância de cerca de 12 metros de separação. As expectativas da teoria quântica foram triunfalmente demonstradas, confirmando a realidade física dos mistérios **Z** do tipo EPR, como previstos pela teoria quântica padrão – e violando os relacionamentos de Bell. Veja a Figura 5.6.

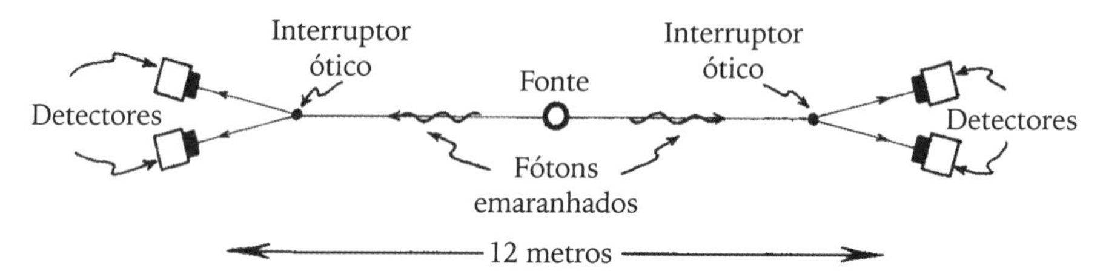

Figura 5.6 – O experimento EPR de Alain Aspect e colegas. Pares de fótons são emitidos de uma fonte em um estado emaranhado. A decisão sobre em qual direção medir a polarização de cada fóton não é tomada até que os fótons estejam se propagando livremente – de tal forma que acontece tarde demais para alcançar o fóton oposto, revelando para ele qual foi a direção de medição.

No entanto, devemos mencionar que, apesar da concordância bastante precisa dos resultados do experimento de Aspect com as predições da teoria quântica, ainda existem físicos que se recusam a aceitar que o fenômeno da não localidade quântica tenha sido confirmado. Eles podem mencionar o fato de que os detectores de fótons no experimento de Aspect (e outros similares) são pouco sensíveis e que a maior parte dos pares emitidos durante a execução das medições permaneceria sem ser detectada. Eles argumentariam que, se os detectores de fóton se tornassem mais sensíveis, então, após uma certa melhora dos detectores, a excelente concordância entre as expectativas da teoria quântica e a observação desapareceriam e os relacionamentos que Bell mostrou que deveriam ser válidos para um sistema clássico local seriam de

---

[2] A sugestão inicial para um experimento claro e decisivo veio de Clauser; Horne, 1974; e Clauser; Shimony, 1978.

[3] Os primeiros experimentos que indicaram uma confirmação positiva da expectativa quântica não local foram obtidos por Freedman; Clauser, 1972, aos quais se seguiram alguns anos depois resultados muito mais definitivos de Aspect; Grangier; Roger, 1982 (cf. também Aspect; Grangier, 1986).

alguma forma restaurados. Em minha opinião, parece excessivamente *im*provável que a excelente concordância entre a teoria quântica e o experimento que é exibida no experimento de Aspect (veja a Figura 5.7) seja de alguma forma uma consequência da *in*sensibilidade dos detectores e que, com detectores melhores, a concordância com a teoria sumiria de alguma forma, no grau considerável que seria necessário para que os relacionamentos de Bell pudessem ser recuperados.[4]

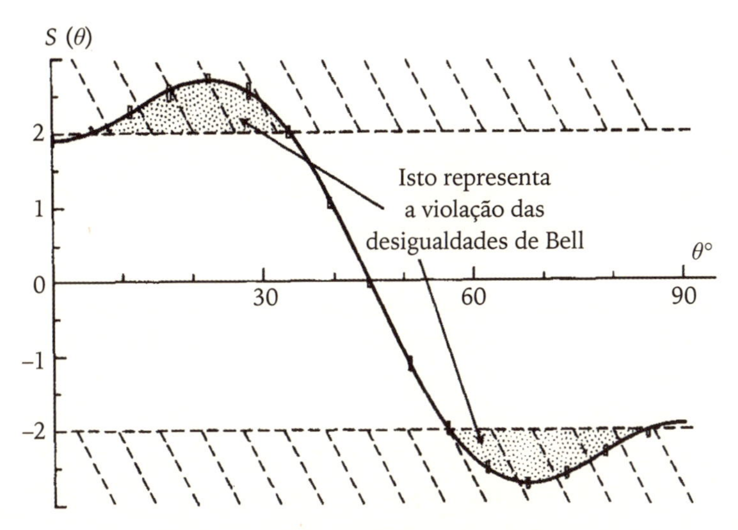

Figura 5.7 – O experimento de Aspect é bastante condizente com as expectativas da teoria quântica – violando as desigualdades clássicas de Bell. É difícil ver como detectores melhores poderiam estragar essa concordância.

---

[4] Existe outro tipo de explicação "clássica" possível para os efeitos EPR em particular que foram observados, até o momento, por Aspect e outros. Essa explicação sugerida – *colapso retardado* – é devida a Euan Squires (1992a) e ela usufrui do fato de que pode haver um atraso temporal significativo na realização efetiva da medição pelos detectores em locais separados. Essa sugestão tem que ser levada em conta no contexto de alguma teoria – necessariamente alguma teoria não convencional, como as que iremos encontrar nas seções 6.9 ou 6.12 – que faz alguma predição bem definida sobre o instante provável no qual as duas medições quânticas *objetivamente* aconteceriam. Devido às influências aleatórias que controlam esses dois instantes, seria considerado provável que um desses detectores realizaria sua medição significativamente antes do outro – tão antes, de fato, que (nos experimentos que foram realizados até agora) haveria amplo tempo para que um sinal, viajando à velocidade da luz a partir do primeiro detector a fazer a medida, informasse o segundo detector sobre qual foi o resultado da medição anterior.

Desse ponto de vista, sempre que uma medição quântica acontece, ela é acompanhada por uma "onda de informação" viajando à velocidade da luz a partir do evento de medição. Esse tipo de coisa se encaixa perfeitamente com a teoria da relatividade clássica (veja a Seção 4.4),

O argumento original de Bell fornece relacionamentos (desigualdades) entre as *probabilidades* conjuntas das diferentes possibilidades alternativas. Para estimar as probabilidades reais envolvidas em um experimento físico é necessário ter uma longa série de observações que devem ser submetidas a uma análise estatística apropriada. Mais recentemente, vários esquemas alternativos para experimentos (hipotéticos) foram propostos que são inteiramente do tipo "sim/não", sem nenhuma probabilidade envolvida. A primeira dessas sugestões recentes foi apresentada por Greenberger, Horne e Zeilinger (1989), que envolveria medições de partículas com *spin* $\frac{1}{2}$ em *três* localizações separadas (digamos, a Terra, α-Centauro e Sirius, caso a Quintessential Trinkets houvesse feito uso de tal esquema). Um pouco antes, em 1967, Kochen e Specker haviam apresentado uma ideia bastante correlata, mas com partículas de *spin* 1, ainda que suas configurações geométricas fossem muito complicadas; e o próprio Bell fez algo similar, mas menos explícito, ainda antes, em 1966. (Esses exemplos anteriores não foram apresentados como fenômenos do tipo EPR, mas foi mostrado como isto pode ser feito de forma explícita por Heywood; Redhead, 1983, e também por Stairs, 1983.)[5] O exemplo particular que eu dei, utilizando dodecaedros, tem algumas vantagens com relação ao fato de que a geometria fica mais explícita.[6] (Existem alguns experimentos propostos para testar coisas que são equivalentes a esses vários exemplos de mistérios **Z**, ainda que de uma forma física diferente da que apresentei aqui: cf. Zeilinger et al., 1994.)

---

mas estaria em desacordo com as expectativas da teoria quântica para distâncias grandes o bastante. Em particular, os "dodecaedros mágicos" da Seção 5.3 não poderiam ser explicados pelo colapso retardado. Claro, nenhum "experimento" desse tipo ainda foi feito e poderíamos assumir a posição de que as expectativas da teoria quântica seriam violadas em tais circunstâncias. Uma objeção mais séria, no entanto, é que o colapso retardado encontra dificuldades severas com outros tipos de medição quântica e levaria à violação de todas as leis de conservação usuais. Por exemplo, quando um átomo radioativo que estivesse decaindo emitisse uma partícula carregada – digamos, uma partícula α – seria possível para dois detectores bastante separados receberem a *mesma* partícula α simultaneamente, violando cada uma das leis de conservação de energia, carga elétrica e número bariônico! (Para uma separação ampla, a "onda de informação" vinda do primeiro detector não teria tempo suficiente para avisar o segundo detector que ele deveria ser incapaz de observar a mesma partícula α!) No entanto, essas leis de conservação ainda seriam válidas "na média" e não estou ciente de qualquer observação real contradizendo essa ideia. Para uma análise recente do *status* do colapso retardado, veja Home, 1994.

[5] Fui informado por Abner Shimony que Kochen e Specker já estavam cientes de uma formulação do tipo EPR de seu próprio exemplo.

[6] Para outros exemplos, exibindo configurações geométricas diferentes, veja Peres, 1990, 1991; Mermin, 1990; e Penrose, 1994a.

5.5 A base da teoria quântica: uma história extraordinária

Quais são os princípios básicos da mecânica quântica? Antes de os observarmos explicitamente, eu gostaria de realizar uma digressão histórica. Isto nos trará algumas vantagens ao enfatizar o *status* de dois dos ingredientes matemáticos separados mais importantes da teoria. É um fato extremamente notório, e não tão familiar, que os dois ingredientes mais fundamentais da teoria quântica moderna podem ser datados já do século XVI, de maneira bastante independente, e frutos do mesmo homem!

Esse homem, Gerolamo Cardano (Figura 5.8), nasceu na miséria (fruto de pais que não eram casados) em Pavia, Itália, em 24 de setembro de 1501, e se tornou um dos melhores e mais famosos médicos de seu tempo, morrendo por fim na miséria em Roma em 20 de setembro de 1576. Cardano foi um homem extraordinário, ainda que não seja muito conhecido hoje. Espero que o leitor me perdoe se eu tergiversar brevemente para falar algo sobre ele antes de retornar à mecânica quântica propriamente dita.

Figura 5.8 – Gerolamo Cardano (1501-1576). Médico extraordinário, inventor, apostador, autor e matemático. Descobridor tanto da teoria da probabilidade quanto dos números complexos – os dois ingredientes básicos da teoria quântica moderna.

De fato, ele não é nem um pouco conhecido na mecânica quântica – ainda que seu *nome*, pelo menos, seja bem conhecido na mecânica de *automóveis*! A junção universal que conecta o motor de um carro comum a suas rodas traseiras, assim permitindo a flexibilidade que é necessária para absorver o movimento vertical variável do eixo traseiro suspenso é chamado de *eixo Cardan*. Cardano havia inventado esse aparato em 1545 e em 1548 foi capaz de incorporá-lo como parte de um veículo real para o imperador Carlos V, assim garantindo uma travessia suave por rotas bastante difíceis. Fez várias outras invenções, tal como um cadeado de combinação similar aos utilizados nos cofres modernos. Como médico, ele atingiu grande fama, tratando reis e príncipes. Realizou diversos avanços na medicina e escreveu um grande número de livros sobre questões médicas e outros tópicos. Parece ter sido o primeiro a reparar que as doenças venéreas conhecidas como gonorreia e sífilis eram de fato duas doenças separadas, necessitando de tratamentos *diferentes*. Propôs um tipo de tratamento envolvendo "sanatórios" para aqueles que padeciam de tuberculose, cerca de trezentos anos antes que este fosse redescoberto por George Boddington por volta de 1830. Em 1552, ele curou John Hamilton, o arcebispo da Escócia, de uma condição asmática severa e debilitante – e assim afetou o próprio rumo da história britânica.

Qual a relação desses feitos com a teoria quântica? Nenhuma, exceto que eles mostram algo da estatura mental do homem que de fato descobriu, separadamente, aqueles que viriam a ser os dois ingredientes mais importantes dessa teoria. Pois, além de ser um médico e inventor incrível, ele também era incrível em outro campo – matemática.

O primeiro desses ingredientes é a *teoria das probabilidades*. Pois a teoria quântica é, como bem se sabe, uma teoria probabilística, em vez de uma teoria determinística. Suas próprias regras dependem fundamentalmente das leis das probabilidades. Em 1524, Cardano escreveu seu *Liber de Ludo Aleae* (O livro dos jogos de sorte), que expôs os fundamentos da teoria matemática da probabilidade. Cardano havia formulado essas regras alguns anos antes e fez bom uso delas. Foi capaz de financiar seus estudos na escoła médica de Pavia aplicando essas leis de uma forma prática – através dos jogos de azar! Deve ter ficado claro para ele, em uma idade precoce, que ganhar dinheiro no carteado através de *trapaças* seria uma empreitada arriscada, pois o homem do qual sua mãe era viúva havia encontrado um final desagradável justamente por conta de tal atividade. Cardano entendeu que ele poderia ganhar honestamente através da aplicação de suas descobertas sobre as leis da probabilidade.

Qual é o outro ingrediente fundamental da teoria quântica que Cardano havia descoberto? Esse segundo ingrediente é a noção de um *número complexo*. Um número complexo é um número da forma

$$a + ib,$$

onde "i" denota a raiz quadrada de menos um,

$$i = \sqrt{-1},$$

e onde a e b são números reais ordinários (i.e., números que escrevemos agora em termos de expansões decimais). Nós chamaríamos agora a de *parte real* e b de *parte imaginária* do número complexo $a + ib$. Cardano encontrou esses estranhos tipos de números como parte de seus estudos sobre a solução de equações cúbicas gerais. Essas equações são do tipo

$$Ax^3 + Bx^2 + Cx + D = 0,$$

onde A, B, C e D são números reais dados e a equação tem que ser solucionada para encontrarmos x. Em 1545, ele publicou um livro, *Ars Magna*, no qual a primeira análise completa da solução dessas equações aparece.

Existe uma história triste relacionada com a publicação dessa solução. Em 1539, um professor de matemática que era conhecido pelo nome de Nicolo "Tartaglia" já tinha a posse da solução geral de uma classe ampla de equações cúbicas e Cardano havia enviado um amigo para descobrir qual era a solução dele. No entanto, Tartaglia se recusou a revelar sua solução, de tal forma que Cardano começou a trabalhar e rapidamente a descobriu por si próprio, publicando o resultado em 1540 em seu livro *Practica arithmetice et mensurandi singularis* [O exercício da Aritmética e da mensuração simples]. De fato, Cardano foi capaz de estender o que Tartaglia havia feito para dar conta de *todos* os casos e mais tarde publicou sua análise do método geral de solução no *Ars Magna*. Em ambos os livros, Cardano reconhece a prioridade de Tartaglia com relação à solução naquela classe de casos para os quais o procedimento de Tartaglia funcionava, mas, no *Ars Magna*, Cardano comete o erro de afirmar que Tartaglia havia lhe dado permissão para publicar. Tartaglia ficou furioso e afirmou que, certa vez, ele havia visitado a casa de Cardano e revelado para ele sua solução sob a estrita condição de que Cardano fizesse um juramento de segredo para nunca revelá-la. De qualquer forma, seria difícil para Cardano publicar seu trabalho, que estendia o que Tartaglia havia feito previamente, sem revelar casos anteriores de soluções e é difícil ver como Cardano poderia ter procedido de outra forma sem suprimir a coisa toda. Mesmo assim, Tartaglia manteve um ressentimento pela vida toda de Cardano, esperando por uma oportunidade de vingança, até que, em 1570, após outras circunstâncias horríveis acarretarem uma mancha severa na reputação de Cardano, ele contribuiu com o golpe final para a queda deste. Tartaglia trabalhou próximo à Inquisição, coletando um longo dossiê de itens que poderiam ser utilizados contra Cardano e trabalhando para sua captura e prisão. Cardano foi libertado da prisão somente depois que um emissário especial enviado pelo arcebispo da Escócia (que, lembremos, Cardano havia curado da asma) viajou para Roma, em 1571, para interceder por ele, explicando que Cardano era "um estudioso que se importa somente em preservar e curar os corpos nos quais as almas de Deus podem viver com todo seu potencial".

As "circunstâncias horríveis" a que me referi têm a ver com o julgamento por assassinato do filho mais velho de Cardano, Giovanni Battista. Nesse julgamento, Gerolamo havia colocado sua reputação em jogo para dar suporte a seu filho. Isto não foi de forma alguma bom para ele, pois Giovanni era de fato culpado, tendo assassinado sua esposa – com quem ele fora forçado a casar para acobertar um assassinato anterior que ele havia cometido. Aparentemente, o assassinato da esposa de Giovanni teve ajuda e encorajamento do filho mais novo e ainda mais indecoroso de Cardano, Aldo, que traiu Giovanni e depois entregou seu próprio pai para a Inquisição em Bolonha. A recompensa de Aldo foi se tornar um torturador e executor público para a Inquisição em Bolonha. Até mesmo a filha de Cardano não ajudou sua reputação, pois ela morreu de sífilis como resultado de suas atividades profissionais como prostituta.

Seria um exercício de psicologia histórica interessante entender como Gerolamo Cardano, que parece ter sido um pai atencioso, devoto a suas crianças e esposa e que era um homem de princípios, honesto e sensível, pôde ter uma prole tão desastrosa. Sem dúvida, suas atenções estavam muito frequentemente alheias a questões familiares por conta de seus outros interesses, que consumiam muito tempo. Sem dúvida, sua ausência de casa por mais de um ano, após a morte de sua esposa, quando ele teve que viajar para a Escócia para tratar do arcebispo (ainda que o compromisso original de Cardano fosse somente um encontro em Paris) não ajudou o desenvolvimento de seus filhos. Sem dúvida, também, sua convicção de que as estrelas haviam previsto sua própria morte em 1546, de tal forma que ele começou a escrever e pesquisar de forma fervorosa, o levou a negligenciar sua própria esposa, de tal forma que ela sucumbiu ao final daquele mesmo ano.

Posso supor que é o destino infeliz de Cardano e sua reputação severamente manchada – por conta dos esforços combinados de seus filhos, da Inquisição e particularmente de Tartaglia – que fizeram que ele seja muito menos conhecido por nós hoje do que merece. Não tenho dúvidas de que ele figura como um dos ícones mais importantes da Renascença. Ainda que tenha crescido em circunstâncias miseráveis, uma atmosfera de aprendizado teve um papel importante em seus anos de formação. Seu pai, Fazio Cardano, era geômetra; e Gerolamo lembrava uma ocasião quando, com parca idade, ele acompanhou seu pai em uma visita a Leonardo da Vinci e os dois homens passaram longas horas noite adentro discutindo questões de geometria.

Com relação à publicação de Cardano do resultado prévio de Tartaglia, e de ele afirmar incorretamente que havia obtido permissão para publicá-lo, devemos certamente respeitar a importância de tornar públicas nossas descobertas em vez de manter oculto o novo conhecimento. Ainda que tenhamos que observar que o sustento de Tartaglia havia dependido, em certo ponto, da manutenção do segredo de suas descobertas (em face das competições públicas de matemática de que ele participava frequentemente), foi a sua publicação por Cardano que teve um impacto profundo e duradouro no desenvolvimento das ciências matemáticas. Mais que isto, quando se trata de questões de prioridade, parece que esta pertencia a outro estudioso, Scipione del Ferro, que era professor na Universidade de Bolonha até sua morte em 1526. Pelo menos Del Ferro tinha posse de uma solução que Tartaglia redescobriu mais tarde, ainda que permaneça incerto até que ponto ele estava ciente de como essa solução poderia ser modificada para tratar dos casos considerados mais tarde por Cardano, nem existe nenhuma evidência de que Del Ferro foi levado a contemplar números complexos.

Vamos retornar agora de forma mais detalhada a equação cúbica, de forma a tentar entender por qual motivo a contribuição de Cardano foi tão fundamental. Não é difícil (através de uma substituição da forma $x \mapsto x + a$) reduzir a equação cúbica geral para a forma

$$x^3 = px + q,$$

onde p e q são números reais. Isto com certeza era bem conhecido na época. No entanto, devemos ter em mente que o que agora chamamos de *números negativos* não eram normalmente aceitos como "números" de fato naquela época, de tal forma que versões diferentes da equação teriam sido escritas dependendo dos vários sinais de p e q (*e.g.*, $x^3 + p'x = q$, $x^3 + q' = px$), de forma a manter todos os números que aparecem na equação não negativos. Adotarei a notação moderna nas minhas descrições aqui (que permite números negativos se necessário) de forma a evitar complicações excessivas.

A solução da equação cúbica dada pode ser expressa graficamente se desenharmos as curvas $y = x^3$ e $y = px + q$ e procurarmos onde as duas curvas se cruzam. Os valores de x nos pontos de intersecção irão dar as soluções da equação. Veja a Figura 5.9; a curva $y = x^3$ é representada pelo traçado curvo e $y = px + q$ é representado como uma linha reta para a qual várias possibilidades estão representadas. (Não sei se Cardano ou Tartaglia utilizaram tal descrição gráfica, ainda que possam tê-lo feito. É útil aqui somente como um auxílio para visualizar as diferentes situações que podem ocorrer.) Com essa notação, os casos que Tartaglia foi capaz de resolver ocorrem quando p é negativo (ou zero). Nesses casos, a linha reta é direcionada para baixo e para a direita e um caso típico é representado pela linha P na Figura 5.9. Note que em tais casos existe exatamente um ponto de intersecção da linha com a curva, de tal forma que a equação cúbica tem precisamente uma solução. Na notação atual, podemos expressar a solução de Tartaglia como

$$x = \sqrt[3]{(w - \tfrac{1}{2}q)} - \sqrt[3]{(w + \tfrac{1}{2}q)},$$

onde

$$w = \sqrt{[(\tfrac{1}{2}q)^2 + (\tfrac{1}{3}p')^3]}$$

com $p' = -p$, de tal forma que as quantidades que aparecem na expressão permaneçam positivas (considerando também $q > 0$).

A extensão feita por Cardano desse procedimento permitia os casos em que $p > 0$, e podemos escrever então a solução (para p positivo e q negativo, mas o sinal de q não é tão importante). Agora as linhas retas estão inclinadas para cima e para a direita (marcadas como Q ou R). Vemos que, para um dado valor de p (i.e., para uma dada inclinação), se q' $(= -q)$ for grande o bastante

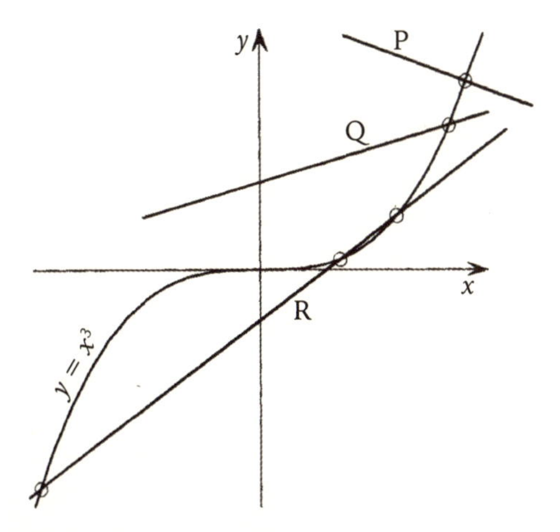

Figura 5.9 – As soluções da equação cúbica $x^3 = px + q$ podem ser obtidas graficamente como a intersecção (ou intersecções) da linha reta $y = px + q$ com a curva cúbica $y = x^3$. O caso estudado por Tartaglia é dado quando $p \leq 0$, representado pela linha inclinada para baixo *P*, enquanto os casos novos de Cardano aparecem quando $p > 0$, tal como o que acontece com as linhas *Q* ou *R*. O *casus irreducibilis* ocorre quando existem *três* pontos de intersecção, como na linha *R*. Nesse caso, uma jornada através dos complexos é necessária para expressar as soluções.

(de tal forma que a linha intersecta o eixo *y* bem para cima) existirá novamente exatamente uma única solução, a expressão de Cardano para ela (na notação moderna) sendo

$$x = \sqrt[3]{(\tfrac{1}{2}q' + w)} + \sqrt[3]{(\tfrac{1}{2}q' - w)},$$

onde

$$w = \sqrt{[(\tfrac{1}{2}q')^2 - (\tfrac{1}{3}p)^3]}.$$

Utilizando a notação e os conceitos modernos de números negativos (e o fato de que a raiz cúbica de um número negativo é menos a raiz cúbica da forma positiva do número), podemos ver que a expressão de Cardano é basicamente a mesma que a de Tartaglia. No entanto, existe algo completamente novo por trás dessa expressão, no caso de Cardano. Por ora, se q' não for tão grande, a linha reta pode intersectar a curva em *três* lugares, de tal forma que existem três soluções para a equação original (duas sendo negativas, se $p > 0$). Isto – o chamado "*casus irreducibilis*" – ocorre quando $(\tfrac{1}{2}q')^2 < (\tfrac{1}{3}p)^3$, e podemos ver agora que w tem que ser a *raiz quadrada de um número negativo*. Assim, os números $\frac{1}{2}q' + w$ e $\frac{1}{2}q' - w$, que aparecem sob os sinais de radiciação cúbica, são o que chamaríamos agora de *números complexos*; porém as duas raízes cúbicas devem resultar em um número real ao serem somadas, de forma a fornecer as soluções para a equação.

Cardano estava bastante ciente desse misterioso problema, e, depois, no *Ars Magna*, ele tratou explicitamente dessa questão levantada pela ocorrência de números complexos na solução de equações. Ele considerou o problema de encontrar dois números cujo produto é 40 e cuja soma é 10, obtendo como resposta (correta), os dois números complexos

$$5 + \sqrt{(-15)} \text{ e} - \sqrt{(-15)}.$$

Em termos gráficos, podemos considerar esse problema como o de encontrar os pontos de intersecção da curva $xy = 40$ com a linha reta $x + y = 10$ na Figura 5.10. Notamos que essas curvas, como representadas, na verdade não intersectam (em termos de números reais), o que corresponde ao fato de que precisamos de números complexos para expressar a solução desse problema. Cardano não estava feliz com tais números, referindo-se ao "sofrimento mental envolvido" de se trabalhar com eles. De qualquer maneira, a necessidade de considerar números desse tipo foi imposta a ele por conta de seus estudos de equações cúbicas.

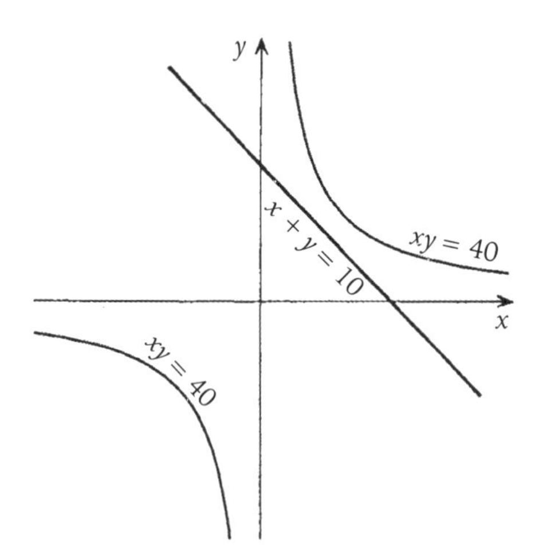

Figura 5.10 – O problema de Cardano de encontrar dois números cujo produto é 40 e cuja soma é 10 pode ser expresso como o problema de encontrar as intersecções da curva $xy = 40$ com a linha $x + y = 10$. Nesse caso, está claro que o problema não pode ser solucionado com números reais.

Devemos notar que existe algo muito mais sutil sobre a presença de números complexos na solução da equação cúbica, como mostrado na Figura 5.9, do que em sua presença no problema mostrado na Figura 5.10 (basicamente o problema de solucionar a equação quadrática $x^2 - 10x + 40 = 0$). No segundo caso, é claro que não existe uma solução, a menos que números complexos sejam permitidos e poderíamos manter a posição de que tais números são uma ficção completa, introduzidos meramente para fornecer uma "solução" para uma equação que de fato não tem soluções. No entanto, essa posição não explica o que está acontecendo com a equação cúbica. Aqui, no "*casus irreducibilis*" (linha *R* na Figura 5.9) existem três soluções *reais* para a equação, cuja existência não pode ser negada; no entanto, para expressar qualquer uma dessas soluções em termos de raízes (i.e., em termos de raízes quadráticas e cúbicas, no caso), devemos fazer uma viagem ao misterioso mundo dos números complexos, ainda que nosso destino final nos leve de volta ao mundo dos reais.

Parece que ninguém antes de Cardano havia percebido esse mundo misterioso e como ele pode subjazer ao mundo da "realidade". (Outros, tal como Herão de Alexandria e Diofanto de Alexandria, no I e III século d.C., respectivamente, parecem ter brincado com a ideia de que um número negativo pudesse ter um tipo de "raiz quadrada", mas nenhum deu o ambicioso passo de combinar tais "números" com os reais para fornecer números *complexos*, nem perceberam qualquer conexão com soluções reais de equações.) Talvez a combinação curiosa em Cardano de uma personalidade mística e cientificamente racional permitiu que ele se desse conta desses primeiros vislumbres do que se tornou uma das mais poderosas concepções matemáticas. Em anos posteriores, através dos trabalhos de Bombelli, Coates, Euler, Wessel, Argand, Gauss, Cauchy, Weierstrass, Riemann, Levi, Lewy, e muitos outros, a teoria dos números complexos floresceu em uma das mais elegantes e universalmente aplicáveis estruturas matemáticas. Porém, apenas com o advento da teoria quântica, no primeiro quartil do século XX, um papel estranho e abrangente para os números complexos foi revelado na própria estrutura fundamental do mundo real físico no qual vivemos – nem sua conexão profunda com *probabilidades* havia sido notada antes disto. Mesmo Cardano não poderia ter tido noção da misteriosa conexão subjacente entre suas duas maiores contribuições para a matemática – uma conexão que forma a própria base do universo material em suas menores escalas.

5.6 As regras básicas da teoria quântica

Qual é essa conexão? Como os números complexos e a teoria da probabilidade se unem para fornecer uma descrição inquestionavelmente soberba do funcionamento do nosso mundo? *Grosso modo*, é no minúsculo nível subjacente dos fenômenos físicos que as leis dos números complexos reinam, enquanto é na junção entre esse minúsculo nível e o nível familiar das nossas percepções ordinárias que a teoria das probabilidades tem seu papel – mas precisarei ser mais explícito que isto se quisermos conseguir algum entendimento real.

Vamos investigar primeiro o papel dos números complexos. Eles surgem de uma forma estranha que em si é bastante difícil de aceitar como uma verdadeira descrição da realidade física. É particularmente difícil de aceitar porque parece não haver lugar para isto no comportamento das coisas no âmbito dos fenômenos que podemos perceber e onde as leis clássicas de Newton, Maxwell e Einstein permanecem válidas. Assim, para termos uma ideia sobre a forma pela qual a teoria quântica funciona, precisaremos, provisoriamente pelo menos, considerar que existem dois níveis distintos do funcionamento físico: o nível *quântico* subjacente, onde os números complexos têm seu estranho papel, e o nível *clássico* das leis físicas familiares de larga escala. Somente no nível quântico os números complexos têm esse papel – um papel que parece desaparecer completamente no nível clássico. Isto não quer dizer que deva realmente existir uma divisão física entre o nível no qual as leis quânticas operam e o nível dos fenômenos clássicos que percebemos, mas será útil se imaginarmos, por ora, que tal divisão existe, de forma a dar sentido aos procedimentos que são adotados na teoria quântica. A questão mais profunda sobre se há ou não *realmente* tal divisão física estará dentre as nossas principais preocupações mais adiante.

Que nível *é* o nível quântico? Devemos pensar nele como o nível das coisas físicas que são, em algum sentido, "pequenas o suficiente", como moléculas, átomos ou partículas fundamentais. Mas essa "pequenez" não precisa se referir à distância física. Efeitos quânticos podem ocorrer ao longo de distâncias vastas. Lembrem-se dos quatro anos-luz que separariam os dois dodecaedros da minha história na Seção 5.3 ou dos doze metros que separaram os pares de fótons no experimento de Aspect (Seção 5.4). Não é o pequeno tamanho físico que define o nível quântico, mas algo mais sutil, que por ora será melhor que não tentemos deixar explícito. Será de ajuda, no entanto, pensar no nível quântico como valendo quando estivermos preocupados simplesmente com diferenças muito pequenas de energia. Retornarei a esse ponto de maneira mais completa na Seção 6.12.

O nível clássico, por outro lado, é o nível da nossa experiência ordinária, onde as leis da física clássica em termos de números reais funcionam, onde descrições ordinárias – dar a localização, a velocidade e a forma de uma bola de golfe, por exemplo – fazem todo sentido. Se existe ou não uma *real* distinção entre o nível quântico e o nível clássico é uma questão profunda que está intimamente relacionada com a dos mistérios **X**, como mencionados na Seção 5.1. Adiaremos essa questão por ora, e consideraremos mera questão de conveniência o fato de separarmos o nível quântico do clássico.

Qual é o papel fundamental que os números complexos têm no nível quântico? Pense em uma partícula individual, por exemplo um elétron. Em um paradigma clássico, o elétron poderia ter uma localização A ou outra localização B. No entanto, as descrições quantum-mecânicas de tais possibilidades que estão disponíveis para o elétron são muito mais amplas. Não só pode o elétron ter uma ou outra localização particular, mas pode estar alternativamente em qualquer um de diversos estados possíveis nos quais, em um sentido claro, ele ocupa *ambas* as posições simultaneamente! Vamos utilizar a notação $|A\rangle$ para o estado no qual o elétron está na posição A e a notação $|B\rangle$ para o estado no qual o elétron está em B.* Segundo a teoria quântica, então, existem outros estados disponíveis ao elétron, escritos como

$$w|A\rangle + z|B\rangle,$$

onde os fatores de ponderação w e z que aparecem aqui são *números complexos* (devemos tomar pelo menos um deles como não nulo).

O que isto significa? Se os fatores de ponderação fossem números *reais* não negativos, então poderíamos pensar essa combinação como representando, em algum sentido, uma expectativa ponderada probabilisticamente sobre qual é a localização do elétron, onde w e z representam as probabilidades

---

* Estou utilizando aqui a notação padrão "ket" de Dirac para os estados quânticos, que nos será conveniente. Os leitores que não estão familiarizados com a notação quantum-mecânica não precisam se preocupar com o seu significado aqui.
Paul Dirac foi um dos mais importantes físicos do século XX. Dentre seus feitos, inclui-se uma formulação geral das leis da teoria quântica e também a sua generalização relativística envolvendo a "Equação de Dirac", que ele descobriu para o elétron. Ele possuía uma habilidade incomum de "sentir" onde estava a verdade, julgando suas equações, em larga escala, por suas qualidades *estéticas*! (N. A.)

relativas do elétron estar em A ou em B, respectivamente. A razão w:z daria a razão (probabilidade de o elétron estar em A):(probabilidade de o elétron estar em B). De acordo com isto, se houvesse somente essas duas possibilidades disponíveis para o elétron, teríamos a expectativa $w/(w + z)$ para o elétron estar em A e a expectativa $z/(w + z)$ para ele estar em B. Se $w = 0$, então o elétron certamente estaria em B; se $z = 0$ estaria certamente em A. Se o estado fosse somente "$|A\rangle + |B\rangle$", então isto representaria probabilidades *iguais* de o elétron estar em A ou B.

Mas w e z são números *complexos*, portanto essa interpretação não faz o menor sentido. As razões dos pesos quânticos w e z *não* são razões de probabilidades. Não poderiam ser, já que probabilidades sempre são números *reais*. *Não* é a teoria de *probabilidades* de Cardano que funciona no nível quântico, apesar da opinião comum de que o mundo quântico é um mundo probabilístico. Em vez disso, é sua misteriosa teoria de *números complexos* que subjaz a uma descrição matemática precisa e *livre de probabilidades* do funcionamento a nível quântico.

Não podemos falar, em termos do dia a dia, o que "significa" um elétron estar em um estado de sobreposição de dois lugares de uma vez, com pesos de ponderação complexos w e z. Devemos, por ora, simplesmente aceitar que este é o tipo de descrição que precisamos adotar para sistemas de nível quântico. Tais sobreposições constituem uma parte importante da construção real do nosso microcosmo, como nos foi revelado agora pela Natureza. É um *fato* que consideramos que o mundo no nível quântico *realmente* se comporta dessa forma misteriosa e não familiar. As descrições são bastante claras – e elas nos fornecem um microcosmo que evolui segundo uma descrição que é matematicamente precisa e, mais que isso, *completamente determinística*!

5.7 A evolução unitária **U**

Qual é essa descrição determinística? É aquilo que é chamado de *evolução unitária* e usarei a letra **U** para denotá-la. Essa evolução é descrita por equações matemáticas precisas, mas não nos será importante saber quais são elas. Certas propriedades particulares de **U** serão tudo de que precisaremos. No que é referido como "o quadro de Schrödinger", **U** será descrito pelo que é chamado de *equação de Schrödinger*, que fornece a taxa de mudança, com respeito ao tempo, do *estado quântico* ou *função de onda*. Esse estado quântico, geralmente denotado pela letra grega ψ (pronuncia-se "psi"), ou por $|\psi\rangle$, expressa toda a soma ponderada, com fatores de ponderação complexos, de todas as alternativas possíveis que estão disponíveis para o sistema. Assim, no exemplo particular ao qual nos referimos antes, onde as alternativas disponíveis para um elétron eram que ele poderia estar na localização A ou na localização B, o estado quântico $|\psi\rangle$ teria que ser alguma combinação complexa da forma

$$|\psi\rangle = w|\mathrm{A}\rangle + z|\mathrm{B}\rangle,$$

onde w e z são números complexos (os quais não são ambos nulos). Dizemos que essa combinação $w|\mathrm{A}\rangle + z|\mathrm{B}\rangle$ é uma *sobreposição linear* dos dois estados $|\mathrm{A}\rangle$ e $|\mathrm{B}\rangle$. A quantidade $|\psi\rangle$ (ou $|\mathrm{A}\rangle$ ou $|\mathrm{B}\rangle$) é geralmente chamada de *vetor de estado*. Estados quânticos mais gerais (ou vetores de estado) podem ter formas como

$$|\psi\rangle = u|\mathrm{A}\rangle + v|\mathrm{B}\rangle + w|\mathrm{C}\rangle + \ldots + z|\mathrm{F}\rangle,$$

onde $u, v, \ldots, z$ são números complexos (sem serem todos nulos) e $|\mathrm{A}\rangle$, $|\mathrm{B}\rangle$, ..., $|\mathrm{F}\rangle$ poderiam representar diversas localizações possíveis para uma partícula (ou talvez alguma outra propriedade da partícula, tal como seu estado de *spin*; cf. a Seção 5.10). De forma ainda mais geral, somas *infinitas* seriam permitidas para a função de onda ou vetor de estado (já que existem infinitas posições possíveis disponíveis para uma partícula pontual), mas esse tipo de questão não será importante aqui.

Existe uma tecnicalidade do formalismo quântico que *devo* mencionar aqui: é que são somente as *razões* dos diversos fatores de ponderação complexas que têm importância. Terei mais a dizer sobre isto depois. Por enquanto, simplesmente tomaremos nota do fato de que, para qualquer vetor de estado único $|\psi\rangle$, qualquer múltiplo complexo $u|\psi\rangle$ dele (com $u \neq 0$) representa o mesmo estado *físico* que $|\psi\rangle$. Assim, por exemplo, $uw|\mathrm{A}\rangle + uz|\mathrm{B}\rangle$ representa o mesmo estado físico que $w|\mathrm{A}\rangle + z|\mathrm{B}\rangle$. Dessa forma, somente a razão $w{:}z$ tem significado físico, não w e z separadamente.

A característica mais básica da equação de Schrödinger (i.e., de **U**) é que ela é *linear*. Isto quer dizer que, se tivermos dois estados, digamos $|\psi\rangle$ e $|\phi\rangle$, e se a equação de Schrödinger nos falar que, após um tempo t, os estados $|\psi\rangle$ e $|\phi\rangle$ evoluiriam cada um individualmente para novos estados $|\psi'\rangle$ e $|\phi'\rangle$, respectivamente, então qualquer sobreposição linear $w|\psi\rangle + z|\phi\rangle$ deveria evoluir, após o mesmo tempo t, para a sobreposição correspondente $w|\psi'\rangle + z|\phi'\rangle$.

Vamos utilizar o símbolo $\rightsquigarrow$ para denotar a evolução após algum tempo t. Então, a linearidade afirma que se

$$|\psi\rangle \rightsquigarrow |\psi'\rangle \text{ e } |\phi\rangle \rightsquigarrow |\phi'\rangle,$$

então a evolução

$$w|\psi\rangle + z|\phi\rangle \rightsquigarrow w|\psi'\rangle + z|\phi'\rangle$$

também será válida. Isto se aplicaria (consequentemente) também à sobreposição linear de mais de dois estados quânticos individuais; por exemplo, $u|\chi\rangle + w|\psi\rangle + z|\phi\rangle$ evoluiria, após um tempo t, para $u|\chi'\rangle + w|\psi'\rangle + z|\phi'\rangle$, se $|\chi\rangle$, $|\psi\rangle$ e $|\phi\rangle$ evoluíssem cada um individualmente para $|\chi'\rangle$, $|\psi'\rangle$ e $|\phi'\rangle$ respectivamente. Assim a evolução sempre segue como se cada componente diferente da sobreposição ignorasse completamente a presença dos outros. Como alguns diriam, cada "mundo" diferente descrito pelos estados componentes evolui independentemente, segundo a mesma equação de Schrödinger determinística, da mesma forma que os outros, e a sobreposição linear particular que descreve o estado inteiro preserva os fatores de ponderação complexos imutáveis, à medida que a evolução procede.

Poder-se-ia pensar, em face disso, que as sobreposições e as ponderações complexas não têm um papel físico efetivo, já que a evolução temporal dos estados separados acontece como se os outros estados não existissem. No entanto, isto estaria bastante equivocado. Deixem-me ilustrar com um exemplo o que realmente acontece.

Considere uma situação na qual luz incide sobre um espelho semitransparente – que é um espelho que reflete somente metade da luz que incide sobre ele e transmite a metade restante. Na teoria quântica, a luz é vista como sendo composta de partículas chamadas *fótons*. Podemos muito bem imaginar que para uma cascata de fótons incidindo em nosso espelho semitransparente, metade dos fótons seria refletida e a outra metade seria transmitida. Mas não é isso que acontece! A teoria quântica nos diz que, em vez disto, cada fóton *individual*, à medida que incide no espelho, é separadamente colocado em um estado *sobreposto* de reflexão e transmissão. Se o fóton antes de encontrar o espelho está num estado $|A\rangle$, depois ele evolui segundo **U** para se tornar um estado que pode ser escrito como $|B\rangle + i|C\rangle$, onde $|B\rangle$ representa o estado no qual o fóton é transmitido através do espelho e $|C\rangle$ o estado no qual o fóton foi refletido por ele; veja a Figura 5.11. Vamos escrever isto como

$$|A\rangle \rightsquigarrow |B\rangle + i|C\rangle.$$

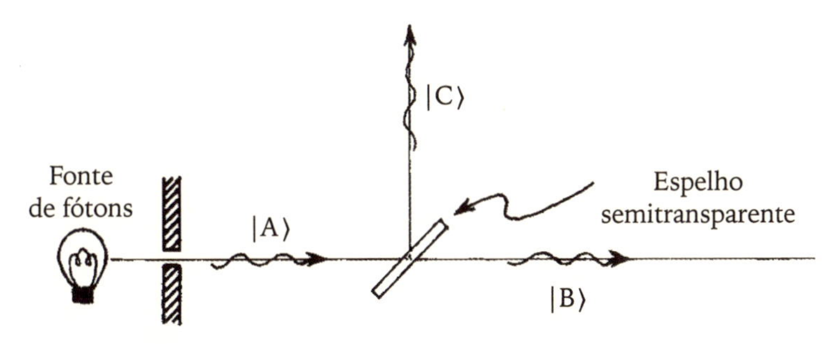

Figura 5.11 – Um fóton no estado $|A\rangle$ incide em um espelho semitransparente e seu estado evolui (segundo **U**) para uma sobreposição $|B\rangle + i|C\rangle$.

O fator "i" surge aqui por conta de uma mudança de fase líquida de um quarto de comprimento de onda que ocorre entre os feixes refletidos e transmitidos em tal espelho.[7] (Para sermos mais completos, eu deveria também ter incluído um fator oscilatório dependente do tempo e uma normalização global aqui, mas isto não tem papel na discussão presente. Nestas descrições, estou dando somente o que é essencial para nossos propósitos imediatos. Falarei um pouco mais sobre o fator oscilatório na Seção 5.11 e a questão da normalização na Seção 5.12. Para uma descrição mais completa, veja qualquer texto padrão sobre a teoria quântica;[8] também ENM, p.243-50.)

Da ideia clássica de uma partícula teríamos que imaginar que $|B\rangle$ e $|C\rangle$ somente representam coisas alternativas que um fóton *poderia* fazer; já na mecânica quântica, temos que tentar crer que o fóton agora realmente está fazendo *ambas as coisas ao mesmo tempo* nessa estranha e complexa sobreposição. Para ver que isto não pode ser somente um caso de alternativas clássicas ponderadas probabilisticamente, vamos levar o exemplo um pouco mais adiante e tentar trazer as duas partes do estado do fóton – os dois feixes do fóton – e juntá-las novamente. Podemos fazer isto primeiro refletindo

7 O "espelho semitransparente" mais eficiente de fato não teria qualquer laminação de prata, mas seria uma fina peça de material transparente com a espessura apropriada para o comprimento de onda da luz. Seu efeito resultaria de uma complicada combinação de reflexões e transmissões internas repetidas, de forma que os feixes finais transmitidos e refletidos fossem iguais em intensidade. Segue da natureza "unitária" da transformação resultante entre os feixes finalmente transmitidos e refletidos que deve haver uma mudança de fase resultante de um quarto de onda, tornando necessário o fator de "i". Veja Klein; Furtak, 1986, para uma discussão mais completa.

8 Por exemplo, Dirac, 1947; Davies, 1984.

cada feixe em um espelho. Após a reflexão,[9] o estado do fóton $|B\rangle$ evoluiria segundo **U** para outro estado $i|D\rangle$, enquanto $|C\rangle$ evoluiria para $i|E\rangle$:

$$|B\rangle \rightsquigarrow i|D\rangle \text{ e } |C\rangle \rightsquigarrow i|E\rangle.$$

Assim, o estado todo $|B\rangle + i|C\rangle$ evoluiria, segundo **U**, para

$$|B\rangle + i|C\rangle \rightsquigarrow i|D\rangle + i(i|E\rangle) = i|D\rangle - |E\rangle$$

(já que $i^2 = -1$). Suponha agora que esses dois feixes se juntem em um quarto espelho que agora é *semi*transparente, como mostrado na Figura 5.12 (onde suponho que o comprimento de todos os feixes é igual, de tal forma que o fator oscilatório que estou ignorando continua a não ter qualquer relevância).

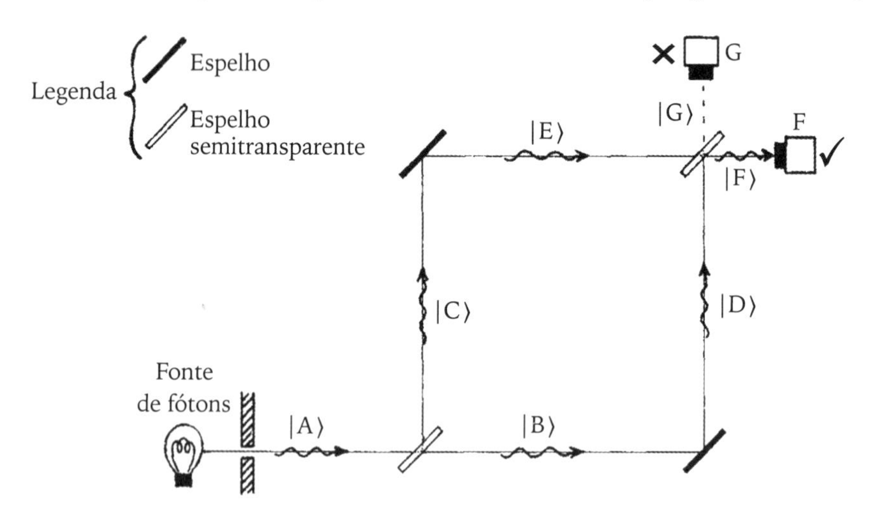

Figura 5.12 – As duas partes do estado do fóton são reagrupadas por dois espelhos de tal forma a se encontrarem por fim em um espelho semitransparente final. Elas interferem de tal maneira que o estado emerge no estado $|F\rangle$ e o detector em G não pode receber o fóton. (Interferômetro de Mach-Zehnder.)

---

[9] Existe alguma arbitrariedade sobre a escolha do fator de fase que adotei aqui para o estado refletido. Ela depende parcialmente de qual tipo de espelho é utilizado. De fato, ao contrário dos "espelhos semitransparentes" aos quais nos referimos na nota 7 (que provavelmente não tinha qualquer laminação de prata), podemos considerar que esses dois espelhos são completamente laminados com prata. O fator de "i" que adotei aqui é um certo compromisso, conseguindo uma concordância superficial com o fator obtido no caso da reflexão a partir de espelhos "semitransparentes". Na verdade, não importa realmente qual fator é adotado para a reflexão por espelhos completamente laminados, contanto que sejamos consistentes com o que fazemos para *ambos* os espelhos em questão.

O estado $|D\rangle$ evolui para uma combinação $|G\rangle + i|F\rangle$, onde $|G\rangle$ representa o estado transmitido e $|F\rangle$ o refletido; similarmente, $|E\rangle$ evolui para $|F\rangle + i|G\rangle$, já que agora o estado $|F\rangle$ é o estado transmitido e $|G\rangle$ o refletido:

$$|D\rangle \rightsquigarrow |G\rangle + i|F\rangle \text{ e } |E\rangle \rightsquigarrow |F\rangle + i|G\rangle.$$

Nosso estado total $i|D\rangle - |E\rangle$ é agora visto como evoluindo (por causa da linearidade de **U**) para:

$$i\,|D\rangle - |E\rangle \rightsquigarrow i(|G\rangle + i|F\rangle) - (|F\rangle + i|G\rangle) = i|G\rangle - |F\rangle - |F\rangle - i|G\rangle = -2|F\rangle.$$

(O fator multiplicativo –2 que aparece aqui não tem importância física, pois, como foi mencionado, se o estado físico inteiro de um sistema – aqui $|F\rangle$ – é multiplicado por um número complexo não nulo, então isto deixa a situação física inalterada.) Assim, vemos que a possibilidade $|G\rangle$ *não* está disponível para o fóton; os dois feixes se combinam para produzir somente uma *única* possibilidade $|F\rangle$. Esse resultado curioso surge porque *ambos* os feixes estão presentes *simultaneamente* no estado físico do fóton, entre seus encontros com o primeiro e o último espelho. Dizemos que os dois feixes *interferem* um com o outro. Assim, os dois "mundos" alternativos do fóton entre esses encontros não são realmente separados, mas podem afetar um ao outro através de fenômenos de interferência.

É importante termos em mente que isto é uma propriedade de um *único* fóton. Deve-se considerar cada fóton individual como trilhando ambas as rotas que estão disponíveis para ele, mas permanecendo *um* fóton; ele não se divide em dois fótons no estágio intermediário, mas sua localização passa pelo estranho tipo de *coexistência* ponderada por fatores complexos que é característica da mecânica quântica.

5.8 A redução do vetor de estado **R**

No exemplo considerado, o fóton emerge por fim em um estado que não é sobreposto. Vamos imaginar que os detectores (fotocélulas) são colocados nos pontos marcados como F e G na Figura 5.12. Já que, nesse exemplo, o fóton emerge em um estado (proporcional a) $|F\rangle$, sem nenhuma contribuição da forma $|G\rangle$, segue-se que o detector em F registra a presença do fóton e o detector em G não registra nada.

O que aconteceria em uma situação mais geral, tal como quando um estado como $w|F\rangle + z|G\rangle$ encontrasse esses detectores? Nossos detectores estão realizando uma *medição* para ver se o fóton está no estado $|F\rangle$ ou no estado $|G\rangle$. Uma medição quântica tem o efeito de ampliar eventos quânticos do nível quântico para o nível clássico. No nível quântico, sobreposições lineares persistem sob a ação contínua da evolução **U**. No entanto, assim que os efeitos são ampliados para o nível clássico, onde eles podem ser percebidos como eventos *reais*, então nunca encontramos as coisas nessas estranhas combinações ponderadas por números complexos. O que *encontramos*, nesse exemplo, é que *ou* o detector em F registra algo *ou* o detector em G registra algo, com essas alternativas ocorrendo com certas probabilidades. O estado quântico parece ter "pulado" misteriosamente de um estado envolvendo a sobreposição $w|F\rangle + z|G\rangle$ para um no qual somente $|F\rangle$ ou $|G\rangle$ está envolvido. Esse "salto" da descrição do estado do sistema, de um estado sobreposto a nível quântico para uma descrição na qual ou uma ou outra das alternativas do nível clássico acontecem é chamada de *redução do vetor de estado* ou *colapso da função de onda*, e usarei a letra **R** para denotar tal operação. Se **R** deve ser considerado como um processo físico real ou algum tipo de ilusão ou aproximação é uma questão que nos será de grande interesse mais adiante. O fato de que, pelo menos em nossas descrições matemáticas, tenhamos que dispensar **U** de tempos em tempos e trazer esse processo **R**, completamente diferente, para o jogo é o mistério **X** básico da teoria quântica. Por ora, será melhor não investigar esse tópico tão de perto e considerarmos (provisoriamente) **R** como sendo, efetivamente, algum processo que simplesmente *acontece* (pelo menos nas descrições matemáticas utilizadas) como característica da transição e ampliação de um evento do nível quântico para o nível clássico.

Como calculamos essas *probabilidades* diferentes para os resultados alternativos de uma medição de um estado sobreposto? Existe, de fato, uma regra notável para determinar essas probabilidades. Essa regra afirma que, para uma medição que decide entre as alternativas $|F\rangle$ e $|G\rangle$ utilizando detectores em F e G, respectivamente, na situação referida, quando ocorre o encontro do estado sobreposto

$$w|F\rangle + z|G\rangle$$

com os detectores, a razão da probabilidade de que o detector F registre algo com a probabilidade de que o detector G registre algo é dada pela razão

$$|w|^2 : |z|^2,$$

onde estes são os *módulos quadrados* dos números complexos w e z. O módulo quadrado de um número complexo é a soma dos quadrados das suas partes real e imaginária; assim, para

$$z = x + \mathrm{i}y,$$

onde x e y são números reais, o módulo quadrado é

$$\begin{aligned} |z|^2 &= x^2 + y^2 \\ &= (x+ \mathrm{i}y)(x - \mathrm{i}y) \\ &= z\bar{z} \end{aligned}$$

onde $\bar{z}$ ($= x- \mathrm{i}y$) é chamado de *complexo conjugado* de z, e similarmente para w. (Estou assumindo tacitamente na discussão que os estados que tenho denotado por $|F\rangle$, $|G\rangle$ etc., são estados *normalizados* da forma apropriada. Isto será explicado mais tarde, cf. a Seção 5.12; a normalização é necessária, estritamente falando, para que essa forma das regras das probabilidades seja válida.)

É aqui, e somente aqui, que as *probabilidades* de Cardano entram no palco quântico. Vemos que as ponderações por números complexos a nível quântico *não* têm por si um papel como probabilidades relativas (o que elas não poderiam ter, pois são complexas), mas os *módulos quadrados* reais delas têm tal papel. Mais que isto, é somente agora, quando *medições* são feitas, que a indeterminação das probabilidades aparece. Uma medida de um estado quântico ocorre quando, para todos os efeitos, há uma grande ampliação de algum processo físico, trazendo-o do nível quântico para o nível clássico. No caso de uma fotocélula, o registro de um único evento quântico – na forma da recepção de um fóton – causa uma perturbação no nível clássico, por exemplo, um "clique" audível. Alternativamente, poderíamos utilizar uma placa fotográfica sensível para registrar a chegada de um fóton. Aqui, o evento quântico da chegada desse fóton seria ampliado para o nível clássico na forma de uma marca visível na placa. Em cada caso, o aparato de medida consistiria de um sistema delicadamente montado que poderia utilizar um minúsculo evento quântico para disparar um evento observável em uma escala clássica muito maior. É na passagem do nível quântico para o clássico que os números complexos de Cardano têm seus módulos quadrados para se tornarem probabilidades de Cardano!

Vamos agora aplicar essa regra em uma situação em particular. Suponha que, em vez de termos o espelho no canto inferior direito, tenhamos colocado uma fotocélula lá; então essa fotocélula iria encontrar o estado

$$|B\rangle + i|C\rangle,$$

onde o estado $|B\rangle$ faria a fotocélula registrar uma detecção enquanto $|C\rangle$ a deixaria inalterada. Assim, a razão das respectivas probabilidades é $|1|^2$: $|i|^2$ = 1: 1, o que quer dizer que a probabilidade de qualquer uma das duas alternativas é a mesma, de tal forma que o fóton é igualmente capaz de disparar a fotocélula ou não.

Vamos considerar um arranjo um pouco mais complicado. Suponha que, em vez de termos a fotocélula colocada no lugar do espelho do canto inferior direito, bloqueemos um dos feixes no exemplo apresentado com um *obstáculo* capaz de absorver o fóton, por exemplo, no feixe correspondendo ao fóton no estado $|D\rangle$ (Figura 5.13); então o efeito de interferência que tínhamos antes seria destruído. *Seria* possível para o fóton emergir em um estado envolvendo a possibilidade $|G\rangle$ (além de $|F\rangle$) contanto que o fóton *não* seja absorvido pelo obstáculo. Se ele *for* absorvido, então o fóton não emergiria em nenhuma combinação dos estados $|F\rangle$ e $|G\rangle$, mas, se não for,
o estado do fóton, à medida que alcança o espelho final, seria simplesmente $-|E\rangle$, que evolui para $-|F\rangle - i|G\rangle$, de tal forma que ambas as alternativas $|F\rangle$ e $|G\rangle$ estão de fato envolvidas no resultado final.

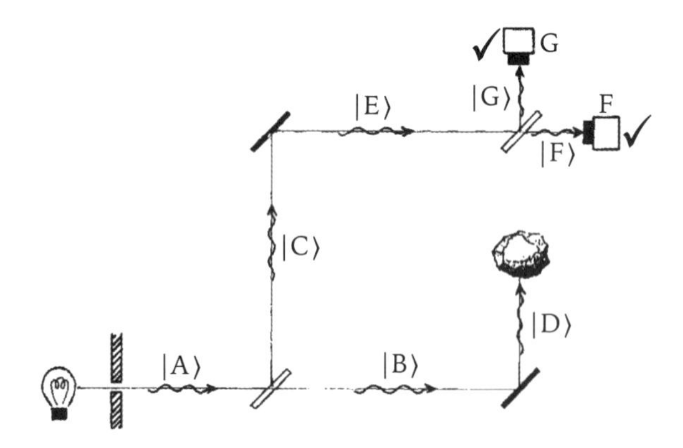

Figura 5.13 – Se uma obstrução é colocada no caminho do feixe $|D\rangle$, torna-se possível para o detector em G registrar a chegada do fóton (quando a obstrução *não* absorve o fóton!).

No exemplo em particular que estamos considerando, quando o obstáculo está presente, mas não absorve o fóton, as ponderações complexas das duas possibilidades $|F\rangle$ e $|G\rangle$ são –1 e –i, respectivamente (o estado emergente sendo $-|F\rangle - i|G\rangle$). Assim, a razão das probabilidades é $|-1|^2$: $|-i|^2$, novamente resultando em probabilidades iguais para cada um dos dois resultados possíveis, de tal forma que é igualmente provável que o fóton ative o detector F ou o detector G.

O obstáculo em si deve também ser considerado como um "aparato de medida", de acordo com o fato de que estamos considerando que as alternativas "obstáculo absorve o fóton" e "obstáculo não absorve o fóton" são alternativas clássicas que não devemos atribuir a ponderações complexas. Mesmo que o obstáculo não seja delicadamente construído de forma a que um evento quântico como a absorção do fóton seja ampliado para um evento classicamente observável, temos que considerar que ele "poderia ter sido" construído de tal forma. O ponto essencial é que, ao absorver o fóton, uma quantidade considerável da matéria presente no obstáculo é levemente perturbada pelo fóton e se torna impossível reunir toda a informação contida nessa perturbação de forma a recuperar os efeitos de interferência que caracterizam os fenômenos quânticos. Assim, o obstáculo deve – na prática, pelo menos – ser considerado como um objeto de nível clássico e ele serve ao propósito de um aparato de medida, registrando ou não a absorção do fóton de alguma forma observável na prática. (Retornarei a essa questão mais tarde na Seção 6.6.)

Com isto em mente, também temos a liberdade de utilizar a "regra do módulo quadrado" para calcular a probabilidade de que o obstáculo irá realmente absorver o fóton. O estado do fóton que o obstáculo encontra é $i|D\rangle - |E\rangle$ e ele absorve o fóton se o encontra no estado $|D\rangle$, em oposição a outra alternativa $|E\rangle$. A razão da probabilidade de absorção para a de não absorção é $|i|^2 : |-1|^2 = 1 : 1$, de tal forma que novamente as duas alternativas são igualmente prováveis.

Também poderíamos imaginar uma situação razoavelmente similar em que, em vez de um obstáculo em D, poderíamos acoplar um aparato de medida ao espelho do canto inferior direito, e não ter o espelho *substituído* por um detector, como foi considerado antes. Vamos imaginar que esse aparato é sensível o suficiente para detectar (i.e., ampliar para o nível clássico) qualquer impacto que seja causado ao espelho pelo fóton simplesmente pela sua reflexão, tal detecção sendo por fim, digamos, sinalizada pelo movimento de um ponteiro (veja a Figura 5.14). Assim, o estado do fóton $|B\rangle$, ao encontrar o espelho, ativaria o ponteiro, mas o estado do fóton $|C\rangle$ não ativaria. Quando confrontado com o estado $|B\rangle + i|C\rangle$ o aparato iria "colapsar a função de onda" e ler o estado como se estivesse *ou* em $|B\rangle$ (o ponteiro se move) *ou* em $|C\rangle$ (o ponteiro permanece parado), com probabilidades iguais (dadas por $|1|^2 : |i|^2$). O processo **R** iria então ocorrer *nesse* momento. Para o comportamento subsequente do fóton podemos seguir o resto do argumento essencialmente da mesma maneira que antes e encontraremos, como no caso da obstrução, que é igualmente provável para o detector em G ou para o detector em F finalmente detectar o fóton (o ponteiro se movendo ou não). Para esse arranjo, o espelho no canto inferior direito deveria ser levemente "vibratório", para que o movimento do ponteiro possa ocorrer, e a falta de rigidez do espelho iria perturbar a organização delicada necessária para garantir a "interferência destrutiva" entre as duas rotas para o fóton entre A e G que originalmente haviam impedido o detector G de detectar algo.

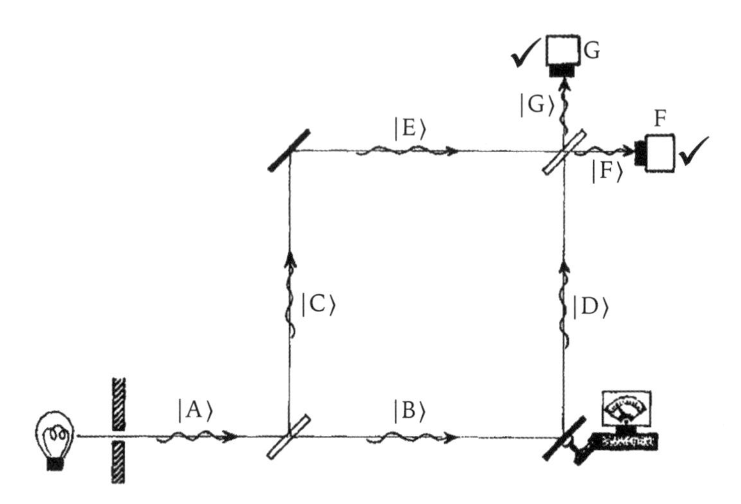

Figura 5.14 – Um efeito similar pode ser obtido fazendo o espelho do canto inferior direito levemente "vibratório" e utilizando essa vibração para registrar, através de algum aparato de detecção, se o fóton foi realmente refletido ou não por esse espelho. Novamente a interferência é destruída e o detector em G se torna capaz de detectar o fóton.

O leitor pode muito bem sentir que algo não está completamente certo sobre a questão de *quando* – e de fato *por qual motivo* – as regras quânticas devem ser alteradas do determinismo das ponderações complexas a nível quântico para a das alternativas não determinísticas ponderadas por probabilidades a nível clássico, caracterizado matematicamente por tomarmos os módulos quadrados dos números complexos envolvidos. O que *realmente* caracteriza alguns exemplos de materiais físicos, tais como os detectores de fótons em F e G, ou no espelho do canto inferior direito – e também o possível obstáculo em D –, como sendo objetos de nível clássico, enquanto o fóton, no nível quântico, deve ser tratado de forma tão diferente? É simplesmente o fato de que o fóton é um sistema fisicamente simples, o que permite seu tratamento como um objeto no nível quântico, enquanto detectores e obstáculos são coisas complicadas que precisam de um tratamento aproximado no qual as sutilezas do comportamento no nível quântico em geral desaparecem de alguma forma? Muitos físicos certamente argumentariam assim, afirmando que, estritamente falando, devemos tratar *todos os* objetos físicos de forma quantum-mecânica, e é somente uma questão de conveniência o fato de que tratamos classicamente sistemas complicados ou grandes, as regras de probabilidades que estão envolvidas em **R** sendo, de alguma forma, características das aproximações envolvidas. Veremos nas seções 6.6 e 6.7 que esse ponto de vista não consegue nos livrar das nossas dificuldades – as dificuldades apresentadas pelos mistérios **X** da teoria quântica – nem explica a miraculosa regra **R** pela qual as probabilidades surgem como módulos quadrados das ponderações complexas. Por ora, no entanto, devemos suprimir nossas preocupações e continuar a investigar as implicações da teoria, especialmente com relação a seus mistérios **Z**.

5.9 A solução para o problema da testagem de bombas de Elitzur-Vaidman

Estamos agora num ponto em que podemos fornecer uma solução para o problema da testagem de bombas da Seção 5.2. O que temos que ver é se podemos usar o delicado espelho presente na bomba como um aparato de medida, similar à forma que o obstáculo ou o espelho vibratório com o detector funcionaram na discussão anterior. Vamos montar um sistema de espelhos, dois deles semitransparentes, exatamente da forma que fizemos antes, mas onde o espelho da bomba agora faz o papel do espelho no canto inferior direito da Figura 5.14.

O cerne da questão é que *se* a bomba for falsa, somente no sentido descrito no enigma, então seu espelho está travado em uma posição fixa e a situação é agora justamente como representada na Figura 5.12. O emissor de fótons envia um único fóton em direção ao primeiro espelho inicialmente no estado $|A\rangle$. Já que a situação é a mesma da Seção 5.7, o fóton deve por fim emergir em um estado (proporcional a) $|F\rangle$, como antes. Assim, o detector em F registra a chegada do fóton, mas aquele em G não tem como fazê-lo.

Se, no entanto, a bomba *não* for falsa, então o espelho é capaz de responder ao fóton e a bomba explodiria caso o fóton encontrasse o espelho. A bomba é de fato um aparato de medida. As duas alternativas de nível quântico "fóton atingindo o espelho" e "fóton não atingindo o espelho" são ampliadas pela bomba para as alternativas clássicas "bomba explodiu" e "bomba não explodiu". Ela responde ao estado $|B\rangle + i|C\rangle$ explodindo se encontrar o fóton no estado $|B\rangle$ e não explodindo se o encontrar em um estado que não seja $|B\rangle$ – ou seja, estar no estado $|C\rangle$. As probabilidades relativas dessas duas ocorrências serão $|1|^2$: $|i|^2 = 1$: 1. Se a bomba explodir, então ela detectou a presença do fóton e o que acontece então não importa. No entanto, se a bomba não explodir, então o estado do fóton se reduz (pela ação de **R**) ao estado $i|C\rangle$ atingindo o espelho superior esquerdo e emergindo desse espelho no estado $-|E\rangle$. Após encontrar o último espelho (semitransparente) o estado se torna $-|F\rangle - i|G\rangle$, assim, existe uma probabilidade relativa de $|-1|^2$: $|-i|^2 = 1$: 1 para as duas possibilidades alternativas "detector em F registra a chegada do fóton" e "detector em G registra a chegada do fóton", assim como nos casos considerados na seção anterior, quando o obstáculo falha em absorver o fóton ou quando o ponteiro falha em se mover. Dessa forma, existe uma possibilidade real para o detector G receber o fóton.

Suponha então que em um dos testes das bombas aconteça de o detector G registrar a chegada do fóton em alguns casos quando a bomba não explode. Do que foi dito antes podemos concluir que isso só pode acontecer se a bomba *não* for falsa! Quando ela é falsa, somente o detector em F pode ter algum registro. Assim, em todas as circunstâncias nas quais G registra algo nós temos uma bomba que podemos garantir que é real, i.e., não é falsa! Isto resolve o problema da testagem de bombas como posto na Seção 5.2.*

---

* *O dispositivo de Shabbos.* O fato de que tanto Elitzur quanto Vaidman se encontram em universidades de Israel sugeriu, em conversas com Artur Ekert, um aparato para auxiliar aqueles que aderem estritamente à fé judaica, e, assim, estão privados de ligar ou desligar aparatos elétricos durante o sábado. Em vez de patentear nosso aparato, e assim fazer uma fortuna, decidimos generosamente deixar essa importante ideia pública de tal forma que ela possa estar disponível para o bem da ampla comunidade judaica. Tudo que é necessário é uma fonte de fótons que emite uma sucessão contínua de fótons, dois espelhos semitransparentes, dois espelhos e uma fotocélula adicionada ao aparato em questão. O arranjo é justamente como o da Figura 5.13, com a fotocélula colocada em G. Para ativar ou desativar o aparato, coloca-se um dedo no feixe em D, como a obstrução da Figura 5.13. Se o fóton atingir o dedo, nada acontece ao aparato – certamente nenhum pecado cometido. (Pois fótons atingem continuamente nossos dedos, de qualquer forma, mesmo no sábado.) Mas se o dedo não encontrar nenhum fóton, então existe 50% de chance (a depender da vontade de Deus) que o aparato seja ativado. Certamente também não é nenhum pecado *falhar* em capturar o fóton que ativa o aparato! (Uma objeção prática que se poderia levantar é que fontes que emitem fótons individuais são difíceis – e caras – de se fazer. Porém isto não é realmente

Pode ser visto, das considerações anteriores sobre as probabilidades envolvidas que, após vários e vários testes, metade das bombas ativas irá explodir e será perdida. Mais que isto, somente em metade dos casos, quando uma bomba ativa não explode, o detector em G irá registrar algo. Assim, se fizermos o teste com uma bomba atrás da outra, encontraremos que somente um quarto das bombas originalmente ativas ainda estará *seguramente* ativa. Podemos então repetir o processo com as que restaram e novamente guardar aquelas para as quais o detector em G registra algo e assim sucessivamente. Por fim, obteremos somente um terço (já que $\frac{1}{4}+\frac{1}{16}+\frac{1}{64}\ldots=\frac{1}{3}$) das bombas ativas com as quais começamos o processo, mas que agora temos a certeza de que *todas* são ativas. (Não estou certo de qual o propósito dessas bombas agora, mas talvez seja prudente não perguntar!)

Isto pode parecer ao leitor um procedimento com bastante desperdício, mas é um fato notável de que ele possa mesmo ser feito. Classicamente não existiria forma de fazer tal coisa. É somente na teoria quântica que possibilidades contrafactuais podem influenciar um resultado físico. Nosso procedimento quântico nos permite fazer algo que parecia impossível – e de fato *é* impossível na física clássica. Notemos também que, com alguns refinamentos, esse desperdício pode ser reduzido de dois terços para metade (Elitzur; Vaidman, 1993). Mais impactante ainda é o fato de que P. G. Kwiat, H. Weinfurter, A. Zeilinger e M. Kasevich recentemente mostraram, utilizando um procedimento diferente, como reduzir esse desperdício efetivamente para zero!

Com relação à difícil questão de ter um aparato experimental que realmente produza fótons individuais um de cada vez, podemos mencionar que tais aparatos já podem ser construídos (veja Grangier et al., 1986).

Como um último comentário, devo notar que não é necessário que um aparato de medida seja um objeto tão drástico quanto à bomba na nossa discussão. De fato, tal "aparato" nem precisa sinalizar a recepção ou não recepção do fóton para o mundo externo. Um pequeno espelho vibratório serviria, por si só, como um aparato de medida, se fosse leve o suficiente para se mover significativamente como consequência do impacto do fóton e então dispersasse seu movimento na forma de fricção. O mero fato de o espelho ser vibratório (digamos, o do canto inferior direito, como antes) permitirá que o detector em G receba um fóton, mesmo se o espelho *não* vibrar realmente, assim indicando que o fóton foi pelo outro caminho. É meramente a

---

necessário. Qualquer fonte de fótons serve, já que o argumento pode ser aplicado a cada um dos fótons individualmente.) (N. A.)

potencialidade de que ele vibre que permite que o fóton atinja G! Mesmo o obstáculo, ao qual nos referimos na seção anterior, tem um papel extremamente similar. Ele serve, para todos os efeitos, para "medir" a presença do fóton em algum lugar ao longo do seu caminho como descrito pelos sucessivos estados $|B\rangle$ e $|D\rangle$. Uma falha dele em detectar o fóton, quando é capaz de fazê-lo, conta tão bem como uma "medição" quanto uma detecção.

Medidas desse tipo negativo e não invasivo são chamadas de medidas *nulas* (ou livres de interação), veja Dicke (1981), e têm uma considerável importância teórica (e talvez até prática). Existem experimentos para testar diretamente as predições da teoria quântica nessas situações. Em particular, Kwiat, Weinfurter e Zeilinger recentemente fizeram um experimento *precisamente* do tipo que está envolvido no problema da testagem de bombas de Elitzur-Vaidman! Como já esperamos, agora que estamos acostumados, as predições da teoria quântica foram completamente confirmadas. Medições nulas estão de fato entre os mistérios **Z** mais profundos da teoria quântica.

5.10 A teoria quântica do *spin*; a esfera de Riemann

Para tratar do segundo dos meus dois enigmas quânticos introdutórios será necessário apresentar a estrutura da teoria quântica com um pouco mais de detalhes. Lembrem-se que meu dodecaedro, e também o do meu colega, tinha um átomo de *spin* $\frac{3}{2}$ em seu centro. O que *é* o *spin* e qual a sua importância particular para a teoria quântica?

O *spin* é uma propriedade intrínseca das partículas. É basicamente o mesmo conceito que o giro – ou *momento angular* – de um objeto clássico, como uma bola de golfe, de críquete ou a Terra toda. No entanto, existe a (pequena) diferença de que, de longe, para tais objetos grandes, a maior contribuição para seu momento angular vem dos movimentos orbitais de todas as suas partículas ao redor de outras, enquanto, para uma única partícula, o *spin* é uma propriedade que é intrínseca da própria partícula. De fato, o *spin* de uma partícula fundamental tem a curiosa característica de que sua *magnitude* sempre tem o *mesmo* valor, ainda que a direção do seu eixo de rotação possa variar – ainda que esse "eixo", também, se comporte de uma maneira bem estranha que não tem muita relação, em geral, com o que pode acontecer classicamente. A magnitude do *spin* é descrita em termos da unidade quantum-mecânica básica $\hbar$, que é o símbolo de Dirac para a constante de Planck h dividida por 2π. A medida do *spin* de uma partícula sempre é um inteiro (não negativo) ou um meio inteiro múltiplo de $\hbar$, tais como 0, $\frac{1}{2}\hbar$, $1\hbar$, $\frac{3}{2}\hbar$, $2\hbar$ etc. Nós nos referimos a essas partículas como tendo *spin* 0, *spin* $\frac{1}{2}$, *spin* 1, *spin* $\frac{3}{2}$, *spin* 2 etc., respectivamente.

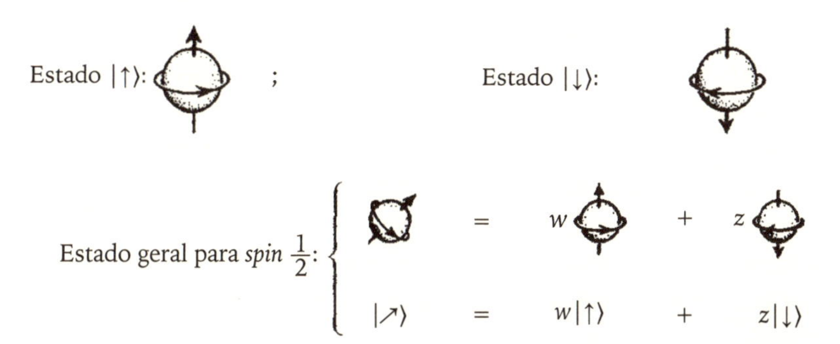

Figura 5.15 – Para uma partícula de *spin* $\frac{1}{2}$ (como um elétron, próton ou nêutron) todos os estados de *spin* são sobreposições complexas dos dois estados "*spin* para cima" e "*spin* para baixo".

Vamos começar considerando o caso mais simples (além daquele de *spin* 0, que é simples *demais*, existindo somente um estado de *spin*, esfericamente simétrico, neste caso), o *spin* $\frac{1}{2}$, como aquele de um elétron ou de um núcleon (um próton ou um nêutron). Para o caso do *spin* $\frac{1}{2}$, todos os estados de *spin* são sobreposições lineares de somente *dois* estados, o estado de *spin* de mão direita com relação à direção vertical *de baixo para cima*, denotado como $|\uparrow\rangle$, ou o estado de *spin* de mão direita com relação à direção vertical *de cima para baixo*, denotado por $|\downarrow\rangle$ (veja a Figura 5.15). O estado geral de *spin* seria agora alguma combinação complexa $|\psi\rangle = w|\uparrow\rangle + z|\downarrow\rangle$. Cada uma dessas combinações representa o estado do *spin* da partícula (de magnitude $\frac{1}{2}\hbar$) estando em alguma direção específica determinada pela razão dos dois números complexos w e z. Não existe nada de especial sobre a escolha particular dos estados $|\uparrow\rangle$ e $|\downarrow\rangle$. Todas as combinações diversas desses dois estados são estados de *spin* tão bons quanto os dois originais.

Vejamos como essa relação pode ficar mais explícita e geométrica. Isso irá nos auxiliar a entender que os fatores de ponderação complexos w e z não são coisas tão abstratas quanto podem ter parecido até agora. Na verdade, eles têm uma relação clara com a geometria do espaço. (Imagino que tal realização geométrica teria agradado Cardano e talvez o ajudado com suas "torturas mentais" – ainda que a teoria quântica em si nos forneça novas torturas mentais!)

Será útil considerarmos, primeiro, a já canônica representação dos números complexos como pontos em um plano. (Esse plano é chamado por diversos nomes: plano de Argand, plano de Gauss, plano de Wessel, ou simplesmente plano *complexo*.) A ideia é simplesmente representar o número complexo $z = x + iy$, onde x e y são números reais, por um ponto no plano cujas coordenadas cartesianas ordinárias são (x, y), com respeito a algum par de eixos cartesianos (veja a Figura 5.16). Assim, por exemplo, os quatro números complexos 1, 1 + i, i e 0 formam os vértices de um quadrado. Existem regras geométricas simples para a soma e o produto de dois números complexos (Figura 5.17). Tomar o oposto $-z$ de um número complexo z é representado por uma reflexão com relação à origem; já tomar o complexo conjugado $\bar{z}$ de z por uma reflexão com relação ao eixo x.

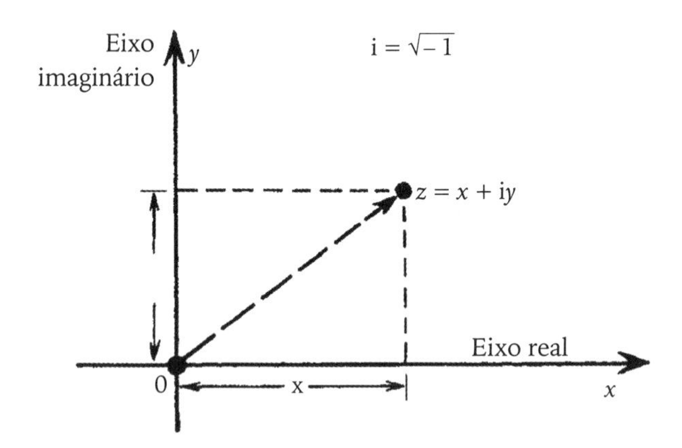

Figura 5.16 – A representação de um número complexo no plano complexo (de Wessel-Argand-Gauss).

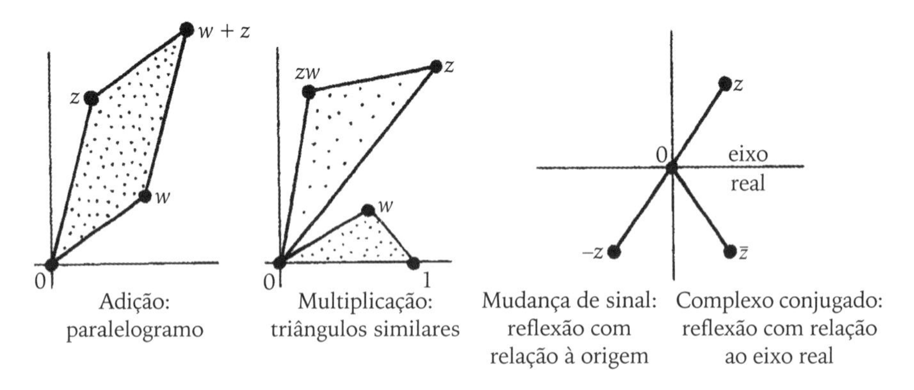

Figura 5.17 – Descrições geométricas das operações básicas com números complexos.

O módulo de um número complexo é a distância da origem para o ponto que o representa; o módulo quadrado é o quadrado desse número. O *círculo unitário* é o conjunto de pontos que estão a uma distância unitária da origem (Figura 5.18), estes representando os números complexos de *módulo unitário*, algumas vezes chamados de *fases puras*, tendo a forma

$$e^{i\theta} = \cos(\theta) + i\sin(\theta),$$

onde θ é real e mede o ângulo que a linha que junta a origem ao ponto representando o número complexo faz com o eixo x.*

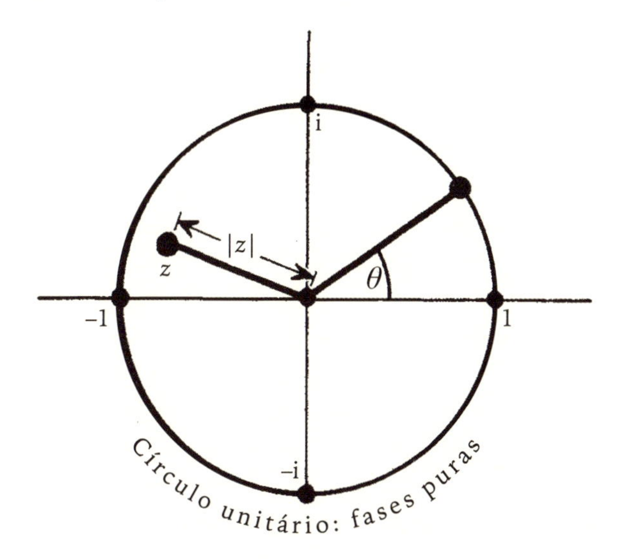

Figura 5.18 – O círculo unitário consiste dos números complexos $z = e^{i\theta}$, com θ real, i.e., $|z| = 1$.

Vejamos agora como representar *razões* de dois números complexos. Na discussão *supra* indiquei que o estado não se altera fisicamente se ele é multiplicado, como um todo, por um número complexo não nulo (lembrem-se, por exemplo, que $-2|F\rangle$ deveria ser considerado fisicamente equivalente a $|F\rangle$). Assim, em geral, $|\psi\rangle$ é fisicamente o mesmo que $u|\psi\rangle$, para qualquer número complexo u. Aplicando isto ao estado

$$|\psi\rangle = w|\uparrow\rangle + z|\downarrow\rangle,$$

* O número real e é a "base dos logaritmos naturais": e = 2,718 281 828 5 ...; a expressão e^z é, de fato, "*e* elevado à potência *z*", e temos $e^z = 1 + z + \frac{z^2}{1\times 2} + \frac{z^3}{1\times 2\times 3} + \frac{z^4}{1\times 2\times 3\times 4} + ...$ (N. A.)

vemos que, se multiplicarmos tanto w quanto z pelo mesmo número complexo u não alteramos a situação física que é descrita pelo estado. São as diferentes *razões* $z{:}w$ dos dois números complexos w e z que fornecem estados de *spin* fisicamente distintos ($uz{:}uw$ sendo igual a $z{:}w$ se $u \neq 0$).

Como podemos representar geometricamente uma razão complexa? A diferença essencial entre uma razão complexa e um número complexo simples é que o *infinito* (denotado pelo símbolo "∞") também é permitido como razão, além de todos os números complexos finitos. Assim, se pensarmos na razão $z{:}w$ como representada, em geral, por um único número complexo z/w, temos um problema quando $w = 0$. Para dar conta dessa possibilidade simplesmente usamos o símbolo ∞ para z/w no caso em que $w = 0$. Isto acontece quando consideramos o estado particular de "*spin* para baixo": $|\psi\rangle = z|\downarrow\rangle = 0|\uparrow\rangle + z|\downarrow\rangle$. Lembrem-se que não nos é permitido termos $w = 0$ e $z = 0$, mas $w = 0$ por si só é perfeitamente permitido. (Poderíamos usar w/z também, para representar essa razão se preferirmos; então precisaríamos de ∞ para cobrir o caso $z = 0$, que dá o estado particular de "*spin* para cima". Não faz diferença qual dessas descrições usamos.)

A forma de representar o espaço de todas as possíveis razões complexas é utilizar uma *esfera*, chamada de *esfera de Riemann*. Os pontos na esfera de Riemann representam os números complexos ou ∞. Podemos imaginar a esfera de Riemann como uma esfera de raio unitário cujo plano equatorial é o plano complexo e cujo centro é a origem (zero) desse plano. O equador dessa esfera será identificado com o círculo unitário no plano complexo (veja a Figura 5.19). Agora, para representar uma razão complexa em particular, digamos $z{:}w$, marcamos o ponto P no plano complexo que representa o número complexo $p = z/w$ (supondo, por enquanto, que $w \neq$ t 0), e então projetamos P, no plano, para o ponto P' na esfera a partir do *polo sul* S. Isto quer dizer que tomamos a linha reta de S para P e marcamos o ponto P' na esfera quando essa linha cruzá-la (desconsiderando o cruzamento em S). Esse mapeamento entre pontos na esfera e pontos no plano é chamado de *projeção estereográfica*. Para ver que é razoável que o polo sul S em si represente ∞, imaginamos um ponto P no plano que se move para muito longe; encontramos então que o ponto P' que corresponde a ele se aproxima cada vez mais do polo sul S, alcançando-o no limite em que P vai para o infinito.

A esfera de Riemann tem um papel fundamental no paradigma quântico de sistemas de dois níveis. Esse papel nem sempre é explicitamente evidente, mas a esfera de Riemann sempre está lá, por trás dos panos. Ela descreve, de uma forma geométrica abstrata, o espaço de sistemas fisicamente distinguíveis

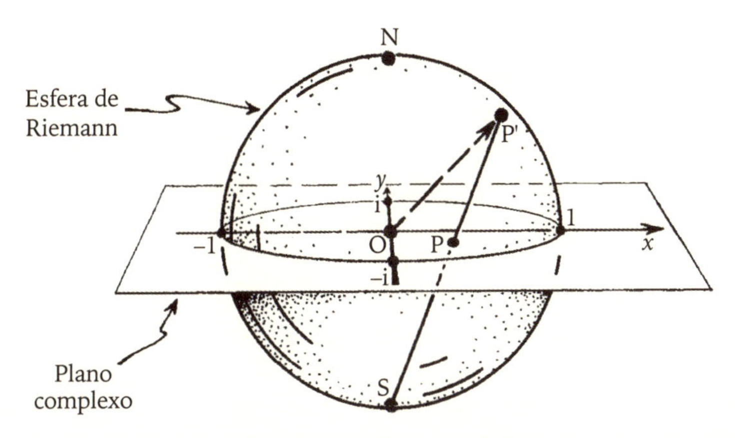

Figura 5.19 – A esfera de Riemann. O ponto P, representando $p = z/w$ no plano complexo, é projetado a partir do polo sul S para um ponto P' na esfera. A direção OP, a partir do centro O da esfera, é a direção do *spin* para o estado de *spin* $\frac{1}{2}$ arbitrário da Figura 5.15.

que pode ser construído, através de sobreposições quânticas lineares, de quaisquer dois estados quânticos distintos. Por exemplo, esses dois estados poderiam ser as duas possíveis localizações para um fóton, digamos $|\mathrm{B}\rangle$ e $|\mathrm{C}\rangle$. A combinação linear geral teria a forma $w|\mathrm{B}\rangle + z|\mathrm{C}\rangle$. Ainda que na Seção 5.7 tenhamos feito uso explícito somente do caso particular $|\mathrm{B}\rangle + \mathrm{i}|\mathrm{C}\rangle$, que resultou da reflexão/transmissão por um espelho semitransparente, as outras combinações não seriam difíceis de serem realizadas. Apenas seria necessário que se variasse a transparência do espelho e introduzisse um segmento de um meio refratário no caminho de um dos feixes emergentes. Dessa forma, poderíamos construir toda a esfera de Riemann dos estados alternativos possíveis, dadas por todas as situações físicas da forma $w|\mathrm{B}\rangle + z|\mathrm{C}\rangle$ que poderiam ser construídas a partir das duas alternativas $|\mathrm{B}\rangle$ e $|\mathrm{C}\rangle$.

Em casos como este, o papel geométrico da esfera de Riemann não é completamente aparente. No entanto, existem outros tipos de situação nos quais o papel da esfera de Riemann é geometricamente claro. O exemplo mais nítido disso ocorre com estados de *spin* de uma partícula de *spin* $\frac{1}{2}$, tal como um elétron ou próton. O estado geral pode ser representado pela combinação

$$|\psi\rangle = w|\uparrow\rangle + z|\downarrow\rangle,$$

e acontece que (através de uma escolha apropriada de $|\uparrow\rangle$ e $|\downarrow\rangle$ da classe de proporcionalidade de possibilidades fisicamente equivalentes) esse $|\psi\rangle$

representa o estado de *spin*, de magnitude $\frac{1}{2}\hbar$, que é de mão direita com relação ao eixo que aponta na direção do ponto na esfera de Riemann que representa a razão z/w. Assim, cada direção no espaço faz o papel de uma possível direção de *spin* para qualquer partícula de *spin* $\frac{1}{2}$. Mesmo que a maior parte dos estados seja representada, inicialmente, como sendo "combinações misteriosas de alternativas ponderadas por números complexos" (as alternativas sendo $|\uparrow\rangle$ e $|\downarrow\rangle$), vemos que essas combinações não são nem mais nem menos misteriosas que as duas originais, $|\uparrow\rangle$ e $|\downarrow\rangle$, com as quais começamos. Cada uma delas é fisicamente tão real quanto as outras.

O que acontece para estados de *spin* maior? Nesse caso, as coisas se tornam um pouco mais complicadas – e *mais* misteriosas! A descrição geral que darei não é muito conhecida pelos físicos atualmente, ainda que ela tenha sido apresentada em 1932 por Ettore Majorana (um brilhante físico italiano que desapareceu com 31 anos em um navio que entrava na baía de Nápoles sob circunstâncias que nunca foram esclarecidas completamente).

Vamos considerar, primeiro, o que *é* familiar aos físicos. Suponha que tenhamos um átomo (ou partícula) de *spin* $\frac{1}{2}$. Novamente, podemos escolher a direção "para cima" para começar e nos perguntar "quanto" do *spin* do átomo está realmente orientado (i.e., de mão direita) para aquela direção. Existe um tipo de equipamento padrão, conhecido como aparato de Stern-Gerlach, que realiza tais medições utilizando um campo magnético não homogêneo. O que acontece é que só existem $n + 1$ diferentes alternativas possíveis, que podem ser distinguidas pelo fato de que o átomo se encontra em apenas um dos $n + 1$ diferentes feixes possíveis. Veja a Figura 5.20. A quantidade do *spin* que se encontra na direção escolhida é determinada pelo feixe em particular no qual encontramos o átomo. Quando medida em unidades de $\frac{1}{2}\hbar$, a quantidade de *spin* nessa direção revela-se como tendo um dos valores $n, n-2, n-4, ..., 2-n, -n$. Assim, os diferentes estados possíveis de *spin* para um átomo de *spin* $\frac{1}{2}n$ são sobreposições complexas dessas possibilidades. Irei denotar os diferentes resultados possíveis para uma medição de Stern-Gerlach para *spin* $n + 1$, quando a direção do campo no aparato é para cima, como

$$|\uparrow\uparrow\uparrow \cdots \uparrow\rangle, |\downarrow\uparrow\uparrow \cdots \uparrow\rangle, |\downarrow\downarrow\uparrow \cdots \uparrow\rangle, \ldots, |\downarrow\downarrow\downarrow \cdots \downarrow\rangle,$$

correspondendo aos respectivos valores de *spin* $n, n-2, n-4, ..., 2-n, -n$ naquela direção, onde em cada caso existem exatamente n setas no total. Podemos imaginar cada seta apontada para cima como fornecendo uma quantidade $\frac{1}{2}\hbar$ de *spin* na direção para cima e cada seta apontada para baixo como fornecendo $\frac{1}{2}\hbar$ na direção para baixo. Somando esses valores, obtemos o valor total de *spin*, em cada caso, obtido em um experimento de medição de *spin* (de Stern-Gerlach) orientado na direção vertical de baixo para cima.

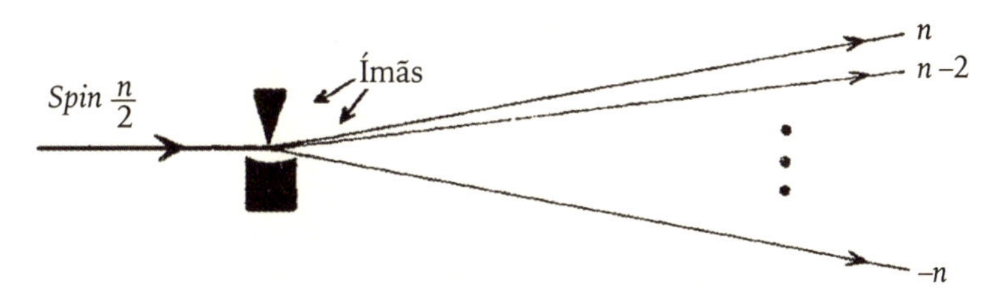

Figura 5.20 – A medição de Stern-Gerlach. Existem $n + 1$ resultados possíveis, para *spin* $\frac{1}{2}n$, dependendo de quanto do *spin* encontramos na direção medida.

Uma sobreposição arbitrária desses estados é dada pela combinação complexa

$$z_0\,|\uparrow\uparrow\uparrow\ldots\uparrow\rangle + z_1\,|\downarrow\uparrow\uparrow\ldots\uparrow\rangle + z_2\,|\downarrow\downarrow\uparrow\ldots\uparrow\rangle + \ldots + z_n\,|\downarrow\downarrow\downarrow\ldots\downarrow\rangle,$$

onde os números complexos $z_0, z_1, z_2, \ldots, z_n$ não são todos nulos. Será que podemos representar tal estado em termos de direções únicas de *spin* que não são simplesmente "para cima" ou "para baixo"? O que Majorana demonstrou é que isto é possível, mas devemos permitir que as diversas setas possam apontar em direções independentes; não há necessidade de que elas estejam alinhadas em um par de direções opostas, como seria o caso no resultado de uma medição de Stern-Gerlach. Assim, representamos o estado geral de *spin* $\frac{1}{2}n$ como um conjunto de n "direções de setas" independentes; podemos pensar nestas como sendo dadas por n pontos na esfera de Riemann, onde cada direção das setas é a direção a partir do centro da esfera para o ponto relevante na esfera (Figura 5.21). É importante deixar claro que esta é uma coleção *desordenada* de pontos (ou de direções de setas). Assim, não há nenhuma importância no ordenamento desses pontos em primeiro, segundo, terceiro etc.

Essa é uma representação bem estranha do *spin*, se estivermos tentando pensar no *spin* quantum-mecânico como o mesmo fenômeno que o conceito de *spin* que é familiar no nível clássico. O *spin* de um objeto clássico como uma bola de golfe tem um eixo bem definido em relação ao qual o objeto gira, enquanto parece que a um objeto no nível quantum-mecânico é permitido girar em relação a vários eixos apontando em muitas direções diferentes

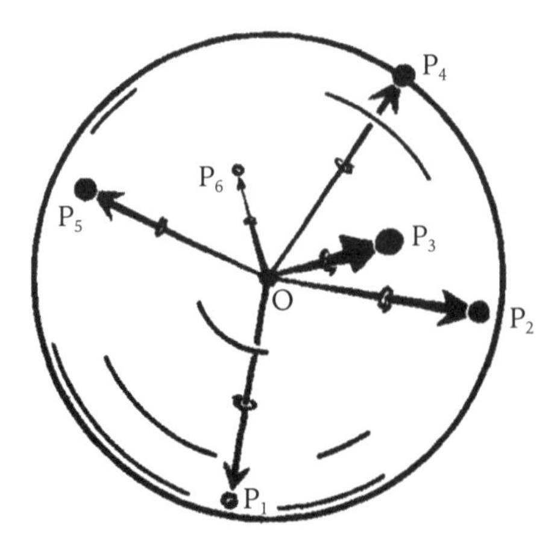

Figura 5.21 – A descrição de Majorana de um estado arbitrário de *spin* $\frac{1}{2}n$ é uma coleção não ordenada de n pontos $P_1, P_2, \ldots, P_n$ na esfera de Riemann, onde cada ponto pode ser pensado como um elemento de *spin* $\frac{1}{2}$ na direção que vai do centro ao ponto em questão.

de uma vez. Se tentarmos pensar que um objeto clássico é o mesmo que um objeto quântico, exceto que é "grande" em algum sentido, então parece que estamos diante de um paradoxo. Quanto maior a magnitude do *spin*, mais direções estão envolvidas. Por que, então, objetos clássicos não giram em muitas direções de uma vez? Este é um exemplo de um mistério **X** da teoria quântica. Algo intervém (em um nível não especificado) e encontramos que a maior parte dos estados quânticos não surge (ou, pelo menos, quase nunca surge) no nível clássico dos fenômenos que podemos de fato analisar. No caso do *spin*, o que encontramos é que os únicos estados que sobrevivem de forma significativa no nível clássico são aqueles nos quais as direções das setas estão aglutinadas principalmente em uma direção em particular: a direção de rotação (eixo) do objeto clássico que gira.

Existe algo chamado de "princípio da correspondência" na teoria quântica que afirma, para todos os efeitos, que quando quantidades físicas (tais como a magnitude do *spin*) se tornam grandes, então é *possível* para o sistema se comportar de uma maneira que se aproxime bastante do comportamento clássico (tal como o estado onde todas as setas apontam para a mesma direção). No entanto, esse princípio não nos diz como tais estados podem surgir somente pela ação da equação de Schrödinger **U**. De fato, "estados clássicos" quase nunca surgem dessa maneira. Os estados do tipo clássico surgem através da ação de um processo diferente: a redução do vetor de estado **R**.

5.11 Posição e momento de uma partícula

Existe um exemplo ainda mais patente desse tipo de fenômeno no conceito quantum-mecânico de *localização* para uma partícula. Vimos que o estado de uma partícula pode envolver sobreposições de duas ou mais localizações diferentes. (Lembrem-se da discussão da Seção 5.7, na qual o estado de um fóton é tal que ele pode estar localizado em dois feixes simultaneamente após o seu encontro com um espelho semitransparente.) Tais sobreposições também poderiam ser aplicadas a qualquer outro tipo de partícula – simples ou composta –, como um elétron, um próton, um átomo ou uma molécula. Mais que isto, não há nada na parte **U** do formalismo da teoria quântica que diga que objetos grandes, tais como bolas de golfe, não possam também ser encontradas em tais estados de localização confusa. Porém, não vemos bolas de golfe em sobreposições de diversas localizações todas ao mesmo tempo, da mesma forma que não encontramos uma bola de golfe cujo estado de rotação possa ser relacionado a vários eixos todos de uma vez. Por que alguns objetos parecem ser grandes demais, massivos demais ou "algo" demais para serem objetos de "nível quântico" e não os encontramos em tais estados sobrepostos no mundo real? Na teoria quântica padrão, é somente a ação de **R** que realiza a transição do nível quântico das sobreposições de alternativas em potencial para um resultado único e real clássico. A mera ação de **U** por si só iria quase sempre invariavelmente levar a um estado de sobreposições clássicas que "não pareceria razoável". (Voltarei a este ponto na Seção 6.1.)

No nível quântico, por outro lado, esses estados de uma partícula para os quais não há uma localização clara podem ter um papel fundamental. Pois se a partícula tem um *momento* claro (de tal forma que esteja se movendo de maneira claramente definida em alguma direção e não em uma sobreposição de várias direções ao mesmo tempo), então seu estado deve envolver uma sobreposição de todas as diferentes *posições* de uma vez só. (Esta é uma característica particular da equação de Schrödinger que requerer muitas tecnicalidades para que uma explicação aqui fosse apropriada; cf. ENM, p.243-50; e Dirac, 1947; Davies, 1984, por exemplo. Está intimamente relacionada, também, com o *princípio da incerteza* de Heisenberg, que fornece limites sobre o quão bem definidas a posição e o momento podem estar ao mesmo tempo.) De fato, os estados com momento bem definido têm uma natureza espacial oscilatória, na direção do movimento, que foi a característica que ignoramos em nossa discussão dos estados dos fótons dada na Seção 5.7. Estritamente falando, "oscilatória" não é um termo completamente apropriado. Acontece que as "oscilações" não são como aquelas vibrações lineares de uma corda, na qual se pode imaginar que os fatores de peso complexos oscilem para trás e para a frente através da origem no plano complexo, mas, em vez disso, esses fatores são fases puras (veja a Figura 5.18) que rodam ao redor da origem a uma taxa constante – essa taxa dando a frequência ν que é proporcional à energia da partícula E, de acordo com a famosa fórmula de Planck $E = h\nu$. (Veja a fig. 6.11 de ENM, para uma representação pictórica em "parafuso" dos estados de momento.) Essas questões, por mais que sejam importantes para a teoria quântica, não irão ter qualquer papel em particular nas discussões deste livro, de tal forma que o leitor pode ignorá-las tranquilamente.

De forma mais geral, os fatores de peso complexos não precisam ter essa forma "oscilatória", podendo variar de ponto a ponto de maneira arbitrária. Os fatores de peso fornecem uma função complexa da posição que é referida como a *função de onda* da partícula.

5.12 O espaço de Hilbert

Para sermos um pouco mais explícitos (e precisos) sobre como o procedimento **R** funciona, nas descrições padrão da mecânica quântica, será necessário fazermos uso de algumas (relativamente poucas) tecnicalidades matemáticas. A família de todos os estados possíveis de um sistema quântico constitui o que é conhecido como um *espaço de Hilbert*. Não é necessário explicar o que isto significa em todos os seus detalhes matemáticos, mas algum entendimento de noções relativas ao espaço de Hilbert irá auxiliar a clarear nossas ideias sobre o mundo quântico.

A primeira e mais importante propriedade de um espaço de Hilbert é ser um *espaço vetorial complexo*. Tudo que isto realmente quer dizer é que nos é permitido realizar as combinações ponderadas por fatores que são números complexos que temos considerado para os estados quânticos. Continuarei a usar a notação "*ket*" de Dirac para os elementos do espaço de Hilbert, de tal forma que se $|\psi\rangle$ e $|\phi\rangle$ são ambos elementos do espaço de Hilbert, então $w|\psi\rangle + z|\phi\rangle$ também o é para qualquer par de números complexos w e z. Aqui permitimos mesmo $w = z = 0$, resultando no elemento **0** do espaço de Hilbert, sendo este o único elemento do espaço de Hilbert que *não* representa um estado físico possível. Temos as regras algébricas usuais para um espaço vetorial, estas sendo

$$
\begin{aligned}
|\psi\rangle + |\phi\rangle &= |\phi\rangle + |\psi\rangle, \\
|\psi\rangle + (|\phi\rangle + |\chi\rangle) &= (|\psi\rangle + |\phi\rangle) + |\chi\rangle, \\
w(z|\psi\rangle) &= (wz)|\psi\rangle, \\
(w + z)|\psi\rangle &= w|\psi\rangle + z|\psi\rangle, \\
z(|\psi\rangle + |\phi\rangle) &= z|\psi\rangle + z|\phi\rangle, \\
0|\psi\rangle &= \mathbf{0}, \\
z\mathbf{0} &= \mathbf{0},
\end{aligned}
$$

o que basicamente significa que podemos usar a notação algébrica da forma usual que esperaríamos utilizá-la.

Um espaço de Hilbert pode algumas vezes ter um número *finito* de dimensões, como é o caso para os estados de *spin* de uma partícula. Para o *spin* $\frac{1}{2}$, o espaço de Hilbert tem somente duas dimensões, seus elementos sendo combinações lineares complexas de dois estados $|\uparrow\rangle$ e $|\downarrow\rangle$. Para o *spin* $\frac{1}{2}n$, o espaço de Hilbert é $(n + 1)$ dimensional. No entanto, algumas vezes o espaço de Hilbert pode ter um número *infinito* de dimensões, como seria o caso para os estados de posição de uma partícula. Aqui, cada posição alternativa que a partícula poderia ter conta como fornecendo uma dimensão separada para o espaço de Hilbert. Um estado arbitrário descrevendo a localização quântica da partícula é uma sobreposição complexa de *todas* essas posições individuais diferentes (a função de onda da partícula). De fato, existem certas complicações matemáticas que surgem para esse tipo de espaço de Hilbert de dimensão infinita que iriam causar confusão para nossa discussão de forma desnecessária, assim irei me concentrar aqui principalmente no caso de dimensão finita.

Quando tentamos visualizar um espaço de Hilbert, encontramos duas dificuldades. Em primeiro lugar, esses espaços tendem a ter dimensões demais para nossa imaginação direta e, em segundo lugar, eles são espaços *complexos*, em vez de reais. Ainda assim, geralmente é útil ignorar esses problemas temporariamente para desenvolver alguma intuição sobre os cálculos matemáticos. Vamos então fingir, por ora, que podemos usar nossas ideias usuais sobre duas ou três dimensões para representar um espaço de Hilbert. Na Figura 5.22, a operação de sobreposição linear é ilustrada geometricamente no caso tridimensional e real.

Lembrem-se que um vetor de estado quântico $|\psi\rangle$ representa a mesma situação física enquanto qualquer múltiplo complexo $u|\psi\rangle$, onde $u \neq 0$. Em termos das nossas representações, isto significa que uma situação física particular é representada na verdade não por um ponto no espaço de Hilbert, mas por toda uma linha – referida como um *raio* – que junta o ponto $|\psi\rangle$ no espaço de Hilbert à origem **0**. Veja a Figura 5.23, mas devemos ter em mente que, devido ao fato de os espaços de Hilbert serem complexos em vez de reais, ainda que um raio *pareça* uma linha ordinária unidimensional, ela na verdade é todo um plano complexo.

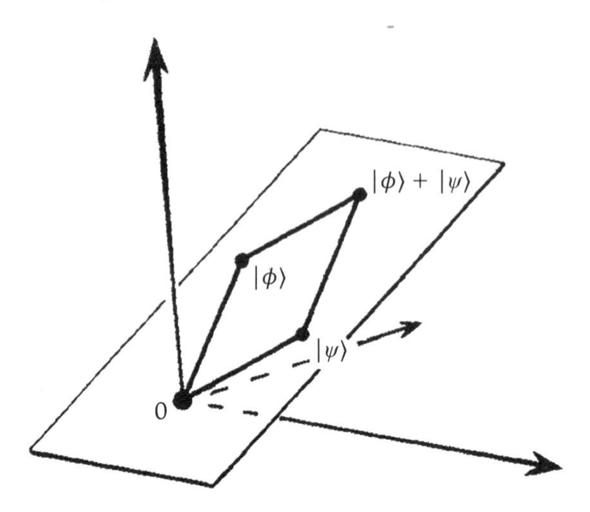

Figura 5.22 – Se pretendermos que o espaço de Hilbert é um espaço euclidiano tridimensional, então podemos representar a soma de dois vetores $|\psi\rangle$ e $|\phi\rangle$ em termos da regra do paralelogramo usual (no plano de **0**, $|\psi\rangle$ e $|\phi\rangle$).

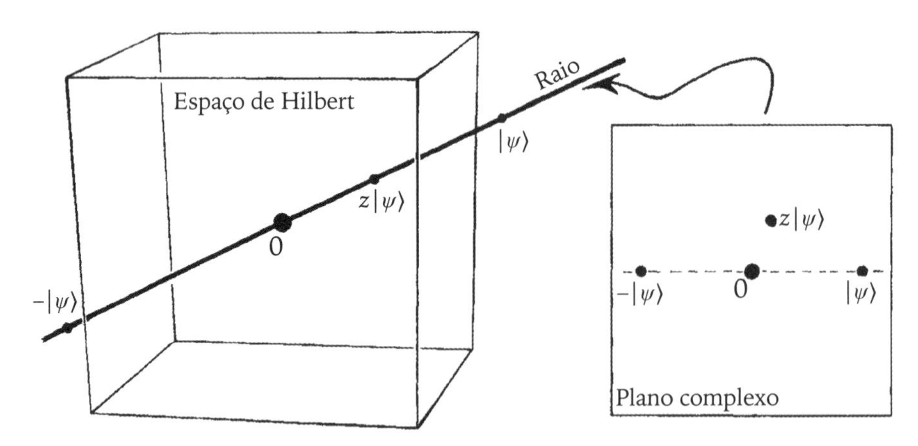

Figura 5.23 – Um *raio* no espaço de Hilbert consiste em todos os múltiplos complexos de um vetor de estado $|\psi\rangle$. Pensamos nisto como uma linha reta que cruza a origem **0** do espaço de Hilbert, mas devemos manter em mente que essa linha reta na verdade é um plano complexo.

Por enquanto, estivemos interessados somente nas propriedades estruturais do espaço de Hilbert como um espaço vetorial complexo. Existe outra propriedade que um espaço de Hilbert tem, que é quase tão crucial quanto a sua estrutura de espaço vetorial e que é essencial para a descrição do processo de redução **R**. Esta outra propriedade do espaço de Hilbert é o *produto escalar hermitiano* (ou produto *interno*), que pode ser aplicado a qualquer par de vetores do espaço de Hilbert para resultar em um único número complexo. Essa operação nos permite expressar dois fatos importantes. O primeiro é a noção de *comprimento quadrado* de um vetor do espaço de Hilbert – como o produto escalar de um vetor *consigo mesmo*. Um estado *normalizado* (que, como notamos na Seção 5.8, foi necessário para que a regra do módulo quadrado seja aplicada de forma estrita) é dado por um vetor do espaço de Hilbert cujo comprimento quadrado seja *unitário*. O segundo fato importante é que o produto escalar nos dá uma noção de *ortogonalidade* entre vetores do espaço de Hilbert – e isto ocorre quando o produto escalar de dois vetores é *zero*. Ortogonalidade entre vetores pode ser vista como o fato de eles estarem, em um sentido apropriado, "em um ângulo reto" um com relação ao outro. Em termos usuais, estados ortogonais são *independentes* uns dos outros. A importância desse conceito para a física quântica é que resultados alternativos diferentes de qualquer medição são sempre ortogonais uns aos outros.

Exemplos de estados ortogonais são os estados $|\uparrow\rangle$ e $|\downarrow\rangle$ que encontramos no caso de uma partícula de *spin* $\frac{1}{2}$. (Note que a ortogonalidade do espaço de Hilbert com frequência não corresponde à noção de perpendicularidade que usualmente temos em termos espaciais; no caso do *spin* $\frac{1}{2}$, os estados ortogonais $|\uparrow\rangle$ e $|\downarrow\rangle$ representam configurações físicas que estão orientadas de maneira oposta em vez de perpendicular.) Outros exemplos são dados pelos estados $|\uparrow\uparrow \ldots \uparrow\rangle$, $|\downarrow\uparrow \ldots \uparrow\rangle, \ldots, |\downarrow\downarrow \ldots \downarrow\rangle$, que encontramos para *spin* $\frac{1}{2}n$, cada um dos quais é ortogonal a todos os outros. Também são ortogonais todas as diferentes posições nas quais uma partícula quântica pode estar localizada. Mais que isto, os estados $|B\rangle$ e $i|C\rangle$, da Seção 5.7, que surgiram como as partes transmitidas e refletidas do estado de um fóton, emergindo depois que o fóton encontra um espelho semitransparente, são ortogonais e também o são os dois estados $i|D\rangle$ e $-|E\rangle$ para os quais aqueles dois evoluem após sua reflexão por dois espelhos.

Esse último fato ilustra uma propriedade importante da evolução **U** de Schrödinger. Quaisquer dois estados que sejam inicialmente ortogonais permanecerão ortogonais se cada um evoluir, segundo **U**, pelo mesmo período de tempo. Assim, a propriedade da ortogonalidade é *preservada* por **U**. Mais que isto, **U** preserva o produto escalar entre estados. Tecnicamente, é isto que o termo evolução *unitária* na verdade significa.

Como já foi mencionado, o papel-chave da ortogonalidade é que sempre que uma "medição" for realizada sobre um sistema quântico, então os diversos estados quânticos possíveis que levam cada um separadamente – após ampliação para o mundo clássico – a resultados *perceptíveis* são necessariamente ortogonais uns aos outros. Isto, em particular, se aplica a medições *nulas*, como no problema da testagem de bombas das seções 5.2 e 5.9. A *não* detecção de um estado quântico em particular por algum aparato que seja capaz de detectar esse estado resultará no estado quântico "saltando" para algo que é *ortogonal* ao próprio estado para o qual o detector foi programado para detectar.

Como acabamos de dizer, a ortogonalidade é expressa matematicamente como o *anulamento* do produto escalar entre dois estados. Esse produto escalar, em geral, é um número complexo que pode ser atribuído a qualquer par de elementos de um espaço de Hilbert. Se os dois elementos (estados) são $|\psi\rangle$ e $|\phi\rangle$, então esse número complexo é escrito como $\langle\psi|\phi\rangle$. O produto escalar satisfaz algumas propriedades simples algébricas que nós podemos escrever (de uma forma um pouco esquisita) como

$$\overline{\langle\psi \mid \phi\rangle} = \langle\phi|\psi\rangle,$$
$$\langle\psi|(|\phi\rangle + |\chi\rangle) = \langle\psi|\phi\rangle + \langle\psi|\chi\rangle,$$
$$(z\langle\psi|)|\phi\rangle = z\langle\psi|\phi\rangle,$$
$$\langle\psi|\psi\rangle > 0 \text{ a menos que } |\psi\rangle = \mathbf{0};$$

além do mais, pode-se deduzir que $\langle\psi|\psi\rangle = 0$ se $|\psi\rangle = \mathbf{0}$. Não desejo incomodar o leitor com os detalhes dessas questões aqui. (Para estes, indico ao leitor interessado qualquer texto padrão sobre a teoria quântica; veja, por exemplo, Dirac, 1947.)

As propriedades essenciais do produto escalar de que iremos necessitar aqui são duas propriedades (definições) mencionadas antes:

$|\psi\rangle$ e $|\phi\rangle$ são *ortogonais* se e somente se $\langle\psi|\phi\rangle = 0$,

$\langle\psi|\psi\rangle$ é o *comprimento quadrado* de $|\psi\rangle$.

Notamos que a relação de ortogonalidade é simétrica com relação a $|\psi\rangle$ e $|\phi\rangle$ (pois $\overline{\langle\psi \mid \phi\rangle} = \langle\phi|\psi\rangle$). Também temos que $\langle\psi|\psi\rangle$ é sempre um número real não negativo, de tal forma que tem uma raiz não negativa à qual podemos nos referir como o *comprimento* (ou magnitude) de $|\psi\rangle$.

Já que podemos multiplicar qualquer vetor de estado por um número complexo não nulo sem alterar sua interpretação física, podemos sempre *normalizar* o estado de forma que ele tenha comprimento unitário e fazer dele um *vetor unitário* ou um *estado normalizado*. Permanece ainda, porém, a ambiguidade de que o vetor de estado pode ser multiplicado por uma fase pura (um número da forma $e^{i\theta}$, com θ real, cf. a Seção 5.10).

5.13 A descrição de **R** em termos do espaço de Hilbert

Como representamos a operação **R** em termos do espaço de Hilbert? Vamos considerar o caso mais simples de uma medição, que é do tipo "sim/não", em que algum tipo de aparato marca **SIM** se ele indicar que o objeto quântico medido possui alguma propriedade e **NÃO** se não indica esse fato (ou, de forma equivalente, que marque **SIM** quando o objeto não possuir tal propriedade). Isto inclui a possibilidade, na qual estarei interessado aqui, de que a alternativa **NÃO** possa ser uma medição *nula*. Por exemplo, alguns dos detectores de fótons da Seção 5.8 realizaram medições desse tipo. Eles registrariam **SIM** se o fóton fosse recebido e **NÃO** se não fosse recebido. Nesse caso, a medida **NÃO** é de fato uma medida nula – mas é uma medida de qualquer forma, que faz que o estado "pule" para algo que é ortogonal ao que seria se a resposta **SIM** houvesse sido obtida. Da mesma forma, as medidas de *spin* de Stern-Gerlach da Seção 5.10, para um átomo de *spin* $\frac{1}{2}$, poderiam ser exatamente desse tipo; poderíamos dizer que o resultado é **SIM** se o *spin* do átomo fosse medido como sendo $|\uparrow\rangle$, o que ocorre se ele for encontrado no feixe correspondendo a $|\uparrow\rangle$ e **NÃO** se não fosse encontrado nesse feixe, devendo assim o resultado ser ortogonal a $|\uparrow\rangle$, de tal forma que deve ser $|\downarrow\rangle$.

Medições mais complicadas sempre podem ser pensadas como sendo construídas a partir de uma sucessão de medições do tipo sim/não. Considere um átomo de *spin* $\frac{1}{2}$, por exemplo. De forma a obter $n + 1$ diferentes possibilidades para uma medição da quantidade de *spin* na direção para cima, podemos nos perguntar, primeiro, se o estado do *spin* é $|\uparrow\uparrow \ldots \uparrow\rangle$. Fazemos isso tentando detectar que o átomo está no feixe correspondente a esse estado "completamente para cima" de *spin*. Se obtivermos **SIM** então terminamos; mas, se obtivermos **NÃO**, então essa é uma medida nula e podemos prosseguir e nos perguntar se o estado de *spin* é $|\downarrow\uparrow \ldots \uparrow\rangle$ e assim por diante. Em cada caso, a resposta **NÃO** deve ser uma medição nula, indicando simplesmente que a resposta **SIM** não foi obtida. Em mais detalhes, suponha que o estado é inicialmente

$$z_0 \,|\uparrow\uparrow\uparrow \ldots \uparrow\rangle + z_1 \,|\downarrow\uparrow\uparrow \ldots \uparrow\rangle + z_2 \,|\downarrow\downarrow\uparrow \ldots \uparrow\rangle + \ldots + z_n \,|\downarrow\downarrow\downarrow \ldots \downarrow\rangle,$$

e nos perguntemos se o *spin* está inteiramente "para cima". Se encontrarmos a resposta **SIM**, então afirmamos que o estado é realmente $|\uparrow\uparrow\uparrow \ldots \uparrow\rangle$ ou, ainda, podemos considerar que ele "saltou" para $|\uparrow\uparrow\uparrow \ldots \uparrow\rangle$ no momento da medida. Porém, se encontrarmos a resposta **NÃO**, então, como resultado da medição nula, temos que considerar que o estado "salta" para o estado ortogonal

$$z_1 \,|\downarrow\uparrow\uparrow \ldots \uparrow\rangle + z_2 \,|\downarrow\downarrow\uparrow \ldots \uparrow\rangle + \ldots + z_n \,|\downarrow\downarrow\downarrow \ldots \downarrow\rangle,$$

e tentamos outra vez, dessa vez para verificar se o estado é $|\downarrow\uparrow\uparrow \ldots \uparrow\rangle$. Se agora obtivermos a resposta **SIM**, então dizemos que o estado é de fato $|\downarrow\uparrow\uparrow \ldots \uparrow\rangle$, ou então que o estado "saltou" para $|\downarrow\uparrow\uparrow \ldots \uparrow\rangle$. Porém, se encontrarmos **NÃO**, então o estado "salta" para

$$z_2 \,|\downarrow\downarrow\uparrow \ldots \uparrow\rangle + \ldots + z_n \,|\downarrow\downarrow\downarrow \ldots \downarrow$$

e assim por diante.

Esse "salto" que ocorre com o vetor de estado – ou pelo menos que *parece* ocorrer – é o aspecto mais enigmático da teoria quântica. Provavelmente é justo dizer que a maior parte dos físicos quânticos ou acha esse "salto" muito *difícil* de aceitar como uma característica da verdadeira realidade física ou então se nega *completamente* a aceitar que a realidade pode se comportar dessa forma absurda. De qualquer forma, é uma característica essencial do formalismo quântico, seja qual for o ponto de vista que tenhamos com relação à "realidade" envolvida.

Nas descrições apresentadas, baseei-me no que algumas vezes é referido como o *postulado da projeção*, que especifica a forma que esse "salto" deve ter (e.g., $z_0 \,|\uparrow\uparrow \ldots \uparrow\rangle + z_1 \,|\downarrow\uparrow \ldots \uparrow\rangle + \ldots + z_n \,|\downarrow\downarrow \ldots \downarrow\rangle$ "salta" para $z_1 \,|\downarrow\uparrow \ldots \uparrow\rangle + \ldots + z_n \,|\downarrow\downarrow \ldots \downarrow\rangle$). Veremos a razão geométrica para tal terminologia em um instante. Alguns físicos afirmam que o postulado da projeção não é uma assunção essencial na teoria quântica. Eles geralmente se referem, no entanto, a medições nas quais o estado quântico é *perturbado* por alguma interação física e não a uma medição nula. Tal perturbação ocorre, nos exemplos supra, quando a resposta **SIM** é obtida, como quando o detector absorve um fóton de forma a registrá-lo ou quando um átomo, após passar por um aparato de Stern-Gerlach, é medido e encontrado em um feixe em particular (i.e., **SIM**). Para uma medição nula do tipo que estou considerando aqui (resposta **NÃO**), o postulado da projeção de fato é essencial, pois sem ele não podemos aferir o que a teoria quântica (corretamente) afirma que deve acontecer nas medições seguintes.

Para sermos mais explícitos sobre o que o postulado da projeção afirma, vejamos qual é a descrição disso tudo em termos do espaço de Hilbert. Considerarei um tipo em particular de medição – que chamarei de medição *primitiva* – na qual a medição é do tipo sim/não, mas em que a resposta **SIM** afirma que o estado quântico é – ou que "saltou para" – algum estado particular $|\alpha\rangle$ (ou para algum múltiplo não nulo disto, $u|\alpha\rangle$). Assim, para uma medição primitiva, a resposta **SIM** determina que o estado físico é *algo em particular*, enquanto podem existir diversas alternativas que resultam na resposta **NÃO**. As medições de *spin* apresentadas, nas quais tentamos aferir se o estado de *spin* está em um estado particular, tal como $|\downarrow\downarrow\uparrow \ldots \uparrow\rangle$, são exemplos de medições primitivas.

A resposta **NÃO**, para uma medição primitiva, *projeta* o estado para algo que é ortogonal a $|\alpha\rangle$. Vemos a representação geométrica disso na Figura 5.24. O estado original é assumido como sendo $|\psi\rangle$, representado pela seta grande, e como resultado da medição ele ou "salta" para um múltiplo de $|\alpha\rangle$, quando a resposta é **SIM**, ou então é projetado para o espaço ortogonal a $|\alpha\rangle$, quando a resposta é **NÃO**. No caso de uma resposta **NÃO**, não existe dúvida de que, segundo a teoria quântica padrão, isso é o que devemos considerar que acontece com o estado. No caso de **SIM**, no entanto, a situação é complicada pelo fato de que o estado quântico agora interagiu com o aparato de medida e o estado se tornou algo muito mais complexo do que somente $|\alpha\rangle$. O estado em geral evolui para o que é chamado de *estado emaranhado*, que entrelaça o estado quântico original com o aparato de medida. (Estados emaranhados serão discutidos na Seção 5.17.) Contudo, a evolução do estado quântico precisaria proceder *como se* ele houvesse saltado para um múltiplo de $|\alpha\rangle$, de tal que a evolução subsequente prosseguisse livre de ambiguidades.

Podemos expressar tal salto da seguinte maneira algébrica. O vetor de estado $|\psi\rangle$ pode sempre ser escrito (de forma unívoca, se $|\alpha\rangle$ é dado) como

$$|\psi\rangle = z|\alpha\rangle + |\chi\rangle,$$

onde $|\chi\rangle$ é ortogonal a $|\alpha\rangle$. O vetor $z|\alpha\rangle$ é a projeção ortogonal de $|\psi\rangle$ no raio determinado por $|\alpha\rangle$, e $|\chi\rangle$ é a projeção ortogonal de $|\psi\rangle$ no espaço *complementar ortogonal* de $|\alpha\rangle$ (i.e., no espaço de todos os vetores ortogonais a $|\alpha\rangle$). Se o resultado da medição é **SIM**, então o estado do vetor deve ser visto como tendo saltado para $z|\alpha\rangle$ (ou simplesmente para $|\alpha\rangle$), sendo este então o ponto inicial da evolução subsequente; se é **NÃO** então ele salta para $|\chi\rangle$.

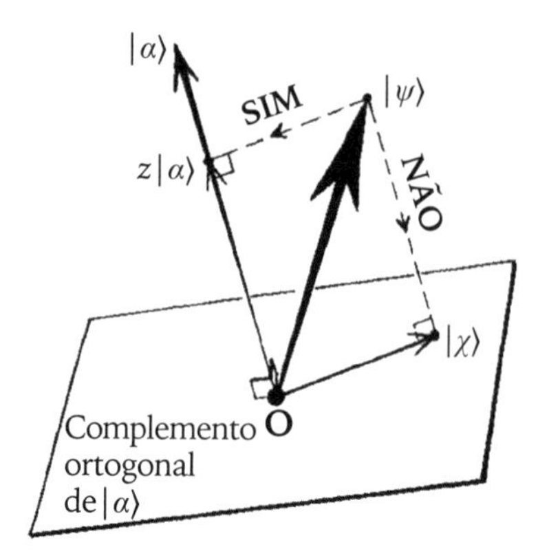

Figura 5.24 – Uma medição primitiva projeta o estado $|\psi\rangle$ em um múltiplo do estado escolhido $|\alpha\rangle$ (**SIM**) ou no complemento ortogonal de $|\alpha\rangle$ (**NÃO**).

Como obtemos as probabilidades que devem ser atribuídas a esses dois resultados alternativos? De forma a utilizar a regra do "módulo quadrado" que encontramos antes, precisamos que $|\alpha\rangle$ seja um vetor *unitário*, e escolhemos algum vetor unitário $|\phi\rangle$ na direção de $|\chi\rangle$ de forma que $|\chi\rangle = w|\phi\rangle$. Agora temos

$$|\psi\rangle = z|\alpha\rangle + w|\phi\rangle,$$

(onde $z = \langle\alpha|\psi\rangle$ e $w = \langle\phi|\psi\rangle$) e podemos obter as probabilidades relativas de **SIM** e **NÃO** como a razão de $|z|^2$ para $|w|^2$. Se $|\psi\rangle$ em si é um vetor unitário, então $|z|^2$ e $|w|^2$ são as probabilidades *reais* de **SIM** e **NÃO**, respectivamente.

Existe outra forma de apresentar isto, que é um pouco mais simples no contexto presente (e deixo como um exercício para o leitor interessado verificar que é uma forma realmente equivalente). Para obter as probabilidades reais de cada uma das alternativas **SIM** ou **NÃO**, simplesmente investigamos o módulo quadrado do vetor $|\psi\rangle$ (que não assumimos que seja normalizado para um vetor unitário) e vemos por qual proporção esse módulo quadrado se reduz em cada uma das respectivas projeções. O fator de redução, em cada caso, é a probabilidade desejada.

Finalmente, devemos mencionar que, para uma medição *geral* do tipo sim/não (agora não necessariamente uma medição primitiva), na qual os estados **SIM** não precisam pertencer a um único raio, a discussão é essencialmente similar. Existiria um subespaço **SIM S** e um subespaço **NÃO N**. Esses subespaços seriam complementos ortogonais um do outro – no sentido de que cada vetor de um é ortogonal a todos os vetores do outro, e juntos dariam origem a todo o espaço de Hilbert original. O postulado da projeção afirma que, ao realizarmos uma medição, o vetor de estado original $|\psi\rangle$ é projetado ortogonalmente em **S** quando uma resposta **SIM** é obtida e em **N** no caso de uma resposta **NÃO**. Novamente as respectivas probabilidades são dadas pelos fatores pelos quais o comprimento quadrado do vetor de estado é reduzido em cada projeção (veja ENM, p.263, fig. 6.23). O *status* do postulado da projeção é um pouco menos claro aqui do que para o caso das medições nulas anteriores, no entanto, pois, ao obtermos uma medição afirmativa, o estado resultante se torna emaranhado com o estado do aparato de medida. Por tais razões, nas discussões que se seguem, vou aderir a medições *primitivas*, que são mais simples, onde o espaço **SIM** consiste de um único raio (múltiplos de $|\psi\rangle$). Isto será suficiente para nossas necessidades.

5.14 Medições comutáveis

Em geral, com sucessivas medições de um sistema quântico, a ordem na qual essas medições serão realizadas pode ser importante. Medições para as quais a ordem da operação faz alguma diferença para os vetores de estado resultante são chamadas *não comutáveis*. Se o ordenamento das medições não tem qualquer papel (não havendo nem mesmo um fator de fase de diferença), então dizemos que elas *comutam*. Em termos do espaço de Hilbert, podemos entender isto pelo fato de que, com projeções ortogonais sucessivas de um dado vetor de estado $|\psi\rangle$, o resultado final irá depender em geral da ordem na qual essas projeções são feitas. Para medições comutáveis, essa ordem não faz diferença.

O que acontece com medições *primitivas*? Não é difícil ver que a condição para que um par de medições primitivas distintas comute é que o raio **SIM** de uma dessas medições seja *ortogonal* ao raio **SIM** da outra.

Por exemplo, com as medições primitivas de *spin* consideradas na Seção 5.10, que deveriam ser realizadas em um átomo de *spin* $\frac{1}{2}n$, o ordenamento é irrelevante porque os diversos estados sob consideração, nominalmente

$|\uparrow\uparrow \dots \uparrow\rangle$, $|\downarrow\uparrow \dots \uparrow\rangle, \dots$, $|\downarrow\downarrow \dots \downarrow\rangle$, são todos ortogonais uns aos outros. Assim, o ordenamento particular para as medições primitivas que escolhi não tem consequência no resultado final e as medições todas realmente comutam. No entanto, este não seria o caso em geral se as diversas medições de *spin* fossem tomadas em direções diferentes. Estas *não* comutariam em geral.

5.15 O "e" quantum-mecânico

Existe um procedimento padrão, na mecânica quântica, para tratar de sistemas que envolvem mais de uma parte independente. Esse procedimento será necessário, em particular, para a discussão quântica (a ser dada na Seção 5.18) de um sistema que consiste de duas partículas largamente distanciadas de *spin* $\frac{3}{2}$ que a Quintessential Trinkets alocou nos centros dos dois dodecaedros mágicos da Seção 5.3. Também é necessária, por exemplo, para a descrição quantum-mecânica de um detector, à medida que ele começa a se tornar emaranhado com o estado quântico da partícula que está detectando.

Considere, inicialmente, um sistema que consiste de somente *duas* partes independentes (não interagentes). Assumiremos que cada uma delas, na ausência da outra, seria descrita, respectivamente, pelos vetores de estado $|\alpha\rangle$ e $|\beta\rangle$. Como devemos descrever o sistema combinado quando *ambas* estão presentes? O procedimento usual é formar o que é chamado de *produto tensorial* (ou produto *externo*) desses vetores, escrito como

$$|\alpha\rangle|\beta\rangle.$$

Podemos pensar nesse produto como fornecendo a maneira quantum-mecânica padrão de representar a noção usual de "e", no sentido de que dois sistemas quânticos independentes representados, respectivamente, por $|\alpha\rangle$ e $|\beta\rangle$, estão agora *ambos* presentes ao mesmo tempo. (Por exemplo, $|\alpha\rangle$ poderia representar um elétron que está em uma localização A e $|\beta\rangle$ poderia representar um átomo de hidrogênio que está em uma localização distante B. O estado no qual o elétron está em A *e* o átomo de hidrogênio em B seria então representado por $|\alpha\rangle|\beta\rangle$.) A quantidade $|\alpha\rangle|\beta\rangle$ é, contudo, um *único* vetor de estado quântico, digamos, $|\chi\rangle$, e seria legítimo escrever

$$|\chi\rangle = |\alpha\rangle|\beta\rangle,$$

por exemplo.

Deve-se enfatizar que o conceito de "e" é completamente diferente daquele da sobreposição quântica linear, que teria a descrição quântica $|\alpha\rangle + |\beta\rangle$, ou, de forma mais geral, $z|\alpha\rangle + w|\beta\rangle$, onde z e w seriam fatores de ponderação complexos. Por exemplo, se $|\alpha\rangle$ e $|\beta\rangle$ são estados possíveis de um único fóton que está localizado, digamos, em A e em um lugar bastante diferente B, respectivamente, então $|\alpha\rangle + |\beta\rangle$ também seria um estado possível para um *único* fóton, cuja localização está dividida entre A e B segundo as estranhas prescrições da teoria quântica – não para *dois* fótons. Um *par* de fótons, um em A e outro em B, seria representado pelo estado $|\alpha\rangle|\beta\rangle$.

O produto tensorial satisfaz o tipo de regra algébrica que seria esperada de um "produto"

$$\begin{aligned}(z|\alpha\rangle)|\beta\rangle &= z(|\alpha\rangle|\beta\rangle) = |\alpha\rangle(z|\beta\rangle),\\ (|\alpha\rangle + |\gamma\rangle)|\beta\rangle &= |\alpha\rangle|\beta\rangle + |\gamma\rangle|\beta\rangle,\\ |\alpha\rangle(|\beta\rangle + |\gamma\rangle) &= |\alpha\rangle|\beta\rangle + |\alpha\rangle|\gamma\rangle,\\ (|\alpha\rangle|\beta\rangle)|\gamma\rangle &= |\alpha\rangle(|\beta\rangle|\gamma\rangle),\end{aligned}$$

exceto que não é estritamente correto escrever "$|\alpha\rangle|\beta\rangle = |\beta\rangle|\alpha\rangle$". No entanto, não seria razoável pensar em interpretar a palavra "e" em um contexto quantum-mecânico como implicando que o sistema conjunto "$|\alpha\rangle$ e $|\beta\rangle$" é de alguma forma fisicamente diferente do sistema conjunto "$|\beta\rangle$ e $|\alpha\rangle$". Contornamos esse problema indo um pouco mais fundo na maneira pela qual a natureza no nível quântico realmente se comporta. Em vez de interpretar o estado $|\alpha\rangle|\beta\rangle$ como o que os matemáticos chamam de "produto tensorial" irei de agora em diante interpretar a notação "$|\alpha\rangle|\beta\rangle$" como envolvendo aquilo que os físicos matemáticos se referem, nos dias de hoje, como o produto *grassmanniano*. Teremos então a regra adicional de que

$$|\beta\rangle|\alpha\rangle = \pm|\alpha\rangle|\beta\rangle,$$

onde o sinal de menos ocorre precisamente quando *ambos* os estados $|\alpha\rangle$ e $|\beta\rangle$ têm um número *ímpar* de partículas cujo *spin* não é inteiro. (O *spin* de tais partículas tem um dentre os valores $\frac{1}{2}, \frac{3}{2}, \frac{5}{2}, \frac{7}{2}, \ldots$, e essas partículas são chamadas de *férmions*. Partículas de *spin* 0, 1, 2, 3, ... são chamadas de *bósons* e não contribuem para o sinal nesta equação.) Não há necessidade de o leitor se preocupar com essa tecnicalidade neste ponto. No que diz respeito ao estado físico, com essa descrição, "$|\alpha\rangle$ e $|\beta\rangle$" é de fato o mesmo que "$|\beta\rangle$ e $|\alpha\rangle$".

Para estados envolvendo três ou mais partes independentes, somente repetimos esse procedimento. Assim, com três partes cujos estados individuais sejam $|\alpha\rangle$, $|\beta\rangle$ e $|\gamma\rangle$, o estado no qual essas três partes estão presentes ao mesmo tempo seria escrito como

$$|\alpha\rangle|\beta\rangle|\gamma\rangle,$$

este sendo o mesmo que escrevi antes (interpretado em termos de produtos de Grassmann) como $(|\alpha\rangle|\beta\rangle)|\gamma\rangle$, ou, equivalentemente, $|\alpha\rangle(|\beta\rangle|\gamma\rangle)$. O caso com quatro ou mais partes independentes é similar.

Uma propriedade importante da evolução de Schrödinger **U**, para sistemas $|\alpha'\rangle$ e $|\beta'\rangle$ que não estejam interagindo um com o outro, é que a evolução do sistema combinado é somente a combinação das evoluções dos sistemas individuais. Assim, se após certo tempo t, o sistema $|\alpha\rangle$ evoluísse (por si só) para $|\alpha'\rangle$ e se $|\beta\rangle$ (por si só) evoluísse para $|\beta'\rangle$, então o sistema combinado $|\alpha\rangle|\beta\rangle$ evoluiria, após esse mesmo tempo *t*, para $|\alpha'\rangle|\beta'\rangle$. Mais que isto (consequentemente), se existem três partes não interagentes $|\alpha\rangle$, $|\beta\rangle$ e $|\gamma\rangle$ de um sistema $|\alpha\rangle|\beta\rangle|\gamma\rangle$ e as partes evoluem, respectivamente, para $|\alpha'\rangle$, $|\beta'\rangle$ e $|\gamma'\rangle$, então o sistema combinado iria similarmente evoluir para $|\alpha'\rangle|\beta'\rangle|\gamma'\rangle$. O mesmo vale para quatro ou mais partes.

Podemos notar que isto é bastante similar à propriedade de *linearidade* de **U** a que nos referimos na Seção 5.7, segundo a qual estados sobrepostos evoluem precisamente como a sobreposição das evoluções dos estados individuais. Por exemplo, $|\alpha\rangle + |\beta\rangle$ evoluiria para $|\alpha'\rangle + |\beta'\rangle$. No entanto, é importante notar que isto é algo *diferente*. Não existe nenhuma surpresa em especial envolvida no fato de que um sistema inteiro que é composto de partes independentes não interagentes deveria evoluir, enquanto um todo, como se cada parte separada ignorasse totalmente a existência das outras. É essencial para isto que as partes sejam não interagentes umas com as outras, ou então esta propriedade se mostrará falsa. A propriedade da linearidade, por outro lado, é uma surpresa genuína. Aqui, segundo **U**, os sistemas sobrepostos evoluem completamente ignorantes um dos outros, bastante *independentes* da existência ou não de alguma interação. Somente esse fato já nos levaria a questionar a veracidade absoluta da propriedade de linearidade. No entanto, ela é muito bem confirmada por fenômenos que permanecem inteiramente no nível quântico. É somente a operação de **R** que parece violá-la. Retornaremos a essas questões mais tarde.

5.16 Ortogonalidade de estados-produto

Existe uma certa estranheza que surge com estados-produto, como eu os mostrei, com relação à noção de ortogonalidade. Se temos dois *estados ortogonais* $|\alpha\rangle$ e $|\beta\rangle$, então poderíamos esperar que os estados $|\psi\rangle|\alpha\rangle$ e $|\psi\rangle|\beta\rangle$ fossem ortogonais para qualquer $|\psi\rangle$. Por exemplo, $|\alpha\rangle$ e $|\beta\rangle$ poderiam ser dois estados alternativos que estão disponíveis para um fóton, onde talvez o estado $|\alpha\rangle$ fosse aquele detectado por uma fotocélula e onde o estado ortogonal $|\beta\rangle$ é o estado *inferido* do fóton quando a fotocélula falha em detectar qualquer coisa (medição nula). Agora, podemos considerar que o fóton é só uma parte de um sistema *combinado*, onde simplesmente juntamos outros objetos – que poderia ser outro fóton, digamos, em algum lugar na Lua –, o estado desse objeto sendo então $|\psi\rangle$. Nesse caso, obtemos para esse estado combinado dois estados alternativos $|\psi\rangle|\alpha\rangle$ e $|\psi\rangle|\beta\rangle$. A mera inclusão do estado $|\psi\rangle$ na descrição certamente não deveria fazer diferença para a ortogonalidade desses dois estados. Na verdade, com a definição normal de estados-produto dada em termos do "produto tensorial" usual (em contraste com algum tipo de produto grassmanniano, como usado aqui), este seria realmente o caso e a ortogonalidade de $|\psi\rangle|\alpha\rangle$ e $|\psi\rangle|\beta\rangle$ seria consequência da ortogonalidade de $|\alpha\rangle$ e $|\beta\rangle$.

No entanto, a maneira pela qual a natureza se comporta realmente, segundo os procedimentos completos da teoria quântica, não é tão direta quanto isto. Se o estado $|\psi\rangle$ pudesse ser considerado como totalmente independente tanto de $|\alpha\rangle$ como de $|\beta\rangle$, então sua presença seria de fato irrelevante. Porém, tecnicamente, mesmo o estado de um fóton na Lua não pode ser tomado como completamente separado daquele que está envolvido na detecção por nossa fotocélula.* (Isto está relacionado com o uso de um produto do tipo grassmanniano na notação "$|\psi\rangle|\alpha\rangle$" utilizada aqui – de forma mais familiar, está relacionado com a "estatística de Bose" que está envolvida em estados de fótons, ou outros estados bosônicos, ou então com a "estatística de Fermi", que está envolvida com os estados de elétrons, prótons ou outros estados fermiônicos, cf. ENM, p.277, 278 e, por exemplo, Dirac, 1947.) Para sermos completamente precisos segundo as regras da teoria,

* Curiosamente, esse tipo de fenômeno pode ter uma relevância profunda para observações reais. O efeito devido a Hanbury Brown e Twiss (1954, 1956), segundo o qual os diâmetros de certas estrelas próximas foram mensurados, depende dessa propriedade "bosônica" que relaciona os fótons que chegam à Terra de lados opostos da estrela! (N. A.)

teríamos que considerar todos os fótons do universo quando estivéssemos discutindo apenas um único fóton. De qualquer forma, em um nível de acurácia extremamente alto, isto frequentemente (felizmente) não é necessário. De fato, iremos considerar que, para qualquer estado $|\psi\rangle$ que evidentemente não tenha nada a ver com o problema em consideração, onde esse problema trata diretamente somente dos estados ortogonais $|\alpha\rangle$ e $|\beta\rangle$, os estados $|\psi\rangle|\alpha\rangle$ e $|\psi\rangle|\beta\rangle$ serão de fato ortogonais (mesmo com produtos do tipo grassmanniano) com um alto grau de precisão.

5.17 Emaranhamento quântico

Precisaremos entender a física quântica que é responsável por *efeitos EPR* – os mistérios **Z** quantum-mecânicos exemplificados pelos dodecaedros mágicos da Seção 5.3, cf. a Seção 5.4. Também precisaremos nos entender com o mistério **X** básico da teoria quântica – a relação paradoxal entre os dois processos **U** e **R** que estão subjacentes ao *problema da medida* que iremos discutir no próximo capítulo. Para ambas as tarefas será necessário que eu introduza mais uma ideia importante: a de *estados emaranhados*.

Vamos primeiro ver o que está envolvido em um simples processo de medição. Considere a situação em que um fóton está em um estado sobreposto, digamos $|\alpha\rangle + |\beta\rangle$, onde o estado $|\alpha\rangle$ ativaria o detector, mas o estado $|\beta\rangle$, sendo ortogonal a $|\alpha\rangle$, o deixaria desativado. (Um exemplo desse tipo foi considerado na Seção 5.8, quando o detector em G encontrava o estado $-|\mathrm{F}\rangle - \mathrm{i}|\mathrm{G}\rangle$. Aqui, $|\mathrm{G}\rangle$ ativaria o detector enquanto $|\mathrm{F}\rangle$ o deixaria desativado.) Vou supor que também possamos atribuir um estado ao próprio detector, digamos $|\psi\rangle$. Isto é prática comum na teoria quântica. Não é totalmente claro para mim que faça sentido atribuir uma descrição quantum-mecânica a um objeto do nível clássico, mas normalmente não se questiona isto em discussões desse tipo. De toda forma, podemos supor que os elementos do detector que o fóton encontraria *inicialmente* são objetos que podem ser tratados segundo as regras padrão da mecânica quântica. Aqueles que tiverem qualquer dúvida sobre tratar todo o detector segundo essas regras devem considerar que são esses elementos quânticos iniciais (partículas, átomos, moléculas) aos quais o vetor $|\psi\rangle$ se refere.

Logo antes de o fóton encontrar o detector (ou melhor, logo antes da porção $|\alpha\rangle$ da função de onda do fóton encontrar o detector), a situação física consiste do estado do detector *e* do estado do fóton, ou seja, $|\psi\rangle(|\alpha\rangle + |\beta\rangle)$; e encontramos

$$|\psi\rangle(|\alpha\rangle + |\beta\rangle) = |\psi\rangle|\alpha\rangle + |\psi\rangle|\beta\rangle.$$

Esta é uma sobreposição do estado $|\psi\rangle|\alpha\rangle$, que descreve o detector (elementos deste) e o fóton que chega, enquanto o estado $|\psi\rangle|\beta\rangle$ descreve o detector (elementos deste) e o fóton em outro local. Suponha que em seguida, segundo a evolução de Schrödinger **U**, o estado $|\psi\rangle|\alpha\rangle$ (detector com o fóton chegando) se torne um novo estado $|\psi_S\rangle$ (indicando que o detector registra uma resposta **SIM**), por conta das interações que o fóton tem com os elementos do detector depois que os encontra. Vamos supor que, se o fóton não encontrasse o detector, a ação de **U** faria que o estado do detector $|\psi\rangle$ evoluísse, por si, para o estado $|\psi_N\rangle$ (o detector registrando **NÃO**) e $|\beta\rangle$ evoluísse para $|\beta'\rangle$. Então, pelas propriedades da evolução de Schrödinger, às quais nos referimos na seção anterior, o estado todo se tornaria

$$|\psi_S\rangle + |\psi_N\rangle|\beta'\rangle.$$

Este é um exemplo particular de um estado *emaranhado*, onde "emaranhado" se refere ao fato de que o estado completo não pode ser simplesmente escrito como um *produto* de um estado para um dos subsistemas (fóton) com o estado do outro subsistema (detector). De fato, é provável que o estado $|\psi_S\rangle$ em si seja um estado emaranhado, em todo caso, com seu próprio ambiente, mas isto depende dos detalhes de outras interações e não é relevante aqui.

Notemos que os estados $|\psi\rangle|\alpha\rangle$ e $|\psi\rangle|\beta\rangle$, cuja sobreposição representava o estado combinado do sistema logo antes da interação, são (essencialmente) *ortogonais* – já que $|\alpha\rangle$ e $|\beta\rangle$ são em si ortogonais, com $|\psi\rangle$ sendo totalmente independente de ambos. Assim, os estados $|\psi_S\rangle$ e $|\psi_N\rangle|\beta'\rangle$, para os quais os dois originais evoluem pela ação de **U** devem também ser ortogonais. (**U** sempre preserva ortogonalidade.) O estado $|\psi_S\rangle$ poderia evoluir ainda para algo que é macroscopicamente observável, tal como um clique "audível", indicando que o fóton foi detectado, ao passo que, se não houver nenhum clique, o estado deve ser – i.e., deve ser considerado que "saltou" para – a possibilidade ortogonal $|\psi_N\rangle|\beta'\rangle$. Se nenhum clique ocorrer, então a mera possibilidade contrafactual de que ele *poderia* ter ocorrido, mas não ocorreu, faria que o estado "saltasse" para $|\psi_N\rangle|\beta'\rangle$ que agora não é um estado emaranhado. A medição nula *des*emaranhou o estado.

Uma característica marcante dos estados emaranhados é que o "salto" que ocorre com a operação **R** pode parecer ser uma ação não local (ou mesmo aparentemente retroativa) que é até mais enigmática que aquela de uma simples medição nula. Tal não localidade ocorra particularmente com o que é referido como o efeito EPR (Einstein-Podolsky-Rosen). Estes são enigmas quânticos genuínos que estão entre os mais impactantes dos mistérios **Z** da teoria. A ideia surgiu originalmente de Einstein, em uma tentativa de mostrar que o formalismo da teoria quântica não poderia fornecer uma descrição completa da natureza. Muitas versões diferentes do fenômeno EPR foram subsequentemente apresentadas (tais como os dodecaedros mágicos da Seção 5.3), várias das quais foram confirmadas diretamente por experimentos como sendo características do funcionamento *real* do mundo no qual vivemos (cf. a Seção 5.4).

Efeitos EPR surgem no seguinte tipo de situação. Considere um estado conhecido inicial $|\Omega\rangle$, de um sistema físico, que evolui (por **U**) em uma sobreposição de dois estados ortogonais, cada um dos quais é o produto de um par de estados independentes que descrevem um par de partes físicas com separação espacial, de tal forma que $|\Omega\rangle$ evolui para, digamos, o estado emaranhado

$$|\psi\rangle|\alpha\rangle + |\phi\rangle|\beta\rangle.$$

Vamos supor que $|\psi\rangle$ e $|\phi\rangle$ são possibilidades ortogonais para uma das partes e que $|\alpha\rangle$ e $|\beta\rangle$ são possibilidades ortogonais para a outra. Uma medição que afira se a primeira parte está no estado $|\psi\rangle$ ou $|\phi\rangle$ iria instantaneamente determinar que a segunda parte está no estado correspondente $|\alpha\rangle$ ou $|\beta\rangle$.

Até agora nada misterioso. Poderíamos argumentar que a situação é exatamente a mesma das boas e velhas meias do dr. Bertlmann (Seção 5.4). Sabendo que suas duas meias devem ter cores diferentes – e vamos supor que sabemos que hoje ele escolheu usar uma rosa e uma verde – a observação de se sua meia esquerda é verde (estado $|\psi\rangle$) ou rosa (estado $|\phi\rangle$) iria determinar instantaneamente que sua meia direita correspondente é rosa (estado $|\alpha\rangle$) ou verde (estado $|\beta\rangle$). No entanto, os efeitos do emaranhamento quântico podem diferir profundamente disto e nenhuma explicação do tipo "meias de Bertlmann" pode dar conta de todos os efeitos observacionais. Os problemas surgem quando nos é dada a opção de realizar medições *alternativas* nas duas partes do sistema.

Um exemplo será ilustrativo. Suponha que o estado inicial $|\Omega_0\rangle$ descreve o estado de *spin* de alguma partícula como tendo *spin* 0. Essa partícula então decai para duas novas partículas, cada uma de *spin* $\frac{1}{2}$, que se movem para longe uma da outra por uma grande distância, para a esquerda e para a direita. Das propriedades do momento angular e de sua conservação, segue que as direções dos *spins* das duas partículas que estão se separando devem ser *opostas* uma à outra e assim encontramos que o estado de *spin* 0 $|\Omega_0\rangle$ evolui para

$$|\Omega\rangle = |E\uparrow\rangle|D\downarrow\rangle - |E\downarrow\rangle|D\uparrow\rangle,$$

onde "E" se refere à partícula do lado esquerdo e "D" à do lado direito (e o sinal de menos surge por conta de convenções padronizadas). Assim, se escolhermos medir o *spin* da partícula esquerda na direção "para cima", a resposta "**SIM**" (i.e., encontrar $|E\uparrow\rangle$) faria que a partícula da direita automaticamente estivesse no estado $|D\downarrow\rangle$ de *spin* para baixo. A resposta **NÃO** ($|E\downarrow\rangle$) automaticamente colocaria a partícula da direita no estado de *spin* para cima ($|D\uparrow\rangle$). Parece que a medição de uma partícula em um local pode afetar instantaneamente o estado de uma outra partícula em um local muito distante – mas até agora isto não é mais misterioso que as meias de Bertlmann!

No entanto, nosso estado emaranhado também pode ser representado de outra maneira, correspondendo a uma escolha diferente de medição. Por exemplo, poderíamos escolher medir o *spin* da partícula esquerda na direção *horizontal*, de tal forma que **SIM** corresponda, digamos, a $|E\leftarrow\rangle$ e **NÃO** corresponda a $|E\rightarrow\rangle$. Agora encontramos (através de contas simples, cf. ENM, p.283) que o *mesmo* estado combinado de antes pode ser escrito de uma forma emaranhada diferente:

$$|\Omega\rangle = |E\leftarrow\rangle|D\rightarrow\rangle - |E\rightarrow\rangle|D\leftarrow\rangle.$$

Assim, encontramos que a resposta **SIM** na esquerda automaticamente coloca a partícula direita no estado $|D\rightarrow\rangle$ e a resposta **NÃO** a coloca em $|D\leftarrow\rangle$. Isto ocorreria *qualquer que fosse* a direção que tivéssemos escolhido para a medição do *spin* da partícula esquerda.

O que é notável sobre esse tipo de situação é que a mera *escolha* da direção de *spin* da partícula esquerda parece *fixar* a direção do eixo de *spin* da partícula direita. De fato, até que o *resultado* da medição da esquerda tenha sido obtido não existe nenhuma informação transmitida para a partícula direita. Simplesmente "fixar a direção do eixo de *spin*" não faz nada, por si só, que seja observável. Apesar de esse fato ser bem conhecido, ainda há pessoas que, de tempos em tempos, afirmam que efeitos EPR poderiam ser utilizados para enviar sinais de um lugar para o outro *instantaneamente*, já que a redução do vetor de estado **R** "reduz" o estado quântico de um par de partículas EPR simultaneamente, não importa o quão longe uma esteja da outra. Porém, não existe, de fato, nenhuma maneira de utilizar esse procedimento para enviar um sinal da partícula esquerda para a direita (cf. Ghirardi et al., 1980).

A utilização usual do formalismo da mecânica quântica fornece a seguinte situação: assim que a medição é feita em uma partícula, por exemplo na esquerda, então o estado inteiro se reduz instantaneamente do estado original emaranhado – onde nenhuma partícula está *por si só* em um estado de *spin* bem definido – para um no qual a partícula esquerda está desemaranhada da direita e ambos os *spins* se tornaram bem definidos. Na descrição *matemática* do vetor de estado, a medição na esquerda tem um efeito instantâneo na direita. Porém, como mencionei, esse "efeito instantâneo" não é do tipo que permitiria o envio de sinais físicos.

Segundo os princípios da relatividade, sinais físicos – sendo capazes de transmitir informação real – estariam necessariamente restritos a viajar à velocidade da luz ou mais devagar que isso. No entanto, efeitos EPR não podem ser vistos dessa forma. Não seria consistente com as predições da teoria quântica que eles fossem tratados como sinais que se propagam de forma finita e restritos pela velocidade da luz. (O exemplo dos dodecaedros mágicos ilustra esse fato, já que o emaranhamento entre o meu dodecaedro e o do meu colega pode ter efeitos imediatos que não precisam esperar os quatro anos que levaria para que um sinal de luz se propagasse entre nós; cf. as seções 5.3 e 5.4, mas também a nota de rodapé 4.) Assim, efeitos EPR não podem ser sinais no sentido usual.

Por conta desse fato, poderíamos nos perguntar como é então que efeitos EPR podem ter quaisquer consequências observáveis. Que eles têm tais consequências segue de um famoso teorema de John Bell (cf. a Seção 5.4). As probabilidades conjuntas que a teoria quântica prediz para várias medições possíveis que podem ser feitas em nossas partículas de *spin* $\frac{1}{2}$ (com escolhas independentes da direção de *spin* na esquerda e na direita) não podem ser obtidas em qualquer modelo clássico de objetos não comunicantes à esquerda e à direita. (Veja ENM, p.284-5 e p.301, para exemplos desse tipo.) Exemplos como aquele dos dodecaedros mágicos da Seção 5.3 fornecem efeitos ainda mais fortes, nos quais os mistérios surgem de vínculos precisos do tipo sim/não em vez de meras probabilidades. Assim, ainda que as partículas da esquerda e da direita não estejam se comunicando uma com a outra no sentido de serem capazes de enviar mensagens instantâneas uma para a outra, elas ainda estão *emaranhadas* uma com a outra no sentido de que não podem ser consideradas como objetos separados independentes – até que sejam finalmente desemaranhadas por uma medição. O emaranhamento quântico é algo misterioso que se encontra em algum ponto entre comunicação direta e separação completa – e não possui qualquer análogo clássico. Além do mais, o emaranhamento não é um efeito que diminui com a distância (ao contrário, por exemplo, da lei do inverso do quadrado da atração gravitacional ou elétrica). Einstein achava o prospecto de tal efeito profundamente perturbador, referindo-se a ele como "ação fantasmagórica a distância" (veja Mermin, 1985).

O emaranhamento quântico parece ser um efeito que não se importa nem um pouco não só com a separação espacial, mas também com a separação temporal. Se uma medição é feita em um componente de um par EPR *antes* que ela seja feita no outro componente, então a primeira medição é considerada, na descrição quantum-mecânica usual, como aquela que desemaranha o estado, de tal forma que a segunda medição trata apenas do componente desemaranhado que essa segunda medição estiver examinando. No entanto, as mesmas consequências observáveis seriam obtidas se considerássemos que é a *segunda* medição que de alguma forma ocasiona retroativamente o desemaranhamento em vez da primeira. Outra maneira de expressar a irrelevância do ordenamento temporal é que podemos dizer que as duas medições *comutam* (veja a Seção 5.14).

Esse tipo de simetria é uma característica necessária de medições EPR para que elas sejam consistentes com as consequências observacionais da relatividade especial. Medições que são feitas em eventos separados espacialmente (i.e., eventos que estejam fora do cone de luz um do outro; veja a Figura 5.25 e a discussão dada na Seção 4.4) devem *necessariamente* comutar e não tem importância saber qual medição ocorreu "primeiro" – segundo os firmes princípios da relatividade especial. Para ver que deve ser assim, podemos considerar a situação física como um todo como sendo descrita segundo os pontos de vista de dois referenciais de observadores diferentes, conforme indicado na Figura 5.26 (cf. também ENM, p.287). (Esses dois "observadores" não precisam ter qualquer relação com aqueles que de fato estiverem realizando as medições.) Na situação mostrada, os dois observadores teriam ideias opostas sobre qual das medições foi realmente a "primeira". Com relação a medições do tipo EPR, o fenômeno do emaranhamento quântico – ou do *des*emaranhamento,* a propósito – não se importa nem com ordenamento espacial nem com ordenamento temporal!

* Podemos dar exemplos (Zeilinger et al., 1992) nos quais a própria propriedade do emaranhamento de um par de partículas é em si uma propriedade emaranhada!

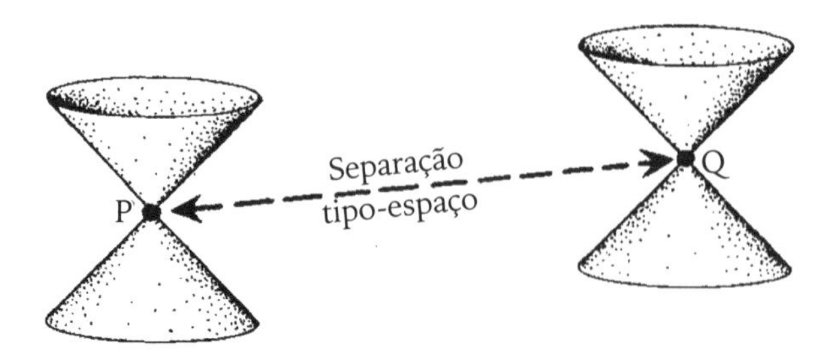

Figura 5.25 – Dois eventos em um espaço-tempo são ditos como tendo separação tipo-espaço se cada um deles está fora do cone de luz do outro (veja também a Figura 4.1). Nesse caso, nenhum deles pode influenciar causalmente o outro e medições feitas nesses dois eventos devem comutar.

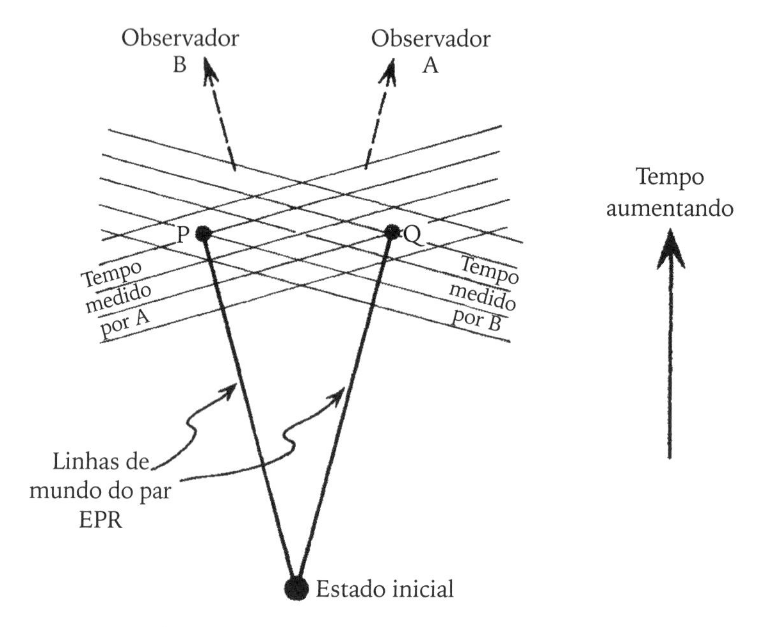

Figura 5.26 – Segundo a relatividade especial, os observadores A e B, em movimento relativo, têm ideias diferentes sobre qual dos dois eventos P e Q separados tipo-espaço ocorreu primeiro (A pensa que Q ocorreu primeiro, enquanto B pensa que foi P).

5.18 Os dodecaedros mágicos explicados

Para um par de partículas EPR de *spin* $\frac{1}{2}$, é somente nas *probabilidades* que essa não localidade espacial ou temporal aparece. Porém, o emaranhamento quântico realmente é um fenômeno muito mais concreto e preciso do que "somente algo que meramente influencia probabilidades". Exemplos como os dos dodecaedros mágicos (e certas configurações anteriores)[10] mostram que a estranha não localidade do emaranhamento quântico *não* é somente uma questão de probabilidade, mas também fornece efeitos precisos do tipo sim/não que não podem ser explicados de qualquer forma clássica local.

Vamos tentar entender a mecânica quântica que está subjacente aos dodecaedros mágicos da Seção 5.3. Lembrem-se que a Quintessential Trinkets, em Betelgeuse, fez que um sistema de *spin* total 0 (o estado inicial $|\Omega\rangle$) fosse dividido em dois átomos, cada um de *spin* $\frac{3}{2}$, e cada um desses átomos foi delicadamente suspenso no centro de cada dodecaedro. Os dodecaedros então são cuidadosamente enviados, um para mim e um para meu colega em α-Centauro, de tal forma que os estados de *spin* dos respectivos átomos não são perturbados – até que um ou outro de nós realize uma medição apertando um botão. Quando um botão em um dos vértices de um dos dodecaedros é pressionado, ativamos um tipo de medição de Stern-Gerlach no átomo em seu centro – digamos, utilizando um campo magnético não homogêneo, como mencionado na Seção 5.10 –, e lembramos que, para um *spin* $\frac{3}{2}$, existem quatro resultados possíveis correspondendo (no caso de o aparato estar orientado na direção para cima) aos quatro estados mutuamente ortogonais $|\uparrow\uparrow\uparrow\rangle$, $|\downarrow\uparrow\uparrow\rangle$, $|\downarrow\downarrow\uparrow\rangle$ e $|\downarrow\downarrow\downarrow\rangle$. Esses estados são distinguíveis como quatro localizações possíveis para o átomo depois que ele encontra o aparato. O que a Quintessential Trinkets configurou foi para que, quando qualquer botão for pressionado, o aparato de medição de *spin* seja orientado na direção (saindo do centro do dodecaedro) daquele botão. O sinal toca (**SIM**) se o átomo é encontrado na *segunda* dessas quatro possíveis localizações (Figura 5.27). Isto quer dizer (utilizando a notação para o caso da direção para cima), que é o estado $|\downarrow\uparrow\uparrow\rangle$ que evoca uma resposta **SIM** – resultando no sinal tocando, seguido por um incrível *show* pirotécnico – e os outros três estados *não* evocam nenhuma resposta (i.e., **NÃO**). No caso do **NÃO**, as três localizações remanescentes do átomo são revertidas para o mesmo ponto (digamos, revertendo à direção do campo magnético não homogêneo) sem que as distinções entre elas tenham tido qualquer efeito externo de perturbação, prontas para que outra direção seja selecionada como resultado de algum botão diferente ser pressionado. Notemos que cada apertar do botão realiza uma medição *primitiva,* como descrito na Seção 5.13.

---

[10] Por exemplo, Kochen; Specker (1967) e as referências dadas na nota de rodapé 6.

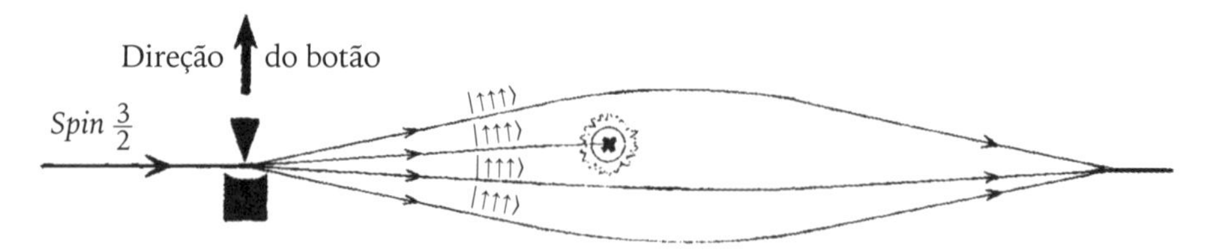

Figura 5.27 – A Quintessential Trinkets garantiu que, quando um botão fosse pressionado no dodecaedro, uma medição de *spin* seja feita no átomo de *spin* $\frac{3}{2}$ naquela direção (tomada aqui como "para cima"), onde o estado $|\downarrow\uparrow\uparrow\rangle$ ativaria o sinal (**SIM**). Se a resposta for **NÃO**, os feixes são recombinados e a medição é repetida em outra direção.

Para os dois átomos de *spin* $\frac{3}{2}$ que surgiram do estado inicial de *spin* 0 $|\Omega\rangle$, nosso estado total pode ser expresso como

$$|\Omega\rangle = |\mathrm{E}\uparrow\uparrow\uparrow\rangle|\mathrm{D}\downarrow\downarrow\downarrow\rangle - |\mathrm{E}\uparrow\uparrow\downarrow\rangle|\mathrm{D}\downarrow\downarrow\uparrow\rangle + |\mathrm{E}\uparrow\downarrow\downarrow\rangle|\mathrm{D}\downarrow\uparrow\uparrow\rangle - |\mathrm{E}\downarrow\downarrow\downarrow\rangle|\mathrm{D}\uparrow\uparrow\uparrow\rangle.$$

Se meu átomo é o da direita e encontro que o estado é de fato $|\mathrm{D}\downarrow\uparrow\uparrow\rangle$, pois o sinal toca na primeira vez que aperto o botão mais acima, então deve ser o caso de que o sinal do meu colega toque caso ele escolha pressionar o botão *oposto* ao meu primeiro – seu estado $|\mathrm{E}\uparrow\downarrow\downarrow\rangle$. Além disso, se meu sinal *falhar* em tocar na primeira vez que eu apertar o botão, então o sinal dele também deve falhar ao apertar o botão oposto.

Agora precisamos verificar se as propriedades (a) e (b) da Seção 5.3, que a Quintessential Trinkets está garantindo, de fato valem para essas medições primitivas feitas com apertos de botões. No Apêndice C, algumas propriedades matemáticas da descrição de Majorana para estados de *spin* são dadas, em particular para *spin* $\frac{3}{2}$, que são suficientes para nossos propósitos. Simplifica nossa discussão atual se pensarmos na esfera de Riemann como a esfera que passa por todos os vértices do dodecaedro – a *circunsfera* do dodecaedro. Então notamos que a descrição de Majorana do estado **SIM** para um botão pressionado em algum vértice P do dodecaedro é simplesmente o ponto P em si tomado duas vezes em conjunto com seu ponto antipodal P^* – que de fato é o estado $|\downarrow\uparrow\uparrow\rangle$ para P tomado no polo norte. Escrevamos esse estado **SIM** como $|P^*PP\rangle$.

Uma propriedade-chave do *spin* $\frac{3}{2}$ é que os estados **SIM** para as medições primitivas que correspondem ao apertar de botão nos dois vértices vizinhos a menos de um vizinho do dodecaedro são *ortogonais*. Por qual motivo isso é verdade? Devemos verificar que os estados de Majorana $|A^*AA\rangle$ e $|C^*CC\rangle$ são de fato ortogonais sempre que A e C são vizinhos a menos de um vizinho no dodecaedro. Veremos na Figura 5.28 que A e C são vizinhos a menos de um vizinho no dodecaedro sempre que eles são vértices *adjacentes* em um *cubo* que está inscrito no dodecaedro, compartilhando seu centro e oito de seus vértices. Pelo Apêndice C, último parágrafo (p.395) $|A^*AA\rangle$ e $|C^*CC\rangle$ são ortogonais sempre que A e C são vértices adjacentes de um cubo, de tal forma que o resultado é estabelecido.

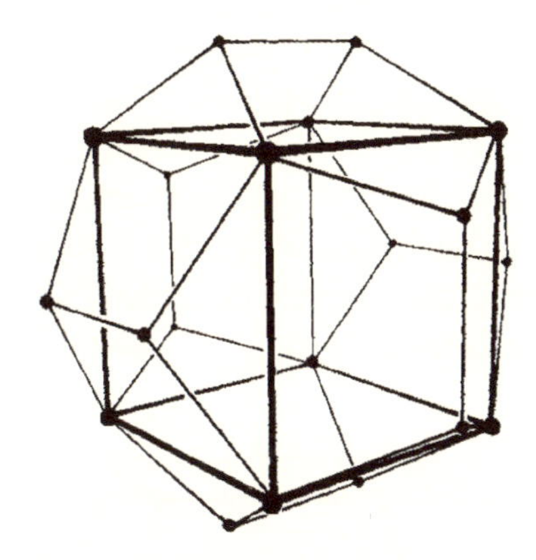

Figura 5.28 – Um cubo pode ser colocado dentro de um dodecaedro regular compartilhando 8 de seus 20 vértices. Notemos que os vértices adjacentes no cubo são vértices adjacentes a menos de um vizinho no dodecaedro.

O que isto nos diz? Diz-nos, em particular, que os três apertos de botão nos três vértices que são adjacentes a um vértice SELECIONADO dão todos origem a medições *comutáveis* (Seção 5.14), esses vértices sendo todos mutuamente vizinhos a menos de um vizinho. Assim, a ordem na qual eles são apertados não faz diferença para o resultado. A ordem também é irrelevante para meu colega em α-Centauro. Se acontecer de ele escolher o vértice *oposto* ao meu como seu SELECIONADO, então suas três possibilidades de aperto de botão são opostas às minhas três. Pelo que foi dito antes, meu sinal e o seu devem tocar em vértices opostos – independentemente de qualquer dos nossos ordenamentos – ou então nenhum de nossos sinais pode tocar nesses botões. Isto estabelece (a).

E quanto a (b)? Notemos que o espaço de Hilbert para o *spin* $\frac{3}{2}$ tem *quatro* dimensões, de tal forma que as três possibilidades mutuamente ortogonais para que o meu sinal possa soar, digamos $|A^*AA\rangle$, $|C^*CC\rangle$ e $|G^*GG\rangle$ – onde meu vértice SELECIONADO é B (veja a Figura 5.29) – não exaurem totalmente os resultados alternativos possíveis. A possibilidade remanescente ocorre quando o sinal não toca em nenhum desses apertos de botão e temos a medição nula resultante (o sinal não tocando nos três apertos) que garante que o estado é o estado (único) mutuamente ortogonal a todos os três, $|A^*AA\rangle$, $|C^*CC\rangle$ e $|G^*GG\rangle$. Vamos chamar esse estado de $|RST\rangle$, onde os três pontos R, S, T na esfera de Riemann fornecem a sua descrição de Majorana. A localização real desses três pontos não é nem um pouco fácil de aferir. (Eles foram localizados explicitamente por Jason Zimba (1993).) Para o presente argumento, não importa onde eles estão. Tudo que precisamos saber é que eles estão em posições que são determinadas pela geometria do dodecaedro com relação ao vértice SELECIONADO B. Assim, em particular (por simetria), se eu houvesse escolhido o vértice B^*, antipodal a B, como meu vértice SELECIONADO, em vez de B, o estado $|R^*S^*T^*\rangle$ – onde R^*, S^*, T^* são antipodais a R, S, T – surgiria como resultado de o sinal não tocar em todos os três vértices A^*, C^* e G^* adjacentes a B^*.

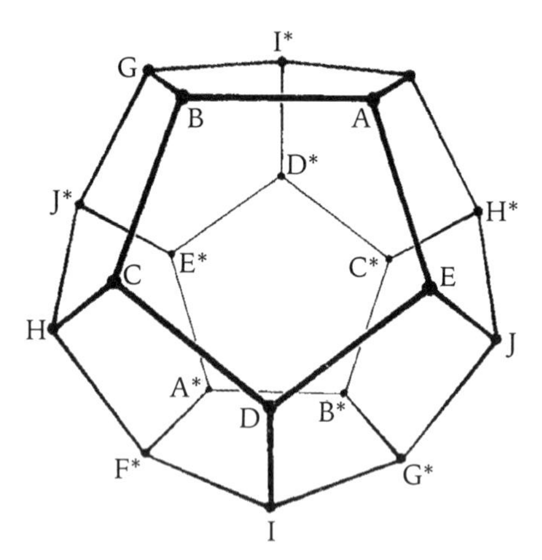

Figura 5.29 – A marcação dos vértices do dodecaedro para as discussões da Seção 5.18 e do Apêndice B (p.390).

Agora vamos supor que meu colega SELECIONE o vértice B em seu dodecaedro, correspondendo exatamente ao vértice B que eu SELECIONO no meu. Se o sinal *falhar* em tocar em qualquer um de *seus* três A, C, G, que são adjacentes a B, então suas medições (comutáveis) sucessivas forçam o *meu* átomo a estar em um estado que é ortogonal aos três que correspondem aos apertos de botão nos meus vértices *opostos* A^*, C^* e G^*, i.e., meu átomo é forçado para o estado $|R^*S^*T^*\rangle$. No entanto, se meu sinal também *falhar* em tocar em todos os *meus* apertos em A, C e G, isso força meu estado a estar em $|RST\rangle$. Porém, pela propriedade C.1 do Apêndice C (p.394), é *ortogonal* a $|R^*S^*T^*\rangle$, então é impossível que ambos os nossos sinais falhem em tocar em todos os seis apertos de botão, estabelecendo (b).

Isto explica como a Quintessential Trinkets foi capaz de usar o emaranhamento quântico para garantir tanto as propriedades (a) e (b). Agora, na Seção 5.3, observamos que *se* os dois dodecaedros se comportassem como objetos *independentes*, então as propriedades de coloração (c), (d) e (e) seguiriam imediatamente, o que nos força a um problema insolúvel de colorir vértices (como é mostrado explicitamente no Apêndice B (p.390). Assim, o que a Quintessential Trinkets foi capaz de fazer utilizando o emaranhamento quântico é algo que seria *impossível* se nossos dois dodecaedros tivessem que ser coisas que poderiam ser tratadas como objetos independentes uma vez que houvessem deixado as fábricas da Quintessential Trinkets. O emaranhamento quântico não é somente alguma esquisitice, dizendo-nos que não podemos sempre ignorar os efeitos probabilísticos de um ambiente externo em alguma situação física. Quando seus efeitos são isolados de forma apropriada, é algo matematicamente muito preciso, em geral com uma organização geométrica bastante clara.

Não existe uma descrição em termos de entidades que possam ser consideradas separadas uma da outra que possa explicar as expectativas do formalismo quantum-mecânico. Não pode existir nenhum tipo de explicação "meias de Bertlmann" para fenômenos de emaranhamento quântico em geral. As regras da evolução quantum-mecânica padrão – nosso procedimento **U** – nos levam a concluir que objetos devem *permanecer* "emaranhados" dessa forma estranha, não importa o quão distante possam estar um do outro. É somente com **R** que o emaranhamento pode ser quebrado. Porém, acreditamos que **R** é um processo "real"? Se não acreditamos, então esses emaranhamentos devem persistir para sempre, mesmo que escondidos de nós pela complicação excessiva do mundo real.

Isto significaria que tudo no universo deve ser considerado como emaranhado com todo o resto? Como mencionado antes (Seção 5.17), emaranhamento quântico é um efeito diverso de qualquer coisa existente na física clássica, na qual seus efeitos tendem a cair com a distância de forma que não precisamos saber o que está acontecendo na galáxia de Andrômeda para explicar o comportamento das coisas nos laboratórios da Terra. O emaranhamento quântico parece ser algum tipo de "ação fantasmagórica a distância", nas palavras de Einstein. Ainda assim, é uma "ação" de um tipo extremamente sutil, que não pode ser utilizada para o envio de nenhuma mensagem.

Apesar de não ser capaz de fornecer comunicação direta, o potencial para efeitos distantes ("fantasmagóricos") do emaranhamento quântico não pode ser ignorado. Contanto que esses emaranhamentos persistam, não podemos, estritamente falando, considerar qualquer objeto no universo como algo isolado em si. Em minha opinião, essa situação na teoria física está longe de ser satisfatória. Não existe nenhuma explicação com base na teoria padrão de por qual motivo, na prática, efeitos de emaranhamento *podem* ser ignorados. Por qual motivo não é necessário considerar que o universo é somente uma bagunça quantum-emaranhada incrivelmente complicada que não tem qualquer relação com o mundo aparentemente clássico que nós observamos? Na prática, é o uso contínuo do procedimento **R** que corta o emaranhamento, como no caso em que meu colega e eu realizamos medições nos átomos emaranhados nos centros de nossos dodecaedros. A questão então surge: essa ação **R** é um processo físico *real*, de tal forma que o emaranhamento quântico é, em algum sentido, *realmente* eliminado? Ou isto tudo pode ser explicado como uma ilusão de algum tipo?

Tentarei responder essas questões enigmáticas no próximo capítulo. Em minha opinião, essas questões são centrais para buscar um papel para a não computabilidade na ação física.

Apêndice B
A impossibilidade de colorir o dodecaedro

Lembrem-se do problema que foi posto na Seção 5.3: mostrar que não existe uma maneira de colorir de PRETO ou BRANCO todos os vértices de um dodecaedro, de tal forma que nenhum de dois vértices próximos a menos de um outro vértice possam ser ambos BRANCOS e nenhum conjunto de seis vértices adjacentes a um par de vértices opostos possam ser todos PRETOS. A simetria do dodecaedro será um auxílio enorme para que possamos eliminar possibilidades.

Vamos marcar os vértices como na Figura 5.29. Aqui, A, B, C, D, E são os vértices de uma face pentagonal, descrita ciclicamente, e F, G, H, I, J são os vértices adjacentes a eles, considerados na mesma ordem. Como na Seção 5.18, A^*, ... , J^* são os respectivos vértices antipodais a eles. Primeiro notamos que, por conta da segunda propriedade, deve existir pelo menos um vértice BRANCO em algum lugar, que podemos assumir que é o vértice A.

Suponha, por ora, que o vértice BRANCO A tem, como um de seus vizinhos imediatos, *outro* vértice BRANCO – que podemos considerar como sendo B (veja a Figura 5.29). Agora os dez vértices que estão em volta desses dois, nominalmente C, D, E, J, H^*, F, I^*, G, J^*, H devem ser todos PRETOS, pois eles são cada um próximos a menos de um vizinho de A ou B. Então, analisamos os seis vértices que são adjacentes a um dos dois no par antipodal H, H^*. Deve existir pelo menos um BRANCO entre esses seis, de tal forma que ou F^* ou C^* (ou ambos) devem ser BRANCOS. Fazendo o mesmo com o par antipodal J, J^*, concluímos que ou G^* ou E^* (ou ambos) deve ser branco. Mas isto é *impossível*, pois G^* e E^* são ambos adjacentes a menos de um vizinho tanto de F^* quanto de C^*. Isto elimina a possibilidade de que o vértice BRANCO A possa ter um vizinho imediato BRANCO – de fato, por simetria, também elimina a possibilidade de qualquer par de vértices BRANCOS adjacentes.

Assim, o vértice BRANCO A deve estar cercado por vértices PRETOS B, C, D, E, J, H^*, F, I^*, G, pois cada um destes ou é adjacente ou adjacente a menos de um vizinho de A. Agora, examine os seis vértices que são adjacentes a um dos vértices do par antipodal A, A^*. Concluímos que um dentre B^*, E^*, F^* deve ser BRANCO e por simetria não importa qual – assim assuma que o BRANCO é F^*. Notamos que E^* e G^* são adjacentes a menos de um vizinho de F^*, assim ambos devem ser pretos e H também deve ser PRETO, pois é adjacente a F^*, e, pelo argumento anterior, também excluímos a possibilidade de dois vértices BRANCOS adjacentes. No entanto, essa coloração é impossível, pois os vértices antipodais J, J^* agora não possuem nada além de vértices PRETOS ao redor deles. Isto conclui o argumento mostrando a impossibilidade *clássica* da existência dos dodecaedros mágicos!

Apêndice C
Ortogonalidade entre estados gerais de *spin*

A descrição de Majorana de estados gerais de *spin* não é muito familiar para os físicos, porém ela fornece uma descrição útil e geometricamente iluminadora. Vou dar aqui uma breve descrição das fórmulas básicas e de algumas de suas implicações geométricas. Isto irá oferecer, em particular, as relações de ortogonalidade necessárias subjacentes à geometria dos dodecaedros mágicos, como foi demandado na Seção 5.18. Minhas descrições irão diferir apreciavelmente daquelas dadas originalmente por Majorana (1932) e seguiram mais de perto as de Penrose (1994a) e Zimba; Penrose (1993).

A ideia é considerar o conjunto não ordenado de n pontos na esfera de Riemann como as n raízes de um polinômio complexo de grau n e (essencialmente) utilizar os coeficientes desse polinômio como as coordenadas de um espaço de Hilbert $(n + 1)$ dimensional de estados de *spin* para uma partícula (massiva) de *spin* $\frac{1}{2}n$. Tomando uma base de estados como sendo, assim como na Seção 5.10, os vários resultados possíveis para uma medição de *spin* na direção vertical, nós representaremos estes como os diversos monômios (junto com fatores de normalização apropriados que garantem que cada um desses estados da base é um vetor unitário):

$$|\uparrow\uparrow\uparrow\uparrow \ldots \uparrow\uparrow\rangle \text{ corresponde a } x^n,$$
$$|\downarrow\uparrow\uparrow\uparrow \ldots \uparrow\uparrow\rangle \text{ corresponde a } n^{1/2}\, x^{n-1},$$
$$|\downarrow\downarrow\uparrow\uparrow \ldots \uparrow\uparrow\rangle \text{ corresponde a } \{n(n-1)/2!\}^{1/2}\, x^{n-2},$$
$$|\downarrow\downarrow\downarrow\uparrow \ldots \uparrow\uparrow\rangle \text{ corresponde a } \{n(n-1)(n-2)/3!\}^{1/2}\, x^{n-3},$$
$$\ldots$$
$$|\downarrow\downarrow\downarrow\downarrow \ldots \downarrow\uparrow\rangle \text{ corresponde a } n^{1/2}\, x,$$
$$|\downarrow\downarrow\downarrow\downarrow \ldots \downarrow\downarrow\rangle \text{ corresponde a } 1.$$

(As expressões entre chaves são todas coeficientes binomiais). Assim, o estado de *spin* $\frac{1}{2}n$ arbitrário

$$z_0|\uparrow\uparrow\uparrow \ldots \uparrow\rangle + z_1|\downarrow\uparrow\uparrow \ldots \uparrow\rangle + z_2\,|\downarrow\downarrow\uparrow \ldots \uparrow\rangle + z_3\,|\downarrow\downarrow\downarrow \ldots \uparrow\rangle + \ldots + z_n\,|\downarrow\downarrow\downarrow \ldots \downarrow\rangle$$

corresponde ao polinômio

$$p(x) = a_0 + a_1\, x + a_2\, x^2 + a_3\, x^3 + \ldots + a_n\, x^n$$

Onde

$$a_0 = z_0,\ a_1 = n^{1/2}\, z_1, \qquad a_2 = \{n(n-1)/2!\}^{1/2}\, z_2, \ldots, a_n = z_n.$$

As raízes $x = \alpha_1, \alpha_2, \alpha_3, \ldots, \alpha_n$ de $p(x) = 0$ fornecem os n pontos na esfera de Riemann (com multiplicidades) que definem a descrição de Majorana. Isto inclui a possibilidade do ponto de Majorana dado por $x = \infty$ (o polo sul) que ocorre quando o grau do polinômio $P(x)$ não chega a n, por uma quantidade dada pela multiplicidade desse ponto.

Uma rotação da esfera é obtida através de uma transformação segundo a qual a substituição

$$x \mapsto (\lambda x - \mu)(\bar{\mu}x + \bar{\lambda})^{-1}$$

é feita primeiro (onde $\lambda\bar{\lambda} + \mu\bar{\mu} = 1$) e então os denominadores são eliminados multiplicando-se toda a expressão por $(\bar{\mu}x + \bar{\lambda})^n$. Assim, os polinômios correspondentes aos resultados de medições (por exemplo de Stern-Gerlach) do *spin* em uma direção arbitrária podem ser obtidos, resultando então em expressões da forma

$$c(\lambda x - \mu)\ (\bar{\mu}x + \bar{\lambda})^{n-p}.$$

Os pontos dados por μ/λ e $-\bar{\lambda}/\bar{\mu}$ são antipodais na esfera de Riemann e correspondem à direção da medição de *spin* e sua oposta. (Isto assume uma escolha apropriada das fases para os estados $|\uparrow\uparrow\uparrow \ldots \uparrow\rangle$, $|\downarrow\uparrow\uparrow\ldots \uparrow\rangle$, $|\downarrow\downarrow\uparrow \ldots \uparrow\rangle$, $|\downarrow\downarrow\downarrow \ldots \downarrow\rangle$. As propriedades mencionadas anteriormente e suas provas detalhadas são mais bem apreciadas no formalismo dos 2-*spinors*. O leitor é referido a Penrose e Rindler (1984), particularmente p.162 e também à Seção 4.15. O estado arbitrário para um *spin* $\frac{1}{2}n$ é descrito em termos de um *spinor* simétrico n-valente e a descrição de Majorana segue de sua decomposição canônica como um produto simétrico de vetores de *spin*.)

O ponto antípoda a qualquer ponto α na esfera é dado por $-1/\bar{\alpha}$. Assim, se refletirmos todos os pontos de Majorana que são raízes do polinômio

$$a(x) \equiv a_0 + a_1x + a_2x^2 + \ldots + a_{n-1}x^{n-1} + a_nx^n,$$

com relação ao centro da esfera, obtemos as raízes do polinômio

$$a^*(x) \equiv \bar{a}_n - \bar{a}_{n-1}x + \bar{a}_{n-2}x^2 - \ldots -(-1)^n\bar{a}_1x^{n-1} + (-1)^n\bar{a}_0x^n.$$

Se tivermos dois estados $|\alpha\rangle$ e $|\beta\rangle$ dados em termos dos seus respectivos polinômios $a(x)$ e $b(x)$, onde

$$b(x) \equiv b_0 + b_1x + b_2x^2 + b_3x^3 + \ldots + b_{n-1}x^{n-1} + b_nx^n,$$

então seu produto escalar será

$$\langle\beta\,|\,\alpha\rangle = \bar{b}_0a_0 + \frac{1}{n}\bar{b}_1a_1 + \frac{2!}{n(n-1)}\bar{b}_2a_2 + \frac{3!}{n(n-1)(n-2)}\bar{b}_3a_3 + \cdots + \bar{b}_na_n$$

Essa expressão é invariante com respeito às rotações da esfera, como pode ser verificado diretamente utilizando as fórmulas *supra*.

Vamos aplicar a expressão para o produto escalar no caso particular em que $b(x)=a^*(x)$, de tal forma que estamos interessados em dois estados, um dos quais a descrição de Majorana consiste precisamente dos pontos antipodais do outro. Seu produto escalar será (a menos de um sinal)

$$a_0a_n - \frac{1}{n}a_1a_{n-1} + \frac{2!}{n(n-1)}a_2a_{n-2} - \ldots - (-1)^n\frac{1}{n}a_{n-1}a_1 + (-1)^n a_n a_0.$$

Pode-se observar disto que, se n é *ímpar*, então todos os termos se cancelam e temos o seguinte teorema. (O estado com a descrição de Majorana P, Q, ... , S é denotado por |PQ...S⟩. O ponto antipodal a X é denotado por X*.)

C.1 Se n é ímpar, o estado |PQR ... T⟩ é ortogonal a |P*Q*R* ...T*⟩.

Duas outras propriedades que podem ser vistas da expressão geral para o produto escalar são as seguintes.

C.2 O estado |PPP ... P⟩ é ortogonal a cada estado |P*AB ... D⟩.

C.3 O estado |QPP ... P⟩ é ortogonal a |ABC ... E⟩ sempre que a projeção estereográfica, de P*, do ponto Q* é o centroide das projeções estereográficas de P* dos pontos A, B, C, ..., D.

(O centroide de um conjunto de pontos é o centro de gravidade da configuração de massas iguais pontuais situadas nos pontos. Projeções estereográficas foram descritas na Seção 5.10, Figura 5.19.) Para provar **C.3**, rodemos a esfera até que P* esteja no polo sul. Então o estado |QPP...P⟩ é representado pelo polinômio $x^{n-1}(x-\chi)$, onde χ define o ponto Q na esfera de Riemann. Fazendo o produto escalar com o estado que é representado pelo polinômio $(x-\alpha_1)(x-\alpha_2)(x-\alpha_3)\ \ldots\ (x-\alpha_n)$, cuja descrição de Majorana é dada por α_1, $\alpha_2, \alpha_3, \ldots, \alpha_n$, encontramos que este se anula quando

$$1 + n^{-1}\bar{\chi}(\alpha_1 + \alpha_2 + \alpha_3 + \ldots + \alpha_n) = 0,$$

i.e., quando $-1/\bar{\chi}$ é igual a $(\alpha_1 + \alpha_2 + \alpha_3 + \ldots + \alpha_n)/n$, que é o centroide, no plano complexo, dos pontos dados por $\alpha_1, \alpha_2, \alpha_3, \ldots, \alpha_n$. Isto prova **C.3**. Para provar **C.2**, consideramos P, por sua vez, como estando no polo sul. Então o estado |PPP ... P⟩ é representado pela constante 1, considerada como um polinômio de grau n. O produto escalar correspondente agora se anula quando

$$\alpha_1\alpha_2\alpha_3 \ldots \alpha_n = 0,$$

i.e., quando pelo menos um dentre α_1, α_2, α_3,..., α_n se anula – o ponto do plano complexo representando o polo norte P*. Isto prova **C.2**.

O resultado **C.2** nos permite interpretar os pontos de Majorana em termos físicos. Ele tem a implicação de que esses pontos definem as direções nas quais uma medição de *spin* (do tipo de Stern-Gerlach) fornece uma probabilidade zero de mostrar um resultado no qual o *spin* está inteiramente na direção oposta àquela medida (c.f. ENM, p.273). Também contém, como caso particular, o resultado de que para *spin* $\frac{1}{2}$ (n = 1), estados ortogonais são precisamente aqueles cujos pontos de Majorana são antipodais. O resultado **C.3** nos permite deduzir a interpretação geométrica geral de ortogonalidade no caso de *spin* $\frac{1}{2}$ (n = 2). Um caso particular notável ocorre quando os dois estados são representados como dois pares de pontos antipodais cujas junções são linhas perpendiculares que trespassam o centro da esfera. No caso de *spin* $\frac{3}{2}$ (n = 3), **C.3** fornece (com **C.1**) tudo de que precisaremos para a Seção 5.18. (Uma interpretação geométrica da ortogonalidade no caso geral será dada em outro momento.)

O caso particular de **C.3** que é necessário para a Seção 5.18 ocorre quando P e Q são vértices adjacentes de um cubo inscrito na esfera de Riemann, de tal forma que PQ e Q*P* são arestas opostas desse cubo. Os comprimentos PQ* e QP* são dados por $\sqrt{2}$ multiplicados pelos comprimentos de PQ e P*Q*. Segue então de **C.3**, por simples geometria, que os estados |P*PP⟩ e |Q*QQ⟩ são ortogonais.

6
A teoria quântica e a realidade

6.1 **R** é um processo real?

No capítulo anterior, estávamos tentando nos entender com os enigmáticos mistérios **Z** da teoria quântica. Ainda que nem todos esses fenômenos tenham sido experimentalmente testados – como o emaranhamento quântico a distâncias de vários anos-luz[1] –, já existe suficiente evidência experimental para efeitos desse tipo que nos dizem que os mistérios **Z** são algo que temos de levar a sério como aspectos reais do comportamento das peças constituintes do mundo no qual vivemos.

As ações do nosso mundo físico no nível quântico são realmente muito contraintuitivas e, de várias maneiras, bastante diferentes do comportamento "clássico" que parece imperar no nível mais familiar das nossas vivências cotidianas. O comportamento quântico do nosso mundo certamente inclui efeitos de emaranhamento por vários metros, pelo menos enquanto isto só envolver objetos do nível quântico, como elétrons, fótons, átomos e moléculas. O contraste entre esse comportamento *quântico* estranho das coisas "pequenas", mesmo a grandes distâncias, e o comportamento *clássico* mais

[1] Existe um certo sentido no qual a propriedade "bosônica" dos fótons mencionada em Seção 5.16 pode ser considerada como um exemplo de emaranhamento quântico, caso no qual as observações de Hanbury Brown; Twiss (1954, 1956) de fato fornecem uma confirmação com respeito a longas distâncias (cf. nota de rodapé da p.377).

familiar das coisas maiores é o que subjaz ao problema dos mistérios **X** da teoria quântica. É realmente o caso de que existem dois tipos de leis físicas, uma que opera em um nível de fenômenos e outra que opera em outro?

Tal ideia contrasta bastante com o que viemos a esperar da física. De fato, um dos feitos mais profundos da dinâmica do século XVII de Galileu e Newton era que o movimento dos corpos celestes poderia agora ser entendido como obedecendo precisamente às mesmas leis que funcionam aqui na Terra. Desde o tempo dos gregos antigos e antes, era acreditado que deveria haver um conjunto de leis para os céus e um conjunto completamente diferente que valesse aqui na Terra. Galileu e Newton nos ensinaram como essas leis poderiam ser as mesmas em todas as escalas – uma intuição fundamental que foi essencial para o progresso da ciência. Contudo (como enfatizado pelo professor Ian Percival, da Universidade de Londres), com a teoria quântica, parecemos ter voltado para um esquema similar ao dos gregos antigos, com um conjunto de leis operando no nível clássico e um outro conjunto muito diferente de leis no nível quântico. A minha opinião – uma opinião compartilhada por uma razoável minoria de físicos – é que esse estado de entendimento físico não pode ser mais que um ponto intermediário e podemos muito bem antecipar que encontrar um conjunto apropriado de leis quânticas/clássicas que opere de maneira uniforme em *todas* as escalas pode muito bem trazer um avanço científico de magnitude comparável àquele iniciado por Galileu e Newton.

O leitor, no entanto, pode muito bem questionar se não seria o caso de que nosso entendimento da teoria quântica nos apresenta um paradigma a nível quântico que também não explica os fenômenos clássicos. Muitos desconsiderariam minha afirmação de que ele não explica, afirmando que os sistemas físicos que são em algum sentido grandes ou complicados, e agindo inteiramente segundo as leis do nível quântico, se comportariam exatamente como objetos clássicos, pelo menos dentro de um alto nível de acurácia. Tentaremos, primeiro, ver se essa afirmação – a afirmação de que o comportamento "clássico" aparente de objetos em larga escala segue o comportamento quântico de seus minúsculos componentes – é crível. E, caso concluamos que não, iremos então explorar para onde prosseguir de forma a obter um ponto de vista coerente que possa fazer sentido em *todos* os níveis. Devo avisar o leitor, porém, que toda a questão está imersa em muita controvérsia. Existem muitos pontos de vista distintos e seria tolo da minha parte tentar dar um sumário compreensivo de todos eles, muito menos argumentar detalhadamente contra todos aqueles que eu acho implausíveis ou inatingíveis. Peço a indulgência do leitor ao fato de que os pontos de vista que apresento serão dados muito da minha própria perspectiva. É inevitável que eu não seja completamente justo com os pontos de vista que são muito distantes do meu e peço desculpas antecipadamente pelas injustiças que certamente cometerei.

Existe uma dificuldade fundamental em tentar encontrar uma escala clara na qual o nível *quântico* de atividade, caracterizados pela persistência de sobreposições quânticas de diferentes alternativas, realmente dá lugar – pela ação de **R** – ao *clássico*, no qual essas sobreposições não parecem ocorrer. Isto é resultado da "nebulosidade" inerente ao procedimento **R**, do ponto de vista observacional, que nos impede de apontar qualquer nível claro no qual ele "ocorre" – uma razão pela qual muitos físicos não o consideram como um fenômeno real de forma alguma. Parece não fazer diferença para os experimentos onde nós escolhemos aplicar **R**, contanto que o façamos em um nível maior do que aquele onde os efeitos de interferência quântica foram observados e ao mesmo tempo menor do que o nível no qual podemos perceber que alternativas clássicas *podem* existir, em vez de estarem em complexas sobreposições lineares (ainda que, como veremos em breve, mesmo nesse ponto alguns defenderiam que as sobreposições se mantêm).

Como podemos decidir em que nível **R** *realmente* acontece – se de fato ele acontece mesmo fisicamente? É difícil responder tal questão através de um experimento físico. Se **R** *é* um processo físico real, então existe uma vasta gama de níveis possíveis nos quais ele pode ocorrer, entre os minúsculos níveis onde efeitos de interferência quântica *foram* observados e os níveis muito maiores onde o comportamento clássico é visto. Mais que isto, essas diferenças de "nível" não parecem se referir ao tamanho físico, já que vimos antes (na Seção 5.4) que os efeitos do emaranhamento quântico podem se estender por distâncias de muitos metros. Veremos depois que *diferenças de energia* fornecem uma medida melhor da diferença de níveis do que a dimensão física. Seja como for – no ponto final das escalas grandes, o lugar do "julgamento final" é dado pelas nossas *percepções conscientes*. Essa é uma questão incômoda do ponto de vista da teoria física, pois não sabemos realmente quais processos físicos estão associados no cérebro com a percepção. Ainda assim, a natureza física desses processos parece prover o limite de larga escala para qualquer teoria de um processo **R** *real*. Isto ainda permite um intervalo muito grande entre os dois extremos e existe um escopo considerável para diversas atitudes com relação ao que *realmente* ocorre quando **R** está envolvido.

Uma das questões centrais diz respeito à "realidade" do formalismo quântico – ou mesmo do mundo no nível quântico em si. Com relação a isto, não posso resistir a citar uma frase dirigida a mim pelo professor Bob Wald, da Universidade de Chicago, em um jantar alguns anos atrás: "Se você realmente acredita na mecânica quântica, então não pode levá-la a sério".

Parece-me que isto expressa algo profundo sobre a teoria quântica e a atitude das pessoas com relação a ela. Aqueles que são mais estridentes sobre aceitar a teoria como não necessitando de qualquer modificação tendem a pensar que ela *não* representa o comportamento verdadeiro do mundo "real" no nível quântico. Niels Bohr, que foi uma das figuras centrais no desenvolvimento e na interpretação da teoria quântica, era um dos mais extremos nesse aspecto. Parece que ele via o vetor de estado como nada mais que uma conveniência, útil apenas para calcular probabilidades para os resultados de "medições" que poderiam ser feitas em um sistema. O vetor de estado em si *não* deveria ser pensado como fornecendo uma descrição objetiva de qualquer tipo da *realidade* no nível quântico, mas simplesmente como representando "nosso conhecimento" sobre o sistema. Deveríamos até mesmo duvidar de que o próprio conceito de "realidade" valesse de uma forma significativa para o nível quântico. Bohr certamente era alguém que "acreditava realmente na mecânica quântica" e seu ponto de vista sobre o vetor de estado era, de fato, que ele *não* deveria "ser levado a sério" como uma descrição da realidade física no nível quântico.

A melhor alternativa para esse ponto de vista quântico é acreditar que o vetor de estado fornece uma descrição matemática acurada do mundo quântico *real* – um mundo que evolui com um grau extraordinário de precisão, apesar de talvez não com acurácia total, segundo as regras matemáticas que as equações da teoria fornecem. Aqui, me parece, existem duas rotas principais que podem ser tomadas. Há aqueles que encaram que o processo **U** é tudo que existe com relação à evolução do estado quântico. O processo **R**, então, é visto como algum tipo de ilusão, conveniência ou aproximação e *não* deve ser visto como parte da evolução *verdadeira* da realidade que é descrita pelo estado quântico. Tais pessoas, parece-me, devem ser compelidas em direção ao que é conhecido como interpretação (ou interpretações) de *muitos mundos* ou de *Everett*.[2] Explicarei algo sobre esse tipo de ponto de vista em seguida. Aqueles que, por outro lado, "levam a sério" o formalismo quântico de forma mais completa acreditam que *tanto* **U** quanto **R** representam (com considerável acurácia) o comportamento físico *verdadeiro* de um mundo quantum/clássico *fisicamente real*, descrito por um vetor de estado. Porém, se formos levar o

[2] Everett, 1957; Wheeler, 1957; De Witt; Graham, 1973; Geroch, 1984.

formalismo quântico tão a sério torna-se difícil acreditar que a teoria pode ser completamente correta em todos os níveis. Afinal, a ação de **R**, como entendemos hoje, está em dissonância com muitas das propriedades de **U**, em particular sua *linearidade*. Nesse sentido, não estaríamos "realmente acreditando na mecânica quântica". Nas seções que seguem discutirei esses pontos em mais detalhes.

6.2 Pontos de vista de muitos mundos

Vejamos inicialmente o quão longe chegamos ao tentar seguir a outra rota "realística", aquela que inevitavelmente leva ao tipo de ponto de vista normalmente referido como a interpretação de "muitos mundos". Nessa interpretação se aceita que o vetor de estado, evoluindo inteiramente sob a ação de **U**, fornece a verdadeira realidade. Isto nos força a aceitar que objetos de nível clássico como bolas de golfe ou pessoas também devam estar sujeitas às leis da sobreposição quântica linear. Poder-se-ia sugerir que isto não causa uma dificuldade verdadeira contanto que os estados sobrepostos se tornem uma ocorrência extremamente rara no nível clássico. O problema, no entanto, mora na *linearidade* de **U**. Sob a ação de **U**, os fatores de ponderação para estados sobrepostos permanecem *os mesmos* não importa quanto material esteja envolvido. O procedimento **U**, em si, não permite que sobreposições se tornem "des-sobrepostas" meramente porque o sistema se torna grande ou complicado. Tais sobreposições não tenderiam de forma alguma a "desaparecer" para objetos de nível clássico e somos então confrontados com a implicação de que objetos clássicos também deveriam frequentemente aparecer em estados manifestamente sobrepostos. A questão que devemos confrontar então é: por qual razão tais sobreposições de alternativas de larga escala não são apresentadas à nossa percepção do mundo no nível clássico?

Tentemos entender como os defensores de pontos de vista do tipo muitos mundos explicariam isto. Considere uma situação como a discutida na Seção 5.17, onde um detector de fótons, descrito pelo estado $|\Psi\rangle$, encontra um fóton sobreposto $|\alpha\rangle + |\beta\rangle$, onde $|\alpha\rangle$ ativaria o detector, mas $|\beta\rangle$ o deixaria silencioso. (Talvez o fóton, emitido por alguma fonte, tenha incidido sobre um espelho semitransparente e $|\alpha\rangle$ e $|\beta\rangle$ poderiam representar as partes transmitidas e refletidas do estado do fóton.) Não estamos agora questionando a aplicabilidade do conceito de vetor de estado para um objeto de nível clássico como um detector inteiro, já que, desse ponto de vista, vetores de estado sempre são representações precisas da realidade em todos os níveis. Assim, $|\Psi\rangle$ pode descrever todo o detector e não necessariamente somente algumas partes iniciais de nível quântico como na Seção 5.17. Lembrem-se que, como na Seção 5.17, após o encontro do detector com o fóton, o estado de ambos evolui do estado produto $|\Psi\rangle(|\alpha\rangle + |\beta\rangle)$ para o estado emaranhado

$$|\Psi_S\rangle + |\Psi_N\rangle|\beta'\rangle.$$

O estado emaranhado *inteiro* agora é considerado como representando a *realidade* da situação. Não dizemos então que *ou* o detector recebeu e absorveu o fóton (estado $|\Psi_S\rangle$) *ou então* o detector não recebeu nada e o fóton permanece livre (estado $|\Psi_N\rangle|\beta'\rangle$), mas defendemos que *ambas* as alternativas coexistem em sobreposição, como parte de uma realidade completa em que todas as sobreposições desse tipo são preservadas. Podemos continuar com isto e imaginar que um experimentalista humano examine o detector para ver se ele registrou ou não a recepção do fóton. O ser humano, antes de examinar o detector, também deveria ter um estado quântico, digamos $|\Sigma\rangle$, de tal forma que temos nesse momento um estado "produto" combinado,

$$|\Sigma\rangle(|\Psi_S\rangle + |\Psi_N\rangle|\beta'\rangle).$$

Então, após examinar o estado, o observador humano ou vê que o detector recebeu e absorveu o fóton (estado $|\Sigma_S\rangle$), ou vê que o detector não recebeu o fóton (um estado ortogonal $|\Sigma_N\rangle$). Se assumirmos que o observador não está interagindo com o detector após observá-lo, temos a seguinte forma do vetor de estado descrevendo a situação:

$$|\Sigma_S\rangle|\Psi'_S\rangle + |\Sigma_N\rangle|\Psi'_N\rangle|\,\beta''\rangle.$$

Existem agora dois estados diferentes (ortogonais) do observador, ambos envolvidos com o estado inteiro do sistema. Segundo um destes, o observador está no estado de ter visto que o detector registrou o fóton; e isto está acompanhado do estado do detector no qual o fóton de fato foi recebido. Segundo o outro, o observador está no estado de ter visto que o detector não recebeu o fóton; e isto está acompanhado pelo estado do detector no qual o fóton não foi recebido por este e está então se propagando livremente. Nos pontos de vista de muitos mundos, então, existiriam diferentes instâncias (cópias) do "eu" do observador, coexistindo dentro de um estado total e tendo diferentes percepções do mundo ao seu redor. O estado real do mundo que acompanha cada cópia desse observador seria consistente com as percepções daquela cópia.

Podemos generalizar isto para situações físicas mais "realísticas" nas quais haveria um número imenso de diferentes alternativas quânticas ocorrendo continuamente através da história do universo – em vez de só as duas do exemplo *supra*. Assim, segundo o ponto de vista de muitos mundos, o estado total do universo iria compreender muitos "mundos" diferentes e existiriam diversas instâncias de qualquer observador humano. Cada instância iria perceber um mundo que é consistente com as suas próprias percepções e argumenta-se que isto é tudo que é necessário para uma teoria satisfatória. O processo **R** seria, segundo esse ponto de vista, uma *ilusão*, aparentemente surgindo como uma consequência da percepção de um observador macroscópico em um mundo quantum-emaranhado.

Devo dizer que, da minha parte, acho esse ponto de vista extremamente insatisfatório. Não é somente a imensa falta de economia que essa descrição fornece – ainda que esta seja uma característica preocupante, para dizer o mínimo. A objeção mais séria a esse ponto de vista é que ele não fornece *realmente* uma solução para o "problema da medida" para o qual ele foi inventado para resolver.

O *problema da medida quântico* é compreender como o procedimento **R** pode surgir – ou surgir efetivamente – como uma propriedade do comportamento de larga escala de sistemas quânticos evoluindo segundo **U**. O problema não é resolvido meramente por indicarmos uma possibilidade pela qual um comportamento do tipo **R** poderia ser acomodado de maneira concebível. Devemos ter uma teoria que forneça algum tipo de entendimento das *circunstâncias* nas quais (a ilusão de?) **R** surge. Mais que isto, devemos ter uma explicação da notória *precisão* que está envolvida em **R**. Parece que as pessoas geralmente pensam que a precisão da teoria quântica está em suas equações dinâmicas, ou seja, em **U**. Mas **R** em si também é muito preciso na predição de probabilidades e, a menos que possamos entender como isto acontece, não temos uma teoria satisfatória.

Na ausência de mais peças, o ponto de vista de muitos mundos não confronta realmente nenhum desses desafios. Sem uma teoria de como um "ser senciente" dividiria o mundo em alternativas ortogonais não temos razões para esperar que tal ser não estaria ciente de sobreposições lineares de bolas de golfe ou elefantes em posições totalmente diferentes. (Devemos notar que a mera *ortogonalidade* dos "estados sencientes", tais como $|\Sigma_S\rangle$ e $|\Sigma_N\rangle$, de forma nenhuma serve para destacar esses estados de outros. Compare isto com o caso de $|E \leftarrow\rangle$ e $|E \rightarrow\rangle$ em contraste com $|E \uparrow\rangle$ e $|E \downarrow\rangle$ na discussão EPR da Seção 5.17. Em cada caso, o par de estados é ortogonal, como são $|\Sigma_S\rangle$ e $|\Sigma_N\rangle$, mas não existe nada que justifique escolher um par em vez do outro.) Além do mais, o ponto de vista de muitos mundos não fornece uma explicação para a regra extremamente precisa e maravilhosa pela qual os módulos quadrados dos fatores de ponderação complexos miraculosamente se transformam em probabilidades relativas.[3] (Compare isto também com as discussões das seções 6.6 e 6.7.)

6.3 Não levando $|\psi\rangle$ a sério

Existem muitas versões do ponto de vista segundo o qual o vetor de estado $|\psi\rangle$ *não* deve ser considerado como fornecendo uma ideia verdadeira da realidade a nível quântico. Em vez disto, $|\psi\rangle$ serviria apenas como um auxílio calculacional, útil somente para calcular probabilidades ou como uma expressão do "estado de conhecimento" do experimentalista sobre o sistema físico. Algumas vezes $|\psi\rangle$ é considerado como representando não o estado de um sistema físico individiual, mas de um *conjunto (ensemble)* de possíveis sistemas físicos similares. Geralmente se argumenta que um vetor de estado emaranhado de forma complicada $|\psi\rangle$ irá se comportar "para todos os propósitos práticos" (ou PTPP, como John Bell resumiu sucintamente)[4] da mesma forma que tal conjunto de sistemas físicos – e isto é tudo que os físicos precisam saber no que diz respeito ao problema da medida. Algumas vezes até se argumenta que $|\psi\rangle$ *não pode* descrever a realidade a nível quântico, já que não faz nenhum sentido falar da "realidade" do nosso mundo nesse nível, realidade esta que consistiria somente dos resultados de "medidas".

Para alguém como eu (e Einstein e Schrödinger também – então estou em boa companhia), não faz sentido utilizar o termo "realidade" somente para objetos que podemos ver e perceber, tais como (alguns tipos de) aparatos de medidas, negando que o termo possa ser aplicado a um nível mais profundo subjacente. Sem dúvida, o mundo é estranho e não é familiar a nível quântico, mas ele não é "irreal". Como, então, podem objetos reais ser construídos de componentes irreais? Mais que isto, as leis matemáticas que governam o

[3] Squires, 1990, 1992b.
[4] Bell, 1992.

mundo quântico são notoriamente precisas – tão precisas quanto as equações mais familiares que controlam o comportamento de objetos macroscópicos –, apesar das imagens difusas que nos vêm à mente por descrições como "flutuações quânticas" e "princípio da incerteza".

Porém, mesmo se aceitássemos que existe uma realidade de algum tipo que valha no nível quântico, ainda poderíamos ter dúvidas de que essa realidade possa ser descrita de forma acurada pelo vetor de estado $|\psi\rangle$. Existem vários argumentos que as pessoas podem levantar como objeções à "realidade" de $|\psi\rangle$. Em primeiro lugar, $|\psi\rangle$ parece necessitar passar pelo misterioso, descontínuo e não local "salto", de tempos em tempos, que tenho denotado pela letra **R**. Essa não parece ser a forma pela qual uma descrição fisicamente aceitável do mundo deva se comportar, especialmente pelo fato de já termos a maravilhosamente precisa e contínua equação de Schrödinger **U**, que se supõe que deva controlar a maneira pela qual $|\psi\rangle$ evolui (na maior parte do tempo). Ainda assim, como vimos, **U**, por si só, leva a dificuldades e enigmas do ponto de vista de muitos mundos e, se exigirmos um paradigma que lembre de forma mais próxima o universo real que vemos a nosso redor, então algo da natureza de **R** é de fato necessário.

Outra objeção à realidade de $|\psi\rangle$ que algumas vezes é apresentada é que o tipo de alternância **U**, **R**, **U**, **R**, **U**, **R**, ... que funciona na teoria quântica não é uma descrição que seja simétrica no tempo (pois é **R** que determina o ponto *inicial* de cada ação de **U**, não o ponto final), e existe outra descrição completamente equivalente na qual as evoluções temporais **U** são revertidas (cf. ENM, p.355, 356; figs. 8.1, 8.2). Por qual motivo devemos considerar uma destas como fornecendo a "realidade" e a outra não? Existem mesmo pontos de vista segundo os quais *tanto* o estado evoluído para a frente como o para trás devem ser levados a sério como partes coexistentes da descrição da realidade física (Costa de Beauregard, 1989; Werbos, 1989; Aharonov; Vaidman, 1990). Acredito que é provável que haja algo de profundo significado subjacente a essas considerações, mas, por ora, não desejo me alongar sobre o tema. Voltarei a tocar nesses pontos e em algumas questões relacionadas na Seção 7.12.

Uma das objeções mais frequentes sobre levar $|\psi\rangle$ a sério como uma descrição da realidade é que ele não é diretamente "mensurável" – no sentido de que se nos é apresentado um estado completamente desconhecido, então não há maneira experimental de determinar com qual vetor de estado (a menos de uma constante de proporcionalidade) estamos tratando realmente. Considere o caso do *spin* de um átomo de *spin* $\frac{1}{2}$, por exemplo. Lembrem (Seção 5.10, Figura 5.19) que cada estado possível de seu *spin* seria caracterizado por uma direção em particular no espaço ordinário. Porém, se não temos ideia de qual direção é esta, então não temos forma de determiná-la. Tudo que podemos fazer é nos fixar em alguma direção e perguntar: o *spin* está nessa direção (**SIM**) ou na direção oposta (**NÃO**)? Seja qual for o estado de *spin* inicialmente, sua direção no espaço de Hilbert acaba projetada ou no espaço **SIM** ou no espaço **NÃO** com certas probabilidades. Nesse momento, perdemos a maior parte da informação sobre o que o estado de *spin* "realmente" era. Tudo que podemos obter, de uma medição da direção de *spin*, para um átomo de *spin* $\frac{1}{2}$, é *um bit* de informação (i.e., a resposta a uma pergunta do tipo sim/não), enquanto os estados possíveis de direção de *spin* formam um contínuo, que necessitaria de um número infinito de *bits* de informação para serem determinados precisamente.

Tudo isto é verdade, porém, ainda assim, permanece difícil defender a posição contrária: que o vetor de estado $|\psi\rangle$ é de alguma forma fisicamente "irreal", talvez simplesmente encapsulando a soma total do "nosso conhecimento" sobre o sistema físico. Isto eu acho bastante difícil de aceitar, particularmente porque parece haver algo bastante subjetivo sobre o papel do "conhecimento". Ao conhecimento *de quem*, no fim das contas, estamos nos referindo aqui? Certamente não o meu. Tenho muito pouco conhecimento real sobre os vetores de estado individuais relevantes para o comportamento detalhado de todos os objetos ao meu redor. Ainda assim, eles continuam existindo com seus funcionamentos precisamente organizados, totalmente ignorantes sobre o que pode ser "conhecido" sobre o vetor de estado ou sobre quem tem tal conhecimento. Experimentalistas diferentes, com conhecimentos diferentes sobre um sistema físico, utilizam vetores de estado diferentes para descrever o sistema? Não de forma significativa; eles poderiam fazê-lo somente se essas diferenças fossem sobre características do experimento que não seriam importantes para o resultado.

Uma das razões mais poderosas para rejeitar tal ponto de vista subjetivo quanto à realidade de[5] $|\psi\rangle$ vem do fato de que, seja qual for $|\psi\rangle$, sempre existe – em princípio, pelo menos – uma *medição primitiva* (cf. a Seção 5.13) cujo espaço **SIM** consiste de um raio no espaço de Hilbert determinado por $|\psi\rangle$. O ponto é que o estado físico $|\psi\rangle$ (determinado pelo raio de múltiplos complexos de $|\psi\rangle$) é *unicamente* determinado pelo fato de que a resposta **SIM**, para esse estado, é *certa*. Nenhum outro estado físico tem essa propriedade.

[5] Para um argumento diferente em suporte à realidade objetiva da função de onda, veja Aharonov; Anandan; Vaidman, 1993.

Para qualquer outro estado existiria meramente alguma probabilidade, longe de uma certeza, de que o resultado seria **SIM** e um resultado **NÃO** poderia ocorrer. Assim, ainda que não exista uma medição que nos diga o que $|\psi\rangle$ realmente *é*, o estado físico $|\psi\rangle$ é univocamente determinado pelo que ele afirma que deve ser o resultado de uma medição que *poderia* ser realizada sobre ele. Novamente é uma questão de contrafactuais (seções 5.2 e 5.3), mas já vimos como questões contrafactuais são importantes para as expectativas da teoria quântica.

Para enfatizar esse ponto um pouco mais, imaginem que um sistema quântico foi montado em um estado conhecido, digamos $|\phi\rangle$, e que após um tempo t é calculado como esse estado terá evoluído, sob a ação de **U**, para outro estado $|\psi\rangle$. Por exemplo, $|\phi\rangle$ poderia representar o estado de "*spin* para cima" ($|\phi\rangle = |\uparrow\rangle$) de um átomo de *spin* $\frac{1}{2}$ e poderíamos supor que ele foi colocado nesse estado pela ação de uma medição anterior. Vamos assumir que nosso átomo tem um momento magnético alinhado com seu *spin* (i.e., é um pequeno ímã apontado na direção do *spin*). Quando o átomo é colocado em um campo magnético, a direção do *spin* irá sofrer um movimento de precessão de uma forma bem definida, que pode ser computada de maneira precisa como a ação de um certo **U**, para resultar em um novo estado, digamos $|\psi\rangle = |\rightarrow\rangle$, após um tempo t. Esse estado calculado deve ser considerado seriamente como parte da realidade física? É difícil ver como negar isto. $|\psi\rangle$ tem que estar preparado para a possibilidade de que *poderíamos* escolher medi-lo com a medição primitiva a qual nos referimos antes, ou seja, aquela cujo espaço **SIM** consiste precisamente dos múltiplos de $|\psi\rangle$. Aqui, esta é a medição de *spin* na direção $\rightarrow$. O sistema tem que saber que deve dar a resposta **SIM**, com *certeza* para aquela medição, enquanto *nenhum* estado de *spin além* de $|\psi\rangle = |\rightarrow\rangle$ pode garantir isto.

Na prática, poderiam existir muitos tipos de situações físicas, diferentes de medições de *spin*, nas quais tal medida primitiva seria completamente impraticável. Porém, as regras padrão da mecânica quântica permitem que tais medições possam ser feitas em princípio. Negar a possibilidade de medições dessa espécie para certos tipos "muito complicados" de $|\psi\rangle$ seria alterar essa estrutura da teoria quântica. Talvez essa estrutura deva ser alterada (e na Seção 6.12 darei algumas sugestões específicas nesse sentido). Mas devemos pelo menos admitir que algum tipo de mudança é necessária se distinções *objetivas* entre diferentes estados quânticos devem ser negadas, i.e., se $|\psi\rangle$ *não* deve ser considerado, em algum sentido fisicamente claro, *objetivamente* real (a menos de uma constante de proporcionalidade).

A mudança "mínima" que geralmente é sugerida em relação à teoria da medição, é a introdução do que é conhecido como *regras de superseleção*[6] que efetivamente negam a possibilidade de realizar certos tipos de medição primitiva em um sistema. Não quero discutir estes em detalhe aqui, já que, em minha opinião, nenhuma dessas sugestões foi desenvolvida o bastante para que um ponto de vista geral e coerente tenha emergido com relação ao problema da medida. O único ponto que pretendo enfatizar aqui é que mesmo uma mudança mínima dessa natureza ainda é uma mudança – e isto revela o ponto principal de que algum tipo de mudança é necessário.

Por fim, talvez eu deva mencionar que existem várias outras abordagens para a teoria quântica, as quais, ainda que não estejam em desacordo com as predições da teoria convencional, fornecem "ideias de realidade" que diferem em vários sentidos daquela na qual o vetor de estado $|\psi\rangle$, por si só, é "levado a sério" como representando a realidade. Dentre essas, está a teoria da *onda piloto* do príncipe Louis de Broglie (1956) e David Bohm (1952) – uma teoria não local segundo a qual existe algo equivalente à função de onda $|\psi\rangle$ *e* um sistema de partículas do tipo clássico, *ambos* os quais são considerados "reais" na teoria. (Veja também Bohm; Hiley, 1994.) Existem também pontos de vista que envolvem "histórias" inteiras sobre o comportamento possível (estimuladas pela abordagem de Richard Feynman para a teoria quântica (1948)) e segundo as quais a visão da "realidade física" difere um pouco da que é fornecida pelo vetor de estado ordinário $|\psi\rangle$. Defensores recentes de um esquema desse tipo geral, mas que também levam em conta a possibilidade do que são, para todos os efeitos, medições parciais repetidas (de acordo com uma análise de Aharonov et al., 1964), são Griffiths, 1984; Omnès, 1992; Gell-Mann; Hartle, 1993. Não seria apropriado que eu fizesse uma discussão dessas várias alternativas aqui (ainda que deva ser mencionado que o formalismo de matrizes de densidade introduzido na próxima seção tem um papel importante em algumas delas – e também na abordagem de operadores de Haag, 1992). Devo pelo menos dizer que, ainda que esses procedimentos contenham muitos pontos de considerável interesse e alguns uma originalidade estimulante, ainda permaneço bastante cético de que o problema da medida possa ser realmente resolvido somente em termos de descrições desses vários tipos. É claro que é possível que o tempo mostre que estou errado.

---

[6] Veja, por exemplo, D'Espagnat, 1989.

6.4 A matriz de densidade

Muitos físicos argumentariam que são pessoas pragmáticas e não estão interessados em questões sobre a "realidade" de $|\psi\rangle$. Tudo que precisamos de $|\psi\rangle$, eles diriam, é sermos capazes de calcular as probabilidades apropriadas sobre o comportamento físico futuro. Comumente, um estado que era considerado como representando a situação física evolui para algo extremamente complicado, onde emaranhamentos com o ambiente se tornam tão complexos que não existe possibilidade na prática de em algum momento vermos efeitos de interferência quântica que sejam capazes de distinguir esse estado de outros como ele. Tais físicos "pragmáticos" sem dúvida afirmariam que não existe sentido em defender que um vetor de estado particular que resultou dessa evolução tem qualquer característica mais "real" que outros que são na prática indistinguíveis dele. De fato, afirmariam, poderíamos muito bem tanto utilizar alguma *mistura probabilística* de vetores de estado para descrever a "realidade", como utilizar qualquer vetor de estado em *particular*. O ponto principal é que, se a aplicação de **U** a algum vetor de estado representando o estado inicial de um sistema resulta em algo que, *para todos os propósitos práticos* (o PTPP de Bell), é indistinguível de tal mistura probabilística de vetores de estado, então a mistura probabilística, em vez do estado evoluído por **U**, é boa o bastante para a descrição do mundo.

Frequentemente se argumenta que – pelo menos PTPP – o procedimento **R** pode ser entendido nesse sentido. Daqui a duas seções tentarei tratar dessa importante questão. Perguntarei se é verdade que o (aparente) paradoxo **U**/**R** pode ser resolvido somente levando isto em conta. Mas primeiro vamos tentar ser um pouco mais explícitos sobre os procedimentos adotados no tipo de abordagem padrão PTPP para a explicação do (aparente?) processo **R**.

O ponto crucial para esses procedimentos é um objeto matemático conhecido como *matriz de densidade*. A matriz de densidade é um conceito importante na teoria quântica e é essa quantidade, em vez do vetor de estado, que tende a ser subjacente à maior parte das descrições matemáticas padrão do processo de medição. Ela terá um papel central também na minha abordagem um pouco menos convencional, especialmente com relação a sua conexão com os procedimentos PTPP padrão. Por esse motivo, infelizmente será necessário entrar um pouco mais no formalismo matemático da teoria quântica do que havíamos precisado antes. Espero que o leitor não iniciado não se assuste por conta disso. Mesmo que não obtenha um entendimento completo, acredito que será útil para o leitor passar rapidamente pelos argumentos matemáticos quando eles aparecerem e, sem dúvida, algo deles será obtido. Isto será de considerável ajuda para entender alguns dos argumentos seguintes e as sutilezas envolvidas em entender por qual motivo *de fato* precisamos de uma teoria melhorada da mecânica quântica!

Podemos pensar na matriz de densidade como representando uma mistura probabilística de uma variedade de possíveis vetores de estado *alternativos*, em vez de um único vetor de estado. Por uma "mistura probabilística", tudo que queremos dizer é que existe alguma incerteza sobre qual seria o estado real do sistema, onde cada vetor de estado alternativo tem associada uma probabilidade. Estas são somente probabilidades em termos de números reais no sentido clássico ordinário. Porém, com a matriz de densidade existe uma confusão (deliberada), nessa descrição, entre as probabilidades *clássicas* ocorrendo nessa mistura ponderada por probabilidades e as probabilidades *quantum-mecânicas* que resultariam do procedimento **R**. A ideia é que não é possível distinguir operacionalmente entre as duas, de forma que uma descrição matemática – a matriz de densidade – que *não* diferencie entre elas é operacionalmente apropriada.

Qual é essa descrição matemática? Não quero entrar em muitos detalhes aqui, mas apontar quais são os conceitos básicos será de grande auxílio. A ideia da matriz de densidade é de fato bastante elegante.* Primeiro, em vez de cada estado individual $|\psi\rangle$, utilizamos um objeto escrito como

$$|\psi\rangle\langle\psi|.$$

O que isto significa? A definição matemática precisa não nos é importante aqui, mas essa expressão representa um tipo de "produto" (uma forma de produto tensorial à qual nos referimos na Seção 5.15) entre o vetor de estado $|\psi\rangle$ e seu "complexo conjugado" escrito como $\langle\psi|$. Consideramos $|\psi\rangle$ como sendo um vetor de estado *normalizado* ($\langle\psi|\psi\rangle=1$) e a expressão $|\psi\rangle\langle\psi|$ é determinada de forma unívoca pelo estado físico que o vetor $|\psi\rangle$ representa (sendo independente da liberdade com relação ao fator de fase $|\psi\rangle \mapsto e^{i\theta}|\psi\rangle$,

* Ela foi apresentada em 1932 pelo notável matemático húngaro-americano John von Neumann que, além disso, foi a principal pessoa originalmente responsável pela teoria subjacente ao desenvolvimento dos computadores eletrônicos, dando sequência ao trabalho seminal de Alan Turing. A teoria dos jogos à qual nos referimos na nota de rodapé 9 do Capítulo 3 (veja p.213) também foi cria de Von Neumann, porém, mais importante para nós aqui, é que ele foi o primeiro que distinguiu entre os dois procedimentos quânticos que eu chamei de "**U**" e "**R**". (N. A.)

discutida na Seção 5.10). Na terminologia de Dirac, o $|\psi\rangle$ original é chamado de vetor "*ket*" e $\langle\psi|$ é o vetor "*bra*" correspondente. Juntos, um vetor *bra* $\langle\psi|$ e um vetor *ket* $|\phi\rangle$ podem ser combinados em seu *produto escalar* ("*bracket*"):

$$\langle\psi|\phi\rangle,$$

uma notação que o leitor reconhecerá da Seção 5.12. Esse produto escalar é um número complexo ordinário, enquanto o produto tensorial $|\psi\rangle\langle\phi|$ que ocorre na matriz de densidade resulta em um "objeto" matemático mais complicado – um elemento em um certo espaço vetorial.

Existe uma certa operação particular matemática chamada "tomar o traço" que nos permite passar desse "objeto" para um número complexo ordinário. Para uma expressão de um único elemento como $|\psi\rangle\langle\phi|$, isto equivale a simplesmente inverter a ordem dos termos para produzir o produto escalar:

$$\text{traço}\ (|\psi\rangle\langle\phi|) = \langle\phi|\psi\rangle,$$

enquanto para uma soma de termos, o "traço" age linearmente; por exemplo,

$$\text{traço}\ (z|\psi\rangle\langle\phi| + w(|\alpha\rangle\langle\beta|) = z\langle\phi|\psi\rangle + w\langle\beta|\alpha\rangle\,.$$

Não entrarei nos detalhes de todas as propriedades matemáticas de objetos como $\langle\psi|$ e $|\psi\rangle\langle\phi|$, mas vários pontos são dignos de nota. Em primeiro lugar, o produto $|\psi\rangle\langle\phi|$ satisfaz as mesmas leis algébricas que foram listadas na p.375 para o produto $|\psi\rangle|\phi\rangle$ (exceto pela última, que não é relevante aqui):

$$\begin{aligned}(z|\psi\rangle)\langle\phi| &= z(|\psi\rangle\langle\phi|) = |\psi\rangle(z\langle\phi|),\\ (|\psi\rangle + |\chi\rangle)\langle\phi| &= |\psi\rangle\langle\phi| + |\chi\rangle\langle\phi|,\\ |\psi\rangle(\langle\phi| + \langle\chi|) &= |\psi\rangle\langle\phi| + |\psi\rangle\langle\chi|.\end{aligned}$$

Também devemos destacar que o vetor *bra* $\bar{z}\langle\psi|$ é o complexo conjugado do vetor *ket* $z|\psi\rangle$ ($\bar{z}$ sendo o complexo conjugado usual de um número complexo z, cf. p.347) e $\langle\psi| + \langle\chi|$ é o complexo conjugado de $|\psi\rangle + |\chi\rangle$.

Suponha que desejemos descrever a matriz de densidade que representa alguma mistura probabilística de estados normalizados, digamos $|\alpha\rangle$ e $|\beta\rangle$, com as respectivas probabilidades a e b. A matriz de densidade apropriada será, neste caso,

$$\boldsymbol{D} = a|\alpha\rangle\langle\alpha| + b|\beta\rangle\langle\beta|.$$

Para três estados normalizados $|\alpha\rangle$, $|\beta\rangle$ e $|\gamma\rangle$, com as respectivas probabilidades *a*, *b* e *c*, temos

$$\boldsymbol{D} = a|\alpha\rangle\langle\alpha| + b|\beta\rangle\langle\beta| + c|\gamma\rangle\langle\gamma|,$$

e assim por diante. Do fato de que as probabilidades para todas as alternativas devem somar um, a seguinte propriedade importante pode ser deduzida, valendo para qualquer matriz de densidade:

$$\text{traço}\ (\boldsymbol{D}) = 1.$$

Como podemos usar a matriz de densidade para calcular as probabilidades que surgem de alguma medição? Vamos considerar primeiro o caso de uma medição primitiva. Perguntamos se o sistema está em um estado físico $|\psi\rangle$ (**SIM**) ou em algo ortogonal a $|\psi\rangle$ (**NÃO**). A medição em si é representada por um objeto matemático (chamado de *projetor*) que é muito similar a uma matriz de densidade:

$$\boldsymbol{E} = |\psi\rangle\langle\psi|.$$

A probabilidade *p* de obtermos **SIM** então é:

$$p = \text{traço}\ (\boldsymbol{DE}),$$

onde o produto ***DE*** é em si um "objeto" similar à matriz de densidade que seria obtido utilizando as regras da álgebra quase da maneira usual – mas precisamos ser cuidadosos com a ordem das "multiplicações". Por exemplo, para a soma de dois termos apresentada $\boldsymbol{D} = a|\alpha\rangle\langle\alpha| + b|\beta\rangle\langle\beta|$, nós temos

$$\begin{aligned}\boldsymbol{DE} &= (a|\alpha\rangle\langle\alpha| + b|\beta\rangle\langle\beta|)|\psi\rangle\langle\psi| \\ &= a|\alpha\rangle\langle\alpha|\psi\rangle\langle\psi| + b|\beta\rangle\langle\beta|\psi\rangle\langle\psi| \\ &= (a\langle\alpha|\psi\rangle)|\alpha\rangle\langle\psi| + (b\langle\beta|\psi\rangle)|\beta\rangle\langle\psi|.\end{aligned}$$

Os termos $\langle\alpha|\psi\rangle$ e $\langle\beta|\psi\rangle$ podem ser "comutados" com outras expressões, já que eles são simplesmente números, mas precisamos ter cuidado com o ordenamento de "coisas" como $|\alpha\rangle$ e $\langle\psi|$. Deduzimos (notando que $z\bar{z} = |z|^2$, cf. p.347)

$$\begin{aligned}\text{traço } (\boldsymbol{DE}) &= (a\langle\alpha|\psi\rangle)\,\langle\alpha|\psi\rangle + (b\langle\beta|\psi\rangle)\,\langle\beta|\psi\rangle \\ &= a|\langle\alpha|\psi\rangle|^2 + b|\langle\beta|\psi\rangle|^2.\end{aligned}$$

Lembrem-se (cf. a Seção 5.13, p.372) que $|\langle\alpha|\psi\rangle|^2$ e $|\langle\beta|\psi\rangle|^2$ fornecem as probabilidades *quânticas* para os respectivos resultados $|\alpha\rangle$ e $|\beta\rangle$, enquanto a e b fornecem as contribuições *clássicas* para a probabilidade total. Assim, as probabilidades quânticas e as probabilidades clássicas estão todas misturadas na expressão final.

Para uma medição mais geral do tipo sim/não, a discussão é basicamente a mesma, exceto que no lugar de "$\boldsymbol{E}$" definido anteriormente usamos um projetor mais geral como

$$\boldsymbol{E} = |\psi\rangle\langle\psi| + |\phi\rangle\langle\phi| + \ldots + |\chi\rangle\langle\chi|,$$

onde $|\psi\rangle$, $|\phi\rangle$, ..., $|\chi\rangle$ são estados normalizados mutuamente ortogonais que dão origem aos estados **SIM** do espaço de Hilbert. Temos também a propriedade geral

$$\boldsymbol{E}^2 = \boldsymbol{E},$$

que caracteriza um projetor. A probabilidade de **SIM** para essa medição, definida pelo projetor $\boldsymbol{E}$, sobre um sistema com matriz de densidade $\boldsymbol{D}$, é traço ($\boldsymbol{DE}$), exatamente como antes.

Notemos o fato importante de que a probabilidade requerida pode ser calculada se simplesmente soubermos a matriz de densidade e o projetor descrevendo a medição. Não precisamos saber a forma particular pela qual a matriz de densidade foi formada em termos de estados particulares. A probabilidade total sai automaticamente da combinação apropriada das probabilidades clássicas e quânticas, sem precisarmos nos preocupar sobre quanto da probabilidade resultante vem de cada parte.

Vamos examinar em mais detalhes essa forma curiosa pela qual as probabilidades quânticas e clássicas se enovelam dentro da matriz de densidade. Suponha, por exemplo, que temos uma partícula de *spin* $\frac{1}{2}$ e que estamos completamente incertos sobre se o estado de *spin* (normalizado) é $|\uparrow\rangle$ ou $|\downarrow\rangle$.

Assim, tomando as respectivas probabilidades como $\frac{1}{2}$ e $\frac{1}{2}$, a matriz de densidade é

$$D = \frac{1}{2}\, |\uparrow\rangle\langle\uparrow| + \frac{1}{2}\, |\downarrow\rangle\langle\downarrow|.$$

Acontece que (por um cálculo simples) esta é precisamente a *mesma* matriz de densidade $\boldsymbol{D}$ que surgiria com as mesmas probabilidades de mistura $\frac{1}{2}$ e $\frac{1}{2}$ de quaisquer outras duas possibilidades ortogonais, por exemplo os estados (normalizados) $|\rightarrow\rangle$ e $|\leftarrow\rangle$ (onde $|\rightarrow\rangle = (|\uparrow\rangle + |\downarrow\rangle)/\sqrt{2}$ e $|\leftarrow\rangle = (|\uparrow\rangle - |\downarrow\rangle)/\sqrt{2}$):

$$D = \frac{1}{2}\, |\rightarrow\rangle\langle\rightarrow| + \frac{1}{2}\, |\leftarrow\rangle\langle\leftarrow|.$$

Suponha que escolhamos medir o *spin* da partícula na direção "para cima" de forma que o projetor relevante é

$$E = |\uparrow\rangle\langle\uparrow|.$$

Então encontramos que a probabilidade de **SIM** de acordo com a primeira descrição é

$$\begin{aligned} \text{traço}\,(DE) &= \frac{1}{2}\, |\langle\uparrow | \uparrow\rangle|^2 + \frac{1}{2}\, |\langle\downarrow | \uparrow\rangle|^2 \\ &= \frac{1}{2} \times (1^2) + \frac{1}{2} \times (0^2) \\ &= \frac{1}{2}, \end{aligned}$$

onde utilizamos que $\langle\uparrow | \uparrow\rangle = 1$ e $\langle\downarrow | \uparrow\rangle = 0$ (os estados sendo normalizados e ortogonais); já de acordo com a segunda possibilidade,

$$\begin{aligned} \text{traço}\,(DE) &= \frac{1}{2}\, |\langle\rightarrow | \uparrow\rangle|^2 + \frac{1}{2}\, |\langle\leftarrow | \uparrow\rangle|^2 \\ &= \frac{1}{2} \times (1/\sqrt{2})^2 + \frac{1}{2} \times (1/\sqrt{2})^2 \\ &= \frac{1}{4} + \frac{1}{4} = \frac{1}{2}, \end{aligned}$$

onde agora os estados para direita/esquerda $|\rightarrow\rangle$, $|\leftarrow\rangle$ não são nem ortogonais nem paralelos ao estado mensurado $|\uparrow\rangle$ e de fato temos $|\langle\rightarrow | \uparrow\rangle| = |\langle\leftarrow | \uparrow\rangle| = 1/\sqrt{2}$.

Ainda que as probabilidades resultantes sejam as mesmas (como devem ser, pois a matriz de densidade é a mesma), a interpretação física dessas duas descrições é bastante diferente. Estamos aceitando que a "realidade" física de qualquer situação deve ser descrita por *algum* vetor de estado bem definido, mas existe uma incerteza clássica sobre qual realmente é esse vetor de estado. Na primeira das nossas duas descrições anteriores, o estado é $|\uparrow\rangle$ ou $|\downarrow\rangle$, mas não sabemos qual. Na segunda, é $|\rightarrow\rangle$ ou $|\leftarrow\rangle$ e também não sabemos qual. Na primeira descrição, ao fazermos uma medição que pergunta se o estado é $|\uparrow\rangle$, é uma questão simples de probabilidades clássicas: existe de fato uma probabilidade direta de $\frac{1}{2}$ de que o estado seja $|\uparrow\rangle$ e isto é tudo de que precisamos. Na segunda descrição, na qual fazemos a mesma pergunta, é a mistura probabilística de $|\rightarrow\rangle$ e $|\leftarrow\rangle$ que a medição encontra e cada um deles contribui com $\frac{1}{2}$ vez uma contribuição quantum-mecânica de $\frac{1}{2}$ para um total de $\frac{1}{4} + \frac{1}{4} = \frac{1}{2}$. Vemos que a matriz de densidade inteligentemente se encarrega de dar a probabilidade correta não importa como essa probabilidade seja formada de partes clássicas e partes quantum-mecânicas.

O exemplo dado é de certa forma um pouco especial pelo fato de que a matriz de densidade possui o que são chamados de "autovalores degenerados" (o fato de que, aqui, as duas probabilidades clássicas são iguais, $\frac{1}{2}$ e $\frac{1}{2}$), que é o que nos permite ter mais de uma descrição em termos de misturas probabilísticas de alternativas ortogonais. No entanto, este não é um ponto essencial para nossa discussão atual. (Eu o menciono mais para deixar os especialistas em paz.) Sempre podemos permitir que os estados alternativos na mistura probabilística envolvam muito mais estados do que somente um conjunto de alternativas mutuamente ortogonais. Por exemplo, na situação anterior, poderíamos ter misturas complicadas de muitas direções possíveis de *spin*. Acontece que, para *qualquer* matriz de densidade – não somente aquelas com autovalores degenerados –, existem diversas formas completamente diferentes de representar a mesma matriz de densidade como uma mistura probabilística de estados alternativos.

6.5 Matrizes de densidade e pares EPR

Vamos examinar agora um tipo de situação para a qual a descrição em termos de matrizes de densidade é particularmente apropriada – ainda que tal situação aponte para um aspecto quase paradoxal de sua interpretação. Isto está relacionado com efeitos EPR e o emaranhamento quântico. Vamos considerar a situação física discutida na Seção 5.17, onde uma partícula de *spin* 0 (no estado $|\Omega\rangle$) se divide em duas partículas de *spin* $\frac{1}{2}$ que viajam para a esquerda e para direita muito longe uma da outra, fornecendo a expressão para o seu estado combinado (emaranhado) de *spin*:

$$|\Omega\rangle = |E\uparrow\rangle|D\downarrow\rangle - |E\downarrow\rangle|D\uparrow\rangle.$$

Suponha que o *spin* da partícula da direita será logo examinado por um aparato de medida de algum observador, mas que o da esquerda tenha viajado uma distância tão grande que o observador não tem nenhum acesso a ele. Como esse observador iria descrever o estado de *spin* da partícula da direita?

Seria muito apropriado para ele* utilizar a matriz de densidade

$$\boldsymbol{D} = \frac{1}{2}\,|D\uparrow\rangle\langle D\uparrow| + \frac{1}{2}\,|D\downarrow\rangle\langle D\downarrow|.$$

Ele poderia imaginar que outro observador – algum colega muito distante – tenha escolhido medir o *spin* da partícula esquerda na direção "cima/baixo". Ele não tem uma forma de dizer qual resultado seu colega imaginário poderia ter obtido para a medição de *spin*. Mas sabe que, se seu colega obteve o resultado $|E\uparrow\rangle$, então o estado de sua própria partícula teria que ser $|D\downarrow\rangle$, ao passo que, se seu colega obteve $|E\downarrow\rangle$, então sua própria partícula deveria estar no estado $|D\uparrow\rangle$. Também sabe (a partir do que as regras padrão da teoria quântica falam para ele esperar para as probabilidades nessa situação) que é igualmente provável que seu colega imaginário tenha obtido $|E\uparrow\rangle$ ou $|E\downarrow\rangle$. Assim, ele conclui que o estado de sua partícula deve ser uma mistura probabilística (i.e., com probabilidades respectivas $\frac{1}{2}$ e $\frac{1}{2}$) para as duas alternativas $|D\uparrow\rangle$ e $|D\downarrow\rangle$, de tal forma que sua matriz de densidade de fato deve ser $\boldsymbol{D}$, como descrita antes.

Ele poderia, no entanto, imaginar que seu colega mediu o estado da partícula na direção "esquerda/direita". Exatamente o mesmo raciocínio (utilizando agora a descrição alternativa $|\Omega\rangle = |E\leftarrow\rangle\,|D\rightarrow\rangle - |E\rightarrow\rangle\,|D\leftarrow\rangle$, cf. p.381) o levaria a concluir que o estado de *spin* de sua própria partícula é uma mistura probabilística igual de direita e esquerda, o que fornece a ele a matriz de densidade

$$\boldsymbol{D} = \frac{1}{2}\,|D\rightarrow\rangle\langle D\rightarrow| + \frac{1}{2}\,|D\leftarrow\rangle\langle D\leftarrow|.$$

* Veja as "Notas para o leitor", p.20.

Como já foi dito, isto é de fato precisamente a mesma matriz de densidade que tínhamos antes, mas sua *interpretação* como uma mistura probabilística de estados alternativos é bastante diferente! Não é importante qual interpretação o observador escolha. Sua matriz de densidade fornece a ele toda a informação que está disponível para o cálculo das probabilidades para os resultados de medições de *spin* somente na partícula direita. Mais que isto, já que seu colega era meramente *imaginário*, nosso observador não precisa considerar que qualquer medição de *spin* foi mesmo realizada na partícula esquerda. A mesma matriz de densidade $\boldsymbol{D}$ diz a ele que tudo que ele pode saber sobre o estado de *spin* da partícula direita antes de realmente medir aquela partícula. De fato, poderíamos supor que o "estado real" da partícula direita é mais corretamente dado pela matriz de densidade $\boldsymbol{D}$ do que por qualquer vetor de estado em particular.

Considerações desse tipo geral às vezes levam as pessoas a pensar que matrizes de densidade fornecem uma descrição mais apropriada da "realidade" quântica em certas circunstâncias do que vetores de estado. No entanto, isto *não* nos daria um ponto de vista abrangente em situações como a que acabamos de considerar. Afinal, não existe nada em princípio que previna o colega imaginário do nosso observador de se tornar real e os dois observadores comunicarem seus resultados um para o outro. As correlações entre as medições de um observador e as de outro não podem ser explicadas em termos de matrizes de densidade independentes para as partículas da esquerda e da direita separadamente. Para isto, precisamos do estado emaranhado inteiro fornecido pela expressão do real vetor de estado $|\Omega\rangle$, como dado antes.

Por exemplo, se ambos os observadores escolherem medir o *spin* de suas partículas na direção cima/baixo então necessariamente iremos obter respostas opostas como resultado de suas medições. Matrizes de densidade individuais para as duas partículas não forneceriam essa informação. Mais seriamente, o teorema de Bell (Seção 5.4) nos mostra que *não* existe uma maneira do tipo clássica local ("meias de Bertlmann") para modelar o estado emaranhado do par de partículas combinado antes da medição. (Veja ENM, cap.6, p.301, nota 14, para uma demonstração simples desse fato – essencialmente aquela de Stapp (1979; cf. também Stapp, 1993) – no caso em que um dos observadores escolhe medir o *spin* de sua partícula ou de cima a baixo ou da direita para a esquerda, enquanto o outro escolhe uma das duas direções a 45° dessas duas. Se trocarmos as duas partículas de *spin* $\frac{1}{2}$ por duas de *spin* $\frac{3}{2}$ então os dodecaedros mágicos da Seção 5.3 mostram esse tipo de coisa de forma ainda mais convincente, já que agora não são necessárias probabilidades.)

Isto mostra que a descrição em termos de matrizes de densidade poderia ser adequada para descrever a "realidade" dessa situação somente se existisse uma razão *em princípio* para que medições em duas partes de um sistema não pudessem ser realizadas e comparadas. Não parece haver razão, em situações normais, para que este seja o caso. Em situações anormais – como a considerada por Stephen Hawking (1982), na qual uma partícula de um par EPR poderia ser capturada dentro de um buraco negro – poderia haver maiores evidências para uma descrição em termos de matrizes de densidade em um nível fundamental (como Hawking argumenta). Porém, isto, em si, constituiria uma mudança na própria estrutura da teoria quântica. Sem tal mudança, o papel essencial da matriz de densidade é PTPP em vez de fundamental – ainda que esse papel seja importante de toda forma.

6.6 Uma explicação PTPP para **R**?

Vejamos agora como as matrizes de densidade têm um papel na abordagem padrão – PTPP – que explica como o processo **R** "parece" acontecer. A ideia é que um sistema quântico e um aparato de medida, juntamente com o ambiente em que habitam – todos assumidos como evoluindo juntos segundo **U** –, irão se comportar *como se* **R** tivesse acontecido sempre que os efeitos da medição se tornarem inextricavelmente emaranhados com esse ambiente.

Consideramos o sistema quântico inicialmente isolado de seu ambiente, mas ao ser "medido" ele dá origem a efeitos de larga escala no aparato de medida que logo envolvem emaranhamentos com partes consideráveis e cada vez maiores daquele ambiente. Nesse ponto, a situação se torna de várias formas similar ao caso EPR que foi discutido na seção anterior. O sistema quântico, junto de seu aparato de medida que acabou de ser ativado, tem um papel bastante similar ao da partícula direita, enquanto o ambiente perturbado tem um papel similar ao da esquerda. Um físico que se proponha a investigar o aparato de medida teria um papel similar ao do observador, na discussão *supra*, que examina a partícula direita. O observador não tinha nenhum acesso às medições que poderiam ser realizadas na partícula esquerda; da mesma forma, nosso físico não tem acesso à maneira detalhada pela qual o ambiente poderia ser perturbado pelo aparato de medida. O ambiente consistiria de um número enorme de partículas se movendo aleatoriamente e podemos considerar que a informação detalhada contida na forma precisa pela qual as partículas do ambiente foram perturbadas iria, na prática, se tornar invariavelmente perdida para o físico. Isto é similar ao fato de que qualquer informação a respeito do *spin* da partícula esquerda, no exemplo dado, é inacessível ao observador da direita. Como na partícula direita, o estado do aparato de medida é descrito apropriadamente por uma matriz de densidade em vez de um estado quântico; e por isso é tratado como uma mistura probabilística de estados em vez de um estado puro em si. A mistura de probabilidades fornece as alternativas ponderadas por probabilidades que o procedimento **R** nos daria – pelo menos PTPP – segundo o argumento padrão.

Vamos considerar um exemplo. Suponha que um fóton é emitido por alguma fonte, na direção do detector. Entre a fonte e o detector está um espelho semitransparente e, após encontrar o espelho, o estado do fóton está na sobreposição

$$w|\alpha\rangle + z|\beta\rangle,$$

onde o estado transmitido $|\alpha\rangle$ ativaria o detector (**SIM**), mas o estado refletido $|\beta\rangle$ o deixaria intocado (**NÃO**). Estou assumindo aqui que todos os estados são normalizados; assim, segundo o procedimento **R**, obteríamos:

$$\text{probabilidade de } \mathbf{SIM} = |w|^2; \text{ probabilidade de } \mathbf{NÃO} = |z|^2.$$

Para um espelho *semi*transparente (como aquele considerado no exemplo inicial na Seção 5.7, onde nossos $|\alpha\rangle$ e $|\beta\rangle$ seriam os estados $|B\rangle$ e $i|C\rangle$ respectivamente), essas duas probabilidades são iguais a $\frac{1}{2}$, e temos $|w| = |z| = 1/\sqrt{2}$.

O detector inicialmente tem o estado $|\Psi\rangle$, que evolui para $|\Psi_S\rangle$ (**SIM**) ao absorver o fóton (no estado $|\alpha\rangle$) e que evolui para o estado $|\Psi_N\rangle$ (**NÃO**) se falhar em absorver o fóton (no estado $|\beta\rangle$). Se o ambiente puder ser ignorado, então o estado nesse ponto teria a forma

$$w|\Psi_S\rangle + z|\Psi_N\rangle|\beta\rangle$$

(todos os estados são assumidos normalizados); mas vamos assumir que o detector, sendo um objeto macroscópico, muito rapidamente se envolve em interações com o ambiente que o circunda – e podemos assumir que o fóton fugidio (originalmente no estado $|\beta\rangle$) é absorvido pela parede do laboratório de forma a também se tornar parte do ambiente. Assim como antes, a depender de o detector receber o fóton ou não, ele vai para o estado $|\Psi_S\rangle$ ou $|\Psi_N\rangle$, respectivamente, mas, ao fazer isso, iria perturbar o ambiente de forma diferente em cada caso. Podemos atribuir ao ambiente o estado $|\phi_S\rangle$ para acompanhar $|\Psi_S\rangle$ e $|\phi_N\rangle$ para acompanhar $|\Psi_N\rangle$ (novamente assumidos normalizados, mas não necessariamente ortogonais) e podemos expressar o estado completo da forma emaranhada

$$w|\phi_S\rangle|\Psi_S\rangle + z|\phi_N\rangle|\Psi_N\rangle.$$

Até agora o físico não está envolvido, mas ele está prestes a examinar o detector para ver se este registrou **SIM** ou **NÃO**. Como ele veria o estado quântico do detector logo antes de examiná-lo? Assim como o observador medindo o *spin* da partícula direita na discussão anterior, seria apropriado para ele utilizar uma matriz de densidade. Podemos supor que nenhuma medição seja realmente realizada no ambiente de forma a verificar se *seu* estado é $|\phi_S\rangle$ ou $|\phi_N\rangle$, assim como na partícula esquerda do par EPR descrito antes. Dessa forma, uma matriz de densidade de fato fornece uma descrição apropriada do detector.

Qual é esta matriz de densidade? O tipo de argumento padrão[7] (baseado em uma forma particular de modelar esse ambiente – e também em algumas assunções justificadas de forma incompleta, tais como a irrelevância de correlações do tipo EPR) nos leva à conclusão de que a matriz de densidade deve muito rapidamente aproximar de maneira bastante precisa a forma

$$\boldsymbol{D} = a|\Psi_S\rangle\langle\Psi_S| + b|\Psi_N\rangle\langle\Psi_N|,$$

Onde

$$a = |w|^2 \text{ e } b = |z|^2.$$

Essa matriz de densidade pode ser interpretada como representando uma mistura probabilística de um detector registrando **SIM**, com probabilidade $|w|^2$, e do detector registrando **NÃO**, com probabilidade $|z|^2$. Isto é exatamente o que o processo **R** haveria dito que o físico encontraria como resultado de seu experimento – ou será que é mesmo?

[7] Veja D'Espagnat, 1989; Zurek, 1991, 1993; Paz; Habib; Zurek, 1993.

Devemos ser um pouco cuidadosos quanto a essa conclusão. A matriz de densidade $\boldsymbol{D}$ iria certamente permitir ao nosso físico calcular as probabilidades de que ele precisa, se também lhe for permitido *assumir* que as alternativas disponíveis para ele são simplesmente que o estado do detector está *ou em* $|\Psi_S\rangle$ *ou em* $|\Psi_N\rangle$. Porém, essa assunção não é de forma alguma consequência da nossa discussão. Lembrem, da seção anterior, que as matrizes de densidade têm muitas interpretações *alternativas* como misturas probabilísticas de estados. Em particular, no caso de um espelho *semi*transparente, obtemos uma matriz de densidade exatamente da mesma forma com que obtivemos para a partícula de *spin* $\frac{1}{2}$ *supra*:

$$\boldsymbol{D} = \frac{1}{2}\,|\Psi_S\rangle\langle\Psi_S| + \frac{1}{2}\,|\Psi_N\rangle\langle\Psi_N|.$$

Isto pode ser re-expresso como, digamos,

$$\boldsymbol{D} = \frac{1}{2}\,|\Psi_P\rangle\langle\Psi_P| + \frac{1}{2}\,|\Psi_Q\rangle\langle\Psi_Q|,$$

onde $|\Psi_P\rangle$ e $|\Psi_Q\rangle$ são estados ortogonais bastante diferentes para o detector – estados que poderiam ser bastante absurdos do ponto de vista da física clássica, tais como

$$|\Psi_P\rangle = (|\Psi_S\rangle + |\Psi_N\rangle)/\sqrt{2} \text{ e } |\Psi_Q\rangle = (|\Psi_S\rangle - |\Psi_N\rangle)/\sqrt{2}.$$

O fato de o físico considerar que o estado de seu detector é descrito pela matriz de densidade $\boldsymbol{D}$ não explica de forma alguma a razão pela qual ele sempre encontra seu detector em um estado **SIM** (dado por $|\Psi_S\rangle$) ou então em um estado **NÃO** (dado por $|\Psi_N\rangle$). Afinal, a mesma matriz de densidade resultaria se o estado fosse uma mistura com probabilidades iguais das combinações classicamente absurdas $|\Psi_P\rangle$ e $|\Psi_Q\rangle$ (que, respectivamente, descrevem as sobreposições "**SIM** *mais* **NÃO**" e "**SIM** *menos* **NÃO**")!

Para enfatizar a natureza física absurda de estados como $|\Psi_P\rangle$ e $|\Psi_Q\rangle$ para um detector macroscópico, considere o caso no qual o "aparato de medida" que consiste da caixa com um gato nela, onde o gato é morto por algo se o detector receber um fóton (no estado $|\alpha\rangle$), mas não o é caso contrário (fóton no estado $|\beta\rangle$) – um *gato de Schrödinger* (cf. a Seção 5.1 e a Figura 6.3). A resposta **SIM** seria representada agora por "gato morto" e a resposta **NÃO** por "gato vivo". No entanto, meramente saber que a forma da matriz de densidade é aquela de uma mistura equilibrada desses dois estados certamente *não* nos diz que o gato está ou morto ou vivo (com probabilidades iguais), já que ela poderia muito bem ser "morto mais vivo" ou "morto menos vivo" com probabilidades iguais. A matriz de densidade por si só *não* nos diz que essas duas probabilidades classicamente absurdas nunca serão vistas no mundo real como o conhecemos. Assim como na abordagem do tipo de "muitos mundos" para uma explicação para **R**, parece que somos forçados, novamente, a considerar que tipo de estados um observador consciente (aqui, nosso "físico") pode ou não perceber. Por qual motivo, de fato, um estado como "gato morto mais gato vivo" não é algo que um observador externo consciente* poderia ver em algum momento?

Poder-se-ia responder que a "medição" que nosso físico iria realizar no detector era, no final das contas, simplesmente para determinar se o detector registra **SIM** ou **NÃO** – i.e., para garantir, nesse exemplo, que o gato está morto ou vivo. (Isto é similar ao observador, da seção anterior, determinando se o *spin* da partícula direita está para cima ou para baixo.) Para essa medição, a matriz de densidade dá as probabilidades corretas, seja por qual forma escolhermos representá-la. No entanto, isto realmente exige que façamos outra pergunta. Devemos nos perguntar por qual motivo meramente *olhar* o gato de fato realiza uma medição desse tipo. Não existe simplesmente nada na evolução **U** de um sistema quântico que nos diga que, no ato de "olhar" e consequentemente *perceber* um sistema quântico, nossa percepção esteja proibida de encontrar a combinação "gato morto mais gato vivo". Voltamos para o mesmo ponto de antes. O que é a percepção? Como nossos cérebros *de fato* são construídos? *Não* sermos levados a considerações desse tipo foi uma das razões mais óbvias para considerar explicações PTPP para **R** em primeiro lugar!

Alguns poderiam tentar argumentar que estamos considerando um caso especial e não representativo em nosso exemplo aqui, onde as duas probabilidades $\frac{1}{2}$ e $\frac{1}{2}$ são *iguais* (o caso de "autovalores degenerados"). Só em tais situações a matriz de densidade pode ser representada em mais de uma forma como uma mistura ponderada por probabilidades de alternativas mutuamente *ortogonais*. Isto *não* é uma restrição importante, no entanto, já que a

* Existe, claro, a questão de que a consciência do próprio gato também deveria ser considerada! Esse aspecto do problema é enfatizado em uma versão do paradoxo do gato de Schrödinger devida a Eugene P. Wigner (1961). "O amigo de Wigner" sofre com uma situação semelhante à do gato de Schrödinger, mas está completamente consciente em cada um de seus estados sobrepostos! (N. A.)

ortogonalidade das alternativas não é uma necessidade para a interpretação da matriz de densidade como uma mistura ponderada por probabilidades. Em um trabalho recente, Hughston et al. (1993) mostraram que em situações como aquelas considerada aqui, onde a matriz de densidade surge do fato de que o sistema sob consideração está emaranhado com outro sistema separado, então ocorre que, para *qualquer* maneira que escolhamos representar a matriz de densidade como uma mistura ponderada por probabilidades de estados alternativos, sempre existe uma medição que pode ser feita no sistema separado que resulta nessa forma em particular de representar a matriz de densidade. De qualquer forma, já que a ambiguidade está presente no caso em que as probabilidades *são* iguais, então isto por si só já nos diz que a descrição em termos de matrizes de densidade não é suficiente para descrever quais devem ser os estados alternativos *reais* do nosso detector.

O resumo de tudo isto é que meramente saber que a matriz de densidade é algum ***D*** *não* nos diz que o sistema está em uma mistura probabilística de algum conjunto particular de estados que dá origem a esse ***D*** em particular. Sempre existem muitas maneiras completamente diferentes de obter o mesmo ***D***, a maior parte delas "absurdas" do ponto de vista do senso comum. Mais que isto, esse tipo de ambiguidade está presente em qualquer matriz de densidade.

As discussões padrão em geral não avançam além do ponto de tentar mostrar que a matriz de densidade é "diagonal". Isto significa, para todos os efeitos, que ela pode ser expressa como uma mistura ponderada por probabilidades de alternativas mutuamente *ortogonais* – ou, ainda, que ela pode ser assim expressa quando essas alternativas são as alternativas clássicas nas quais estamos interessados. (Sem essa última condição, *todas* as matrizes de densidade seriam diagonais!) Porém, vimos que o mero fato de que a matriz de densidade pode ser expressa dessa forma não nos diz, por si, que o detector *não* será percebido em alguma sobreposição "absurda" quântica de **SIM** e **NÃO** ao mesmo tempo.

Assim, ao contrário do que é dito frequentemente, o argumento padrão *não* explica como a "ilusão" de **R** pode ser vista como algum tipo de descrição aproximada da evolução **U** quando o ambiente se torna inextricavelmente envolvido. O que o argumento *de fato* mostra é que o procedimento **R** pode coexistir pacificamente com a evolução **U** em tais circunstâncias. Ainda necessitamos de **R** como uma parte da teoria quântica que é separada da evolução **U** (pelo menos na ausência de alguma teoria que nos diga que tipo de estados seres conscientes podem perceber).

Isto, por si só, é importante para a consistência geral da teoria quântica. Mas também é importante entender que essa coexistência e essa consistência têm um *status* PTPP em vez de um *status* rigoroso. Lembrem-se, do final da discussão da seção anterior, que a descrição da matriz de densidade da partícula direita era adequada somente na ausência de uma possível comparação entre as medições que poderiam ser realizadas sobre *ambas* as partículas. Para isto, o estado inteiro, que é *quântico,* é necessário em vez de meramente sobreposições ponderadas por probabilidades. Da mesma forma, a descrição em termos de matrizes de densidade do detector na discussão atual é adequada somente se os detalhes finos do ambiente não puderem ser mensurados e comparações não puderem ser feitas com os resultados das observações do detector pelo experimentalista. **R** pode coexistir com **U** somente se os detalhes finos do ambiente forem imunes às medições; e os sutis efeitos de interferência quântica, que (segundo a teoria quântica padrão) se encontram escondidos na imensa complicação da descrição detalhada do ambiente, nunca puderem ser observados.

Está claro que o argumento padrão contém uma boa dose de verdade; mas ele não pode ser a resposta completa de forma alguma. Como podemos estar certos de que os efeitos de tais fenômenos de interferência não poderiam ser descobertos por futuros avanços tecnológicos? Precisaríamos de alguma nova lei física que nos dissesse que certos experimentos que não podem ser realizados na prática atualmente nunca poderiam ser realizados *por princípio*. Segundo tal regra, existiria algum nível de interação física no qual é considerado em princípio impossível recuperar esses efeitos de interferência. Pareceria que algum *novo* fenômeno físico teria que surgir e as sobreposições ponderadas por números complexos da física a nível quântico *realmente* se tornassem alternativas físicas de nível clássico, em vez de meramente se tornarem tais alternativas PTPP. O ponto de vista PTPP, como se encontra, não nos dá uma ideia da realidade física verdadeira. PTPP não pode ser outra coisa senão um mero degrau no caminho em direção a uma teoria física – ainda que um degrau valioso – e será importante para as propostas que apresentarei na Seção 6.12.

6.7 PTPP explica a regra do módulo quadrado?

Houve mais uma hipótese implícita, nas três seções anteriores, que se permitiu que passasse quase despercebida. A necessidade dessa hipótese *por si* anula qualquer sugestão que fomos capazes para *deduzir* a regra do módulo quadrado do procedimento **R** da evolução **U** – mesmo PTPP. No próprio uso da matriz de densidade, implicitamente, *assumimos* que a mistura ponderada por probabilidades é descrita apropriadamente por tal objeto. A própria adequação de expressões como $|\alpha\rangle\langle\alpha|$, que é em si da forma de "algo vezes seu complexo conjugado", já está intimamente ligada com a assunção da regra do módulo quadrado. A regra para obter as probabilidades de uma matriz de densidade combina corretamente as probabilidades clássicas e quânticas somente porque a regra do módulo quadrado está *embutida* na própria noção de matriz de densidade.

Apesar de ser verdade que o processo unitário (**U**) casa, matematicamente, com a noção de matriz de densidade e com o produto escalar do espaço de Hilbert $\langle\alpha|\beta\rangle$, ela não nos *diz* de nenhuma forma que as *probabilidades* devem ser calculadas pela regra dos módulos quadrados. É novamente uma questão de mera coexistência entre **R** e **U**, em vez de uma explicação de **R** a partir de **U**. A evolução unitária não diz qualquer coisa sobre a questão de probabilidades. É uma clara assunção *adicional* que as probabilidades quânticas podem ser calculadas por esse procedimento, não importa como tentemos justificar a consistência de **R** com **U**, seja através de abordagens do tipo muitos mundos ou PTPP.

Já que muito da evidência experimental que a mecânica quântica tem surge da própria forma pela qual a teoria nos diz como as probabilidades devem ser calculadas, podemos ignorar a parte **R** da mecânica quântica somente por nossa própria conta e risco. É algo diferente de **U** e não uma consequência de **U**, não importa o quão contundente e frequentemente os teóricos tenham tentando mostrar essa relação de consequência. Já que não é uma consequência de **U**, é algo com o que devemos nos entender como um processo físico por si só. Isto não é para sugerir que deva ser uma *lei* física por si só. Sem dúvida é uma aproximação para outra coisa que ainda não entendemos. As discussões no fim da seção anterior sugerem fortemente que o uso desse procedimento **R** no processo de medida é de fato uma aproximação.

Vamos aceitar que algo novo é necessário e continuar, com cautela, pelas várias estradas para o desconhecido que nos possam estar disponíveis.

6.8 É a consciência que reduz o vetor de estado?

Dentre aqueles que levam $|\psi\rangle$ a sério como uma descrição do mundo físico, existem alguns que argumentariam – como uma alternativa a confiar em **U** em todas as escalas e assim acreditar em um ponto de vista do tipo de muitos mundos – que algo da natureza de **R** *de fato* acontece assim que a consciência de um observador se torna envolvida no processo. O eminente físico Eugene Wigner uma vez rascunhou uma teoria dessa natureza (Wigner, 1961). A ideia geral seria de que a matéria inconsciente – ou talvez somente matéria inanimada – teria que evoluir segundo **U**, mas, assim que uma entidade consciente (ou "vida") se torne fisicamente emaranhada com o estado, então algo novo surge e o processo físico que resulta em **R** toma a frente para *realmente* reduzir o estado.

Não há necessidade de sugerir, em tal ponto de vista, que de alguma forma a entidade consciente poderia ser capaz de "influenciar" a escolha particular que a natureza faria nesse momento. Tal sugestão nos levaria para um terreno distintamente pantanoso e, até onde estou ciente, existiria um conflito severo dos fatos observados com qualquer sugestão muito simplista de que o ato consciente seria capaz de influenciar o resultado de um experimento quantum-mecânico. Assim, *não* estamos exigindo, aqui, que o "livre arbítrio consciente" necessariamente teria um papel ativo com relação a **R** (veja a Seção 7.1, para alguns pontos de vista alternativos).

Sem dúvida, alguns leitores poderiam esperar que, já que estou procurando por uma conexão entre o problema da medida quântico e o problema da consciência, eu seria atraído por ideias dessa natureza em geral. Devo deixar claro que este *não* é o caso. É provável, afinal, que a consciência seja um fenômeno bastante raro em todo o universo. Parece haver uma boa quantidade dela ocorrendo em vários lugares da superfície da Terra, mas a evidência que temos até hoje em dia[8] nos diz que não existe nenhuma consciência bastante desenvolvida – se, de fato, houver qualquer consciência – nas profundezas do universo, até muitos séculos-luz de distância de nós. Seria uma ideia muito estranha a de um universo físico "real" na qual os objetos físicos evoluem de formas totalmente diferentes dependendo se eles estão dentro da vista, audição ou toque de um dos seus habitantes conscientes.

Por exemplo, considere o clima. Os padrões detalhados do clima que porventura se desenvolvem em qualquer planeta, sendo dependente de processos físicos caóticos (cf. a Seção 1.7), devem ser sensíveis a um número enorme de eventos quânticos individuais. Se o processo **R** de fato não acontece na ausência de consciência, então nenhum padrão climático em particular seria encontrado dentre a miríade de alternativas quantum-sobrepostas.

---

[8] Esta parece ser a conclusão do programa Seti de F. Drake.

Podemos realmente acreditar que os padrões climáticos em algum planeta distante continuam em uma sobreposição ponderada por números complexos de inúmeras possibilidades distintas – uma bagunça completamente nebulosa muito diferente do clima de fato – até que um ser consciente se torne ciente dela, momento no qual, e *somente* no qual, o clima sobreposto se torna um clima de verdade?

Poder-se-ia argumentar de um ponto de vista operacional – do ponto de vista operacional de um ser consciente, isto é – que tal clima "sobreposto" não seria diferente de qualquer clima *real* incerto (PTPP!). No entanto, isto em si é não é uma solução satisfatória para o problema da realidade física. Vimos que o ponto de vista PTPP não resolve essas questões profundas da "realidade", mas permanece como um quebra-galho que permite que os processos **U** e **R** da mecânica quântica atual coexistam – pelo menos até que nossa tecnologia nos leve ao ponto em que um quadro mais preciso e coerente seja necessário.

Assim, proponho que olhemos em outro lugar para a solução dos problemas da mecânica quântica. Ainda que possa muito bem ser o caso de que o problema da mente está em última instância relacionado com aquele da medida quântica – ou com o paradoxo **U/R** da mecânica quântica –, não é, segundo o que acredito, a consciência em si (ou a consciência na forma com a qual estamos familiarizados) que pode solucionar questões físicas internas da teoria quântica. Acredito que o problema da medição quântica deva ser encarado e solucionado muito antes que possamos esperar fazer qualquer progresso real com relação à questão da consciência em termos de interações físicas – e o problema da medida deve ser resolvido em termos inteiramente *físicos*. Uma vez que tenhamos uma solução satisfatória, então podemos muito bem estar em uma posição melhor para avançarmos em direção a alguma resposta para a questão da consciência. É meu ponto de vista que solucionar o problema da medida quântico é um *pré-requisito* para um entendimento da mente e *de forma alguma* que eles sejam o mesmo problema. O problema da mente é um problema muito mais difícil que o problema da medida!

6.9 Levando $|\psi\rangle$ realmente a sério

Até agora, da forma que vejo, os pontos de vista que afirmariam levar a descrição quântica do mundo a sério não chegam perto de levá-la *realmente* a sério. O formalismo quântico talvez seja muito estranho para ser tão fácil considerar a sério o que ele diz e muitos físicos se absteriam de defender uma posição muito forte sobre isto. Além de termos o vetor de estado $|\psi\rangle$ que evolui segundo **U**, contanto que o sistema permaneça no nível quântico, temos a perturbadora ação probabilística e descontínua de **R**, que parece se materializar de forma a causar "saltos" descontínuos em $|\psi\rangle$ assim que os efeitos de nível quântico se tornam amplificados o suficiente para influenciar as coisas em nível clássico. Assim, se considerarmos $|\psi\rangle$ como fornecendo uma ideia da *realidade*, devemos considerar esses *saltos* como ocorrências físicas reais também, não importa o quanto isto nos seja desconfortável. No entanto, se estivermos *tão* obstinados com relação à realidade da descrição em termos do vetor de estado quântico, então também devemos estar preparados para introduzir algumas mudanças (preferencialmente muito sutis) nas próprias regras da teoria quântica. Afinal, a operação de **U** é, estritamente falando, incompatível com **R** e um trabalho delicado de "colagem" será necessário para preencher as fendas entre as descrições do comportamento nos níveis quântico e clássico.

De fato, ao longo dos anos houve várias abordagens não convencionais para construir teorias coerentes seguindo essas ideias. A escola húngara, capitaneada por Károlyházy, de Budapeste, tem, desde cerca de 1966, apresentado um ponto de vista no qual efeitos gravitacionais levariam a algum tipo de procedimento **R** como um fenômeno físico real (cf. também Komar, 1969). Seguindo uma linha de raciocínio um pouco diferente, Phillip Pearle, do Hamilton College, Clinton, NY, Estados Unidos, vem sugerindo, desde cerca de 1976, uma teoria não gravitacional na qual **R** ocorre como um fenômeno físico real. Mais recentemente, em 1986, uma nova e interessante abordagem foi apresentada por Giancarlo Ghirardi, Alberto Rimini e Tulio Weber e, após um encorajamento bastante positivo por John Bell, houve diversas outras sugestões e melhorias por outras pessoas.[9]

Antes de apresentar minhas preferências sobre o tema nas próximas seções, que tomam bastante emprestado do esquema de Ghirardi-Rimini-Weber

[9] Minhas sugestões, ainda que firmemente ancoradas no campo "gravitacional", não foram muito específicas até recentemente, cf. Penrose, 1993a, 1994b. Essa proposta compartilha com a proposta original de Ghirardi-Rimini-Weber a ideia de que a redução deveria ser um processo repentino e descontínuo. Muito da pesquisa atual, no entanto, está interessada em um processo de redução do estado *contínuo* (estocástico), como a proposta original de Pearle, 1976. Veja Diósi, 1992; Ghirardi et al., 1990b; Percival, 1994. Para um trabalho dessa natureza interessado em fazer o esquema consistente com a relatividade, veja Ghirardi et al., 1992; Gisin, 1989; Gisin; Percival, 1993.

(GRW), será útil primeiro delinear a proposta deles. A ideia básica é aceitar a realidade de $|\psi\rangle$ e, em grande parte, a precisão dos procedimentos **U** padrão. Assim, a função de onda de uma única partícula livre, inicialmente localizada, tenderia, segundo a equação de Schrödinger, a se espalhar para fora em todas as direções do espaço à medida que o tempo progredisse (veja a Figura 6.1). (Lembrem-se que a função de onda de uma partícula descreve a ponderação por fatores complexos das diferentes localizações possíveis que a partícula poderia ter. Podemos pensar nos gráficos da Figura 6.1 como descrevendo esquematicamente a parte real desses fatores de ponderação.) Dessa forma, à medida que o tempo passa, a partícula se torna menos e menos localizada. A nova característica da abordagem GRW é que ela assume que existe uma minúscula probabilidade de que, subitamente, essa função de onda seja multiplicada por uma função fortemente localizada – conhecida como uma função *gaussiana* – com uma certa largura, definida por um parâmetro Σ. Isto está ilustrado na Figura 6.2. A função de onda da partícula se torna instantaneamente muito localizada, pronta para começar seu espalhamento espacial outra vez. A probabilidade de que o pico dessa função gaussiana se encontre em um lugar ou outro seria proporcional ao módulo quadrado do valor da função de onda naquela localização. Dessa forma, esse esquema se torna consistente com a "regra do módulo quadrado" padrão da teoria quântica.

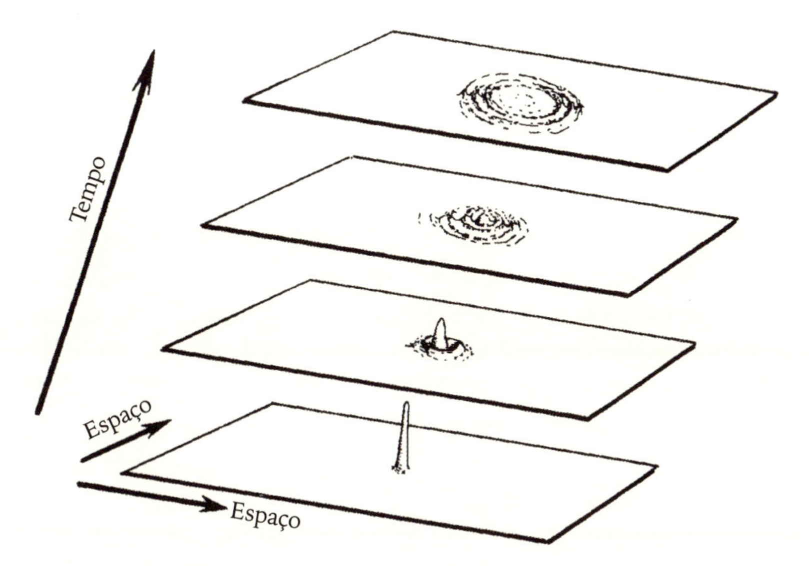

Figura 6.1 – A evolução temporal de Schrödinger da função de onda de uma partícula; inicialmente localizada próxima a um único ponto, subsequentemente se espalha em todas as direções

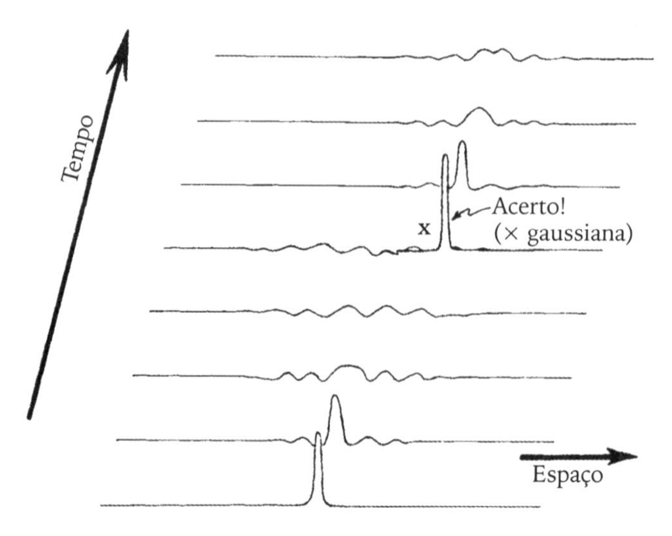

Figura 6.2 – No esquema original de Ghirardi-Rimini-Weber (GRW), a função de onda evolui segundo a evolução de Schrödinger **U** padrão a maior parte do tempo, porém, mais ou menos uma vez a cada 10^8 anos (por partícula) o estado sofre um "acerto", sendo a função de onda da partícula multiplicada por uma gaussiana bem localizada – a versão GRW de **R**

O quão frequentemente esse procedimento deve ser aplicado? Seria o equivalente a cerca de uma vez a cada cem milhões (10^8) de anos! Chamemos esse período de *T*. Então, dentro do período de um segundo, a chance de que essa redução do estado aconteceria a uma partícula seria menor do que 10^{-15} (já que existem cerca de 3×10^7 segundos em um ano). Assim, para uma única partícula, isto não seria algo que perceberíamos de alguma forma. Porém, imaginem agora que tenhamos um objeto razoavelmente grande, onde cada uma das partículas estaria sujeita ao mesmo processo. Se existissem cerca de 10^{25} partículas nele (como em um pequeno rato), então a chance de que *alguma* partícula nele sofreria um "acerto" desse tipo seria enormemente aumentada em comparação com uma única partícula e esperaríamos que um acerto tivesse ocorrido no objeto em cerca de 10^{-10} de um segundo. Qualquer um desses acertos iria afetar o estado inteiro do objeto, pois seria esperado que a partícula em particular que sofreu o acerto teria seu estado *emaranhado* com o resto do objeto.

Vejamos como aplicar essa ideia ao *gato de Schrödinger*.[10] No paradoxo do gato de Schrödinger – essencialmente o mistério **X** básico da teoria quântica –,

[10] Schrödinger, 1935a; cf. também ENM, p.290-6.

imaginamos um objeto de larga escala tal como um gato sendo colocado em uma sobreposição quântica linear de dois estados manifestamente diferentes, tais como um gato vivo e um gato morto (cf. as seções 5.1 e 6.6). Isto seria fácil de fazer, quantum-mecanicamente, mas a situação resultante não é uma característica realmente crível do mundo *real* no qual vivemos – como Schrödinger cuidadosamente apontou (ainda que alguns "realistas-$|\psi\rangle$" seguiriam pela rota de muitos mundos ou pela rota da redução do vetor de estado induzida pela consciência etc., como descrito nas seções 6.2 e 6.8). Para construir um gato de Schrödinger, tudo de que precisamos é um evento quântico apropriado que cause uma mudança de larga escala – uma *medição* de fato. Por exemplo, poderíamos ter um único fóton emitido por uma fonte e refleti-lo/transmiti-lo por um espelho semitransparente (como na Seção 5.7). Digamos que a parte transmitida da função de onda do fóton ative um detector acoplado a um aparato que mate o gato, mas que a parte refletida escape e deixe o gato intocado. Veja a Figura 6.3. Assim como na discussão dos detectores dada na Seção 6.6, isto resultaria em um estado emaranhado com uma parte envolvendo o gato morto e a outra envolvendo o gato vivo e um fóton que escapou. Ambas as possibilidades seriam consideradas *juntas* no vetor de estado, contanto que nenhum processo de redução do estado (**R**) seja permitido. Este é o mistério da "medição", de fato o mistério **X** central da teoria quântica.

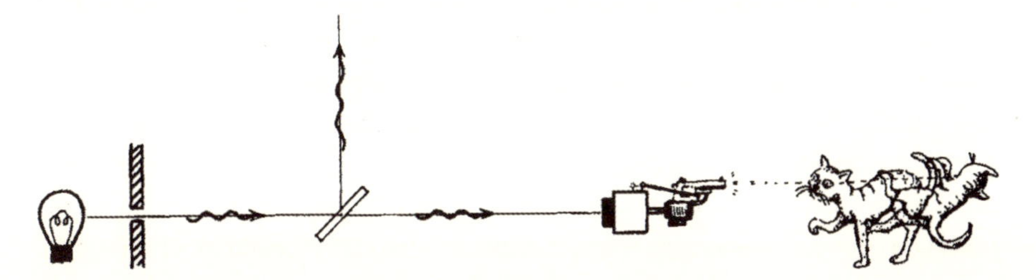

Figura 6.3 – *O gato de Schrödinger*. O estado quântico envolve uma sobreposição linear de um fóton transmitido e refletido. O componente transmitido ativa um aparato que mata o gato; assim, de acordo com a evolução **U**, o gato existe em uma sobreposição de vida ou morte. Segundo o esquema GRW, isto é resolvido, pois as partículas do gato irão quase instantaneamente sofrer acertos, o primeiro dos quais localizaria o estado do gato como *ou* morto *ou* vivo.

No esquema GRW, no entanto, um objeto tão grande como um gato, que envolveria cerca de 10^{27} partículas nucleares, iria certamente ter uma de suas partículas "atingida" por uma função gaussiana (como na Figura 6.2), e já que o estado da partícula estaria emaranhado com o das outras partículas no gato, a redução daquela partícula iria "arrastar" as outras com ela, fazendo que todo o gato se encontre em um estado ou vivo ou morto. Dessa forma, o mistério **X** do gato de Schrödinger – e do problema da medida em geral – é resolvido.

Este é um esquema engenhoso, mas ele tem o problema de ser muito *ad hoc*. Não existe nada nas outras partes da física indicando tal coisa e os valores sugeridos de T e σ são simplesmente escolhidos de forma a obter resultados "razoáveis". (Diósi (1989) sugeriu uma abordagem similar ao esquema GRW na qual, para todos os efeitos, os parâmetros T e σ seriam fixados em termos da constante gravitacional de Newton G. Existe uma conexão muito próxima entre suas ideias e as que irei descrever em breve.) Uma outra dificuldade mais séria com abordagens desse tipo é que existe uma (pequena) violação do princípio da *conservação de energia*. Isto terá uma importância considerável para nós na Seção 6.12.

6.10 Redução do vetor de estado induzida gravitacionalmente?

Existem fortes razões* para suspeitar que a modificação da teoria quântica que será necessária para que alguma forma de **R** se torne um processo físico *real* deve envolver efeitos de *gravitação* de maneira importante. Algumas dessas razões têm a ver com o fato de que o próprio paradigma da teoria quântica padrão não se acomoda bem com as noções de espaço-tempo curvo que a teoria de Einstein da gravitação exige. Mesmo conceitos como energia e tempo – básicos para os próprios procedimentos da teoria quântica – não podem, em um contexto gravitacional arbitrário, serem definidos de forma precisa e consistente com os requerimentos usuais da teoria quântica padrão. Lembrem-se, também, do efeito de "inclinação" dos cones de luz (Seção 4.4), que é único ao fenômeno físico da gravitação. Poderíamos esperar, de acordo com isto, que alguma modificação dos princípios da teoria quântica possa surgir como uma característica de uma (eventual) união apropriada com a relatividade geral de Einstein.

Ainda assim, muitos físicos parecem relutantes em aceitar a possibilidade de que talvez seja a teoria *quântica* que necessite de uma modificação para tal

* Em ENM, cap.7 e 8, apresentei tais razões em mais detalhes e não há necessidade de repetir os argumentos aqui. É suficiente dizer que essas razões ainda são válidas – ainda que o critério específico da Seção 6.12 difira daquele dado em ENM, p.367-71. (N. A.)

união ser bem-sucedida. Em vez disso, argumentam, a teoria de Einstein é que deveria ser modificada. Apontam para o fato, bastante correto, de que a teoria da relatividade geral clássica tem seus próprios problemas, já que ela leva a *singularidades espaçotemporais*, como as que são encontradas em buracos negros e no Big Bang, onde as curvaturas divergem para infinito e as próprias noções de espaço e tempo param de ter qualquer validade (veja ENM, cap.7). Não duvido que a relatividade geral deva ser modificada quando for unificada de maneira apropriada com a teoria quântica. Isto será de fato importante para nosso entendimento do que *realmente* acontece nessas regiões que descrevemos atualmente como "singularidades". Porém, isto não impede que a teoria quântica sofra uma mudança. Vimos na Seção 4.5 que a relatividade geral é uma teoria extraordinariamente precisa – não menos precisa que a própria mecânica quântica. A maior parte dos *insights* físicos que subjazem à teoria de Einstein certamente irá sobreviver, assim como a maioria dos que subjazem à teoria quântica, quando tal união apropriada que funda essas duas teorias for encontrada.

Muitos que poderiam concordar com isto, no entanto, ainda argumentariam que as escalas importantes nas quais *qualquer* forma de gravitação quântica poderia se tornar relevante seriam totalmente inapropriadas para o problema da medida quântico. Eles apontariam o fato de que a escala de comprimento que caracteriza a gravitação quântica, chamada de *escala de Planck*, de 10^{-33} cm, é cerca de vinte ordens de magnitude menor que até mesmo uma partícula nuclear; e questionariam severamente como a física em tais distâncias minúsculas poderia ter qualquer relação com o problema da medida, o qual, afinal, está preocupado com fenômenos que se encontram (pelo menos) na fronteira com o domínio macroscópico. No entanto, existe um engano aqui de como as ideias da gravitação quântica poderiam ser aplicadas. De fato, 10^{-33} cm é relevante, mas não da primeira forma que viria a mente.

Vamos considerar o tipo de situação, de alguma forma análoga à do gato de Schrödinger, na qual procuramos produzir um estado no qual um par de alternativas distinguíveis macroscópicas estão linearmente sobrepostas. Por exemplo, na Figura 6.4 tal situação é mostrada, onde um fóton atinge um espelho semitransparente e seu estado se torna uma sobreposição de uma parte transmitida e uma parte refletida. A parte transmitida da função de onda do fóton ativa (ou ativaria) um aparato que move uma esfera macroscópica (em vez de um gato) de uma localização espacial para a outra. Contanto que a evolução de Schrödinger **U** valha, a "localização" da esfera envolve uma sobreposição quântica de ela estando na posição original com ela estando na posição deslocada. Se **R** aparecesse como um processo físico real, então a esfera iria "saltar" para uma posição ou para a outra – e isto constituiria uma "medição" de fato. A ideia aqui é que, assim como na teoria GRW, isto é de fato um processo físico inteiramente objetivo e ocorreria sempre que a massa da esfera fosse grande o bastante ou a distância que ela se movesse fosse longa o suficiente. (Em particular, não teria nada a ver com o fato de um ser consciente ter "percebido" ou não o movimento da esfera.) Estou imaginando que o *aparato* que detecta o fóton e move a esfera é em si pequeno o suficiente de forma que possa ser tratado totalmente quantum-mecanicamente e é só a esfera que registra a medição. Por exemplo, em um caso extremo, poderíamos imaginar que a esfera está posicionada de forma suficientemente instável para que o mero impacto de um fóton a fizesse se mover de forma significativa para longe.

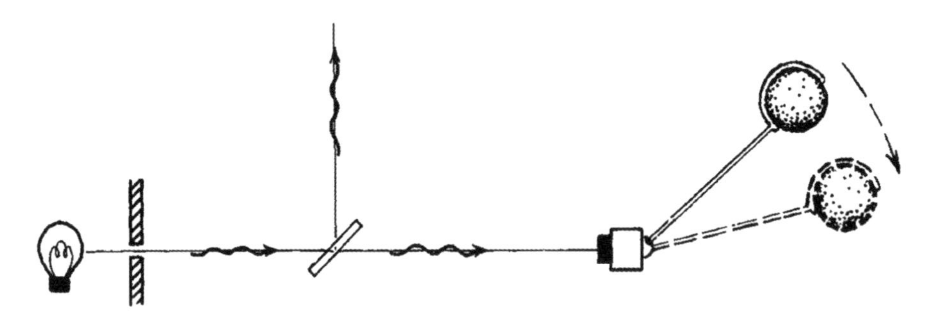

Figura 6.4 – Em vez de termos gato, a medição poderia consistir de um simples movimento de uma esfera. O quão grande ou massiva essa esfera deveria ser, ou a qual distância deveria se mover, para **R** ocorrer?

Aplicando os procedimentos **U** padrão da mecânica quântica, encontramos que o estado do fóton, após seu encontro com o espelho, consistiria de duas partes em duas localizações muito diferentes. Uma dessas partes então se torna emaranhada com o aparato e, enfim, com a esfera, de tal forma que temos um estado quântico que envolve a sobreposição linear de duas posições bastante diferentes para a esfera. A esfera tem seu próprio campo gravitacional que também deve estar envolvido nessa sobreposição. Assim, o estado envolve uma sobreposição de dois campos gravitacionais diferentes. Segundo a teoria de Einstein, isso implica que temos duas geometrias espaço-temporais diferentes sobrepostas! A questão é: existe um momento no qual essas duas geometrias se tornam suficientemente diferentes uma da outra de forma que as regras da mecânica quântica devam mudar e, em vez de forçar as duas geometrias diferentes em uma sobreposição, a natureza escolha entre uma ou outra e *de fato* realize algum tipo de processo de redução similar a **R**?

O ponto é que não temos a menor ideia de como considerar sobreposições lineares de estados quando esses estados em si envolvem geometrias espaçotemporais diferentes. Uma dificuldade fundamental com a "teoria padrão" é que, quando as geometrias se tornam significativamente diferentes entre si, não temos uma forma absoluta de identificar um ponto em uma geometria com qualquer outro ponto em particular na outra – as duas geometrias são estritamente falando espaços *separados* –, de tal forma que a própria ideia de que poderíamos formar uma sobreposição de estados de *matéria* dentro desses dois espaços separados se torna profundamente obscura.

Deveríamos nos perguntar quando duas geometrias *devem* ser consideradas "significativamente diferentes" uma da outra. É aqui, de fato, que a escala de Planck 10^{-33} cm entra em jogo. O argumento seria basicamente que a escala da diferença entre essas duas geometrias teria que ser, em um sentido apropriado, algo da ordem 10^{-33} cm ou mais para que uma redução ocorresse. Poderíamos, por exemplo, tentar imaginar (Figura 6.5) que essas duas geometrias estão tentando ser forçadas a ser iguais, mas, quando a medida da diferença se torna muito grande, nesse tipo de escala, a redução **R** ocorre – de tal forma que, em vez de a sobreposição envolvida em **U** ser mantida, a Natureza deve escolher entre uma geometria ou outra.

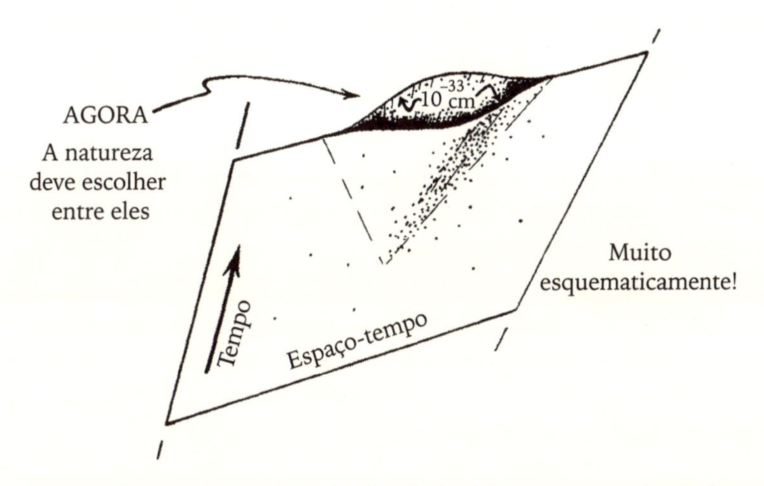

Fig 6.5 – Qual é a relevância da escala de Planck de 10^{-33} cm para a redução do estado quântico? Uma ideia esquemática: quando existe movimento de massa suficiente entre dois estados envolvidos na sobreposição de tal forma que os dois espaços-tempos difiram por algo da ordem de 10^{-33} cm

A que tipo de escala de massa ou distância percorrida essa mudança minúscula de geometria iria corresponder? De fato, devido à pequenez dos efeitos gravitacionais, essas escalas acabam sendo bastante grandes e não são totalmente fora do razoável como linhas demarcatórias entre os níveis clássicos e quânticos. Para obter uma intuição sobre tais pontos, será útil falar algo sobre *unidades absolutas* (ou *planckianas*).

6.11 Unidades absolutas

A ideia (proposta originalmente* por Max Planck (1906) e seguida particularmente por John A. Wheeler (1975)) é utilizar as três constantes mais fundamentais da natureza, a velocidade da luz c, a constante de Planck (dividida por 2π) $\hbar$ e a constante gravitacional de Newton G como unidades para converter todas as medidas físicas em números puros (adimensionais). Isto se mostra equivalente a escolher unidades de comprimento, massa e tempo de tal forma que as três constantes sejam todas unitárias:

$$c = 1, \hbar = 1, G = 1.$$

A escala de Planck 10^{-33} cm, que em unidades ordinárias expressaríamos como $(G\hbar/c^3)^{1/2}$, agora é simplesmente 1, de tal forma que *ela* é a unidade absoluta de *comprimento*. A unidade absoluta de *tempo* correspondente, que é o tempo que a luz levaria para atravessar uma distância de Planck, é o *tempo de Planck* ($= (G\hbar/c^5)^{1/2}$), cerca de 10^{-43} segundos. Existe também uma unidade absoluta de *massa*, referida como *massa de Planck* ($= (\hbar c/G)^{1/2}$), que é cerca de 2×10^{-5} gramas, uma massa muito grande do ponto de vista de processos quânticos usuais, mas muito pequena em termos ordinários – mais ou menos equivalente à massa de uma pulga.

Claramente estas não são unidades muito práticas, exceto possivelmente a massa de Planck, mas elas são muito úteis quando consideramos efeitos que possam ter alguma relação relevante com gravitação quântica. Vejamos como algumas das quantidades físicas relevantes se parecem, de forma muito aproximada, em unidades absolutas:

---

* Uma ideia muito similar havia sido apresentada 25 anos antes por um físico irlandês chamado George Johnstone Stoney (1881), na qual a carga do elétron, em vez da constante de Planck (esta sendo desconhecida na época), era tomada como unidade básica. (Sou grato a John Barrow por me mostrar esse fato.) (N. A.)

$$\text{segundo} = 1{,}9 \times 10^{43}$$
$$\text{dia} = 1{,}6 \times 10^{48}$$
$$\text{ano} = 5{,}9 \times 10^{50}$$
$$\text{metro} = 6{,}3 \times 10^{34}$$
$$\text{cm} = 6{,}3 \times 10^{32}$$
$$\text{mícron} = 6{,}3 \times 10^{28}$$
$$\text{fermi (“tamanho da interação forte”)} = 6{,}3 \times 10^{19}$$
$$\text{massa de um núcleon} = 7{,}8 \times 10^{-20}$$
$$\text{grama} = 4{,}7 \times 10^{4}$$
$$\text{erg} = 5{,}2 \times 10^{-17}$$
$$\text{grau Kelvin} = 4 \times 10^{-33}$$
$$\text{densidade da água} = 1{,}9 \times 10^{-94}$$

6.12 O novo critério

Darei agora um novo critério[11] para a redução do vetor de estado induzida gravitacionalmente que difere de forma significativa daquele sugerido em ENM, mas que é mais próximo de algumas ideias recentes de Diósi e outros. As *motivações* para uma conexão entre a gravidade e o procedimento **R**, como expostas em ENM, ainda são válidas, mas a sugestão que darei agora tem alguma evidência teórica de outras direções. Mais que isto, ela é livre de alguns dos problemas conceituais envolvidos na definição anterior e é muito mais fácil de usar. A proposta em ENM era de um critério segundo o qual dois estados seriam considerados (com relação a seus respectivos campos gravitacionais – i.e., seus respectivos espaços-tempos) muito diferentes um do outro para serem capazes de coexistir em uma sobreposição quântica linear. Dessa forma, **R** teria que acontecer nesse momento. A ideia atual é um pouco diferente. Não buscamos uma medida absoluta de diferença gravitacional entre estados que determine quando os estados diferem muito um do outro para uma sobreposição ser possível. Em vez disso, consideramos estados sobrepostos altamente diferentes como *instáveis* – de forma similar a um núcleo de urânio instável, por exemplo – e exigimos que haja uma *taxa* de redução do vetor de estado determinada por tal medida de diferença. Quanto maior a diferença, maior seria a taxa com a qual a redução aconteceria.

[11] Veja também Diósi, 1989; Ghirardi et al., 1990a; Penrose, 1993a.

Por questão de clareza, aplicarei primeiro o novo critério na situação em particular que foi descrita na Seção 6.10, mas que também pode ser facilmente generalizada para cobrir muitos outros exemplos. Especificamente, consideraremos a *energia* que seria usada, na situação supramencionada, para mover uma das esferas com relação à outra, levando em conta somente efeitos *gravitacionais*. Assim, imaginamos que temos duas esferas (massas esféricas), inicialmente coincidentes e estando uma ocupando a mesma posição que a outra (Figura 6.6), e então imaginamos mover uma delas para longe da outra, devagar, reduzindo a intersecção delas à medida que prosseguimos, até atingirmos o estado de separação que ocorre no estado sobreposto sob consideração. Levando em conta o recíproco do valor da energia gravitacional que essa operação nos custaria, medido em unidades absolutas,* obtemos o tempo aproximado, também em unidades absolutas, que levaria antes que a redução do estado ocorresse, quando o estado de sobreposição da esfera iria espontaneamente pular de um estado localizado para o outro.

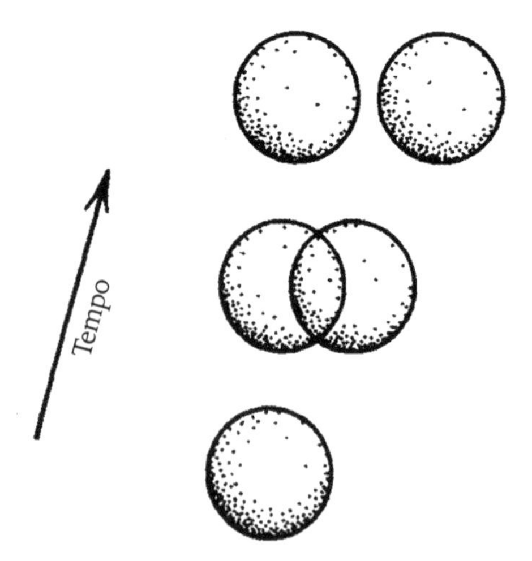

Figura 6.6 – Para computar o tempo de redução $\hbar/E$, imagine mover uma de duas cópias de uma esfera para longe da outra e calcular a energia E que isto custaria, levando em conta somente a atração gravitacional.

---

* Podemos preferir expressar o tempo de redução em unidades mais usuais que as unidades absolutas adotadas aqui. De fato, a expressão para o tempo de redução é simplesmente $\hbar/E$, onde E é a energia de separação gravitacional a que nos referimos acima, sem qualquer outra constante absoluta aparecendo além de $\hbar$. O fato de que a velocidade da luz c não aparece sugere que um modelo teórico "newtoniano" dessa natureza pode ser digno de investigação, como foi feito por Christian, 1994.

Se considerarmos uma esfera ideal, com massa m e raio a, obtemos uma quantidade com ordem de grandeza de m^2/a para essa energia. De fato, o valor real da energia depende de quanto a esfera foi movida, mas essa distância não é muito significativa, contanto que as duas instâncias da esfera não tenham (grande) intersecção quando atingirem seu deslocamento final. A energia adicional que seria necessária para movê-las do ponto de contato, mesmo até para longe no infinito, é da mesma ordem ($\frac{5}{7}$ dessa magnitude) que aquela envolvida em movê-las da coincidência para o ponto de contato. Assim, contanto que estejamos preocupados com ordens de magnitude, podemos ignorar a contribuição devido ao deslocamento das esferas para longe uma da outra após a separação, contanto que elas estejam realmente (essencialmente) separadas. O tempo de redução, segundo esse esquema, é da ordem de

$$\frac{a}{m^2}$$

medido em unidades absolutas, ou, aproximadamente,

$$\frac{1}{20\rho^2 a^5},$$

onde ρ é a densidade da esfera. Isto nos dá cerca de $10^{186}/a^5$ para algo de densidade ordinária (digamos, uma gota de água).

É reconfortante que isto forneça respostas bastante "razoáveis" em certas situações simples. Por exemplo, no caso de um *núcleon* (nêutron ou próton), onde tomamos a como sendo o "tamanho da interação forte" 10^{-13} cm, que em unidades absolutas é cerca de 10^{20}, e tomando m como cerca de 10^{19}, obtemos um tempo de redução de cerca de 10^{58}, que é equivalente a mais de dez milhões de anos. É alentador que esse tempo seja longo, pois efeitos de interferência quântica já foram diretamente observados para nêutrons individuais.[12] Se houvéssemos obtido um tempo de redução muito pequeno isto nos levaria a uma contradição com tais observações.

Se considerarmos algo mais "macroscópico", digamos uma pequena gota de água com um raio de 10^{-5} cm, obtemos um tempo de redução medido em horas; se a gota tivesse um raio de 10^{-4} cm (um mícron), o tempo de redução, segundo esse esquema, seria de cerca de um vigésimo de segundo; se o raio fosse 10^{-3} cm, menor do que um milionésimo de segundo. Em geral, quando consideramos um objeto em uma sobreposição de dois estados espacialmente deslocados, simplesmente consideramos a energia que levaria para

[12] Zeilinger et al., 1988.

realizar esse deslocamento, considerando somente a interação gravitacional entre os dois. O recíproco dessa energia mede um tipo de "meia-vida" do estado sobreposto. Quanto maior essa energia, mais curto seria o tempo que o estado sobreposto poderia sobreviver.

Em um experimento realista seria muito difícil impedir as esferas quantum-sobrepostas de perturbar – e se tornarem emaranhadas com – o material do ambiente externo, caso no qual teríamos também que considerar os efeitos gravitacionais envolvidos nesse ambiente. Isto seria relevante mesmo se a perturbação não resultasse em movimentos de massa de escala macroscópica no ambiente. Mesmo os minúsculos deslocamentos de partículas individuais poderiam ser importantes – ainda que normalmente em uma escala de massa total um pouco maior que com o movimento macroscópico da "esfera".

De forma a deixar claro o efeito que uma perturbação desse tipo poderia ter em nosso esquema atual, vamos substituir o aparato que move as esferas na situação experimental idealizada anteriormente por uma esfera de matéria fluida que simplesmente *absorve* o fóton, se ele é transmitido pelo espelho (Figura 6.7), de forma que agora a esfera em si está fazendo o papel do "ambiente". Em vez de termos que considerar a sobreposição linear entre dois estados macroscopicamente distintos um do outro, por conta de uma versão da esfera ter se movido com respeito à outra, agora só estamos interessados nas diferenças entre as duas configurações de posições atômicas, onde uma configuração de partículas se move de forma aleatória com relação à outra. Para uma esfera de material fluido ordinário de raio a, podemos esperar agora um tempo de redução que é algo da ordem de $10^{130}/a^3$ (dependendo, de alguma forma, das hipóteses que fazemos) em vez de $10^{186}/a^5$ que era relevante para o movimento coordenado da esfera anterior. Isto sugere que, para que ocorresse uma redução, seria necessária uma esfera um pouco maior do que no caso em que ela houvesse sido movida de lugar. No entanto, a redução *ainda* ocorre, segundo esse esquema, mesmo que não haja movimento macroscópico nenhum.

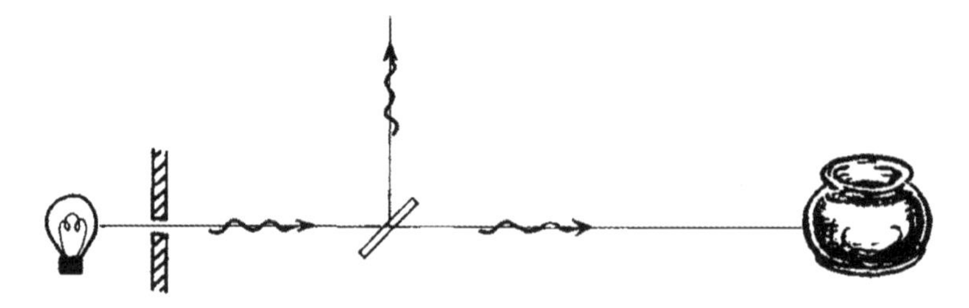

Figura 6.7 – Suponha que, em vez de mover uma esfera, a parte transmitida do estado do fóton é simplesmente absorvida por um corpo de matéria fluida.

Lembrem-se do obstáculo material que interceptou o feixe de fótons em nossa discussão sobre interferência quântica na Seção 5.8. A mera *absorção* – ou capacidade de absorção – de um fóton por tal obstáculo seria o suficiente para disparar **R**, apesar do fato de que não ocorreria nada macroscópico que pudéssemos observar. Isto também mostra como uma perturbação suficiente em um ambiente que está *emaranhado* com algum sistema sob consideração iria em si disparar **R** de tal forma que agora temos uma conexão com a abordagem PTPP usual.

De fato, em praticamente qualquer processo de medida seria muito provável que um número grande de partículas microscópicas no ambiente ao redor sofresse alguma perturbação. Segundo as ideias que estou apresentando aqui, seria geralmente *este* o efeito dominante, em vez do movimento macroscópico de objetos, como no "deslocamento da esfera" inicialmente descrito anteriormente. A menos que a situação experimental seja cuidadosamente controlada, qualquer movimento macroscópico de um objeto razoavelmente grande iria perturbar grandes quantidades do ambiente ao redor e é provável que o tempo de redução do *ambiente* – talvez algo da ordem de $10^{130}/b^3$, onde b é o raio de uma região do tamanho do ambiente emaranhado sob consideração com a densidade da água – dominaria (i.e., seria muito menor que) o tempo $10^{186}/a^5$ que poderia ser relevante para o objeto em si. Por exemplo, se o raio b do ambiente perturbado fosse tão pequeno como um décimo de um milímetro, então a redução aconteceria em um intervalo de tempo da ordem de um milionésimo de segundo por essa razão somente.

Tal paradigma tem muito em comum com a descrição convencional que foi discutida na Seção 6.6, mas agora temos um critério *bem definido* para que **R** *realmente* ocorra nesse ambiente. Lembrem-se das objeções que foram levantadas na Seção 6.6 contra o paradigma PTPP convencional como uma descrição da realidade física. Com um critério como o que estou defendendo aqui, essas objeções já não valem mais. Uma vez que haja uma perturbação suficiente no ambiente, segundo as ideias apresentadas, a redução irá rapidamente acontecer *de fato* naquele ambiente – e ela seria acompanhada pela redução de qualquer "aparato de medida" com o qual o ambiente estivesse emaranhado. Nada poderia reverter essa redução e permitir que o estado emaranhado fosse ressuscitado, mesmo que imaginemos avanços enormes na nossa tecnologia. Dessa forma, não existe contradição com o aparato de medida realmente registrar *ou* **SIM** *ou* **NÃO** – como no paradigma atual ele de fato faria.

Imagino que uma descrição dessa natureza seria relevante em muitos processos biológicos e ela forneceria uma razão provável para que estruturas biológicas de tamanho muito menor que um mícron de diâmetro pudessem, sem dúvida, se comportar como objetos clássicos frequentemente. Um sistema biológico, estando muito emaranhado com seu ambiente da maneira discutida antes, teria seu *próprio* estado continuamente reduzido por conta da redução contínua de seu *ambiente*. Poderíamos imaginar, por outro lado, que por alguma razão seria favorável ao sistema biológico que seu estado permaneça *não* reduzido por um longo tempo em circunstâncias apropriadas. Em tais casos, seria necessário que o sistema estivesse, de alguma forma, efetivamente muito isolado de seus arredores. Essas considerações nos serão importantes mais tarde (Seção 7.5).

Um ponto que deve ser enfatizado é que a energia que define o tempo de vida do estado sobreposto é a *diferença* de energia e não a energia (massa-) *total* que está envolvida na situação como um todo. Assim, para uma esfera que seja bastante grande, mas que não se mova muito – e supondo também que ela seja cristalina, de forma que os átomos individuais não se movam muito aleatoriamente –, as sobreposições quânticas poderiam ser mantidas por muito tempo. A esfera poderia ser muito maior que as gotas de água às quais nos referimos. Poderia também haver outras massas muito maiores na vizinhança, contanto que elas não se tornem significativamente emaranhadas com o estado sobreposto no qual estamos interessados. (Essas considerações seriam importantes para aparatos de estado sólido, tais como detectores de ondas gravitacionais, que utilizam corpos sólidos – talvez cristalinos – oscilatórios).[13]

Até agora, as ordens de magnitude parecem ser bastante plausíveis, mas claramente é necessário mais trabalho para ver se a ideia sobreviverá a uma investigação mais profunda. Um teste crucial seria encontrar uma situação experimental na qual a teoria padrão preveria efeitos dependentes de sobreposições quânticas de larga escala, mas em um nível onde as propostas apresentadas exigiriam que tais sobreposições não pudessem existir. Se as expectativas usuais da teoria quântica forem amparadas pela evidência observacional em tais situações, então as ideias que estou promovendo teriam que ser abandonadas – ou, pelo menos, drasticamente modificadas. Se a observação indicar que as sobreposições não podem ser mantidas, então isto seria alguma evidência para as ideias apresentadas. Infelizmente, não

[13] Weber, 1960; Braginsky, 1977.

estou ciente de qualquer sugestão prática para os experimentos apropriados até o momento. Supercondutores e aparatos como Squids* (que dependem de sobreposições quânticas de larga escala que ocorrem em supercondutores) parecem constituir uma área de investigação experimental promissora relevante para tais questões (veja Leggett, 1984). No entanto, as ideias que estou promovendo iriam precisar de mais desenvolvimento antes que pudessem ser aplicadas diretamente em tais situações. Com supercondutores, pouco deslocamento de massa ocorre entre os estados sobrepostos. No entanto, existe um deslocamento significativo de *momento* e as ideias apresentadas precisariam de mais desenvolvimento teórico para cobrir essa situação.

Essas ideias que apresentei precisariam ser reformuladas de alguma maneira mesmo para tratar a situação simples de uma câmara de nuvens (câmara de Wilson) - onde a presença de uma partícula carregada é sinalizada pela condensação de pequenas gotas do vapor presente. Suponha que tenhamos um estado quântico de uma partícula carregada consistindo de uma superposição linear da partícula estando em uma localização dentro da câmara de nuvens e da partícula estando fora desta. A parte do vetor de estado da partícula que está dentro da câmara inicia a formação de uma gotícula, mas a parte que está fora não o faz, de forma que agora o estado consiste de uma sobreposição de dois estados macroscopicamente diferentes. Em um destes existe uma gotícula formando a partir do vapor e no outro existe apenas o vapor uniforme. Precisamos estimar a energia gravitacional envolvida em puxar as moléculas de vapor de suas equivalentes nos dois estados que estão sendo considerados na sobreposição. No entanto, agora temos uma complicação adicional, pois também existe uma diferença entre a *autoenergia* gravitacional da gotícula e do vapor não condensado. A fim de dar conta de tais situações, uma formulação *diferente* do critério sugerido seria apropriada. Podemos agora considerar a *autoenergia gravitacional* da distribuição de massa que é a diferença entre as distribuições de massa dos dois estados que estão sendo considerados na sobreposição linear quântica. O recíproco desta autoenergia nos dá uma proposta alternativa para a escala de tempo da redução (cf. Penrose, 1994b). De fato, essa formulação alternativa dá exatamente o mesmo resultado que antes nas situações consideradas, mas dá um tempo de redução um pouco diferente (mais rápido) no caso da câmara de nuvens. Existem vários esquemas alternativos mais gerais para tempos de redução,

* Superconducting Quantum Interference Devices (Squids): dispositivos supercondutores de interferência quântica. (N. T.)

resultando em respostas diferentes para certas situações, ainda que concordando uns com os outros para a sobreposição simples de dois estados envolvendo o deslocamento rígido de uma esfera, como visto no começo desta seção. O esquema protótipo destes é o de Diósi (1989) (que encontrou algumas dificuldades, como indicado por Ghirardi, Grassi e Rimini (1990), que também sugeriram uma solução). Não vou distinguir entre essas várias propostas aqui, que serão todas encobertas sob o termo "a proposta da Seção 6.12" no capítulo seguinte.

Quais são as motivações específicas para um "tempo de redução" que está sendo proposto? Minhas próprias motivações iniciais (Penrose, 1993a) eram demasiado técnicas para eu as descrever aqui e eram, de qualquer forma, inconclusivas e incompletas.[14] Apresentarei evidências independentes para esse tipo de esquema físico em um instante. Ainda que esteja incompleto da forma que se encontra, o argumento parece apresentar uma forte consistência subjacente que fornece evidência adicional para acreditarmos que a redução do estado deve no fim das contas ser um fenômeno gravitacional de natureza similar ao que está sendo proposto aqui.

O problema da *conservação de energia* nas abordagens do tipo GRW já foi mencionado na Seção 6.9. Os "acertos" nos quais as partículas estão envolvidas (quando suas funções de onda se tornam espontaneamente multiplicadas por gaussianas) causa pequenas violações na conservação de energia. Mais que isto, parece haver uma transferência de energia não local nesse tipo de processo. Isto parece ser uma característica – e aparentemente uma propriedade inescapável – das teorias desse tipo em geral, nas quais o procedimento **R** é tomado como um efeito físico *real*. A meu ver, isto fornece uma evidência adicional poderosa para teorias nas quais os efeitos *gravitacionais* tenham um papel crucial no processo de redução, pois a conservação de energia na relatividade geral é uma questão sutil e elusiva. O campo gravitacional em si contém energia e essa energia contribui de maneira mensurável para a energia total (e portanto para a massa, por conta de $E = mc^2$ de Einstein) de um sistema. Porém, é uma energia nebulosa que habita o espaço vazio de forma misteriosamente não local.[15] Lembrem-se, em particular, da massa-energia que é levada embora, na forma de ondas gravitacionais, do sistema pulsar binário

[14] No entanto, as motivações de forma geral dadas em ENM, cap.7, pareceriam dar suporte à proposta que está sendo feita aqui (como também sugerida em Penrose, 1993a) de forma muito mais clara do que elas dão suporte ao "critério de um gráviton" como em ENM. Mais pesquisa é necessária para deixar essa conexão mais específica.

[15] Veja Penrose, 1991a; também ENM, p.220-1.

PSR 1913 + 16 (cf. a Seção 4.5); essas ondas são perturbações na própria estrutura do espaço-tempo. A energia contida nos campos mútuos atrativos de duas esferas de nêutrons também é uma parte importante de sua dinâmica que não pode ser ignorada. Porém, esse tipo de energia, residindo no espaço vazio, é de uma forma especialmente elusiva. Ela não pode ser obtida através da "soma" de contribuições locais de densidade de energia, nem pode ser localizada em qualquer região em particular do espaço-tempo (veja ENM, p.220-1). É tentador relacionar os problemas de energia não local igualmente elusivos do procedimento **R** àqueles da gravitação clássica e colocar um contra o outro de forma a fornecer um paradigma geral coerente.

As sugestões que estou propondo aqui conseguem atingir essa coerência de forma geral? Acredito que existe uma boa chance de que seja possível fazer que elas atinjam, mas a abordagem precisa para conseguir isto ainda não está disponível. Como mencionado antes, podemos pensar no processo de redução de forma similar ao decaimento de uma partícula ou núcleo instável. Pensem no estado sobreposto da esfera em duas posições como sendo como um núcleo estável que decai, após um tempo característico de "meia-vida", em algo mais estável. No caso das localizações sobrepostas da esfera, podemos pensar de forma similar a um estado quântico instável que decai, após um tempo de vida característico (dado, esquematicamente na média, pelo recíproco da energia gravitacional de separação), para um estado em que a esfera está em uma localização ou na outra – representando dois modos de decaimento possíveis.

No decaimento de partículas ou núcleos, o tempo de vida (digamos, o tempo de meia-vida) do processo de decaimento é o recíproco de uma pequena *incerteza* na energia-massa da partícula inicial – um efeito do princípio de incerteza de Heisenberg. (Por exemplo, a massa de um núcleo de polônio-210 instável, que decai emitindo uma partícula α em um núcleo de chumbo, não está precisamente definida, com uma incerteza que é da ordem do recíproco do tempo de decaimento – nesse caso, cerca de 138 dias, dada uma incerteza de massa de cerca de somente 10^{-34} da massa do núcleo de polônio! Para partículas instáveis individuais, no entanto, a incerteza é uma proporção muito maior da massa.) Assim, o "decaimento" que está envolvido no processo de redução *também* deveria envolver uma incerteza essencial na energia do estado inicial. Essa incerteza, segundo a proposta exposta aqui, está essencialmente na incerteza da autoenergia gravitacional do estado sobreposto. Tal autoenergia gravitacional envolve o nebuloso campo de energia não local que causa tanta dificuldade na relatividade geral, e que não é formado pela adição de contribuições locais de densidade de energia. Também envolve a incerteza essencial em identificar os pontos em duas geometrias espaçotemporais diferentes referida na Seção 6.10. Se considerarmos essa contribuição gravitacional como representando uma "incerteza" *essencial* na energia do estado sobreposto, então obtemos concordância com o tempo de vida do estado que está sendo proposto aqui. Assim, a abordagem apresentada parece fornecer uma conexão clara de consistência entre os dois problemas de energia e é pelo menos altamente sugestiva de que uma teoria completamente coerente possa finalmente ser encontrada nesses moldes.

Finalmente, existem duas importantes questões de particular relevância para nós aqui. Primeiro: quais possíveis papéis tais considerações têm para o funcionamento *cerebral*? Segundo: existe qualquer razão para esperar, meramente por razões físicas, que uma *não computabilidade* (de um tipo apropriado) possa ser uma característica desse processo de redução gravitacionalmente induzido? Veremos, no próximo capítulo, que existem de fato algumas possibilidades intrigantes.

7
A teoria quântica e o cérebro

7.1 Fenômenos quânticos de larga escala na função cerebral?

A função cerebral, segundo o ponto de vista convencional, deve ser entendida em termos essencialmente da física clássica – ou assim parece. Sinais nervosos são considerados como sendo fenômenos "liga ou desliga", assim como as correntes dos circuitos eletrônicos de um computador, que *ou* se propagam *ou* não se propagam – sem nenhuma das misteriosas *sobreposições* de alternativas que são características dos fenômenos quânticos. Ainda que se admita que, nos níveis *subjacentes*, efeitos quânticos devem ter um papel a cumprir, os biólogos parecem geralmente ser da opinião de que não há necessidade de sermos forçados além de um paradigma clássico quando discutimos as implicações em larga escala desses componentes quânticos primários. As forças químicas que controlam as interações dos átomos e moléculas são de fato de origem quantum-mecânica e é majoritariamente a interação química que governa o comportamento das substâncias *neurotransmissoras* que transferem sinais de um neurônio para o outro – através de pequenos buracos que são chamados de *fendas sinápticas*. Da mesma forma, os potenciais de ação que controlam fisicamente a transmissão de sinais nervosos em si têm uma origem admitidamente quantum-mecânica. Porém, parece que é geralmente assumido que é bastante adequado modelar o comportamento dos neurônios em si, e seus relacionamentos uns com os outros, de uma forma inteiramente clássica. É amplamente acreditado, correspondentemente, que deveria ser inteiramente apropriado modelar o funcionamento físico do cérebro como um todo como um sistema *clássico*, onde as características mais sutis e misteriosas da física quântica não entram de forma significativa na descrição.

Isto teria a implicação de que qualquer atividade significativa possível que ocorra no cérebro deve ser considerada como *ou* "ocorrendo" *ou* "não ocorrendo". As estranhas *sobreposições* da teoria quântica, que permitiriam "ocorrendo" *e* "não ocorrendo" *simultaneamente* – com fatores ponderadores dados por números complexos – não seriam consideradas, correspondentemente, como tendo nenhum papel relevante. Ainda que possa ser aceito que em algum nível submicroscópico de atividade tais sobreposições quânticas "realmente" aconteçam, seria pensado que os efeitos de interferência que são característicos de tais fenômenos quânticos não teriam nenhum papel nas escalas maiores relevantes. Assim, seria considerado adequado tratar quaisquer tais sobreposições como se elas fossem misturas estatísticas e a modelagem clássica da atividade cerebral seria perfeitamente satisfatória PTPP.

Existem certas opiniões dissidentes quanto a isso, no entanto. Em particular, o renomado neurofisiologista John Eccles argumentou em defesa da importância dos efeitos quânticos na função sináptica (veja, em particular, Beck; Eccles, 1992; e Eccles, 1994). Ele aponta para o retículo vesicular pré-sináptico – uma estrutura paracristalina hexagonal nas células piramidais do cérebro – como sendo um local quântico apropriado. Da mesma forma, algumas pessoas (incluindo eu mesmo; cf. ENM, p.400-1; e Penrose, 1987) tentaram extrapolar do fato de que as células sensíveis na retina (que é tecnicamente uma parte do cérebro) podem responder a um número pequeno de fótons (Hecht et al., 1941) – sensíveis mesmo a um *único* fóton (Baylor et al., 1979) em circunstâncias apropriadas – e especular que possa haver neurônios no cérebro propriamente dito que também são essencialmente aparatos de detecção quântica.

Com a possibilidade de que efeitos quânticos realmente possam desencadear atividades muito maiores dentro do cérebro, algumas pessoas expressaram a esperança de que, em tais circunstâncias, a *indeterminação quântica* possa ser o que fornece uma abertura para a *mente* influenciar o cérebro físico. Aqui, um ponto de vista *dualístico* provavelmente seria assumido, seja explícita ou implicitamente. Talvez o "livre arbítrio" de uma "mente externa" possa ser capaz de influenciar as escolhas quânticas que de fato resultam de tais processos não determinísticos. Desse ponto de vista, é presumivelmente através da ação dos processos **R** da teoria quântica que a "matéria mental" do dualista teria influência sobre o comportamento do cérebro.

O *status* de tais sugestões não é claro para mim, especialmente dado que, na teoria quântica padrão, a indeterminação quântica *não* ocorre em escalas quânticas, já que a evolução determinística **U** sempre é válida nesse nível. É somente no processo de amplificação do nível quântico para o clássico que a indeterminação de **R** está fadada a ocorrer. No ponto de vista padrão PTPP, essa indeterminação é algo que "acontece" somente quando quantidades suficientes do ambiente se tornam emaranhadas com o evento quântico. De fato, como vimos na Seção 6.6, no ponto de vista padrão não está nem mesmo claro o que "acontece" realmente significa. Seria difícil, sobre as bases da física quântica convencionais, manter que a teoria realmente permite que uma indeterminação ocorra somente no nível em que uma única partícula quântica, tal como um fóton, átomo ou uma molécula pequena, esteja envolvida de maneira crítica. Quando (por exemplo) a função de onda de um fóton encontra uma célula fotossensível, ela desencadeia uma sequência de eventos que permanece determinística (ação de **U**) contanto que o sistema possa ser considerado como estando "no nível quântico". Finalmente, quantidades significativas do ambiente são perturbadas e, no paradigma convencional, considera-se que **R** ocorreu PTPP. Teríamos que considerar que a "matéria-mente" de alguma maneira influencia o sistema somente nessa fase indeterminada.

Segundo o ponto de vista da redução do estado que eu mesmo tenho defendido neste livro (cf. a Seção 6.12), para encontrar um nível no qual o processo **R** *realmente* se torna operacional, devemos olhar para as escalas bastante grandes que se tornam relevantes quando quantidades consideráveis de material (de mícrons a milímetros de diâmetro – ou talvez bem mais, se nenhum movimento significativo de massa estiver envolvido) se tornam emaranhadas no estado quântico. (Vou denotar esse processo bastante específico, mas especulativo, por **RO**, que abrevia *redução objetiva*).* De qualquer forma, se tentarmos nos manter aderentes ao ponto de vista dualista apresentado, do

* Em ENM usei a descrição "gravitação quântica correta" – abreviada GQC [CQG, em inglês] – para esse tipo de coisa. Aqui a ênfase é um pouco diferente. Não quero enfatizar a conexão desse procedimento com o problema profundo de encontrar uma teoria completamente coerente de gravitação quântica. A ênfase é mais em um procedimento que estaria de acordo com a sugestão específica apresentada na Seção 6.12, mas junto de algum ingrediente não computacional fundamental que está faltando. O uso do acrônimo **RO** tem a propriedade adicional de que, em um procedimento de redução objetiva, o resultado físico é de fato uma coisa *ou* a outra, no lugar da sobreposição conjunta que havia ocorrido antes. (N. A.)

qual estamos olhando para algum lugar onde uma "mente" externa possa ter influência no comportamento físico – presumivelmente substituindo a aleatoriedade pura da teoria quântica por algo mais sutil –, então devemos de fato encontrar como a influência "da mente" poderia entrar em uma escala muito maior do que a de partículas quânticas isoladas. Devemos olhar para onde for que o ponto de cruzamento entre os níveis clássicos e quânticos ocorre. Como vimos no capítulo anterior, não existe uma concordância geral sobre o que, se ou onde tal ponto de cruzamento possa estar.

Em minha opinião, não é de muito auxílio, de um ponto de vista científico, pensar em uma "mente" dualística que é (logicamente) *externa* ao corpo de alguma maneira influenciando as escolhas que parecem surgir da ação de **R**. Se o "arbítrio" poderia de alguma forma influenciar a escolha de alternativas da Natureza que ocorre com **R**, então por que um experimentalista não é capaz, através da ação da "força do arbítrio", influenciar o resultado de um experimento quântico? Se isto fosse possível, então violações das probabilidades quânticas certamente seriam muitas! Da minha parte, não posso crer que tal quadro possa estar próximo da verdade. Ter uma "matéria mental" externa que não está em si sujeita às leis físicas nos levaria muito além de qualquer coisa que poderia ser razoavelmente chamada de uma explicação científica e estaria indo em direção ao ponto de vista $\mathscr{D}$ (cf. Seção 1.3).

É difícil, no entanto, argumentar contra tal ponto de vista de maneira rigorosa, já que, pela sua própria natureza, ele está vazio de regras claras que permitiriam que fosse sujeito a um debate científico. Aos leitores que, por qualquer razão, mantenham a convicção (ponto de vista $\mathscr{D}$) de que a ciência permanecerá para sempre incapaz de investigar as questões da mente, peço simplesmente que continuem comigo para vermos qual espaço poderia finalmente ser encontrado dentro de uma ciência que indubitavelmente se estenderá para muito além do escopo limitado que se admite hoje. Se a "mente" é algo bastante externo ao corpo físico, é difícil ver como tantos de seus atributos podem ser associados de maneira muito próxima às propriedades do cérebro físico. Meu ponto de vista é de que devemos buscar por respostas mais profundamente dentro das estruturas físicas reais "materiais" que constituem o cérebro – e também mais profundamente na própria questão do que uma estrutura "material", no nível quântico das coisas, realmente *é*! Acredito que não haverá, por fim, outra alternativa a não ser investigar mais profundamente as verdades que realmente se encontram nas raízes da natureza.

Seja como for, pelo menos uma coisa parece clara. Não devemos simplesmente olhar para os efeitos quânticos de partículas únicas, átomos ou mesmo pequenas moléculas, mas para os efeitos de sistemas quânticos que mantêm sua natureza quântica manifesta em uma escala muito maior. Se não existe coerência quântica de larga escala envolvida, então não haveria chance de quaisquer efeitos quânticos sutis, tais como não localidade, paralelismo quântico (diversas ações sobrepostas sendo realizadas simultaneamente) ou efeitos de contrafactualidade, terem qualquer relevância quando o nível clássico de atividade cerebral é atingido. Sem uma "proteção" adequada do estado quântico de seu ambiente, tais efeitos seriam imediatamente perdidos na aleatoriedade inerente àquele ambiente – i.e., os movimentos aleatórios daqueles materiais biológicos e fluidos que constituem o grosso do cérebro.

O que é *coerência quântica*? Esse fenômeno se refere às circunstâncias nas quais números grandes de partículas podem cooperar coletivamente em um único estado quântico que permanece essencialmente não emaranhado com seu ambiente. (A palavra "coerência" se refere, em geral, ao fato de que oscilações em diferentes lugares oscilam de forma síncrona uma com as outras. Aqui, com coerência *quântica*, estamos interessados na natureza oscilatória da função de onda e a coerência se refere ao fato de que estamos tratando de um único estado quântico.) Tais estados ocorrem de forma mais dramática nos fenômenos de supercondutividade (nos quais a resistência elétrica cai para zero) e superfluidez (em que o atrito do fluido, ou viscosidade, cai para zero). O ingrediente característico de tais fenômenos é a presença de uma *fenda de energia* que tem que ser atravessada pelo ambiente se este quiser perturbar o estado quântico. Se a temperatura naquele ambiente for muito alta, de tal forma que a energia de muitas das partículas no ambiente seja grande o bastante para elas atravessarem essa fenda e emaranharem com o estado, então a coerência quântica é destruída. Consequentemente, fenômenos da natureza da supercondutividade e superfluidez são vistos ocorrendo normalmente apenas em temperaturas muito baixas, somente alguns graus acima do zero absoluto. Por razões como esta, houve um grande ceticismo generalizado sobre a possibilidade de efeitos de coerência quântica terem qualquer relevância para um objeto "quente" como o cérebro humano – ou, de fato, qualquer outro sistema biológico.

Em anos recentes, no entanto, houve algumas descobertas experimentais notórias que mostraram que, com substâncias apropriadas, a supercondutividade pode ocorrer mesmo a temperaturas muito mais altas, até cerca de 115 K (cf. Sheng et al., 1988). Isto ainda é muito frio, do ponto de vista biológico, sendo cerca de −158 °C ou −212 °F, somente um pouco mais quente que o nitrogênio líquido. Porém, ainda mais notória é a observação de Laguës et al. (1993) que parece indicar a presença de supercondutividade nas temperaturas meramente "siberianas" –23 °C ou –10 °F. Ainda que de certa forma do lado "frio", em termos biológicos, tal *supercondutividade de altas temperaturas* nos dá uma forte evidência para a conjectura de que possa haver efeitos de coerência quântica que realmente são relevantes para sistemas biológicos.

De fato, muito antes de o fenômeno de supercondutividade de altas temperaturas ter sido observado, o distinto físico Herbert Fröhlich (que, nos anos 1930 havia tido um dos *insights* fundamentais no entendimento da supercondutividade "ordinária" de baixas temperaturas) sugeriu um papel possível para efeitos quânticos coletivos em sistemas biológicos. Esse trabalho foi estimulado por um fenômeno misterioso que havia sido observado em membranas biológicas desde 1938 e Fröhlich foi levado a propor, em 1968 (utilizando um conceito devido ao meu irmão Oliver Penrose e Lars Onsager (1956) – como aprendi para minha surpresa ao pesquisar esses temas), que deveria haver efeitos vibracionais dentro de células ativas, que teriam ressonâncias com a radiação eletromagnética de micro-ondas, a 10^{11} Hz, como resultado de um efeito de coerência quântica biológica. Em vez de necessitar de uma baixa temperatura, os efeitos surgiriam da existência de uma grande energia gerada por meios metabólicos. Existe agora alguma evidência observacional respeitável, em muitos sistemas biológicos, a favor precisamente do tipo de efeito que Fröhlich havia predito em 1968. Tentaremos ver mais adiante (Seção 7.5) que relevância isto pode ter para a atividade cerebral.

7.2 Neurônios, sinapses e computadores

Ainda que seja encorajador encontrar a possibilidade de que a coerência quântica tenha um papel genuinamente significativo a desempenhar em sistemas biológicos, não há, até o momento, uma conexão clara entre isto e o que possa ser diretamente relevante para a atividade cerebral. Muito do nosso entendimento sobre o cérebro, ainda que bastante rudimentar, nos levou a um quadro clássico (essencialmente aquele apresentado por McCullogh e Pitts já em 1943), no qual os neurônios e suas sinapses conectoras parecem desempenhar um papel essencialmente similar àquele dos transistores e fios (circuitos impressos) nos computadores eletrônicos de hoje em dia. Mais detalhadamente, o paradigma biológico é o de sinais nervosos clássicos viajando de fora de um bulbo central (soma neuronal) do neurônio, através da fibra muito longa chamada *axônio*, esse axônio então bifurcando em ramificações separadas em vários lugares (Figura 7.1). Cada ramificação finalmente acaba em uma *sinapse* – a junção na qual o sinal é transferido, geralmente para um neurônio subsequente, através de uma fenda sináptica. É nesse momento que os compostos químicos neurotransmissores levam a mensagem que o neurônio anterior disparou, através de sua movimentação de uma célula (neurônio) para a próxima. Essa junção sináptica ocorreria comumente no *dendrito* (de formato similar a uma árvore) do próximo neurônio, ou então em sua soma neuronal. Algumas sinapses são excitatórias por sua natureza, com neurotransmissores que tendem a alterar os disparos do próximo neurônio, enquanto outras são inibitórias e seus (diferentes) neurotransmissores químicos tendem a inibir o disparo de um neurônio. Os efeitos das diferentes ações sinápticas no neurônio seguinte essencialmente se somam ("mais" para os excitatórios e "menos" para os inibitórios) e quando um certo limiar é alcançado o próximo neurônio irá disparar.* De forma mais concreta, haveria uma forte *probabilidade* de que ele dispararia. Em todos esses processos existiriam alguns fatores de sorte envolvidos.

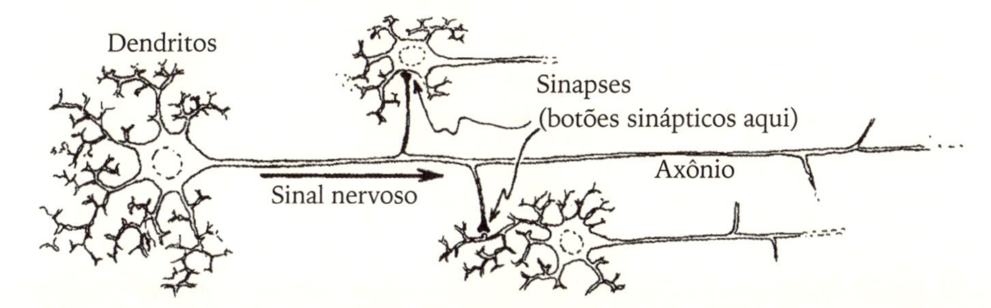

Figura 7.1 – Um rascunho de um neurônio, conectado a alguns outros através de sinapses

* Pelo menos este tem sido o paradigma convencional. Existe agora alguma evidência de que essa simples descrição "aditiva" possa ser uma supersimplificação considerável e que algum "processamento de informação" provavelmente está ocorrendo dentro dos dendritos de neurônios individuais. Essa possibilidade tem sido enfatizada por Karl Pribram e outros (cf. Pibram, 1991). Algumas sugestões anteriores na mesma linha geral foram feitas por Alwyn Scott (1973, 1977; e para a possibilidade de "inteligência" dentro de células individuais, cf. Albrecht-Buehler, 1985, por exemplo). Que possa haver algum "processamento dendrítico" complexo acontecendo dentro de neurônios isolados é consistente com nossas discussões na Seção 7.4. (N. A.)

Não existe, pelo menos até agora, nenhuma dúvida de que esse paradigma poderia em princípio ser efetivamente simulado computacionalmente, assumindo que as conexões sinápticas e suas intensidades individuais sejam mantidas constantes. (Os componentes aleatórios não representariam, em princípio, nenhum obstáculo computacional, cf. a Seção 1.9.) De fato, não é difícil ver que o paradigma dos neurônios-sinapses que é apresentado aqui (com sinapses fixas e intensidades fixas) é essencialmente *equivalente* àquele de um computador (cf. ENM, p.392-6). No entanto, por conta de um fenômeno conhecido como *plasticidade cerebral*, as intensidades de pelo menos algumas dessas conexões podem mudar de tempos em tempos, talvez mesmo em uma escala de tempo menor que um segundo, assim como as conexões em si. Uma questão importante é: que procedimentos governam essas mudanças sinápticas?

Nos modelos conexionistas (tais como os adotados por redes neurais artificiais) existe uma *regra computacional* de algum tipo governando as mudanças sinápticas. Essa regra teria que ser especificada de tal forma que um sistema possa melhorar sua performance anterior com base em critérios preestabelecidos com relação a seus *inputs* externos. Já em 1949, Donald Hebb sugeriu uma regra simples desse tipo. Modelos conexionistas modernos[1] modificaram de forma considerável o procedimento original de Hebb de várias formas. Em modelos gerais desse tipo, claramente deve haver *alguma* regra computacional clara – pois os modelos sempre são coisas que podem ser construídas em um computador ordinário; cf. a Seção 1.5. Porém, o ponto principal dos argumentos que apresentei na Parte I é que nenhum desses procedimentos computacionais seria adequado para explicar todas as manifestações operacionais do entendimento humano consciente. Assim, devemos olhar para algo diverso se estivermos em busca do tipo de "mecanismo" de controle apropriado – pelo menos no caso das mudanças sinápticas que possam ter alguma relevância para a atividade *consciente* real.

Certas outras ideias foram sugeridas, tais como aquelas de Gerald Edelman em seu livro *Bright Air, Brilliant Fire* [Ar brilhante, fogo reluzente] (1992) (e sua trilogia anterior Edelman, 1987, 1988, 1989), no qual é proposto que, em vez de termos regras do tipo hebbeniano, uma forma de princípio "darwiniano" opera dentro do cérebro, permitindo que ele melhore sua performance continuamente através do tipo de princípio de seleção natural quc

[1] Veja, por exemplo, Lisboa, 1992.

governa essas conexões – havendo nesse modelo associações significativas com a forma de o sistema imune desenvolver sua capacidade de "reconhecer" substâncias. A importância é colocada sobre o complicado papel dos neurotransmissores e de outras substâncias químicas envolvidas na comunicação entre os neurônios. No entanto, esses processos, como concebidos atualmente, ainda são tratados de uma forma clássica e computacional. De fato, Edelman e seus colegas construíram uma série de aparatos computacionalmente controlados (chamados Darwin I, II, III, IV etc.) que têm a intenção de simular, em graus crescentes de complexidade, os mesmos tipos de processo que ele está propondo que sejam subjacentes à base do funcionamento mental. Pelo próprio fato de que um computador ordinário de propósito geral realiza as ações de controle da simulação, segue que esse esquema em particular é ainda um esquema computacional – com um sistema particular de regras "*bottom-up*". Não importa o quão diferente em detalhes tal esquema possa ser de outros procedimentos computacionais. Ele ainda está abarcado dentro daqueles incluídos na discussão da Parte I – cf., particularmente, seções 1.5 e 3.9, e os argumentos que estão sumarizados no diálogo fantasioso da Seção 3.23. Esses argumentos por si só tornam excessivamente improvável que qualquer coisa que seja somente dessa natureza possa fornecer um modelo real da mente consciente.

De forma a escapar da camisa de força computacional, algum outro meio de controlar as conexões sinápticas é necessário – e, seja qual for, deve presumivelmente envolver alguns processos físicos nos quais alguma forma de coerência quântica tenha um papel significativo para desempenhar. Se esse processo é similar de uma forma essencial ao sistema imune, então o sistema imune em si deve ser dependente de efeitos quânticos. Talvez, de fato, haja algo na forma particular com a qual o mecanismo de reconhecimento do sistema imune opera que tenha um caráter essencialmente quântico – como foi argumentado, em particular, por Michael Conrad (1990, 1992, 1993). Isto não me surpreenderia; mas tais papéis para fenômenos quânticos na operação do sistema imune não constituem nenhuma parte crucial do modelo de Edelman para o cérebro.

Mesmo que as conexões sinápticas sejam controladas de alguma forma por efeitos quantum-mecânicos coerentes é difícil ver como pode haver qualquer coisa essencialmente quantum-mecânica na atividade de disparos de sinais nervosos em si. Quer dizer, é difícil ver como poderíamos considerar, de alguma forma útil, uma sobreposição quântica consistindo de um neurônio *disparando* e simultaneamente *não disparando*. Sinais nervosos parecem ser suficientemente macroscópicos para que seja difícil acreditar em tal ideia, apesar do fato de que a transmissão nervosa é realmente muito bem isolada pela presença da bainha de mielina gordurosa que envolve os nervos. No paradigma (**RO**) que estou promovendo na Seção 6.12, devemos esperar que a redução de estado objetiva acontecesse rapidamente quando um neurônio disparasse, não porque há muito movimento de massa em larga escala (não chega nem perto, pelos padrões requeridos), mas porque o campo elétrico – causado pelo sinal nervoso –, se propagando ao longo do nervo, provavelmente seria capaz de ser detectado pelo ambiente ao redor do material no cérebro. Esse campo iria perturbar, de forma aleatória, quantidades razoavelmente grandes desse material – o suficiente, parece, para que o critério da Seção 6.12 para a ocorrência de **RO** fosse satisfeito quase no mesmo momento em que o sinal é iniciado. Assim, a manutenção de sobreposições quânticas de neurônios disparando e neurônios não disparando parece uma possibilidade implausível.

7.3 Computação quântica

Essa propriedade de perturbar o ambiente que o disparo neuronal tem é a característica que sempre achei a mais desconfortável para o tipo geral de proposta pela qual argumentei a favor anteriormente em ENM, na qual a sobreposição quântica do disparo e do não disparo simultaneamente de famílias de neurônios realmente parece ser necessária. Com o presente critério **RO** para a redução do estado, o processo **R** seria disparado com uma perturbação ambiental ainda mais fraca do que seria o caso anteriormente e é ainda mais difícil acreditar na possibilidade de que tais sobreposições pudessem ser mantidas de forma significativa. A ideia havia sido de que, se fosse possível realizar muitos "cálculos" sobrepostos separados em diferentes padrões de disparo neuronal simultaneamente, então algo com a mesma natureza que uma *computação quântica* poderia ser realizada pelo cérebro, em vez de simplesmente computações de Turing. Apesar da aparente implausibilidade de a computação quântica ser operacional nesse nível de atividade cerebral, será útil para nós investigarmos certos aspectos que estão envolvidos nesse conceito.

Computação quântica é uma construção teórica que foi proposta em seus conceitos iniciais por David Deutsch (1985) e Richard Feynman (1985,

1986), cf. também Benioff (1982), Albert (1983) e que agora está sendo ativamente explorada por diversas pessoas. A ideia é que a noção clássica de uma máquina de Turing seja estendida para uma correspondente quântica. Dessa forma, todas as operações que essa "máquina" estendida realiza estão sujeitas às leis quânticas – com sobreposições permitidas – que se aplicam a um sistema no nível quântico. Assim, na maior parte do tempo, é a ação de **U** que governa a evolução do aparato, com a preservação de tais sobreposições sendo uma parte essencial de seu funcionamento. O processo **R** se tornaria relevante principalmente ao *fim* da operação, quando o sistema é "medido" de forma a aferir o resultado do cálculo computacional. De fato (ainda que isto não seja sempre reconhecido), a ação de **R** também deve ser invocada de tempos em tempos de uma forma mais reduzida durante o fluxo da computação, de forma a aferir se o cálculo computacional já terminou ou não.

Ainda que um computador quântico não possa realizar nada que já não pudesse ser feito *em princípio* por um cálculo computacional de Turing convencional, existem certas classes de problemas para os quais a computação quântica é capaz de superar a computação de Turing no sentido da *teoria da complexidade* (cf. Deutsch, 1985). Isto quer dizer que, para essas classes de problema, o computador quântico é em princípio muito *mais rápido* – mas *simplesmente* mais rápido – que o computador convencional. Veja, particularmente, Deutsch e Jozsa (1992) para uma classe de problemas interessantes (ainda que um pouco artificiais) para os quais computadores quânticos são excelentes. Além disso, o importante problema da decomposição de inteiros grandes em fatores primos pode agora ser resolvido (em tempo polinomial) pela computação quântica, segundo um argumento recente apresentado por Peter Shor.

Na computação quântica "padrão", são adotadas as regras usuais da teoria quântica, nas quais o sistema funciona segundo o procedimento **U** por essencialmente toda sua operação, mas onde **R** entra em certos lugares específicos. Não existe nada "não computacional" em tal procedimento, no sentido *ordinário* de "computacional", já que **U** é uma operação computável e **R** é um procedimento puramente probabilístico. O que pode ser alcançado em princípio por um computador quântico também poderia ser alcançado, em princípio, por uma máquina de Turing adequada com um componente aleatório. Assim, mesmo um computador quântico não seria capaz de realizar as operações requeridas para o entendimento humano consciente segundo os argumentos da Parte I. A esperança seria que as sutilezas do que *realmente* está acontecendo com o vetor de estado, quando este "parece" ser reduzido, em vez do procedimento temporário aleatório **R**, nos levariam a algo *genuinamente* não computável. Assim, a teoria completa do processo **RO** especulativo teria que ser um esquema *essencialmente não computável.*

A ideia em ENM havia sido de que computações de Turing sobrepostas poderiam ser realizadas por um período, mas estas teriam que estar entremeadas a alguma ação não computável que poderia ser entendida somente em termos de seja lá qual for a nova física que surgiria (*e.g.*, **RO**) para substituir **R**. Porém, se tais sobreposições de cálculos computacionais neuronais são proibidas para nós, por conta do fato de que muito do ambiente é perturbado por cada sinal neuronal, é difícil ver como seria possível fazer uso das ideias da computação quântica padrão, muito menos de qualquer modificação desse procedimento que usufrua da vantagem de algum substituto não computacional de **R** tal como **OR**. No entanto, veremos em um momento que existe uma possibilidade muito mais promissora. Para entender como este pode ser o caso, deveremos olhar com mais detalhes a natureza biológica das células cerebrais.

7.4 Citoesqueletos e microtúbulos

Se devemos crer que os neurônios são as únicas coisas que controlam as sofisticadas atividades dos animais, então o humilde paramécio nos confronta com um profundo problema. Afinal, ele nada em uma poça com suas numerosas perninhas parecidas com cabelos – os *cílios* (*cilia*) – se atirando em direção à comida bacteriana que sente existir utilizando uma variedade de mecanismos, ou se retraindo diante da perspectiva do perigo, pronto para nadar em outra direção. Também pode evitar obstruções nadando ao redor delas. Mais que isso, ele aparentemente pode mesmo *aprender* de suas experiências passadas[2] – ainda que esta, entre suas características mais notórias, tenha sido alvo de controvérsia por parte de algumas pessoas.[3] Como isto é feito por um animal sem qualquer neurônio ou sinapse? De fato, sendo somente uma única célula, e esta não sendo um neurônio, ele não tem lugar para acomodar tais acessórios (veja a Figura 7.2).

---

[2] French, 1940; Gelber, 1958; Applewhite, 1979; Fukui; Asai, 1976.

[3] Dryl, 1974.

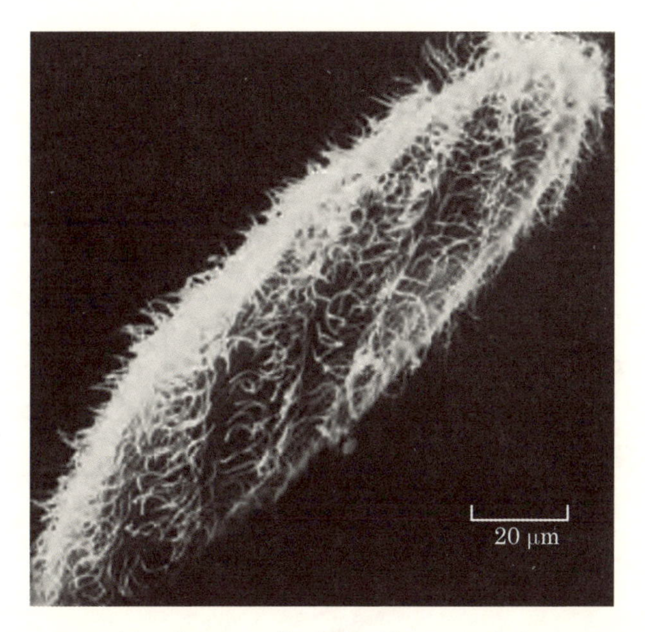

Figura 7.2 – Um *paramécio*. Notem os cílios parecidos com cabelos que são usados para nadar. Estes formam as extremidades externas do *citoesqueleto* do *paramécio*

Ainda assim, deve realmente haver um complicado sistema de controle governando o comportamento de um paramécio – ou, de fato, de outros animais unicelulares, tais como amebas –, mas não é um sistema nervoso. A estrutura responsável é aparentemente parte do que é referido como o *citoesqueleto*. Como o nome sugere, o citoesqueleto fornece a estrutura que mantêm a célula com seu formato, mas também faz muito mais. Os cílios em si são as terminações das fibras citoesqueléticas, mas o citoesqueleto parece também conter o sistema de controle da célula, além de fornecer as "esteiras" para transportar várias moléculas de um ponto para o outro. Em resumo, o citoesqueleto parece representar um papel para uma única célula semelhante à combinação do esqueleto, sistema muscular, pernas, sistema circulatório de sangue e sistema nervoso, combinados em uma coisa só!

É o papel do citoesqueleto como o "sistema nervoso" da célula que nos será de importância central. Afinal, nossos próprios neurônios são em si células isoladas e cada neurônio tem o seu *próprio* citoesqueleto! Será que isto quer dizer que existe um sentido no qual cada neurônio individual possa ter algo semelhante ao seu próprio "sistema nervoso pessoal"? Este é um conceito intrigante e vários cientistas estão começando a se convencer de que algo dessa natureza geral possa realmente ser verdade. (Veja o livro pioneiro de Stuart Hameroff de 1987 *Ultimate Computing: Biomolecular Consciousness and Nanotechnology* [A computação final: a consciência biomolecular e a nanotecnologia]; veja também Hameroff; Watt (1982) e várias publicações na nova revista científica *Nanobiology*.)

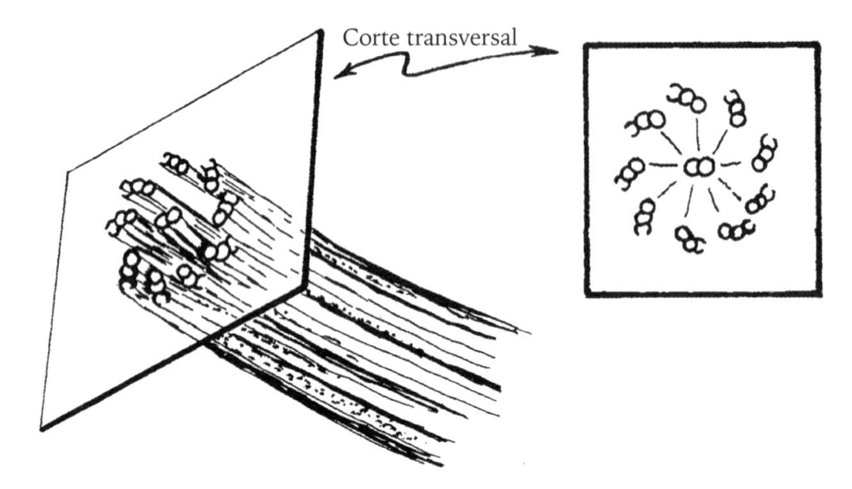

Figura 7.3 – Partes importantes do citoesqueleto consistem em feixes de minúsculos tubos (microtúbulos) organizados em uma estrutura com um recorte transversal similar a um ventilador. Os cílios do paramécio são feixes dessa natureza

Para investigar essas questões, devemos primeiro olhar a organização básica do citoesqueleto. Ele consiste de moléculas proteicas dispostas em vários tipos de estruturas: actina, microtúbulos e filamentos intermediários. Os *microtúbulos* são nosso interesse principal aqui. Eles consistem de tubos cilíndricos vazios, com cerca de 25 nm de diâmetro no exterior e 14 nm no interior (onde "nm" = "nanômetro", que é 10^{-9} m), algumas vezes organizados em fibras tubulares maiores que consistem de nove dubletos, tripletos ou tripletos parciais de microtúbulos, organizados em uma disposição com um corte transversal similar a um ventilador, como indicado na Figura 7.3, onde às vezes há um par de microtúbulos atravessando o centro. Os cílios do paramécio são estruturas desse tipo. Cada microtúbulo em si é um polímero proteico consistindo em subunidades referidas como *tubulinas*. Cada subunidade tubulina é um "dímero", i.e., consiste em essencialmente duas partes separadas chamadas de α-tubulina e β-tubulina, cada uma sendo composta por cerca de 450 aminoácidos. É um par proteico globular, de certa maneira "com a forma de um amendoim" e organizado em um retículo hexagonal levemente torto por toda a disposição do tubo, como indicado na Figura 7.4.

Existem geralmente 13 colunas de dímeros de tubulina em cada microtúbulo. Cada dímero tem cerca de 8 nm × 4 nm × 4 nm e seu número atômico é cerca de 11×10^4 (o que significa que ele tem cerca dessa quantidade de núcleons em si, de tal forma que sua massa, em unidades absolutas, é cerca de 10^{-14}).

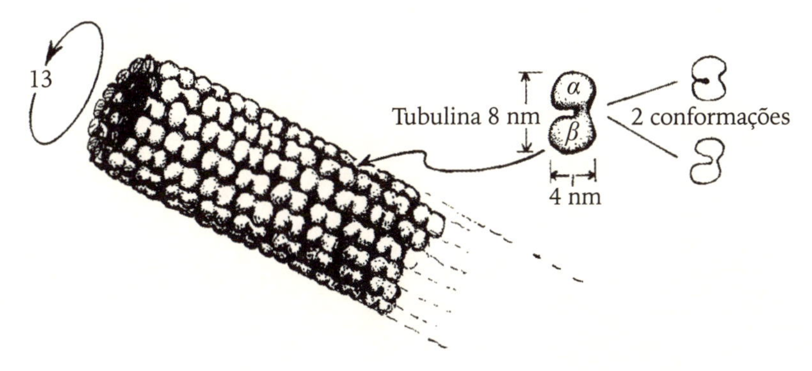

Figura 7.4 – Um *microtúbulo*. É um tubo vazio, normalmente composto de 13 colunas de dímeros de tubulina. Cada molécula de tubulina é capaz de estar em (pelo menos) duas conformações

Cada um dos dímeros de tubulina, como um todo, pode existir em (pelo menos) duas configurações geométricas diferentes – chamadas de diferentes *conformações*. Em uma destas, eles se entortam cerca de 30° em direção ao microtúbulo. Existe evidência de que essas duas conformações correspondem a dois estados diferentes da polarização elétrica do dímero, onde estas surgem por conta de um elétron, posicionado de forma central na junção α-tubulina/β-tubulina, que pode mudar de uma posição para a outra.

O "centro de controle" do citoesqueleto parece ser uma estrutura chamada de *centro organizador de microtúbulos* ou *centrossomo*. Dentro do centrossomo está uma estrutura especial conhecida como *centríolo*, que consiste essencialmente de dois cilindros de nove tripletos de microtúbulos, onde os cilindros formam um tipo de "T" separado (Figura 7.5). (Os cilindros são similares, de forma geral, àqueles que ocorrem nos cílios como ilustrado na Figura 7.3.) Segundo Albrecht-Bueler (1981, 1991), o centríolo funciona como o olho da célula! – uma ideia particularmente intrigante, que não é completamente aceita ainda. Seja qual for o papel do centrossomo durante o curso normal da existência de uma célula ordinária, ele tem pelo menos uma tarefa fundamentalmente importante. Em um momento crítico, ele divide-se em dois, cada parte aparentemente carregando um feixe de microtúbulos consigo – ainda que seja mais correto dizer que cada um se torna o ponto focal ao redor dos quais os microtúbulos se reúnem. Essas fibras de microtúbulos de alguma forma conectam o centrossomo às fitas de DNA no núcleo (em pontos centrais, conhecidos como seus centrômeros) e as fitas de DNA se separam – iniciando o processo extraordinário tecnicamente conhecido como *mitose*, que simplesmente quer dizer *divisão celular* (veja a Figura 7.6).

Figura 7.5 – O *centríolo* (que parece ser o *olho* da célula) consiste essencialmente de um "T" separado constituído de dois feixes de microtúbulos de forma muito similar à ilustrada na Figura 7.3

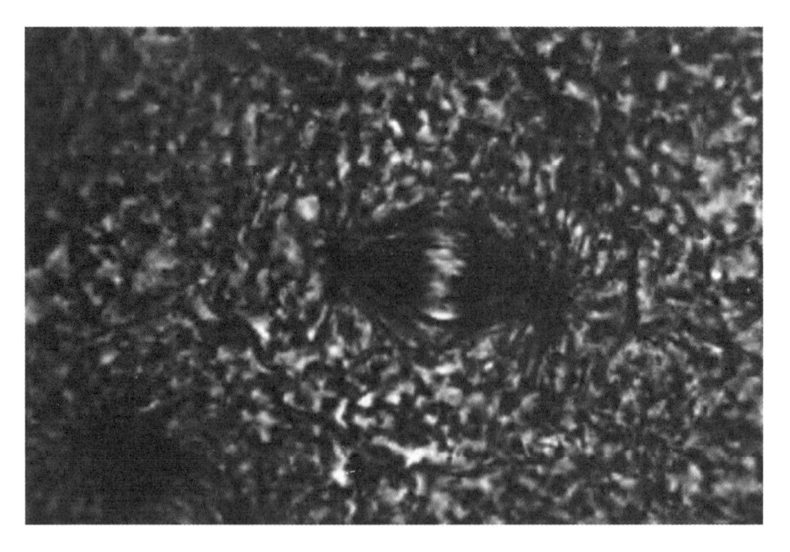

Figura 7.6 – Na mitose (divisão celular), os cromossomos se separam, sendo puxados para se separarem pelos microtúbulos

Pode parecer estranho que existam dois "quartéis-generais" tão distintos em uma única célula. Por um lado, há o *núcleo*, onde o material genético fundamental da célula reside, que controla a hereditariedade da célula, sua própria identidade particular e governa a produção do material proteico com o qual a célula em si é constituída. Por outro lado, existe o *centrossomo*, com seu componente notável, o *centríolo*, que parece ser o ponto focal do citoesqueleto, uma estrutura que aparentemente controla os movimentos das células e sua organização detalhada. Acredita-se que a presença dessas duas estruturas diferentes em células eucarióticas (as células de todos os animais e quase todas as plantas neste planeta – mas excluindo bactérias, cianofíceas e vírus) seja resultado de uma "infecção" anciã que aconteceu alguns bilhões de anos atrás. As células que habitavam a Terra previamente eram as células procarióticas que ainda existem hoje como bactérias e cianofíceas, que não possuem citoesqueletos. Uma sugestão (Sagan, 1967) é que alguns procariontes primordiais se tornaram emaranhados com – ou, talvez, "infectados por" – algum tipo de espiroqueta, um organismo que nadava com uma cauda similar a um chicote composto de proteínas citoesqueléticas. Esses organismos mutuamente alienígenas cresceram subsequentemente para viverem permanentemente juntos em um relacionamento simbiótico como células *eucarióticas* únicas. Assim, essas "espiroquetas" por fim se tornaram os citoesqueletos das células – com todas as implicações para a evolução futura que assim *nos* tornou possíveis!

A organização dos microtúbulos dos mamíferos é interessante de um ponto de vista matemático. O número 13 pode parecer não ter nenhuma significância matemática em particular, mas não é exatamente assim. É um dos famosos *números de Fibonacci*:

$$0,1,1,2,3,5,8,13,21,34,55,89,144,\ldots$$

onde cada número sucessivo é obtido como a soma dos dois anteriores. Isto pode parecer uma coincidência, mas sabemos muito bem que os números de Fibonacci ocorrem frequentemente (em uma escala muito maior) em sistemas biológicos. Por exemplo, em abetos, botões de girassol e troncos de palmeiras, encontramos organizações em espiral ou em hélice envolvendo a interpenetração de giros de mão direita e de mão esquerda, onde o número de voltas para uma quiralidade e o número de voltas para a outra quiralidade são dois números de Fibonacci sucessivos (veja a Figura 7.7). (À medida que examinamos as estruturas de um ponto ao outro, encontramos que às vezes podemos achar a ocorrência de um "desvio" e os números então são empurrados para um par adjacente de números de Fibonacci sucessivos.) Curiosamente, o padrão hexagonal assimétrico dos microtúbulos exibe uma característica muito similar – geralmente de uma organização ainda mais precisa – e aparentemente também é o caso de que (pelo menos normalmente) esse padrão é feito de cinco arranjos em hélice de mão direita e oito de mão esquerda, como representado na Figura 7.8. Na Figura 7.9, tentei indicar como essa estrutura poderia aparentemente ser "vista" de dentro de um microtúbulo. O número 13 aparece aqui por seu papel como a soma 5 + 8. É curioso também que microtúbulos duplos que frequentemente ocorrem aparentem ter um total de 21 colunas de dímeros de tubulina formando a fronteira externa do tubo composto – o número de Fibonacci seguinte! (No entanto, não devemos nos deixar levar por tais considerações; por exemplo, o "9" que ocorre nos feixes de microtúbulos em cílios e centríolos *não* é um número de Fibonacci.)

Figura 7.7 – Um botão de girassol. Assim como com muitas outras plantas, os números de Fibonacci se sobressaem fortemente. Nas regiões exteriores há 89 espirais horárias e 55 anti-horárias. Mais próximo do centro podemos encontrar outros números de Fibonacci

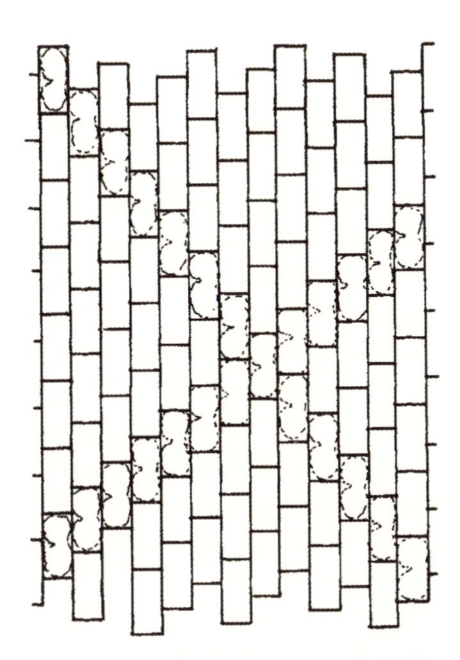

Figura 7.8 – Imagine um corte de um microtúbulo ao longo de seu comprimento, estendido então em uma folha. Podemos ver que as tubulinas estão ordenadas em linhas inclinadas que se juntam novamente em direções opostas cinco ou oito placas deslocadas (dependendo de se as linhas se inclinam para a direita ou para a esquerda)

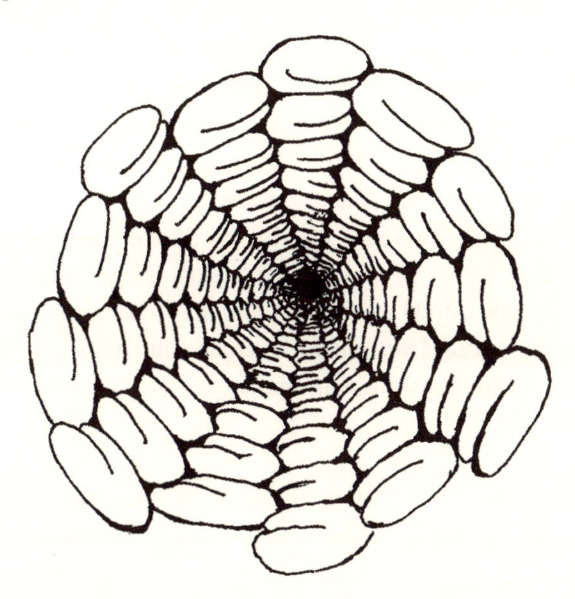

Figura 7.9 – A vista de dentro de um microtúbulo! O arranjo espiral 5 + 8 das tubulinas neste microtúbulo pode ser visto

Por qual razão os números de Fibonacci aparecem na estrutura dos microtúbulos? No caso dos abetos e botões de girassol etc., existem várias teorias plausíveis – e o próprio Alan Turing era alguém que pensava seriamente sobre o tema (Hodges, 1983, p.437). Porém, pode muito bem ser que essas teorias não sejam apropriadas para os microtúbulos e diferentes ideias provavelmente sejam relevantes nesse nível. Koruga (1974) sugeriu que esses números de Fibonacci possam fornecer vantagens para o microtúbulo com relação à sua capacidade como um "processador de informação". De fato, Hameroff e seus colegas argumentaram, por mais de uma década, que microtúbulos poderiam fazer o papel de *autômatos celulares*, onde sinais complexos poderiam ser transmitidos e processados pelos tubos como ondas de estados de diferentes polarizações elétricas das tubulinas.[4] Lembrem que os dímeros de tubulina podem existir em (pelo menos) dois estados conformacionais diferentes que podem mudar de um para o outro (aparentemente por conta de possibilidades alternativas para suas polarizações elétricas. O estado de cada dímero seria influenciado pelos estados de polarização de cada um de seus seis vizinhos (por conta das interações de Van der Waals entre eles) dando origem a certas regras específicas que governam a conformação de cada dímero em termos da conformação de seus vizinhos. Isto permitiria que todos os tipos de mensagem fossem propagados e processados ao longo de cada microtúbulo. Esses sinais que se propagam parecem ser relevantes para a forma com que os microtúbulos transportam várias moléculas por si e para as várias interconexões entre microtúbulos vizinhos – na forma de proteínas conectoras parecidas com pontes referidas como MAPs (*microtubule associated proteins* [proteínas associadas aos microtúbulos]). Veja a Figura 7.10. Koruga argumenta a favor de uma eficiência especial no caso de uma estrutura relacionada com os números de Fibonacci do tipo que realmente é observada nos microtúbulos. Deve haver alguma boa razão para esse tipo de organização dos microtúbulos, já que, ainda que haja alguma variação nos números que se aplicam às células eucarióticas em geral, treze colunas parece ser quase universal entre os microtúbulos de mamíferos.

---

[4] Hameroff; Watt, 1982; Hameroff, 1987; Hameroff et al., 1988. Trabalhos recentes de Tuszńyski et al. (1996) indicam que tal processamento de informação somente pode ocorrer com microtúbulos organizados segundo o "retículo A", que é de fato o que está ilustrado nas figuras 7.4; 7.8; e 7.9, enquanto a organização mais comum conhecida como "retículo B", no qual existe uma "costura" ao longo do microtúbulo (veja Mandelkow; Mandelkow, 1994), é inadequada para isto.

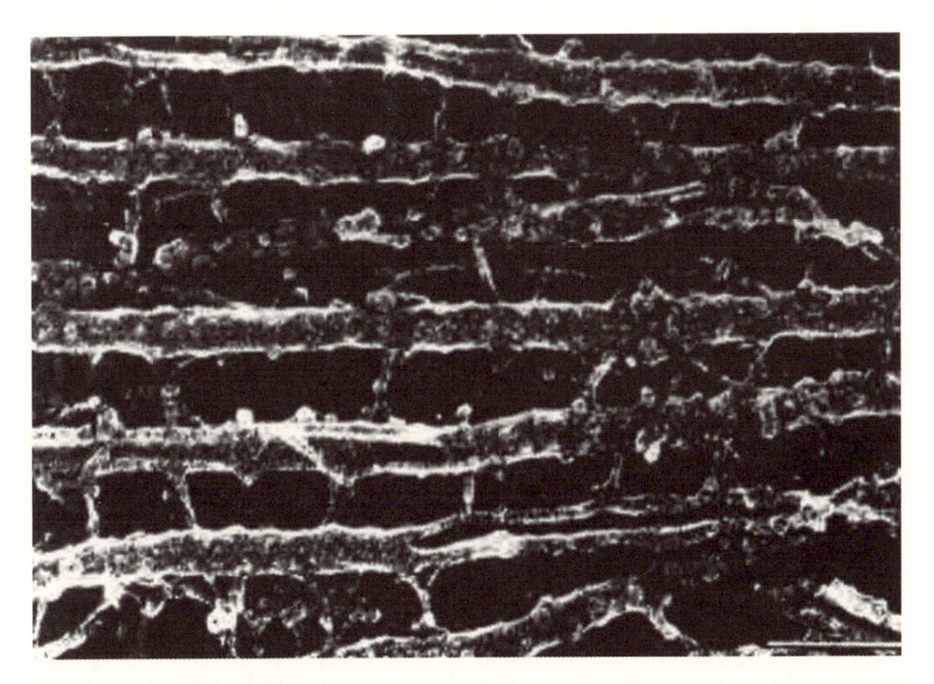

Figura 7.10 – Microtúbulos tendem a ser interconectados com seus vizinhos por pontes de *proteínas associadas aos microtúbulos* (MAPs)

Qual é a importância dos microtúbulos para os neurônios? Cada neurônio individual tem seu próprio citoesqueleto. Qual é seu papel? Estou certo de que existe muito ainda para ser descoberto por pesquisa futura, mas parece que muito já é conhecido. Em particular, os microtúbulos nos neurônios podem realmente ser muito longos, em comparação com seu diâmetro (que é cerca de somente 25 nm-30 nm) e podem alcançar comprimentos de milímetros ou mais. Mais que isso, eles podem crescer ou encolher, segundo as circunstâncias, e transportar moléculas neurotransmissoras. Existem microtúbulos percorrendo o comprimento dos axônios e dendritos. Ainda que microtúbulos isolados não pareçam percorrer individualmente todo o comprimento de um axônio, eles certamente formam redes de comunicação que o fazem, cada microtúbulo se comunicando com os próximos através das MAPs conectoras referidas anteriormente. Microtúbulos parecem ser responsáveis por manter a intensidade das sinapses e, sem dúvida, por realizar alterações dessas intensidades quando necessário. Eles também parecem organizar o crescimento de novas terminações nervosas, guiando-as para suas conexões com outras células nervosas.

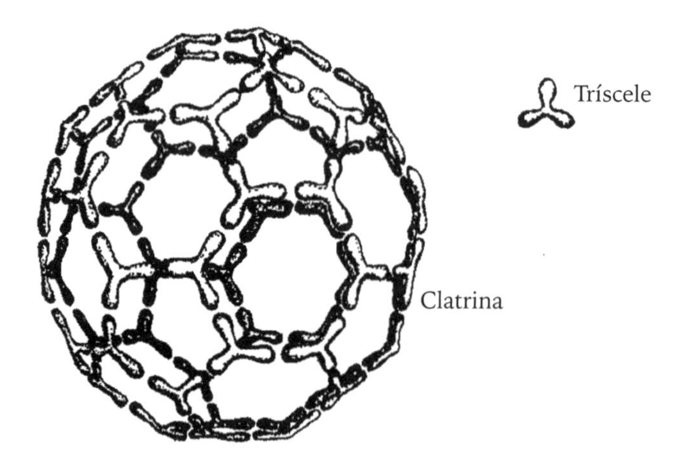

Figura 7.11 – Uma molécula de clatrina (similar na sua estrutura geral a um fulereno, mas feita de subestruturas mais complicadas – proteínas trísceles em vez de átomos de carbono). A clatrina representada lembra uma bola de futebol comum em termos de estrutura

Já que neurônios não se dividem depois que o cérebro está completamente formado, não existe um papel particular relativo a isto para o centrossomo em um neurônio. Centríolos parecem estar geralmente ausentes no centrossomo de um neurônio – que é encontrado próximo do núcleo do neurônio. Os microtúbulos se estendem de lá até perto da vizinhança das terminações pré-sinápticas do axônio e também em outra direção, na dos dendritos, e, através de uma actina contrátil, na direção das espinhas dendríticas, que frequentemente formam a ponta pós-sináptica de uma fenda sináptica (Figura 7.12). Essas espinhas estão sujeitas ao crescimento e degeneração, um processo que parece ser uma parte importante da plasticidade cerebral, por meio do qual as interconexões no cérebro estão sofrendo sutis mudanças contínuas. Parece haver evidência significativa de que os microtúbulos estão realmente envolvidos de forma importante no controle da plasticidade cerebral.

Podemos mencionar também, como uma aparente curiosidade, que nas terminações pré-sinápticas dos axônios existem certas substâncias associadas com os microtúbulos que são fascinantes de um ponto de vista geométrico e que são importantes em conexão com a liberação dos compostos químicos neurotransmissores. Essas substâncias – chamadas *clatrinas* – são feitas de trímeros proteicos conhecidos como trísceles de clatrina, que formam uma estrutura tripartite (polipeptídica). Os trísceles de clatrina se juntam para

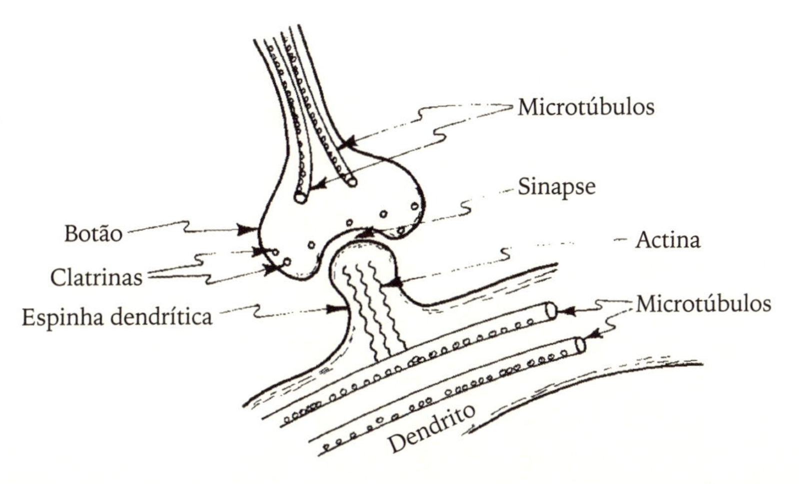

Figura 7.12 – Clatrinas, como aquelas da Figura 7.11 (e terminações de microtúbulos) vivem nos botões sinápticos dos axônios e parecem estar envolvidas em controlar a intensidade das sinapses; essa intensidade também poderia ser influenciada pelos filamentos de actina contráteis nas espinhas dendríticas, que são controlados por microtúbulos

formar bonitas configurações matemáticas que são idênticas em sua organização geral às moléculas de carbono conhecidas como "fulerenos" (ou "*bucky balls*") devido à sua similaridade com os domos geodésicos construídos pelo arquiteto norte-americano Buckminster Fuller.[5] Clatrinas, porém, são muito maiores do que moléculas de fulereno, já que todo um tríscele de clatrina, uma estrutura envolvendo diversos aminoácidos, toma o lugar dos átomos de carbono isolados do fulereno. As clatrinas particulares que estão envolvidas com a liberação de químicos neurotransmissores nas sinapses parecem ter principalmente a estrutura de um *icosaedro truncado* – que é familiar como o poliedro que está representado na bola de futebol moderna (veja as Figuras 7.11 e 7.12)!

Na seção anterior foi levantada uma importante pergunta: o que é que governa a variação das intensidades das sinapses e organiza os lugares onde as conexões sinápticas funcionais devem ser feitas? Fomos guiados a uma clara crença de que é o *citoesqueleto* que deve ter um papel central nesse processo. Como isto nos auxilia em nossa jornada por um papel não computacional para a mente? Até agora, tudo que parece que ganhamos é um aumento

[5] Veja Koruga et al., 1993, para uma referência acessível sobre clatrinas; e Curl; Smalley, 1991, para uma descrição popular dos fulerenos.

potencial enorme no poder computacional muito além do que poderia ser alcançado se as unidades fossem simplesmente os neurônios isolados.

De fato, se os dímeros de tubulina são as unidades computacionais básicas, então devemos contemplar a possibilidade de um possível poder computacional no cérebro que excede largamente aquele contemplado na literatura técnica sobre IA. Hans Moravec, em seu livro *Mind Children* (1988), assumiu, com base no modelo do "neurônio isolado", que o cérebro humano poderia ser, em princípio, capaz de realizar cerca de 10^{14} operações básicas por segundo, mas não mais, e considerou que deve haver cerca de 10^{11} neurônios operacionais, cada um capaz de enviar cerca de 10^{3} sinais por segundo (cf. a Seção 1.2). Se, por outro lado, considerarmos o dímero de tubulina como a unidade computacional básica, então devemos ter em mente que existem cerca de 10^{7} dímeros por neurônio, com as operações elementares agora sendo realizadas cerca de 10^{6} vezes mais rápido, nos dando um total de cerca de 10^{27} operações por segundo. Enquanto os computadores atuais podem estar começando a alcançar a primeira cifra de 10^{14} operações por segundo, como Moravec e outros argumentariam fortemente, não existe prospecto de que a cifra de 10^{27} seja alcançada no futuro próximo.

É claro que poderia ser afirmado de forma razoável que o cérebro não está operando nem remotamente próximo de 100% de eficiência microtubular que essas cifras assumem. De qualquer forma, também é claro que a possibilidade de "computação microtubular" (cf. Hameroff, 1987) coloca uma perspectiva completamente diferente em alguns dos argumentos para uma iminente inteligência artificial de nível humano. Podemos mesmo confiar em sugestões[6] de que as faculdades mentais de um verme nematoide já foram computacionalmente alcançadas simplesmente porque sua organização neuronal parece ter sido mapeada e simulada computacionalmente? Como notado na Seção 1.15, as capacidades reais de uma formiga parecem superar em muito qualquer coisa que foi atingida pelos procedimentos padrão da IA. Pode-se muito bem perguntar o quanto uma formiga ganha de sua sequência enorme de "processadores de informação microtubulares" nanométricos, em oposição ao que ela poderia fazer se tivesse somente "interruptores do tipo neuronal". Como no caso do paramécio, não há o que responder.

Ainda assim, os argumentos da Parte I estão fazendo uma asserção mais forte. Estou contestando que a faculdade mental do entendimento humano

[6] Veja Stretton et al., 1987.

está além de qualquer esquema computacional. Se são os microtúbulos que controlam a atividade do cérebro então deve existir algo no funcionamento deles que é diferente de um simples cálculo computacional. Argumentei que tal funcionamento não computacional deve ser o resultado de algum fenômeno quantum-coerente de razoável larga escala, acoplado de alguma forma sutil ao comportamento macroscópico, de tal forma que o sistema é capaz de usufruir de qualquer novo processo físico que substitua o processo **R** temporário da física atual. Como primeiro passo, devemos procurar por um papel genuíno para a *coerência quântica* na atividade citoesquelética.

7.5 Coerência quântica dentro dos microtúbulos?

Existe alguma evidência disso? Vamos nos lembrar das ideias de Fröhlich (1975) sobre a possibilidade de fenômenos de coerência quântica em sistemas biológicos, mencionadas na discussão da Seção 7.1. Ele argumentou que, enquanto a energia do processamento metabólico for grande o suficiente e as propriedades dielétricas dos materiais envolvidos forem extremas o suficiente, então existe a possibilidade de coerência quântica de larga escala similar àquela que ocorre nos fenômenos de supercondutividade e superfluidez – algumas vezes referidos como condensação de *Bose-Einstein* – mesmo nas temperaturas relativamente altas que estão presentes em sistemas biológicos. Acontece que não só a energia metabólica é de fato alta o bastante e as propriedades dielétricas incomumente extremas (uma observação notável dos anos 1930 que fez que Fröhlich começasse toda sua linha de raciocínio), mas também há agora alguma evidência direta para as oscilações de 10^{11} Hz dentro das células que Fröhlich havia predito (Grundler; Keilmann, 1983).

Em um condensado de Bose-Einstein (que também ocorre no funcionamento de um laser), um grande número de partículas participa coletivamente de um único estado quântico. Existe uma função de onda, para esse estado, do tipo que seria apropriada para uma única partícula – mas que agora se aplica de uma única vez a toda a coleção de partículas que está participando do estado. Podemos nos lembrar da natureza bastante contraintuitiva do estado quântico (disperso) de uma única partícula quântica (seções 5.6 e 5.11). Na condensação de Bose-Einstein, é como se o sistema inteiro contendo um número grande de partículas se comportasse como um todo de forma muito parecida a como o estado quântico de uma partícula se comportaria, exceto que tudo é reescalonado da maneira apropriada. Existe uma coerência em larga escala, com muitas características estranhas das funções de onda quânticas sobrevivendo no nível macroscópico.

A ideia original de Fröhlich parece ter sido de que tais estados quânticos de larga escala provavelmente ocorreriam nas membranas celulares,* mas agora a – talvez mais plausível – possibilidade adicional surge de que é nos *microtúbulos* que devemos procurar um comportamento quântico desse tipo. Parece haver alguma evidência de que seja este o caso.[7] Já em 1974, Hameroff (1974) havia proposto que os microtúbulos poderiam agir como "guias de ondas dielétricos". É de fato tentador acreditar que a natureza tenha escolhido cilindros vazios em suas estruturas citoesqueléticas para algum bom propósito. Talvez os túbulos em si sirvam para fornecer o isolamento efetivo que permitiria que o estado quântico no interior do tubo permaneça inalterado com seu ambiente por um tempo apreciável. É interessante notar, com relação a isso, que Emilio del Giudice, e seus colegas na Universidade de Milão (Del Giudice et al., 1983), argumentaram que um efeito de autofocalização quântica das ondas eletromagnéticas dentro do material citoplasmático nas células faz que sinais sejam confinados a um tamanho que é exatamente aquele do diâmetro interno dos microtúbulos. Isto poderia dar corpo à teoria do guia de onda, mas esse efeito pode ser instrumental também na própria formação dos microtúbulos.

Existe outro ponto de interesse aqui e ele está relacionado com a própria natureza da *água*. Os tubos em si parecem estar vazios – um fato curioso e possivelmente significativo por si só, se estivermos olhando para esses tubos como capazes de fornecer-nos condições controladas favoráveis a algum tipo de oscilação quântica coletiva. "Vazio" aqui significa que eles essencialmente contêm só água (mesmo sem íons dissolvidos). Poderíamos pensar que a "água", com suas moléculas se movendo aleatoriamente, não é o tipo de estrutura suficientemente organizada para ser provável que oscilações quânticas coerentes ocorram. No entanto, a água que é encontrada nas células não é de forma alguma como a água ordinária que é encontrada nos

* Um forte proponente da ideia de que a condensação de Bose-Einstein possa fornecer o "senso unitário de si" que parece ser característico da consciência, relacionado com as ideias de Fröhlich, é Ian Marshall, 1989; cf. também Zohar, 1990; Zohar; Marshall, 1994; e Lockwood, 1989. Um forte proponente inicial da atividade "holográfica" global coerente em larga escala (essencialmente quântica) no cérebro foi Karl Pribram, 1966, 1975, 1991. (N. A.)

[7] Por exemplo, o tempo de alternância de Hameroff para os dímeros de tubulina parece concordar com a frequência de Fröhlich de cerca de 5×10^{10} Hz.

oceanos – desordenada, com suas moléculas se movendo por aí de alguma forma aleatória incoerente. Uma parte dela – e é uma questão controversa o tamanho dessa parte – existe em um estado *ordenado* (algumas vezes referido como água "vicinal"; cf. Hameroff, 1987, p.172). Tal estado ordenado da água poderia se estender por cerca de 3 nm ou mais além das superfícies citoesqueléticas. Parece que não é difícil supor que a água dentro dos microtúbulos também seja de uma natureza ordenada e isto favoreceria fortemente a possibilidade de oscilações quânticas coerentes dentro, ou relacionadas com, desses túbulos. (Veja, em particular, Jibu et al., 1994.)

Seja qual for o *status* final dessas ideias intrigantes, uma coisa parece clara para mim: existe pouca chance de que uma discussão inteiramente clássica do citoesqueleto possa explicar apropriadamente seu comportamento. Isto é bastante diferente da situação dos neurônios em si, sobre os quais discussões em termos inteiramente clássicos parecem ser amplamente apropriadas. De fato, uma investigação da literatura atual sobre o funcionamento citoesquelético revela o fato de que frequentemente se recorre a conceitos quantum-mecânicos e tenho pouca dúvida de que este será cada vez mais o caso no futuro.

No entanto, também é claro que irão existir muitos que ainda não se convenceram de que seja provável que haja quaisquer efeitos quânticos de relevância para o citoesqueleto ou para a função cerebral. Mesmo se de fato houver efeitos importantes de uma natureza quântica que são essenciais ao funcionamento dos microtúbulos e a função consciente do cérebro, pode não ser fácil demonstrar sua presença em um experimento definitivo. Se tivermos sorte, os procedimentos padrão que já servem para mostrar a presença de condensados de Bose-Einstein em sistemas físicos – tais como na supercondutividade de altas temperaturas – poderiam também funcionar para o caso dos microtúbulos. Por outro lado, podemos não ter tal sorte e algo bastante novo ser de fato necessário. Uma possibilidade intrigante poderia ser demonstrar que as excitações dos microtúbulos possuem algum tipo de não localidade que ocorre em fenômenos EPR (Desigualdades de Bell etc.; cf. seções 5.3, 5.4 e 5.17), já que não há uma explicação clássica (local) para efeitos desse tipo. Poderíamos, por exemplo, imaginar medições sendo feitas em dois pontos de um microtúbulo – ou em microtúbulos separados – onde o resultado das medições não poderia ser explicado em termos de fenômenos clássicos independentes acontecendo nesses dois pontos.

Seja qual for o *status* de tais sugestões, a pesquisa com microtúbulos ainda está relativamente em sua infância. Não existe dúvida em minha mente de que existem surpresas significativas que nos aguardam.

7.6 Microtúbulos e a consciência

Existe alguma evidência direta de que o fenômeno da *consciência* está relacionado com a ação do citoesqueleto e com os microtúbulos em particular? De fato, *existe* tal evidência. Vamos tentar examinar o caráter dessa evidência – que trata da questão da consciência considerando o que faz que ela esteja *ausente*!

Uma via importante para responder questões que tratam da base física da consciência vem da investigação do que precisamente desliga de forma muito específica a consciência. *Anestésicos gerais* têm precisamente essa propriedade – completamente reversível, se as concentrações não forem muito altas – e é notável o fato de que a anestesia geral pode ser induzida por um número grande de substâncias completamente diferentes que parecem não ter qualquer relação química umas com as outras. Incluídas na lista de anestésicos gerais estão substâncias químicas tão diferentes quanto óxido nitroso (N_2O), éter ($CH_3CH_2OCH_2CH_3$), clorofórmio ($CHCl_3$), halotano ($CF_3CHClBr$), isoflurano ($CHF_2OCHClCF_3$) e até mesmo o gás inerte xenônio!

Se não é a química a responsável pela anestesia geral, então o que poderia *ser*? Existem outros tipos de interação que podem acontecer entre as moléculas que são muito mais fracas que as forças químicas. Uma destas é a força de *Van der Waals*. A força de Van der Waals é uma atração fraca entre moléculas que tem *momentos de dipolos elétricos* (o equivalente "elétrico" aos momentos de dipolos magnéticos que medem a força de ímãs ordinários). Lembre que os dímeros de tubulina são capazes de dois tipos diferentes de conformação. Estes parecem surgir porque há um elétron, posicionado centralmente em uma região livre de água em cada dímero, que pode ocupar uma de duas posições separadas. O formato geral do dímero é afetado por esse posicionamento, assim como seu momento de dipolo elétrico. A capacidade do dímero de "alternar" de uma conformação para a outra é influenciada pela força de Van der Waals exercida pelas substâncias vizinhas. Em acordo com isto, foi sugerido (Hameroff; Watt, 1983) que anestésicos de ação geral podem agir através da ação de suas interações de Van der Waals (em regiões "hidrofóbicas" – de onde a água foi expelida –, veja Franks; Lieb, 1982), que interferem com a ação de alternância usual da tubulina. À medida que os gases anestésicos se difundem nas células neurais individuais, suas propriedades de momento de dipolo elétrico (que não precisam estar muito relacionadas com suas propriedades químicas ordinárias) podem interromper o funcionamento dos microtúbulos. Esta certamente é uma forma plausível pela qual os anestésicos gerais poderiam funcionar. Ainda que pareça não haver um paradigma detalhado majoritariamente aceito da ação dos anestésicos, um ponto de vista coerente parece ser que são as interações de Van der Waals dessas substâncias com a dinâmica conformacional das proteínas do cérebro as responsáveis por tal ação. Há uma forte possibilidade de que as proteínas relevantes sejam os dímeros de tubulina nos microtúbulos neuronais – e que a consequente interrupção do funcionamento dos microtúbulos resulte na perda da consciência.

Como evidência para as sugestões de que é o *citoesqueleto* que é diretamente afetado pela anestesia geral, podemos notar que não somente os "animais superiores", tais como mamíferos ou pássaros, ficam imóveis por conta dessas substâncias. Um paramécio, uma ameba, ou mesmo um bolor limoso verde (como foi percebido por Claude Bernard já em 1875) são afetados de forma similar por anestesias aproximadamente do mesmo tipo de concentração. Quer seja o caso de o anestésico exercer o seu efeito imobilizador nos cílios do paramécio ou em seu centríolo, parece que é em *alguma* parte do citoesqueleto. Se considerarmos que o sistema de controle de tal animal unicelular é de fato o citoesqueleto, então um paradigma consistente é obtido se considerarmos que é no citoesqueleto que a anestesia geral age.

Isto não quer dizer que tais animais unicelulares devam ser considerados conscientes, o que é um tópico totalmente diferente. Pois pode haver muito mais, *além* de citoesqueletos funcionando apropriadamente, que é necessário para evocar um estado consciente. Porém, o que os argumentos parecem apontar fortemente, como mencionado aqui, é que nosso estado (ou estados) de consciência *requer* um citoesqueleto funcional. Sem um sistema propriamente operante de citoesqueletos, a consciência é removida, sendo instantaneamente atordoada assim que o funcionamento dos citoesqueletos é inibido – e retorna instantaneamente assim que o funcionamento é restaurado, contanto que nenhum outro dano tenha sido causado nesse meio-tempo. Levanta-se, de forma significativa, a questão, claro, de se um paramécio – ou, de fato, uma célula do fígado humano individual – pode possuir uma forma rudimentar de consciência, mas essa questão não é respondida por tais considerações. Em qualquer caso, deve ser também o caso de que a organização neuronal detalhada do cérebro está envolvida fundamentalmente em governar que *forma* a consciência deve tomar. Mais que isso, se essa organização não fosse importante, então nossos fígados poderiam evocar tanta consciência quanto o fazem nossos cérebros. De qualquer maneira, o que os argumentos precedentes sugerem fortemente é que não é *somente* a organização neuronal dos nossos cérebros que é importante. O embasamento citoesquelético desses mesmos neurônios parece ser essencial para a presença de consciência.

Presumivelmente, para a consciência surgir em geral, não é o citoesqueleto *em si* que é relevante, mas alguma *interação física essencial* que a biologia tão espertamente se encarregou de incorporar ao funcionamento de seus microtúbulos. O que é essa interação física essencial? O cerne dos argumentos da Parte I deste livro foi que precisamos de algo que está além da simulação computacional se queremos encontrar a base física para ações conscientes. Os argumentos da Parte II, nos capítulos precedentes a este, nos levaram a olhar para a fronteira entre os níveis clássicos e quânticos, onde a física atual nos diz para usarmos o procedimento provisório **R**, mas onde estou afirmando que uma *nova* teoria física de **RO** é necessária. No presente capítulo, tentamos apontar em qual lugar do cérebro interações quânticas poderiam ser importantes para o comportamento clássico e fomos aparentemente levados a considerar que é através do *controle citoesquelético das conexões sinápticas* que essa interface quantum/clássica exerce sua influência fundamental no comportamento do cérebro. Vamos tentar explorar essa ideia de forma um pouco mais completa.

7.7 Um modelo para a mente?

Como notado na Seção 7.1, parece apropriado aceitar que os sinais nervosos em si são coisas que podem ser tratadas de maneira completamente clássica – em vista do fato provável de que tais sinais perturbam seu ambiente em um grau no qual a coerência quântica não pode ser mantida. Se as conexões sinápticas e suas intensidades são mantidas fixas, então a maneira pela qual cada disparo de um neurônio afeta o próximo será novamente algo que pode ser tratado classicamente, exceto por algum ingrediente aleatório que possa entrar nesse ponto. O funcionamento do cérebro em tais circunstâncias seria inteiramente computacional, no sentido de que uma simulação computacional seria em princípio possível. Com isso não quero dizer que tal simulação imitaria precisamente as ações de um cérebro *específico* que houvesse sido construído dessa maneira – por conta desses ingredientes aleatórios –, mas que seria possível fornecer uma simulação do funcionamento *típico* de um cérebro e, portanto, do comportamento típico de um indivíduo controlado por tal cérebro (cf. a Seção 7.1). Além do mais, isto é uma afirmação principalmente em termos de *princípios*. Não existe nenhum indicativo de que tal simulação pudesse ser realizada com a tecnologia atual. Também estou assumindo nisso que os ingredientes aleatórios são *genuinamente* aleatórios. A possibilidade de uma "mente" externa dualística tendo alguma influência nessas probabilidades não está em consideração aqui (cf. a Seção 7.1).

Assim, estamos aceitando (provisoriamente, pelo menos) que, com conexões sinápticas *fixas*, o cérebro de fato está agindo como algum tipo de *computador* – ainda que um computador com ingredientes aleatórios incorporados nele. Como vimos dos argumentos da Parte I, é excessivamente improvável que tal esquema poderia em algum momento fornecer um modelo para o entendimento humano consciente. Por outro lado, se as conexões sinápticas específicas que definem o computador neuronal particular em consideração estão sujeitas a mudanças contínuas, onde o controle dessas mudanças é governado por alguma ação *não* computacional, então permanece a possibilidade de que tal modelo estendido possa realmente simular o comportamento do cérebro consciente.

Que ação não computacional poderia ser esta? Em relação a isto, devemos manter em mente a natureza *global* da consciência. Se fosse meramente o caso de que cerca de 10^{11} citoesqueletos individuais estivessem cada um fornecendo separadamente algum *input* não computacional, seria difícil ver como isto poderia ser muito útil para nós. Segundo os argumentos da Parte I, o comportamento não computacional está de fato conectado ao funcionamento da consciência – pelo menos em relação a *algumas* ações conscientes, especificamente a capacidade de *entendimento*, argumentou-se que seriam não computacionais. Porém, isto não é algo relevante para os citoesqueletos individuais ou os microtúbulos individuais dentro de um citoesqueleto. Não pode haver qualquer indicação de que um citoesqueleto em particular ou um microtúbulo "entende" qualquer parte do argumento de Gödel! O entendimento é algo que funciona em uma escala muito mais global; e se os citoesqueletos estão envolvidos, então deve haver algum fenômeno coletivo que trata de um grande número de citoesqueletos todos de uma vez.

Lembrem-se da ideia de Fröhlich de que um fenômeno quântico coletivo de larga escala – talvez da natureza de um condensado de Bose-Einstein – é factualmente uma possibilidade biológica, mesmo dentro de um cérebro "quente" (cf. também Marshall, 1989). Aqui contemplamos que não somente os microtúbulos individuais devem estar envolvidos em um estado quântico de relativa larga escala, mas que tal estado deve se estender de um microtúbulo para o próximo. Assim, essa coerência quântica não só deve se estender ao longo de um microtúbulo inteiro (e lembramos que microtúbulos podem se estender por um comprimento considerável), mas também uma boa parte dos diferentes microtúbulos no citoesqueleto dentro de um neurônio, senão todos, devem participar juntos do mesmo estado quântico coerente. Além disso, a coerência quântica deve atravessar a barreira sináptica entre um neurônio e outro. Não seria algo muito global se envolvesse somente células individuais! A unidade de uma única mente surge, em tal descrição, somente se existir alguma forma de coerência quântica se estendendo através de pelo menos uma parte apreciável do cérebro inteiro.

Tal feito seria notável – quase inacreditável – de ser realizado pela natureza através de meios biológicos. Ainda assim, creio que os indícios apontam que ela deve ter feito isto, a principal evidência vindo do fato da nossa própria mentalidade. Existe muito para ser entendido sobre sistemas biológicos e como eles realizam sua mágica. Existe muito, na biologia, que supera largamente o que pode ser feito com as técnicas físicas diretas da atualidade (Pense, por exemplo, em uma minúscula aranha milimétrica delicadamente tecendo sua elaborada teia.) Devemos lembrar, além disso, que certos efeitos de coerência quântica a uma distância de vários metros – os emaranhamentos EPR envolvidos em pares de fótons – já foram observados (por meios *físicos*) nos experimentos de Aspect e outros (cf. a Seção 5.4). Apesar da dificuldade técnica de realizar experimentos que podem detectar tais efeitos quânticos de longa distância, não devemos excluir a possibilidade de a natureza ter encontrado maneiras biológicas de fazer muito mais que isso. A "engenhosidade" que pode ser encontrada em sistemas biológicos nunca deve ser subestimada.

Os argumentos que estou apresentando, porém, requerem muito mais do que coerência quântica em larga escala. Eles requerem que os sistemas biológicos que são nossos cérebros de alguma maneira maquinem para explorar os detalhes de uma física que ainda é desconhecida para os físicos humanos! Essa física é a teoria **RO** faltante que atravessa os níveis quânticos e clássicos e, como estou argumentando, substitui o procedimento provisório **R** por um esquema físico não computacional altamente sutil (mas, sem dúvidas, ainda matemático).

O fato de que os físicos humanos ainda são largamente ignorantes sobre essa teoria faltante não é, claro, nenhum argumento contra a natureza ter feito uso dela na biologia. Ela usufruiu dos princípios da dinâmica newtoniana muito antes de Newton, dos fenômenos eletromagnéticos muito antes de Maxwell e da mecânica quântica muito antes de Planck, Einstein, Bohr, Heisenberg, Schrödinger e Dirac – por alguns bilhões de anos! É somente a arrogância da nossa época atual que nos leva a crer que já sabemos agora todos os princípios básicos que subjazem às sutilezas do funcionamento biológico. Quando algum organismo é abençoado com a sorte de tropeçar em tal funcionamento sutil, pode colher os benefícios desse processo físico. Então, a natureza sorri para o organismo e seus descendentes e permite que esse sutil processo físico seja preservado de geração a geração em números crescentes – através do seu poderoso mecanismo de seleção natural.

Quando as primeiras criaturas celulares eucarióticas emergiram, elas devem ter descoberto que obtinham um grande benefício da presença dos microtúbulos primitivos dentro delas. Algum tipo de influência organizacional surgiu, segundo a ideia que estou apresentando aqui, que talvez tenha permitido a elas se comportarem, rudimentarmente, de uma maneira proposital e isto as auxiliou a sobreviver melhor que seus competidores. Seria, sem dúvidas, bastante inapropriado se referir a tal influência como uma "mente"; mas ainda assim ela surgiu, sugiro, por conta de alguma interação sutil entre processos de níveis quânticos e níveis clássicos. A natureza sutil dessa interação deveu sua existência à sofisticada ação física do processo **RO** – cujos detalhes ainda nos são desconhecidos –, que, em circunstâncias menos sutilmente organizadas, aparece como o cru processo quantum-mecânico **R** que utilizamos agora. Os descendentes distantes dessas criaturas celulares – os paramécios e amebas de hoje, assim como formigas, árvores, sapos, botões-de-ouro e seres humanos – mantiveram os benefícios que essa sofisticada ação conferiu a essas criaturas celulares anciãs e os distorceram para servir a muitos propósitos de aparência completamente distinta. Somente quando incorporada em um sistema nervoso altamente desenvolvido essa ação finalmente foi capaz de realizar uma boa parte de seu tremendo potencial – e deu origem ao que hoje em dia nos referimos como "mente".

Vamos então aceitar a possibilidade de que a totalidade dos microtúbulos nos citoesqueletos de uma ampla família de neurônios em nossos cérebros possam muito bem estar envolvidos em uma coerência quântica global – ou que pelo menos existe emaranhamento quântico suficiente entre os estados dos diferentes microtúbulos pelo cérebro – de tal forma que uma descrição majoritariamente *clássica* das ações coletivas desses microtúbulos *não* é apropriada. Poderíamos contemplar "oscilações quânticas" complicadas dentro dos microtúbulos, onde o isolamento que os tubos em si fornecem é suficiente para garantir que nem toda coerência quântica seja perdida. É tentador supor que os cálculos computacionais semelhantes a autômatos celulares que são imaginados como acontecendo *ao longo* dos tubos por Hameroff e seus colegas possam ser acoplados com as hipotéticas oscilações quânticas (*e.g.*, aquelas de Del Giudice et al., 1983; ou Jibu et al., 1994) acontecendo *dentro* dos túbulos.

Em relação a isso, pode muito bem ser citado que o tipo de frequência que Fröhlich havia imaginado para suas oscilações quânticas coletivas, como embasado pelas observações de Grundler e Keilmann (1983) – na região de frequência de 5×10^{10} Hz (isto é, 5×10^{10} oscilações por segundo) –, é o mesmo tipo de frequência imaginado, por Hameroff e colegas, como o "tempo de alternância" para os dímeros de tubulina em seus autômatos celulares microtubulares. Assim, se o mecanismo de Fröhlich realmente é o que está funcionando dentro dos microtúbulos, então algum tipo de acoplamento entre os dois tipos de processos é de fato sugerido.*

Se o acoplamento entre os dois processos fosse muito forte, no entanto, não seria possível manter a natureza quântica para as oscilações internas sem que os cálculos computacionais ao longo dos tubos em si tivessem que ser tratados de forma quantum-mecânica. Se este fosse o caso, então seria algum tipo de *computação quântica* que estaria acontecendo ao longo dos microtúbulos (cf. a Seção 7.3)! Devemos nos perguntar se esta é uma possibilidade séria.

A dificuldade é que isto pareceria necessitar que as mudanças nas conformações dos dímeros não alterassem de forma significativa o material do ambiente externo. Com relação a isto, devemos notar que parece haver uma região, envolvendo um microtúbulo, de água *ordenada* (*vicinal*) e de onde outros materiais são excluídos (cf. Hameroff, 1987, p.172), que poderia fornecer algum tipo de proteção quântica. Por outro lado, existem MAPs conectoras (cf. a Seção 7.4) se estendendo para fora dos microtúbulos, algumas envolvidas com seu papel de transportadoras de outros materiais e que parecem ser influenciadas pelo movimento dos sinais ao longo dos tubos (cf. Hameroff, p.122). Esse último fato parece estar nos dizendo que os "cálculos computacionais" nos quais os tubos participam poderiam de fato perturbar

---

* É muito menos claro, no entanto, se pode haver qualquer conexão direta entre tais frequências comparativamente altas e a atividade de "ondas cerebrais" mais familiar (tal como o ritmo-α de 8-12 Hz). É concebível que tais frequências menores possam surgir como "frequências de batimento", mas nenhuma conexão foi estabelecida. Dignas de nota, com relação a isto, são as observações recentes de oscilações de 35-75 Hz que aparentemente surgem em associação com as regiões do cérebro envolvidas com a atenção consciente. Estas parecem ter algumas misteriosas propriedades não locais. (Veja Eckhorn et al., 1988; Gray; Singer, 1989; Crick; Koch, 1990, 1992; Crick, 1994.)

o ambiente a tal ponto que deveriam ser tratados classicamente. A quantidade de disrupção permanece bastante pequena em termos de movimento de massa, segundo o critério **RO** apresentado na Seção 6.12, mas, para o sistema inteiro permanecer no nível quântico, seria necessário que essas disrupções não se estendessem por muito tempo dentro da célula e depois além das fronteiras da célula. Meu ponto de vista é que ainda existe incerteza o suficiente, tanto em relação à real situação física e a quando e como o critério **RO** da Seção 6.12 deve ser aplicado, para que não possamos estar certos de se um paradigma inteiramente clássico é ou não apropriado nesse ponto.

Para os propósitos do argumento, no entanto, vamos assumir que os cálculos computacionais dos microtúbulos devem ser tratados como essencialmente clássicos – no sentido de que não consideramos sobreposições quânticas de diferentes cálculos como tendo qualquer papel significativo. Por outro lado, vamos também imaginar que existem oscilações quânticas genuínas de algum tipo acontecendo *dentro* dos tubos, com algum tipo de acoplamento delicado entre os aspectos quânticos interiores e os aspectos clássicos externos de cada tubo. Segundo essa ideia, seria nesse acoplamento delicado que os *detalhes* da necessária nova teoria **RO** iriam ter seu papel de forma mais relevante. Deveria haver alguma influência das "oscilações" quânticas interiores nos cálculos computacionais externos que ocorrem, mas isto não foge ao razoável – em vista dos mecanismos que são imaginados como sendo responsáveis pelo comportamento similar a autômatos celulares dos microtúbulos, isto é, as fracas influências do tipo Van der Waals entre dímeros de tubulina vizinhos.

Nossa ideia, então, é de algum tipo de estado quântico global que acopla coerentemente as atividades que acontecem dentro dos túbulos, no contexto do coletivo de microtúbulos ao longo de extensas áreas do cérebro. Existe alguma influência que esse estado (que poderia não ser simplesmente um "estado quântico" no sentido convencional do formalismo quântico padrão) exerce nos cálculos computacionais acontecendo ao longo dos microtúbulos – uma influência que dá conta de forma delicada e precisa da física especulativa, faltante e não computacional **RO**, pela qual estou argumentando fortemente a favor. A atividade "computacional" das mudanças conformacionais nas tubulinas controla a maneira pela qual os tubos transportam materiais por seu exterior (veja a Figura 7.13) e por fim influencia as intensidades sinápticas nas terminações pré e pós-sinápticas. Dessa forma, um pouco dessa organização quântica coerente *dentro* dos microtúbulos "vaza" para influenciar mudanças nas conexões sinápticas do computador neuronal que esteja executando no momento.

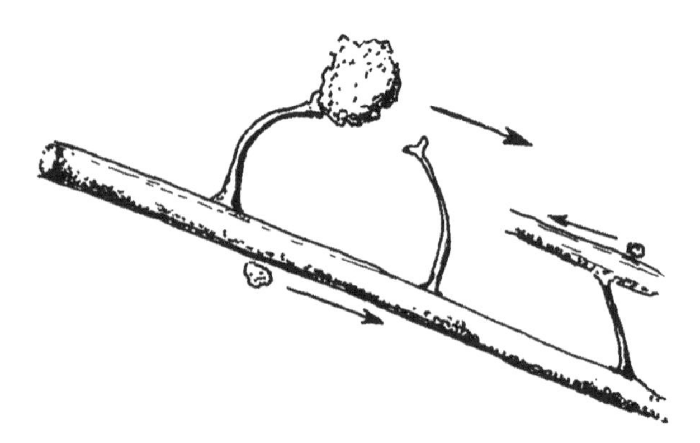

Figura 7.13 – MAPs também transportam moléculas grandes, enquanto outras moléculas se movem diretamente ao longo dos microtúbulos

Pode-se especular várias coisas com relação a essa ideia. Existe, por exemplo, um papel possível para a misteriosa não localidade dos efeitos tipo EPR de emaranhamento quântico. Os estranhos papéis quânticos dos contrafactuais também podem ter relevância. Talvez o computador neuronal esteja fadado a realizar algum cálculo que ele não realiza realmente, mas (assim como no problema da testagem de bombas) o mero fato de que *poderia* ter realizado o cálculo causa um efeito que é diferente daquele que aconteceria se ele não pudesse realizá-lo. Dessa forma, a "conectividade" clássica do computador neuronal a qualquer momento poderia ter uma influência no estado citoesquelético interno, mesmo que os disparos neuronais que ativariam esse computador particular "conectado" não aconteçam realmente. Poderíamos imaginar possíveis analogias desse tipo em muitas das atividades mentais nas quais incorremos continuamente – mas acredito que é melhor não perseguir mais tópicos dessa natureza aqui!

No quadro que estou apresentando especulativamente, a consciência seria alguma manifestação desse estado citoesquelético quantum-emaranhado interno e de seu envolvimento na interação (**RO**) entre os níveis de atividade quântico e clássico. O sistema de neurônios classicamente interconectado, similar a um computador, seria continuamente influenciado por essa atividade citoesquelética, através da manifestação do que quer que seja a que nos referimos como "livre arbítrio". O papel dos neurônios, nessa ideia, é talvez algo mais similar a um *aparato de ampliação* que pode influenciar outros órgãos do corpo – tais como os músculos. De acordo com isto, o nível de descrição em termos dos neurônios, que fornece o atraente paradigma atual do cérebro e da mente, é uma mera *sombra* de um nível mais profundo de ação citoesquelética – e é nesse nível mais profundo que devemos procurar as bases físicas da *mente*!

Concordo que existe especulação envolvida nessa ideia, mas ela não está em desacordo com nosso entendimento científico atual. Vimos no último capítulo que existem fortes razões, advindas de nossas considerações dentro da própria física contemporânea, para esperarmos que as ideias físicas atuais devam ser modificadas – dando origem a novos efeitos precisamente no nível que poderia muito bem ser relevante para os microtúbulos e talvez para a interface citoesqueleto/neurônio. Pelos argumentos da Parte I, precisamos de uma abertura para uma interação física não computacional se quisermos encontrar um local físico para a consciência, e argumentei na Parte II que o único local plausível para tal ação é em um substituto convincente (**RO**) para o processo de redução do estado quântico que denotei por **R**. Devemos agora tratar da questão de se existe qualquer razão puramente *física* para acreditar que **RO** possa realmente ter uma natureza não computacional. Iremos encontrar que, em linha com as sugestões que apresentei na Seção 6.12, tais razões de fato existem.

7.8 A não computabilidade na gravitação quântica: 1

Uma peça-chave na discussão precedente é que algum tipo de não computabilidade deveria ser uma característica de qualquer nova física que surgisse para substituir o processo probabilístico **R** que é usado na teoria quântica ordinária. Argumentei na Seção 6.10 que essa nova física, **RO**, deveria combinar os princípios da teoria quântica com os da relatividade geral de Einstein, i.e., deveria ser um fenômeno quantum-*gravitacional*. Existe alguma evidência de que tal não computabilidade poderia ser uma característica essencial de seja qual for a teoria que surja para unificar corretamente (e modificar apropriadamente) tanto a teoria quântica quanto a relatividade geral?

Em uma abordagem particular para a gravitação quântica, Robert Geroch e James Hartle (1986) se encontraram confrontados com um problema computacionalmente insolúvel, o *problema da equivalência topológica de quadrivariedades*. Basicamente, sua abordagem envolvia a questão de decidir quando dois espaços quadridimensionais são "os mesmos", de um ponto de vista topológico (i.e., quando é possível deformar um deles continuamente até que ele coincida com o outro, mas nessa deformação não seja permitido rasgar ou colar os espaços de nenhuma maneira). Na Figura 7.14 isto é ilustrado no caso bidimensional, onde vemos que a superfície de uma xícara de chá é topologicamente a mesma que a superfície de um anel, mas a superfície de uma bola é diferente. Em duas dimensões, o problema da equivalência topológica é computacionalmente solúvel, mas foi mostrado por A. A. Markov em 1958 que não existe algoritmo para resolver esse problema no caso *quadri*dimensional. De fato, o que foi mostrado demonstra para todos os propósitos que, se houvesse tal algoritmo, então poderíamos converter esse algoritmo em outro algoritmo que resolveria o *problema da parada*, i.e., poderia decidir se o funcionamento de uma máquina de Turing terminaria ou não. Já que, como vimos na Seção 2.5, não existe tal algoritmo, segue que não pode haver nenhum algoritmo para resolver o problema da equivalência de quadrivariedades também.

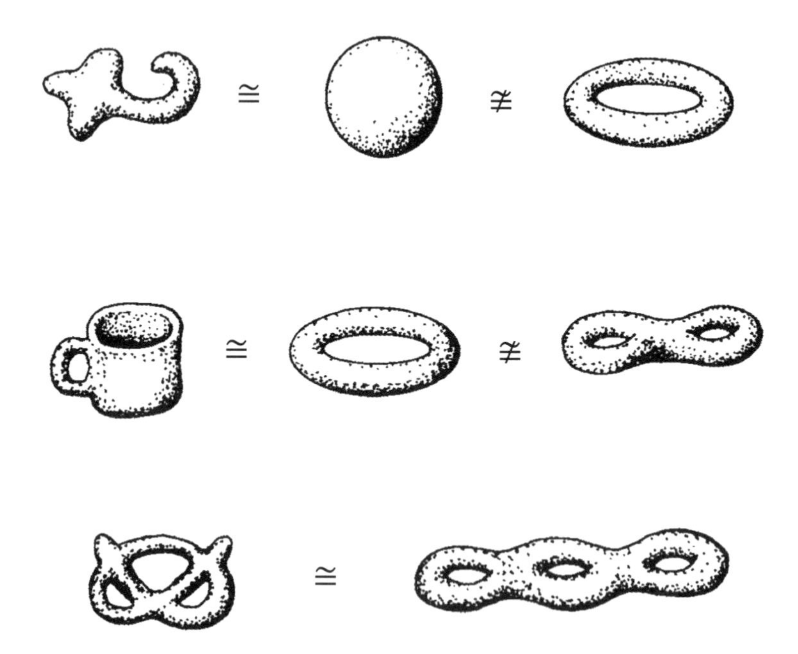

Figura 7.14 – Superfícies fechadas bidimensionais podem ser classificadas computacionalmente (de forma grosseira através do cômputo da quantidade de "alças"). Por outro lado, "superfícies" fechadas quadridimensionais *não podem* ser classificadas computacionalmente

Existem muitas outras classes de problemas matemáticos que são computacionalmente insolúveis. Dois destes, o décimo problema de Hilbert e o problema do ladrilhamento, foram discutidos na Seção 1.9. Para um outro exemplo, o problema das palavras (para semigrupos), veja ENM, p.130-2.

Devemos deixar claro que "computacionalmente insolúvel" não implica que existam quaisquer problemas na classe que sejam individualmente insolúveis em princípio. Simplesmente significa que não existe uma maneira sistemática (algorítmica) de solucionar todos os problemas na classe. Em cada caso individual pode acontecer de ser possível encontrar uma solução através da intuição e engenhosidade humana, talvez auxiliadas por cálculos computacionais. Também *poderia* ser o caso de que existam membros da classe que *são* humanamente (ou humanamente com o auxílio de máquinas) inacessíveis. Parece que não sabemos nada sobre isto, portanto não podemos ter uma opinião sobre o tema. No entanto, o que o argumento do tipo de Gödel-Turing como apresentado na Seção 2.5, junto dos argumentos do Capítulo 3, efetivamente *mostra* é que problemas de tal classe que *são* acessíveis ao entendimento e intuição humanos (auxiliados por computador caso se deseje) formam uma classe que é em si computacionalmente inacessível. (No caso do problema da parada, por exemplo, a Seção 2.5 mostra que a classe de cálculos computacionais que pode ser aferida por seres humanos como intermináveis não pode ser encapsulada por qualquer algoritmo que possa ser reconhecido como confiável *A* – e os argumentos do Capítulo 3 seguem desse ponto.)

Na abordagem de Geroch-Hartle para a gravitação quântica, o problema da equivalência para quadrivariedades entra na análise, pois, segundo as regras *padrão* da teoria quântica, o estado quantum-gravitacional envolveria sobreposições de todas as geometrias possíveis – aqui geometrias *espaçotemporais*, que são objetos quadridimensionais – com fatores de ponderação complexos. De forma a entender como especificar tais sobreposições de alguma forma única (i.e., sem "sobrecontagem") é necessário saber quando dois desses espaços-tempos devem ser considerados diferentes e quando devem ser considerados iguais. O problema da equivalência topológica surge como parte dessa decisão.

Pode-se perguntar: se algo da natureza da abordagem de Geroch-Hartle para a gravitação quântica se mostrar fisicamente correto, isto significaria que existe algo essencialmente não computável na evolução de um sistema físico? Não acho que a resposta para essa questão esteja de maneira alguma clara. Não é claro para mim que a insolubilidade computacional do problema da equivalência topológica deva implicar que o problema mais completo da equivalência *geométrica* também seja insolúvel. Também não é claro como (e se) a abordagem deles poderia se relacionar com as ideias **RO** pelas quais estou argumentando a favor aqui, onde uma mudança real na estrutura da teoria quântica é esperada no exato momento quando efeitos gravitacionais se tornam presentes. De qualquer forma, o trabalho de Geroch-Hartle parece indicar uma possibilidade clara de que a não computabilidade possa ter um papel genuíno em seja qual for a teoria de gravitação quântica que finalmente se mostre fisicamente correta.

7.9 Máquinas oraculares e as leis físicas

Deixando todos esses pontos de lado, poderíamos nos fazer uma pergunta distinta: suponha que uma emergente teoria de gravitação quântica seja uma teoria não computacional, no sentido específico de que ela permitiria a construção de um aparato físico que pudesse solucionar o problema da parada. Isto seria suficiente para resolver todos os problemas que surgiram das nossas considerações do argumento de Gödel-Turing na Parte I? De forma surpreendente, a resposta para esta pergunta é *não*!

Vamos tentar ver por que a capacidade de solucionar o problema da parada não irá ajudar. Em 1939, Turing introduziu um conceito relevante para essa questão, ao qual se referiu como um *oráculo*. A ideia de um oráculo era de que ele seria algo (presumivelmente algo fictício, em sua mente, que não precisaria ser fisicamente construível) que poderia realmente resolver o problema da parada. Assim, se apresentássemos ao oráculo um par de números naturais, q, n, então ele iria, após um tempo finito, nos dar a resposta **SIM** ou **NÃO**, dependendo do caso de o cálculo computacional $C_q(n)$ finalmente terminar ou não (veja a Seção 2.5). Os argumentos da Seção 2.5 nos dão uma prova do resultado de Turing de que nenhum tal oráculo pode ser construído funcionando de maneira inteiramente computacional, mas nada nos diz sobre se tal oráculo não poderia ser fisicamente construído. Para essa conclusão seguir, precisaríamos saber que as leis físicas são por natureza computacionais – esse ponto sendo, no fim das contas, daquilo que trata toda a discussão da Parte II. Devemos notar também que a possibilidade física de construir tal oráculo não é, até onde eu possa ver, uma implicação do ponto de vista que estou advogando. Como mencionado antes, não existe necessidade de que todos os problemas de parada sejam acessíveis ao entendimento e intuição humanos, então não precisamos concluir que um aparato construível possa fazer isto também.

Turing, em sua discussão desses temas, considerou uma modificação da computabilidade na qual tal oráculo poderia ser invocado a qualquer momento. Assim, uma *máquina oracular* (que implementa um *algoritmo oracular*) seria como uma máquina de Turing ordinária, exceto que suas operações computacionais ordinárias seriam complementadas por outra operação: "Chame o oráculo e pergunte se $C_q(n)$ termina; quando a resposta retornar, continue calculando fazendo uso dessa resposta". O oráculo poderia ser chamado quantas vezes fossem necessárias. Note que uma máquina oracular é algo tão *determinístico* quanto uma máquina de Turing ordinária. Isto ilustra o fato de que computabilidade não é de forma alguma a mesma coisa que determinismo. É igualmente possível ter, em princípio, um universo que funcione deterministicamente como uma máquina oracular quanto é ter um que funcione deterministicamente como uma máquina de Turing. (Os "universos brinquedo" que foram descritos na Seção 1.9 e na p.170 de ENM seriam, para todos os efeitos, universos máquina oraculares.)

Seria o caso de que o *nosso* universo realmente *funciona* como uma máquina oracular? Curiosamente, os argumentos da Parte I deste livro podem ser aplicados igualmente bem contra um modelo de máquina oracular do entendimento matemático quanto foram aplicados contra o modelo da máquina de Turing, quase sem modificações. Tudo que precisamos fazer, na discussão da Seção 2.5, é interpretar "$C_q(n)$" agora como fazendo o papel da "q-ésima máquina oracular aplicada ao número natural n". Vamos reescrever isto como, digamos, $C'_q(n)$. Máquinas oraculares podem ser listadas (computacionalmente) tão bem quanto as máquinas de Turing ordinária. No que se trata de sua especificação, a única característica adicional é que devemos nos atentar em quais momentos o oráculo é chamado para funcionar e isto não apresenta nenhum problema novo. Substituímos agora o *algoritmo* $A(q,n)$ da Seção 2.5 por um *algoritmo oracular* $A'(q,n)$, que tentamos então considerar como representando a totalidade dos meios disponíveis para o entendimento e intuição humanos, para decidir com certeza que a operação oracular $C'_q(n)$ não termina. Seguindo a linha de raciocínio, da mesma forma que antes, concluímos que:

> $\mathscr{G}'$ Matemáticos humanos não estão utilizando um algoritmo oracular que pode ser reconhecido como confiável para aferir a verdade matemática.

Disso concluímos que uma física que funcione como uma máquina oracular também não irá resolver nossos problemas.

De fato, todo o processo pode ser repetido novamente e aplicado a "máquinas oraculares de segunda ordem", às quais é permitido invocar, quando necessário, um *oráculo de segunda ordem* – que pode nos dizer se uma máquina oracular ordinária por fim termina ou não. Assim, como acima, concluímos:

$\mathscr{G}''$ Matemáticos humanos não estão utilizando um algoritmo oracular de segunda ordem que pode ser reconhecido como confiável para aferir a verdade matemática.

Deixemos claro que esse processo pode ser repetido de novo e de novo, de forma similar à gödelização repetitiva, como discutido em relação à **Q19**. Para qualquer ordinal α recursivo (computável), temos o conceito de uma máquina oracular de ordem α e parece que concluímos:

$\mathscr{G}\alpha$ Matemáticos humanos não estão utilizando um algoritmo oracular de ordem α que pode ser reconhecido como confiável para aferir a verdade matemática, para qualquer α ordinal computável.

A conclusão final de tudo isto é bastante preocupante. Parece sugerir que devemos procurar uma teoria física não computacional que vá além até mesmo de qualquer nível de computabilidade de máquinas oraculares (e talvez ainda mais além).

Sem dúvida existem leitores que creem que o último vestígio de credibilidade do meu argumento acabou de desaparecer neste momento! Certamente não culpo o leitor por se sentir dessa forma. Porém, isto não nos dispensa de termos que nos entender com todos os argumentos que dei em detalhes. Em particular, os argumentos dos capítulos 2 e 3 devem todos ser revisitados, com máquinas oraculares de ordem α tomando o lugar das máquinas de Turing naquela discussão. Não acho que os argumentos são afetados de nenhuma forma significativa, mas devo confessar que fico exausto ao pensar em apresentar tudo novamente nesses termos. Existe um outro ponto que deve ser enfatizado, no entanto, e este é que não é necessário que o entendimento matemático humano seja em princípio tão poderoso quanto *qualquer* máquina oracular. Como visto antes, a conclusão $\mathscr{G}$ *não* necessariamente implica que a intuição humana é poderosa o suficiente, em princípio, para resolver qualquer instância do problema da parada. Assim, não precisamos necessariamente concluir que as leis físicas que procuramos ultrapassam, em princípio, qualquer nível computacional de máquina oracular (ou mesmo que cheguem à primeira ordem). Precisamos somente buscar algo que não seja equivalente a *qualquer* máquina oracular específica (incluindo também as máquinas de ordem zero, que são máquinas de Turing). As leis físicas talvez possam levar a algo que é somente *diferente*.

7.10 A não computabilidade na gravitação quântica: 2

Vamos retornar à questão da gravitação quântica. Deve-se enfatizar que não há uma teoria aceita no momento – não existe nem mesmo uma candidata aceitável. Existem, porém, muitas propostas diferentes e fascinantes.[8] A ideia em particular à qual quero me referir agora tem, da mesma forma que a abordagem de Geroch-Hartle, a necessidade de que sobreposições quânticas de diferentes *espaços-tempos* sejam consideradas. (Muitas abordagens requerem sobreposições somente de geometrias tridimensionais, que são um pouco diferentes.) A sugestão de David Deutsch[9] é que devemos supor, junto de geometrias espaçotemporais "razoáveis" nas quais o *tempo* se comporte de maneira sensata, também espaços-tempos "não razoáveis" nos quais existam *linhas tipo-tempo fechadas*. Um exemplo de tal espaço-tempo é apresentado na Figura 7.15. Uma *linha tipo-tempo* descreve uma possível história de uma partícula (clássica), "tipo-tempo" se referindo ao fato de que a linha está sempre direcionada dentro do cone de luz local em cada um de seus pontos, de tal forma que a velocidade absoluta local não é excedida – como é requerido pela teoria da relatividade (veja a Seção 4.4). A importância de uma linha tipo-tempo *fechada* é que poderíamos imaginar um "observador"* que realmente tem essa linha como sua própria linha de mundo, i.e., a linha que descreve, dentro do espaço-tempo, a história do seu próprio corpo. Tal observador iria, após uma passagem finita de seu tempo percebido, encontrar-se de volta a seu próprio passado (uma viagem no tempo!). A possibilidade parece estar aberta para ele de fazer algo a si mesmo (assumindo que possui algum tipo de "livre arbítrio") que nunca realmente vivenciou, isto levando a uma contradição. (Geralmente tais discussões o imaginam assassinando seu próprio avô antes de nascer – ou algo igualmente alarmante.)

---

8 Veja, por exemplo, Isham, 1989, 1994; Smolin, 1993, 1994.

9 Essa ideia podia ser encontrada em um rascunho inicial do artigo de Deutsch (1991), mas ela não apareceu no artigo publicado. David Deutsch me garantiu que a razão pela qual ele removeu esse trecho da versão final não foi que a ideia estivesse "errada", mas que ela não era relevante para o propósito particular daquele artigo. De qualquer forma, para os meus propósitos, o valor da ideia não é que ela seja "correta" em qualquer arcabouço existente de gravitação quântica – já que não existe tal arcabouço consistente atualmente –, mas que ela seja sugestiva de desenvolvimentos futuros, como de fato é!
Para uma abordagem alternativa para a não computabilidade na "computação quântica", veja Castagnoli et al., 1992.

* "Observador" aqui podendo ser substituído por "observadora". Veja as "Notas para o leitor", p.20. (N. A.)

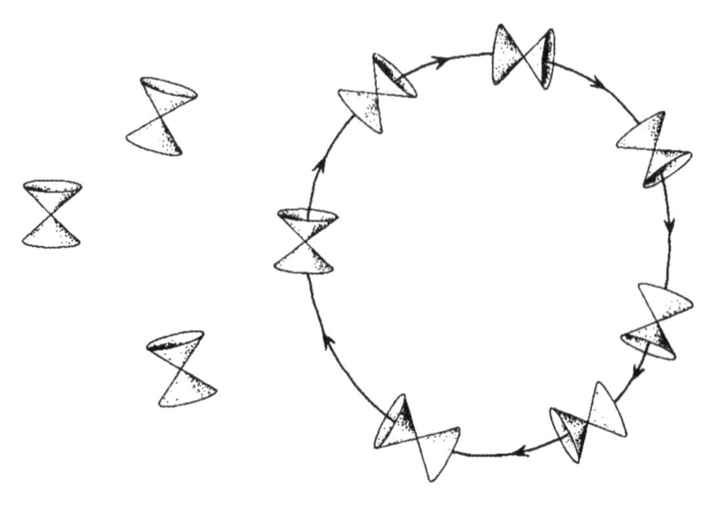

Figura 7.15 – Com uma inclinação severa o suficiente dos cones de luz em um espaço--tempo, linhas tipo-tempo fechadas podem ocorrer

Argumentos desse tipo fornecem razão suficiente para não levar a sério espaços-tempos com curvas tipo-tempo fechadas como possíveis modelos para o universo real clássico. (Curiosamente, foi Kurt Gödel que, em 1949, propôs pela primeira vez modelos de espaços-tempos com curvas tipo-tempo fechadas. Gödel não via os aspectos paradoxais desses espaços-tempos como razões adequadas para excluí-los como modelos cosmológicos. Por diversas razões, teríamos uma posição mais restrita a respeito desse tópico nos dias de hoje, mas veja Thorne (1994). Seria interessante ver a reação de Gödel com respeito ao uso que faremos desses espaços-tempos logo mais!) Ainda que realmente pareça razoável excluir geometrias espaçotemporais com curvas tipo-tempo fechadas como descrições do universo *clássico*, podemos construir uma argumentação de que elas não deveriam ser excluídas como potenciais ocorrências que poderiam estar envolvidas em uma *sobreposição quântica*. Isto, de fato, é o ponto levantado por Deutsch. Ainda que as contribuições dessas geometrias para o vetor de estado total possam muito bem ser minúsculas, sua presença em potencial tem um efeito aterrador (segundo Deutsch). Se considerarmos agora o que significa realizar um cálculo computacional quântico em tal situação, aparentemente concluiremos que operações *não computacionais* podem ser realizadas! Isto vem do fato de que, em geometrias espaçotemporais com curvas tipo-tempo fechadas, o funcionamento de uma máquina de Turing pode usufruir do seu próprio resultado, circulando eternamente, se necessário, de tal forma que a resposta à pergunta "este cálculo computacional em algum momento acaba?" tem uma influência real sobre o resultado final do cálculo computacional quântico. Deutsch chega à conclusão de que, em seu esquema de gravitação quântica, máquinas oraculares quânticas são possíveis. Até onde posso entender, seus argumentos se aplicam igualmente bem também a máquinas oraculares de ordem superior.

É claro que muitos leitores podem sentir que tudo isto deve ser visto com uma dose apropriada de ceticismo. De fato, não existe nenhuma sugestão real de que o esquema nos fornece uma teoria consistente (ou mesmo plausível) de gravitação quântica. Ainda assim, as ideias são lógicas dentro do seu próprio paradigma e são sugestivamente interessantes – e parece bastante razoável para mim que, quando um esquema apropriado para a gravitação quântica *for* por fim encontrado, então alguns vestígios importantes da proposta de Deutsch irão realmente sobreviver. Meu ponto de vista é que, como enfatizado particularmente nas seções 6.10 e 6.12, as próprias leis da teoria quântica devem ser modificadas (de acordo com **RO**) quando a união correta entre a teoria quântica e a relatividade geral for encontrada. Porém, acho que é uma evidência considerável para a possibilidade de uma ação não computacional resultante que na proposta de Deutsch, a não computabilidade – até mesmo no grau que parece ser necessário para $\mathscr{G}^{\alpha}$ – seja uma das características de suas ideias sobre gravitação quântica.

Como último ponto, devemos notar que é precisamente a potencial inclinação dos cones de luz na relatividade geral de Einstein (Seção 4.4) que nos fornece os efeitos não computacionais que Deutsch enfatiza. Uma vez que se permita que os cones de luz se inclinem *de qualquer forma*, mesmo por quantidades minúsculas, como as que ocorrem com a teoria de Einstein em circunstâncias ordinárias, então existe a possibilidade *potencial* para eles se inclinarem a tal ponto que linhas tipo-tempo fechadas surjam. Essa possibilidade potencial precisa somente ter um papel como uma contrafactualidade, segundo a teoria quântica, para ter um efeito *real*!

7.11 O tempo e as percepções conscientes

Retornemos para a questão da consciência. Foi o papel específico que a consciência tem na percepção da verdade matemática, afinal, que nos levou em direção ao estranho território no qual agora nos encontramos. Porém, é claro que existe muito mais associado à consciência do que a percepção da matemática. Seguimos essa rota em particular pois parecia que poderíamos chegar a algum lugar com ela. Sem dúvida, muitos leitores não irão gostar do "algum lugar" ao qual chegamos. No entanto, se olharmos para trás a partir dessa nossa nova posição vantajosa, veremos que alguns de nossos problemas se encontram sob uma nova luz.

Uma das características mais notórias e imediatas da percepção consciente é a *passagem do tempo*. É algo tão familiar para nós que é chocante aprender que nossas maravilhosas e precisas teorias do comportamento do mundo físico não tiveram, até agora, virtualmente nada a dizer sobre isso. Pior que isto, o que nossas melhores teorias físicas *dizem* está quase obviamente em contradição com o que nossa percepção parece nos dizer sobre o tempo.

Segundo a relatividade geral, "tempo" é meramente uma escolha particular de coordenada na descrição da localização de um evento no espaço-tempo. Não existe nada nas descrições de espaços-tempos feitas pelos físicos que isole o "tempo" como algo que deve "fluir". De fato, é comum que os físicos considerem espaços-tempos modelo nos quais existe apenas *uma* dimensão espacial em conjunto com uma dimensão temporal e em tais espaços-tempos bidimensionais não existe nada que nos diga o que é espaço e o que é tempo (veja a Figura 7.16). Ainda assim, ninguém consideraria que o *espaço* "flui"! É verdade que evoluções temporais são comumente consideradas em problemas físicos, em que estamos interessados em calcular o futuro a partir do estado presente do sistema (cf. a Seção 4.2). Porém, isto não é de forma alguma um procedimento necessário. Os cálculos são realizados normalmente dessa maneira *porque* estamos interessados em modelar, matematicamente, nossas experiências sobre o mundo em termos de um tempo "em fluxo" que é o que parece que experimentamos – e porque estamos interessados em predizer o futuro.[10] São nossas experiências aparentes que nos tentam a enviesar nossos modelos computacionais do mundo em termos de evoluções temporais (frequente, mas não invariavelmente), enquanto as leis físicas em si não contêm tal tentador viés embutido.

Na realidade, é *somente* o fenômeno da consciência que requer que pensemos em termos de um tempo "em fluxo". Segundo a relatividade, temos somente um espaço-tempo quadridimensional "estático", com nada dele "fluindo". O espaço-tempo simplesmente está *lá* e o tempo não "flui" mais do

---

[10] De qualquer forma, nossas representações físicas usuais não distinguem entre "fluir" para o futuro de "fluir" para o passado. (No entanto, por conta da segunda lei da termodinâmica, "retrodizer o passado" não é algo que pode ser conseguido efetivamente por meio da evolução temporal de equações dinâmicas.)

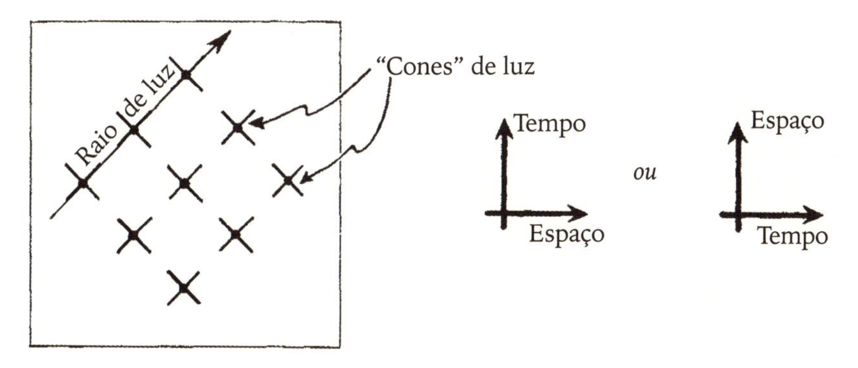

Figura 7.16 – Em um espaço-tempo bidimensional não existe nada que permita escolher entre espaço e tempo – ainda assim ninguém diria que o espaço deveria "fluir"!

que o espaço flui. É somente a consciência que parece necessitar que o tempo flua, de tal forma que não deveríamos nos surpreender se o relacionamento entre a consciência e o tempo for estranho de outras maneiras também.

De fato, não seria sábio da nossa parte fazer uma identificação muito forte entre o fenômeno da percepção consciente com a aparente "passagem' do tempo, e o uso que os físicos fazem de um parâmetro codificado em um número real t para denotar o que é referido como a "coordenada temporal". Em primeiro lugar, a relatividade nos diz que não há unicidade sobre a escolha do parâmetro t, caso ele deva servir para o espaço-tempo todo. Muitas alternativas mutuamente incompatíveis são possíveis e nada em particular existe para distinguir entre uma ou outra. Segundo, é claro que o conceito preciso de um "número real" não é completamente relevante para a nossa percepção consciente da passagem do tempo, no mínimo pelo fato de que não temos sensibilidade a escalas de tempo muito pequenas – digamos, escalas de tempo de somente um centésimo de segundo, por exemplo –, enquanto as escalas de tempo dos físicos funcionam até cerca de 10^{-25} segundos (como é provado pela acurácia da eletrodinâmica quântica, a teoria quântica do campo eletromagnético interagindo com elétrons e outras partículas carregadas), ou talvez mesmo até o tempo de Planck de 10^{-43} segundos. Mais que isto, o conceito de tempo dos matemáticos como um número real necessitaria que *não* houvesse limite com relação à sua pequenez, qualquer que fosse, depois da qual não poderíamos aplicar tal conceito de forma correta, esse conceito permanecendo fisicamente relevante em todas as escalas ou não.

É possível ser mais específico sobre o relacionamento entre a experiência consciente e o parâmetro t que os físicos usam como o "tempo" em suas descrições físicas? Pode realmente haver uma maneira experimental de testar "quando" uma experiência subjetiva "realmente" acontece, com relação a esse parâmetro físico? Será mesmo que *significa* algo, em um sentido objetivo, dizer que um evento consciente aconteceu em qualquer instante em particular? De fato, certos experimentos de importante relevância com relação a esse tópico foram realizados, mas acontece que os resultados são distintamente misteriosos e têm implicações quase paradoxais. Uma descrição de alguns desses experimentos foi dada em ENM, p.439-44, mas será apropriado investigá-los novamente aqui.

No meio da década de 1970, H. H. Kornhuber e seus associados (cf. Deecke et al., 1976) utilizaram eletroencefalogramas (EEG) para gravar os sinais elétricos em diversos pontos da cabeça de vários voluntários humanos, de forma a tentar cronometrar qualquer atividade cerebral que poderia estar associada com um ato de *livre arbítrio* (o aspecto *ativo* da consciência). Pediu-se a eles para flexionarem o dedo indicador em vários momentos, mas para fazerem isso repentinamente em momentos que fossem *inteiramente de sua própria escolha* na esperança de que a atividade cerebral envolvida com "desejar" o movimento do dedo pudesse ser cronometrada. Sinais com alguma significância dos rastros deixados no EEG puderam ser obtidos somente fazendo médias com relação a várias execuções do experimento. O que se encontrou foi o surpreendente resultado de que o potencial elétrico gravado parecia aumentar gradativamente por cerca de algo como um segundo ou um segundo e meio *antes* do momento de flexionar o dedo. Isto significa que um ato consciente de vontade precisa de um segundo ou mais para agir? Com relação à percepção consciente do voluntário, a decisão de flexionar o dedo teria ocorrido somente momentaneamente antes de o dedo ser flexionado e certamente não tão antes como um segundo ou mais. (Devemos manter em mente que um tempo de resposta "pré-programado" em face de um sinal externo é muito menor que isto – cerca de um quinto de segundo.)

Parece que concluímos desses experimentos que: (i) o ato consciente de "livre arbítrio" é pura ilusão, sendo, de alguma forma, já pré-programado na atividade inconsciente precedente do cérebro; *ou* (ii) existe um possível papel de "último minuto" para a vontade, de tal forma que ela pode às vezes (mas não usualmente) reverter a decisão que estava sendo construída inconscientemente por cerca de um segundo e pouco antes; *ou* (iii) o voluntário realmente deseja conscientemente flexionar o dedo em um momento que transcorre um segundo e pouco antes da flexão, mas percebe erroneamente, de forma consistente, que o ato consciente acontece muito tempo depois, pouco antes de o dedo ser de fato flexionado.

Mais recentemente, Benjamin Libet e seus colaboradores repetiram esses experimentos, mas com refinamentos adicionais planejados para cronometrar mais diretamente o real ato de desejar a flexão do dedo, pedindo aos voluntários para repararem no posicionamento de um ponteiro de relógio no momento em que a decisão fosse tomada (veja Libet, 1990, 1992). As conclusões parecem confirmar os resultados anteriores, mas também apontam contra (iii) e Libet parece a favor de (ii).

Em outro conjunto de experimentos, a cronometragem de aspectos *sensoriais* (ou *passivos*) da consciência foi investigada, em 1979, por Libet e Feinstein. Eles testaram voluntários que haviam concordado em ter eletrodos colocados em uma parte do cérebro focada em receber sinais sensoriais de certos pontos na pele. Em conjunção com esse estímulo direto, haveria ocasiões em que o ponto correspondente na pele seria estimulado. A conclusão geral desses experimentos foi que levaria algo como meio segundo de atividade neuronal (mas com alguma variação, dependendo das circunstâncias) antes que os voluntários pudessem se tornar conscientemente perceptivos de qualquer sensação, porém, no caso do estímulo direto na pele, eles teriam a impressão de que já estavam conscientes do estímulo em um momento anterior àquele em que a pele de fato foi estimulada.

Cada um desses experimentos por si só não é paradoxal, ainda que sejam de certa forma perturbadores. Talvez as decisões aparentemente conscientes que tomamos sejam feitas *inconscientemente* em algum momento anterior, pelo menos um segundo antes. Talvez as sensações conscientes que temos *de fato* precisem de algo como meio segundo de atividade cerebral antes que possam ser realmente sentidas. Porém, se considerarmos essas duas descobertas em conjunto, parece que somos levados à conclusão de que em qualquer ação na qual um estímulo externo leve a uma resposta conscientemente controlada, um atraso de tempo de cerca de um a um segundo e meio pareceria necessário antes que a resposta pudesse ocorrer. Isto aconteceria porque a percepção do fato não ocorreria até que meio segundo se passasse; e para o caso de essa percepção ser utilizada, então o maquinário aparentemente lento do livre arbítrio teria que ser trazido à tona, com talvez cerca de outro segundo de atraso.

Nossas percepções conscientes realmente ocorrem de forma tão lenta? Nas conversas do cotidiano, por exemplo, não parece ser o caso. Aceitar (ii) nos levaria a concluir que a maioria dos atos de resposta são inteiramente inconscientes, ainda que de tempos em tempos possa ser possível sobrepujar tal resposta, levando cerca de um segundo, com uma resposta consciente. Porém, se a resposta normalmente é *in*consciente, então a menos que ela seja tão lenta quanto uma consciente, não existe possibilidade para a consciência sobrepujá-la – de outra forma, quando o ato consciente vem à tona, a resposta inconsciente já haveria sido realizada e agora é tarde demais para a consciência afetá-la! Assim, a menos que atos conscientes possam *às vezes* ser velozes, a resposta inconsciente levaria *ela mesma* cerca de um segundo. Em relação a isto, lembremos que uma reação inconsciente "pré-programada" pode ocorrer de maneira muito mais rápida – em cerca de um quinto de segundo.

Claro que poderíamos ainda ter uma resposta inconsciente rápida (de, digamos, um quinto de segundo) com a possibilidade (i), que surgiria com a ignorância total por parte do sistema de resposta inconsciente de qualquer atividade consciente (sensorial) que pudesse acontecer depois. Nesse caso (e a situação no caso (iii) é ainda pior), o único papel para a nossa consciência em conversações razoavelmente rápidas seria o de espectadora, estando ciente somente de uma "reencenação" de toda a peça.

Não existe realmente contradição aqui. É possível que a seleção natural tenha produzido a consciência somente para o seu papel no pensamento deliberado, enquanto em qualquer outra atividade razoavelmente rápida a consciência está lá somente como acompanhante. Toda a discussão da Parte I, no fim das contas, foi com relação ao tipo de contemplação consciente (entendimento matemático) que é de fato notoriamente lenta. Talvez a capacidade da consciência *tenha* evoluído somente para o propósito de tal atividade mental contemplativa e lenta, enquanto os tempos de resposta mais rápidos são inteiramente inconscientes em seu funcionamento – ainda que acompanhados por uma percepção consciente deles que não tem nenhum papel ativo.

É certamente verdade que a consciência mostra suas verdadeiras cores quando lhe é permitido ter muito tempo para trabalhar. Ainda assim, devo confessar uma descrença na possibilidade de que *não* possa haver papel para a consciência em tais atividades rápidas como conversas ordinárias – ou no tênis de mesa, *squash* ou corrida de carros, já que tocamos nesse ponto. Parece-me que há pelo menos uma brecha profunda nessa discussão, e ela está na assunção de que a cronometragem precisa de eventos conscientes realmente faz sentido. Existe *realmente* um "tempo real" no qual a experiência consciente acontece, onde esse "tempo de experiência" particular deve preceder o tempo de qualquer efeito de uma "resposta de livre arbítrio" àquela experiência? Em face da relação anômala que a consciência tem com a própria noção física de tempo, como foi descrito no começo desta seção, me parece pelo menos possível que *não* exista tal "instante" claro no qual um evento consciente deve ocorrer.[11]

A possibilidade mais branda em concordância com isto seria uma dispersão não local no tempo, de tal forma que haveria uma nebulosidade inerente sobre o relacionamento entre a experiência consciente e o tempo físico. Meu palpite é que haveria algo que é muito mais sutil e enigmático em funcionamento aqui. Se a consciência é um fenômeno que não pode ser entendido em termos físicos sem um *input* apropriado da teoria quântica, então pode muito bem ser o caso de que os mistérios **Z** dessa teoria estão interferindo com as nossas conclusões aparentemente inequívocas sobre as propriedades de causalidade, não localidade e contrafactualidade que poderiam realmente existir entre a percepção e o livre arbítrio. Por exemplo, talvez haja algum tipo de papel a ser atribuído ao tipo de contrafactualidade que ocorre com o problema da testagem de bombas das seções 5.2 e 5.9: o mero fato de que algum ato ou pensamento *possa* eventualmente acontecer, mesmo que não aconteça realmente, pode afetar o comportamento. (Isto poderia invalidar deduções aparentemente lógicas como aquelas, digamos, utilizadas em excluir a possibilidade (ii).)

De forma geral, devemos ter muito cuidado em chegar a conclusões aparentemente lógicas tratando do ordenamento temporal de eventos quando efeitos quânticos estão envolvidos (como as considerações EPR na seção seguinte farão questão de enfatizar). O contrário disto é que *se*, em alguma manifestação da consciência, o raciocínio clássico sobre o ordenamento temporal dos eventos nos leva a uma conclusão contraditória, então existe uma forte indicação de que efeitos quânticos podem estar em jogo!

7.12 EPR e tempo: a necessidade de uma nova visão de mundo

Existem razões para termos suspeitas de nossas noções físicas do tempo, não somente aquelas relacionadas com a consciência, mas relacionadas com a física em si, quando a não localidade e contrafactualidade quânticas estão

---

[11] Veja também Dennett, 1991.
Algumas pessoas que viram o filme *Uma breve história do tempo*, que trata sobre Stephen Hawking e seu trabalho, podem ter obtido uma visão muito curiosa sobre as minhas opiniões com relação à conexão entre a consciência e o fluxo do tempo. Quero aproveitar esta oportunidade para ressaltar que isto foi por conta de uma edição bastante errônea e inapropriada da sequência filmada.

envolvidas. Se tivermos uma visão fortemente "realista" do vetor de estado $|\psi\rangle$ em situações EPR – e argumentei fortemente nas seções 6.3 e 6.5 sobre as dificuldades em *não* o fazer – então somos confrontados com um mistério profundo. Tais mistérios levam a dificuldades genuínas para qualquer teoria da natureza da teoria GRW, descrita na Seção 6.9, e potencialmente também com o tipo de esquema **RO** da Seção 6.12, o qual eu estou defendendo.

Lembrem-se dos dodecaedros mágicos da Seção 5.3 e sua explicação na Seção 5.18. Podemos perguntar qual das seguintes duas possibilidades representa a "realidade" dos fatos. É o ato de pressionar o botão realizado pelo meu *colega* que instantaneamente reduz (e desemaranha) o estado original totalmente emaranhado – de tal forma que o estado do átomo no meu dodecaedro é criado instantaneamente, desemaranhado, pelo *seu* apertar de botão, e é *esse* estado reduzido que define as possibilidades que podem resultar do meu subsequente apertar de botões? Ou o *meu* apertar de botões acontece primeiro, agindo no estado original emaranhado, de forma a reduzir o estado instantaneamente no átomo do dodecaedro do meu colega de tal forma que é meu colega que encontra o estado reduzido desemaranhado? Com relação aos resultados, não importa de qual forma tratemos o problema, como foi mencionado na discussão da Seção 6.5. É muito bom que não importe, pois se importasse isto violaria os princípios da relatividade de Einstein, segundo os quais a noção de "simultaneidade" para eventos distantes (com separação tipo-espaço) não pode ter efeitos físicos observáveis. No entanto, se acreditarmos que $|\psi\rangle$ representa a *realidade*, então essa realidade de fato é diferente nas duas possibilidades. Alguns diriam que isto é razão suficiente para não tomar tal ponto de vista realista de $|\psi\rangle$. Outros aceitariam outras fortes razões em favor do ponto de vista realista (cf. a Seção 6.3) – e estariam bastante dispostos a descartar o paradigma einsteiniano de mundo.

Minha própria predisposição é tentar me agarrar aos dois – ao realismo quântico *e* ao espírito da visão espaço-tempo temporal relativística. Porém, tal feito irá necessitar de uma mudança fundamental em nossa maneira atual de representar a realidade física. Em vez de insistir que a maneira pela qual descrevemos um estado quântico (ou o próprio espaço-tempo) deve seguir as descrições que nos são familiares agora, devemos buscar, algo que pareça muito diferente, ainda que seja (inicialmente, pelo menos) matematicamente equivalente às descrições familiares.

De fato existe amplo precedente para esse tipo de coisa. Antes de Einstein descobrir a relatividade geral, havíamos nos acostumado completamente com a teoria maravilhosamente precisa de Newton para a gravidade, na qual as partículas se movem por aí em um espaço plano, atraindo-se mutuamente segundo a lei do inverso do quadrado para a força gravitacional. Pensaríamos que o ato de introduzir qualquer mudança fundamental nessa ideia estaria fadado a destruir a notória precisão do esquema newtoniano. Ainda assim, tal mudança fundamental foi precisamente o que Einstein introduziu. Em sua visão alternativa da dinâmica gravitacional, o paradigma foi completamente transformado. O espaço não é mais plano (e não é nem mesmo "espaço", é "espaço-tempo"); não existe força gravitacional, esta sendo substituída pelos efeitos de maré da curvatura espaçotemporal. As partículas nem mesmo se movem, sendo representadas por curvas "estáticas" desenhadas no espaço-tempo. A precisão notória da teoria de Newton foi destruída? De forma alguma; ela foi até mesmo melhorada, de forma extraordinária! (Veja a Seção 4.5.)

Será que podemos esperar que algo similar ocorra com a teoria quântica? Parece-me que é extremamente provável. Será necessária uma *profunda* mudança de ponto de vista, o que torna difícil especular sobre a natureza específica da mudança. Além do mais, sem dúvida ela parecerá maluca!

Para finalizar esta seção, devo mencionar duas ideias aparentemente malucas, nenhuma delas maluca o bastante, mas as quais têm seus méritos. A primeira é devida a Yakir Aharonov e Lev Vaidman (1990), a Costa de Beauregard (1989) e a Paul Werbos (1989). Segundo essa ideia, a realidade quântica é descrita por *dois* vetores de estado, um que se propaga para a frente no tempo desde a última ocorrência de **R**, de forma normal, e outra que se propaga *para trás no tempo*, a partir da próxima ocorrência de **R** no futuro. Esse segundo vetor de estado* se comporta de maneira "teleológica" no sentido de que é governado pelo que deve acontecer a ele no futuro, ao invés do que aconteceu a ele no passado, uma característica que alguns podem sentir que seria inaceitável. Porém, as implicações da teoria são precisamente aquelas da teoria quântica padrão, de tal forma que ela não pode ser descartada por razões dessa natureza. Sua *vantagem* com relação à teoria quântica padrão é que permite termos uma descrição completamente objetiva do estado em situações EPR que pode ser representada em termos espaçotemporais consistentemente com o espírito da relatividade de Einstein. Assim, fornece uma (um tipo de) solução para o mistério mencionado no começo desta

* Existe algum significado matemático em atribuir ao vetor de estado que se propaga na direção contrária um "vetor-*bra*" $\langle\phi|$, enquanto ao estado propagante normal é atribuído um "vetor-*ket*" padrão $|\psi\rangle$. O par de vetores de estado pode ser representado como um produto $|\psi\rangle\langle\phi|$. Isto é similar à notação de matriz de densidade da Seção 6.4. (N. A.)

seção – mas à custa de precisarmos de um estado quântico de comportamento teleológico, o que alguns podem achar preocupante. (Do meu ponto de vista, esses aspectos teleológicos das descrições são perfeitamente aceitáveis, contanto que não levem a problemas com o comportamento físico real.) Para os detalhes, indico ao leitor a literatura científica sobre o tema.

A outra ideia que quero mencionar é aquela da *teoria de twistors* (veja a Figura 7.17). Essa teoria foi enormemente motivada pelos mesmos mistérios EPR, mas ela *até agora* (como tal) não fornece uma solução a eles. Suas forças se encontram em outros pontos, por exemplo em fornecer descrições inesperadas e elegantes de certas noções físicas fundamentais (tais como as equações eletromagnéticas de Maxwell, cf. a Seção 4.4 e ENM, p.184-7, para as quais ela fornece uma formulação matemática atrativa). Ela nos dá uma descrição não local do espaço-tempo, onde raios de luz inteiros são representados como pontos isolados. É esta não localidade espaçotemporal que a relaciona com a não localidade quântica em situações EPR. Ela também é fundamentalmente baseada em *números complexos* e a sua geometria relacionada, de tal forma que um relacionamento íntimo entre os números complexos da teoria quântica **U** e a estrutura espaçotemporal é obtido. Em particular, a esfera de Riemann da Seção 5.10 tem um papel fundamental com relação ao cone de luz de um ponto espaço temporal (e com a "esfera celestial" de um observador naquele ponto!). (Veja David Peat (1988) para uma descrição não técnica das ideias relevantes ou o livro de Stephen Huggett e Paul Tod (1985) para uma descrição relativamente breve, mas técnica.[12])

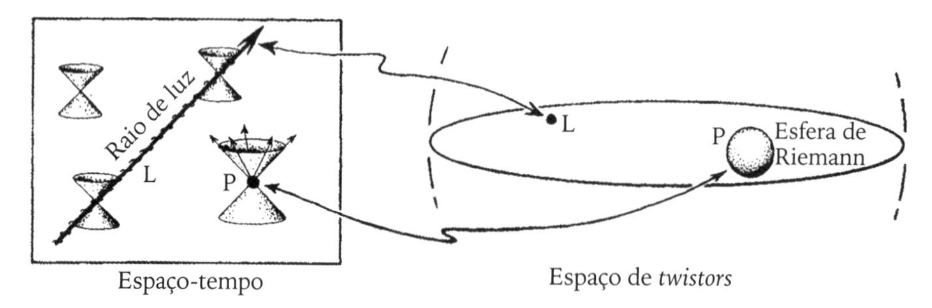

Figura 7.17 – A *teoria dos twistors* fornece um paradigma físico alternativo àquele do espaço-tempo; nela, raios de luz inteiros são representados como pontos e os eventos por esferas de Riemann inteiras

[12] Para mais informações sobre *twistors*, veja também Penrose; Rindler, 1986; Ward; Wells, 1990; Bailey; Baston, 1990.

Seria inapropriado da minha parte me alongar sobre esses tópicos aqui. Menciono-os somente para indicar que existem várias possibilidades para alterar nosso paradigma já extremamente preciso do mundo físico para algo que parece muito diferente das ideias que temos hoje em dia. Uma condição de consistência importante para tal mudança é que devemos ser capazes de usar a nova descrição para reproduzir completamente todos os resultados bem-sucedidos da teoria quântica **U** (e também da relatividade geral). Porém, devemos ser capazes de ir além disto e incorporar a modificação fisicamente apropriada da teoria quântica na qual o procedimento **R** é substituído por algum procedimento físico real. Pelo menos esta é uma forte crença que tenho; e também é minha opinião atual que essa "modificação apropriada" deve ser algo em linha com as ideias **RO** descritas na Seção 6.12. Deve-se mencionar também que teorias nas quais a relatividade é combinada com alguma redução de estado "realística", tal como a teoria GRW, até agora encontraram problemas bastante sérios (em particular com relação à conservação de energia). Isto tende a reforçar minha crença de que uma mudança fundamental na maneira que vemos o mundo é necessária antes que possamos fazer qualquer progresso profundo nessas questões físicas centrais.

Também é minha crença que qualquer progresso genuíno no entendimento físico do fenômeno da *consciência* irá necessitar também – como pré-requisito – esta mesma mudança fundamental em nossa visão de mundo física.

8
Implicações?

8.1 "Aparatos" artificiais inteligentes

Afinal, em vista das discussões precedentes, qual concluímos ser o potencial final da inteligência artificial? Os argumentos da Parte I enfatizam fortemente que a tecnologia dos robôs eletrônicos controlados por computador *não* fornecerá um caminho para a construção artificial de uma máquina *realmente* inteligente – no sentido de uma máquina que entenda o que está fazendo e que possa agir baseada nesse entendimento. Computadores eletrônicos têm sua importância inegável em tornar mais claras muitas das questões que estão relacionadas com fenômenos mentais (talvez, em grande parte, nos ensinando o que os fenômenos mentais genuínos *não* são), além de serem ajudantes extremamente poderosos e valiosos para o progresso científico, tecnológico e social. Os computadores, concluímos, fazem algo muito diferente daquilo que nós estamos fazendo quando trazemos a nossa atenção consciente para atacar algum problema.

No entanto, deve-se estar claro das discussões posteriores da Parte II que não estou de forma alguma argumentando que seria necessariamente impossível construir um *aparato* genuinamente inteligente, contanto que esse aparato não seja uma "máquina" no sentido específico de ser controlado computacionalmente. Em vez disto, ele teria que incorporar algum tipo de ação física que seja responsável por evocar a nossa própria atenção consciente. Já que até o momento não temos nenhuma teoria física dessa ação, é certamente prematuro especular sobre quando ou se tal aparato especulativo poderia ser construído. De qualquer forma, sua construção ainda pode ser contemplada dentro do ponto de vista $\mathscr{C}$ que estou advogando (cf. a Seção 1.3), que permite que a mentalidade possa acabar sendo entendida em termos científicos, ainda que não computacionais.

Não vejo nenhuma necessidade de que tal aparato seja biológico por natureza. Não vejo nenhuma linha divisória essencial entre biologia e física (ou entre biologia, química e física). Sistemas biológicos de fato tendem a ter uma sutileza de organização que excede em muito mesmo as mais sofisticadas das nossas (em geral já muito sofisticadas) criações físicas. Porém, em um sentido claro, estes ainda são dias iniciais no entendimento físico do nosso universo – em particular com relação aos fenômenos mentais. Assim, devemos esperar que nossas construções físicas aumentem enormemente em sua sofisticação no futuro. Podemos antecipar que essa sofisticação futura possa envolver efeitos físicos que não podem ser percebidos mais do que por um mero relance no momento.

Não vejo razão para duvidar que, no futuro próximo, alguns dos efeitos misteriosos (mistérios **Z**) da teoria quântica irão encontrar aplicações surpreendentes nas circunstâncias apropriadas. Já existem algumas ideias para utilizar efeitos quânticos na criptografia para conseguir realizar feitos que nenhum aparato clássico consegue. Em particular, existem propostas teóricas, dependendo essencialmente de efeitos quânticos (cf. Bennett et al., 1983), indicando que informações secretas podem ser enviadas de uma pessoa para outra de forma que não seja possível para um agente externo bisbilhotar a conversa sem ser detectado. Aparatos experimentais já foram construídos baseados nessas ideias e não é de forma alguma impossível imaginar que eles irão encontrar aplicabilidade comercial em alguns anos. Diversos outros esquemas foram apresentados dentro da área geral da criptografia que fazem uso de efeitos quânticos e a área embrionária da *criptografia quântica* está agora se desenvolvendo rapidamente. Mais que isto, algum dia talvez seja possível realmente construir um *computador quântico*, ainda que no momento esses construtos teóricos estejam muito longe de serem feitos na prática e é difícil predizer quando – ou mesmo se – eles serão fisicamente construídos (veja Obermayer et al., 1988a, 1988b).

É ainda mais difícil predizer a possibilidade (ou escala de tempo) de construir um aparato cujo funcionamento dependa de uma teoria física que nem mesmo *conhecemos* atualmente. Tal teoria seria necessária, eu afirmo, antes que pudéssemos entender a física subjacente a um aparato que funcione não computacionalmente – “não computacionalmente”, isto é, no sentido de não ser acessível a uma máquina de Turing, que venho utilizando ao longo deste livro. Segundo meus argumentos, para construir tal aparato precisaríamos primeiro encontrar uma teoria física apropriada (**RO**) da redução do estado quântico – e é muito difícil saber o quão longe estamos de tal teoria – antes que pudéssemos contemplar sua construção. Também é possível que a natureza específica dessa teoria **RO** provoque por si só alguma complicação inesperada à tarefa que estamos considerando.

Pelo menos, *suponho* que devemos encontrar tal teoria primeiro se pretendemos construir tal aparato não computacional. Mas talvez não: na realidade prática, geralmente tem sido o caso de que novos efeitos físicos surpreendentes são descobertos muito antes de suas explicações teóricas. Um bom exemplo é a supercondutividade, que foi originalmente observada experimentalmente (por Heike Kammerlingh Onnes em 1911) cerca de cinquenta anos antes que a explicação teórica quantum-mecânica completa fosse encontrada por Bardeen, Cooper e Schrieffer em 1957. Além do mais, a supercondutividade de altas temperaturas foi descoberta em 1986, cf. Sheng et al. (1988), também sem nenhuma boa razão anterior para que acreditássemos nela somente por conta da teoria. (Datando do começo de 1994, ainda não existe uma explicação teórica adequada para esse fenômeno.) Por outro lado, no caso da atividade não computacional, seria difícil ver como poderíamos *dizer* quando um dado objeto não senciente estaria se comportando não computacionalmente. Todo o conceito de computabilidade está bastante ligado com a *teoria*, em vez de ser algo diretamente observacional. Porém, dentro de alguma teoria não computável, poderia muito bem haver comportamentos, particulares às características não computacionais dessa teoria, para serem testados e que um aparato real exibiria. Meu palpite é que, sem primeiro termos uma teoria, seria muito improvável que o comportamento não computacional pudesse ser observado ou exibido em um objeto fisicamente construível.

Para continuarmos argumentando, vamos tentar imaginar que *temos* a teoria física necessária – a qual, como argumentei, deve ser uma teoria não computacional **RO** de redução do estado quântico – e que também temos alguma confirmação experimental dessa teoria. Como procederíamos para construir um aparato *inteligente*? *Não* poderíamos fazê-lo somente com base nisso. Necessitaríamos ainda de outra revolução na teoria: a revolução que nos dissesse como a consciência surge como resultado de alguma organização apropriada na qual os efeitos não computacionais **RO** sejam usufruídos de maneira apropriada. Eu, por exemplo, não tenho a menor ideia de qual desenvolvimento teórico seria. Assim como nos exemplos da supercondutividade, podemos imaginar novamente que um aparato da natureza necessária poderia ser encontrado de forma parcialmente acidental sem haver uma teoria apropriada da consciência. É desnecessário dizer que isto parece muito improvável – a menos que, claro, usufruamos de uma vantagem de algum processo darwiniano de evolução, de tal forma que a inteligência poderia surgir simplesmente através dos benefícios diretos que essa consciência confere, sem haver qualquer entendimento da nossa parte de como isto teria sido feito (o que, afinal, é o que aconteceu conosco!). É muito provável que fosse um processo extremamente demorado, especialmente quando consideramos o quão demorado é para a consciência manifestar as suas vantagens. O leitor poderia muito bem chegar à conclusão de que a maneira mais satisfatória de construir aparatos inteligentes é adotar procedimentos escolhidos a olho, mas notoriamente eficientes e convincentes, que já temos utilizado por milênios!

É claro que nada disto irá nos impedir de querer saber o que realmente está acontecendo com a consciência e com a inteligência. Eu também quero saber. Basicamente, os argumentos deste livro estão apontando que aquilo que *não* está acontecendo é somente uma grande quantidade de atividade computacional – como geralmente se acredita hoje em dia – e o que *está* acontecendo não terá a mínima chance de ser entendido de forma apropriada até que tenhamos uma apreciação muito mais profunda da própria natureza da matéria, tempo, espaço e das leis que governam tais entes. Também precisaremos de um conhecimento muito melhor da fisiologia detalhada dos cérebros, particularmente nos níveis minúsculos que têm recebido pouca atenção até os anos recentes. Precisaremos saber mais sobre as circunstâncias nas quais a consciência surge ou desaparece, sobre a questão curiosa da cronometragem, do para que ela é usada e quais são as vantagens específicas de ter tal habilidade – além de muitas outras questões onde a testagem objetiva é possível. É um campo muito amplo, no qual o progresso em várias direções diferentes pode certamente ser esperado.

8.2 Coisas que computadores fazem bem – ou mal

Mesmo que seja aceito que o conceito atual de um computador *não* irá alcançar inteligência ou percepção reais, ainda somos confrontados com o poder extraordinário que os computadores modernos possuem e com a perspectiva em potencial de um aumento absolutamente enorme desse poder no futuro (cf. as seções 1.2 e 1.10; e Moravec, 1988). Ainda que essas máquinas não *entendam* as coisas que estão fazendo, elas irão fazê-las de forma quase inacreditavelmente rápida e precisa. Será que tal atividade – ainda que sem pensamento – poderá chegar, talvez de forma mais efetiva do que nós, a objetivos para atingir os quais usamos as nossas mentes? Será que podemos ganhar qualquer intuição sobre o tipo de atividade em que sistemas computacionais irão se tornar muito bons em realizar ou sobre quais as mentes sempre farão melhor?

Computadores já podem jogar xadrez extraordinariamente bem – chegando ao nível dos melhores dos melhores grão-mestres humanos. No jogo de damas, o computador Chinook se provou superior a todos, com exceção do campeão supremo Marion Tinsley. No entanto, no velho jogo oriental *go*, os computadores parecem que não chegaram a lugar nenhum. Quando necessitamos que esses jogos sejam jogados de maneira muito rápida, este é um fator a favor do computador, ao passo que permitir muito tempo é algo vantajoso para o jogador humano. Problemas de xadrez com profundidade de dois ou três movimentos podem ser resolvidos quase instantaneamente por um computador, não importa o quão difícil um ser humano ache o problema. Por outro lado, um problema com uma ideia simples, mas que requeira, digamos, cinquenta ou cem movimentos, poderia derrotar completamente o computador, enquanto um solucionador humano poderia não encontrar muita dificuldade; cf. também a Seção 1.15, Figura 1.7.

Essas diferenças podem ser entendidas em grande parte em termos de certas distinções entre as atividades nas quais os computadores e os seres humanos são bons. O computador somente realiza cálculos sem qualquer entendimento do que está fazendo – ainda que utilize certos entendimentos dos seus *programadores*. Ele pode conter uma grande quantidade de conhecimento armazenado, enquanto um jogador humano também pode. O computador pode executar aplicações repetidas dos entendimentos de seus programadores de forma extremamente rápida e acurada de maneira completamente mecânica, mas faz isto a tal ponto que supera em muito a habilidade de qualquer ser humano. O jogador humano necessita fazer e refazer julgamentos e fazer planos significativos, com um entendimento geral de sobre o que é o jogo. Estas são qualidades que de forma alguma estão disponíveis para o computador, mas em grande parte ele pode utilizar seu poder computacional para compensar sua falta de entendimento real.

Suponha que o número de possibilidades por movimento que o computador precise considerar seja, em média, p; então, para uma profundidade de m

movimentos existiriam cerca de p^m alternativas para serem consideradas. Se os cálculos de cada alternativa levarem um tempo t em média, então temos algo como

$$T = t \times p^m$$

para o tempo total T necessário para calcular tudo nessa profundidade. No jogo de damas, p não é muito grande, digamos quatro, o que permite ao computador calcular a uma profundidade considerável no tempo disponível, até cerca de vinte movimentos ($m = 20$), enquanto no jogo de *go* poderíamos ter algo como $p = 200$, de tal forma que um sistema computacional comparável provavelmente não conseguiria calcular mais do que aproximadamente cinco ($m = 5$) movimentos. O caso do xadrez é algo intermediário. Devemos ter em mente que o julgamento do ser humano e seus entendimentos seriam muito mais vagarosos do que aqueles do computador (t elevado para o humano, t pequeno para o computador), mas que esses julgamentos poderiam encurtar o número p *efetivo* a ser considerado de forma muito considerável (pequeno p efetivo para o humano, grande p para o computador), porque somente um número pequeno das alternativas disponíveis seria julgado pelo jogador humano como digno de consideração.

Segue, de forma geral, que jogos para os quais p é grande, mas pode ser efetivamente encurtado de forma significativa através do uso do entendimento e julgamento, são relativamente vantajosos para o jogador humano. Pois, dado um tempo razoavelmente longo T, o ato humano de reduzir o p "efetivo" fará muito mais diferença em conseguir um m elevado na fórmula $T = t \times p^m$ do que fazer o tempo t muito pequeno (aquilo nos quais os computadores são bons). Porém, para um T *pequeno*, fazer t muito pequeno pode ser mais efetivo (já que os valores m de relevância provavelmente devem ser pequenos). Esses fatos são consequências simples da forma "exponencial" da expressão $T = t \times p^m$.

Essas considerações são um pouco cruas, mas acredito que o ponto crucial esteja razoavelmente claro. (Se você for um leitor ou leitora que não esteja acostumado com matemática e deseja criar uma intuição para o comportamento de $t \times p^m$, simplesmente teste alguns exemplos de valores para t, p e m.) Não vale a pena entrar em muito mais detalhes aqui, mas um ponto de esclarecimento pode ser útil. Pode-se defender que "grande profundidade computacional" medida por "m" não é realmente aquilo que os jogadores humanos buscam. Porém, *efetivamente*, é. Quando um jogador humano julga o valor de uma posição analisando alguns movimentos à frente e então considera que não é útil continuar a calcular, isto é um cálculo *efetivo* a uma profundidade muito maior, já que o julgamento humano resume os efeitos prováveis dos movimentos seguintes. De qualquer forma, levando em conta basicamente esse tipo de consideração, é possível obter algum entendimento de por qual razão é muito mais difícil construir computadores que joguem bem *go* do que aqueles que joguem bem damas, por qual razão computadores são bons em problemas curtos, mas não longos, de xadrez e por qual razão eles têm uma vantagem relativa com limites de tempos curtos para jogar.

Estes argumentos não são particularmente sofisticados, mas o ponto crucial é que o atributo do *julgamento* humano, que é baseado no *entendimento* humano, é o objeto essencial que os computadores não têm e isto encontra suporte nas afirmações apresentadas – como também encontra suporte por considerações sobre a posição de xadrez da Figura 1.7 na Seção 1.15. Entendimento consciente é um processo comparativamente lento, mas pode cortar consideravelmente o número de alternativas que necessitam ser seriamente consideradas e, assim, aumentar enormemente a profundidade *efetiva* do cálculo. (As alternativas não precisam nem ser verificadas após um certo ponto.) De fato, me parece que, se considerarmos o que os computadores podem conquistar no futuro, um bom guia para a resposta seria obtido se nos fizéssemos o seguinte questionamento: "o entendimento real é necessário para a realização da tarefa?". Muitas coisas em nossas vidas cotidianas não necessitam de muito entendimento para serem feitas e é muito possível que robôs controlados por computador irão se tornar muito bons nelas. Já existem máquinas controladas por redes neurais artificiais que têm um desempenho muito meritório em tarefas desse tipo. Por exemplo, elas podem se sair razoavelmente bem em reconhecer rostos, prospectar minerais, reconhecer falhas em maquinários através da distinção de diferentes sons, checar fraudes de cartão de crédito etc.[1] De forma geral, onde esses métodos são bem-sucedidos, as habilidades dessas máquinas chegam próximo, ou algumas vezes podem até exceder, aquelas dos especialistas humanos médios. Porém, em tal programação *bottom-up* não vemos o tipo particular de "*expertise*" de máquina que ocorre em sistemas *top-down*, digamos com computadores enxadristas ou – de forma ainda mais impressionante – com simples cálculos numéricos, nos quais os melhores calculadores humanos não chegam nem perto do que pode ser obtido pelos computadores eletrônicos. No caso de tarefas que

[1] Veja, por exemplo, Lisboa, 1992.

efetivamente são tratadas por sistemas de redes neurais artificiais (*bottom-up*), provavelmente é justo dizer que não existe uma grande quantidade de entendimento envolvido sobre a forma pela qual os *humanos* realizam essas tarefas mais do que a forma pela qual os computadores as realizam e algum grau limitado de sucesso por parte dos computadores deve ser esperado. Quando existe uma boa quantidade de organização *top-down* específica na programação do computador, como há no cálculo numérico, computadores enxadristas, ou computadores de propósitos científicos, então os computadores podem se tornar efetivos de uma maneira muito poderosa. Nesses casos, novamente, o computador não precisa de qualquer entendimento real de sua parte, mas agora pela razão de que o entendimento relevante foi fornecido pelos programadores humanos (veja a Seção 1.21).

Deve-se mencionar também que, muito frequentemente, erros de computador acontecem em sistemas *top-down* – pois o programador cometeu um erro. Mas isto é resultado de um erro humano, um assunto completamente diferente. Sistemas de correção de erros automáticos podem ser introduzidos – e têm seu valor –, mas erros que são muito sutis não podem ser descobertos dessa maneira.

O tipo de situação na qual poderia ser perigoso colocar muita fé em um sistema controlado inteiramente por um computador é quando o sistema pode funcionar razoavelmente bem por um longo período, talvez até dando às pessoas a *impressão* de que entende o que está fazendo. Então, inesperadamente, pode fazer algo que parece completamente maluco, revelando que nunca *realmente* teve qualquer entendimento (como foi o caso com a falha do Deep Thought, com a posição de xadrez da Figura 1.7). Assim, devemos sempre nos manter alertas. Armados com a descoberta de que "entendimento" não é simplesmente uma qualidade computacional, podemos prosseguir sabendo que não existe qualquer possibilidade de que um robô controlado puramente por computador possa ter qualquer resquício dessa qualidade.

Seres humanos, claro, diferem muito entre si com relação à capacidade de entendimento. Assim como com os computadores, é muito possível que um ser humano dê a impressão de que há entendimento quando na verdade não há. Existe uma certa troca entre entendimento genuíno por um lado e memória e poderes computacionais de outro. Computadores são capazes dos últimos, mas não do primeiro. Como é familiar para professores de todos os níveis (mas *não*, aliás, sempre familiar aos governos) é a qualidade do *entendimento* que é muito mais valiosa. É *essa* qualidade, em vez de simplesmente papagaiar regras ou informações, que desejamos nutrir nos pupilos. De fato, uma das habilidades desejadas na construção de questões de exames (como particularmente é o caso da matemática) é que elas devem testar o entendimento do candidato, distinguindo-o meramente da memória ou de habilidades computacionais – ainda que também haja, de fato, valor nessas qualidades.

8.3 Estética etc.

Na discussão anterior me concentrei na qualidade do "entendimento" como algo essencial que está ausente em qualquer sistema puramente computacional. Essa qualidade em particular era, afinal, o que estava presente no argumento de Gödel da Seção 2.5 – e cuja ausência, como acontece no funcionamento computacional puramente mecânico, revelava as limitações essenciais da computação, impelindo-nos a tentar encontrar algo melhor. Ainda assim, "entendimento" é somente uma das qualidades que fazem da percepção consciente algo valioso para nós. De forma geral, nós, seres conscientes, usufruímos de benefícios em qualquer circunstância em que podemos "sentir" as coisas diretamente; e *isto*, argumento, é justamente o que um sistema puramente computacional jamais poderá fazer.

Podemos muito bem nos perguntar: de que forma um robô controlado por um computador é *penalizado* por conta de sua incapacidade de sentir, de tal forma que ele não poderia apreciar, digamos, a beleza de um céu estrelado, o esplendor magnífico do Taj Mahal em uma noite calma ou as complexidades mágicas de uma fuga de Bach – ou mesmo a beleza impactante do teorema de Pitágoras? Poderíamos simplesmente dizer que é um azar para o robô que ele não possa sentir o que somos capazes de sentir quando estamos diante de tais manifestações de qualidade estética. Porém, existe algo mais relacionado a isso. Podemos nos questionar algo diferente. Aceitando que o robô não é capaz de *sentir* qualquer coisa, se tivermos um computador inteligentemente programado, ele não poderia ser capaz de produzir grandes obras de arte?

Parece-me que esta é uma questão delicada. A resposta curta, acredito, é simplesmente "não" – pelo menos simplesmente pelo fato de o computador não possuir as qualidades sensuais necessárias para julgar e distinguir o bom do mau ou aquilo que é soberbo do meramente competente. Porém, podemos perguntar: por qual motivo é *necessário* para o computador realmente "sentir" para que possa desenvolver seus próprios "critérios estéticos" e formar seus próprios julgamentos? Poder-se-ia imaginar que tais julgamentos simplesmente "emergiriam" após um longo período de treinamento (*bottom-up*). No entanto, assim como com a qualidade do entendimento, sinto que é muito mais provável que os critérios teriam que ser parte deliberada dos dados de entrada do computador, esses critérios tendo sido cuidadosamente destilados a partir de uma análise *top-down* detalhada (muito possivelmente auxiliada por um computador) que tenha sido levada a cabo por seres humanos esteticamente sensíveis. De fato, esquemas desse mesmo tipo já foram colocados em prática por vários pesquisadores de IA. Por exemplo, Christopher Longuet-Higgins, em um trabalho realizado na Universidade de Sussex, desenvolveu vários sistemas computacionais que compõem músicas segundo critérios que ele forneceu. Mesmo no século XVIII, Mozart e seus contemporâneos mostraram como construir "dados musicais" que poderiam ser utilizados para combinar ingredientes esteticamente prazerosos com elementos aleatórios para produzir composições aceitáveis. Aparatos similares foram adotados nas artes visuais, tal como o sistema "Aaron" programado por Harold Cohen, que pode produzir vários desenhos "originais" invocando elementos aleatórios e combinando-os com ingredientes fixos dados segundo certas regras. (Veja o livro de Margaret Boden (1990) *The Creative Computer* [O computador criativo] para muitos exemplos desse tipo de "criatividade computacional"; também veja Michie; Johnston, 1984.)

Acho que seria amplamente aceito que o resultado desse tipo de atividade não é nada que, por enquanto, chegue ao mesmo nível daquilo que poderia ser alcançado por um artista humano moderadamente competente. Sinto que não seria inapropriado dizer que o que está faltando, quando o *input* do computador atinge qualquer nível significativo, é alguma "alma" na obra resultante! Isto quer dizer, o trabalho não *expressa* nada, pois o computador mesmo não *sente* nada.

É claro que, de tempos em tempos, tais obras geradas aleatoriamente por um computador poderiam, simplesmente pelo acaso, ter um mérito artístico genuíno. (Isto está relacionado à velha questão de gerar a peça *Hamlet* simplesmente digitando de forma completamente aleatória.) De fato, devemos admitir, nesse contexto, que a própria natureza é capaz de produzir muitas obras de arte através de meios aleatórios, como na beleza das formações rochosas ou das estrelas no céu. Porém, sem a habilidade de *sentir* essa beleza, não existem meios para distinguir o que é bonito do que é feio. É nesse processo de *seleção* que um sistema inteiramente computacional mostraria suas limitações fundamentais.

Novamente, pode-se contemplar que critérios computacionais poderiam ser dados ao computador por um ser humano e estes poderiam funcionar muito bem, contanto que estejamos tratando somente da questão de gerar um grande número de exemplos do mesmo tipo de coisa (como a arte feita por medíocres artistas populares) – até que os resultados dessa atividade se tornem tediosos e algo novo seja necessário. Nesse ponto, alguns julgamentos estéticos *genuínos* seriam necessários, de forma a perscrutar qual "nova ideia" tem mérito artístico e qual não tem.

Assim, em adição a qualidade do *entendimento*, existem outras qualidades que sempre estarão ausentes em qualquer sistema inteiramente computacional, tais como qualidades *estéticas*. A estas devemos adicionar, me parece, outros elementos que necessitam de nossa percepção, tais como julgamentos *morais*. Vimos na Parte I que o julgamento do que é ou não *verdadeiro* não pode ser reduzido a um simples cálculo computacional. O mesmo se aplica (talvez mais obviamente) ao *belo* ou ao *bom*. Estas são questões que necessitam de percepção, e portanto são inacessíveis a robôs controlados inteiramente por computadores. Sempre será necessário que haja um *input* controlador contínuo de uma presença sensível, externa e consciente – presumivelmente humana.

Deixando de lado sua natureza não computacional, podemos nos perguntar: essas qualidades de "beleza" e "bondade" são *absolutas*, no sentido platônico ao qual o termo "absoluto" é aplicado à verdade – especialmente à verdade matemática? O próprio Platão argumentava em favor desse ponto de vista. Poderá ser o caso de que nossa percepção é de alguma forma capaz de se conectar com tais absolutos e é *isto* que dá à consciência sua força essencial? Talvez haja alguma pista aqui sobre o que nossa consciência realmente "é" e "para que" ela serve. A percepção tem algum papel como uma "ponte" para o mundo dos absolutos platônicos? Essas questões serão mencionadas novamente na última seção deste livro.

A questão da natureza absoluta da moralidade é relevante para as questões legais da Seção 1.11. É relevante também para a questão do "livre arbítrio", como foi levantado ao final da Seção 1.11: poderia haver algo que está além da nossa hereditariedade, além de fatores ambientais e além de influências da sorte – um "eu" separado que tem um papel profundo em controlar nossas ações? Acredito que estamos muito longe de uma resposta a essa pergunta. Com relação aos argumentos presentes neste livro, tudo que poderia afirmar com alguma confiança seria que, seja lá o que realmente estiver envolvido nisto, deve se encontrar além das capacidades desses aparatos que chamamos atualmente de "computadores".

8.4 Alguns perigos inerentes à tecnologia computacional

Com qualquer tecnologia de amplo alcance provavelmente existem associados perigos, assim como benefícios. Portanto, além das vantagens óbvias que os computadores fornecem, também existem muitas ameaças potenciais para a nossa sociedade que são inerentes ao avanço veloz dessa tecnologia em particular. Um dos problemas principais seria a enorme complicação interconectada com a qual os computadores nos confrontam, de tal forma que não há chance de que qualquer ser humano individual possa compreender a totalidade de suas implicações. Não é somente uma questão da tecnologia computacional, mas também da comunicação global quase instantânea que conecta os computadores uns aos outros em praticamente todo o planeta. Vemos alguns dos problemas que podem surgir na maneira instável com a qual o mercado de ações se comporta, onde as transações são realizadas virtualmente de forma instantânea com base nas predições globais de computadores. Aqui, talvez, o problema não seja tanto a falta de entendimento do sistema conectado como um todo por parte do indivíduo, mas a instabilidade (para não mencionar a injustiça) inerente a um sistema que é feito para permitir aos indivíduos ganhar fortunas instantâneas simplesmente por realizarem cálculos mais rápidos ou adivinharem algo melhor que seus competidores. Porém, também é bastante provável que outras instabilidades e perigos em potencial possam muito bem surgir simplesmente pela pura complicação do sistema interconectado como um todo.

Suspeito que algumas pessoas acreditem que *não* seria um problema tão sério se, no futuro, o sistema interconectado se tornasse tão complicado que ficasse além da compreensão humana. Tais pessoas poderiam colocar sua fé na perspectiva de que os *próprios* computadores acabariam adquirindo o entendimento necessário do sistema. Porém, vimos que o entendimento não é uma qualidade que os computadores são *capazes* de ter, de tal forma que não há chance de um alento genuíno desse tipo.

Existem problemas adicionais de outro tipo que resultam meramente do fato de que os avanços na tecnologia são muito rápidos, de tal forma que um sistema computacional pode se tornar "obsoleto" mal tenha surgido no mercado. Os requerimentos resultantes de atualizações contínuas e de termos que utilizar sistemas que comumente não são testados de forma adequada por conta de pressões competitivas com certeza irão se tornar piores no futuro.

Os profundos problemas que estamos somente começando a experimentar com a nova tecnologia do mundo auxiliado por computadores e a rapidez da mudança são muito numerosos, e seria tolo da minha parte tentar resumi-los aqui. Questões como privacidade pessoal, espionagem industrial e sabotagem de computadores estão entre as coisas que me surgem à mente. Outra possibilidade alarmante para o futuro é a habilidade de "forjar" a imagem de uma pessoa, de tal forma que essa imagem possa ser apresentada em um televisor expressando pontos de vista que o indivíduo real não teria nenhum desejo de expressar.[2] Existem também questões sociais que não são questões propriamente computacionais, mas que estão relacionadas com computadores, tais como o fato de que, por conta das capacidades maravilhosamente precisas de reprodução de sons musicais, ou imagens visuais, a *expertise* de um pequeno número de artistas populares pode ser propagada pelo mundo todo, talvez desfavorecendo aqueles que não sejam tão favorecidos. Com "sistemas especialistas", nos quais a *expertise* e o entendimento de um pequeno número de indivíduos – digamos, nas profissões legais ou médicas – podem ser colocados em um pacote de *software*, talvez em detrimento dos advogados e médicos locais, nós encontramos algo similar. Meu palpite é, no entanto, que o *entendimento* local que o envolvimento pessoal fornece significará que tais sistemas especialistas controlados por computador permanecerão como assistentes em vez de substitutos da *expertise* local.

É claro que haverá uma "vantagem" para o resto de nós em todos esses desenvolvimentos, quando eles puderem ser bem realizados. Afinal, a *expertise* se torna muito mais disponível para todos e poderá ser apreciada por um público muito maior. Da mesma forma, sobre a questão da privacidade pessoal, existem agora sistemas de "chave pública" (veja Gardner, 1989) que podem ser, em princípio, utilizados por indivíduos e pequenos negócios – de forma tão efetiva quanto pelos grandes – e que *parecem* fornecer segurança total contra espionagem. Esses sistemas dependem, por sua própria natureza, da disponibilidade de computadores muito rápidos e poderosos – ainda que sua eficácia dependa da dificuldade computacional de decompor números grandes em fatores primos –, algo que agora é ameaçado pelos avanços na computação quântica (veja a Seção 7.3; também Obermayer et al., 1988a, 1988b) para ideias que apontam a viabilidade futura da computação quântica). Como mencionado na Seção 8.1, existe a possibilidade de utilizar a criptografia quântica como segurança contra espionagem – cuja eficácia também

[2] Essa ideia foi descrita para mim por Joel de Rosnay.

dependeria de uma quantidade significativa de poder computacional. É óbvio que não é uma questão trivial aferir os benefícios e perigos de qualquer tecnologia, seja ela relacionada com computadores ou não.

Como um comentário final sobre essas questões sociocomputacionais, eu gostaria de fornecer um pequeno conto fictício, mas que expressa uma preocupação que tenho com relação a toda uma nova área de problemas em potencial. Não ouvi ninguém explicitar tal preocupação antes, mas me parece que ela representa uma nova classe de possíveis perigos relacionados aos computadores.

8.5 A eleição misteriosa

A data de uma tão aguardada eleição se aproxima. Diversas pesquisas eleitorais vêm sendo feitas por um período de várias semanas. De maneira consistente, o partido governante está atrás por cerca de três ou quatro pontos percentuais. Como esperado, existem flutuações e desvios em uma ou outra direção dessa cifra – apropriadamente, já que pesquisas eleitorais são baseadas em amostras relativamente pequenas de cerca de algumas centenas de eleitores por vez, enquanto a população total (de várias dezenas de milhões) tem variações consideráveis de opinião de lugar para lugar. De fato, a margem de erro de cada uma dessas pesquisas eleitorais pode ela mesmo abranger cerca de 3% ou 4%, de tal forma que não se pode confiar realmente em nenhuma pesquisa. Ainda assim, a totalidade dos indícios é ainda mais impressionante. As pesquisas levadas em conta como um conjunto tem uma margem de erro muito menor e a concordância entre elas parece ter justamente o tipo de pequena variância que seria antecipada por razões estatísticas. Os resultados tomados em média podem talvez agora ser confiáveis com um erro de menos do que 2%. Alguns poderiam argumentar que existe uma pequena mudança a favor do partido dominante que pode ser notado nessas pesquisas à véspera do dia da eleição; e que nesse próprio dia uma pequena proporção de eleitores previamente indecisos (ou mesmo bastante decididos) pode finalmente ser persuadida a mudar seus votos para o partido governante. Ainda assim, um impulso para longe das cifras das pesquisas em favor do partido dominante não adiantaria de nada, a menos que a maioria resultante dos votos fosse algo como 8% acima dos seus rivais mais próximos, já que só assim eles conseguiriam a maioria de que necessitam para impedir uma coalizão entre seus oponentes. Porém, as pesquisas de opinião, de certa forma, são somente "chutes", não são? Somente o *verdadeiro* voto irá expressar a real voz do povo e esta será obtida das cifras eleitorais no dia da votação.

O dia de votação chega e se vai. Os votos são contados e o resultado é uma surpresa total para quase todos – especialmente para as organizações de pesquisas eleitorais que gastaram tanto de suas energias e *expertise*, para não mencionar suas reputações, nas suas prévias. O partido governante está de volta com uma maioria confortável, atingindo sua meta de 8% à frente de seus rivais mais próximos. Um grande número de eleitores está chocado – até abismados. Outros, ainda que completamente surpreendidos, estão felizes. Porém, o resultado é falso. A fraude eleitoral foi feita através de meios altamente sutis que enganaram todos. Não houve urnas eleitorais estufadas; e nenhuma foi perdida, substituída ou duplicada. As pessoas que contaram os votos realizaram seu trabalho meticulosamente, e em sua maior parte de forma precisa. Ainda assim, o resultado está horrivelmente errado. Como isso foi feito e quem é responsável? Pode ser que todo o ministério do partido governante seja completamente ignorante com relação ao que aconteceu. Eles não precisam ser diretamente responsáveis, ainda que sejam os beneficiários. Existem aqueles atrás das cortinas que temiam pela sua existência se o partido governista fosse derrotado. Eles são parte de uma organização que tem mais a confiança do partido governista (com boas razões!) do que a de seus oponentes – uma organização cuja extrema discrição sobre suas atividades secretas o partido dominante foi cuidadoso em preservar e mesmo estender. Ainda que a organização seja legal, muitas de suas atividades reais não são e ela não se sente impedida de cometer trapaças políticas ilegais. Talvez os membros da organização tenham um medo genuíno (mas errado) de que os oponentes do partido opositor ao governista iriam destruir o país, ou mesmo "vender" seus ideais a potências estrangeiras. Dentre os membros dessa organização estão especialistas – especialistas de habilidades extraordinárias – na construção de vírus de computador!

Lembrem-se do que um vírus de computador pode fazer. Aqueles que são mais familiares às pessoas são os que em um dia predeterminado podem destruir todos os arquivos em qualquer computador que tenha sido infectado com o vírus. Talvez o operador assista aterrorizado à medida que as próprias letras na tela do computador caiam pela tela e desapareçam. Talvez alguma mensagem obscena apareça na tela. De qualquer forma, todos os dados poderiam ser perdidos de maneira irreparável. Mais que isso, qualquer disco que tenha sido inserido na máquina e aberto irá se infectar e terá transferido essa infecção para a máquina seguinte. Programas antivírus poderiam em princípio ser utilizados para destruir tal infecção se ela for encontrada; mas somente se a natureza do vírus for conhecida com antecedência. Uma vez que o vírus tenha atacado, nada pode ser feito.

Tais vírus geralmente são construídos por *hackers* amadores, muitas vezes programadores de computador desapontados que querem fazer traquinagens, algumas vezes por razões compreensíveis, outras não. Porém, os membros dessa organização não são amadores; são profissionais muito especializados e muito bem pagos. Talvez muitas de suas atividades sejam "genuínas", inteiramente dentro dos interesses de seu país; porém eles também agem, sob a direção de seus superiores diretos, de formas menos moralmente escusáveis. Seus vírus não podem ser encontrados pelos programas antivírus padrão e eles estão programados para atacar somente no dia predeterminado – o dia da eleição que é conhecido, com certeza, pelo líder do partido governista e aqueles de seu círculo de confiança. Uma vez que o trabalho esteja feito, um trabalho muito mais sutil do que simplesmente destruir dados – os vírus se autodestroem, não deixando qualquer traço, com exceção do próprio ato malévolo, para indicar sua existência prévia.

Para que tal vírus seja efetivo em uma eleição é necessário que haja alguma etapa na contagem de votos que não seja auditada por seres humanos, seja manualmente ou utilizando calculadores de bolso. (Um vírus só pode infectar um computador programável de propósito geral.) Talvez os conteúdos de cada urna individual sejam contabilizados corretamente; mas os resultados dessas contagens devem ser adicionados. É muito mais eficiente, preciso e atualizado realizar essa adição em um computador – adicionando talvez 100 desses números individuais – do que fazer isto manualmente ou através de uma calculadora de bolso! Certamente não existe espaço para erro. Pois exatamente o mesmo resultado é obtido não importa qual computador seja utilizado para realizar a soma. Os membros do partido governista obtêm exatamente os mesmos resultados que aqueles dos seus principais opositores, ou de qualquer parte interessada ou observador neutro que for. Talvez todos eles utilizem marcas ou modelos diferentes de sistemas computacionais, mas isto não é realmente importante. Os especialistas em nossa organização irão conhecer esses diferentes sistemas e terão desenvolvido vírus separados para cada um. Ainda que a construção de cada um desses vírus possa diferir um pouco, de tal forma que cada um seja específico para cada sistema separado, seus resultados serão os mesmos e uma concordância entre todas as máquinas convencerá mesmo o mais cético dos céticos.

Ainda que a concordância entre as máquinas seja exata, as cifras estão uniformemente erradas. Elas foram inteligentemente construídas segundo alguma fórmula precisa, dependendo de alguma maneira do real número de votos dados – de onde segue a concordância das diferentes máquinas e a vaga plausibilidade do resultado –, de tal forma a dar ao partido governista precisamente a maioria que ele necessita; e ainda que a credulidade seja um pouco forçada, o resultado aparentemente deve ser aceito. *Parece* que no último minuto um número significativo de eleitores se assustou e votou no partido governista.

Na situação hipotética que acabo de descrever neste conto, os eleitores não fizeram tal coisa e o resultado foi falso. Ainda que a inspiração para tal história realmente tenha surgido de nossa eleição britânica recente (1992), devo enfatizar fortemente que o sistema oficial de contagem de votos que é adotado na Grã-Bretanha *não permite* esse tipo de fraude. Todas as etapas de contagem são feitas manualmente. Ainda que este pareça ser um método antiquado e ineficiente, é importante mantê-lo – ou pelo menos manter algum tipo de sistema onde haja salvaguardas claras contra a mera suspeição de fraudes desse tipo.

De fato, olhando pelo lado positivo, computadores modernos oferecem oportunidades maravilhosas para utilizarmos sistemas de votação nos quais a opinião do eleitorado pode ser representada de maneira muito mais justa do que agora. Este não é o local para entrar nesses detalhes, mas o ponto essencial é que é possível para cada eleitor expressar muito mais informação do que simplesmente dando um único voto para um único indivíduo. Com um sistema controlado por computador, essa informação poderia ser analisada instantaneamente, de tal forma que o resultado poderia ser conhecido imediatamente assim que os locais de votação fossem fechados. Porém, como o conto mostra, teríamos que ser extremamente cautelosos com tal sistema, a menos que existam auditorias completas e claras que protegeriam convincentemente contra qualquer tipo de fraude de natureza geral como a descrita.

Não é necessariamente somente com as eleições que devemos ter cautela; a sabotagem das contas de uma companhia rival, por exemplo, seria uma outra possibilidade na qual a técnica de um "vírus de computador" poderia ser aplicada. Existem muitas outras maneiras através das quais vírus de computador insidiosos e cuidadosamente construídos poderiam ser utilizados de forma devastadora. Espero que meu conto enfatize a necessidade ainda premente de um ser humano ser capaz de sobrepujar a aparente, e aparentemente confiável, autoridade dos computadores. Não é só que os computadores não entendem nada, mas eles são extremamente suscetíveis a manipulações por aqueles poucos que entendem as maneiras detalhadas pelas quais eles são especificamente programados.

8.6 O fenômeno físico da consciência?

O propósito da Parte II deste livro foi procurar, dentro das explicações científicas, por algum lugar onde a experiência subjetiva pudesse encontrar um lar físico. Argumentei que isto necessitará de uma extensão dos nossos entendimentos científicos atuais. Não há muita dúvida na minha mente de que devemos olhar para o fenômeno da redução do estado quântico para ver onde o nosso paradigma atual da realidade física deve de fato ser alterado de maneira fundamental. Para que a física seja capaz de acomodar algo que é tão estranho para o nosso paradigma físico atual como o fenômeno da consciência, devemos esperar uma mudança profunda – uma que altere completamente os pilares do nosso ponto de vista filosófico sobre a natureza da realidade. Terei alguns comentários para fazer sobre isto em breve – na última seção deste livro. Por ora, vamos tentar responder uma dúvida aparentemente mais simples: onde poderíamos esperar, com base nos argumentos que tenho apresentado nestas páginas, que a consciência seja encontrada no mundo conhecido?

Devo deixar claro desde o início que meus argumentos têm muito pouco a dizer de positivo. Eles afirmam que computadores atuais não são conscientes, mas não tem muito a dizer sobre quando *deveríamos esperar* que um objeto fosse consciente. Nossa experiência tende a sugerir, até agora pelo menos, que são nas estruturas biológicas que é provável que encontremos esse fenômeno. De um lado da balança, temos os seres humanos e a evidência certamente é clara de que, seja o que a consciência for, é um fenômeno que devemos assumir que normalmente está presente associado a cérebros humanos despertos (e provavelmente durante os sonhos).

E quanto ao outro lado da balança? Venho apresentando a evidência de que é nos microtúbulos do citoesqueleto, em vez de nos neurônios, que devemos procurar por um lugar onde efeitos quânticos coletivos (coerentes) são mais prováveis de ser encontrados – e que sem tal coerência quântica não iremos encontrar um papel suficiente para a nova física **RO** que deve fornecer o pré-requisito não computacional para abarcarmos o fenômeno da consciência dentro de regras científicas. Ainda assim, citoesqueletos são ubíquos dentre as células eucarióticas – os tipos de células que constituem as plantas, os animais e também animais unicelulares como paramécios e amebas, mas não bactérias. Devemos esperar que algum vestígio de consciência esteja presente em um paramécio? O paramécio, em qualquer sentido da palavra, "sabe" o que está fazendo? E quanto às células humanas *individuais*, talvez no cérebro ou talvez no fígado? Não tenho ideia se seremos forçados a aceitar tais aparentes absurdos quando o nosso entendimento da natureza física da percepção se tornar adequado para responder essas questões. Porém, existe uma coisa em que *acredito* com relação a esse problema, e é que isto é uma *questão científica* que deve acabar sendo respondida, não importa o quão longe estejamos disso.

Às vezes é afirmado, com base em razões filosóficas gerais, de que não há nenhuma maneira de saber se *qualquer* entidade consciente além de si mesmo pode ser possuidora da qualidade da percepção consciente, muito menos se um paramécio poderia ter qualquer vestígio dela. Para minha forma de pensar este é um raciocínio muito estreito e pessimista. Afinal, nunca estamos preocupados com questões de *certeza absoluta* quando estabelecemos a presença de alguma característica física em um objeto. Não vejo razão pela qual não devamos alcançar um ponto no qual possamos responder questões que tratam da posse da percepção consciente com o mesmo tipo de certeza que os astrônomos têm quando fazem asserções sobre corpos celestiais a anos-luz de distância. Não faz muito tempo, as pessoas diziam que a composição material do Sol ou das estrelas nunca seria conhecida, e que as características do lado escuro da Lua também nunca o seriam. No entanto, a superfície inteira da Lua agora é bem mapeada (mapeamentos feitos do espaço) e a composição do Sol agora é entendida em grande detalhe (observações das linhas espectrais da luz do Sol e uma modelagem detalhada da física do seu interior). A composição detalhada de muitas estrelas distantes também é conhecida, com bastante certeza. Mesmo a composição geral do universo todo em seus estágios iniciais é, em vários aspectos, muito bem entendida (veja o fim da Seção 4.5).

Porém, na ausência das ideias teóricas necessárias, julgamentos com relação à posse da consciência permanecem, por enquanto, amplamente questão de adivinhação. Para expressar meus palpites sobre essa questão, atualmente eu me encontro acreditando fortemente que, neste planeta, a consciência *não* é restrita a seres humanos. Em um dos programas de televisão[3] mais comoventes de David Attenborough havia um episódio que nos deixava quase sem

[3] BBC, *Echo of the Elephants* [Eco dos elefantes], jan. 1993.

alternativa a não ser acreditar que elefantes, por exemplo, não somente têm fortes sentimentos, mas que esses sentimentos não estão muito distantes daqueles que instilam a crença religiosa em seres humanos. A líder de uma manada – uma fêmea, cuja irmã havia morrido cerca de cinco anos antes – levou a sua manada por um longo desvio até o lugar da morte de sua irmã e, quando chegaram a seus ossos, a líder pegou seu crânio com grande carinho. Então os elefantes o passaram um para os outros, acariciando-o com suas trombas. Que elefantes também possuem entendimento é mostrado de maneira convincente, ainda que terrível, em outro programa de televisão.[4] Filmagens de um helicóptero, envolvido no que geralmente é chamado de uma operação de "abate", exibiram claramente o terror dos elefantes à medida que o entendimento completo do extermínio iminente de toda sua manada era mostrado de forma convincente em seus assustadores e terríveis lamentos de agonia.

Existe boa evidência, também, para a percepção (e autopercepção) em símios e eu teria poucas dúvidas de que o fenômeno da consciência é também uma característica da vida animal de nível consideravelmente mais "baixo" que este. Por exemplo, em outro programa de televisão[5] – que tratava da agilidade, determinação e capacidade de improvisação extraordinárias de (alguns) esquilos –, fiquei particularmente impactado por uma sequência na qual um esquilo se deu conta de que roer o fio pelo qual ele estava se esgueirando poderia liberar o contêiner de nozes suspenso a alguma distância horizontal. É difícil ver como esse tipo de intuição poderia ser instintivo de qualquer parte da experiência prévia do esquilo. Para apreciar essa consequência positiva de sua ação, o esquilo deve ter tido algum entendimento rudimentar da *topologia* que estava envolvida (compare com a Seção 1.19). Parece-me que foi um ato de *imaginação* genuína por parte do esquilo – o que certamente requer consciência!

Haveria pouca dúvida de que a consciência é uma questão que envolve níveis e não é somente algo que "está" ou "não está" presente. Mesmo em minha experiência, em momentos diferentes sinto que ela está presente em um nível maior ou menor (tal como, em um estado onírico, parece haver uma boa quantidade a menos de consciência do que em um estado completamente desperto).

---

[4] BBC, *If the Rains don't Come* [Se as chuvas não chegam], set. 1992.
[5] BBC, *Daylight Robbery* [Roubo a luz do dia], ago. 1993.

O quão longe, então, devemos ir? Existe um espaço enorme para opiniões divergentes. Quanto a mim, eu sempre tive dificuldade em acreditar que insetos têm muito ou qualquer dessa qualidade depois de assistir a outro filme documental, onde foi exibido um inseto consumindo vorazmente outro inseto, aparentemente sem qualquer noção do fato de que ele mesmo estava sendo comido por um terceiro. Ainda assim, como mencionado na Seção 1.15, os padrões de comportamento de uma formiga são bem complexos e sutis. Precisamos acreditar que seus muito efetivos sistemas de controle não são auxiliados por qualquer que seja o princípio que nos dá nossas próprias qualidades de entendimento? Suas células de controle neuronais têm seus próprios citoesqueletos e, se esses citoesqueletos contêm microtúbulos capazes de manter estados quânticos coerentes, que estou sugerindo que são fundamentalmente necessários para nossa própria percepção, então as formigas também não poderiam ser beneficiárias dessa indefinível qualidade? Se os microtúbulos nos nossos cérebros realmente possuem a enorme sofisticação necessária para a manutenção de atividade quântica coerente coletiva, então é difícil ver como a seleção natural poderia ter feito essa característica evoluir somente para nós e (alguns de) nossos primos multicelulares. Esses estados quânticos coerentes devem também ter sido estruturas valiosas para os animais unicelulares no começo da evolução, ainda que seja muito possível que o valor que existisse para eles possa ter sido muito diferente do valor que tem para nós.

Coerência quântica de larga escala *não* implica, por si só, consciência, claro – de outra forma, supercondutores seriam conscientes! Ainda assim, é bastante possível que tal coerência possa ser uma *parte* do que é necessário para a consciência. Nos nossos cérebros existe enorme organização e, já que a consciência parece ser uma característica muito *global* do nosso pensamento, devemos olhar para algum tipo de coerência em uma escala muito maior do que a do nível de um único microtúbulo ou mesmo um único citoesqueleto. Deve existir emaranhamento quântico significativo entre os estados dos citoesqueletos separados de um grande número de diferentes neurônios, de tal forma que amplas áreas do cérebro estariam envolvidas em algum tipo de estado quântico coletivo. Mas seria necessário muito mais do que isso. Para que algum tipo de ação *não computacional* útil pudesse estar envolvida – o que estou assumindo é uma parte essencial da consciência –, seria necessário que o sistema pudesse fazer uso especificamente dos aspectos genuinamente *não aleatórios* (não computáveis) de **RO**. A proposta particular que estou advogando na Seção 6.12 nos dá pelo menos alguma ideia das *escalas* envolvidas, nas quais uma ação matemática precisa e não computável **RO** poderia começar a ter importância.

Assim, com base nas considerações que tenho apresentado neste livro, poderíamos antecipar alguma forma de pelo menos *adivinhar* um nível no qual a atenção consciente começasse a estar presente. Processos que podem ser adequadamente descritos segundo a física computável (ou aleatória) não envolveriam, segundo meu ponto de vista, consciência. Por outro lado, mesmo o envolvimento essencial de uma ação precisa e não computável **RO** não iria, por si só, necessariamente *implicar* a presença de consciência – ainda que, segundo meu ponto de vista, seria um *pré-requisito* para a consciência. Certamente este não é um critério cristalino, mas é o melhor que posso oferecer no momento. Vejamos o quão longe podemos chegar com ele.

Tentarei desenvolver a ideia que surge, baseada nas sugestões da Seção 6.12 sobre onde a fronteira quântico/clássica deve ocorrer – e também sobre as especulações biológicas das seções 7.5-7.7, segundo as quais deveríamos encontrar essa fronteira que tem relevância na interface interna/externa de um sistema de microtúbulos em uma célula, ou em um sistema de células. Uma adição essencial à ideia é que, se a redução do vetor de estado ocorre meramente por conta de que muito do ambiente se torna emaranhado com o sistema sob consideração, o processo **RO** ocorre efetivamente como um processo *aleatório* para o qual os argumentos padrão PTPP (delineados na Seção 6.6) são adequados, e então **RO** se comporta exatamente como **R**. O que é necessário é que essa redução aconteça exatamente no momento em que os *detalhes* não computacionais (desconhecidos) da nossa teoria especulativa **RO** entrem em jogo. Ainda que os detalhes dessa teoria não sejam conhecidos, é possível obter, pelo menos em princípio, alguma ideia do nível no qual essa teoria deva começar a se tornar relevante. Assim, para que os aspectos não computacionais de **RO** tenham um papel importante, seria necessário que algum tipo de coerência quântica seja mantido até que o acoplamento ocasione *exatamente* o movimento de material necessário para que **RO** aja *antes* de o ambiente aleatório se tornar significativamente envolvido.

A ideia que estou propondo para os microtúbulos é que existem "oscilações quânticas coerentes" acontecendo *dentro* dos tubos e elas são fracamente acopladas à atividade "similar a autômatos celulares computacionais" que ocorre na alternância conformacional dos dímeros de tubulina *nos* tubos. Contanto que as oscilações quânticas permaneçam isoladas, o nível seria muito pequeno para que **RO** ocorra. No entanto, o acoplamento significaria que as tubulinas também se tornam envolvidas no estado e em certo momento **RO** ocorreria. O que é necessário é que **RO** aconteça *antes* que o ambiente dos microtúbulos se torne emaranhado com o estado, pois, assim que isto acontecer, os aspectos não computacionais de **RO** são perdidos e o resultado é exatamente aquele de um processo **R** aleatório.

Assim, podemos nos perguntar se em uma única célula (como um paramécio, digamos, ou uma célula de um fígado humano) a quantidade de atividade conformacional das tubulinas pode envolver movimento suficiente de massa para que o critério da Seção 6.12 seja satisfeito, de tal forma que **RO** ocorra nesse momento – como necessário – ou se não há o bastante e a ação **RO** é retardada até que o ambiente *seja* perturbado – e assim o jogo (não computacional) está perdido. Aparentemente, existiria muito pouco movimento de massa na atividade conformacional das tubulinas e o jogo parece de fato estar perdido nesse nível. Mas, com grandes coleções de células, a situação pareceria muito mais promissora.

Talvez essa ideia, como se encontra agora, de fato favoreça um ponto de vista no qual o pré-requisito não computacional para a consciência pode ocorrer somente com grandes coleções de células, como é o caso de um cérebro de tamanho razoável.[6] É óbvio que devemos tomar bastante cuidado, neste momento, ao tentar chegar a qualquer conclusão contundente desse tipo. Tanto os lados físicos quanto biológicos da ideia estão formulados de maneira muito crua para que sejam tiradas conclusões claras sobre as implicações do ponto de vista que estou mostrando, pelo menos por enquanto. É claro que, mesmo com as propostas específicas que estou apresentando aqui, uma grande quantidade de investigações tanto sobre os lados físicos quanto biológicos seria necessária antes que um palpite razoável e claro pudesse ser dado sobre o lugar no qual a consciência poderia aparecer.

Existem outros pontos que devem ser considerados. O quanto do cérebro, podemos nos perguntar, está realmente envolvido em um estado consciente? Muito provavelmente, o cérebro inteiro *não* está envolvido. Muito do funcionamento cerebral parece não ser consciente. O cerebelo (cf. a Seção 1.14), principalmente, parece agir inteiramente *in*consciente. Ele governa o

---

[6] Poderíamos especular sobre a ausência comum de centríolos nos neurônios (cf. p.463). Os citoesqueletos de outros tipos de células individuais parecem requerer seus centrossomos como "centros de controles" (necessários na divisão celular); ainda assim, os citoesqueletos dos neurônios parecem responder a alguma autoridade mais global!

delicado e preciso controle de nossas ações – em momentos nos quais *não* estamos realizando essas ações conscientemente (cf. ENM, p.379-81, por exemplo). O cerebelo é frequentemente referido como "só um computador", por causa de seu funcionamento inteiramente inconsciente. Seria certamente instrutivo saber que diferenças essenciais existem na organização celular ou citoesquelética do cerebelo, em contraste com aquela do telencéfalo, já que a consciência parece estar muito mais associada com essa última estrutura. É interessante que, simplesmente com base na contagem de neurônios, não parece haver muita diferença entre os dois, havendo talvez cerca de somente duas vezes o número de neurônios no cérebro em comparação com o cerebelo e geralmente muito mais conexões sinápticas entre células individuais no cerebelo (cf. a Seção 1.14, Figura 1.6). Deve realmente haver algo mais sutil do que simplesmente o número de neurônios.*

Talvez, também, haveria algo de instrutivo a ser obtido do estudo da maneira pela qual o controle inconsciente feito pelo cerebelo é "aprendido" daquele controle cerebral consciente. Poderia haver uma forte similaridade, com relação aos processos de aprendizado do cerebelo, com a forma com que redes neurais artificiais são treinadas, em acordo com a filosofia conexionista. Porém, mesmo assim, e mesmo se *também* for verdade que algumas ações do *telencéfalo* podem ser (parcialmente) entendidas dessa maneira – como está implícito na abordagem conexionista de entendimento do córtex visual[7] –, não existe motivo para esperar que o mesmo seja necessariamente verdade com relação aos aspectos do funcionamento cerebral que estão envolvidos na consciência. De fato, como argumentei vigorosamente na Parte I deste livro, deve haver realmente algo muito diferente do conexionismo que se ocupa das funções cognitivas superiores onde a consciência em si tem um papel.

---

* Como alguém externo ao assunto da neuroanatomia, não posso deixar de ficar surpreso que haja algo estranho (ainda inexplicado?) sobre a organização cerebral que *não* parece ser compartilhado pelo cerebelo. A maior parte dos nervos sensoriais e motores são cruzados, de forma que o lado esquerdo do telencéfalo se preocupa com o lado direito do corpo e *vice-versa*. Além disto, a parte que trata da visão no telencéfalo está na parte de trás da cabeça enquanto os olhos estão na parte da frente; a parte que trata dos pés está no topo enquanto os pés estão na base do corpo; a parte que trata da audição de cada ouvido está localizada diametralmente oposta à orelha envolvida. Isto não é uma característica geral do telencéfalo, mas não posso deixar de sentir que não é uma coincidência. Afinal, o cerebelo não é organizado dessa forma. Será que a consciência se beneficia de alguma forma de os sinais nervosos terem que percorrer caminhos mais longos? (N. A.)

[7] Marr, 1982; e, por exemplo, Brady, 1993.

8.7 Três mundos e três mistérios

Tentarei unificar os temas desta obra. A questão central que tenho tentado tratar neste livro é como o fenômeno da consciência pode se relacionar com a nossa visão de mundo científica. Admito que não tive muito a dizer sobre a questão da consciência em geral. Em vez disso, concentrei-me, na Parte I, em somente uma qualidade mental particular: *entendimento consciente*, especialmente entendimento matemático. É somente com esta qualidade mental que fui capaz de fazer a forte afirmação necessária; que é essencialmente *impossível* que tal qualidade possa ter surgido como uma característica de simples atividade computacional, assim como que a computação não pode nem mesmo simulá-la adequadamente – e devo enfatizar que não há nada especial no *matemático* em comparação com qualquer outro tipo de entendimento. A conclusão é que, seja qual for a atividade cerebral responsável pela consciência (pelo menos nessa manifestação em particular), ela deve depender de uma física que está além da simulação computacional. A Parte II representa uma tentativa de encontrar um escopo, dentro de um paradigma científico, para uma ação física relevante que poderia de fato nos levar além dos limites da mera computação. De forma a abranger as questões profundas que nos confrontam, irei apresentar três mundos diferentes e três mistérios profundos que relacionam esses mundos uns com os outros. Os mundos estão de certa forma relacionados com aqueles de Popper (cf. Popper; Eccles, 1977), mas minha ênfase será muito diferente.

O mundo que conhecemos mais diretamente é o *mundo das nossas percepções conscientes*, ainda assim é o mundo sobre o qual menos sabemos em qualquer forma de termos científicos precisos. Esse mundo contém a felicidade, a dor e a percepção das cores. Contém nossas memórias da tenra infância e nosso medo da morte. Contém o amor, entendimento e o conhecimento de numerosos fatos, assim como também a ignorância e a vingança. É um mundo que contém as imagens mentais de cadeiras e mesas, onde cheiros, sons e sensações de todos os tipos se misturam com nossos pensamentos e decisões de agir.

Existem dois outros mundos dos quais estamos cientes – de forma menos direta do que o mundo das nossas percepções –, mas sobre os quais sabemos muito. Um desses mundos é o mundo que chamamos de *mundo físico*. Ele contém as cadeiras e mesas reais, televisores, carros, seres humanos, cérebros humanos e o funcionamento dos neurônios. Nesse mundo estão o Sol, a Lua e as estrelas. Assim como as nuvens, furacões, rochas, flores e borboletas; e em um nível mais profundo existem as moléculas, átomos, elétrons, fótons e o espaço-tempo. Ele também contém citoesqueletos, dímeros de tubulina e supercondutores. Não está, de forma alguma, claro por qual motivo o mundo de nossas percepções deveria ter qualquer relação com o mundo físico, mas aparentemente tem.

Existe também um outro mundo, ainda que muitos achem difícil aceitar sua verdadeira existência: é o *mundo platônico das formas matemáticas*. Nele encontramos os números naturais 0, 1, 2, 3, ..., e a álgebra dos números complexos. Encontramos o teorema de Lagrange (todo número natural é a soma de quatro quadrados). Encontramos o teorema de Pitágoras da geometria euclidiana (sobre os quadrados dos lados de um triângulo retângulo). Há a afirmação de que, para todo par de números naturais, $a \times b = b \times a$. Nesse mesmo mundo platônico também existe o fato de que o último resultado não é válido para certos tipos de "números" (tais como o produto de Grassmann mencionado na Seção 5.15). O mesmo mundo platônico contém geometrias diferentes das de Euclides, nas quais o teorema pitagórico não vale mais. Contém infinitos números, números não computáveis e ordinais recursivos e não recursivos. Existem máquinas de Turing cujas ações nunca terminam, assim como máquinas oraculares. Nele existem muitas classes de problemas matemáticos que são computacionalmente insolúveis, tais como o problema do ladrilhamento por poliminós. Também nesse mundo estão as equações eletromagnéticas de Maxwell, assim como as equações gravitacionais de Einstein e os inúmeros espaços-tempos teóricos que as satisfazem – sejam eles fisicamente realistas ou não. Existem simulações matemáticas de cadeiras e mesas, como elas seriam usadas nessa "realidade virtual" e também a simulação de buracos negros e furacões.

Que direito temos de dizer que o mundo platônico é realmente um "mundo" que pode "existir" no mesmo sentido que os outros dois mundos existem? Pode muito bem parecer para o leitor que ele é somente um amontoado de conceitos abstratos que os matemáticos inventam de vez em quando. Ainda assim, sua existência está baseada na natureza universal, eterna e profunda desses conceitos e no fato de que as leis são independentes de quem as descubra. Esse amontoado de coisas – se de fato é isto que este mundo é – não foi criado por nós. Os números naturais estavam lá antes de existirem seres humanos, ou mesmo qualquer criatura neste planeta, e eles permanecerão quando nossas vidas acabarem. Sempre foi verdade que qualquer número natural é a soma de quatro quadrados e esse fato não precisou esperar por Lagrange para que se invocasse sua existência. Números naturais tão grandes que estão além do alcance de qualquer computador ainda assim são somas de quatro quadrados, mesmo que não tenhamos a mínima chance de encontrar quais são esses quadrados. Sempre será verdade que não existe procedimento computacional geral para decidir se uma máquina de Turing irá terminar algum dia e isto sempre foi verdade muito antes de Turing inventar sua noção de computabilidade.

De qualquer maneira, muitos poderiam ainda argumentar que a natureza absoluta da verdade matemática não é um argumento para atribuir uma "existência" a conceitos e verdades matemáticas. (Algumas vezes eu ouvi que o platonismo matemático está "fora de moda". É verdade que o próprio Platão morreu cerca de 2.340 anos atrás, mas isto dificilmente é uma justificativa! Uma objeção mais séria é a dificuldade que os filósofos algumas vezes têm com um mundo inteiramente abstrato exercendo qualquer influência sobre o mundo físico. Essa questão profunda é realmente um dos mistérios de que iremos tratar em breve.) De fato, a realidade dos conceitos matemáticos é uma ideia muito mais natural para os matemáticos do que para aqueles que não tiveram a sorte de passar um tempo explorando as maravilhas e os mistérios daquele mundo. No entanto, por ora, não será necessário que o leitor aceite que conceitos matemáticos realmente formem um "mundo" com uma realidade comparável com a do mundo físico e do mundo mental. Como realmente escolhe-se enxergar os conceitos matemáticos não nos será tão importante por enquanto. Assuma que "o mundo platônico das formas matemáticas" é somente uma figura de linguagem, se quiser, mas será uma figura de linguagem útil para nossas descrições aqui. Quando viermos a considerar os três mistérios que relacionam esses três "mundos", talvez comecemos a ver algo de significativo com essa maneira de apresentar as coisas.

Quais são, então, os mistérios? Eles estão ilustrados na Figura 8.1. Existe o mistério de por qual razão tais leis matemáticas tão profundas e precisas têm um papel tão importante no comportamento do mundo físico. De alguma forma, o próprio mundo da realidade física parece emergir quase misteriosamente do mundo platônico da matemática. Isto é representado pela seta da direita, do mundo platônico para o mundo físico. Então há o segundo mistério de como criaturas perceptivas podem surgir do mundo físico. Como um objeto material organizado de forma sutil pode misteriosamente conjurar entidades mentais de seu substrato material? Isto está representado na Figura 8.1 pela seta na parte de baixo, do mundo físico para o mundo mental. Finalmente, há o mistério de como a mentalidade é aparentemente capaz de "criar" conceitos matemáticos a partir de algum modelo mental. Essas ferramentas aparentemente vagas, não confiáveis e frequentemente inapropriadas, com as quais o nosso mundo mental aparenta estar equipado, parecem ainda assim misteriosamente capazes (pelo menos quando estão no seu melhor momento) de conjurar formas matemáticas abstratas e então permitir a nossas mentes ganhar passagem, através do entendimento, ao reino matemático platônico. Isto é indicado pela seta que aponta para cima na esquerda, do mundo mental para o mundo platônico.

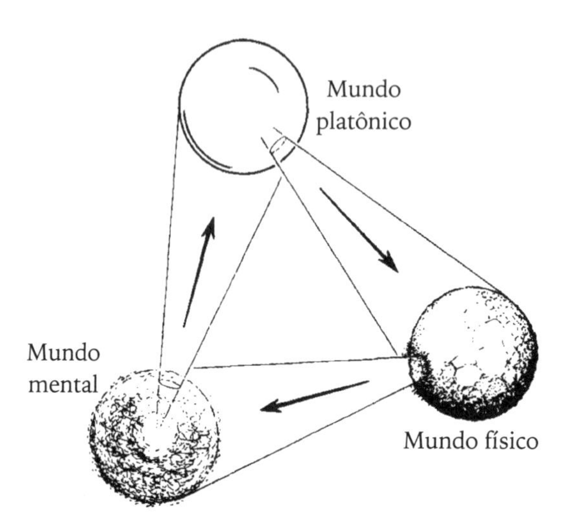

Figura 8.1 – De alguma forma, cada um dos três mundos, o platônico matemático, o físico e o mental, parecem "emergir" de – ou pelo menos estar intimamente relacionados com – uma pequena parte de seus predecessores (considerando os mundos de forma cíclica)

O próprio Platão se preocupou bastante com a primeira dessas setas (e também, da sua maneira, com a terceira) e ele era cuidadoso em distinguir entre a forma matemática perfeita e sua "sombra" imperfeita no mundo físico. Assim, um triângulo matemático (ou um triângulo euclidiano, como hoje deveríamos ter o cuidado em especificar hoje) teria seus ângulos somando exatamente dois ângulos retos, enquanto um triângulo físico feito de madeira, digamos, com tanta precisão quanto possível, poderia ter seus ângulos somando algo muito próximo da quantidade requerida, mas não de forma perfeitamente precisa. Platão descrevia tais ideias em termos de uma parábola. Ele imaginou alguns cidadãos confinados em uma caverna, acorrentados de tal forma que não podiam ver as formas perfeitas, atrás deles, que estavam fazendo sombras que apareciam na parte da caverna que eles olhavam. Tudo que podiam ver diretamente seriam as sombras imperfeitas dessas formas, um pouco distorcidas pelo crepitar do fogo. As formas perfeitas representavam as formas matemáticas e as sombras o mundo da "realidade física".

Desde os tempos de Platão, o papel subjacente da matemática na estrutura percebida e no comportamento real do nosso mundo físico aumentou enormemente. O respeitado físico Eugene Wigner proferiu uma famosa palestra, em 1960, com o título "A eficácia inacreditável da matemática nas ciências físicas". Nela, ele expressou um pouco da precisão fantástica e da aplicabilidade sutil de matemática sofisticada que os físicos encontram continuamente e cada vez mais em suas descrições da realidade.

Para mim, o exemplo mais impressionante de todos é a relatividade geral de Einstein. Não é incomum que escutemos que os físicos estão meramente notando padrões, de tempos em tempos, onde os conceitos matemáticos podem muito bem acabar sendo aplicados ao comportamento físico. Seria afirmado, de acordo com isto, que os físicos tendem a enviesar seus interesses na direção daquelas áreas onde suas descrições matemáticas funcionam bem, de tal forma que não haveria um mistério real de por que a matemática mostra-se efetiva nas descrições que os físicos utilizam. Parece-me, no entanto, que tal ponto de vista está extraordinariamente longe do alvo. Ele simplesmente não fornece nenhuma explicação da unidade profunda que a teoria de Einstein, em particular, mostra que existe entre a matemática e o funcionamento do mundo. Quando a teoria de Einstein foi apresentada pela primeira vez, não existia uma necessidade real (por conta de razões observacionais) para ela. A teoria gravitacional de Newton havia funcionado por cerca de 250 anos e conseguido extrema acurácia, algo como uma parte em dez milhões (o que já é uma justificativa impressionante o bastante para levar a sério a estrutura matemática subjacente da realidade). Uma anomalia havia sido observada no movimento de Mercúrio, mas isto certamente não era razão para abandonar o esquema de Newton. Ainda assim, Einstein reparou, baseado em profundas razões físicas, que era possível fazer algo melhor se mudássemos a própria estrutura da teoria gravitacional. Nos primeiros anos em que a teoria de Einstein foi apresentada, havia somente alguns efeitos que forneciam evidências para ela e o aumento de precisão com relação à teoria newtoniana era marginal. No entanto, agora, quase oitenta anos depois de a teoria ter sido formulada inicialmente, sua precisão geral cresceu para algo dez milhões de vezes maior. Einstein não estava apenas reparando em "padrões do comportamento" dos objetos físicos. Ele estava descobrindo um substrato matemático profundo que já estava escondido no próprio funcionamento do mundo. Mais que isso, não estava apenas procurando por qualquer fenômeno físico que seria mais adequado a uma boa teoria. Ele encontrou essa relação matemática precisa na própria estrutura do espaço e tempo – as mais fundamentais das noções físicas.

Em nossas outras teorias bem-sucedidas dos processos físicos básicos sempre houve uma estrutura matemática que não só se mostrou extraordinariamente precisa, mas também matematicamente sofisticada. (E antes que o leitor pense que a "superação" das ideias anteriores da física, tal como a teoria de Newton, invalide a adequação dessas ideias anteriores, devo deixar claro que este *não é* o caso. As ideias anteriores, quando são boas o bastante, tais como as de Galileu e Newton, ainda sobrevivem e elas têm seu lugar no novo esquema.) Mais que isso, a matemática em si recebe muita inspiração de *inputs* sutis e inesperados do comportamento detalhado da natureza. A teoria quântica – cuja relação próxima com matemática sutil (e.g., números complexos) é, espero, aparente mesmo do pouco sobre esse tópico que tivemos nestas páginas –, assim como a relatividade geral e as equações eletromagnéticas de Maxwell, todas forneceram um enorme estímulo para o progresso da matemática. Porém, isto não é verdade somente para teorias relativamente recentes como estas. Esse fato era tão verdadeiro para as teorias mais antigas como a mecânica newtoniana (resultando no cálculo) e a análise grega da estrutura do espaço (dando-nos a própria noção de geometria). A acurácia extraordinária da matemática dentro do comportamento físico (tal como a precisão de 11 ou 12 casas decimais da eletrodinâmica quântica) é geralmente bastante enfatizada. Mas existe muito mais relacionado ao mistério do que isso. Existe uma notável profundidade, sutileza e *capacidade de gerar frutos matemáticos* nos conceitos que são latentes aos processos físicos. Isto é algo que não é tão familiar às pessoas – a menos que elas estejam diretamente preocupadas com a matemática envolvida.

Devemos deixar claro que essa capacidade de dar frutos matemáticos, provendo um estímulo valioso para as atividades-fim dos matemáticos, não é só uma questão de moda matemática (ainda que a moda tenha o seu papel também). Ideias que foram desenvolvidas com o único propósito de aprofundar nosso entendimento do funcionamento do mundo físico muito frequentemente forneceram profundos e inesperados *insights* sobre problemas que *já* haviam sido objeto de interesse considerável por razões bastante diversas. Um dos exemplos recentes mais notórios disto foi a utilização de teorias do tipo Yang-Mills (que foram desenvolvidas pelos físicos em suas explicações matemáticas das interações que existem entre partículas subatômicas) por Simon Donaldson, de Oxford, para obter propriedades totalmente inesperadas de variedades quadridimensionais[8] – propriedades que haviam escapado à compreensão anterior por muitos anos. Além disto, tais propriedades matemáticas, ainda que nem sempre sejam antecipadas por seres humanos antes que os *insights* apropriados surjam, estiveram repousando eternamente dentro do mundo platônico, como verdades imutáveis esperando para serem descobertas – de acordo com as habilidades e intuições daqueles que lutam para descobri-las.

Espero que eu tenha persuadido o leitor do relacionamento próximo e genuíno – e ainda profundamente misterioso – entre o mundo matemático platônico e o mundo dos objetos físicos. Espero, também, que a própria presença desse relacionamento extraordinário ajude os céticos platônicos a levarem aquele mundo um pouco mais a sério como um "mundo" do que estavam dispostos antes. De fato, alguns poderiam ir além de onde estou preparado para ir com esta discussão. Talvez uma realidade platônica devesse ser associada a outros conceitos abstratos, não somente conceitos matemáticos. Platão mesmo teria insistido que o conceito ideal de "o bem" ou "o belo" deveriam também ter uma realidade atribuída a eles (cf. a Seção 8.3), assim como os conceitos matemáticos devem ter. Pessoalmente, não sou contrário a tal possibilidade, mas ela não teve importância para minhas deliberações aqui. Questões de ética, moralidade e estética não tiveram um papel significativo na minha discussão atual, mas isto não é razão para descartá-las como não sendo, no fundo, tão "reais" quanto as questões de que tenho tratado. Claramente existem questões importantes diversas para serem consideradas aqui, mas elas não foram meu tema principal neste livro.[9]

Neste livro também não estive *tão* interessado no mistério particular (primeira seta, embaixo para a direita na Figura 8.1) do relacionamento preciso e misterioso que o mundo matemático platônico tem com o mundo físico – mas com os outros dois, que são menos bem entendidos ainda. Na Parte I estive respondendo questões levantadas principalmente pela terceira seta: o mistério das nossas percepções da verdade matemática; isto é, com a forma

[8] Donaldson, 1983; cf. Devlin, 1988, cap.10, para uma abordagem não técnica.

[9] O "Mundo n.3" de Popper contém construções mentais com alguma similaridade com aquelas que residem nesse mundo platônico estendido; veja Popper; Eccles, 1977. No entanto, seu Mundo n.3 não é visto como tendo uma existência atemporal independente de nossa existência, nem como um mundo subjacente à estrutura da realidade física. Dessa forma, seu *status* é muito diferente do "mundo platônico" em consideração aqui.

aparente pela qual, através de contemplações mentais, parecemos ser capazes de "conjurar" essas próprias formas matemáticas platônicas. É como se as formas perfeitas fossem apenas sombras de nossos pensamentos imperfeitos. Ver o mundo platônico dessa maneira – somente como um produto da nossa própria mentalidade – estaria bastante em conflito com as concepções do próprio Platão. Para ele, o mundo das formas perfeitas é primário, sendo eterno e independente de nós. Na visão platônica, minha terceira seta na Figura 8.1, deveria talvez ser pensada como apontada para baixo ao invés de para cima: do mundo das formas perfeitas para o mundo da nossa própria mentalidade. Pensar no mundo matemático como sendo um produto do nosso modo de pensar seria ter uma visão *kantiana* em vez da visão platônica que estou apoiando aqui.

Da mesma forma, alguns poderiam argumentar por uma mudança de direção em algumas das minhas outras flechas. Talvez o bispo George Berkeley preferisse minha *segunda* seta apontando do mundo mental para o mundo físico, a "realidade física" sendo, em sua visão, uma mera sombra da nossa existência mental. Existem alguns outros (os "nominalistas") que argumentariam por uma reversão da minha *primeira* flecha, o mundo da matemática sendo uma mera reflexão de aspectos do mundo da realidade física. Minha opinião, como deveria ter ficado evidente por este livro, seria fortemente contra uma reversão dessas duas primeiras setas, ainda que também possa ser igualmente evidente que estou um pouco desconfortável em direcionar a *terceira* seta na orientação aparentemente "kantiana" que está mostrada na Figura 8.1! Para mim, o mundo das formas perfeitas é primário (como era a crença do próprio Platão) – sua existência sendo quase uma necessidade lógica – e *ambos* os outros mundos são suas sombras.

Devido a pontos de vistas tão diferentes sobre quais dos mundos da Figura 8.1 deveriam ser tomados como primários e quais como secundários, devo recomendar entender as setas sob uma luz diferente. O ponto essencial sobre as setas da Figura 8.1 não é tanto a sua direção, mas o fato de que em cada caso elas representam uma correspondência na qual uma *pequena* região de um mundo abarca a *totalidade* do próximo mundo. Com relação a minha primeira seta, já me foi várias vezes mencionado que a imensa maioria do mundo da matemática (julgado em termos das atividades dos matemáticos) parece ter pouca ou nenhuma relação com o comportamento físico real. Assim, é somente uma minúscula parte do mundo platônico que pode estar subjacente a estrutura do nosso universo físico. Da mesma forma, a segunda das minhas setas expressa o fato de que nossa existência mental emerge de somente uma porção minúscula do mundo físico – uma porção onde as condições são organizadas de uma forma muito precisa, necessária para o surgimento da consciência, como em cérebros humanos. Da mesma forma, minha terceira seta se refere a uma fração muito pequena da nossa atividade mental, de fato aquela que está preocupada com questões absolutas e eternas – de forma mais aguda, com a verdade matemática. Na maior parte do tempo nossas vidas mentais estão preocupadas com assuntos bastante diferentes!

Existe um aspecto aparentemente paradoxal dessas correspondências, nas quais cada mundo parece "emergir" somente de uma *minúscula* parte daquele que o precede. Desenhei a Figura 8.1 de forma a enfatizar esse paradoxo. No entanto, ao considerar as setas como simplesmente expressando tais correspondências, em vez de afirmarem qualquer real "emergência", estou tentando não fazer julgamentos prévios sobre a questão de qual, se algum, dos mundos deve ser tomado como primário, secundário ou terciário.

Ainda assim, a Figura 8.1 reflete outro aspecto das minhas opiniões ou preconceitos. Representei as coisas de tal forma que é assumido que cada mundo *inteiro* está de fato refletido dentro de uma (pequena) porção do seu predecessor. Talvez meus preconceitos estejam errados. Talvez existam aspectos do comportamento do mundo físico que *não podem* ser descritos em termos matemáticos precisos; talvez exista uma vida mental que *não* está ligada a estruturas físicas (tais como cérebros); talvez existam verdades matemáticas que permanecem, *em princípio, inacessíveis* para a razão e a intuição humanas. Para abarcar qualquer uma dessas possibilidades alternativas, a Figura 8.1 deveria se redesenhada, permitindo que algum ou todos os mundos se estendam além do escopo de suas setas precedentes.

Na Parte I estive bastante ocupado com algumas das implicações do famoso teorema da incompletude de Gödel. Alguns leitores podem ser da opinião de que o teorema de Gödel de fato nos diz que existem partes do mundo platônico das verdades matemáticas que estão em princípio além do entendimento e intuição humanos. Espero que meus argumentos tenham deixado claro que este *não* é o caso.[10] As proposições matemáticas específicas que o engenhoso argumento de Gödel fornece são aquelas humanamente acessíveis – contanto que sejam construídas de sistemas matemáticos (formais) já

[10] Mostowski (1957) deixa claro, na introdução de seu livro, que argumentos como o de Gödel não tem qualquer relevância sobre a questão de se poderiam existir questões matemáticas *absolutamente* indecidíveis. A questão deve ser vista como completamente aberta por enquanto, pelo menos no que se refere à questão de se pode ser provada ou contestada. Essa questão permanece, como as outras duas, completamente uma questão de fé!

aceitos como meios válidos de aferir a verdade matemática. O argumento de Gödel não apoia o fato de existirem verdades matemáticas inacessíveis. O que ele *apoia*, por outro lado, é que a intuição humana está além de qualquer argumento formal e além de procedimentos computacionais. Mais que isto, apoia fortemente a própria existência do mundo matemático platônico. A verdade matemática não é determinada arbitrariamente por regras de algum sistema formal "feito por humanos", mas tem uma natureza absoluta e se encontra além de qualquer sistema de regras especificáveis. Obter evidências para o ponto de vista platônico (em contraste com o formalista) era uma parte importante das motivações iniciais de Gödel. Por outro lado, os argumentos do teorema de Gödel servem para ilustrar a natureza profundamente misteriosa de nossas percepções matemáticas. Não somente "calculamos" para formar essas percepções, mas algo diverso está profundamente envolvido – algo que seria impossível sem a própria percepção consciente, que é, no fim das contas, tudo sobre o que trata o mundo das percepções.

A Parte II se preocupou principalmente com as questões relativas à segunda seta (ainda que estas não possam ser resolvidas adequadamente sem alguma referência à primeira) – onde o mundo físico concreto pode de alguma forma conjurar o *obscuro* fenômeno ao qual nos referimos como consciência. Como é que a consciência pode surgir de componentes aparentemente tão não promissores, como matéria, espaço e tempo? Não chegamos a uma resposta, mas espero que, pelo menos, o leitor tenha sido capaz de apreciar que a matéria *em si* é misteriosa, assim como o é o espaço-tempo, paradigma no qual as teorias físicas funcionam atualmente. Simplesmente não sabemos sobre a natureza da matéria e as leis que a governam no nível que precisaríamos para entender que tipo de organização, no mundo físico, dá origem a seres conscientes. Mais que isso, quanto mais profundamente investigamos a natureza da matéria, mais vaga, misteriosa e matemática a matéria em si parece ser. Poderíamos muito bem nos perguntar: o que *é* a matéria, segundo as melhores teorias que a ciência foi capaz de fornecer? A resposta vem em forma de matemática, não tanto como um sistema de equações (apesar de as equações serem importantes também), mas como conceitos matemáticos sutis que levaram muito tempo para serem entendidos adequadamente.

Se a relatividade geral de Einstein nos mostrou que nossas próprias noções da natureza do espaço e tempo tiveram que mudar, se tornando mais misteriosas e matemáticas, então é a mecânica quântica que mostrou, em um grau até maior, como o nosso conceito de *matéria* sofreu um destino similar. Não só a matéria, mas mesmo nossas noções de realidade se tornaram profundamente perturbadas. Como pode ser que a mera *possibilidade* contrafactual de algo poder acontecer – algo que na realidade *não* acontece – possa ter uma influência decisiva sobre aquilo que *de fato acontece*? Existe algo no mistério envolvendo a maneira como a mecânica quântica funciona que pelo menos *parece* muito mais próximo do tipo de mistério necessário para acomodar a mentalidade no mundo da realidade física, pelo menos em comparação com a física clássica. Não tenho dúvidas que, quando teorias mais profundas estiverem disponíveis, o lugar da mente com relação à teoria física não parecerá tão incompatível como parece hoje.

Nas seções 7.7 e 8.6 tentei dar algum sentido à questão de quais circunstâncias físicas poderiam ser apropriadas para o fenômeno da consciência. Ainda assim, devo deixar claro que *não* vejo a consciência meramente como uma questão da quantidade certa de movimento de massa coerente segundo alguma teoria **RO** da fronteira quântico/clássico. Como espero ter deixado claro, tais coisas proveriam meramente a abertura apropriada para uma ação não computacional dentro das amarras de nosso paradigma físico atual. Consciência genuína envolve uma percepção de uma variedade infinita de coisas qualitativamente diferentes – tais como a cor verde de uma folha, o cheiro de uma rosa, o canto de um melro ou o toque suave da pele de um gato; assim como a passagem do tempo, estados emocionais, preocupações, admiração e apreciação de uma ideia. Envolve esperanças, ideais, intenções e o desejo real de um sem-número de diferentes movimentos corpóreos para que tais intenções possam ser realizadas. O estudo da neuroanatomia, de desordens neurológicas, psiquiatria e psicologia nos ensinou muito sobre o relacionamento detalhado entre a natureza física do cérebro e nossas condições mentais. Não existe questão quanto à nossa capacidade de entender tais coisas meramente em termos da física de quantidades críticas de movimento coerente de massa. Porém, sem uma abertura para a nova física, permaneceremos presos dentro da camisa de força de uma física inteiramente computacional ou uma física computacional com elementos aleatórios. Dentro dessa camisa de força não pode haver um papel científico para a intencionalidade e a experiência subjetiva. Livrando-nos dela, temos pelo menos a possibilidade de tal papel.

Muitos que poderiam concordar com isto iriam argumentar que não pode haver um papel para tais coisas em *qualquer* paradigma científico. Para os que argumentam dessa forma posso pedir somente que sejam pacientes e que esperem para ver como a ciência se moverá no futuro. Acredito que já há uma indicação, dentro dos misteriosos desenvolvimentos da mecânica quântica, que os conceitos de mentalidade estão um pouco mais perto dos nossos entendimentos do universo físico do que estavam antes – ainda que somente *um pouco* mais perto. Eu argumentaria que, quando os desenvolvimentos físicos *novos* necessários vierem à tona, essas indicações deverão se tornar muito mais claras que isto. A ciência tem um longo caminho a trilhar ainda; *disto* eu estou certo!

Além do mais, a própria possibilidade do entendimento humano de tais tópicos nos diz algo sobre as habilidades que a consciência nos confere. Admito que existem alguns como Newton, Einstein, Arquimedes, Galileu, Maxwell, Dirac – ou Darwin, Leonardo da Vinci, Rembrandt, Picasso, Bach, Mozart ou Platão, ou as grandes mentes que poderiam conceber a *Ilíada* ou *Hamlet* – que parecem ter mais dessa capacidade de serem capazes de "sentir" a verdade ou beleza do que é dado ao resto de nós. Mas uma unidade com o funcionamento da natureza está potencialmente presente dentro de todos nós e é revelada em nossas capacidades de compreensão e sensibilidade conscientes, seja qual for o nível em que possam estar operando. Cada um de nossos cérebros conscientes é tecido de partes físicas sutis que de alguma forma nos permitem usufruir da vantagem de uma profunda organização de nosso universo permeado pela matemática – de tal forma que nós, por nossa vez, somos capazes de algum tipo de acesso direto, através daquela qualidade platônica do "entendimento", aos próprios meios pelos quais o nosso universo funciona em tantos níveis diferentes.

Existem questões profundas e ainda estamos longe de explicações. Eu argumentaria que não haverá respostas claras no futuro a menos que as características inter-relacionadas de *todos* esses mundos entrem em jogo. Nenhuma dessas questões será resolvida isoladamente das outras. Eu me referi aos três mundos e aos mistérios que relacionam um ao outro. Sem dúvida não existem realmente três mundos, mas *um*, cuja verdadeira natureza ainda não conseguimos nem mesmo imaginar nos dias de hoje.

Epílogo

Jéssica e seu pai saíram da caverna. Já estava bastante escuro e silencioso e algumas estrelas eram claramente visíveis. Jéssica disse a seu pai:

"Papai, sabe, quando olho para o céu, acho difícil acreditar que a Terra *realmente* se move – rodando por aí a todos estes quilômetros por hora –, mesmo que eu pense que realmente sei que *deve* ser verdade."

Ela fez uma pausa e se levantou, olhando para o céu por um tempo.

"Papai, me fale das estrelas..."

Referências bibliográficas

AHARONOV, Y.; ALBERT, D. Z. Can We Make Sense out of the Measurement Process in Relativistic Quantum Mechanics? *Phys. Rev.*, v.24, n.2, p.D359-70, 1981.

______; ______; VAIDMAN, L. Measurement Process in Relativistic Quantum Theory. *Phys. Rev.*, v.34, n.6, p.D1805-13, 1986.

______; ANANDAN, J.; VAIDMAN, L. Meaning of the Wave Function. *Phys. Rev.*, v.47, n.6, p.A4616-26, 1993.

______; BERGMANN, P. G.; LIEBOWITZ, J. L. Time Symmetry in the Quantum Process of Measurement. In: WHEELER, J. A.; ZUREK, W. H. (orgs.). *Quantum Theory and Measurement*. Nova Jersey: Princeton University Press, 1983.

______; ______; ______. Time Symmetry in the Quantum Process of Measurement. *Phys. Rev.*, v.134, n.6B, p.B1410-6, 1964.

______; VAIDMAN, L. Properties of a Quantum System During the Time Interval between Two Measurements. *Phys. Rev.*, v.41, n.1, p.A11-20, 1990.

ALBERT, D. Z. On Quantum-Mechanical Automata. *Phys. Lett.*, v.98A, n.5-6, p.249-52, 1983.

ALBRECHT-BUEHLER, G. Surface Extensions of 3T3 Cells Towards Distant Infrared Light Sources. *J. Cell Biol.*, v.114, p.493-502, 1991.

______. Is the Cytoplasm Intelligent Too? *Cell and Muscle Motility*, v.6, p.1-21, 1985.

______. Does the Geometric Design of Centrioles Imply their Function? *Cell Motility*, v.1, p.237-45, 1981.

ANTHONY, M.; BIGGS, N. *Computational Learning Theory*: An Introduction. Cambridge; Nova York: Cambridge University Press, 1992.

APPLEWHITE, P. B. Learning in Protozoa. In: LEVANDOWSKY, M.; HUNTER, S. H. *Biochemistry and Physiology of Protozoa*. v.1. Nova York: Academic Press, 1979. p.341-55.

ARHEM, P.; LINDAHL, B. I. B. Neuroscience and the Problem of Consciousness: Theoretical and Empirical Approaches. *Theoretical Medicine*, Kluwer Academic Publishers, v.14, n.2, p.77-88, 1993.

ASPECT, A.; GRANGIER, P. Experiments on Einstein-Podolsky-Rosen-Type Correlations with Pairs of Visible Photons. In: PENROSE, R.; ISHAM, C. J. (orgs.). *Quantum Concepts in Space and Time*. Nova York: Oxford University Press, 1986.

_____; _____; ROGER, G. Experimental Realization of Einstein-Podolsky-Rosen-Bohm *Gedankenexperiment*: A New Violation of Bell's Inequalities. *Phys. Rev. Lett.*, v.49, n.2, p.91-4, 1982.

BAARS, B. J. *A Cognitive Theory of Consciousness*. Nova York: Cambridge University Press, 1988.

BAILEY, T. N.; BASTON, R. J. (orgs.). *Twistors in Mathematics and Physics*. Nova York: Cambridge University Press, 1990. (Coleção London Mathematical Society Lecture Notes Series, n.156.)

BAYLOR, D. A.; LAMB, T. D.; YAU, K.-W. *Responses of Retinal Rods to Single Photons*. *J. Physiol.*, v.288, p.613-34, 1979.

BECK, F.; ECCLES, J. C. Quantum Aspects of Brain Activity and the Role of Consciousness. *Proc. Natl. Acad. Sci.*, v.89, n.23, p.11357-61, 1992.

BECKS, K.-H.; HEMKER, A. An Artificial Intelligence Approach to Data Analysis. In: VERKERK, C. (org.). *Proceedings of 1991 Cern School of Computing*. Suíça: Cern, 1992.

BELL, J. S. Against "Measurement". *Physics World*, v.3, n.4, p.33-40, 1990.

_____. *Speakable and Unspeakable in Quantum Mechanics*. Nova York: Cambridge University Press, 1987.

_____. On the Problem of Hidden Variables in Quantum Mechanics. *Rev. Mod. Phys.*, v.38, n.3, p.447-52, 1966.

_____. On the Einstein Podolsky Rosen Paradox. *Physics Physique Fizika*, v.1, n.3, p.195-200, 1964.

BENACERRAF, P. God, the Devil and Gödel. *The Monist*, v.51, n.1, p.9-32, 1967.

BENIOFF, P. Quantum Mechanical Hamiltonian Models of Turing Machines. *J. Stat. Phys.*, v.29, p.515-46, 1982.

BENNETT, C. H.; BRASSARD, G.; BREIDBART, S.; WIESNER, S. Quantum Cryptography, or Unforgetable Subway Tokens. In: *Advances in Cryptography*. Nova York: Plenum, 1983.

BERNARD, C. *Leçons sur les anesthésiques et sur l'asphyxie*. Paris: J. B. Bailliere, 1875.

BLAKEMORE, C.; GREENFIELD, S. (orgs.). *Mindwaves*: Thoughts on Intelligence, Identity and Consciousness. Oxford: Blackwell, 1987.

BLUM, L.; SHUB, M.; SMALE S. On a Theory of Computation and Complexity over the Real Numbers: *NP*-Completeness, Recursive Functions and Universal Machines. *Bull Amer. Math. Soc.*, v.21, p.1-46, 1989.

BOCK, G. R.; MARSH, J. *Experimental and Theoretical Studies of Consciousness*. Chichester: John Wiley, 1993.

BODEN, M. A. *The Creative Mind*: Myths and Mechanisms. Londres: Wiedenfeld and Nicolson, 1990.

_____. *Artificial Intelligence and Natural Man*. Hassocks: The Harvester Press, 1977.

BOHM, D. A Suggested Interpretation of the Quantum Theory in Terms of "Hidden Variables", I and II. In: WHEELER, J. A.; ZUREK, W. H. (orgs.). *Quantum Theory and Measurement*. Nova Jersey: Princeton University Press, 1983.

_____. A Suggested Interpretation of the Quantum Theory in Terms of "Hidden Variables", I and II. *Phys. Rev.*, v.85, n.2, p.166-93, 1952.

BOHM, D.; HILEY, B. *The Undivided Universe*. Londres: Routledge, 1994.

BOOLE, G. *An Investigation of the Laws of Thought*. Nova York: Dover, [1854] 1958.

BOOLOS, G. On "Seeing" the Truth of the Gödel Sentence. *Behavioral and Brain Sciences*, v.13, n.4, p.655-6, 1990.

BOWIE, G. L. Lucas' Number Is Finally Up. *Journal of Philosophical Logic*, v.11, n.3, p.279-85, 1982.

BRADY, M. Computational Vision. In: BROADBENT, D. (org.). *The Simulation of Human Intelligence*. Oxford: Blackwell, 1993.

BRAGINSKY, V. B. The Detection of Gravitational Waves and Quantum Non-Disturbtive Measurements. In: SABBATA, V. de; WEBER, J. (orgs.). *Topics in Theoretical and Experimental Gravitation Physics*. Londres: Plenum, 1977. p.103-21.

BROADBENT, D. Comparison with Human Experiments. In: ______ (org.). *The Simulation of Human Intelligence*. Oxford: Blackwell, 1993.

BROWN, H. R. Bell's other Theorem and its Connection with Nonlocality. Parte I. In: VAN DER MERWE, A.; SELLERI, F. (orgs.). *Bell's Theorem and the Foundations of Physics*. Cingapura: World Scientific, 1993.

BUTTERFIELD, J. Lucas Revived? An Undefended Flank. *Behavioral and Brain Sciences*, v.13, n.4, p.658, 1990.

CASTAGNOLI, G.; RASETTI, M.; VINCENTI, A. Steady, Simultaneous Quantum Computation: A Paradigm for the Investigation of Nondeterministic and Non-Recursive Computation. *Int. J. Mod. Phys. C.*, v.3, p.661-89, 1992.

CAUDILL, M. *In our Own Image*: Building an Artificial Person. Nova York: Oxford University Press, 1992.

CHAITIN, G. J. Randomness and Mathematical Proof. *Scientific American*, v.232, n.5, p.47-52, maio 1975.

CHALMERS, D. J. Computing the Thinkable. *Behavioral and Brain Sciences*, v.13, n.4, p.658-9, 1990.

CHANDRASEKHAR, S. *Truth and Beauty*: Aesthetics and Motivations in Science. Chicago: University of Chicago Press, 1987.

CHANG, C.-L.; LEE, R. C.-T. *Symbolic Logic and Mechanical Theorem Proving*. 2.ed. Nova York: Academic Press, 1987. (1.ed. 1973.)

CHOU, S.-C. *Mechanical Geometry Theorem Proving*. Dordrecht, Boston: Reidel, 1988.

CHRISTIAN, J. J. *On Definite Events in a Generally Covariant Quantum World*. Oxford: University of Oxford, 1994. (*pré-print* não-public.)

CHURCH, A. The Calculi of Lambda-Conversion. *Annals of Mathematics Studies*, Princeton University Press, n.6, 1941.

______. An Unsolvable Problem of Elementary Number Theory. *Am. Journ. of Math.*, v.58, p.345-63, 1936.

CHURCHLAND, P. M. *Matter and Consciousness*. Cambridge, Massachusetts: Bradford Books; MIT Press, 1984. [Ed. bras.: *Matéria e consciência*. São Paulo: Editora Unesp, 2004.]

CLAUSER, J. F.; HORNE, M. A. Experimental Consequences of Objective Local Theories. *Phys. Rev.*, v.10, n.2, p.D526-35, 15 jul. 1974.

______; SHIMONY, A. Bell's Theorem: Experimental Tests and Implications. *Rep. Prog. Phys.*, v.41, p.1881-927, 1978.

COHEN, P. J. *Set Theory and the Continuum Hypothesis*. Nova York: W. A. Benjamin, 1966.

CONRAD, M. The Fluctuon Model of Force, Life, and Computation: A Constructive Analysis. *Applied Mathematics and Computation*, v.56, n.2-3, p.203-59, jul. 1993. Disponível em: <https://doi.org/10.1016/0096-3003(93)90123-V>. Acesso em: 17 set. 2021.

_____. Molecular Computing: The Lock-Key Paradigm. *Computer*, v.25, n.11, p.11-20, nov. 1992. Disponível em: <https://doi.org/10.1109/2.166400>. Acesso em: 17 set. 2021.

_____. Molecular Computing. In: YOVITS, M. C. (org.). *Advances in Computers*. v.31. Londres: Academic Press, 1990.

COSTA DE BEAUREGARD, O. Relativity and Probability, Classical or Quantal. In: KAFATOS, M. (org.). *Bell's Theorem, Quantum Theory and Conceptions of the Universe*. Dordrecht: Kluwer, 1989.

CRAIK, K. J. W. *The Nature of Explanation*. Cambridge: Cambridge University Press, 1943.

CRICK, F. *The Astonishing Hypothesis*: The Scientific Search for the Soul. Nova York: Charles Scribner's Sons; Maxwell Macmillan International, 1994. [Ed. bras.: *A hipótese espantosa*: busca científica da alma. São Paulo: Instituto Piaget, 1998.]

_____; KOCH, C. The Problem of Consciousness. *Scientific American*, v.267, n.3, p.152-9, 1992.

_____; _____. Towards a Neurobiological Theory of Consciousness. *Seminars in the Neurosciences*, v.2, p.263-75, 1990.

CURL, R. F.; SMALLEY, R. E. Fullerenes. *Scientific American*, v.265, n.4, p.32-41, out. 1991.

CUTLAND, N. J. *Computability*: An Introduction to Recursive Function Theory. Cambridge: Cambridge University Press, 1980.

DAVENPORT, J. H. *The Higher Arithmetic*: An Introduction to the Theory of Numbers. Londres: Hutchinson's University Library, 1952.

DAVIES, P. C. W. *Quantum Mechanics*. Londres: Routledge, 1984.

_____. *The Physics of Time Asymmetry*. Belfast: Surrey University Press, 1974.

DAVIS, M. How Subtle Is Gödel's Theorem? More on Roger Penrose. *Behavioral and Brain Sciences*, v.16, n.3, p.611-2, 1993. Disponível em: <doi:10.1017/S0140525X00031915>. Acesso em: 20 set. 2021.

_____. Is Mathematical Insight Algorithmic? *Behavioral and Brain Sciences*, v.13, n.4, p.659-60, 1990. Disponível em: <https://doi.org/10.1017/S0140525X00080730>. Acesso em: 20 set. 2021.

_____. What Is a Computation? In: STEEN, L. A. (org.). *Mathematics Today*: Twelve Informal Essays. Nova York: Springer-Verlag, 1978.

_____ (org.). *The Undecidable*: Basic Papers on Undecidable Propositions, Unsolvable Problems and Computable Functions. Nova York: Raven Press; Hewlett, 1965.

_____; HERSH, R. Hilbert's 10th Problem. *Scientific American*, v.229, n.5, p.84-91, nov. 1973. Disponível em: <https://www.jstor.org/stable/24923245>. Acesso em: 20 set. 2021.

DAVIS, P. J.; HERSH, R. *The Mathematical Experience*. Inglaterra: Harvester Press, 1982. [Ed. bras.: *A experiência matemática*. Rio de Janeiro: Francisco Alves, 1986.]

DE BROGLIE, L. *Une Tentative d'intérpretation causale et non linéaire de la mécanique ondulatoire*. Paris: Gauthier-Villars, 1956.

DEECKE, L.; GRÖZINGER, B.; KORNHUBER, H. H. Voluntary Finger Movement in Man: Cerebral Potentials and Theory. *Biological Cybernetics*, v.23, n.2, p.99-119, jun. 1976.

DEL GIUDICE, E.; DOGLIA, S.; MILANI, M. Self-Focusing and Ponderomotive Forces of Coherent Electric Waves: A Mechanism for Cytoskeleton Formation and Dynamics. In: FRÖHLICH, H.; KREMER, F. (orgs.). *Coherent Excitations in Biological Systems*. Berlim: Springer-Verlag, 1983.

DENNETT, D. C. *Consciousness Explained*. Boston: Little, Brown and Company, 1991.

______. Betting your Life on an Algorithm. *Behavioral and Brain Sciences*, v.13, n.4, p.660-1, 1990.

D'ESPAGNAT, B. *Conceptual Foundations of Quantum Mechanics*. 2.ed. Massachusetts: Addisson-Wesley, 1989.

DEUTSCH, D. Quantum Computation. *Physics World*, v.5, n.6, p.57-61, 1992.

______. Quantum Mechanics Near Closed Time-Like Lines. *Phys. Rev.*, v.44, n.10, p.D3197-217, 1991.

______. Quantum Computational Networks. *Proc. Roy. Soc. Lond.*, v.425, n.1868, p.A73-90, 1989.

______. Quantum Theory, the Church-Turing Principle and the Universal Quantum Computer. *Proc. Roy. Soc. Lond.*, v.400, n.1818, p.A97-117, 1985.

______; EKERT, A. Quantum Communication Moves into the Unknown. *Physics World*, v.6, n.6, p.22-3, 1993. Disponível em: <https://iopscience.iop.org/article/10.1088/2058-7058/6/6/17/pdf>. Acesso em: 20 set. 2021.

______; JOZSA, R. Rapid Solution of Problems by Quantum Computation. *Proc. R. Soc. Lond.*, v.439, p.A553-8, 1992.

DEVLIN, K. *Mathematics*: The New Golden Age. Londres: Penguin Books, 1988.

DE WITT, B. S.; GRAHAM, R. D. (orgs.). *The Many-Worlds Interpretation of Quantum Mechanics*. Princeton: Princeton University Press, 1973.

DICKE, R. H. Interaction-Free Quantum Measurements: A Paradox? *Am. J. Phys.*, v.49, v.10, p.925-30, 1981. Disponível em: <https://doi.org/10.1119/1.12592>. Acesso em: 20 set. 2021.

DIÓSI, L. Quantum Measurement and Gravity for Each Other. In: CVITANOVIC, P.; PERCIVAL, I. C.; WIRZBA, A. (orgs.). *Quantum Chaos, Quantum measurement*. Dordrecht: Kluwer, 1992. (Coleção Nato AS1 Series C. Math. Phys. Sci., n.357.)

______. Models for Universal Reduction of Macroscopic Quantum Fluctuations. *Phys. Rev.*, v.40, n.3, p.A1165-74, 1989.

DIRAC, P. A. M. *The Principles of Quantum Mechanics*. 3.ed. Oxford: Oxford University Press, 1947.

DODD, T. Gödel, Penrose, and the Possibility of AI. *Artificial Intelligence Review*, v.5, p.187-99, 1991.

DONALDSON, S. K. An Application of Gauge Theory to Four Dimensional Topology. *J. Diff. Geom.*, v.18, p.279-315, 1983.

DOYLE, J. Perceptive Questions about Computation and Cognition. *Behavioral and Brain Sciences*, v.13, n.4, p.661, 1990.

DREYFUS, H. L. *What Computers Can't Do*: The Limits of Artificial Intelligence. Nova York: Harper and Row, 1972.

DRYL, S. Behavior and Motor Response in Paramecium. In: VAN WAGTENDONK, W. J. (org.). *Paramecium*: A Current Survey. Amsterdã: Elsevier, 1974.

DUMMETT, M. *Frege*: Philosophy of Language. Londres: Duckworth, 1973.
DUSTIN, P. *Microtubules*. 2.ed. rev. Berlim: Springer-Verlag, 1984.
ECCLES, J. C. *How the Self Controls its Brain*. Berlim: Springer-Verlag, 1994.
______. Evolution of Consciousness. *Proc. Natl. Acad. Sci.*, v.89, n.16, p.7320-4, 1992.
______. *Evolution of the Brain*: Creation of the Self. Londres: Routledge, 1989. [Ed. bras.: A evolução do cérebro. São Paulo: Instituto Piaget, 1995.]
______. *The Understanding of the Brain*. Nova York: McGraw-Hill, 1973.
ECKERT, R.; RANDALL, D.; AUGUSTINE, G. *Animal Physiology*: Mechanisms and Adaptations. Nova York: Freeman, 1988. [Ed. bras.: *Fisiologia animal*: mecanismos e adaptações. Rio de Janeiro: Guanabara, 2000.]
ECKHORN, R. et al. Coherent Oscillations: A Mechanism of Feature Linking in the Visual Cortex? *Biol. Cybern.*, v.60, p.121-30, 1988. Disponível em: <http://nemo.lf1.cuni.cz/mlab/ftp/PAPERS/Cited/marsa-hajny-voku-2017/Eckhorn-ET-AL-BIOL-CYBERN-1988.pdf>. Acesso em: 20 set. 2021.
EDELMAN, G. M. *Bright Air, Brilliant Fire*: On the Matter of the Mind. Londres: Allen Lane; Penguin Press, 1992.
______. *The Remembered Present*: A Biological Theory of Consciousness. Nova York: Basic Books, 1989.
______. *Topobiology, an Introduction to Molecular Embryology*. Nova York: Basic Books, 1988.
______. *Neural Darwinism, the Theory of Neuronal Group Selection*. Nova York: Basic Books, 1987.
______. Surface Modulation and Cell Recognition and Cell Growth. *Science*, v.192, n.4236, p.218-26, 1976. Disponível em: <doi: 10.1126/science.769162>. Acesso em: 20 set. 2021.
EINSTEIN, A.; PODOLSKY, P.; ROSEN, N. Can Quantum-Mechanical Description of Physical Reality Be Considered Complete? In: WHEELER, J. A.; ZUREK, W. H. (orgs.). *Quantum Theory and Measurement*. Princeton: Princeton University Press, 1983. (Orig. em *Phys. Rev.*, v.47, n.10, p.777-80, 1935.)
ELITZUR, A. C.; VAIDMAN, L. Quantum-Mechanical Interaction-Free Measurements. *Found. of Phys.*, v.23, p.987-97, 1993.
ELKIES, Noam G. On $A^4 + B^4 + C^4 = D^4$. *Mathematics of Computation*, v.51, n.184, p.825-35, out. 1988. Disponível em: <https://www.ams.org/journals/mcom/1988-51-184/S0025-5718-1988-0930224-9/S0025-5718-1988-0930224-9.pdf>. Acesso em: 20 set. 2021.
EVERETT, H. "Relative State" Formulation of Quantum Mechanics. In: WHEELER, J. A.; ZUREK, W. H. (orgs.). *Quantum Theory and Measurement*. Princeton: Princeton University Press, 1983. (orig. em *Reviews of Modern Physics*, v.29, p.454-62, 1957.)
FEFERMAN, S. Turing in the Land of O(z). In: HERKEN, R. (org.). *The Universal Turing Machine*: A Half-Century Survey. Hamburgo: Kammerer and Unverzagt, 1988.
FEYNMAN, R. P. Quantum Mechanical Computers. *Foundations of Physics*, v.16, n.6, p.507-31, 1986.
______. Quantum Mechanical Computers. *Optics News*, v.11, n.2, p.11-20, 1985.
______. Simulating Physics with Computers. *Int. J. Theor. Phys.*, v.21, n.6-7, p.467-88, 1982.
______. Space-Time Approach to Non-Relativistic Quantum Mechanics. *Rev. Mod. Phys.*, v.20, p.367-87, 1948.
FODOR, J. A. *The Modularity of Mind*. Cambridge, Massachusetts: MIT Press, 1983.

FRANKS, N. P.; LIEB, W. R. Molecular Mechanisms of General Anaesthesia. *Nature*, v.300, p.487-93, 1982.

FREEDMAN, David H. *Brainmakers*. Nova York: Simon and Schuster, 1994.

FREEDMAN, S. J.; CLAUSER, J. F. Experimental Test of Local Hidden-Variable Theories. In: WHEELER, J. A.; ZUREK, W. H. (orgs.). *Quantum Theory and Measurement*. Princeton: Princeton University Press, 1983. (Orig. em *Phys. Rev. Lett.*, v.28, n.14, p.938-41, 1972.)

FREGE, G. *The Basic Laws of Arithmetic*. Trad., ed. e introd. Montgomery Furth. Berkeley: University of California Press, 1964.

______. *Grundgesetze der Arithmetik, begriffsschriftlich abgeleitet*. v.1. Jena: H. Pohle, 1893.

FRENCH, J. W. Trial and Error Learning in Paramecium. *Journal Exp. Psychol.*, v.26, n.6, p.609-13, 1940.

FRÖHLICH, H. Coherent Excitations in Active Biological Systems. In: GUTMANN, F.; KEYZER, H. (orgs.). *Modern Bioelectrochemistry*. Nova York: Plenum Press, 1986.

______. General Theory of Coherent Excitations on Biological Systems. In: ADEY, W. R.; LAWRENCE, A. F. (orgs.). *Nonlinear Electrodynamics in Biological Systems*. Nova York: Plenum Press, 1984.

______. The Extraordinary Dielectric Properties of Biological Materials and the Action of Enzymes. *PNAS*, v.72, n.11, p.4211-5, 1975.

______. Long Range Coherence and the Action of Enzymes. *Nature*, v.228, n.5276, p.1093, 1970.

______. Long-Range Coherence and Energy Storage in Biological Systems. *Int. Jour. of Quantum Chem.*, v.2, n.5, p.641-9, 1968.

FUKUI, K.; ASAI, H. Spiral Motion of Paramecium Caudatum in Small Capillary Glass Tube. *J. Protozool.*, v.23, n.4, p.559-63, 1976.

GANDY, R. The Confluence of Ideas in 1936. In: HERKEN, R. (org.). *The Universal Turing Machine*: A Half-Century Survey. Hamburgo: Kammerer and Unverzagt, 1988.

GARDNER, M. *Penrose Tiles to Trapdoor Ciphers*: And the Return of dr. Matrix. Nova York: Freeman, 1989.

______. Mathematical Games: The Fantastic Combinations of John Conway's New Solitaire Game "Life". *Scientific American*, v.223, p.120-3, 1970.

______. *Mathematical Magic Show*. Nova York; Toronto: Alfred Knopf; Random House, 1965.

GELBER, B. Retention in Paramecium Aurelia. *Journal of Comparative and Physiological Psychology*, v.51, n.1, p.110-5, 1958. Disponível em: <https://doi.org/10.1037/h0049093>. Acesso em: 21 set. 2021.

GELERNTER, D. *The Muse in the Machine*: Computerizing the Poetry of Human Thought. Nova York; Londres: Free Press, Macmillan Inc.; Collier Macmillan, 1994.

GELL-MANN, M.; HARTLE, J. B. Classical Equations for Quantum Systems. *Phys. Rev.*, v.47, p.D3345-82, 1993.

GERNOTH, K. A.; CLARK, J. W.; PRATER, J. S.; BOHR, H. Neural Network Models of Nuclear Systematics. *Phys. Lett.*, v.300, p.B1-7, 1993.

GEROCH, R. The Everett Interpretation. *Noûs*, v.18, n.4, p.617-33, 1984. (ed. esp. Fundamentos da Mecânica Quântica.)

______; HARTLE, J. B. Computability and Physical Theories. *Foundations of Physics*, v.16, p.533-50, 1986.

GHIRARDI, G. C.; GRASSI, R.; PEARLE, P. Negotiating the Tricky Border between Quantum and Classical. *Physics Today*, v.46, n.4, p.13, 1993.

______; ______; ______. Comment on "Explicit Collapse and Superluminal Signals". *Physics Letters A*, v.166, n.5-6, p.435-8, 1992. Disponível em: <10.1016/0375-9601(92)90739-9>. Acesso em: 21 set. 2021.

______; ______; ______. Relativistic Dynamical Reduction Models: General Framework and Examples. *Found. Phys.*, v.20, p.1271-316, 1990b.

______; ______; RIMINI, A. Continuous-Spontaneous-Reduction Model Involving Gravity. *Phys. Rev.*, v.42, p.A1057-64, 1990a.

______; RIMINI, A.; WEBER, T. Unified Dynamics for Microscopic and Macroscopic Systems. *Phys. Rev.*, v.34, n.2, p.D470-91, 1986.

______; ______; ______. A General Argument against Superluminal Transmission Through the Quantum Mechanical Measurement Process. *Lett. Nuovo Cimento*, v.27, p.293-8, 1980.

GISIN, N. Stochastic Quantum Dynamics and Relativity. *Helv. Phys. Acta.*, v.62, p.363-71, 1989.

______; PERCIVAL, I. C. Stochastic Wave Equations Versus Parallel World Components. *Phys. Lett.*, v.175, n.2, p.A144-5, 1993.

GLEICK, J. *Chaos*: Making A New Science. Nova York: Penguin Books, 1987. [Ed. bras.: *Caos*: a criação de uma nova ciência. Rio de Janeiro: Elsevier, 2006.]

GLYMOUR, C.; KELLY, K. Why You'll Never Know Whether Roger Penrose Is a Computer. *Behavioral and Brain Sciences*, v.13, n.4, p.666, 1990.

GÖDEL, K. *Kurt Gödel, Collected Works*. v.III. Ed. S. Feferman et al. Nova York: Oxford University Press, 1995.

______. *Kurt Gödel, Collected Works*. v.II (publ. 1938-1974). Ed. S. Feferman et al. Nova York: Oxford University Press, 1990.

______. *Kurt Gödel, Collected Works*. v.I (publ. 1929-1936). Ed. S. Feferman et al. Nova York: Oxford University Press, 1986.

______. An Example of a New Type of Cosmological Solutions of Einstein's Field Equations of Gravitation. *Rev. of Mod. Phys.*, v.21, n.3, p.447-50, 1949.

______. *The Consistency of the Axiom of Choice and of the Generalized Continuum-Hypothesis with the Axioms of Set Theory*. Princeton; Nova York: Princeton University Press; Oxford University Press, 1940.

______. Über formal unentscheidbare Sätze per Principia Mathematica und verwandter Systeme I. *Monatshefte für Mathematick und Physik*, v.38, p.173-98, 1931.

GOLOMB, S. W. *Polyominoes*: Puzzles, Patterns, Problems and Packings. Nova York: Scribner and Sons, 1965.

GOOD, I. J. Gödel's Theorem Is a Red Herring. *Brit. J. Philos. Sci.*, v.19, n.4, p.357-8, 1969.

______. Human and Machine Logic. *Brit. J. Philos. Sci.*, v.18, p.144-7, 1967.

______. Speculations Concerning the First Ultraintelligent Machine. *Advances in Computers*, v.6, p.31-88, 1965.

GRAHAM, R. L.; ROTHSCHILD, B. L. Ramsey's Theorem for *n*-Parameter Sets. *Trans. Amer. Math. Soc.*, v.159, p.257-92, 1971. Disponível em: <https://doi.org/10.1090/S0002-9947-1971-0284352-8>. Acesso em: 21 set. 2021.

GRANGIER, P.; ROGER, G.; ASPECT, A. Experimental Evidence for a Photon Anticorrelation Effect on a Beam Splitter: A New Light on Single-Photon Interferences. *Europhysics Letters*, v.1, p.173-9, 1986.

GRANT, P. M. Another December Revolution? *Nature*, v.367, p.16, 1994. Disponível em: <https://doi.org/10.1038/367016a0>. Acesso em: 21 set. 2021.

GRAY, C. M.; SINGER, W. Stimulus-Specific Neuronal Oscillations in Orientation Columns of Cat Visual Córtex. *Proc. Natl. Acad. Sci. USA*, v.86, p.1689-1702, 1989.

GREEN, D. G.; BOSSOMAIER, T. (orgs.). *Complex Systems*: From Biology to Computation. Amsterdã: IOS Press, 1993.

GREENBERGER, D. M.; HORNE, M. A.; SHIMONY, A.; ZEILINGER, A. Bell's Theorem without Inequalities. *Am. J. Phys.*, v.58, p.1131-43, 1990.

_____; _____; ZEILINGER, A. Going Beyond Bell's Theorem. In: KAFATOS, M. (org.). *Bell's Theorem, Quantum Theory, and Conceptions of the Universe*. Dordrecht, Países Baixos: Kluwer Academic, 1989.

GREGORY, R. L. *Mind in Science*: A History of Explanations in Psychology and Physics. Michigan: Weidenfeld and Nicholson Ltd., 1981. (Reino Unido: Penguin, 1984.)

GREY WALTER, W. *The Living Brain*. Londres: Gerald Duckworth and Co. Ltd., 1953.

GRIFFITHS, R. Consistent Histories and the Interpretation of Quantum Mechanics. *J. Stat. Phys.*, v.36, p.219-72, 1984.

GROSSBERG, S. (org.). *The Adaptative Brain I*: Cognition, Learning, Re-inforcement and Rhythm; *The Adaptative Brain II*: Vision, Speech, Language and Motor Control. 2v. Amsterdã: North-Holland, 1987.

GRÜNBAUM, B.; SHEPHARD, G. C. *Tilings and Patterns*. Nova York: Freeman, 1987.

GRUNDLER, W.; KEILMANN, F. Sharp Resonances in Yeast Growth Proved Nonthermal Sensitivty to Microwaves. *Phys. Rev. Lett.*, v.51, p.1214-6, 1983.

GUCCIONE, S. Mind the Truth: Penrose's New Step in the Gödelian Argument. *Behavioral and Brain Sciences*, v.16, n.3, p.612-3, 621-2, 1993. <https://psycnet.apa.org/record/1994-16211-001>. Acesso em: 21 set. 2021.

HAAG, R. *Local Quantum Physics*: Fields, Particles, Algebras. Berlim: Springer-Verlag, 1992.

HADAMARD, J. *The Psychology of Invention in the Mathematical Field*. Princeton: Princeton University Press, 1945.

HALLETT, M. *Cantorian Set Theory and Limitation of Size*. Oxford: Clarendon Press, 1984.

HAMEROFF, S. R. *Ultimate Computing*: Biomolecular Consciousness and Nano-Technology. Amsterdã: North-Holland, 1987.

_____. Chi: A Neural Hologram? *Am. J. Clin. Med.*, v.2, n.2, p.163-70, 1974.

_____; RASMUSSEN, S.; MANSSON, B. Molecular Automata in Microtubules: Basic Computational Logic of the Living State? In: LANGTON, C. (org.). *Artificial Life, SFI Studies in the Sciences of Complexity*. Nova York: Addison-Wesley, 1988.

_____; WATT, R. C. Do Anesthetics Act by Altering Electron Mobility? *Anesth. Analg.*, v.62, n.10, p.936-40, 1983.

_____; _____. Information in Processing in Microtubules. *J. Theor. Biol.*, v.98, p.549-61, 1982.

HANBURY BROWN, R.; TWISS, R. Q. Correlation between Photons in Coherent Beams of Light. *Nature*, v.177, n.4497, p.27-9, 1956. Disponível em: <https://doi.org/10.1038/177027a0>. Acesso em: 21 set. 2021.

HANBURY BROWN, R.; TWISS, R. Q. A New Type of Interferometer for Use in Radio. *Phil. Mag.*, v.45, p.663-82, 1954.

HAREL, D. *Algorithmics*: The Spirit of Computing. Nova York: Addison-Wesley, 1987.

HAWKING, S. W. Unpredictability of Quantum Gravity. *Commun. Math. Phys.*, v.87, p.395-415, 1982.

_____. Particle Creation by Black Holes. *Commun. Math. Phys.*, v.43, p.199-220, 1975.

_____; ISRAEL, W. (orgs.). *Three Hundred Years of Gravitation*. Nova York: Cambridge University Press, 1987.

HEBB, D. O. *The Organization of Behaviour*: A Neuropsychological Theory. Nova York: Wiley, 1949.

HECHT, S.; SHLAER, S.; PIRENNE, M. H. Energy, Quanta and Vision. *J. Gen. Physiology*, v.25, n.6, p.819-40, 1942.

HERBERT, N. *Elemental Mind*: Human Consciousness and the New Physics. Nova York: Dutton Books; Penguin Publishing, 1993.

HEYTING, A. *Intuitionism*: An Introduction. Amsterdã: North-Holland, 1956.

HEYWOOD, P.; REDHEAD, M. L. G. Nonlocality and the Kochen-Specker Paradox. *Found. Phys.*, v.13, p.481-99, 1983.

HODGES, A. P. *Alan Turing*: The Enigma. Londres; Nova York: Burnett Books, Hutchinson; Simon and Schuster, 1983.

HODGKIN, D.; HOUSTON, A. I. Selecting for the Con in Consciousness. *Behavioral and Brain Sciences*, v.13, n.4, p.668-9, 1990.

HODGSON, D. *The Mind Matters*: Consciousness and Choice in a Quantum World. Oxford: Clarendon Press, 1991.

HOFSTADTER, D. R. A Conversation with Einstein's Brain. In: _____; DENNETT, D. (orgs.). *The Mind's I*: Fantasies and Reflections on Self and Soul. Nova York; Harmondsworth, Middlesex: Basic Books; Penguin, 1981.

_____. *Gödel, Escher, Bach*: An Eternal Golden Braid. Hassocks, Essex: Harverster Press, 1979. [Ed. bras.: *Gödel, Escher, Bach*: um entrelaçamento de gênios brilhantes. Brasília; São Paulo: Editora da UnB; Imprensa Oficial de São Paulo, 2001.]

_____; DENNETT, D. (orgs.). *The Mind's I*: Fantasies and Reflections on Self and Soul. Nova York; Harmondsworth, Middlesex: Basic Books; Penguin, 1981.

HOME, D. *A Proposed New Test of Collapse-Induced Quantum Nonlocality*. Índia: Bose Institute, 1994. (*pré-print* não-public.)

_____; NAIR, R. Wave Function Collapse As a Nonlocal Quantum Effect. *Phys. Lett.*, v.187, p.A224-6, 1994.

_____; SELLERI, F. Bell's Theorem and the EPR Paradox. *Rivista del Nuovo Cimento*, v.14, n.9, p.1-95, 1991.

HOPFIELD, J. J. Neural Networks and Physical Systems with Emergent Collective Computational Abilities. *Proc. Natl. Acad. Sci.*, v.79, n.8, p.2554-8, 1982.

HSU, F.-H.; ANANTHARAMAN, T.; CAMPBELL, M.; NOWATZYK, A. A Grandmaster Chess Machine. *Scientific American*, v.263, n.4, p.44-50, 1990.

HUGGETT, S. A.; TOD, K. P. *An Introduction to Twistor Theory*. Nova York: Cambridge University Press, 1985. (Coleção London Mathematical Society Student Texts, n.4.)

HUGHSTON, L. P.; JOZSA, R.; WOOTTERS, W. K. A Complete Classification of Quantum Ensembles Having a Given Density Matrix. *Phys. Letters*, v.183, p.A14-8, 1993.

ISHAM, C. J. Prima Facie Questions in Quantum Gravity. In: EHLERS, J.; FRIEDRICH, H. (orgs.). *Canonical Gravity*: From Classical to Quantum. Berlim: Springer-Verlag, 1994.

_____. Quantum Gravity. In: DAVIES, P. C. W. (org.). *The New Physics*. Nova York: Cambridge University Press, 1989.

JIBU, M.; HAGAN, S.; PRIBRAM, K.; HAMEROFF, S. R.; YASUE, K. Quantum Optical Coherence in Cytoskeletal Microtubules: Implications for Brain Function. *Biosystems*, v.32, n.3, p.195-209, 1994.

JOHNSON-LAIRD, P. How Could Consciousness Arise from the Computations of the Brain? In: BLAKEMORE, C.; GREENFIELD, S. (orgs.). *Mindwaves*: Thoughts on Intelligence, Identity and Consciousness. Oxford: Blackwell, 1987.

_____. *Mental Models*. Nova York: Cambridge University Press, 1983.

KÁROLYHÁZY, F. Gravitation and Quantum Mechanics of Macroscopic Bodies. *Magyar Fizikai Polyoirat*, v.12, p.23-85, 1974.

_____. Gravitation and Quantum Mechanics of Macroscopic Bodies. *Nuovo Cimento*, v.42, p.A390-402, 1966.

_____; FRENKEL, A.; LUKÁCS, B. On the Possible Role of Gravity on the Reduction of the Wave Function. In: PENROSE, R.; ISHAM, C. J. (orgs.). *Quantum Concepts in Space and Time*. Nova York: Oxford University Press, 1986.

KASUMOV, A. Y.; KISLOV, N. A.; KHODOS, I. I. Can the Observed Vibration of a Cantilever of Supersmall Mass Be Explained by Quantum Theory. *Microscopy Microanalysis Microstructures*, v.4, n.4, p.401-6, 1993. Disponível em: <https://mmm.edpsciences.org/articles/mmm/abs/1993/04/mmm_1993__4_4_401_0/mmm_1993__4_4_401_0.html>. Acesso em: 22 set. 2021.

KENTRIDGE, R. W. Parallelism and Patterns of Thought. *Behavioral and Brain Sciences*, v.13, n.4, p.670-1, 1990.

KHALFA, J. (org.) *What Is Intelligence?* The Darwin College Lectures. Cambridge: Cambridge University Press, 1994.

KLARNER, D. A. My Life among the Polyominoes. In: *The Mathematical Gardner*. Boston, MA; Belmont, CA: Prindle, Weber and Schmidt; Wadsworth Int., 1981.

KLEENE, S. C. *Introduction to Metamathematics*. Amsterdã; Nova York: North-Holland; Van Nostrand, 1952.

KLEIN, M. V.; FURTAK, T. E. *Optics*. 2.ed. Nova York: Wiley, 1986.

KOCHEN, S.; SPECKER, E. P. The Problem of Hidden Variables in Quantum Mechanics. *Journ. Math. Mech.*, v.17, p.59-88, 1967.

KOHONEN, T. *Self-Organization and Associative Memory*. Nova York: Springer-Verlag, 1984.

KOMAR, A. B. Qualitative Features of Quantized Gravitation. *Int. Journ. Theor. Phys.*, v.2, p.157-60, 1969.

KORUGA, D. Microtubule Screw Symmetry: Packing of Spheres as a Latent Bioinformation. *Ann. NY Acad. Sci.*, v.466, p.953-5, 1974.

_____; HAMEROFF, S.; WITHERS, J.; LOUTFY, R.; SUNDARESHAN, B. *Fullerene C_{60}*: History, Physics, Nanobiology, Nanotechnology. Amsterdã: North-Holland, 1993.

KOSKO, B. *Fuzzy Thinking*: The New Science of Fuzzy Logic. Londres: HarperCollins, 1994.

KREISEL, G. Informal Rigour and Completeness Proofs. In: LAKATOS, I. (org.). *Problems in the Philosophy of Mathematics*. Amsterdã: North-Holland, 1967.

KREISEL, G. Ordinal Logics and the Characterization of Informal Concepts of Proof. In: INTERNATIONAL CONGRESS OF MATHEMATICIANS, 14-21 ago. 1958. *Proceedings of...* Cambridge: Cambridge University Press, 1960.

LAGUËS, M. et al. Evidence Suggesting Superconductivity at 250 k in a Sequentially Deposited Cuprate Film. *Science*, v.262, n.5141, p.1850-2, 1993. Disponível em: <doi: 10.1126/science.262.5141.1850. PMID: 17829630>. Acesso em: 22 set. 2021.

LANDER, L. J.; PARKIN, T. R. Counterexample to Euler's Conjecture on Sums of Like Powers. *Bull. Amer. Math. Soc.*, v.72, n.6, p.1079, 1966.

LEGGETT, A. J. Schrödinger's Cat and her Laboratory Cousins. *Contemp. Phys.*, v.25, n.6, p.583-98, 1984.

LEWIS, D. Lucas against Mechanism II. *Canadian Journal of Philosophy*, v.9, n.3, p.373-6, 1989.

______. Lucas against Mechanism. *Philosophy*, v.44, p.231-3, 1969.

LIBET, B. The Neural Time-Factor in Perception, Volition and Free Will. *Revue de Métaphysique et de Morale*, v.2, p.255-72, 1992.

______. Cerebral Processes that Distinguish Conscious Experience from Unconscious Mental Functions. In: ECCLES, J. C.; CREUTZFELDT, O. D. (orgs.). *The Principles of Design and Operation of the Brain*. Berlim: Springer-Verlag, 1990. (Coleção Experimental Brain Research Series, n.21.)

______; WRIGHT JR., E. W.; FEINSTEIN, B.; PEARL, D. K. Subjective Referral of the Timing for a Conscious Sensory Experience: a Functional Role for the Somatosensory Specific Projection System in Man. *Brain*, v.102, n.1, p.193-224, 1979.

LINDEN, E. Can Animals Think? *Time Magazine*, 22 mar. 1993.

LISBOA, P. G. J. (org.). *Neural Networks*: Current Applications. Londres: Chapman Hall, 1992.

LOCKWOOD, M. *Mind, Brain and the Quantum*. Oxford: Blackwell, 1989.

LONGAIR, M. S. Modern Cosmology: A Critical Assessment. *Quarterly Journal of the Royal Astronomical Society*, v.34, n.2, p.157-99, 1993. Disponível em: <http://articles.adsabs.harvard.edu/pdf/1993QJRAS..34..157L>. Acesso em: 22 set. 2021.

LONGUET-HIGGINS, H. C. *Mental Processes*: Studies in Cognitive Science. Parte II. Cambridge, Massachusetts: MIT Press, 1987.

LUCAS, J. R. *The Freedom of the Will*. Oxford: Oxford University Press, 1970.

______. Minds, Machines and Gödel. In: ANDERSON, Alan Ross (org.). *Minds and Machines*. Englewood Cliffs, NJ: Prentice-Hall, 1964.

______. Minds, Machines and Gödel. *Philosophy*, v.36, n.137, p.120-4, 1961.

MACLENNAN, B. The Discomforts of Dualism. *Behavioral and Brain Sciences*, v.13, n.4, p.673-4, 1990.

MAJORANA, E. Atomi orientati in campo magnetico variabile. *Nuovo Cimento*, v.9, p.43-50, 1932.

MANASTER-RAMER, A.; SAVITCH, W. J.; ZADROZNY, W. Gödel Redux. *Behavioral and Brain Sciences*, v.13, n.4, p.675-6, 1990.

MANDELKOW, E.-M.; MANDELKOW, E. Microtubule Structure. *Current Opinion in Structural Biology*, v.4, n.2, p.171-9, 1994. Disponível em: <https://www.sciencedirect.com/science/article/abs/pii/S0959440X94903050?via%3Dihub>. Acesso em: 22 set. 2021.

MARGULIS, L. *Origin of Eukaryotic Cells*. New Haven, CT: Yale University Press, 1975.

MARKOV, A. A. The Insolubility of the Problem of Homeomorphy. *Dokl. Akad. Nauk. SSSR*, v.121, p.218-20, 1958.

MARR, D. E. *Vision*: A Computational Investigation into the Human Representation and Processing of Visual Information. São Fransisco: Freeman, 1982.

MARSHALL, I. N. Consciousness and Bose-Einstein Condensates. *New Ideas in Psychology*, v.7, n.1, p.73-83, 1989.

MCCARTHY, J. Ascribing Mental Qualities to Machines. In: RINGLE, M. (org.). *Philosophical Perspectives in Artificial Intelligence*. Nova York: Humanities Press, 1979.

MCCULLOGH, W. S.; PITTS, W. H. A Logical Calculus of the Idea Immanent in Nervous Activity. In: MCCULLOGH, W. S. *Embodiments of Mind*. Cambridge, Massachusetts: MIT Press, 1965.

______; ______. A Logical Calculus of the Idea Immanent in Nervous Activity. *Bull. Math. Biophys.*, v.5, p.115-33, 1943.

MCDERMOTT, D. Computation and Consciousness. *Behavioral and Brain Sciences*, v.13, n.4, p.676-8, 1990. Disponível em: <doi:10.1017/S0140525X00080912>. Acesso em: 22 set. 2021.

MERMIN, D. Simple Unified Form of the Major No-Hidden-Variables Theorems. *Phys. Rev. Lett.*, v.65, n.27, p.3373-6, 1990.

______. Is the Moon There When Nobody Looks? Reality and the Quantum Theory. *Physics Today*, v.38, n.4, p.38-47, 1985.

MICHIE, D.; JOHNSTON, R. *The Creative Computer*: Machine Intelligence and Human Knowledge. Londres: Viking; Penguin, 1984.

MINSKY, M. *The Society of Mind*. Nova York: Simon and Schuster, 1986. [Ed. bras.: *A sociedade da mente*. Rio de Janeiro: Fransisco Alves, 1989.]

______. Matter, Mind and Models. In: ______ (org.). *Semantic Information Processing*. Cambridge, Massachusetts: MIT Press, 1968.

______; PAPERT, S. *Perceptrons*: An Introduction to Computational Geometry. Cambridge, Massachusetts: MIT Press, 1972.

MISNER, C. W.; THORNE, K. S.; WHEELER, J. A. *Gravitation*. Nova York: Freeman, 1973.

MOORE, A. W. *The Infinite*. Londres: Routledge, 1990.

MORAVEC, H. *The Age of Mind*: Transcending the Human Condition Through Robots. No prelo, 1994.

______. *Mind Children*: The Future of Robot and Human Intelligence. Cambridge, Massachusetts: Harvard University Press, 1988. [Ed. port.: *Homens e robots*: o futuro da inteligência humana e robótica. Lisboa: Gradiva, 1992.]

MORTENSEN, C. The Powers of Machines and Minds. *Behavioral and Brain Sciences*, v.13, n.4, p.678-9, 1990.

MOSTOWSKI, A. *Sentences Undecidable in Formalized Arithmetic*: An Exposition of the Theory of Kurt Gödel. Amsterdã: North-Holland, 1957.

NAGEL, E.; NEWMAN, J. R. *Gödel's Proof*. Londres: Routledge; Kegan Paul, 1958. [Ed. bras.: *A prova de Gödel*. São Paulo: Perspectiva, 2009.]

NEWELL, A.; SIMON, H. A. Computer Science as Empirical Enquiry: Symbols and Search. *Communications of the ACM*, v.19, n.3, p.113-26, 1976.

_____; YOUNG, R.; POLK, T. The Approach Through Symbols. In: BROADBENT, D. (org.). *The Simulation of Human Intelligence*. Oxford: Blackwell, 1993.
NEWTON, I. *Opticks*. Nova York: Dover, [1730] 1952. [Ed. bras.: *Óptica*. 1.ed. reimp. São Paulo: Edusp, 2002.]
_____. *Philosophiae Naturalis Principia Mathematica*. Cambridge: Cambridge University Press, [1687] 1713. [Ed. bras.: *Princípios matemáticos da filosofia natural*. Lvs.I, II e III. São Paulo: Edusp, 2020.]
OAKLEY, D. A. (org.). *Brain and Mind*. Londres: Methuen, 1985.
OBERMAYER, K.; TEICH, W. G.; MAHLER, G. Structural Basis of Multistationary Quantum Systems. I: Effective Single-Particle Dynamics. *Phys. Rev.*, v.37, n.14, p.B8096-110, 1988a.
_____; _____; _____. Structural Basis of Multistationary Quantum Systems. II: Effective Few-Particle Dynamics. *Phys. Rev.*, v.37, n.14, p.8111-21, 1988b.
OMNÈS, R. Consistent Interpretations of Quantum Mechanics. *Rev. Mod. Phys.*, v.64, p.339-82, 1992.
PAIS, A. *Neils Bohr's Times*. Oxford: Clarendon Press, 1991.
PAULING, L. The Hydrate Microcrystal Theory of General Anesthesia. *Anesth. Analg.*, v.43, p.1, 1964.
PAZ, J. P.; HABIB, S.; ZUREK, W. H. Reduction of the Wave Packet: Preferred Observable and Decoherence Time Scale. *Phys. Rev.*, v.47, n.2, 3.sér., p.D488-501, 1993.
_____; ZUREK, W. H. Environment Induced-Decoherence, Classicality and Consistency of Quantum Histories. *Phys. Rev.*, v.48, n.6, p.D2728-38, 1993.
PEARLE, P. Relativistic Model Statevector Reduction. In: CVITANOVIĆ, P.; PERCIVAL, I.; WIRZBA, A. (orgs.). *Quantum Chaos*: Quantum Measurement. Nato ASI. Dordrecht: Springer, 1992. (Coleção Série C: Mathematical and Physical Sciences, v.358.)
_____. Combining Stochastic Dynamical State-Vector Reduction with Spontaneous Localization. *Phys. Rev.*, v.39, v.5, p.A2277-89, 1989.
_____. Reduction of the State-Vector by a Nonlinear Schrödinger Equation. *Phys. Rev.*, v.13, p.D857-68, 1976.
PEAT, F. D. *Superstrings and the Search for the Theory of Everything*. Chicago: Contemporary Books, 1988.
PENROSE, O. *Foundations of Statistical Mechanics*: A Deductive. Oxford: Pergamon, 1970.
_____; ONSAGER, L. Bose-Einstein Condensation and Liquid Helium. *Phys. Rev.*, v.104, p.576-84, 1956.
PENROSE, R. On Bell Non-Locality without Probabilities: Some Curious Geometry. In: ELLIS, J.; AMATI, A. (orgs.). *Quantum Reflections* (em homenagem a J. S. Bell). Cambridge: Cambridge University Press, 1994a.
_____. Non-Locality in and Objectivity in Quantum State Reduction. In: ANANDAN, J.; SAFKO, J. L. (orgs.). *Fundamental Aspects of Quantum Theory*. Cingapura: World Scientific, 1994b.
_____. Gravity and Quantum Mechanics. In: GLEISER, R. J.; KOZAMEH, C. N.; MORESCHI, O. M. (orgs.). *General Relativity and Gravitation 1992*. Proceedings of the Thirteenth International Conference on General Relativity and Gravitation Held at Cordoba, Argentina, 28 jun.-4 jul. 1992. Part 1: Plenary lectures. Bristol: Institute of Physics Publications, 1993a.

PENROSE, R. Quantum Non-Locality and Complex Reality. In: ELLIS, G.; LANZA, A.; MILLER, J. (orgs.). *The Renaissance of General Relativity* (em homenagem a D. W. Sciama). Cambridge: Cambridge University Press, 1993b.

_____. Setting the Scene: The Claim and the Issues. In: BROADBENT, D. (org.). *The Simulation of Human Intelligence*. Oxford: Blackwell, 1993c.

_____. An Emperor Still without Mind. *Behavioral and Brain Sciences*, v.16, p.616-22, 1993d.

_____. The Mass of the Classical Vacuum. In: SAUNDERS, S.; BROWN, H. R. (orgs.). *The Philosophy of Vacuum*. Oxford: Clarendon Press, 1991a.

_____. Response to Tony Dodd's "Gödel, Penrose and the Possibility of AI". *Artificial Intelligence Review*, v.5, n.4, p.235-7, 1991b.

_____. The Nonalgorithmic Mind. *Behavioral and Brain Sciences*, v.13, n.4, p.692-705, 1990.

_____. *The Emperor's New Mind*: Concerning Computers, Minds and the Laws of Physics. 1.ed. Reino Unido: Oxford University Press, 1989. [Ed. bras.: *A mente nova do rei*: computadores, mentes e as leis da física. Rio de Janeiro: Campus, 1993.]

_____. Newton, Quantum Theory and Reality. In: HAWKING, S. W.; ISRAEL, W. (orgs.). *Three Hundred Years of Gravitation*. Nova York: Cambridge University Press, 1987.

_____. On Schwarzschild Causality: A Problem for "Lorentz Covariant" General Relativity. In: TIPLER, F. J. (org.). *Essays in General Relativity*: A Festschrift for Abraham Taub. Nova York: Academic Press, 1980.

_____; RINDLER, W. *Spinors and Space-Time*. v.2: Spinor and Twistor Methods in Space-Time Geometry. Cambridge: Cambridge University Press, 1986.

_____; _____. *Spinors and Space-Time*. v.1: Two-Spinor Calculus and Relative Fields. Cambridge: Cambridge University Press, 1984.

PERCIVAL, I. C. Primary State Diffusion. *Proc. R. Soc. Lond.*, v.447, p.A189-209, 1994.

PERES, A. Two Simple Proofs of the Kochen-Specker Theorem. *J. Phys. A: Math. Gen.*, v.24, p.L175-8, 1991.

_____. Incompatible Results of Quantum Measurements. *Phys. Lett.*, v.151, n.3, p.A107-8, 1990.

_____. Reversible Logic and Quantum Computers. *Phys. Rev.*, v.32, n.6, p.A3266-76, 1985.

PERLIS, D. The Emperor's Old Hat. *Behavioral and Brain Sciences*, v.13, n.4, p.680-1, 1990.

PLANCK, M. *The Theory of Heat Radiation*. Trad. M. Masius (baseado nas palestras proferidas em Berlim, em 1906-1907). Nova York: Dover, [1906] 1959.

POPPER, K. R.; ECCLES, J. R. *The Self and its Brain*. Berlim; Nova York: Springer, 1977.

POST, E. L. Finite Combinatory Processes-Formulation 1. *Journal Symbolic Logic*, v.1, p.103-5, 1936.

POUNDSTONE, W. *The Recursive Universe*: Cosmic Complexity and the Limits of Scientific Knowledge. Oxford: Oxford University Press, 1985.

POUR-EL, M. B. Abstract Computability and its Relation to the General Purpose Analog Computer. *Trans. Amer. Math. Soc.*, v.119, p.1-28, 1974.

_____; RICHARDS, J. *Computability in Analysis and Physics*. Berlim: Springer-Verlag, 1989.

_____; _____. Noncomputability In Models of Physical Phenomena. *Int. J. Theor. Phys.*, v.21, p.553-5, 1982.

_____; _____. The Wave Equation with Computable Initial Data such that its Unique Solution Is Not Computable. *Advances in Mathematics*, v.39, p.215-39, 1981.

_____; _____. A Computable Ordinary Differential Equation which Possesses no Computable Solution. *Ann. Math. Logic*, v.17, p.61-90, 1979.

PRIBRAM, K. H. *Brain and Perception*: Holonomy and Structure in Figural Processing. Nova Jersey: Lawrence Erlbaum Assoc., 1991.

______. Toward a Holonomic Theory of Perception. In: ERTEL, S.; KEMMLER, L.; STADLER, M. (orgs.). *Gestalttheorie in der Modernen Psychologie*. Berlim: Steinkopff-Verlag, 1975.

_____. Some Dimensions of Remembering: Steps Toward a Neuropsychological Model of Memory. In: GAITO, J. (org.). *Macromolecules and Behaviour*. Nova York: Academic Press, 1966.

PUTNAM, H. Minds and Machines. In: ANDERSON, A. R. (org.). *Minds and Machines*. Nova Jersey: Prentice Hall, 1964.

_____. Minds and Machines. In: *Dimensions of Mind*: A Symposium. (Proceedings of the Third Annual NYU Institute of Philosophy). Nova York: NYU Press, 1964.

_____. Minds and Machines. In: HOOK, S. (org.). *Dimensions of Mind*. Nova York: Collier-Macmillan, 1961.

RAMON Y CAJAL, S. *Studies on the Cerebral Cortex*. Trad. L. M. Kroft. Londres: Lloyd-Luke, 1955.

REDHEAD, M. L. G. *Incompleteness, Nonlocality, and Realism*. Oxford: Clarendon Press, 1987.

ROSENBLATT, F. *Principles of Neurodynamics*: Perceptrons and the Theory of Brain Mechanisms. Nova York: Spartan Books, 1962.

ROSKIES, A. Seeing Truth or Just Seeming True? *Behavioral and Brain Sciences*, v.13, n.4, p.682-3, 1990.

ROSSER, J. B. Extensions of some Theorems of Gödel and Church. *Journ. Symbolic Logic*, v.1, p.87-91, 1936.

RUBEL, L. A. Digital Simulation of Analog Computation and Church's Thesis. *Journ. Symbolic Logic.*, v.54, n.3, p.1011-7, 1989.

_____. Some Mathematical Limitations of the General-Purpose Analog Computer. *Adv. in Appl. Math.*, v.9, p.22-34, 1988.

_____. The Brain as an Analog Computer. *Journal of Theoretical Neurobiology*, v.4, p.73-81, 1985.

RUCKER, R. *Infinity and the Mind*: The Science and Philosophy of the Infinite. Londres: Paladin Books; Granada Publishing Ltd., 1984. (1.ed. Harvester Press Ltd., 1982.)

SACKS, O. *The Man Who Mistook his Wife for a Hat*. Londres: Duckworth, 1985. [Ed. bras.: *O homem que confundiu sua mulher com um chapéu*. São Paulo: Companhia das Letras, 1992.]

_____. *Awakenings*. Londres: Duckworth, 1973. [Ed. bras.: *Tempo de despertar*. São Paulo: Companhia das Letras, 1997.]

SAGAN, L. On the Origin of Mitosing Cells. *Journ. Theor. Biol.*, v.14, p.225-74, 1967.

SAKHAROV, A. D. Vacuum Quantum Fluctuations in Curved Space and the Theory of Gravitation. *Doklady Akad. Nauk. SSSR*, v.177, p.70-1, 1967. (Trad. ing.: *Sov. Phys. Doklady*, v.12, p.1040-1, 1968.)

SCHRÖDINGER, E. *What Is Life? Mind and Matter.* Cambridge: Cambridge University Press, 1967. [Ed. bras.: *O que é vida?*: o aspecto físico da célula viva. Seguido de "Mente e matéria" e "Fragmentos autobiográficos". São Paulo: Editora Unesp, 2007.]

SCHRÖDINGER, E. Die gegenwärtige Situation in der Quantenmechanik. In: WHEELER, J. A.; ZUREK, W. H. (orgs.). *Quantum Theory and Measurement*. Princeton: Princeton University Press, 1983.

______. Die gegenwärtige Situation in der Quantenmechanik. *Proc. Amer. Phil. Soc.*, v.124, p.323-38, 1980.

______. Die gegenwärtige Situation in der Quantenmechanik. *Naturwissenschaften*, v.23, p.807-12, 1935a.

______. Probability Relations between Separated. *Proc. Camb. Phil. Soc.*, v.31, p.555-63, 1935b.

SCHROEDER, M. *Fractals, Chaos, Power Laws*: Minutes from an Infinite Paradise. Nova York: Freeman, 1991.

SCOTT, A. C. *Neurophysics*. Nova York:Wiley Interscience, 1977.

______. Information Processing in Dendritic Trees. *Mathematical Biosciences*, v.18, n.1-2, p.153-60, 1973. Disponível em: <https://www.sciencedirect.com/science/article/abs/pii/0025556473900266?via%3Dihub>. Acesso em: 23 set. 2021.

SEARLE, J. R. *The Rediscovery of the Mind*. Cambridge, Massachusetts: MIT Press, 1992. [Ed. bras.: *A redescoberta da mente*. São Paulo: Martins Fontes, 1997.]

______. *Minds, Brains and Programs*. In: HOFSTADTER, D. R.; DENNETT, D. (orgs.). *The Mind's I*: Fantasies and Reflections on Self and Soul. Nova York; Harmondsworth, Middlesex: Basic Books; Penguin, 1981.

______. *Minds, Brains and Programs*. In: *The Behavioral and Brain Sciences*. v.3. Cambridge: Cambridge University Press, 1980.

SEYMORE, J.; NORWOOD, D. A Game for Life. *New Scientist*, v.139, n.1889, p.23-6, 1993.

SHENG, D.; YANG, J.; GONG, C.; HOLZ, A. A New Mechanism of High T_c Superconductivity. *Phys. Lett.*, v.131, n.3, p.A193-6, 1988. Disponível em: <https://www.sciencedirect.com/science/article/abs/pii/0375960188900680?via%3Dihub>. Acesso em: 23 set. 2021.

SLOMAN, A. The Emperor's Real Mind: Review of Roger Penrose's *The Emperor's New Mind*. *Artificial Intelligence*, v.56, p.355-96, 1992.

SMART, J. J. C. Gödel's Theorem, Church's Theorem and Mechanism. *Synthèse*, v.13, p.105-10, 1961.

SMITH, R. J. O.; STEPHENSON, J. *Computer Simulation of Continuous Systems*. Cambridge: Cambridge University Press, 1975.

SMITH, S.; WATT, R. C.; HAMEROFF, S. R. Cellular Automata in Cytoskeletal Lattices. *Physica*, v.10, n.2, p.D168-74, 1984.

SMOLIN, L. Time, Structure and Evolution in Cosmology. In: ASHTEKAR, A. et al. (orgs.). *Revisiting the Foundations of Relativistic Physics*. Dordrecht: Springer, 1994.

______. What Can We Learn from the Study Non-Perturbative Quantum General Relativity? In: GLEISER, R. J.; KOZAMEH, C. N.; MORESCHI, O. M. (orgs.). *General Relativity and Gravitation 1992*. (Proceedings of the Thirteenth International Conference on GRG, Cordoba Argentina). Bristol; Filadélfia: Institute of Physics Publications, 1993. Disponível em: <https://inspirehep.net/files/2aaeec625774b52e590f5b291fb2af44>. Acesso em: 24 set. 2021.

SMORYNSKI, C. "Big" News from Archimedes to Friedman. *Notices of American Mathematical Society*, v.30, n.3, p.251-6, abr. 1983. Disponível em: <https://www.ams.org/journals/notices/198304/198304FullIssue.pdf>. Acesso em: 24 set. 2021.

SMORYNSKI, C. *Handbook of Mathematical Logic*. Amsterdã: North-Holland, 1975.
SMULLYAN, R. *Gödel's Incompleteness Theorem*. Oxford: Oxford University Press, 1992. (Coleção Oxford Logic Guide, n.19.)
______. *Theory of Formal Systems*. Princeton: Princeton University Press, 1961.
SQUIRES, E. J. Explicit Collapse and Superluminal Signals. *Phys. Lett.*, v.163, n.5-6, p.A356-8, 1992a. Disponível em: <https://ur.booksc.eu/book/2997469/97532e>.
______. History and Many-Worlds Quantum Theory. *Foundations of Physics Letters*, v.5, n.3, p.279-90, 1992b. Disponível em: <https://doi.org/10.1007/BF00692804>. Acesso em: 24 set. 2021.
______. On an Alleged Proof of the Quantum Probability Law. *Phys. Lett.*, v.145, p.A67-8, 1990.
______. *The Mistery of the Quantum World*. Bristol: Adam Hilger Ltd., 1986.
STAIRS, A. Quantum Logic, Realism and Value-Definiteness. *Philos. Sci.*, v.50, n.4, p.578-602, 1983.
STAPP, H. P. *Mind, Matter, and Quantum Mechanics*. Berlim: Springer-Verlag, 1993.
______. Whiteheadian Approach to Quantum Theory and the Generalized Bell's Theorem. *Found. Phys.*, v.9, p.1-25, 1979.
STEEN, L. A. (org.). *Mathematics Today*: Twelve Informal Essays. Berlim: Springer-Verlag, 1978.
STONEY, G. J. On the Physical Units of Nature. *Phil. Mag.*, Série 5, v.11, p.381-91, 1881.
STRETTON, A. O. W. et al. Nematode Neurobiology Using *Ascaris* as a Model System. *J. Cellular Biochem.*, v.511A, p.144, 1987.
THORNE, K. S. *Black Holes & Time Warps*: Einstein's Outrageous Legacy. Nova York: W. W. Norton and Company, 1994.
TORRENCE, J. *The Concept of Nature*: The Herbet Spencer Lectures. Oxford: Clarendon Press, 1992.
TSOTSOS, J. K. Exactly which Emperor Is Penrose Talking About? *Behavioral and Brain Sciences*, v.13, n.4, p.686-7, 1990.
TURING, A. M. Lecture to the London Mathematical Society on 20 February 1947. In: CARPENTER, B. E.; DORAN, R. W. (orgs.). *A. M. Turing's ACE Report of 1946 and other Papers*. Cambridge, Massachusetts: MIT Press, 1986. (Coleção Charles Babbage Institute, v.10.)
______. Computing Machinery and Intelligence. In: HOFSTADTER, D. R.; DENNETT, D. (orgs.). *The Mind's I*: Fantasies and Reflections on Self and Soul. Nova York; Harmondsworth, Middlesex: Basic Books; Penguin, 1981
______. Computing Machinery and Intelligence. *Mind*, New Series, v.59, n.236, p.433-60, 1950.
______. Systems of Logic Based on Ordinals. *P. Lond. Math. Soc.*, v.45, p.161-228, 1939.
______. On Computable Numbers, with an Application to the Entscheidungsproblem. *Proc. Lond. Math. Soc.*, sér. 2, v.42, p.230-65, 1937. Disponível em: <https://www.cs.virginia.edu/~robins/Turing_Paper_1936.pdf>. Acesso em: 24 set. 2021. (A correction, ibid., v.43, p.544-6, 1937. Disponível em: <https://people.math.ethz.ch/~halorenz/4students/Literatur/TuringFullText.pdf>. Acesso em: 24 set. 2021.)
TUSZŃYSKI, J.; TRPISOVÁ, B.; SEPT, D.; SATARIĆ, M. V. Microtubular Self-Organization and Information Processing Capabilities. In: HAMEROFF, S.; KASZNIAK, A.; SCOTT,

A. (orgs.). *Toward a Science of Consciousness from the 1994 Tuscon Conference*. Cambridge, Massachusetts: MIT Press, 1996.

VON NEUMANN, J. *Mathematische Grundlagen der Quantenmechanik*. Berlim: Springer-Verlag, 1932. (Ed. ing.: *Mathematical Foundations of Quantum Mechanics*. Princeton: Princeton University Press, 1955.)

______; MORGENSTERN, O. *Theory of Games and Economic Behavior*. Princeton: Princeton University Press, 1944.

WALTZ, D. L. Artificial Intelligence. *Scientific American*, v.247, n.4, p.101-22, 1982.

WANG, Hao. On Physicalism and Algorithmism: Can Machines Think? *Philosophia Mathematica*, v.1, n.2, p.97-138, 1993.

______. *Reflections on Kurt Gödel*. Cambridge, Massachusetts: MIT Press, 1987.

______. *From Mathematics to Philosophy*. Londres: Routledge, 1974.

WARD, R. S.; WELLS JR., R. O. *Twistor Geometry and Field Theory*. Cambridge: Cambridge University Press, 1990.

WEBER, J. Detection and Generation of Gravitational Waves. *Phys. Rev.*, v.117, p.306-13, 1960.

WEINBERG, S. *The First Three Minutes*: A Modern View of the Origin of the Universe. Londres: Andre Deutsch, 1977. [Ed. bras.: *Os três primeiros minutos*: uma discussão moderna sobre a origem do universo. Rio de Janeiro: Guanabara Dois, 1980.]

WERBOS, P. Bell's Theorem: The Forgotten Loophole and How to Exploit. In: KAFATOS, M. (org.). *Bell's Theorem, Quantum Theory and Conceptions of the Universe*. Dordrecht: Kluwer, 1989.

WHEELER, J. A. On the Nature of Quantum Geometrodynamics. *Annals of Phys.*, v.2, p.604-14, 1975.

______. Assessment of Everett's "Relative State" Formulation of Quantum Theory. *Rev. Mod. Phys.*, v.29, n.3, p.463-5, 1957. Disponível em: <https://doi.org/10.1103/RevModPhys.29.463>. Acesso em: 24 set. 2021.

WIGNER, E. P. Remarks on the Mind-Body Question. In: WHEELER, J. A.; ZUREK, W. H. (orgs.). *Quantum Theory and Measurement*. Princeton: Princeton University Press, 1983.

______. Remarks on the Mind-Body Question. In: *Symmetries and reflections*. Bloomington: Indiana University Press, 1967.

______. Remarks on the Mind-Body Question. In: GOOD, I. J. (org.). *The Scientist Speculates*. Londres: Heinemann, 1961.

______. The Unreasonable Effectiveness of Mathematics. *Communications and Pure Applied Mathematics*, v.13, n.1, p.1-14, 1960.

WILENSKY, R. Computability, Consciousness and Algorithms. *Behavioral and Brain Sciences*, v.13, n.4, p.690-1, 1990.

WILL, C. *Was Einstein Right?*: Putting General Relativity to the Test. Oxford: Oxford University Press, 1988. [Ed. bras.: *Einstein estava certo?* Brasília: Editora da UnB, 1996.]

WOLPERT, L. *The Unnatural Nature of Science*. Londres: Faber and Faber, 1992.

WOOLLEY, B. *Virtual Worlds*. Oxford: Blackwell, 1992.

WYKES, A. *Doctor Cardano*: Physician Extraordinary. Londres: Muller, 1969.

YOUNG, A. M. *Mathematics, Physics and Reality*: Two Essays. Portland, Oregon: Robert Briggs Associates, 1990.

ZEILINGER, A.; GAEHLER, R.; SHULL, C. G.; MAMPE, W. Single and Double Slit Diffraction of Neutrons. *Rev. Mod. Phys.*, v.60, p.1067, 1988.

_____; HORNE, M. A.; GREENBERGER, D. M. Higher-Order Quantum Entanglement. In: HAN, D.; KIM, Y. S.; ZACHARY, W. W. (orgs.). *Squeezed States and Quantum Uncertainty*. Washington, DC: Nasa, 1992.

_____ et al. Einstein-Podolsky-Rosen Correlations in Higher Dimensions. In: ANANDAN, J.; SAFKO, J. L. (orgs.). *Fundamental Aspects of Quantum Theory*. Cingapura:World Scientific, 1994.

ZIMBA, J. *Finitary Proofs of Contextuality and Nonlocality Using Majorana Representation of Spin-3/2 States*. Oxford, 1993. Tese (Mestrado em Ciências).

_____; PENROSE, R. On Bell Non-Locality without Probabilities: More Curious Geometry. *Stud. Hist. Phil. Sci.*, v.24, n.5, p.697-720, 1993.

ZOHAR, D. *The Quantum Self*: Human Nature and Consciousness Defined by the New Physics. Nova York: William Morrow and Company, Inc., 1990.

_____; MARSHALL, I. *The Quantum Society*: Mind, Physics and a New Social Vision. Londres: Bloomsbury, 1994.

ZUREK, W. H. Preferred States, Predictability, Classicality and the Environment-Induced Decoherence. *Progress of Theoretical Physics*, v.89, n.2, p.281-312, 1993. Disponível em: <doi:10.1143/ptp/89.2.281>. Acesso em: 24 set. 2021.

_____. Decoherence and the Transition from Quantum to Classical. *Physics Today*, v.44, n.10, p.36-44, 1991.

_____; HABIB, S.; PAZ, J. P. Coherent States Via Decoherence. *Physical Review Letters*, v.70, n.9, p.1187-90, 1993.

Índice remissivo

D

E

L

M

Q

R

S

SOBRE O LIVRO

Formato: 16 x 23 cm
Mancha: 27,9 x 43,9 paicas
Tipologia: Iowan Old Style 10/14
Papel: Off-white 80 g/m² (miolo)
Cartão Supremo 250 g/m² (capa)

1ª edição Editora Unesp: 2021

EQUIPE DE REALIZAÇÃO

Edição de Texto
Tulio Kawata (copidesque)
Marcelo Porto (revisão)

Capa
Marcelo Girard

Editoração eletrônica
Eduardo Seiji Seki

Assistência editorial
Alberto Bononi
Gabriel Joppert

Rua Xavier Curado, 388 • Ipiranga - SP • 04210 100
Tel.: (11) 2063 7000
rettec@rettec.com.br • www.rettec.com.br